大型水利水电工程
水土保持实践与后评价研究

中国水土保持学会水土保持规划设计专业委员会　编著

中国水利水电出版社
www.waterpub.com.cn
·北京·

内 容 提 要

本书是我国首次出版的大型水利水电工程水土保持后评价方面的专著，主要介绍我国水利水电工程建设现状，大型水利水电工程水土流失特点及防治关键技术，水土保持实践与发展，水土保持后评价研究的目的和意义、研究方案、技术路线、方法及关键指标体系，水土保持后评价的基本原则、内容和组织实施，大型水利水电工程水土保持后评价研究案例。

本书可供水利水电行业从事水土保持设计和研究的工作者阅读，亦可供高等院校水土保持专业的师生参考。

图书在版编目（CIP）数据

大型水利水电工程水土保持实践与后评价研究 ／ 中国水土保持学会水土保持规划设计专业委员会编著.
北京 ： 中国水利水电出版社，2024. 10. -- ISBN 978-7-5226-2762-5

Ⅰ．TV；S157

中国国家版本馆CIP数据核字第20249NF957号

书　　名	**大型水利水电工程水土保持实践与后评价研究** DAXING SHUILI SHUIDIAN GONGCHENG SHUITU BAOCHI SHIJIAN YU HOUPINGJIA YANJIU
作　　者	中国水土保持学会水土保持规划设计专业委员会　编著
出版发行	中国水利水电出版社 （北京市海淀区玉渊潭南路 1 号 D 座　100038） 网址：www. waterpub. com. cn E - mail：sales@mwr. gov. cn 电话：(010) 68545888（营销中心）
经　　售	北京科水图书销售有限公司 电话：(010) 68545874、63202643 全国各地新华书店和相关出版物销售网点
排　　版	中国水利水电出版社微机排版中心
印　　刷	北京印匠彩色印刷有限公司
规　　格	184mm×260mm　16 开　34.25 印张　840 千字
版　　次	2024 年 10 月第 1 版　2024 年 10 月第 1 次印刷
印　　数	0001—1000 册
定　　价	**198.00 元**

《大型水利水电工程水土保持实践与后评价研究》编写单位

主持单位	中国水土保持学会水土保持规划设计专业委员会
	水利部水利水电规划设计总院
主编单位	水利部水利水电规划设计总院
	中国电建集团华东勘测设计研究院有限公司
	黄河勘测规划设计研究院有限公司
参加单位	长江勘测规划设计研究有限责任公司
	甘肃省水利水电勘测设计研究院有限责任公司
	安徽省水利水电勘测设计研究总院股份有限公司
	重庆市水利电力建筑勘测设计研究院有限公司
	中水珠江规划勘测设计有限公司
	中国电建集团中南勘测设计研究院有限公司
	中国电建集团昆明勘测设计研究院有限公司
	山西省水利水电勘测设计研究院有限公司
	江苏省水利勘测设计研究院有限公司
	浙江省水利水电勘测设计院有限责任公司
	中国电建集团西北勘测设计研究院有限公司
	中水东北勘测设计研究有限责任公司
	河南省水利勘测设计研究有限公司
	中水北方勘测设计研究有限责任公司
	中水淮河规划设计研究有限公司
	北京市水利规划设计研究院
	河北省水利规划设计研究院有限公司
	辽宁省水利水电勘测设计研究院有限责任公司
	黑龙江省水利水电勘测设计研究院
	上海勘测设计研究院有限公司
	福建省水利水电勘测设计研究院有限公司
	湖北省水利水电规划勘测设计院有限公司

参加单位	广西壮族自治区水利电力勘测设计研究院有限责任公司
	四川水发勘测设计研究有限公司
	陕西省水利电力勘测设计研究院
	青海省水利水电勘测规划设计研究院有限公司
	新疆水利水电勘测设计研究院有限责任公司
	中国电建集团成都勘测设计研究院有限公司
	中国电建集团贵阳勘测设计研究院有限公司
	中国电建集团北京勘测设计研究院有限公司

《大型水利水电工程水土保持实践与后评价研究》编写人员

主　　　编：王治国　孟繁斌　杜运领

副　主　编：牛振华　杨伟超　李　健　易仲强　闫俊平

技术负责人：王治国　牛振华　甄　斌

主要统稿人：王治国　孟繁斌　牛振华　闫俊平　李　健

主要校核人：易仲强　闫俊平　赵晓红　李忙宁　喻　斌

　　　　　　朱玲慧　马书国　汪三树　王春红　马　永

　　　　　　方增强　张　旭　耿相国　郭秀琴　于亚莉

　　　　　　王　静　田红卫　杨　凯　牛俊文　王宇航

　　　　　　王　正　尹元银

主　　　审：朱党生　贺前进　方增强　崔　磊　李忙宁

　　　　　　马　永　于亚莉

《大型水利水电工程水土保持实践与后评价研究》各章节编写人员

第一章　各节编写人员

节　次	编　写　人
第一节	王治国　孟繁斌　李健　李忙宁　朱玲慧　黄磊
第二节	王治国　杜运领　闫俊平　赵晓红　刘健　冯磊
第三节	王治国　牛振华　易仲强　杨伟超　耿相国　马书国　王虎

第二章　各节编写人员

节　次	编　写　人
第一节	孟繁斌　牛振华　邢乃春　吴德榆　陶纯苇
第二节	牛振华　王治国　王旭东　甄斌　高晗旸　周永峰
第三节	李健　费日朋　闫俊平　栗嵩昀　喻谦　武建辉
第四节	易仲强　孟繁斌　王晶　张淼　潘振　张博凡
第五节	闫俊平　王治国　杨伟超　李陆平　陈东

第三章　各节编写人员

节　次	编　写　人
第一节	甄斌　杨伟超　邵运哲　严丽　陈妮
第二节	甄斌　杨伟超　王峰利　李彩霞　蔡晓明
第三节	牛振华　易仲强　章飞凡　郝月姣　李小芳

第四章　案例编写单位及人员

序号	案例名称	编写单位	编写人
研究案例			
1	龙滩水电站	中国电建集团华东勘测设计研究院有限公司	牛振华、费日朋、王美林
2	黄河小浪底水利枢纽工程	黄河勘测规划设计研究院有限公司	甄斌、张帆、曹优明
3	嘉陵江亭子口水利枢纽工程	长江勘测规划设计研究有限责任公司	尹元银、高春泥、张新
4	万家寨引黄一期工程	山西省水利水电勘测设计研究院有限公司	冯小明、李俊琴、毕鑫
5	南水北调东线第一期工程三阳河、潼河、宝应站工程	江苏省水利勘测设计研究院有限公司	陈杭、顾哲衍、谢凯娜
6	浙江省曹娥江大闸枢纽工程	浙江省水利水电勘测设计院有限责任公司	林洪、张博、彭庆卫
7	湖南黑麋峰抽水蓄能电站	中国电建集团中南勘测设计研究院有限公司	任远、冯磊、郝连安
8	黄河公伯峡水电站工程	中国电建集团西北勘测设计研究院有限公司	夏朝辉、曹永翔、修美朋
9	辽宁蒲石河抽水蓄能电站工程	中水东北勘测设计研究有限责任公司	张旭、王文瑞、郭一萌
10	南水北调中线一期工程沙河南至黄河南段	河南省水利勘测设计研究有限公司	费小霞、张立强、袁月
11	重庆市玉滩水库扩建工程	重庆市水利电力建筑勘测设计研究院有限公司	汪三树、傅凯、蒋盛
实践案例			
12	黄河海勃湾水利枢纽工程	中水北方勘测设计研究有限责任公司	马士龙、鲍彪
13	淮河中游临淮岗洪水控制工程	中水淮河规划设计研究有限公司	徐峰、孙锋
14	广东省飞来峡水利枢纽工程	中水珠江规划勘测设计有限公司	胡惠方、马永
15	南水北调中线京石段应急供水工程（北京段）	北京市水利规划设计研究院	高晓薇、高路博
16	黄壁庄水库除险加固工程	河北省水利规划设计研究院有限公司	韩伟、董亚辉

序号	案例名称	编写单位	编写人
17	大伙房水库输水工程	辽宁省水利水电勘测设计研究院有限责任公司	郭志全、于辉
18	哈尔滨市磨盘山水库工程	黑龙江省水利水电勘测设计研究院	陈强、曲德双
19	青草沙水库及取输水泵闸工程	上海勘测设计研究院有限公司	张陆军、苏翔
20	仙游抽水蓄能电站	福建省水利水电勘测设计研究院有限公司	张森、李海涛
21	河南省燕山水库工程	河南省水利勘测设计研究有限公司	鞠厚磊、姜楠
22	汉江崔家营航电枢纽工程	湖北省水利水电规划勘测设计院有限公司	高宝林、李杰
23	广西右江百色水利枢纽工程	广西壮族自治区水利电力勘测设计研究院有限责任公司	陈胜军、曾志文
24	武都引水灌区一期工程	四川水发勘测设计研究有限公司	曾怀金、杨永恒
25	西安市辋川河引水李家河水库工程	陕西省水利电力勘测设计研究院	宁勇华、孙霄伟
26	甘肃省河西走廊（疏勒河）项目	甘肃省水利水电勘测设计研究院有限责任公司	耿东梅、高岩
27	青海省石头峡水电站工程	青海省水利水电勘测规划设计研究院有限公司	张小平、徐世芳
28	新疆乌鲁瓦提水利枢纽工程	新疆水利水电勘测设计研究院有限责任公司	徐立峰、周惠娟
29	糯扎渡水电站工程	中国电建集团昆明勘测设计研究院有限公司	陈平平、王波
30	直孔水电站	中国电建集团成都勘测设计研究院有限公司	张君、梁开丹
31	董箐水电站	中国电建集团贵阳勘测设计研究院有限公司	张习传、唐达
32	琅琊山抽水蓄能电站	中国电建集团北京勘测设计研究院有限公司	马世军、位丽换

　　水是生命之源，是人类社会可持续发展必不可少的物质资源，也是自然环境演变的重要因子。我国水资源短缺、时空分布极不均匀，水旱灾害频发，是世界上水情最为复杂、江河治理难度最大、治水任务最为繁重的国家之一，也是世界上治水历史最悠久的国家，历朝历代无不将水利作为治国安邦的重要事务。从传说中的大禹开挖沟洫、疏导江河，到吴国开凿邗沟、魏国修鸿沟、汉朝王景治河，至今仍在使用的春秋战国时期修建的灌溉工程芍陂、都江堰、郑国渠，秦朝修建的沟通长江和珠江的灵渠，隋朝建成的京杭大运河等，我国的江、河、湖的治水成就辉煌灿烂，体现了我国古代劳动人民的智慧和勤劳，也为后来的治水工作提供了宝贵的经验和借鉴。

　　新中国成立后，以治理海河、淮河、黄河为发端，开启了现代水利工程建设的新篇章。随着我国工业化、现代化的发展，特别是坝工技术水平的不断提高，大规模改造自然的治水事业迈上了新的台阶。进入 21 世纪，高坝大库、跨流域调水、水电梯级开发等水利水电工程建设取得了巨大成就，为我国经济社会发展和人民生活水平不断提高提供了重要保障。

　　随着经济社会发展和现代生态文明意识的提高，水利水电工程建设对生态环境的影响越来越受到重视，其建设过程中产生的水土流失也成为不可忽视的重要问题。从 20 世纪 90 代开始，水利水电工程可行性研究阶段编制水土保持方案并作为设计文件的重要组成部分，之后随着水土保持法律法规的建立健全，水利水电工程水土保持技术体系及规范标准体系逐渐形成，水利水电工程水土保持不仅有效防治了工程建设过程中的水土流失，而且在生态水利、绿色水电建设过程中也发挥了不可替代的作用。

　　我国水利水电工程项目后评价工作始于 20 世纪 80 年代中期对葛洲坝水利枢纽、三门峡水电站等工程的经济后评价。之后，丹江口水利枢纽、广东高州水库、湖南韶山灌区、河北潘家口水利枢纽（引滦工程）、内蒙古永济灌区、黄河小浪底水利枢纽等一批大型水利水电工程项目相继开展了后评价工作，这些项目后评价也包含了水土保持后评价的相关内容。《中华人民共和国环境影响评价法》出台之后，对水利水电工程项目环境影响后评价作出了明确的要求，大型水利水电工程项目环境影响后评价相继开展。但截至2024年，我国尚未开展专项的大型水利水电工程水土保持后评价工作。

推动开展大型水利水电工程水土保持后评价，有效评估水土保持在工程建设中发挥的水土流失防治、生态恢复、植被景观提升等方面的重要作用，是对水利水电工程综合评价的重要补充，有利于提升建设生态水利水电工程的决策管理水平和技术水平，更是新时代水利水电工程水土保持高质量发展的必然要求，也是今后一段时间需要研究推进的重要工作。本书以已建成的水利水电工程为案例，总结近20多年来水利水电工程水土保持工作经验，研究提出水利水电工程水土保持后评价技术路线、评价内容、指标与方法，以期抛砖引玉，为今后进一步开展水利水电工程水土保持后评价工作提供实践经验与应用基础，为水利水电工程建设运行综合效益评价提供相应技术支撑，也为其他类型的生产建设项目水土保持后评价提供借鉴和参考。

2015年，经中国水土保持学会同意，由中国水土保持学会水土保持规划设计专业委员会组织编撰《大型水利水电工程水土保持实践与后评价研究》一书，以进一步总结水利水电工程水土保持后评价工作并加以推广，编撰工作由水利部水利水电规划设计总院（以下简称"水规总院"）负技术总责，组织编制技术大纲、开展技术指导与协调，中国电建集团华东勘测设计研究院有限公司牵头并联合黄河勘测规划设计研究院有限公司负责具体事宜。2017年7月，水利部水土保持司以《关于开展大型水利水电工程水土保持后评价研究》（水保监便字〔2017〕第32号）要求水规总院开展大型水利水电工程水土保持后评价研究工作。为此，水规总院商中国水土保持学会，组织黄河勘测规划设计研究院有限公司、中国电建集团华东勘测设计研究院有限公司、长江勘测规划设计研究有限责任公司、山西省水利水电勘测设计研究院有限公司，开展黄河小浪底水利枢纽、红水河龙滩水电站、长江三峡水库、山西万家寨引黄工程等水利水电工程的水土保持后评价研究，在总结研究成果的基础上，组织30多家单位开展案例调查研究工作。2017年7月，水规总院、中国电建集团华东勘测设计研究院有限公司在北京组织召开启动会，讨论《大型水利水电工程水土保持实践与后评价研究编撰大纲》并确定参编单位以及各章主要编写人员，之后在北京、杭州、郑州、绍兴等地召开了编写大纲及其主要内容和技术要求、技术成果总结、案例编写等10余次技术讨论会。本书编撰历时9年，32家水利水电勘测设计、科研单位的150多名技术人员参加编写、讨论、修改、校核等工作，终于付梓出版。

《大型水利水电工程水土保持实践与后评价研究》共四章，包括大型水利水电工程水土保持实践、大型水利水电工程水土保持后评价研究方案、大型水利水电工程水土保持后评价研究应用和大型水利水电工程水土保持后评价研究案例等内容。第一章主要概括介绍了我国水利水电工程建设、大型水利水电工程水土流失特点及防治关键技术、大型水利水电工程水土保持实践与发展等内容。第二章主要介绍了大型水利水电工程水土保持后评价的作用、目的和意义，以及技术路线、主要内容和方法、关键指标体系等内容。第三章主要介绍了水土保持后评价的基本原则、内容和组织实施等内容。第四章主要介绍全国 32 个大型水利水电工程水土保持后评价研究案例。

　　《大型水利水电工程水土保持实践与后评价研究》的编写工作得到了中国水土保持学会的鼎力支持和大力帮助。国内相关水土保持专家及中国水利水电出版社的专业编辑直接参与组织、策划、撰稿、审稿和编辑工作，他们殚精竭虑，字斟句酌，付出了极大的心血和劳动。

　　《大型水利水电工程水土保持实践与后评价研究》提出了大型水利水电工程水土保持后评价的理论体系和实践案例，可供水利水电行业从事水土保持设计、研究人员参考使用，也可供其他行业从事水土保持工作的技术人员及高等院校的师生借鉴。

　　在《大型水利水电工程水土保持实践与后评价研究》付梓出版之际，谨向所有关心、支持和参与编撰出版工作的领导、专家、学者和同行们，以及付出辛勤劳动的编写人员，一并致以诚挚感谢！

　　由于编者水平有限，缺点和错误在所难免，祈望广大读者批评指正。

编者

2024 年 5 月 6 日

目录

大型水利水电工程水土保持实践

第一节 我国水利水电工程建设概述

一、水利工程建设

我国是有着 5000 年农业文明史的国家，也是水旱灾害频繁发生的国家，兴水利、除水害的治水事业是历代王朝治国安邦的大事。新中国成立后，党和政府高度重视水利工作，领导全国各族人民开展了波澜壮阔的水利建设，形成了水库、引调水、防洪、河道治理、灌溉排涝等较为完善的水利水电工程体系。党的十八大以来，习近平总书记站在中华民族永续发展的战略高度，提出"节水优先、空间均衡、系统治理、两手发力"的治水思路，确立国家"江河战略"，为新时代水利事业高质量发展提供了行动指南和强大动力。我国在流域防洪减灾、水资源开发利用、供水保障、水网建设等方面取得了巨大成绩，为我国经济社会发展提供了强有力的保障。

黄河治理不仅是中国水利的先驱，也是世界水利发展史上的典范。从 20 世纪中叶三门峡水利枢纽的兴建开始，黄河干流相继建成了刘家峡、龙羊峡、万家寨、小浪底等水利枢纽，在中游黄土高原地区开展了大规模的水土流失防治，下游完成了标准化堤防建设，实现了"上拦下排、两岸分滞"的治黄方略，从过去的洪水泛滥到新中国成立后的岁岁安澜，就足以彰显新中国水利建设的辉煌成就。

长江流域以葛洲坝、三峡水利枢纽建设为重要起点，在上游金沙江，支流大渡河和岷江等子流域开展梯级开发，在各支流建设水库及灌溉工程，不断提高水资源和水能利用率，在中下游实施长江堤防加固和蓄滞洪区建设，中上游大力开展水土保持，以拦沙减淤、调节径流，形成了长江防、排、蓄、滞、用相结合的防洪体系。

淮河流域秉持"蓄泄兼筹"的治淮方针，在淮河及沂沭泗河水系上中游山丘区修建了佛子岭、出山店、岸堤等一批水库拦洪蓄水；中游利用湖泊洼地滞蓄洪水，整治河道承泄洪水，下游扩大入江入海能力下泄洪水，基本建成了防洪除涝减灾工程体系；同时，南水北调东线一期、引江济淮、苏北引江等引调水工程与大批水库、水闸相结合，逐步形成水资源综合利用配置体系，有力保障了黄淮平原粮食生产和经济社会发展。

海河流域采取"上蓄、中疏、下排、适当滞蓄"的方针,修建水库、蓄滞洪区,加固堤防,开挖分洪道,改变了大雨大灾、小雨小灾的局面,防洪排涝和抗旱能力显著提高,保障了流域防洪安全及黄淮海平原粮食生产安全。在永定河、滦河、漳河、滹沱河等河流上建设了大批具有防洪、城市供水、灌溉等综合功能的水库工程,包括密云、官厅、潘家口、大黑汀、岳城、黄壁庄、岗南等大型水库,为北京、天津等城市提供了供水保障。

松辽流域全面整修松花江干流、嫩江和辽河、浑河等重要河流平原段以及哈尔滨等重要城市的堤防建设,在松花江流域建成丰满、白山、尼尔基、月亮泡等水库,在辽河流域建成观音阁、白石、柴河等水库,形成了堤、库结合较为完整的防洪体系,显著增强了下游河道防御洪涝灾害的能力,同时开展黑土区低山丘陵区侵蚀沟治理和水土流失综合治理,有力支撑了东北黑土区粮食产能提升和社会经济发展。

珠江流域加强珠江三角洲地区和南宁、柳州、梧州等重要城市的防洪工程建设,以及西江、北江下游及三角洲的江河和沿海堤防建设,同时,建成了飞来峡、大藤峡、乐昌峡、南水、孟洲坝、锦江、龙滩、百色等水库工程,实现了库、堤、围联合运用,形成了以堤防为基础、干支流控制性枢纽为骨干、工程和非工程措施相结合的防洪体系,构筑了西江、东江、韩江供水保障体系,提高了珠江流域防洪和水资源配置能力,保障了珠江流域和粤港澳大湾区经济社会高速发展。

太湖流域以防洪除涝为主,将流域防洪、城市防洪和区域防洪结合起来,统筹考虑航运、供水、水资源保护和改善水环境需求,基本形成以望虞河、太浦河、杭嘉湖南北排等治太骨干工程为基础,充分利用太湖调蓄,"蓄泄兼筹、以泄为主"的流域防洪体系。东南诸河已基本形成以区内主要河流为依托,新安江水库、水口水库等大中型水库为骨干,钱塘江、闽江等跨区域调水及沿海城市与岛屿海水资源利用为补充,蓄、引、提、调相结合的防洪供水体系,有力保障了东南沿海地区区域经济社会的高速发展。

进入 21 世纪,为完善我国水资源优化配置,国家加快了跨流域跨区域引调水工程建设,南水北调东、中线一期工程,广东东深调水工程,引大济湟工程,引滦入津工程,引黄入卫工程工程,引松入长工程,江水北调工程等相继建设完成。引汉济渭、引江济淮、滇中引水、北部湾水资源配置工程等一批跨流域跨区域引调水工程正在建设之中。以引调水工程为主体的国家水网主骨架和大动脉逐步构建形成,在解决水资源时空分布不均、优化水资源配置、流域防洪减灾和水生态系统保护,实现水资源、水生态、水环境、水灾害的统筹管理等方面发挥了重要作用。

经过 70 多年的建设,我国已建成以蓄水、引水、提水、蓄引提结合的灌溉水源工程和灌区输配水骨干渠系工程,大型灌区的建设成就突出,灌溉总面积达 10 多亿亩[1],大型灌区灌溉面积达 3 亿亩以上,有效灌溉面积 2.8 亿亩,在我国粮食安全建设中起到了十分重要的作用。

---

[1]　1 亩 ≈ 666.67m^2。

除此之外，我国在中小河流整治及山洪灾害防治、中小型水库与灌区建设、农村饮水工程、水土保持等多方面加大建设力度，取得了突出成就。

"十二五"以来，我国水利工程建设进入快车道，建设与投资规模不断扩大，我国水利建设发展取得显著成就，主要指标见表 1.1-1。截至 2021 年，全国建成各类堤防 33.1 万 km，共计保护耕地 63288 万亩，保护人口 65193 万人；已建水库 9.7 万座，总库容 9853 亿 m³，其中大型水库 805 座，总库容 7944 亿 m³；建成水利设施灌溉耕地面积 10.44 亿亩，万亩以上灌区 7326 处；水闸 10.03 万座，其中大型水闸 923 座；全国水电装机容量 3.92 亿 kW。基本形成大江大河以河道及堤防、水库、蓄滞洪区等组成的"拦、分、蓄、滞、排"流域防洪工程体系，以及"蓄、引、提、调、用、灌"供水和灌溉保障体系，初步形成"南北调配、东西互济"的水资源配置总体格局，我国水资源统筹调配能力、供水保障能力、战略储备能力日益增强，有力支撑和保障了我国经济社会可持续和高质量发展。

表 1.1-1　　　　　　　　　"十二五"以来我国水利建设发展主要指标

序号	指标名称	单位	2011年	2012年	2013年	2014年	2015年	2016年	2017年	2018年	2019年	2020年	2021年
1	耕地灌溉面积	万亩	92522	93737	95210	96809	98809	100711	101724	102407	103019	103742	104414
2	节水灌溉面积	万亩	43769	46826	40663	43528	4659	49270	51479	54202	55589	56694	
3	除涝面积	万亩	32582	32786	32915	33554	34069	34600	35736	36393	36795	36879	36720
4	万亩以上灌区	处	5824	7756	7709	7709	7773	7806	7839	7881	7884	7713	7326
5	水库总计	座	88605	97543	97721	97735	97988	98460	98795	98822	98112	98566	97036
(1)	其中：大型	座	567	683	687	697	707	720	732	736	744	774	805
	中型	座	3346	3758	3774	3799	3844	3890	3934	3954	3978	4098	4174
(2)	总库容	亿 m³	7201	8255	8298	8394	8581	8967	9035	8953	8983	9306	9853
	其中：大型	亿 m³	5602	6493	6529	6617	6812	7166	7210	7117	7150	7410	7944
	中型	亿 m³	954	1064	1070	1075	1068	1096	1117	1126	1127	1179	1197
6	堤防长度	万 km	30.0	27.2	27.7	28.4	29.1	29.9	30.6	31.2	32.0	32.8	33.1
(1)	保护耕地	万亩	63938	63896	63896	64191	61266	61631	61419	62114	62855	63252	63288
(2)	保护人口	万人	57216	56566	57138	58584	58608	59468	60557	62837	67204	64591	65193
7	水闸总计	座	44306	97256	98191	98686	103964	105283	103878	104403	103575	103474	100321
	其中：大型	座	599	862	870	875	888	892	893	897	892	914	923
8	年末全国水电装机容量	万 kW	23007	24881	28026	30183	31937	33153	34168	35226	36972	36972	39184
	全年水电发电量	亿 kW·h	6507	8657	9304	10661	11143	11815	11967	12329	12991	13540	13419
9	水利工程供水量	亿 m³	6107	6131	6183	6095	6103	6040	6043	6016	6021	5813	
10	当年完成水利基建投资	亿元	3086.0	3964.2	3757.6	4083.1	5452.2	6099.6	7132.4	6602.6	6711.7	8181.7	7576.0

续表

序号	指标名称	单位	2011年	2012年	2013年	2014年	2015年	2016年	2017年	2018年	2019年	2020年	2021年
(1)	防洪	亿元	996.2	1394.3	1304.5	1467.4	1879.1	1942.5	2237.5	2003.7	2091.3	2573.8	2497.0
(2)	水资源工程	亿元	1284.1	1911.6	1733.1	1852.1	2708.4	2858.2	2704.9	2550.0	2448.3	3076.7	2866.4
(3)	水土保持及生态	亿元	95.4	118.1	102.9	141.3	192.9	403.7	682.6	741.5	913.4	1220.9	1123.6
(4)	水利基础设施	亿元	40.2	59.6	52.5	40.9	29.2	56.9	31.5	47.0	63.4	85.2	79.9

注　表中数据来源于《2022年全国水利发展统计公报》。

二、水电工程建设

我国水能资源十分丰富，总量居世界第一，约70%分布在西南地区。长江、黄河、金沙江、澜沧江、怒江、雅鲁藏布江、雅砻江、大渡河、乌江、红水河等大江大河的干流水能资源丰富，全国水能资源理论蕴藏量年发电量为60829亿kW·h。据不完全统计，我国水能资源技术可开发装机容量约6.87亿kW，年均可发电量约3万亿kW·h。

1912年，我国最早的水电站——石龙坝水电站发电，拉开了中国水电建设的序幕。1949年，新中国成立后，党和政府十分重视水电事业的发展。1957年4月，我国自行设计、自制设备、自主建设的第一座大型水电站——新安江水电站开工建设，1960年第一台机组投产发电。到20世纪80年代，建设了丹江口（1968年完工）、刘家峡（1974年完工）、三门峡（1978年完工）、乌江渡（1982年完工）、葛洲坝（1988年完工）等大型水电站以及一批中小型水电站。20世纪90年代，水电工程建设引入了全新的理念与开发模式，开发技术迈上了一个新的台阶，岩滩（1995年完工）、漫湾（1995年完工）、隔河岩（1994年完工）和水口（1995年完工）等水电站相继建成。2004年9月，随着黄河公伯峡水电站首台30万kW机组的投产，我国水电总容量突破了1亿kW，稳居世界第一。进入21世纪，国家实施西部大开发战略，"西电东送"工程全面启动，中国水电进入了流域梯级开发的新阶段。以龙滩（2009年完工）、小湾（2011年完工）、景洪（2009年完工）、瀑布沟（2010年完工）、拉西瓦（2010年完工）等为代表的大型水电站先后投产发电，中国水电进入了高速发展时期。2012年党的十八大以来，水电开发明显加快，乌东德（2021年完工）、白鹤滩（2022年完工）、两河口（2023年完工）、锦屏一级（2014年完工）等一批大型、特大型常规水电站先后投产发电。截至2021年，我国水电装机容量达到3.91亿kW，年发电量达到1.34万亿kW·h。

抽水蓄能发电利用水作为储能介质，通过电能与势能相互转化，实现电能的储存和管理，作为调峰储能的电源，能够进一步保障电力系统的安全稳定运行，是可再生能源大规模发展的重要支撑。水电是利用水能作为介质进行发电，受水资源影响较大，枯水期发电量会大幅度减少，因而抽水蓄能电站可以合理地分配水资源，提高发电和用电效率。随着国家对抽水蓄能发电不断加大投入，技术持续攻克突破，以及各类项目加快落地，抽水蓄能发电迎来发展新阶段，为水电的发展提质提效。广州（2000年完工）、惠州（2012年完工）、丰宁（2022年完工）、阳江（2022年完工）、长龙山（2022年完工）等大型高水头抽水蓄能电站也相继建成。截至2022年年底，我国已建抽水蓄能电站装机容量 4579 万 kW，约占全球抽水蓄能电站装机容量的 26.2％，位居世界首位。

1949—2012 年我国水电装机容量变化情况见图 1.1-1，2012—2021 年我国水电开发进程见图 1.1-2。

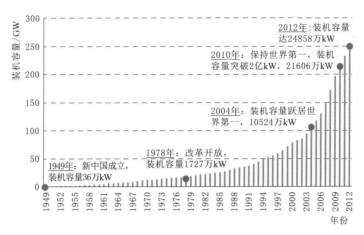

图 1.1-1　1949—2012 年我国水电装机容量变化情况

图 1.1-2　2012—2021 年我国水电开发进程

我国常规水电技术成熟、储量巨大，且具有灵活的运行和调节能力，在绿色发展思路指导下，有效配合风能、太阳能等清洁能源发展，能改善能源结构和保障能源安全，截至 2023 年，我国水电发电量占全国发电量的比例约为 17％，占可再生能源发电量的比例为 55％，对我国实现 2030 年"碳达峰"与 2060 年"碳中和"目标具有不可替代的作用。

我国十分重视流域水资源梯级开发，到 2020 年，乌江、长江上游、金沙江、南盘江、红水河、雅砻江、大渡河等河流梯级开发程度近 70％。同时，我国也更加注重发挥水电站在发电、防洪、供水、灌溉等方面的综合作用，如黄河上游龙羊峡、刘家峡、盐锅峡、八盘峡、青铜峡等工程的建成不仅提供了大量水力发电，而且在黄河治理中也发挥着重要作用，为西北地区的经济社会发展提供重要支撑。

第二节　大型水利水电工程水土流失及其防治

一、大型水利水电工程水土流失特点

（一）大型水利水电工程组成与主要建设内容

根据《水利水电工程等级划分及洪水标准》（SL 252—2017），我国水利水电工程分为水库、防洪、治涝、灌溉、供水、发电等六大类工程，每类工程实际可发挥多种功能。如水库可以同时发挥防洪、灌溉、供水、通航等功能。根据项目建设需求、目标和任务，由单一或多个类型工程的组合形成，如防洪工程可以由水库和堤防工程组成，供水工程可由引水水库和供水管线组成。大型水利水电工程是指工程等别为Ⅰ等、Ⅱ等和工程规模为大（1）型、大（2）型的工程，其工程等别和级别、工程规模根据工程任务、水文及水资源配置和实际需求等确定。根据大型水利水电工程的建设特点，大型水利水电工程主要有：水利枢纽工程，包括水库、闸站等；供水工程，包括水源（水库或河湖）与取水、输水、调蓄工程等；防洪工程，包括水库、堤防、排水通道（渠、沟、河）、蓄滞洪区建设工程等；治涝工程，包括排涝闸站、控制排涝渠工程等；灌区工程，包括水源（水库或河湖）、灌溉渠道工程等；水力发电工程，包括水电站和抽水蓄能电站。为便于分析不同类型水利水电工程建设与水土流失的关系，将水利水电工程分为点型工程和线型工程两类。点型工程包括水库、拦河取水枢纽、闸（防洪防潮闸、各类水利工程大型控制性闸）、泵站（排涝泵站、取水泵站）、引调水工程中调蓄水库或池、水电站、抽水蓄能电站等；线型工程包括引调水工程中的输水工程，防洪工程中的堤防、河道整治工程，灌区工程中的渠道、排水工程，治涝工程中的排涝沟渠、控制工程。各类工程建设内容主要包括主体工程各类建筑物、配套设施、临时工程、移民安置四部分。据此归类的大型水利水电工程项目组成及主要建设内容见表1.2-1。实际上，点型和线型分类是相对的，很多大型水利水电工程是点型工程和线型工程的组合。

表 1.2-1　　　　　　　　大型水利水电工程项目组成及主要建设内容

类型	工程组成		主要建设内容
点型工程	主体工程（枢纽工程）	水库、水电站	大坝、泄洪洞、溢洪道、取水口建筑物、引水隧洞（或明渠）、发电厂房（水库工程有或无）、鱼类增殖站
		闸、站	闸室、上游连接段和下游连接段；泵房、进出水建筑物、变电站等
		抽水蓄能电站	上、下水库：主坝、副坝，输水系统，调引水隧洞，尾水隧洞，厂房系统
	配套设施		永久道路、永久办公生活区（业主营地）
	临时工程		临时施工道路、弃渣场、取料场、施工生产生活营地（承包商营地）、施工导流系统
	移民安置		移民安置、专项设施复（改）建；库区防护、抬田、浸没影响处理

类型	工程组成		主要建设内容
线型工程	主体工程	引调水工程	取水工程、输水建筑物（明渠、隧洞、渡槽、倒虹吸、管道）、分水建筑物、退水建筑物、控制闸、加压泵站、调蓄工程
		防洪工程（堤防、河道整治）	堤防工程、护岸工程、控导工程、防护工程、疏浚工程
		灌区工程	取水工程、渠系建筑物（明渠、隧洞、渡槽、倒虹吸）、分水建筑物、退水建筑物、控制闸；退排水工程
		治涝工程	排涝沟渠、控制工程
	配套设施		永久交通、维修道路、永久办公生活区［管理局（站、所）］；灌溉配套工程（斗毛渠、林网、田间道路等）
	临时工程		导流系统、临时施工道路、弃渣场、取料场、施工生产生活营地等
	移民安置		移民安置、专项设施复（改）建

（二）大型水利水电工程水土流失的特征与影响

1. 水土流失的特征

区域水土流失的成因包括自然因素和人为因素。自然因素主要包括地质地貌、气象、水文、土壤、植被等，其相互作用，是水土流失发生发展的基本因素。人为因素主要是农林牧业生产活动（如森林采伐、开垦种植、过度放牧放火烧荒），以及生产建设项目建设活动加剧水土流失发生发展。大型水利水电工程建设过程是大规模现代化机械化工程施工，扰动损坏工程区原有地质地貌、土壤、植被的必然结果。

从影响水土流失角度分析，大型水利水电工程建设大范围开挖、采石、取土破坏原地表和植被，使地表植被荡然无存，地表裸露，地面组成物质发生巨大变化，水土流失急剧增加，扰动后的土壤侵蚀模数是原地表的5～10倍，甚至更大；大型水利水电工程建设规模大，工程清基开挖、基坑开挖、深挖高填、削坡开级、取土取石等形成大量人工边坡，产生大量松散的弃土弃渣，不仅加剧水土流失，而且成为水土流失危害的主要策源地；大型水利水电工程建设超长的工期导致挖填地表、弃渣取料场等较难及时恢复植被、松散物料裸露临时堆存时间长，在风蚀地区，冬、春季风蚀强度剧增，水蚀地区尤其降水量大、降水时间长的南方，水蚀严重且极易造成灾害。

水利水电工程建设过程导致水土流失成因虽因建设地域、施工方法不同，土壤侵蚀方式、侵蚀程度有一定差异性，但工程建设过程中产生的水土流失具有明显的共同特征，归纳起来有以下方面：

（1）建设工期长，产生水土流失时间长。大型水利水电枢纽规模大、工程组成复杂、工程量大、工程施工组织难度大。建设工期少则数年，多则十几年，云南省滇中引水工程施工准备期和施工期总计达108个月。白鹤滩、溪洛渡等大型水电站施工总工期均在10年以上，施工场地、取料弃渣场、开挖回填边坡等长时间裸露，遭遇暴雨或大暴雨的概率高，产生水土流失的时间长。

（2）建设条件差异大，水土流失类型多样。我国地域辽阔，自然条件分异明显，不同区域的大型水利水电工程建设条件相差很大，特别是水利枢纽和水电站多位于山高、坡陡、河道比降大的河流上，而引调水、灌溉、堤防工程线路长，通过区域地形地貌多样，产生水土流失类型多，且相互作用，相互重叠，复杂多样。

（3）扰动地表和植被面积大，水土流失面广量大。大型水利水电工程除工程建设区外，还包括淹没区、移民安置区。工程施工临时占压、开挖堆垫，扰动占压和破坏地表植被面积大，加之施工工期长，大面积裸露的地表和边坡不仅导致水土流失强度增加，而且使水土流失面广量大。滇中引水工程扰动原地貌、土地和植被面积 3974.09hm^2，新增水土流失总量为 609 万 t；引江济淮仅安徽工程段扰动原地表面积就达 16705hm^2，施工期间新增土壤流失总量达 587 万 t。

（4）施工准备期水土流失防治难，造成水土流失严重。大型水利水电工程多位于山区丘陵区，特别是水电工程，多位于高山峡谷区，交通不便，施工场地狭窄，开工建设前，须先期进行"三通一平"（开工前需达到的通水、通电、通路和场地平整等条件的简称），修筑围堰、导流工程，特别是进场道路和施工交通道路的修建、施工场地的平整、施工营地的建造等，逢山开路，遇水搭桥，切坡削坡，打洞填沟，不仅工程量较大，且严重破坏地表植被，因施工难度大，且防治措施不易到位，易造成严重的水土流失。

（5）弃渣取料量巨大，极易造成严重水土流失危害。大型水利水电工程土石方开挖量大，弃土弃渣量大。如引江济淮工程（安徽段）弃渣量 28866 万 m^3，共布置 84 个弃渣场，超过 1000 万 m^3 的弃渣场 5 个，最大的弃渣场堆渣量达 6145 万 m^3。同时，需设置大型取土取料场，取土取料产生大量无用剥离物，土石料在筛分加工、回填利用前临时堆置，施工道路挂渣溜渣，大量松散的堆渣和弃渣若不采取有效的拦挡措施，一旦发生水土流失，泥沙可能直接进入河道，造成河床淤积、抬高，甚至阻塞河道，影响行洪，给下游人民生命财产安全带来严重威胁。

2. 水土流失的影响与危害

如上所述，大型水利水电工程建设过程导致大量的水土流失，不仅对生态、土地、河流等造成不利影响，而且对工程建设自身安全也产生不利影响，甚至产生危害。

（1）对土地资源和植被生态系统的影响。大型水利水电工程损坏植被面积大，形成大面积裸露地表，改变土壤结构，造成土壤原有水土保持功能的降低或丧失。施工形成高陡边坡、岩石裸露面、道路溜渣坡、弃渣边坡等植被恢复难度大，极易因水土流失导致土壤贫瘠、干旱植被生长缓慢甚至死亡，对生态环境脆弱的风沙区、水蚀风蚀交错区、高寒高海拔地区的影响尤为突出，大面积植被损坏、裸露地表对生态景观也造成不良影响。工程永久建筑物占用大量耕地、林草地，建设期临时占地暂不能利用，同时导致水土流失剧增，即便剥离表土扰动堆存期间，土壤结构也遭到破坏，氮、磷、钾等有机养分流失，回覆表土质量下降，影响农作物和植被生长。

（2）对工程施工和运行安全的影响。大型水利水电工程开挖形成大量边坡，可能局部产生滑坡、崩塌等重力侵蚀危害，临时堆料场以及距工程施工区近的弃渣场等区域潜在滑坡、崩塌、泥石流风险可能对工程施工和运行安全造成不利影响，甚至产生危害。

（3）对周边及其河道下游的影响。大型水利水电工程弃渣场、取料场、边坡开挖、施工场地平整等造成的水土流失可能导致周边农田埋压；位于山区丘陵区的弃渣场地质条件十分复杂，存在滑坡、泥石流等风险，可能对周边敏感对象带来危害。临沟临河的弃渣场、开挖量和强度大的施工场地，流失的土石方进入河道，一旦发生滑坡、泥石流，可能会壅高河道水位、影响河道行洪，甚至可能形成堰塞湖，对下游造成严重影响。

（三）大型水利水电工程水土流失的突出问题

1. 点型工程

点型工程建设特点是工程布置和工程征占地集中，枢纽工程所在区域自然条件差异小，单位用地面积的土石开挖回填量大，取料场数量少而用料量大，弃渣场数量少而单个弃渣场级别高，施工布置紧凑，水土流失分布集中且强度和潜在风险大，施工准备期长，交通道路和导流设施建设复杂，极易产生坡体崩滑、边坡溜渣等严重水土流失。水库淹没区涉及的土地、居民、淹没处理、移民安置、专项设施复（改）建、库岸防护、抬田、浸没处理等工程造成的水土流失点多面广，治理难度大。点型工程所处区域不同，水土流失特点不同，所以存在的水土流失突出问题也不同。

山区、丘陵区点型工程，主体工程（枢纽工程）大部分在河道中布置建筑物，场地狭窄，施工布置难。施工准备阶段修建交通道路、导流洞进出口开挖以及削坡等形成裸露面及高陡边坡，容易产生边坡挂渣、溜渣、滑坡和坍塌，土石渣直接入河，造成水土流失危害。枢纽工程坝肩削坡及基坑开挖、电站或泵站厂房特别是地下厂房开挖、土石坝的溢洪道开挖、抽水蓄能电站上下库扩挖等产生大量弃渣，弃渣量达数百万立方米至数千万立方米，乃至数亿立方米以上，如黄河古贤水利枢纽弃渣量预计达 3500 多万立方米，白鹤滩水电站弃渣量超 6000 万 m^3。弃渣场虽然数量少，但处于山区、丘陵区，特别是高山峡谷区，弃渣场选址困难，大部分为沟道型弃渣场，单个弃渣场弃渣量大，如白鹤滩水电站矮子沟弃渣场，弃渣量达 4946 万 m^3，最大堆高 224m。弃渣场潜在稳定安全风险大，截（排）水（洪）沟布置、施工导流、堆置方案设计要求高。在土石山区、石质山区，工程占地区的表土薄、不易剥离，植被恢复覆土来源缺乏，裸露边坡特别是高陡边坡植被恢复技术难度大。另外，移民集中安置点削坡开挖及场地平整、道路复（改）建等造成的水土流失也十分严重。

平原区点型工程建设征占地多为农用地，特别是大部分弃渣场要求恢复为耕地，最大堆高一般不超过 6m，占地面积少则百亩，多则数平方千米，导致弃渣场选址难，特别是河网地区更加困难，因此，加强弃渣综合利用对减少水土流失十分关键。此外，平原地区人口稠密，施工过程中开挖、填筑、临时堆置等形成的裸露面造成的水蚀风蚀容易影响群众生产生活。

此外，风沙区点型工程所处区域生态环境脆弱，一旦地表扰动，风蚀及其危害剧增，保护和减少对地表植被、地表结皮的破坏尤为重要；冻融区地表植被一旦被扰动，冻融交替作用使水蚀和风蚀急剧增加，甚至发生山剥皮和浅层滑坡。

2. 线型工程

线型工程的建设特点是线路呈单一线型分布或主线与支线发散型线状分布。建设内容包括取水建筑物、输水建筑物（明渠、隧洞、渡槽、倒虹吸等）、分水建筑物、退水建筑物、控制闸、加压泵站、调蓄水库或池等，十分繁杂。此类项目总体上以线性布置，建筑物多以点线结合。同时，线型工程线路长、跨度大、涉及地域广、地形地貌多样，水土流失类型复杂，水土流失量、强度及危害大。同一线型工程穿越不同地貌区域，水土流失区域差异大，水土流失突出问题也各不相同。输水工程明渠弃渣量大，隧洞次之，管线最少；干线工程弃渣场相对集中、数量多且弃渣场级别高，支线工程弃渣场相对分散、数量多且弃渣场级别相对较低；河道疏挖工程不仅弃渣量巨大，而且涉及排泥等特殊弃渣。施工生产生活区、施工道路等临时设施依托主要建筑物沿线分散布设，具有数量多、面积小的特点，施工工期、总布置、方法和工艺不同，扰动地表强度和时间不同，导致水土流失差异大。

山区、丘陵区线型工程，渠道、隧洞、管道傍山而布设，永久进场道路、工程伴行道路、施工道路盘山而行，长度大，扰动原地表和损坏植被面积大。石料场分布多，开挖边坡高度大，坡面陡峭；各类边坡特别是道路边坡挂渣溜渣，水力侵蚀严重。山区丘陵区的工程通常布置于河道、沟道中，是降水集中排泄区，建设工程开挖、填筑边坡以及堆存物料在雨季更容易被水流冲刷，也是水土流失严重的因素之一。

大型干线工程的渠道、隧洞长，土石方工程填筑总量大，弃渣量及弃渣场数量多。如滇中引水工程，线路总长 664km，其中隧洞 63 座，长 607km，工程开挖土石方总量 8824 万 m³，弃渣 7194 万 m³（折合松方 11190 万 m³），布设弃渣场 223 个，大部分为 4 级以上弃渣场。弃渣场多为山区沟道型，少量的为坡地型，截洪排水和拦挡工程布设不合理和修筑不及时，就会产生大量滚石和水蚀危害，甚至发生泥石流和滑坡危害。

平原区线型工程布设在平地或微丘岗地上，渠道（河道）工程纵向比降小，渠道开挖断面大，占地面积大，全挖方渠道（河道）产生的弃渣量大，而全填方渠道因填筑土方用量大，会选择大量开挖面积大的土料场；平原区人口密集，占地区大部分为耕地，弃渣场选址困难，大部分弃渣场要求复耕，弃渣场堆渣量大，但堆渣高度一般仅为 2~5m，水土流失危害风险小。如引江济淮工程（安徽段）总长度 587km，以明渠和利用河道输水，扰动原地表面积 16000 余公顷，弃渣量高达 2.89 亿 m³。平原区线型工程水土流失主要发生在弃渣场、施工道路、施工场地，但水土流失强度相对较轻。

风沙区线型工程修建施工道路和建筑物，破坏地表植被、地表结皮和砾石层，加剧风蚀和风沙危害，降水量越小的风沙区，植被和地表结皮恢复难度越大，造成的水土流失越严重。

有效缩短在施工过程中开挖、填筑、临时堆置等形成的裸露时间，对控制风沙区水土流失十分重要；弃渣场选址应避开风口，减轻风蚀危害；风沙区表土资源不仅有一定的有机质含量，而且是植被自然恢复的种子库，施工期减少地表扰动、保护表土资源尤为重要。

另外，风沙区主体工程开挖边坡沙土比例高，易失稳滑塌，不仅产生水土流失，而且影响工程安全运行。冻融区线型工程沿线施工扰动不可避免会破坏植被和表层结构，在冻融交替作用下，不仅增加水蚀和风蚀，而且植被恢复难度极大。

二、大型水利水电工程水土流失防治关键技术

（一）弃渣减量化与弃渣场及其防护关键技术

水利水电工程建设从源头上减少土石方开挖和弃渣，是从根本上减少工程建设水土流失及其影响和危害的重要途径，是绿色设计、绿色施工理念的直接体现。同时，水利水电工程弃渣场的水土流失防治是水土保持设计和实施的重点和技术难点。弃渣场稳定安全是

工程建设安全的重要环节。

1. 弃渣减量化

弃渣减量化，一是通过优化工程选址选线、工程布局与设计、施工布置等设计方案，尽可能选择体型断面小、工程布置紧凑、线性工程长度相对短的方案；二是优化工程施工方法，利用工程余方制备本工程建设所需的砂石骨料等建筑物材料；三是尽可能将工程余方用于施工场地、施工道路、移民安置区等工程回填，以减少开挖量、增加回填量，提高开挖土石方自身利用率，从根本上减少工程土石方开挖量和弃渣量。

枢纽工程首先根据枢纽区地质条件研究建筑物在左右岸的布置，并且选择体型小，泄洪、引水、发电等布置紧凑的建筑物型式，以最大限度地减少土石方开挖量。开挖的土石方，应优先考虑回填和利用，通过坝后压戗、压坡等方式增加土石方的填筑利用方量。如河南省沁河河口村水库工程，通过压戗合理利用开挖土石方，既提高了坝基稳定系数，也提高了土石方利用率。对于具备一定地形条件的，也可利用多余土石方在永久征地范围内合理进行"填凹式"或起伏式立体布局，消纳土石方进行绿化造地，将弃渣与造景相结合，改善工程区环境。

引调水、输水等线性工程，重点关注工程选线优化，线路走向要最大限度地减少地表扰动、土石方开挖和弃渣。山区丘陵区线性工程需提高隧洞工程比例，主要建筑物型式以隧洞、加压管道、箱涵为主，穿越工程建筑物主要采用渡槽、倒虹吸、管桥等建筑物，避免采用绕山大开挖布置方案，隧洞设计要尽可能采用"早进洞，晚出洞"方案，合理选择建筑物型式；各类施工场地、办公生活营地优先考虑台阶式小平台或者阶梯式布置，以避免开挖大量土石方和产生弃渣，从而造成严重水土流失和生态破坏。

堤防工程宜选择地势较高的地形布置堤线，减小堤防高度与断面，以减少开挖量；将开挖余方用于堤防背水侧压浸，增加堤防断面，延长渗径长度，减少弃渣。河道整治工程可利用开挖土石方进行河滩地坑洼回填整治以改善河道水流条件，从而减少弃渣量。

2. 弃渣场及其防护关键技术

（1）弃渣场选址。大型水利水电工程弃渣场选址应按照法律法规的规定，避让严禁设置弃渣场的各类情形，从地形、地貌、工程地质和水文地质条件，周边敏感因素及可能造成的水土流失危害，弃渣场汇水面积、占地类型与面积、容量、运距、运渣道路、防护措施及其投资，以及弃渣场后期利用方向等多方面进行场址比选，经综合分析论证后确定弃渣场位置，确保弃渣场选址的合法合规性和技术经济合理性。

山地丘陵区弃渣场选址难度较大，通常选择集雨面积小的沟道或坡地。平原区弃渣场选址优先考虑结合当地土地开发利用进行开发地块的填高，或考虑选择低洼的未利用地、坑塘等。

（2）弃渣堆置。根据弃渣场地形地质条件，合理确定堆渣量、堆渣高度、坡比、台阶高度、平台宽度、综合坡度等堆置要素。弃渣场应分台阶堆置，堆渣边坡需要结合渣体土石渣组成、根据弃渣场稳定计算结果确定。当堆渣最大高度超过100m时，宜在中部位置设置宽度超过5m的大平台，以降低堆渣综合坡比与安全风险。平地型弃渣场堆渣边坡坡比尽可能放缓至1：3，以便后期复耕。

（3）弃渣场防护工程。沟道型弃渣场在山地丘陵区分布较多，应重点关注弃渣场上游洪水排导。滞洪式、截洪式弃渣场宜在渣体上部沟道修建挡水坝，采用排洪隧洞将上游洪水排导至弃渣场下游，或者结合原有沟道修建排洪渠或排洪涵洞进行排洪，沟道上游可能存在固体径流物质时，应修建拦挡坝拦挡固体径流物质。若沟道来水较小，可在弃渣场渣体上部沟道修建集水井或导水墙，在渣体与山体交汇处布置截（排）水沟，排除山体坡面汇水。施工期可布置盲沟或埋设预制管道排洪。在每级堆渣平台或马道内侧设置横向排水沟，与周边截（排）水沟相接，排除渣体坡面来水。排洪设施和排水设施陡坡段需设置急流槽及消能台阶、末端设置消力设施。

填沟式弃渣场或坡地型弃渣场，上游来水量小，采取弃渣场周边截（排）水沟措施。

平地型弃渣场通常采用围渣堰型式，单个弃渣场占地面积大，堆渣高度相对较低，堆渣周期长，堆渣边坡应采取临时苫盖措施，内部汇水要及时采取临时截（排）水、沉沙措施。植被难以恢复的北方风沙区，弃渣场边坡与顶面以砾石压盖防风措施为主。

（二）表土资源利用和保护及土地整治关键技术

土壤与植被是水土流失及其防治的关键因素。形成 1cm 厚土壤需要 200～400 年，从裸露的基岩地貌到形成可以生长生物多样性丰富和群落结构稳定的植物群落的土壤则需要更长的时间。因此保护和利用表土资源是水土保持核心理念之一。

山区、丘陵区应根据表土资源调查情况、施工条件、后期覆土利用需求，确定合理的表土剥离区域、厚度和剥离施工方案，充分利用表土资源，作为临时占地复垦、绿化区域覆土的来源。

山区尤其是中高山区，道路、大坝坝肩、石料场等石质边坡开挖区域及弃渣场沟道两侧边坡，往往表土分布不连续，厚度薄、质量差，并且剥离难度大，表土保护要充分做好调查勘察工作，根据当前技术经济条件，划定可剥离范围。对于水库、水电工程来说，工程扰动区所剥离表土不满足要求时，需在下闸蓄水前从水库淹没区将质量好的耕地、园地表土剥离，用于后期各防治区绿化及植被恢复用土。

山区、丘陵区剥离的表土宜集中堆放，做好临时防护措施，为整治恢复扰动和损毁地表提供土源，避免为整治土地而增加建设区外取土量，既可减少土地和植被破坏，控制水土流失，又可节约建设资金。对于工程施工期长的，可结合复垦培肥土壤的要求，增加撒播草籽的防护措施。

山区、丘陵区一般地形复杂，土地整治需根据地形条件确定整地形式，平整的场地可采用微地貌整地形式，整治成台地或小型假山等。当所剥离表土不能完全满足覆土厚度需要时，应当采用土壤改良措施。

平原区一般占用耕地比例大，表土厚度大、质量好，可剥离表土量大，后期复垦、植被恢复对表土需求量也大。对于输水渠道、管道等线性工程，为节约占地，减少表土运输的距离，剥离的表土可堆放于渠道、管道两侧区域；对于弃渣场剥离的表土，可结合弃渣时序分块剥离、分块堆放，最后进行渣场顶面耕作层平整及边坡绿化覆土。土地整治主要是做好土地平整、表土回覆及整治工程。

北方风沙区生态脆弱，植被难以成活，工程扰动区的表土应当尽量剥离，以保存表土中的种子，有利于后期植被恢复。表土资源匮乏区域的点型工程，水库淹没区的表土资源应当根据需求剥离，并强化库区表土资源的管理和利用。

冻融区生态脆弱，草甸土宝贵，工程建设期间需要对高原草甸进行剥离，集中堆存，并做好临时养护措施，后期回铺于植被恢复与绿化区域。

东北黑土地的性状好、肥力高，根据《中华人民共和国黑土地保护法》的规定，需加强对工程建设区的黑土地资源的保护，按照规定对包括水库淹没区和工程占压扰动的所有征占地区的耕作层土壤进行剥离，剥离的黑土优先用于本工程复耕及植被恢复，多余的黑土要做好再利用方案，用于新开垦耕地、劣质耕地改良、被污染耕地的治理、高标准农田建设、土地复垦等。

（三）工程边坡水土流失防治的关键技术

工程建设中由于开挖、填筑形成的边坡，在降雨、重力作用下产生严重水土流失。采取工程与植物相结合的防治措施，是减少对周边生态环境影响、防治水土流失危害、提高林草覆盖率、恢复生态景观的关键技术之一。

大型水利水电工程坝肩、隧洞进出口、输水渠道、料场、提水泵站、交通道路、弃渣场等开挖填筑过程会形成各类挖填边坡。边坡防护通常采取工程措施、植物措施或工程与植物相结合的措施，并布设边坡排水措施，目的是保持边坡稳定、恢复边坡植被，防治水土流失。

对于开挖边坡中不稳定的边坡，主要采取削坡开级、锚杆支护、喷混凝土等工程护坡型式，坡面进行渗流排导；对于稳定的石质边坡，主要采取挂铁丝网覆土绿化、坡面填筑生态袋、厚层基材喷播植草、客土绿化等护坡型式；对于稳定的土质边坡，主要采取铺挂三维网绿化、液压喷播植草、覆土绿化等护坡型式。高陡边坡，一般采取工程防护措施或综合防护措施。工程防护措施主要包括喷混凝土护坡、挂网喷混凝土护坡、浆砌石护坡、干砌石护坡、护面墙等；综合防护措施主要包括植被混凝土喷护、挂网客土喷播等。

填筑边坡由于填筑材料和坡度在施工过程中可以得到控制，通常填筑边坡稳定性好，有利于植被恢复，一般采取植物护坡或综合护坡措施。

工程交通道路施工过程中，道路下边坡经常形成溜渣。一般采取清理表层浮渣、底部及两侧布设拦挡措施、坡面采取骨架植物防护等综合护坡措施。

寒冷地区的坡面防护措施应考虑冻融、冻胀的影响，采取植物措施护坡时应选择耐寒性乡土树（草）种；风沙区的边坡有条件采取植物措施护坡时，应选择耐旱性乡土树（草）种，同时应布置灌溉设施，并有灌溉水源保障；无条件采取植物措施的边坡，可采取干砌石护坡或砾石压盖。

（四）工程永久占地区生态景观恢复与重塑关键技术

在确保工程安全的前提下，应用生态学、景观学原理，坚持工程措施和植物措施相结合，坚持生态学与园林美学相结合，恢复和重塑项目永久占地区的生态景观，是改善水利水电工程项目区生产生活环境和人居环境，促进工程与周边自然景观协调，建设生态水利水电工程的重要举措。

水库、水电站、闸站等点型工程及永久办公生活区等永久占地区根据建筑物级别，植被恢复与建设工程级别一般采用1～2级标准；引调水工程、防洪工程、灌区工程等线型工程永久占地区一般采用2～3级标准，线型工程穿越城区、饮用水水源保护区等敏感区段提高1级，1级标准应参照园林设计标准，2级标准以生态恢复为主，兼顾生态景观，充分利用植物的生态景观效应，在把握主体建（构）筑物的造型、色调、外围景观（含水体、土壤、原生植被）等基础上，统筹考虑植物形态、色彩、季相、意境等因素，合理选择和配置树（草）种及其结构，辅以园林小品，使得植物景观与主体建筑景观相协调。

山区、丘陵区工程应注重生物多样性及景观协调性，结合水利水电工程建设对地形地貌的影响，利用地形的垂直高度变化，在空间上形成生态景观恢复的植物群落，体现山区、丘陵区独特的景观形态。

平原区工程应结合项目区国土空间规划、旅游规划等相关规划，利用地势平坦、土壤肥沃等自然优势，建立多廊道生态景观格局，与周边环境景观相结合，树（种）草（籽）的选择应符合周边生态环境建设的需要，有条件的可打造水利风景区。

高寒区工程应考虑区域的生态承载力，加强高原草甸的保护与利用，以草皮为主，乔灌为辅，"因地制宜、适地适树"选择树（草）种，采取必要的土壤改良措施，配套灌溉设施，提高植被的成活率，解决植被生长缓慢、土壤贫瘠和地表水资源匮乏等问题。

风沙区工程应以当地耐旱性、适生性、成活性好的乡土树（草）种恢复植被，主体工程区应配套灌溉设施，周边地区结合压盖、草方格沙障等防风固沙措施同步实施植被恢复。

（五）施工期临时防护与管理技术

大型水利水电工程建设规模大，周期长，施工组织复杂，施工过程中形成的临时开挖面和填筑面、堆土（渣、料）等造成的水土流失严重，及时采取临时防护措施是防治施工过程中水土流失的关键。

临时防护措施主要包括临时苫盖、拦挡、排水沉沙、砾石压盖、沙障、绿化等措施。在大型水利水电工程建设过程中，建设单位应严格按照"三同时"（水土保持设施与主体工程同时设计、同时施工、同时投产使用）制度的要求，建立和健全施工水土保持管理制度，做好临时防护措施的设计及施工的管理，强化水土保持监理和监测，最大限度地保护水土资源、保护林草植被和修复生态系统。

（六）移民安置水土流失治理与管理关键技术

水利水电工程移民安置主要工作包括农村移民集中安置、城（集）镇迁建及企（事）业单位处理、专项设施处理和防护工程建设等，由于移民安置工程规划设计通常与主体工程不同步、实施主体为地方政府、水土保持投资不能及时到位等原因，导致移民安置的水土流失治理与管理更为复杂而难以落实。因此移民安置建设过程中，充分发挥水土保持监理和监测、移民监督评估等单位的作用，积极对接地方水行政主管部门，加强移民安置建设的管理工作尤为重要。

山区、丘陵区水利水电移民集中安置点和专项道路复（改）建是水土流失治理的重点区域。集中安置点场地平整尽可能做到挖填平衡，场地开挖坡面上边缘应修建截水沟、下边缘修建挡墙，开挖坡面、填筑坡面、坡脚应设置边坡防护措施；绿地采取乔灌草结合、错落有序的原则进行景观绿化。专项道路复（改）建采取排水、边坡绿化、下边坡拦挡等措施，避免道路边坡溜渣；对新增的弃渣场采取拦挡、排水、绿化等防护措施，防护措施与道路工程同步设计，同步实施。

平原区重点做好移民集中安置点的绿化美化；风沙区重点做好移民集中安置点周边的

防风固沙防护林带建设，并配套灌溉水源和灌溉设施。

第三节　大型水利水电工程水土保持实践与发展

一、大型水利水电工程水土保持实践与成效

新中国成立以来，党和政府高度重视水土保持工作，到 20 世纪 90 年代，我国基本形成了以小流域水土流失综合治理为核心的理论与实践体系。水土保持在治理水土流失，合理利用与保护水土资源，调节径流及防洪减灾，服务农业、农村、农民增收中发挥着重要作用，取得了显著成效，实现了水土流失面积与强度双下降。

改革开放以来，特别是进入 21 世纪后，随着国家经济社会快速发展，基础设施、矿产资源开发、城镇建设、产业开发等生产建设项目规模持续扩大，由生产建设活动导致的人为水土流失问题日益突显。水利水电工程建设作为国家最为重要的基础设施建设之一，有力支撑和促进了社会经济发展。但水利水电工程建设占地面积、土石方开挖量巨大，占压土地、扰动地貌、破坏植被导致人为水土流失剧增，水土资源损坏、土地生产力下降甚至丧失，大量的弃土弃渣可能诱发山洪地质灾害，对工程建设安全构成一定的风险隐患。为此，我国从 20 世纪 90 年代开始，颁布实施了一系列水土保持法律法规，加强机构建设与执法监督，逐步建立健全了生产建设项目水土保持方案编制、设计、施工、监理、监测、验收和监督检查制度，同时强化技术标准体系建设和技术创新，生产建设项目水土保持工作有了完善的法规、制度、标准、程序遵循，人为水土流失得到了有效治理。水利水电工程建设项目发挥技术传统优势，注重建设管理，不断提高水土保持意识，提升建设队伍素质和能力，全面贯彻水土保持理念，制定完善的水土保持技术标准，有效实施水土保持方案管理制度，在水土保持全过程管理、生态文明工程建设等方面积累了丰富经验，取得了明显成效。

（一）依法编报水土保持方案，强化水土保持实施管理

1991 年 6 月 29 日，第七届全国人民代表大会常务委员会第二十次会议审议通过的《中华人民共和国水土保持法》（以下简称《水土保持法》），全国各省级人民代表大会相继出台了省级水土保持条例或《水土保持法》实施办法，全国各省（自治区、直辖市）、地（市）、县（市、旗、区）相继建立水土保持监督管理机构，我国水土保持工作逐步进入法制化管理轨道。根据《水土保持法》的规定，1994 年 11 月 22 日，水利部、国家计划委员会、国家环境保护局联合发布了《开发建设项目水土保持方案管理办法》（水保〔1994〕513 号），1995 年 5 月 30 日，水利部发布《开发建设项目水土保持方案编报审批管理规定》（水利部令第 5 号），1996 年 3 月 1 日，水利部批复了全国首个建设项目水土保持方案——《平朔煤炭工业公司安太堡露天煤矿水土保持方案》，开启了生产建设项目立项阶段水土保持方案编报审批工作。1996 年 11 月 5 日，水利部发布《关于加强水利工程水土保持方案编审工作的通知》（规计规〔1996〕153 号）。1996 年 5 月，水利部以"水保〔1996〕199 号"文对《万家寨水利枢纽水土保持方案报告》给予了批复，标志着水利工程水土保持方案编制与实施工作步入正轨。1998 年 10 月 20 日，水利部、国家电力公司率先联合印发《电力建设项目水土保持工作暂行规定》（水保〔1998〕423 号）。2002 年 5

月 10 日，水利部印发《关于加强水土保持方案审批后续工作的通知》（办函〔2002〕154号），明确按照批准方案的要求，结合主体工程，及时组织水土保持初步设计、招标设计、技术设计等，保证工程建设各阶段水土保持方案落实和建设期间水土流失得到有效防治。2002 年 6 月 15 日，水利部、国家发展计划委员会、国家经济贸易委员会、国家环境保护总局、铁道部、交通部等六部（委、局）联合印发《关于联合开展水土保持执法检查活动的通知》（水保〔2002〕258 号），进一步推动水土保持工作向纵深发展，促进了开发建设项目水土保持"三同时"制度的落实。2002 年 10 月 14 日，水利部发布《开发建设项目水土保持设施验收管理办法》（水利部令第 16 号），开发建设项目水土保持设施验收工作启动开展。2003 年 3 月 5 日，水利部印发《关于加强大中型开发建设项目水土保持监理工作的通知》（水保〔2003〕89 号），要求开发建设项目须按规定开展监理工作。2003 年5 月 16 日，水利部印发《水土保持监测资格证书管理暂行办法》（水保〔2003〕202 号），设立水土保持监测资质，并要求对开发建设项目开展水土保持监测工作。2005 年 7 月 8日，水利部对《开发建设项目水土保持方案编报审批管理规定》（水利部令第 5 号）和《开发建设项目水土保持设施验收管理办法》（水利部令第 16 号）进行了修订，进一步完善开发建设项目水土保持方案编报审批管理和开发建设项目水土保持设施验收管理。2007年 3 月 14 日，水利部印发《关于加强水电建设项目"三通一平"水土保持工作的通知》（水保〔2007〕86 号），对水电建设项目施工准备阶段水土流失防治提出了严格要求。

此后，各大型水利水电工程建设单位积极履行水利部等部委要求，扎实推进水利水电工程水土保持方案编报审批与实施工作，在建设期间严格按照水利部有关要求，加强机构建设，做到专人负责，制定内部制度，强化水土保持管理，全面贯彻落实水土保持方案，如红水河龙滩水电站 2003 年 7 月在龙滩水电站施工区率先推行了水土保持监理制度，成为我国第一个开展水土保持专项监理的大型水电工程；滇中引水工程建设管理局环境移民处专门负责水土保持工作，并制定《滇中引水工程水土保持管理技术规定》及其 6 个配套管理办法，全面开展水土保持专项设计、水土保持监理，水土保持监测和弃渣场动态监测，认真落实流域机构的监督检查意见，全面实施水土保持措施，人为水土流失得到有效治理，生态恢复取得显著成效。据统计，"十三五"期间，我国大型水利水电工程水土保持方案编报率达到 100%，水土保持监理、监测工作全面实施，水土保持设施验收率达100%，在全国各行业中位居前列。

2021 年 5 月 21 日，水利部办公厅印发《关于加强水利建设项目水土保持工作的通知》（办水保〔2021〕143 号），要求项目法人带头践行"生态优先、绿色发展"理念，履行水土保持各项法定义务，强化施工过程水土保持管理，最大限度地减少地表扰动、弃土弃渣和植被损坏，做好表土保护和土石方综合利用，充分发挥水利建设项目对保护和改善生态的重要作用。为适应新时期水土保持工作的需要，2023 年 1 月 17 日，水利部发布《生产建设项目水土保持方案管理办法》（水利部令第 53 号），与此同时，各省（自治区、直辖市）政府也相继出台了一系列规章和规范性文件。水利水电工程水土保持进入高质量发展阶段，依法编报审批和实施水土保持方案，保护水土资源，治理人为水土流失、恢复林草植被，提升修复生态系统的稳定性，促进建设生态水利、生态水电工程，在水利水电工程高质量发展中发挥了应有的作用。

（二）建立健全技术标准体系，提升水土保持技术水平

根据《中华人民共和国水土保持法》及其相关法规的要求，1998 年水利部制定《开发建设项目水土保持方案技术规范》（SL 204—98），开启了生产建设项目水土保持技术标准体系建设工作；先后发布了《开发建设项目水土流失防治标准》（GB 50434—2008）[后修订为《生产建设项目水土流失防治标准》（GB/T 50434—2018）]，《开发建设项目水土保持方案技术规范》（GB 50433—2008）[后修订为《生产建设项目水土保持技术标准》（GB 50433—2018）]；2007 年制定《开发建设项目水土保持设施验收技术规程》（SL 387—2007）[后修订为《开发建设项目水土保持设施验收技术规程》（GB/T 22490—2008）]；2011 年制定《水土保持工程施工监理规范》（SL 523—2011）[后修订为《水土保持监理规范》（SL/T 523—2024）]，其中增加生产建设项目水土保持监理内容；2002 年制定《水土保持监测技术规程》（SL 277—2002），其中有生产建设项目监测内容，之后于 2018 年制定了《生产建设项目水土保持监测与评价标准》（GB/T 51240—2018）。生产建设项目水土保持技术标准体系逐步建立健全。

为进一步提高水利水电工程水土保持技术水平，2012 年 10 月，在总结水利工程水土保持实践经验的基础上，水规总院牵头编制《水利水电工程水土保持技术规范》（SL 575—2012），并将水土保持作为一个专业设计纳入水利工程设计三阶段编制规程中。2001 年 2 月，水利部颁布《水利水电工程制图标准 水土保持图》（SL 73.6—2001），将水土保持方案中的手工绘图改为 CAD 绘图，统一了图例，提高了制图的质量和精确度，2015 年修订后再次发布；为了加强水利工程政府投资管理，2003 年水利部发布了《水土保持工程概（估）算编制规定》及《水土保持工程概（估）算定额》，其中生产建设项目水土保持概（估）算作为专门内容进行了规定，2024 年修订并再次发布，为生产建设项目水土保持方案与设计概（估）算提供重要依据。2015 年 1 月，国家能源局先后制定发布《水电工程水土保持专项投资编制细则》（NB/T 35072—2015）、《水电工程渣场设计规范》（NB/T 35111—2018）、《水电工程水土保持设施验收规程》（NB/T 35119—2018）、《水电工程水土保持设计规范》（NB/T 10344—2019）、《水电工程水土保持生态修复技术规范》（NB/T 10510—2021）、《水电工程水土保持监测技术规程》（NB/T 10506—2021）、《水电建设项目水土保持技术规范》（NB/T 10509—2021）、《水电工程水土保持监理规范》（NB/T 11098—2023）、《水电工程水土保持监测实施方案编制规程》（NB/T 11185—2023）。2021 年，根据水利工程弃渣场稳定安全评估的要求，中国水利水电勘测设计协会发布《水利水电工程弃渣场稳定安全评估规范》（T/CWHIDA 0018—2021），为生产建设项目弃渣场稳定安全评估提供了重要引领，也是目前可参考的重要技术依据。

《水利水电工程水土保持技术规范》（SL 575—2012）作为十分重要的行业技术规范，为水利水电工程水土保持提供了重要技术支撑，而且突显了其先进性和前瞻性。该规范明确了水利水电水土保持的工程级别与设计标准，特别是首次将弃渣场设计作为单独章节，规定了弃渣场级别类型及防护措施体系，明确弃渣场选址、地质勘测、设计基础资料等基本要求，并根据堆渣量、堆渣最大高度及弃渣场失事后对主体工程或环境造成的危害程度，将弃渣场级别分为 5 级，明确了不同弃渣场级别及其防护工程建筑物级别及相应防洪排水标准、稳定性分析方法与稳定安全系数要求，对健全水利水电工程水土保持技术体系

和提高水土保持方案编制质量意义重大。2014 年，对该标准中关于弃渣场及其拦挡、截洪排水、土地整治、植被恢复与建设等措施设计内容进行调整补充后，纳入《水土保持工程设计规范》（GB 51018—2014），将调查与地质勘测基本要求进行细化后，纳入《水土保持工程调查与勘测标准》（GB/T 51297—2018），为各行业生产建设项目水土保持调查与设计标准制定奠定了扎实基础。此后，国家能源局制定的《水电建设项目水土保持技术规范》（NB/T 10509—2021）明确了水电建设项目各设计阶段水土保持重点工作及要求、水土保持工程级别划分与设计标准、总体设计和"三同时"实施方案等技术要求，提出水电建设项目宜在水土保持设施验收后 3～5 年内开展水土保持后评价等要求。

总之，在国家相关技术标准的指导下，水利部门和水电行业根据水利水电工程自身行业特点，基本建立健全了水利水电工程水土保持技术标准体系，创新了水土保持设计理念，细化和深化了水利水电项目水土保持方案与设计的技术内容与要求，明确了水土保持工程级别与设计标准，细化了弃渣场及其防护措施设计要求与规定，规范了水土保持图件要求，确立了概（估）算编制费用构成，极大地提高了水利水电工程水土保持设计与实施的技术水平，在我国生产建设项目水土保持技术方面起到了引领作用。

（三）强化弃渣场设计与管理，确保弃渣场安全稳定

水利水电工程最大特点是土石方开挖和弃渣量大，尤其是位于山区、丘陵区的水利水电工程，弃渣场不仅是建设过程中水土流失的重要策源地，而且弃渣场稳定安全是工程建设安全的重要一环，弃渣场失稳事故给工程安全和人民群众的生命财产安全带来极大威胁。水利水电工程水土保持实践中形成了较为完善的弃渣场勘测设计、审查、实施验收管理技术要求，确保了弃渣安全稳定。

水利水电工程前期工作中十分注重弃渣勘测设计，2012 年《水利水电工程水土保持技术规范》（SL 575—2012）发布之后，水规总院对水土保持方案及工程设计水土保持篇章审查中，进一步加强对弃渣场的审查。特别是 2015—2018 年滇中引水工程和引江济淮工程的水土保持方案审查，要求对 3 级以上弃渣场进行地质勘察并附单独的地质报告。滇中引水工程批准计列 1100 多万元费用对弃渣物理力学特性指标先期开展专题试验，解决弃渣场稳定计算的物理力学参数问题；从 223 个弃渣场中选取 48 个风险较大的弃渣场开展弃渣场稳定安全动态监测，计列费用近 1 亿元。2019 年水规总院印发《关于印发〈水利水电工程水土保持技术规范〉（SL 575—2012）补充技术要点的通知》（水总环移〔2019〕635 号），对水土保持方案编制提纲进行了调整，将弃渣场设计单独列为一章；2020 年印发《关于加强水利水电工程水土保持方案编制与技术审查工作的通知》（水总环〔2020〕81 号），进一步强化弃渣场地质勘察要求；2021 年，水利部修订发布的《水利水电工程可行研究报告编制规程》（SL/T 618—2021）和《水利水电工程初步设计报告编制规程》（SL/T 619—2021）中水土保持被作为独立的篇章，弃渣场设计是其中最重要的内容。至此，水利水电工程弃渣场设计与管理不断走深走实，积累了丰富的设计与审查经验。

经过多年的实践，大型水利水电工程弃渣场实施管理不断走向规范化，如滇中引水工程施工期制定了严格完善的弃渣场管理办法，要求施工单位严格按水土保持方案确定的弃渣场弃渣，弃渣前必须制定详细的弃渣场使用规划及年度使用计划并报水土保持监理单位审查实施，严格遵循"先拦挡，后堆弃""先排洪，后堆弃"的原则，弃渣场首先建设挡渣墙（坝）、截（排）水（洪）沟等水土保持措施，再堆渣。严把弃渣堆放方式关，弃渣采取"自下而上"方式堆置，分层堆放、分层碾压，并做好弃渣周记录、动态形貌图的收集整理，并保留每个弃渣场影像资料。对达到设计高度的堆渣表面及时组织覆土后实施植物措施。弃渣场按照要求统一设置弃渣场标识牌并注明有关信息，200多个弃渣场未发生水土流失灾害性事故。

《水利部关于加强事中事后监管规范生产建设项目水土保持设施自主验收的通知》（水保〔2017〕365号）、《水利部办公厅关于印发生产建设项目水土保持设施自主验收规程（试行）的通知》（办水保〔2018〕133号）和《水利部水土保持设施验收技术评估工作要点》（水保监便字〔2016〕第20号）明确生产建设项目水土保持设施验收前应对4级及以上弃渣场进行安全稳定评估。2018年，根据国务院南水北调办公室《关于对南水北调中线一期工程（陶岔渠首—古运河以南段）弃渣场稳定性评估工作的复函》（综环保函〔2017〕150号）的要求，水规总院受南水北调中线干线工程建设管理局委托，组织长江勘测规划设计研究有限责任公司等6家设计单位，在大量调查研究的基础上，制定了《南水北调中线一期工程（陶岔渠首—古运河以南段）弃渣场稳定性评估技术规定》，并对该段4级及以上的176个弃渣场的稳定性进行了稳定性评估，根据评估结论，设计单位对36个局部存在不稳定边坡的弃渣场提出加固整改方案并予以实施，最后进行了复核，全部满足稳定安全要求，为顺利通过水土保持设施验收提供了重要支撑，之后嘉陵江亭子口水利枢纽、乌江构皮滩水电站、金沙江白鹤滩水电站、澜沧江苗尾水电站等工程也开展了弃渣场稳定性评估工作。2021年水规总院在大中型水利水电工程弃渣场稳定评估技术总结的基础上，组织长江勘测规划设计研究有限责任公司等单位，制定发布了团体标准《水利水电工程弃渣场稳定安全评估规范》（T/CWHIDA 0018—2021），该标准的发布填补了生产建设项目弃渣场稳定安全评估技术标准的空白，不仅为水利水电行业，也为其他行业生产建设项目弃渣场安全评估、验收移交、运行管理、水土保持设施验收提供重要的技术依据，得到各行业使用单位的高度评价，取得了良好效果。

（四）实施水土保持全过程管理，全面防治施工期水土流失

生产建设项目水土保持全过程管理指从项目前期立项开始、施工准备、开工建设、竣工验收各阶段都必须严格按照水土保持法律法规和技术规范要求实施有效管理，包括组织管理、设计管理、施工管理、监理管理、监测管理、信息化管理、验收管理。大型水利水电工程建设规模宏大、施工条件复杂，土石方开挖与弃渣量大，实施水土保持全过程管理，能够全面防治施工期间产生的人为水土流失。

20世纪90年代开工建设的小浪底水利枢纽、万家寨引黄工程、小湾水电站、溪洛渡水电站等世界银行贷款项目，就开始按照国际惯例实施环境与水土保持管理，建设单位设置专门的环境与水土保持管理机构，对弃渣场、取料场等区域水土保持及植被保护与恢复进行严格管理，向家坝、溪洛渡等水电站建设单位与水土保持监理单位共同成立水土保持管理中心，负责各个环节的水土流失防治工作，很多成功经验至今仍在被借鉴并应用。

21世纪初开始，大型水利水电工程建设单位更加重视水土保持工作，如鄂北水资源配置工程涉及水土保持的工程实施主体工程监理与水土保持监理"双签制"，对施工单位实施严格的水土保持管理，滇中引水工程实施水土保持监督管理性的监理；大型水电站建设单位都设有专门水土保持管理中心，实施全过程水土保持管理，水土保持监理工作以监督管理为主，其实践为全面修订《水土保持监理规范》（SL/T 523—2024），将生产建设项目水土保持监理由施工监理转向事前预控、过程监理、验收管控的监督管理提供重要的实践与技术依据；滇中引水工程建设管理局设有环境与征地移民处，实施滇中引水工程水土保持项目法人责任制、招投标制和建设监理制，滇中引水工程建设管理局出台《云南省滇中引水工程建设期水土保持管理办法（试行）》和《滇中引水工程建设期水土保持管理技术规定（试行）》《云南省滇中引水工程弃渣场管理办法（试行）》《云南省滇中引水工程水土保持巡查和检查管理办法（试行）》《云南省滇中引水工程环境保护和水土保持工作约谈制度》《云南省滇中引水工程环境保护和水土保持信息资料管理办法（试行）》《云南省滇中引水工程环境保护和水土保持奖惩考核办法（试行）》，建设单位、设计单位、施工单位、监理单位、监测单位职责分工明确，建立了有效的水土保持工作分级、分层管理体系，建设期间建设单位、施工单位、水土保持监理和监测单位均按照国家和地方有关法律法规、技术规范和规程、工程建设管理制度的要求，开展水土保持工程建设管理、施工管理、监理和监测工作，有效控制工程建设过程水土流失；珠江三角洲水资源配置工程建设完成水土保持建设管理系统，搭建参建单位协作平台，以数据统一汇总分析为纽带，实现水土保持建设管理智慧化、线上巡查及隐患排查处理、需落实事项的清单化管理，同时智能化管控渣土依法合规处置，为各方提供资料查阅存储的平台，按体系梳理水土保持措施实施情况，达到了将业主、监理、施工及监测四方有效衔接、各司其职、高效协作完成水土保持工作的目的，实质上促进水土保持工作全面有效落实，为珠江三角洲水资源配置工程建设基本实现零弃渣作出了应有贡献。

（五）贯彻水土保持设计理念，着力建设生态水利水电工程

生产建设项目水土保持设计理念在不影响主体运行安全的前提条件下，本着生态优先、保护为要的原则，从最大限度保护水土资源，保护林草植被和修复生态系统，加强弃土弃渣减量化与弃土弃渣综合利用的角度，应用水土保持学、生态学和美学原理，优化工程总布置、工程设计、施工组织设计等，使工程建设做到少占地、少开挖、少弃渣、少破坏，使主体工程与生态、地貌、水体、植被等景观要素达到更高层次的协调与融合。

水利水电工程分布于全国各地，区域差异大，东部与西部，南方与北方，平原与山区丘陵区、风沙区的水土保持实施条件不同，但在主体工程中贯彻水土保持设计理念的基本原则是相同的。水利水电工程设计实践中，树立对主体工程设计的约束性和优化理念，以主体工程设计为基础，通过对主体工程选线选址、比选方案、工程布置、施工组织的水土保持评价，从减少占地和扰动、植物优先和兼顾景观、弃渣综合利用与造景、表土保护与利用等多方面提出优化工程总体布置及施工组织设计的意见、要求与建议，并通过相关设计专业加以修正与优化，在工程设计中加以贯彻。近年来，调水工程、灌溉工程设计隧洞比例不断提高，在线路布置中采取绕线避让、隧洞、顶管等多种措施保护植被，如滇中引水工程输水总干渠总长 664.24km，58 座主隧洞长 611.99km，隧洞比例达 92%，"早进洞、晚出洞"被普遍采用；将永久占地区弃渣场布设与工程布置紧密结合，不仅减少占地，而且能通过弃渣场地貌再塑和植被恢复，提升了工程生态景观建设水平；如小浪底水利枢纽、河南省河口村水库、河南省出山店水库利用坝下弃渣打造成生态公园；向家坝水电站弃渣场进行特殊设计处理后作业主营地，打造出公园式办公区；山区丘陵区水利水电工程建设中形成各种类型的边坡，从水土保持角度提出有利于植被恢复的边坡设计要求，不断试验和创新，形成了 SNS（soft net system，柔性网系统）固坡、液压喷播植草护坡、岩石边坡喷混植生、蜂巢式网格植草护坡、客土植生植物护坡、植生带、生态植被毯、生态植被袋生物防护、土工格室植草、浆砌片石骨架植草和厚层基材喷射植被等以植被恢复为主的一系列边坡防护技术，边坡植被恢复率不断提高，为打造生态水利工程、绿色水电工程作出应有贡献。通过对部分大型水利水电工程水土保持设施验收成果的分析，水利水电工程永久占地区域林草覆盖率达到 25% 以上，堤防工程有的高达 50%。

此外，水利水电工程特别注重水土保持与主体工程和移民安置的协调配置，如溪洛渡水电站、白鹤滩水电站和海勃湾水利枢纽等工程，将淹没区珍稀植物、古树以及适应能力强的乡土树木进行移栽假植，然后利用弃渣场、施工场地恢复建造植物园；水土保持与移民安置设计注重将料场平台恢复成耕地、弃渣场顶部覆土复耕、利用弃渣抬田造地，有效恢复和利用土地资源。

党的十八大以来，国家经济社会高质量发展和生态文明建设对水土保持提出了更高的要求，水利水电工程水土保持着力建设生态水利水电工程，将更加注重生态系统功能恢复与提升，将涵养水源、水质维护、生态景观、游憩观光结合，不断提高工程区域的林草覆盖率，将水利水电工程与生态景观融为一体，不仅改善了生态环境，而且创造了很好的经济效益和社会效益。如小浪底水利枢纽、河南省河口村水库、浙江省曹娥江大闸枢纽工程等通过实施水土保持方案和植被提升工程建成后成为风景旅游胜地。通过水土保持持续实践与创新，水利水电工程涌现出了一批水土保持生态文明先进典型工程和示范样板工程，树立了良好的行业形象。据统计，2008—2022 年，有河北省黄壁庄水库除险加固工程等 29 个水利工程，红水河龙滩水电站枢纽工程等 29 个水电项目先后获得"全国生产建设项目水土保持示范工程"或"生产建设项目国家水土保持生态文明工程"称号，见表 1.3-1。

表 1.3-1　　　　　　　　水利水电工程示范/生态文明工程统计

序号	年份	项 目 名 称	类　　型	类　型
1	2008	清河综合整治工程	水土保持示范工程	水利
2	2008	河北省黄壁庄水库除险加固工程	水土保持示范工程	水利
3	2008	临淮岗洪水控制工程	水土保持示范工程	水利
4	2008	福建省建瓯北津水电站工程	水土保持示范工程	水电
5	2008	红水河乐滩水电站工程	水土保持示范工程	水电
6	2008	海南省宁远河大隆水利枢纽工程	水土保持示范工程	水利
7	2008	石柱县藤子沟水电站工程	水土保持示范工程	水电
8	2008	柏香林水电站工程	水土保持示范工程	水电
9	2008	西藏拉萨河直孔水电站工程	水土保持示范工程	水电
10	2008	黄河小峡水电站工程	水土保持示范工程	水电

续表

序号	年份	项目名称	类　型	类　型
11	2008	洮河海甸峡水电站工程	水土保持示范工程	水电
12	2008	宁东能源重化工基地一期供水工程	水土保持示范工程	水利
13	2008	引英入连供水工程	水土保持示范工程	水利
14	2011	榛子岭水库除险加固工程	水土保持示范工程	水利
15	2011	江苏宜兴抽水蓄能电站工程	水土保持示范工程	水电
16	2011	浙江省曹娥江大闸枢纽工程	水土保持示范工程	水利
17	2011	浙江桐柏抽水蓄能电站工程	水土保持示范工程	水电
18	2011	湖州市老虎滩水库工程	水土保持示范工程	水利
19	2011	宁波市周公宅水库工程	水土保持示范工程	水利
20	2011	山东泰安抽水蓄能电站工程	水土保持示范工程	水电
21	2011	河南宝泉抽水蓄能电站工程	水土保持示范工程	水电
22	2011	河南省燕山水库工程	水土保持示范工程	水利
23	2012	长江三峡水利枢纽工程（坝区）	水土保持生态文明工程	水利
24	2012	新疆北疆供水工程	水土保持生态文明工程	水利
25	2014	南水北调中线京石段应急供水工程	水土保持生态文明工程	水利
26	2014	红水河龙滩水电站枢纽工程	水土保持生态文明工程	水电
27	2015	汉江崔家营航电枢纽工程	水土保持生态文明工程	水利
28	2015	云南澜沧江小湾水电站工程	水土保持生态文明工程	水电
29	2015	云南澜沧江功果桥水电站工程	水土保持生态文明工程	水电
30	2016	南水北调东线一期江苏境内工程	水土保持生态文明工程	水利
31	2016	黄河下游近期防洪工程	水土保持生态文明工程	水利
32	2016	云南澜沧江糯扎渡水电站工程	水土保持生态文明工程	水电
33	2016	蒲石河抽水蓄能电站工程	水土保持生态文明工程	水电
34	2016	福建仙游抽水蓄能电站工程	水土保持生态文明工程	水电
35	2016	金沙江阿海水电站工程	水土保持生态文明工程	水电
36	2017	四川雅砻江锦屏二级水电站工程	水土保持生态文明工程	水电
37	2017	四川雅砻江官地水电站工程	水土保持生态文明工程	水电
38	2017	安徽响水涧抽水蓄能电站工程	水土保持生态文明工程	水利
39	2018	沁河河口村水库工程	水土保持生态文明工程	水利
40	2018	扩大杭嘉湖南排杭州三堡排涝工程	水土保持生态文明工程	水利
41	2018	四川雅砻江锦屏一级水电站工程	水土保持生态文明工程	水电
42	2018	四川雅砻江桐子林水电站工程	水土保持生态文明工程	水电
43	2018	广东清远抽水蓄能电站工程	水土保持生态文明工程	水电
44	2019	杭州市闲林水库工程	水土保持生态文明工程	水利
45	2019	金沙江溪洛渡水电站工程	水土保持生态文明工程	水电

续表

序号	年份	项目名称	类　型	类型
46	2019	金沙江向家坝水电站工程	水土保持生态文明工程	水电
47	2019	浙江仙居抽水蓄能电站工程	水土保持生态文明工程	水电
48	2019	宁夏固原地区（宁夏中南部）城乡饮水安全水源工程	水土保持生态文明工程	水利
49	2021	南水北调中线一期丹江口大坝加高工程	水土保持示范工程	水利
50	2021	深圳抽水蓄能电站工程	水土保持示范工程	水电
51	2021	福田河综合整治工程	水土保持示范工程	水利
52	2021	云南金沙江龙开口水电站工程	水土保持示范工程	水电
53	2021	嘉陵江亭子口水利枢纽工程	水土保持示范工程	水利
54	2022	南水北调中线干线工程	水土保持示范工程	水利
55	2022	江苏省新沟河延伸拓浚工程	水土保持示范工程	水利
56	2022	黄河东平湖蓄滞洪区防洪工程	水土保持示范工程	水利
57	2022	河南省出山店水库工程	水土保持示范工程	水利
58	2022	云南澜沧江苗尾水电站工程	水土保持示范工程	水电

二、大型水利水电工程水土保持经验与发展

20多年来，大型水利水电工程持续推动落实水土保持"三同时"制度，水土保持方案的编报审批、后续设计、实施、验收管理制度不断完善，水土流失防治、生态系统恢复技术水平不断提高，在建设生态水利水电工程中发挥了不可替代的作用，也积累了丰富的经验，为今后水利水电工程水土保持乃至各类生产建设项目水土保持发展提供重要参考与借鉴。

（一）提高水土保持评价水平，强化约束优化意见贯彻落实

《生产建设项目水土保持技术标准》（GB 50433—2018）、《水利水电工程水土保持技术规范》（SL 575—2012）、《水电建设项目水土保持技术规范》（NB/T 10509—2021）等技术标准明确要求对项目选址（线）、建设方案与布局进行水土保持评价，对不符合水土保持要求的提出优化主体工程设计的建议。多年来的实践证明，水利水电工程前期论证、水土保持方案编制与审查中，本着事前控制原则，从水土保持、生态、景观、地貌、植被等多方面全面评价和论证主体工程设计各个环节的缺陷和不足，提出主体工程设计的水土保持约束性因素、相应设计条件、优化方案比选、主体工程布置、工程设计、施工组织设计等方面的合理要求、意见和建议，并在工程优化设计中予以贯彻落实，可谓事半功倍。如通过对枢纽工程坝址坝型比选、正常蓄水位选择，引调水工程线路走向比选、堤防工程走向与型式比选以及工程总体布置、施工总布置和施工方法比选的水土保持评价，提出提高土石自身利用率、弃渣减量化和资源化利用的意见，可通过更加合理的工程布置、增加工程回填量、优化场内道路布置、减少料场无用料等加以落实，而针对土地占压、植被破坏、生态景观功能恢复等提出意见，则可以通过紧凑式台阶式工程布置、脱水段弃渣回填与地貌再塑、合理的可恢复植被的边坡坡比设计、生态与工程相结合的护坡优化设计等加

以落实。

目前，水利水电工程主体工程水土保持评价技术要求与方法不具体不细致、评价水平不高、审查要求不严格、约束性意见难落实等问题仍然普遍存在。因此，制定水土保持评价指南，明确相应评价要求、内容、方法和审查规定，出台主体工程设计落实水土保持评价意见的监督管理办法，是今后水利水电工程水土保持技术发展的一项重要内容。

（二）开展弃渣减量化设计论证，推进弃渣综合利用方案制定与落实

大型水利水电工程建设期间大量弃渣受地形地貌、水文地质、敏感因子、运输条件、工程投资等多方面因素的制约，存在弃渣场选址难、弃量大、堆放高、风险大的问题，其解决的根本途径：①弃渣减量化，包括通过优化设计减少开挖土石方量，提高开挖土石方自身利用率（包括直接回填或制备砂石骨料利用）；②弃渣综合利用，即本工程无法利用确需废弃的土石方量作为资源用于该工程以外的其他人类活动的综合利用，包括制备成砂石骨料、水泥、空心砖等资源化后进入市场交易或直接进行市场交易，或通过政府统一调配用于公路、矿山修复、土地整治、经济开发区平整回填等其他工程。

20多年来，大型水利水电工程在结合工程布置利用弃渣置景造地，如小浪底水利枢纽工程坝下脱流段弃渣造景，河南省河口村水库，云南省南瓜坪水库、澜沧江苗尾水电站等结合坝体压重在坝下脱流段弃渣绿化造景，梧溪口水库利用坝下两侧河道整治回填弃渣并形成景观绿化带；利用符合要求的基础开挖、隧洞开挖石料制备砂石骨料加以利用，如海南大隆水库对开挖石料进行分选处理回填坝体，溪洛渡水电站结合主体工程建设需要，对隧道洞渣进行分类堆放和加工利用；很多抽水蓄能电站利用上、下库工程布置，合理调配土石方，将挖方用于大坝填筑和压坡等，珠江三角洲水资源配置工程在弃渣资源化和综合利用方面做了大量的工作，到工程水土保持设施验收时，基本实现零弃渣。

大型水利水电工程在弃渣减量化和综合利用方面虽然做了大量工作，也取得了成功经验，但尚未能将其作为水土保持方案编制与审查的主要内容并加以专题研究论证。因此，研究编制弃渣减量化和弃渣综合利用方案的技术指南，开展弃渣减量化设计论证，推进弃渣综合利用方案制定与落实，是解决大型水利水电工程弃渣难的首要任务，也是促进主体工程实现弃渣减量化设计的必要手段。

（三）强化表土资源利用与保护，实现土地资源全面合理利用

表土作为宝贵的资源，有着不可替代性。生产建设项目水土保持十分重视对表土的保护与利用，按照《水土保持工程设计规范》（GB 51018—2014）、《水利水电工程水土保持技术规范》（SL 575—2012）等水土保持技术标准的要求，在施工前对占用耕地、园地等具备剥离表土的地类，严格实施表土剥离和集中堆放并加以防护。大型水利水电工程是较早将占用土地的表土剥离和利用作为水土保持方案编制和后续设计的一项重要内容，如三峡水利枢纽工程、南水北调中线工程、白鹤滩水电站工程、向家坝水电站工程、滇中引水工程等众多水利水电工程将剥离的表层腐殖土专门堆放，以用于防治责任范围内林草植被恢复与土地复耕。国家修订颁布的《中华人民共和国土地法》《土地复垦条例》《中华人民共和国青藏高原保护法》《中华人民共和国黑土地保护法》，对土地资源保护提出更高要求，特别是对东北黑土地表土剥离提出十分严格的要求，2023年中共中央办公厅、国务院办公厅印发《关于加强新时代水土保持工作的意见》，要求生产建设项目要做好表土保护与利用工作。新修订发布的水利水电工程可行性研究报告和初步设计报告编制规程，已将其作为水土保持专业的一项重要内容，水利工程水土保持方案编制中表土保护与利用独立成章。进一步制定表土资源调查技术细则，修订完善《生产建设项目水土保持方案技术标准》（GB 50433—2018）等标准的有关内容，强化表土资源利用与保护，实现土地资源全面合理利用仍然是今后大型水利水电工程水土保持的一项重要任务。

（四）创新运用数字化技术，提高水土保持设计与管理能力

21 世纪以来，计算机及其配套硬件在大型水利水电工程设计中不断创新开发应用，AutoCAD 设计软件、BIM 技术的使用，使制图更加标准和精确。借助主体工程 BIM 设计，使得水土保持设计更加精准，如澜沧江苗尾水电站在施工过程中，充分利用三维设计技术，更加精准和合理调运土石方填筑量，结合填筑料料源试验研究，土石方平衡优化调整，减少弃渣 900 万 m³，有效降低了工程占地和弃渣场数量；在白鹤滩、澜沧江苗尾、锦屏二级等水电站水土保持监测中，将"3S"与 137Cs 示踪法技术结合，实现水土流失监测数据提取与分析、图件编制与处理快速化，数据传输网络化，提高水土保持监测质量与效率；珠江三角洲水资源配置工程水土保持建设管理系统构建与应用，提升了建设单位水土保持管理水平。

因此，加快水利水电工程水土保持数字化技术创新开发应用，对于提高设计与管理能力极为重要，是今后水利水电工程水土保持技术发展的一项重要攻关内容。

（五）推动水土保持管理全过程服务，助力高质量生态水利水电工程建设

建设单位是水土保持责任法人，从水土保持方案编制、后续设计、实施管理到自主验收，建设单位实行全过程管理，施工单位是工程建设质量的直接责任人，而大型水利水电工程建设工作繁杂，技术复杂，建设单位和施工单位很难系统正确理解国家水土保持法律法规和规范性文件的要求，更难熟悉掌握国家、行业、地方、团体标准的技术规定，直接影响水利水电工程施工过程中的水土保持管理，甚至在工程建设和生产过程中出现重大水土流失问题或留下水土流失隐患和风险，乃至水土保持监督检查中被发现违法违规行为，面临行政处罚、停工整改、信用惩戒、责任追究时都难以知其所以然。

新时代国家要求生产建设项目水土保持实施全过程全链条管理，对于大型水利水电工程建设项目，建设单位委托全面掌握水土保持法规与技术的专业单位，运用工程管理理论和方法，结合水土保持特点，对工程建设水土保持工作进行计划、组织、指挥、协调和控制，实施全过程管理服务，能够有效管理项目参建各方，特别是各个施工单位，指导和督促其他水土保持技术服务单位，履行合同职责，共同做好水土流失防治工作。

我国部分大型水电站，如溪洛渡、白鹤滩、乌东德等水电站在建设过程中，已由建设单位与水土保持监理单位联合成立水土保持管理中心，滇中引水工程建设管理局成立水土保持工作领导小组，为水土保持全过程管理技术服务提供了很好的借鉴，大型水电站已有水土保持全过程咨询服务招标案例，提供包括水土保持方案编制及后续设计管理、施工单位水土保持管理、水土保持监测监理管理、水土保持设施验收评估管理等服务内容。

推动建设单位采购水土保持全过程技术服务，或授权委托第三方机构开展对大型水利水电工程建设水土保持全过程管理技术服务，是对既往水土保持全过程管理升级提档，必将在工程建设过程中更加有效贯彻生态优先原则和水土保持设计理念，有助于建设高质量生态水利水电工程。

（六）推动开展水土保持后评价，为水利水电工程水土保持高质量发展提供支撑

我国水利水电工程项目后评价工作始于 20 世纪 80 年代中期对葛洲坝水利枢纽、三门峡水电站等工程的经济后评价。之后，丹江口水利枢纽、黄河小浪底水利枢纽等一批大型水利水电工程项目相继开展了后评价工作，这些项目后评价虽然包含了水土保持后评价的相关内容，但因多种原因，尚未开展水土保持专项后评价工作。有效评估大型水利水电工程水土保持在工程建设中发挥的水土流失防治、生态恢复、植被景观提升等方面的重要作用，既是对水利水电工程建设项目综合评价的重要补充，又有利于提升建设生态水利水电工程的决策管理水平和技术水平。

开展水土保持后评价，对水土保持技术标准修订、技术提升和创新支撑十分重要，应当作为新时代水利水电工程水土保持高质量发展的一项重要内容，全力推动开展大型水利水电工程水土保持后评价。

大型水利水电工程水土保持后评价研究方案

第一节　大型水利水电工程后评价概述

一、国内外建设项目后评价发展

国外建设项目后评价的概念最初起源于 20 世纪 30 年代美国的"新政时代",至今已有 90 多年的历史。国外后评价的发展历经以财务评价为主的项目后评价、以经济评价为主的项目后评价和以环境影响评价为主的项目后评价三个过程。

20 世纪 60 年代以前,项目后评价重点以财务评价为主,核心内容是检查分析项目建设提出的目标和指标在项目实施后是否达到预期效果。其间,美国、英国等西方发达国家为了总结投资和援外项目的实施效果,由国家财政和审计机构及外援单位组织开展了此类项目的后评价工作,总结公共投资和援外项目的经验教训,提高投资效益和决策、管理水平。如瑞典在 20 世纪 30 年代就对国家投资项目进行了效果检查,并将结果向社会公开。20 世纪 60 年代后,发达国家和世界银行等国际金融组织主要开展能源、交通、通信等基础设施以及社会福利项目的后评价,并以经济评价为主。20 世纪 70 年代后,世界经济发展带来的严重污染问题引起人们的广泛关注,环境评价逐渐成为核心和主流。

我国的建设项目后评价是在利用外资,尤其是世界银行贷款项目管理过程中学习、借鉴国外先进经验的基础上发展起来的。我国建设项目后评价工作始于 20 世纪 80 年代初,国家发展和改革委员会(原国家计划委员会)首先提出开展建设项目后评价工作,1988年,选定一些项目进行试点,委托中国人民大学进行项目后评价理论、方法的研究。20世纪 80 年代,国家开发银行、中国建设银行、交通部、农业部、煤炭部、建设部、电力部、化工部、冶金部、水利部、石油部(石油天然气总公司),也相继开展了建设项目后评价工作。经过近半个世纪的发展,我国建设项目后评价事业取得了长足的进步,初步形成了自己的后评价体系。建设项目后评价作为一种科学的方法已得到广泛认同,成为许多国际机构和国家项目管理体系中不可或缺的环节。

在水利水电建设项目方面,我国在 20 世纪 80 年代中期开始开展建设项目的后评价工作,如葛洲坝水利枢纽、三门峡水电站等工程的经济后评价主要是以经济评价为主,比较全面的后评价工作是从 20 世纪 90 年代开始的。1993 年年底，由中国水利经济研究会和丹江口水利枢纽管理局联合组织我国部分水利经济领域专家教授，对丹江口水利枢纽进行了全面的后评价工作，并于 1995 年 9 月提出了丹江口水利枢纽后评价研究报告，为丹江口水利枢纽上网电价大幅度提高作出了贡献。从 1994 年 11 月开始，在水利部有关部门的组织领导下，我国分批开展了广东高州水库、广东鹤地水库、湖南韶山灌区、河北潘家口水利枢纽（引滦工程）、河南宿鸭湖水库、山东陈垓灌区、内蒙古永济灌区、黄河三门峡水库、海南松涛水库、内蒙古察尔森水库等水利水电建设项目的后评价工作，其中包含了水土保持评价的相关内容。上述后评价报告基本上肯定了这些项目已发挥的作用和效益，同时指出了不足之处和存在的问题，总结了经验和教训，得出了结论，提出了建议，为进一步提高这些项目的综合效益具有重要的指导意义。

随着水利水电建设项目后评价工作的全面开展，相关技术标准及文件相继出台实施，1996 年水利部印发《大型水利工程后评价实施暂行办法》，2004 年水利部颁布《水利建设项目后评价报告编制规程》（SL 489—2003），2010 年水利部根据国家相关部门有关政策对该规程进行了修订，颁布《水利建设项目后评价报告编制规程》（SL 489—2010）。2010 年水利部印发《水利建设项目后评价管理办法（试行）》（水规计〔2010〕51 号）。

20 世纪 80 年代后期，一些世界银行贷款建设项目环境影响评价中，世界银行环保专家根据世界银行的有关要求，提出了开展建设项目环境影响后评价的重要性和必要性。《中华人民共和国环境影响评价法》出台之后，对水利水电工程项目环境影响后评价作出了明确的要求，大型水利水电工程项目环境影响后评价相继开展。

我国水利水电工程后评价的研究工作虽较成熟，但目前为止尚未开展专项的水土保持后评价工作，水土保持后评价仅为水利水电建设项目后评价中的部分内容。水土保持作为实现国家生态文明建设的重要途径，对有效评估大型水利水电工程水土流失防治、生态恢复、植被景观提升等方面具有重要作用。开展水土保持后评价，既是对水利水电建设项目综合评价的重要补充，也是提升建设生态水利水电工程的决策管理水平和技术水平，更是新时代水利水电工程水土保持高质量发展的要求。

二、大型水利水电工程后评价理论发展

大型水利水电工程后评价的理论研究，主要集中在如下四个方面：

（1）水利水电工程后评价的定义、意义及后评价的特点、内容、原则。

（2）水利水电工程后评价体系研究。

（3）水利水电工程后评价方法研究以及在水利项目后评价中的应用研究。

（4）水利水电工程后评价内容研究。

综合现有理论基础，可以将水利水电工程后评价研究理论概括如下：

1. 定义

水利水电工程后评价是指对已经完成的水利水电项目的规划目的、执行过程、效益、作用和影响所进行的系统的、客观的综合分析评价，是在项目已经完成并运行一段时间后，对项目的立项决策、设计、采购、施工、验收、运营等各个阶段的工作，进行系统评价的一种技术、经济活动，是项目监督管理的重要手段，也是投资决策周期性管理的重要组成部分，是为项目决策服务的一项主要的咨询服务工作。

2．意义及目的

开展水利水电工程后评价，可以全面、系统地检查和分析项目的执行过程、效益、作用和影响。通过对项目全过程的回顾，进行项目效果和效益分析，总结经验教训，提出对策和建议，使项目的决策者、管理者掌握更加科学合理的方法和策略，完善和调整相关方针、政策和管理程序，提高决策者的能力和水平，进而达到提高和改善投资效益的目的，其评价目的主要有以下几点：

（1）及时反馈信息，调整相关政策、计划、进度，改进或完善在建项目。

（2）增强项目实施的社会透明度和管理部门的责任心，提高投资管理水平。

（3）通过经验教训的反馈，调整和完善投资政策和发展规划，提高决策水平，改进后续投资计划和项目的管理，提高投资效益。

3．评价原则

评价原则包括真实性原则、科学合理性原则、实用性原则、可操作性原则。

4．评价内容

水利水电工程后评价的步骤一般可分为准备阶段、调研阶段、评价阶段和后评价成果编制阶段等。水利水电工程后评价从评价内容上分，主要包括过程评价、经济评价、影响评价和目标及可持续性评价等。

5．评价指标

评价指标包括过程后评价指标、经济后评价指标、影响后评价指标和综合后评价指标。

第二节　大型水利水电工程水土保持后评价的作用、目的和意义

一、水土保持后评价的概念

水土保持后评价是指在项目已经建成并通过水土保持设施验收，经过一段时期的运行后，对项目水土保持全过程进行的总结评价。水土保持后评价应重点对项目的水土保持方案编制，水土保持措施设计、施工、运行与维护、实施效果、投入与效益比较、管理经验与教训等进行全面系统的评价，根据评价结果对今后可能出现的水土流失进行预测和判断，对评价过程中发现的问题提出防治对策和措施，为项目后续管理提供科学依据，为建设同类项目投资决策提供借鉴。

二、水土保持后评价的作用

进入新时代，党中央高度重视生态环境的保护和建设，对生态文明建设提出了更高要求，随着《中华人民共和国水土保持法》不断深入贯彻实施，项目建设水土保持各项制度严格落实，过程中的水土保持监督管理日益规范，水土保持设施管理和维护受到高度重视，生产建设活动造成的水土流失得到有效控制，对扰动和损毁的生态环境进行全面修复。各项水土流失治理措施按照批复的水土保持方案，在施工过程中，落实了相应的水土流失防治措施，工程完工后开展了水土保持设施验收。然而，工程运行期间，其建设初期制定的目标是否实现，水土保持设计、施工、监理、监测、管理等全过程环节是否到位，有无产生水土流失危害，工程建成后效果是否达到预期，工程建设水土保持管理制度、办

法、细则是否完善等可通过水土保持后评价进行验证。

三、水土保持后评价的目的和意义

（1）开展水土保持后评价，可以了解和掌握项目建设和运行过程中所产生的水土流失，验证项目水土保持方案中水土流失预测结论。

（2）开展水土保持后评价，可以验证项目建设期和运行期水土保持措施的合理性和有效性，并对运行期水土流失防治进行及时的调整和改进，为水土保持设施的运行管理提供科学依据。

（3）开展对大型水利水电工程进行水土保持后评价，可以全面了解和掌握项目实施后水土流失的防治效果和水土保持效益，为今后建设项目投资决策提供借鉴。

第三节 大型水利水电工程水土保持后评价技术路线

一、水土保持后评价开展时间

大型水利水电工程水土保持后评价的开展时间需根据水土保持后评价的目的及要求决定，通常在水利水电项目水土保持设施验收通过后的 1～2 年内进行。即在水土保持设施全面发挥效益并运行一段时间后，才能从项目准备、项目决策、项目实施、生产运行全过程对水土保持进行全面总结，提出切实措施和改进建议，并通过及时有效的信息反馈，优化水土保持管理，从而达到提高水土保持和生态效益的目的和同类项目再决策的科学化水平。

二、水土保持后评价工作程序

大型水利水电工程水土保持后评价工作程序要结合后评价的任务、后评价的具体对象、后评价的目的及要求，确定后评价的工作程序。一般将后评价工作划分为四个阶段：准备阶段、调研阶段、评价阶段和后评价成果编制阶段。各阶段主要工作任务如下。

（一）准备阶段

准备阶段主要对项目的建设情况进行整理、统计，确定评价范围、目标、主要评价内容、评价方法及程序、工作重点、进度安排等，编制水土保持后评价工作方案。

（二）调研阶段

1. 资料收集

收集大型水利水电工程已有的水土保持管理制度、水土保持方案和初步设计及其批复文件、水土保持施工图设计、水土保持监测、水土保持监理、水土保持变更、水土保持设施验收等资料。在资料收集、整理、分析的基础上，对所调研工程建设环节的水土保持工作情况进行系统梳理。

（1）水土保持方案和初步设计及其批复文件。主要收集水土保持方案报告书、水土保持设计章节及其批复文件。了解工程概况、项目所在地水土流失情况、批复的水土保持措施体系、水土保持措施设计、水土保持监测方案主要内容及工作要求。

（2）水土保持施工图设计及变更文件。主要了解工程施工阶段，针对批复的水土保持方案报告书、水土保持设计落实的水土流失防治措施的施工图设计情况，掌握水土保持工程设计变更与水土保持方案变更（包括弃渣场补充）主要变更情况。

（3）水土保持监测、监理。重点收集水土保持监测、监理工作开展情况的相关材料，了解水土保持监测、监理开展情况，主要的监测、监理人员配备、监测费用、监理监测实施过程及发挥的作用等。重点关注弃渣场的水土保持监测开展情况和监测资料。

（4）水土保持设施验收。重点收集水土保持设施验收报告、验收开展情况及验收鉴定书。掌握水土保持设施验收工作的开展过程、水土流失防治的效益评价、工程遗留问题及处理结果。

2. 现场调研

根据大型水利水电工程建设特点，结合调研内容和相关资料的分析成果，采用实地调研和公众调查的方式开展水土保持后评价调研。重点调研工程建设目标实现、水土保持制度制定及实施、水土保持前期程序执行、水土保持措施落实以及项目区达到的水土流失防治、生态实际效果等情况。重点调研大型水利水电工程的主体工程、交通设施、弃土（渣）场、料场、施工生产生活区、移民安置区等部位的相关水土保持措施建设情况；水土流失防治效果及水土保持设施运行效果；水土保持管理及维护落实情况等。

（1）工程建设情况调研。主要目的是为大型水利水电工程目标评价服务。重点调研工程建设初期制定的总体目标和水土保持制度建设情况。

（2）设计过程调研。结合现场实施情况，对项目设计深度、水土保持相关措施设计的合理性、可操作性和可优化改进的情况进行调研。采取分区调查的方式进行。

主体工程——重点调查各类开挖高边坡截（排）水措施，调查排水措施截（排）水设计标准、截（排）水沟断面型式；调查主体工程区绿化方案，绿化树（草）种的选择原则和主要水土保持树种，绿化标准以及绿化效果等。

交通设施——重点调查道路截（排）水；永久道路边坡绿化、道路两侧绿化和压埋下边坡绿化；下坡面抛洒浮渣处理等措施。

弃土（渣）场——重点调查弃土（渣）场拦渣工程、护坡工程、排洪工程、排水工程、沉沙工程和植被恢复工程等。调查弃土（渣）场拦渣工程设计标准、护坡工程防护标准、排洪截（排）水设计标准、植被恢复工程设计标准。各类工程措施结构型式、设计断面以及植被恢复措施的植物配置、树（草）种选择和种植密度等。

料场——重点调查料场拦挡措施、排水措施以及开采迹地整理等；料场开采迹地绿化和开采边坡绿化防护措施等。

施工生产生活区——重点调查临时拦挡和苫盖措施、排水措施等；临时办公区绿化和施工迹地绿化等。

移民安置区——重点调查专项设施复建、安置点拦挡措施、排水措施等；移民集中安置区与专项设施复建区绿化和施工迹地绿化等。

水土保持监测——重点调查监测开展情况，包括监测点位的选取、监测方法、监测内容、监测时段与频次、监测工作量以及监测成果的报送和管理等情况。

水土保持监理——重点调查监理开展情况，包括监理人员配备、监理方法、监理内容等。

同时，还应调查表土资源的利用与保护，重点调查表土资源的调查方法、剥离厚度、工艺及保护措施等。

（3）运行过程调研。主要调研运行期间对水土保持设施验收遗留问题的处理和运行管理机构、规章制度的建立及运行维护措施等。

（4）工程效果调研。主要调研了解工程效果情况，采取现场调研、数据测量和公众调查相结合的方法。现场调查植被恢复效果、水土保持效果、景观提升效果、环境改善效果、安全防护效果、社会经济效果。

调查需结合"公众满意度调查表""效果评价统计表"中相关内容完成。

采取现场座谈的形式，与项目建设单位深入交流工程建设期间落实各项水土保持工作以及水土保持设施验收后管理维护方面的经验和教训，交流改善和加强工程水土保持工作的建议。

（三）评价阶段

水土保持后评价依据现行的政策、法律、规章、技术标准和主管部门的有关文件，基于资料分析、现场调研和专题座谈等工作，结合后评价方法，按照目标评价、过程评价和效果评价的内容，进行项目的水土保持后评价，并分析总结工程水土保持工作方面的成功经验与不足，提出改进工程水土流失防治模式和后续工程水土保持工作的方向和建议。

（四）后评价成果编制阶段

基于大型水利水电工程水土保持后评价主要内容，将上述调查分析评价成果写成书面报告，总结经验教训，提出对策和建议，提交委托单位或上级有关部门。

第四节　大型水利水电工程水土保持后评价的主要内容和方法

一、水土保持后评价主要内容

大型水利水电工程水土保持后评价内容包括从项目提出到项目投产运行（即水土保持设施验收）的全过程，也可根据项目的具体情况有所增删。根据水利水电项目的建设过程，从评价内容上主要包括目标评价、过程评价和效果评价三个方面。

（一）目标评价

水土保持目标评价重点在于水土保持工程建设目标实现程度的评价，通过现场调研和资料分析，了解水利水电工程建设初期制定的水土保持建设目标是否符合工程实际，水土保持方案确定的目标值是否符合工程实际，并对相关规范提出调整意见。

（二）过程评价

水土保持过程评价是进行水土保持后评价的重点，主要包括水利水电工程设计前期评价、施工过程评价和运行过程评价。

（三）效果评价

水土保持效果评价主要是对水土保持措施实施所带来的效益、水土保持效果评价，主要包括基础效益、生态效益和社会效益。

二、水土保持后评价主要方法

常用的水土保持后评价方法有列表法、定量分析法、定性分析法和层次分析法。

（一）列表法

列表法即根据后评价总体评价指标体系，采用现有资料法、现场调查法、专题调查法、问卷调查法等，结合资料收集和调查的结果，对照各工程评价指标的要求，确定各项指标效果，并给出定性的评价，分为好、较好、一般、较差和差等，以对该工程水土保持实施情况进行总体评价。

1. 现有资料法

通过搜集各种建设项目立项及执行过程中的主体资料、水土保持相关的全过程资料以及社会及生态资料，摘取其中对后评价有用的相关信息的方法。

2. 现场调查法

通过项目现场调查，对水土保持措施实施情况、效果及存在的问题进行重点调查。

3. 专题调查法

针对水土保持后评价过程中发现的重大问题，邀请有关专家、监督执法人员、项目运行管理人员等共同研讨，揭示矛盾，分析原因。

4. 问卷调查法

对水土保持评价主要关注的问题进行梳理，并制作成表格，通过发放问卷的形式搜集有关资料的方法。问卷调查所获得的资料信息易于定量，便于对比。

（二）定量分析法

结合调查分析和资料收集的相关指标，需要通过定量分析的方法，分析项目水土保持效果与目标效果的差距，总结水土保持设计、施工、管理等方面的经验教训，提出对策和建议。

（三）定性分析法

针对调查分析和资料收集的相关指标，无法通过定量分析确定的相关目标及效果，可采用定性分析法。根据大型水利水电工程建设的特点，在水土保持后评价中，一般采用定量分析和定性分析相结合，以定量为主、定性分析为补充的分析方法。

（四）层次分析法（AHP 法）

层次分析法（AHP 法）是针对要解决的问题进行由复杂到简单、由高到低的逐层分解。分解时根据问题的目的和所要达到的目标，按照互相之间的隶属关系自上而下、由高到低排列成有序的递阶层次结构。将每个层次每个因素互相比较，得到相对重要性，利用数学方法综合计算各层因素相对重要性的权值，得到最低层相对于中间层和最高层的相对重要性次序的组合权值，以及特征根和一致性指标等，从而达到所要求解的目的。

第五节　大型水利水电工程水土保持后评价关键指标体系

一、水土保持后评价指标设置原则

大型水利水电工程水土保持后评价指标体系是根据评价内容和评价重点，由若干指标按照一定的规则，相互补充又相互独立组成的体系，指标能够集中反映水利水电建设项目各个环节、各个要素之间的因果关系。水土保持后评价指标体系的设置，要科学而全面地反映所在区域的水土保持状况，符合大型水利水电工程建设项目水土保持的特点，满足水土保持后评价工作的需要。指标体系的设置应符合以下原则。

（1）客观性原则。指标应当真实反映项目水土保持运行状态特征。进行水土保持后评价时要收集大量的资料，进行更加完善的监测和试验，坚持实事求是的工作态度，严格按照相应的标准和要求进行后评价工作。

（2）易获取性原则。评价指标在现有资料基础上做必要的调查、测定即可获得，其评价指标获取方法经过一定的短期培训就能被一般的技术人员所掌握，以利于推广。

（3）全面性原则。评价是从项目前期到施工，至竣工验收交付运行的整个过程的水土保持评价，因此，后评价的指标应能全面地反映整个过程的水土保持状况。

（4）代表性原则。建设项目水土保持组成因子众多，各因子之间相互作用、相互联系，构成了一个复杂的综合体。要详细准确地反映整个发展变化过程也就需要相当多的指标，不仅很困难，也不太符合实际。因此，后评价指标的设置，应该具有高度的代表性，结合水土保持发挥的功能，能够描述项目水土保持的主要特征等。指标的个数宜少不宜多，应围绕水土保持后评价的目的和评价内容，有针对性地选择其中最具代表性的指标，使其能够最真实、直接、明确地反映水土保持后评价的特点，做到指标既不重叠、不交叉，又能够体现出各指标之间相互的内在关系。

（5）定性与定量相结合原则。由于大型水利水电工程水土保持的特殊性及局限性，评价指标体系应采用定性和定量评价指标相结合的原则。

（6）可行性原则。水土保持后评价指标所选用的参数能够及时、正确、稳定、完整地取得，同时，后评价的结果能够通过计算、分析和评价获得，指标选取要有可行性。

二、水土保持后评价指标体系构建

大型水利水电工程水土保持后评价指标体系在时间上反映项目水土保持变化的速度和趋势，在空间上反映生态环境的整体布局和结构，在数量上反映水土保持工程的规模，在层次上反映水土保持措施系统的功能和水平。水土保持后评价的指标体系应当紧紧围绕水土保持这一主题，对工程项目建设、施工期以及运行期的水土保持状况进行较准确的反映。因此，所选择的后评价指标应该反映大型水利水电工程水土保持的特性。

通过分析项目施工期与运行期水土保持的特点，将建设项目水土保持后评价的指标体系分为3个层次，见表2.5-1。

第一层为目标层，即目标评价、过程评价和效果评价3个大类，要能涵盖后评价全部内容。目标评价重点对项目原定水土保持目标的实现程度、适应性等方面作出评价；过程评价重点对设计过程、施工过程、管理和运行过程进行评价；效果评价着重从水土保持措施实施所带来的基础效益、生态效益和社会效益进行评价。

第二层为指标层，即各个大类中进行后评价的具体内容，要能反映后评价工作各阶段的内容细节。

第三层为变量层，即指标层中各项因子、要素的状态，要能反映指标具体量化后的状态、关系和趋势等。

表 2.5-1　　　　　　　　　　　水土保持后评价指标体系

目标层	指标层	变　量　层
目标评价	工程建设	工程建设初期制定的水土保持目标
		水土流失总治理度、林草植被恢复率、林草覆盖率、表土保护率、渣土防护率、土壤流失控制比
过程评价	设计过程	设计阶段及深度（防洪排导、拦渣工程、斜坡防护工程、土地整治工程、植被建设工程、临时防护工程、防风固沙工程、降水蓄渗工程、表土保护工程）
		设计变更
	施工过程	采购招标
		开工准备
		工程合同管理、进度管理、资金管理、工程质量管理、水土保持监理、监测、验收
		新技术、新工艺及新材料的应用
	运行过程	水土保持验收遗留问题处理
		运行管理
效果评价	植被恢复效果[①]	林草覆盖率[①]、植物多样性指数、乡土树种比例、单位面积枯枝落叶层、郁闭度或覆盖度[①]
	水土保持效果[①]	表土层厚度[①]、土壤有机质含量[①]、地表硬化率[①]、不同侵蚀强度面积比例[①]、沙结壳的形成
	景观提升效果	美景度、常落树种比例、观赏植物季相多样性
	环境改善效果	负氧离子浓度、SO_2吸收量
	安全防护效果[①]	拦渣设施完好率[①]、渣（料）场安全稳定运行情况[①]
	社会经济效果	促进经济发展方式转变程度、居民水保意识提高程度

注　在不改变目标层和指标层的前提下，可根据工程特点适当增减或细化评价变量。

①　控制性指标。

第三章

大型水利水电工程水土保持后评价研究应用

第一节　水土保持后评价基本原则

大型水利水电工程水土保持后评价遵循独立性、针对性、客观性原则，具体内容如下。

一、独立性原则

水土保持后评价必须保证独立性。独立性是从第三者角度对项目决策、规划设计、管理运行以及评估咨询进行评价，避免出现项目决策者和管理者自我评价的情况。为保证项目后评价工作的独立性，真实反映项目前期、建设及运行过程中的成效，需设置独立的后评价机构或委托第三方咨询机构进行后评价。

二、针对性原则

为确保水土保持后评价成果及时发挥作用，后评价报告具有较强的针对性和实用性，按照水土保持评价目的，重点对目标、过程及效果进行后评价。

三、客观性原则

依据客观规律，坚持一切从实际出发，力求后评价成果反映客观实际。为使项目后评价能够客观、真实地反映项目建成的利弊，需保持在评价指标、计算方法和计算口径等方面的一致性。

第二节　水土保持后评价基本内容

水土保持后评价内容包括从项目提出到项目投产运行的全过程，评价内容主要包括目标评价、过程评价和效果评价三方面，见表3.2-1。

一、目标评价

目标评价主要对项目原定水土保持目标的实现程度、适应性等方面进行分析。对照项目主体工程和水土保持各阶段确定的目标，了解工程建设初期制定的水土保持总体目标是否符合工程实际，水土保持各阶段确定的水土流失防治目标值是否合理，并对相关规范提出调整建议。

表 3.2 - 1　　　　　　大型水利水电工程水土保持后评价范围及评价重点

评价范围	评价内容	评价重点
结合工程分类，将建设可能引起水土流失的环节和重点部位作为主要评价范围	目标评价	工程建设前期相关水土保持政策的制定情况，建设过程中水土保持方案、水土保持监理、监测、竣工验收制度执行、落实情况，运行期间水土保持相关管护责任制度的建立和落实情况等
	过程评价	(1) 从防洪排导工程、拦渣工程、斜坡防护工程、土地整治工程、植被建设工程、临时防护工程、防风固沙工程、降水蓄渗工程和表土保护工程等方面入手，分析评价水土保持方案拟定的防护措施是否符合国家相关政策和可持续发展要求，是否有利于项目区生态环境保护和水土保持情况；评价水土保持措施的合理性、可行性以及与项目整体方案的协调性等；对设计阶段及深度、设计变更情况等进行评价； (2) 水土保持采购招标、开工准备、合同管理、进度管理、资金管理、工程质量管理，水土保持监理监测开展情况以及施工中新技术、新工艺、新材料的应用情况； (3) 水土保持设施验收后，水土保持验收遗留问题处理情况，运行管理人员、机构、费用及管理模式等运行管理情况
	效果评价	(1) 基础效益：借助于工程建设和运行期间水土保持监测和后续运行监测，评价水土保持措施实施后蓄水保土改善情况； (2) 生态效益：评价水土保持措施实施后当地生态环境承载力的变化以及对当地小气候等生态环境的改善作用； (3) 社会效益：评价水土保持措施实施后，给当地群众带来的经济改善、民生改善和社会发展效益

（1）水土保持目标评价重点在于通过现场调研和资料分析，评价制定的总体目标、水土流失防治指标等合理性。

（2）水土保持制度建设目标主要评价工程建设前期水土保持管理制度的制定情况，建设过程中水土保持方案、水土保持监理、水土保持监测、水土保持设施验收制度执行和落实情况，运行期间水土保持相关管护责任制度的建立和落实情况等。

二、过程评价

过程评价是水土保持后评价的重点，应在项目前期工作开展和项目区环境状况、水土流失特征调查的基础上开展评价工作，主要包括设计过程评价、施工过程评价、管理评价和运行过程评价。

（一）设计过程评价

设计过程评价主要对水土保持方案、水土保持设计中水土保持措施设计的合理性进行评价，重点是防洪排导工程、拦渣工程、斜坡防护工程、土地整治工程、植被建设工程、临时防护工程、防风固沙工程、降水蓄渗工程和表土保护工程等，分析评价水土保持方案拟定的防护措施是否有利于项目区生态环境保护和水土保持的要求；评价水土保持措施的合理性、可行性以及与项目整体方案的协调性等。设计过程评价还需对设计阶段及深度、设计变更情况等进行评价。

1. 水土保持设计工作情况评价

根据国家有关水土保持法律法规，在山区、丘陵区、风沙区进行的生产建设活动，均应编报水土保持方案报告并经水行政主管部门批准。阐明项目水土保持方案编制工作过程，分析、研究已经审批的项目水土保持方案和后续设计相关内容，了解和掌握主要结论、审查批复意见，以评价项目设计程序、设计过程的合规性以及"三同时"的符合性。

2. 水土保持措施设计标准评价

（1）重点依据现行的技术标准，针对工程建成后水土保持设施实际运行情况，评价水土保持方案及后续设计中弃渣场及拦挡工程、排洪工程、植被恢复与建设工程级别和设计标准是否合理。

（2）针对原设计采用的防护工程级别或设计标准不满足现行标准要求或已产生较为严重水土流失问题的，是否提出补救措施。

3. 水土保持设计深度评价

（1）结合水土保持设施运行情况，重点评价水土保持方案以及后续设计相关成果是否满足设计阶段要求。

（2）水土保持方案以及后续设计相关成果是否满足相关标准要求，是否满足施工需要。

4. 水土保持措施设计合理性评价

（1）表土保护工程：主要评价施工扰动范围内可剥离区域是否全部剥离；剥离的表土是否集中存放并采取临时拦挡、苫盖、排水等防护措施；高寒草原草甸地区，是否对表层草甸进行剥离后采取专门养护措施，并在施工结束后回铺利用。

（2）拦渣工程：主要评价弃渣（土、石）场设计是否满足弃渣（土、石）运行安全、防洪安全的要求；评价弃渣场是否根据位置、类型及堆置情况布设拦渣、防洪排水等工程；弃渣场是否综合考虑了渣场类型、弃渣堆置方案、渣场地形和工程地质、气象及水文、建筑材料、施工机械类型等因素，选择合适的拦挡工程型式。

（3）降水蓄渗工程：主要评价以水力侵蚀为主的地区是否设计有降水集蓄和入渗措施，降水蓄渗措施是否有效供给植被建设和养护需水要求。

（4）防洪排导工程：主要评价是否布设防洪排导工程；是否根据防洪排导的要求，有针对性地布设了截（排）水沟、拦洪坝、排洪渠（沟）、涵洞、防洪堤、护岸护滩、泥石流治理等型式的防洪排导设施；截（排）水沟、是否根据地形、地质条件布设，是否与自然水系顺接，是否布设消能防冲措施。

（5）斜坡防护工程：主要评价因工程开挖、填筑、弃渣、取料等活动形成的斜坡，是否根据地形地貌、水文、地质等条件，在边坡稳定分析的基础上，采取了削坡开级、坡脚及坡面防护等措施；评价在满足稳定安全的条件下，是否优先采取植物护坡措施或植物与工程相结合的综合护坡措施。

（6）土地整治工程：主要评价是否对工程征占地范围内需要复耕或恢复植被的已扰动裸露土地及时进行场地清理、平整、表土回覆、土壤改良等整治措施；弃渣场的土地整治设计是否根据林草植被恢复或复耕的要求进行。

（7）防风固沙工程：主要评价是否针对风沙区采取植物固沙、机械固沙、化学固沙等措施，在戈壁风沙区是否已采取砾石压盖等措施。

（8）植被建设工程：主要评价对工程扰动后的裸露土地以及工程管理范围内未扰动的土地，在保证安全稳定的前提下，是否优先考虑植物措施或工程与植物相结合的措施；植物措施设计是否依据立地条件，因地制宜、适地适树（草）地选择植物种和种植措施，是否优先采用乡土树种；干旱缺水地区和植物措施标准要求高的区域是否配套灌溉措施。

（9）临时防护工程：主要评价对临时堆土、取土（石、料）场、弃渣（土、石）场、施工区等易造成流失的裸露场地，是否已采取临时拦挡、苫盖、排水、沉沙、种草等防护措施。

（二）施工过程评价

施工过程主要评价水土保持采购招标、开工准备、合同管理、进度管理、资金管理、质量管理、水土保持监理监测开展情况以及施工中新技术、新工艺、新材料的应用情况，水土保持设施验收工作开展情况。

1. 施工准备工作评价

重点评价水土保持采购招标、开工准备、合同管理、进度管理、资金管理、工程质量管理等前期准备工作是否合规，施工准备工程管理是否到位，依据是否正确，相关制度是否符合水土保持方案及相关规定要求。

（1）采购招标：主要评价水土保持工程及专项招投标分标情况、招标过程和合同签订情况等。

（2）开工准备：主要评价"三通一平"工程及水土保持工程前期准备情况。

（3）合同管理：主要评价合同管理体系、制度是否完善，合同管理是否规范等。

（4）进度管理：结合主体工程建设工期，评价水土保持工程进度实施情况，"三同时"制度落实情况等。

（5）资金管理：主要评价是否有健全的内部控制体系、监督和检查制度，水土保持资金拨付使用是否及时和规范。

（6）工程质量管理：主要评价水土保持质量管理体系是否完备、质量管理制度是否健全、水土保持工程质量是否合格等。

2. 水土保持施工评价

（1）水土保持措施是否严格按照水土保持方案、水土保持设计文件进行落实。

（2）水土保持设计变更手续是否及时、合规。

（3）水土保持监理人员是否满足要求，水土保持监理成果是否满足规范要求，是否对水土保持设计和施工管理进行了指导。

（4）水土保持监测人员是否满足要求，水土保持监测频次、监测方法及点位是否满足水土保持方案和现场实际要求，是否进行了水土保持设计和施工管理指导，是否及时掌握建设项目水土流失状况和防治效果，是否及时发现重大水土流失危害隐患并提出水土流失防治对策建议等。

（5）水土保持措施实施和监理监测过程是否采用新技术、新工艺、新材料，分析对该工程工期、质量、投资的影响，评价在国内外相关领域的作用影响和应用前景及预期的蓄水保土效益、生态效益和社会效益。

（6）工程水土保持设施是否已按批复内容全部建成，各单位工程能否正常运行，竣工验收提供的资料是否准确完整，是否存在遗漏或错误；竣工验收的主要结论意见是否实事求是、客观地反映实际情况。

（三）水土保持管理评价

水土保持管理作为工程管理的组成部分，其任务包括：建设单位水土保持管理机构的设置、管理人员的配备，水土保持政策、法规的执行，水土保持管理制度计划的编制，提出工程设计、监理、招投标中的水土保持内容及要求，水土流失监测计划执行情况等。水土保持后评价主要分析、评价工程现行水土保持管理体系是否达到了管理的任务、目的和需要，是否有效控制发现的新问题，并提出具体的水土保持管理和补救措施。

（四）运行过程评价

运行过程主要评价对水土保持设施验收后，水土保持验收遗留问题的处理情况，运行管理人员、机构、费用及管理模式。

（1）评价运行管理期间是否有水土保持遗留问题处理措施及计划，相关遗留问题是否得到有效解决。

（2）评价工程运行管理单位的组织机构、人员编制是否设置水土保持设施运行相关人员。

（3）评价工程运行管理单位的管理办法、规章制度是否健全，尚需补充完善的管理规章制度。

（4）评价工程水土保持设施运行维护资金来源及保障措施。

（5）对工程水土保持管理中存在的问题提出改进措施。

三、效果评价

水土保持效果评价包括对基础效益、生态效益和社会效益进行评价。

（1）基础效益。水土保持措施的基础效益是蓄水保土，因此，评价水土保持措施是否及时有效防治了项目区的水土流失，水土流失治理度、土壤流失控制比是否达到设计标准要求。

（2）生态效益。主要评价项目区生态环境是否得到改善，扰动区复垦、绿化、植被恢复措施是否及时实施，植物措施种植范围、植物配置、种植密度是否符合设计要求，是否符合项目区的实际情况，林草植被恢复率、林草覆盖率是否满足标准与设计的要求。

（3）社会效益。水土保持措施实施之后，社会效益体现在对人类身心健康、社会精神文明的促进等方面。水土保持措施实施后，能够促进农、林、牧、渔业的发展，活跃当地经济，直接或间接地减缓对土地的压力。

综合以上分析，水土保持效果将重点从植被恢复效果、水土保持效果、景观提升效果、环境改善效果、安全防护效果、社会经济效果等6个方面进行评价。

（一）水土保持效果评价主要内容

1. 植被恢复效果

主要评价水土保持设施对植被覆盖度增加以及维护森林、草原、湿地等生物多样性等方面所发挥作用的重要性。可将林草覆盖率、植物多样性指数、乡土树种比例、单位面积枯枝落叶层、郁闭度或覆盖度作为评价的指标，见表 3.2 - 2。

表 3.2 - 2　　　　　　　　植被恢复效果评价指标

评价内容	评价指标	单位	结果
植被恢复效果	林草覆盖率	%	
	植物多样性指数	—	
	乡土树种比例		
	单位面积枯枝落叶层	cm	
	覆盖度	%	
	郁闭度		

2. 水土保持效果

主要评价水土保持设施对保持土壤资源、维护和提高土地生产力等方面所发挥作用的重要性。可将表土层厚度、土壤有机质含量、地表硬化率、不同侵蚀强度面积比例作为评价的指标，见表 3.2 - 3。

表 3.2 - 3　　　　　　　　水土保持效果评价指标

评价内容	评价指标	单位	结果
水土保持效果	表土层厚度	cm	
	土壤有机质含量	%	
	地表硬化率	%	
	不同侵蚀强度面积比例	%	

3. 景观提升效果

主要评价水土保持设施对区域景观改善和提升等方面所发挥作用的重要性。可将美景度（公众调查获得）、常绿、落树种比例、观赏植物季相多样性作为评价的辅助指标，见表 3.2 - 4。

表 3.2 - 4　　　　　　　　景观提升效果评价指标

评价内容	评价指标	单位	结果
景观提升效果	美景度	—	
	常绿、落叶树种比例	%	
	观赏植物季相多样性	—	

4. 环境改善效果

主要评价水土保持设施对改善生态环境和小气候方面所发挥作用的重要性。可将负氧离子浓度、SO_2 吸收量作为评价的辅助指标，见表 3.2 - 5。

表 3.2－5　　　　　　　　　　环境改善效果评价指标

评价内容	评价指标	单　位	结　果
环境改善效果	负氧离子浓度	个/cm^3	
	SO_2 吸收量	g/m^2	

5. 安全防护效果

主要评价水土保持设施发挥的安全防护作用。可将拦渣设施完好率（线性工程按长度比例、点状工程按面积比例）、渣（料）场安全稳定运行状况（发生安全事故的应单独分析）作为评价的辅助指标，见表 3.2－6。

表 3.2－6　　　　　　　　　　安全防护效果评价指标

评价内容	评价指标	单　位	结　果
安全防护效果	拦渣设施完好率	%	
	渣（料）场安全稳定运行情况	—	

6. 社会经济效果

主要评价水土保持设施对促进经济发展方式转变、提高居民水保意识等方面所发挥作用的重要性。可将促进经济发展方式转变程度、居民水保意识提高程度（是否是水利风景区、生态文明示范工程、吸引游客流量）作为评价的辅助指标，见表 3.2－7。

表 3.2－7　　　　　　　　　　社会经济效果评价指标

评价内容	评价指标	单　位	结　果
社会经济效果	促进经济发展方式转变程度	—	
	居民水保意识提高程度	—	

7. 水土保持效果综合评价

根据以上主要评价内容及指标，根据层次分析法计算评价项目各指标实际值对于每个等级的隶属度，根据最大隶属度原则，评价项目水土保持效果，见表 3.2－8 和表 3.2－9。

表 3.2－8　　　　　　　　　　各指标隶属度分布情况

指标层 U	变量层 C	权重	各等级隶属度				
			好（V1）	良好（V2）	一般（V3）	较差（V4）	差（V5）
植被恢复效果 U1	林草覆盖率 C11						
	植物多样性指数 C12						
	乡土树种比例 C13						
	单位面积枯枝落叶层 C14						
	郁闭度 C15						
水土保持效果 U2	表土层厚度 C21						
	土壤有机质含量 C22						
	地表硬化率 C23						
	不同侵蚀强度面积比例 C24						

续表

指标层 U	变量层 C	权重	各等级隶属度				
			好（V1）	良好（V2）	一般（V3）	较差（V4）	差（V5）
景观提升效果 U3	美景度 C31						
	常绿、落叶树种比例 C32						
	观赏植物季相多样性 C33						
环境改善效果 U4	负氧离子浓度 C41						
	SO_2 吸收量 C42						
安全防护效果 U5	拦渣设施完好率 C51						
	渣（料）场安全稳定运行情况 C52						
社会经济效果 U6	促进经济发展方式转变程度 C61						
	居民水保意识提高程度 C62						

表 3.2-9　　　　　　　　　　综 合 评 判 结 果

评价对象	好（V1）	良好（V2）	一般（V3）	较差（V4）	差（V5）	综合得分/分
大型水利水电项目						

（二）水土保持效果评价指标体系

结合水土保持评价内容，将大型水利水电工程水土保持后评价的指标体系分为 3 个层次。

第一层为目标层，即目标评价、过程评价、效果评价 3 个大类，其涵盖了后评价全部内容；第二层为指标层，即各个大类中进行后评价的具体内容，反映了后评价工作各阶段将要评价的内容细节；第三层为变量层，即指标层中各项因子、要素的状态，反映了指标具体量化后的状态、关系、趋势等。指标体系见表 2.5-1。

（三）水土保持效果评价指标获取方法

（1）林草覆盖率（％）：指工程建设征占地范围内乔木林、灌木林与草地等林草植被面积之和占征占地土地面积（扣除水库淹没区水面面积）的百分比。通过统计征占地范围内乔木林、灌木林与草地面积计算获取。

（2）植物多样性指数：指工程建设征占地范围内单位面积上的植物种类。通过查阅相关统计资料及典型样地调查，分析研究获取。

（3）乡土树种比例：指工程建设征占地范围内乡土树种的造林数量之和占所有造林树种数量的比例。通过查阅相关统计资料，分析研究获取。

（4）单位面积枯枝落叶层（cm）：指工程建设征占地范围内单位面积上枯枝落叶的重量。通过查阅相关统计资料及典型样地调查，分析研究获取。

（5）郁闭度：指工程建设征占地范围内乔木树冠在阳光直射下在地面的总投影面积（冠幅）与林地总面积的比。通过调查分析获取。

（6）表土层厚度（cm）：指工程建设征占地范围内耕作层土壤厚度。通过调查分析获取。

（7）土壤有机质含量（％）：指工程建设征占地范围内单位体积土壤中含有的各种动

植物残体与微生物及其分解合成的有机物质的数量。通过查阅相关统计资料及样品检测分析研究获取。

（8）地表硬化率（％）：指工程建设征占地范围内硬化地表面积之和占征占地土地面积（扣除水库淹没区水面面积）的百分比。通过查阅相关统计资料，分析研究获取。

（9）不同侵蚀强度面积比例（％）：指工程建设征占地范围内轻度、中度、强烈、极强烈和剧烈侵蚀强度水土流失面积占总面积的比例。通过查阅相关统计资料，分析研究获取。

（10）美景度（公众调查获得）：指群众对工程建设征占地范围内景观美丽程度的认可程度。通过向游客调查的方法获取。可将美景度最高赋值为 10，由游客对项目区植被建设美景度进行打分，根据打分情况经过平均计算获得。

（11）常绿、落叶树种比例（％）：指工程建设征占地范围内所有造林树种中常绿树种数量与落叶树种数量之比。通过查阅相关统计资料，分析研究获取。

（12）观赏植物季相多样性：指工程建设征占地范围内所有植被中春景植物、夏景植物、秋景植物和冬景植物的数量占植被总数量之比。用 Simpson 多样性指数（λ）表示。

$$\lambda = 1 - \sum P_i \tag{3.2-1}$$

式中：P_i 为各类树种量占造林树种总量之比。

（13）负氧离子浓度（个/cm^3）：指在单位体积中负氧离子的含量个数，是空气质量好坏的标志之一。通过查阅相关统计资料，分析研究获取。

（14）SO$_2$ 吸收量（g/m^2）：指叶片单位面积的含硫量。在测试点上分别取乔木、灌木树叶，送至实验室，按照《森林植物与森林枯枝落叶层全硅、铁、铝、钙、镁、钾、钠、磷、硫、锰、铜、锌的测定》（LY/T 1270—1999）测定叶片含硫量。

（15）拦渣设施完好率（％）：指建成的拦渣防护设施中，能有效发挥拦渣功能的数量（线性工程按长度、点状工程按面积）占总拦渣设施数量的比例。通过查阅相关统计资料，分析研究获取。

（16）弃渣场安全稳定运行情况：指弃渣场已经稳定运行的时间、发挥的相关作用等情况，对发生安全事故的应单独分析。通过查阅相关统计资料，分析研究获取。

（17）促进经济发展方式转变程度：从工程建设对当地经济和发展方式带来的转变等方面定性分析。

（18）居民水保意识提高程度：从是否是水利风景区、生态文明示范工程、吸引游客流量等方面定性分析环保意识提高程度。

（四）水土保持效果评价方法

水土保持后评价采用共性与特性相结合的评价方法。评价时首先根据综合指数法对工程进行整体评价，评价其水土保持的基本效果，在此基础上针对不同类型的工程建设特点，并考虑到资料获取的难易程度进行特性评价。具体评价方法如下。

1. 列表法

列表法即根据后评价总体评价指标体系，结合调查的结果，对照各工程评价指标的要求，确定各项指标效果，并给出定性的评价，分为好、较好、一般、较差和差等，以对该工程进行总体评价。

2. 层次分析法

层次分析法（AHP法）的基本思想：针对要解决的问题进行由复杂到简单、由高到低的逐层分解。分解时根据问题的目的和所要达到的目标，按照互相之间的隶属关系自上而下、由高到低排列成有序的递阶层次结构。将每个层次每个因素互相比较，得到相对重要性，利用数学方法综合计算各层因素相对重要性的权值，得到最低层相对于中间层和最高层的相对重要性次序的组合权值，以及特征根和一致性指标等，从而达到所要求解的目的。层次分析法确定权重的基本步骤如下。

（1）建立递阶层次结构。建立由最高层、中间层、最低层组成的三层递阶层次结构，同一层次的各个元素之间不存在直接的关系，后两层的元素都分别隶属于上一层的某一元素。

（2）构造判断矩阵。当分析研究对象时，确定并建立影响因素集 U，两两比较各个因素的相对重要性，建立判断矩阵 A，每次取两个因素 U_i、U_j 进行比较，用 C_{ij} 表示二者之间的影响比，得到因素判断矩阵 C。

$$C = \begin{bmatrix} C_{11} & C_{12} & \cdots & C_{1n} \\ C_{21} & C_{22} & \cdots & C_{2n} \\ \vdots & \vdots & \ddots & \vdots \\ C_{n1} & C_{n2} & \cdots & C_{nn} \end{bmatrix} \tag{3.2-2}$$

（3）计算最大特征值及特征向量。通常有三种计算判断矩阵 C 的特征向量和特征根：方法根（几何平均法）、正规化求和法、求合法。一般可采用正规化求和法计算特征根 λ_m 和特征向量 W，首先进行行列向量标准化。$\overline{C}_{ij} = \dfrac{C_{ij}}{\sum\limits_{i=1}^{n} C_{ij}}$ $(i,j=1,2,\cdots)$，标准化后，每列的元素之和为1，然后再按行求和，并对向量正规化：

$$\overline{W}_i = \sum_{i=1}^{n} \overline{C}_{ij} \quad (i,j=1,2,\cdots), \quad W_I = \frac{\overline{W}_i}{\sum\limits_{i=1}^{n} \overline{W}_i} \quad (i=1,2,\cdots) \tag{3.2-3}$$

则 $\overline{W}_i = (W_1, W_2, \cdots, W_n)^{\mathrm{T}}$ 为所求的特征向量，由此可得判断矩阵的最大特征根 λ_m。

$$\lambda_m = \frac{1}{n} \sum_{i=1}^{n} \frac{(CW)_i}{W_i} \tag{3.2-4}$$

（4）判断矩阵的一致性。判断矩阵 C 应该满足 $C_{ij}C_{jk} = C_{jk}$ $(i,j,k=1,2,\cdots,n)$。在满足一致性的条件下，矩阵具有唯一非零的最大特征根 λ_m，除此之外的其余特征根均为0。当判断矩阵具有完全一致性时，它的最大特征根稍大于矩阵的阶数 n，且其余特征根接近于0，因此，引入判断矩阵的最大特征根的其余特征根的负平均值作为度量判断矩阵偏离一致性指标：$C_I = \dfrac{\lambda_m - n}{n-1}$。

一致性指标 C_I 是衡量不一致程度的数量指标。C_I 值越大，C 的不一致性越大，可用权向量 W 表示 $(U_1, U_2, \cdots, U_n)$。为了度量不同判断矩阵是否具有完全的一致性，引入判断矩阵的平均随机一致性指标 R_I 值。一致性比率 C_R 为一致性指标 C_I 和同阶的平均随机一致性指标 R_I 的比值 $C_R = \dfrac{C_I}{R_I}$。C_R 是衡量一致性指标 C_I 的重要参数，当 $C_R < 0.10$

时，即认为判断矩阵完全一致，认为 C 的不一致性可以接受，确定判断矩阵 C 的最大特征值 λ_m 和特征向量 W，若经过检查，C 的不一致性可接受时，W 即为权重。

（5）评价指标合成权重的确定。当分别得到中间层和最低层的权重后，中间层某因素下的最低层各元素的权重乘以其隶属的中间层相应权重，即为该指标的最终合成权重。

3. 基于层次分析法权重的多级模糊综合评价模型

对大型水利水电工程来说，评价因素繁多，各因素还包含多个子因素，其中还存在评价指标的边界模糊难以量化现象，对于这类评价对象，宜采用多级模糊综合评价方法。基于层次分析法权重的多级模糊综合评价主要包括如下 5 个步骤。

（1）确定评价指标集。运用前述层次分析法进行确定。准则层集合为 $U=(U_1, U_2, \cdots, U_m)$，各准则层的目标层分别为

$$U_1=(C_{11}, C_{12}, \cdots, C_{1n})$$
$$U_2=(C_{21}, C_{22}, \cdots, C_{2n})$$
$$\cdots$$
$$U_m=(C_{m1}, C_{m2}, \cdots, C_{mn}) \tag{3.2-5}$$

式中：m 为准则层的个数；n 为指标层的个数。

（2）确定评价对象的评语集。将评价者对待评对象所作出的可能的评价结果进行汇总，得评语集 V：

$$V_i=(V_1, V_2, \cdots, V_n) \tag{3.2-6}$$

式中：V_n 为第 n 个评价结果，$n=1, 2, \cdots, m$（m 为评价结果的总数，一般划分为 3～5 个等级）。

（3）确定权重。利用前述层次分析法与熵权法分别计算权重，将确定的权重进行整合，确定综合权重。

（4）进行单因素模糊评价，建立模糊关系矩阵 R。从单个指标角度进行评价，根据公式可确定待评对象的该项指标值对于评语集 V 的隶属度，进而可得模糊关系矩阵：

$$R=\begin{bmatrix} r_{11} & r_{12} & \cdots & r_{1m} \\ r_{21} & r_{22} & \cdots & r_{2m} \\ \vdots & \vdots & \ddots & \vdots \\ r_{n1} & r_{n2} & \cdots & r_{nm} \end{bmatrix} \tag{3.2-7}$$

式中：r_{nm} 为待评对象的 C_j 指标值对等级 V_i 的隶属度（$i=1, 2, \cdots, n$；$j=1, 2, \cdots, m$）。

研究中确定的评价等级为 V1～V5，各指标评价等级划分见表 3.2-9。在确定隶属度时，为了让隶属函数能够在各级间实现平滑过渡，对其进行模糊化处理。对于 V1 和 V5 两侧区间，距临界值越远隶属度越大，在临界值时隶属度为 0.5。对于 V2～V4 等级，令其在区间中点的隶属度为 1，两侧边缘点为 0.5，中点向两侧线性递减。

各评价等级隶属函数的计算公式按上述原则进行构造。V1 和 V2 等级的临界值为 k_1，V2 和 V3 等级的临界值为 k_3，V2 等级区间中点值为 k_2，$k_2=(k_1+k_3)/2$，依此类推。越小越好型和越大越好型两类指标的计算公式不同，若 C_j 为越小越好型指标，则其隶属度函数计算式为

$$r_{V1} = \begin{cases} 0.5\left(1 + \dfrac{K_1 - C_j}{K_2 - C_j}\right) & (C_j < K_1) \\[2mm] 0.5\left(1 - \dfrac{C_j - K_1}{K_2 - K_1}\right) & (K_1 \leqslant C_j < K_2) \\[2mm] 0 & (C_j \geqslant K_2) \end{cases} \qquad (3.2-8)$$

$$r_{V2} = \begin{cases} 0.5\left(1 - \dfrac{K_1 - C_j}{K_2 - C_j}\right) & (C_j < K_1) \\[2mm] 0.5\left(1 + \dfrac{C_j - K_1}{K_2 - K_1}\right) & (K_1 \leqslant C_j < K_2) \\[2mm] 0.5\left(1 + \dfrac{K_3 - C_j}{K_3 - K_2}\right) & (K_2 \leqslant C_j < K_3) \\[2mm] 0.5\left(1 - \dfrac{C_j - K_3}{K_4 - K_3}\right) & (K_3 \leqslant C_j < K_4) \\[2mm] 0 & (C_j \geqslant K_4) \end{cases} \qquad (3.2-9)$$

$$r_{V3} = \begin{cases} 0 & (C_j < K_2) \\[2mm] 0.5\left(1 - \dfrac{K_3 - C_j}{K_3 - K_2}\right) & (K_2 \leqslant C_j < K_3) \\[2mm] 0.5\left(1 + \dfrac{C_j - K_3}{K_4 - K_3}\right) & (K_3 \leqslant C_j < K_4) \\[2mm] 0.5\left(1 + \dfrac{K_5 - C_j}{K_5 - K_4}\right) & (K_4 \leqslant C_j < K_5) \\[2mm] 0.5\left(1 - \dfrac{C_j - K_5}{K_6 - K_5}\right) & (K_5 \leqslant C_j < K_6) \\[2mm] 0 & (C_j \geqslant K_6) \end{cases} \qquad (3.2-10)$$

$$r_{V4} = \begin{cases} 0 & (C_j < K_4) \\[2mm] 0.5\left(1 - \dfrac{K_5 - C_j}{K_5 - K_4}\right) & (K_4 \leqslant C_j < K_5) \\[2mm] 0.5\left(1 + \dfrac{C_j - K_5}{K_6 - K_5}\right) & (K_5 \leqslant C_j < K_6) \\[2mm] 0.5\left(1 + \dfrac{K_7 - C_j}{K_7 - K_6}\right) & (K_6 \leqslant C_j < K_7) \\[2mm] 0.5\left(1 - \dfrac{K_7 - C_j}{K_6 - C_j}\right) & (C_j \geqslant K_7) \end{cases} \qquad (3.2-11)$$

$$r_{V5} = \begin{cases} 0 & (C_j < K_6) \\[2mm] 0.5\left(1 - \dfrac{C_j - K_7}{K_6 - K_7}\right) & (K_6 \leqslant C_j < K_7) \\[2mm] 0.5\left(1 + \dfrac{K_7 - C_j}{K_6 - C_j}\right) & (C_j \geqslant K_7) \end{cases} \qquad (3.2-12)$$

对于越大越好型指标，计算公式只需将式（3.2-8）~式（3.2-12）右端 C_j 区间号

"≤"改为"≥",将"<"改为">"后,采用同样公式计算。

(5)多指标综合评价。将权重矢量 W 与模糊关系矩阵 R 以加权求和算法合成,可得各待评对象的模糊综合评价结果矩阵 B,计算式为

$$B = W_j \cdot R = (w_{j1}, w_{j2}, \cdots, w_{jn}) \cdot \begin{bmatrix} r_{11} & r_{12} & \cdots & r_{1m} \\ r_{21} & r_{22} & \cdots & r_{2m} \\ \vdots & \vdots & \ddots & \vdots \\ r_{n1} & r_{n2} & \cdots & r_{nm} \end{bmatrix} = (b_1, b_2, \cdots, b_m)$$

$$(3.2-13)$$

式中:b_m 为待评对象对于评语集 V 的整体隶属程度。

待评对象对应的评价等级根据最大隶属度原则确定,根据待评对象整体及各评价指标的隶属情况进行模糊评价的综合分析。

第三节 大型水利水电工程水土保持后评价的组织实施

一、大型水利水电工程水土保持后评价组织实施程序

大型水利水电工程水土保持后评价的组织实施主要包括以下步骤:

(1)制定水土保持后评价工作计划。制定水土保持后评价工作计划的单位可以是政府、政府行业主管部门,也可以是企业。应根据不同的需要和目的制定其工作计划,包括选择水土保持后评价项目、选择水土保持后评价单位、制定水土保持后评价计划安排等内容。

(2)选择水土保持后评价项目。选择的水土保持后评价项目应具有特色和代表性,应以大中型水利水电项目为主。特色是指项目要具有一定的水土保持特色,如较大、较复杂、水土流失特点突出、防治难度大等;代表性即所选项目在同类项目中具有一定的代表性,便于总结经验,易于推广。

(3)选择水土保持后评价单位。项目水土保持后评价由项目法人单位委托具有相应能力的独立咨询机构承担。

(4)签订工作合同或协议。根据项目的具体情况和委托单位的要求,签订工作合同。项目水土保持后评价单位接受后评价任务委托后,首要任务就是与业主或上级签订评价合同或相关协议,以明确各自在后评价工作中的权利和义务。合同中应详细明确评价对象、评价内容、评价方法、评价时间、工作深度、工作进度、质量要求、经费预算、报告格式等水土保持后评价的有关内容。

(5)编写水土保持后评价工作方案。对需进行水土保持后评价的项目进行分析,并编制工作方案,内容应针对合同中签订的事项安排具体的方法和时间,尤其对现场的调查研究应着重细化。

(6)收集并熟悉项目资料。水土保持后评价单位应组织专家认真阅读项目文件,从中搜集与评价有关的资料。如项目的建设资料、运营资料、效益资料、影响资料,以及国家和行业有关的规定和政策等。

（7）开展现场调查研究活动。在搜集项目资料的基础上，为了核实情况、进一步搜集后评价信息，必须进行现场实地调查。

（8）开展水土保持后评价并编写报告。在查阅资料和现场调查的基础上，对大量的基础资料进行分析、评价，编制水土保持后评价报告。

（9）提交后评价报告。后评价报告完成后，经审查、研讨和修改后定稿。定稿后的报告应及时提交项目后评价委托部门。

二、大型水利水电工程水土保持后评价报告编写

水土保持后评价报告是水土保持后评价的主要成果。水土保持后评价报告是评价结果的汇总，是总结和反馈经验教训的重要文件。水土保持后评价报告必须反映真实情况，报告的文字要准确、简练，报告内容、结论、建议应与问题分析相对应，并把评价结果与将来规划和政策的制定、修订相联系。

大型水利水电工程水土保持后评价报告应根据调查分析的结果，进行全面客观地整理和分析。目前，我国还未制定专门针对水土保持后评价的编制规程，编写内容可按照项目概况、项目区概况、工程建设目标、水土保持实施过程、水土保持效果、水土保持后评价、结论和建议等几个方面开展。

三、大型水利水电工程水土保持后评价成果的使用和反馈

后评价成果反馈机制是大型水利水电工程水土保持后评价体系中的重要环节，主要目的是保证水土保持后评价成果的应用，既对评价的水利水电项目本身起到完善管理的作用，也对今后的新建项目起到参考借鉴的作用。

水土保持后评价的信息能否迅速反馈并应用于工程实践，取决于能否建立后评价结果进入项目管理周期的反馈机制，促使后评价成为一种"需求驱动型"的工作，其责任和功能要满足不同决策层的要求。在反馈程序里，必须在评价者和评价成果应用者之间建立明确的沟通机制，以保持紧密的联系。

大型水利水电工程水土保持后评价的作用是通过对项目全过程的再评价并反馈信息，为投资决策科学化服务，因此要求水土保持后评价组织机构具有反馈检查功能，也就是要求水土保持后评价组织机构与计划决策部门具有通畅的反馈渠道，以使后评价的有关信息迅速地反馈到有关部门。

第四章

大型水利水电工程水土保持后评价研究案例

案例1　龙滩水电站

一、项目概况

龙滩水电站是红水河干流开发的龙头水电站与骨干工程，电站坝址位于广西壮族自治区天峨县境内，坝址距天峨县城15km，坝址以上流域面积98500km²，约占红水河流域面积的75％，水库淹没区涉及贵州、广西两省（自治区）10个县，属Ⅰ等大（1）型水电工程。龙滩水电站的开发和建设不仅可以利用巨大的水能提供清洁和优质廉价的电力，还对减轻西江流域的洪水灾害、提高珠江三角洲的供水保证能力以及沟通贵州、广西两省（自治区）的航运具有巨大的效益，符合国家经济结构调整和可持续发展的战略，是我国西部开发的重点工程。

（一）主要建设内容及建设工期

龙滩水电站工程枢纽建筑物主要由挡水建筑物、泄水建筑物、引水发电系统和通航建筑物等组成。挡水建筑物为碾压混凝土重力坝，最大坝高192m。引水系统由坝式进水口和9条引水隧洞组成，单机单管引水。尾水出口布置在溢流坝段坝轴线下游700～850m处，顶部平台高程260.00m。发电系统建筑物包括主厂房、母线洞、主变洞、GIS开关站和出线平台以及中控楼等。通航建筑物布置在右岸，按Ⅳ级航道设计，最大过船吨位500t，采用两级垂直提升式升船机。通航建筑物主要由上游引航道、通航坝段、第一级升船机、中间错船渠道、第二级升船机及下游引航道等建筑物组成。

工程于2001年7月正式开工建设，2007年5月第一台机组发电，2008年12月7台机组全部投入试运行。工程建设单位为龙滩水电开发有限公司（以下简称"龙滩公司"）。

（二）项目实施及工程投资

工程分两期实施，一期工程正常蓄水位375.00m，装机容量4200MW，多年平均年发电量156.70亿kW·h，总库容162亿m³；二期工程正常蓄水位400.00m，规划装机容量5400MW，多年平均年发电量187亿kW·h，总库容273亿m³。龙滩水电站一期工程于2001年7月正式开工建设，2003年11月实现围堰截流，2006年9月底下闸蓄水。

2007 年 5 月电站 1 号机组并网发电进入试运行阶段，2008 年 12 月电站 7 号机组即最后 1 台机组并网发电，2008 年年底除通航建筑物外的一期枢纽工程完工。2010 年 10 月完成一期枢纽工程竣工安全鉴定，2010 年 12 月通过达标投产验收。工程总投资 243 亿元。

（三）项目运行及效益现状

龙滩水电站采取蓄洪补枯方式运行，汛期预留防洪库容 50 亿 m^3。梧州站涨水期，龙滩水电站控制下泄流量不大于 $6000m^3/s$，其持续涨水超过 $25000m^3/s$ 时，龙滩水电站泄量不超过 $4000m^3/s$；梧州站退水期，当其流量在 $4000m^3/s$ 以上时，龙滩水电站仍按不大于 $4000m^3/s$ 下泄，如梧州站流量小于 $4000m^3/s$，则龙滩按入库流量泄水；当龙滩水电站蓄满库容时，按入库流量泄水。龙滩水电站对下游 6 个梯级水电站具有可观的梯级补偿效益，使其下游梯级净增保证出力 500MW，年电量净增 20.2 亿 kW·h。

二、项目区概况

龙滩水电站项目区以中山、河谷地貌为主，地形起伏、沟谷深切。气候类型属于中亚热带季风气候，坝址位置多年平均气温 20.1℃，多年平均年降水量 1343.5mm，多年平均风速 0.7m/s，多年平均年蒸发量 1215.7mm。土壤类型主要为红壤、黄壤、石灰土和紫色土。植被类型属于亚热带季风常绿阔叶林，乡土树种主要包括松、杉、栲、栎类、竹类、油茶、核桃、板栗、八角、荔枝、柑橘和香蕉等，林草覆盖率 57.40%。

按全国土壤侵蚀类型区划分，项目区属于西南土石山区，容许土壤流失量 500t/(km²·a)。水土流失类型主要为水力侵蚀，水土流失形式以面蚀和沟蚀为主。根据《全国水土保持规划国家级水土流失重点预防区和重点治理区复核划分成果》（办水保〔2013〕188 号），项目区属于滇黔桂岩溶石漠化国家级水土流失重点治理区。根据贵州、广西两省（自治区）人民政府关于水土流失重点防治区划分公告，项目区涉及贵州、广西两省（自治区）省级水土流失重点预防区和重点治理区。

三、工程建设目标

龙滩水电站是我国实施西部大开发和西电东送战略的标志性工程，主要开发任务为发电，兼有防洪、航运等综合利用效益。

工程建设初期，建设单位提出了打造"绿色龙滩"的建设目标。通过龙滩水电站的建设，创新水土保持管理制度和方法，实施库区范围内的环境保护和水土流失治理措施，达到防止因工程建设造成的水土流失，减少入河入库泥沙的目标。

四、水土保持实施过程

（一）水土保持方案编报

2001 年 2 月，水利部水土保持司以"水保监便字〔2002〕第 03 号"对龙滩水电站水土保持方案大纲予以批复。但是由于该工程移民量大，主体工程开工后库区移民安置实施方案一直未落实，经水规总院与水利部水土保持司协商，同意该工程先编制施工区的水土保持方案专题报告，报审后先期实施施工区水土保持工作，然后再编制移民安置区的水土保持方案，并形成工程完整的水土保持方案。施工区水土保持方案由中南勘测设计研究院于 2002 年 12 月完成，工程完整的水土保持方案于 2007 年 3 月完成。2007 年 7 月水利部以"水保函〔2007〕215 号"对龙滩水电站水土保持方案予以批复。

（二）水土保持措施设计

工程建设期间，建设单位分别委托编制了施工区水土保持专项设计（中南勘测设计研究院）、广西库区移民安置区水土保持专项设计（广西壮族自治区水利科学研究院）、贵州库区移民安置区水土保持专项设计（贵州省水土保持监测站）。根据批复的水土保持方案，龙滩水电站设计的水土保持措施主要为防洪排导工程、拦渣工程、斜坡防护工程、土地整治工程、植被建设工程、临时防护工程、表土保护工程等，主要包括枢纽区开挖边坡防护，施工道路区路基边坡防护、排水及临时拦挡，弃渣场区弃渣拦挡、护坡及排水，土石料开采区临时拦挡和截（排）水设施，其他施工场地区工程护坡等，移民安置区安置点挡土墙、排水沟、护坡、截洪沟、梯田石埂、渠道等。各施工区采取土地整治、表土剥离、行道树绿化、植被护坡、迹地植被恢复及周边绿化等措施。龙滩水电站水土保持措施设计情况见表4.1-1。

表 4.1-1　　　　　　　　　　龙滩水电站水土保持措施设计情况

措施类型	区 域	设计措施实施区域	主要措施及标准
防洪排导工程	弃渣场区、枢纽区	弃渣场、枢纽区边坡	浆砌石挡土墙、浆砌石排水沟、涵管或盖板涵、涵洞、截洪沟。采用20～50年一遇标准
拦渣工程	弃渣场区	弃渣场	干砌渣堤、钢笼护坡。采用20～50年一遇标准
斜坡防护工程	枢纽区	坝址左岸、右岸、大坝、厂区、引水、通航、护岸等区域	浆砌石挡土墙、浆砌石护坡。采用20年一遇标准
	施工生产生活区	雷公滩区、拉重区、姚里沟区、纳福堡区、那边沟、红光区、龙滩施工大桥右岸桥头区、塘英区等区域	浆砌石挡土墙、浆砌石护坡。采用20年一遇标准
	移民村庄新址、机耕道复建区	纳昔移民新村	浆砌石挡土墙、截洪沟、渠道。采用20年一遇标准
表土保护工程	各施工区	耕地区域	表土剥离，剥离厚度20～30cm
土地整治工程	施工生产生活区、土地开发区	施工生产生活区、六排镇威龙组移民土地开发区	石埂或挡土墙
植被建设工程	各施工区	边坡、道路两侧、移民安置区周边	对永久设施周边按组团绿化或四旁绿化等方案布置，绿化树（草）种选择羊蹄甲、大叶榕、速生桉、八月桂、爬山虎和马尼拉草等；对施工生产场地用马尼拉草、速生桉、羊蹄甲和爬山虎等绿化。乔、灌和草种植面积按3：4：3的比例配置
临时防护工程	施工生产生活区	临时堆料（土）、施工场地周边等区域	为防止土（石）撒落，在场地周围利用开挖出的块石围护；同时，在场地排水系统未完善之前，开挖土质排水沟排除场地积水。对于场地填方边坡，为防止地表径流冲刷，利用工地上废弃的草袋等进行覆盖

（三）水土保持设计变更

因工程水土保持方案编制阶段，主体土建工程基本完工，枢纽施工区基本定型，水土保持方案报告书结合工程实际情况编制，与批复的方案报告书相比，主要变更有对部分弃渣场的挡土墙调整为干砌渣堤，渣场排水涵洞调整为排水沟、明渠排水、排水涵洞。

（四）水土保持施工

工程水土保持措施施工单位采取招投标的形式确定，其中工程措施施工单位同主体工程一致，植物措施采取单独招投标确定，共17家绿化施工单位。

为了确保龙滩水电工程的建设质量，加强工程建设过程中的水土保持工作，龙滩公司成立了移民环保部，一并负责龙滩水电站水土保持和环境保护管理工作。

在项目建设管理工作中，龙滩公司规定水土保持专业项目由工程建设部提出项目建设要求，由移民环保部负责项目组织立项，由计划经营部负责项目合同签订，由移民环保部负责项目实施，由财务管理部负责资金落实到位。

根据水利部"水函〔2002〕136号"文要求："建设单位在建设过程中，应委托具有相应资质的监测机构承担水土保持监测任务，并定期向水行政主管部门提交监测报告。"建设单位于2004年6月28日委托广西壮族自治区水土保持监测总站对电站施工区进行水土保持专项监测。

为做好龙滩水电站施工区水土保持工作，依据国家的有关规定和要求，龙滩公司在龙滩水电站施工区率先推行了水土保持监理制度。经招标，由中国水利水电建设工程咨询公司承担龙滩水电站施工区的水土保持监理工作。2003年7月，水土保持监理部正式进场开展监理工作。

（五）水土保持验收

2008年12月，建设单位相继启动了枢纽区和移民安置区水土保持设施竣工验收准备工作。2010年9月，水电站枢纽工程水土保持设施通过了水利部组织的专项验收（办水保函〔2010〕787号）。2010年7月，贵州库区移民安置工程通过了贵州省水利厅组织的水土保持设施专项验收。2011年3月，广西库区移民安置工程通过了广西壮族自治区水利厅组织的水土保持设施专项验收。

红水河龙滩水电站施工区水土保持设施管理维护分两阶段实施。第一阶段为水土保持设施交工验收后的质保期内，工程措施为1年，植物措施为2年，由相应的施工单位负责管理维护；第二阶段为质保期结束后，水土保持设施正式移交建设单位管理维护，目前全部由龙滩水电开发有限公司负责管理维护。

五、水土保持效果

龙滩水电站自竣工验收以来，水土保持设施安全、有效运行，枢纽区的绿化、截（排）水措施，弃渣场拦挡、排水、防洪工程，生活区的拦挡防护以及移民安置区的拦挡、绿化等措施较好地发挥了水土保持的功能。根据现场调查，实施的弃渣场挡渣、防洪排导、土地整治、植被建设等措施未出现拦挡措施失效，截（排）水不畅和植被覆盖不达标等情况。龙滩水电站水土保持措施效果见图4.1-1。

（a）龙滩坝下及边坡绿化　　　　　　　　（b）龙滩坝下生态公园（1）

（c）龙滩坝下生态公园（2）　　　　　　　（d）龙滩坝下生态公园（3）

（e）龙滩上库公路边坡植被恢复　　　　　　（f）拉重区渣场防护效果

（g）姚里沟渣场绿化效果　　　　　　　　（h）移民安置区现状

图 4.1-1　龙滩水电站水土保持措施效果（照片由牛振华 费日朋提供）

六、水土保持后评价

（一）评价指标体系

龙滩水电站建设与运行对水土保持的影响主要表现在工程施工、水库淹没、移民安置与工程运行，以及运行期间的水土保持效益的发挥等方面。此次后评价研究提出目标评价、过程评价和效果评价三个方面评价属性。选择绿色龙滩建设目标为目标评价要素；选择设计、施工和运行三个阶段为过程评价要素；选择植被恢复、水土保持、景观提升、环境改善、安全防护效果和社会经济效果为效果评价要素，并研究提出对各要素相关指标开展评价。龙滩水电站水土保持后评价指标体系见表4.1-2。

表4.1-2　　　　　　　　　　龙滩水电站水土保持后评价指标体系

评价属性	主要要素	主　要　指　标
目标评价	绿色龙滩建设目标	水土保持目标、防洪过程、泥沙变化、蓄丰济枯、压咸补淡
过程评价	设计过程	设计阶段及深度（防洪排导、拦渣工程、斜坡防护工程、土地整治工程、植被建设工程、临时防护工程、表土保护工程）、设计变更
	施工过程	开工准备、采购招标、工程合同管理、进度管理、资金管理、工程质量管理，水土保持监理、监测、验收
		新技术、新工艺及新材料的应用
	运行过程	水土保持验收遗留问题处理、运行管理
效果评价	植被恢复效果※	林草覆盖率※、植物多样性指数、乡土树种比例、单位面积枯枝落叶层、郁闭度或覆盖度※、植物资源
	水土保持效果※	表土层厚度※、土壤有机质含量※、地表硬化率※、不同侵蚀强度面积比例※
	景观提升效果	美景度、常绿、落叶树种比例、观赏植物季相多样性
	环境改善效果	气温变化、降水变化、蒸发量变化、负氧离子浓度、SO_2吸收量、水体水质、水库富营养化状况
	安全防护效果※	拦渣设施完好率※、渣（料）场安全稳定运行情况※
	社会经济效果	工程效益、社会经济效益、土地利用、促进经济发展方式转变程度、居民水保意识提高程度

※　控制性指标。

（二）评价范围

龙滩水电站水土保持后评价范围为工程建设区域和影响区域。工程建设区域包括枢纽、道路、弃渣场、料场、施工生产生活区和移民安置区等区域。影响区域包括电站上下游、库区周边等区域。在龙滩水电站上下游平班、董箐、岩滩水电站均已建成的情况下，龙滩水电站水土保持后评价评价范围主要以龙滩库区和岩滩库尾河段为主。龙滩水电站水土保持后评价范围见表4.1-3。

表4.1-3　　　　　　　　　　龙滩水电站水土保持后评价范围

评价要素	评　价　范　围
绿色龙滩建设目标	工程建设范围
设计过程、施工过程、运行过程	工程建设范围

续表

评价要素	评价范围
植被恢复效果	工程建设扰动范围
水土保持效果	工程建设扰动范围
景观提升效果	工程建设扰动范围
环境改善效果	库区范围、工程建设扰动范围
安全防护效果	弃渣场、交通道路、料场
社会经济效果	龙滩建设涉及的广西、贵州2省（自治区）的10个县，包括贵州省的罗甸县、望谟县、册亨县、贞丰县、镇宁县，广西壮族自治区的天峨县、乐业县、田林县、南丹县、隆林县

（三）目标评价

1. 防洪目标

龙滩坝址20年一遇设计洪水的洪峰流量为18500m³/s，10年一遇设计洪水的洪峰流量为16300m³/s。在上游天生桥一级水电站建成的情况下，龙滩水电站从下闸蓄水至建设完成，最大一场洪水出现在2007年7月26日，洪峰流量为15300m³/s，为6年一遇洪水。2007年，在龙滩水库大坝还未建成的情况下，水电站利用大坝预留的高程342.00m、宽123m的缺口和两个底孔进行了泄流，以确保机组运行环境良好。龙滩水库大坝建成以后，最大一场洪水则出现在2008年5月28日，洪峰流量为10400m³/s，洪量达到37.61亿m³。自2008年水库建成后，龙滩水库经历了数十次大的洪水，均根据红水河及上游主要支流的洪峰情况和预报情况，采取了相应的处理方式。在历次洪水中，洪峰流量超过10000m³/s的仅有3次，分别发生在2008年、2010年和2014年，龙滩水电站运行期（2008—2014年）洪峰流量超过10000m³/s的洪水过程特征值见表4.1-4。

表 4.1-4　　　　　龙滩水电站运行期较大洪水过程特征值统计表

序号	洪号	洪水过程	洪峰流量/(m³/s)	洪峰出现时间	实际洪量/亿m³
1	20080528	5月26日—6月2日	10400	5月28日6：00	37.61
2	20100629	6月27日—7月4日	10276	6月29日13：00	29.55
3	20140920	9月18日—9月25日	10100	9月20日22：00	28.94

龙滩水电工程正常蓄水位400.00m，总库容达273亿m³，设置防洪库容70亿m³。拦蓄8500m³/s的洪水，加上下游的岩滩水库可拦蓄1万m³/s以上的洪水，这样可使下游的防洪能力提高到50年一遇。多年平均年防洪效益为10.16亿元。龙滩水电工程建成后，红水河将成为"黄金水道"。广西壮族自治区境内红水河有300多处险滩，全长659km河道近80%不能通航。大坝的建成使水库回水至南盘江平班坝址，将淹没龙滩坝址以上200多处险滩，使库区干流以上250km范围内形成深水航道。北盘江回水110km，更能改善库区的通航条件。

2. 拦沙目标

龙滩水库的入库水沙由三部分组成：上游梯级下泄水沙、库区支流水沙、其他未控区间的水沙。根据龙滩上游已建水库情况，上游已建梯级水库将对进入龙滩水库的水沙条件产生较大影响。上游水库梯级修建后，北盘江和南盘江入口处的推移质被梯级水库拦在库内而不会进入龙滩库区，入库悬移质也由于水库梯级的作用来量减小，粒径变细。

龙滩库区及周围环境发生了很大的变化，但是水库有效库容未发生较大的改变，水库淤积情况稳定，基本处于冲淤平衡的状态，只是水库上部的部分泥沙下滑至水库下部，流域面积内的泥沙未在水库内产生较大的沉积。

龙滩水库拦截了上游南盘江、北盘江的大量来沙，使下游梯级水库泥沙含量较天然河道含沙量明显减少，坝下天峨站断面的含沙量已从建库前的 $0.42kg/m^3$ 降至 $0.01kg/m^3$，大大减小了下游梯级水库的淤积负担，将有利于下游水库运行。

3. 蓄丰济枯目标

在红水河干流梯级中，龙滩电站坝址控制的流域面积占红水河干流（大藤峡以上）流域面积的 51.8%，其可调节库容占整个梯级水库调节库容的 60%，对下游梯级水电站丰枯流量有较大调蓄作用，产生的作用有供水、抗旱、航运、压咸及生态用水，增加枯水期可供水量，改善水质，可产生巨大的社会效益。

4. 压咸补淡目标

位于红水河下游的珠江三角洲在改革开放后，经济高速发展，用水需求逐年增加。珠江三角洲当地水资源短缺，当地供水对流域上游的入境水依赖程度十分显著。由于水资源时空分布不均，枯水期水资源量仅占全年水资源量的 20% 左右，珠江三角洲、香港地区、澳门地区枯水期供水日趋紧张。同时，珠江三角洲位于河口地区，由于西江枯水期下泄流量较小，滨海地区咸潮活动旺盛，严重影响了珠江三角洲居民生产生活用水。为了达到压咸补淡的目的，就要求枯水期河道中的径流量达到一定的要求，增大增强枯水期径流动力，抑制咸潮上溯，使主要水道咸界下移，为珠江三角洲地区及时抢淡蓄淡提供水源保证。

2005 年 1 月，国家防汛抗旱总指挥部正式批准实施珠江压咸补淡应急调水方案。当月，珠江水利委员会通过调度，从西江上游的天生桥一级、二级、岩滩、大化、百龙滩、乐滩等多个梯级放水，放水量达 7 亿 m^3，应对 2005 年枯水期中小潮期（1 月 31 日至 2 月 4 日）珠江三角洲可能出现供水最紧张的局面。2006 年 1 月，根据国家防汛抗旱总指挥部的通知，珠江水利委员会启动了第二次压咸补淡应急调水，从珠江上游水库增调水量 5.5 亿 m^3，其中南盘江天生桥一级水库调水 2.5 亿 m^3、红水河岩滩水库调水 2.0 亿 m^3、白水水库调水 0.5 亿 m^3、贺江江口水库调水 0.5 亿 m^3。

龙滩水电站是红水河干流的龙头梯级，其建成后取代扩机后的岩滩水电站担负起了珠江三角洲地区枯水期压咸补淡和生态用水的任务，对于三角洲地区供水安全具有重要意义。2007 年，龙滩水电站投产运行以来，每年都在接受和积极配合珠江防汛抗旱总指挥部进行压咸补淡调水工作，2008—2014 年的枯水期（12 月至翌年 3 月），龙滩水库累计入库水量 453.74 亿 m^3，累计出库水量 675.92 亿 m^3，年均补水 31.74 亿 m^3，平均补水流量 303.6 m^3/s，其调蓄作用明显，在珠江水利委员会调水压咸过程中起到了重要作用，有力保障了澳门、珠海冬季的用水。特别是 2009 年末至 2010 年初，红水河流域遭遇罕见的秋、冬、春连旱，整个流域水库均超低水位运行，上游来水及降雨严重不足，在珠江防汛抗旱总指挥部调度下，不断优化调度方案，尽最大可能保证下游供水。2009—2010 年枯水期，龙滩水库共下放 112.24 亿 m³ 水量，比实际来水多下放了 49.03 亿 m³，充分发挥其优越的调蓄功能，为珠江三角洲地区枯水期压咸补淡提供大量的淡水，对于缓解珠海、澳门等地的供水紧张形势起到重要的作用。

5. "绿色龙滩"目标

龙滩公司在建设之初就提出了"绿色龙滩"的目标，"既要金山银山，又要绿水青山"，坚持工程建设与环境建设同步，施工中真正做到了边开挖、边支护、边绿化，环保型龙滩建设初见成效。

工程建设期间，龙滩公司专门成立了移民环保部，负责龙滩水电站水土保持管理工作，并在工作中形成了以实现"绿色龙滩"为目标的"六到位"管理新模式，即在水土保持管理工作中努力做到"思想认识、机构人员、管理措施、建设投资、规划设计、综合监理"六到位，实现"绿色龙滩"的目标。

工程建设中，依法履行水土流失防治义务，将水土保持措施纳入主体工程设计，落实了各项水土保持投资，实现了水土保持工程和主体工程的同步推进，有效控制了水土流失。从工程建设实际出发，充分调动参建各方的积极性，制定了相关管理制度和考核办法，将水土保持工程管理纳入工程建设和运行管理体系，保证了水土流失防治措施的落实和生态建设目标的实现。按照国家水土保持法律法规和技术规范要求，编报水土保持方案报告书，确保了水土保持各项防治措施的有效落实。同时，委托具有甲级资质的水土保持监测单位开展水土保持专项监测工作，委托水土保持监理单位同步开展水土保持工程施工监理工作。竣工验收阶段，及时开展水土保持设施验收技术评估工作。

龙滩水电站建设区域石灰岩地区水土流失严重，借助于龙滩水电站的建设，库区及其周边区域实施的工程措施、植物措施等，全面治理和恢复了库区及其周边生态环境，有效改善了库区周边水土流失状况。建设期间，龙滩水电站污水处理系统回收处理废渣超 200 万 t，完成绿化面积 35 万 m²，植树 4 万余棵，实现污水处理"零排放"，水土流失治理率和林草植被恢复率均达到 90%，工程所在地天峨县森林覆盖率达到 84%。施工区的生态环境面貌日新月异，风光如画，工程的环境保护工作卓有成效，龙滩水电站的环境保护建设成就与管理水平都达到了国内水电工程建设的先进水平，创建"绿色龙滩"的目标实现，并得到了国家环境保护总局和水利部的好评，认为龙滩水电站的环境保护工作为全国水电工程建设树立了典范。建成后，形成约 360km² 宽阔平静的湖面，极大地消减了沿岸工农业生产、群众生活所造成的面源有机污染，枯水期水库调节明显改善了中下游河水的水质，保护江河水资源，减轻和防止水污染。红水河是典型的多泥沙河流，龙滩坝址经水库削减沉积后，必将降低红水河输沙量和减少水土流失。2015 年，龙滩水电站获得"国家水土保持生态文明工程"荣誉称号。

（四）过程评价

1. 水土保持设计评价

防洪排导工程：因龙滩水电站水土保持方案编制阶段工程主体工程基本完工，因此，水土保持方案中设计的措施即为工程实际实施措施。方案对弃渣场布设截（排）水沟，排水沟防洪标准采用 20～50 年一遇，并根据防洪排导的要求，有针对性地布设了截（排）

水沟、排洪渠（沟）、涵洞。且施工过程中，截水沟、排水沟根据地形、地质条件布设，与自然水系顺接，并布设消能防冲设施。

拦渣工程：龙滩水电站涉及8处弃渣场，根据现场调查，运行7年多来，8处弃渣场运行稳定，挡墙完整率达90%以上，弃渣场挡墙采用干砌石或浆砌石形式，达到了拦挡的效果。弃渣场边坡实施了土地整治和覆土绿化措施，弃渣场平台覆土作为耕地使用。

斜坡防护工程：龙滩水电站开挖边坡较多，在边坡稳定的基础上，采用削坡开级、坡脚及坡面防护等措施。施工期间，边坡在稳定基础上优先采取植物护坡措施。

土地整治工程：根据现场调查，工程征占地范围内对需要复耕或恢复植被的扰动及裸露土地及时进行了场地清理、平整、表土回覆等整治措施。弃渣场边坡、平台在土地整治基础上进行了绿化和复耕。

表土保护工程：根据现场调查，工程建设过程中，对可剥离的耕地区域采取了剥离措施，剥离的表土集中堆置在弃渣场附近并进行了防护，防止了水土流失。

植被建设工程：枢纽及移民安置区范围内对工程扰动后的裸露土地、营地及办公场所周边采取了植物措施或工程与植物相结合的措施。对永久设施周边按组团绿化或四旁绿化等方案布置，绿化树（草）种选择羊蹄甲、大叶榕、速生桉、八月桂、爬山虎和马尼拉草等；对施工生产场地用马尼拉草、速生桉、羊蹄甲和爬山虎等绿化。乔、灌和草种植面积按3：4：3的比例配置。

临时防护工程：通过查阅相关资料，工程建设过程中，为防止土（石）撒落，在场地周围利用开挖出的块石围护；同时，在场地排水系统未完善之前，开挖土质排水沟排除场地积水。对于场地填方边坡，为防止地表径流冲刷，利用工地上废弃的草袋等进行覆盖，但缺少沉沙措施和雨水利用措施。

2. 水土保持施工评价

龙滩水电站水土保持措施的施工，严格采用招投标的形式确定其施工单位，从而保障了水土保持措施的质量和效果。

在水土保持质量管理方面，建设单位做到了思想认识到位、机构人员到位、管理措施到位、建设投资到位、规划设计到位、综合监理到位的"六到位"，确保了水土保持措施"三同时"制度的有效落实。

（1）积极宣传水土保持相关法律法规。龙滩公司充分认识到各参建单位人员参差不齐，水土保持意识淡薄等现实情况，通过会议、宣传、督促、管理等多种途径向工程参建各方传达贯彻国家水土保持法律法规和方针政策，不断提高和统一参建各方的思想认识，通过制定水土保持管理规章制度明确参建各方的水土保持工作责任和工作要求，规范了水土保持施工，做到了文明施工。

（2）设立水土保持管理机构。2001年7月，龙滩水电站主体工程开工建设，施工区的环保水保工作日趋繁重。为进一步加强环境保护工作的领导与管理，2002年8月，龙滩公司撤销了原移民环保处，成立了移民环保部，并配备环保水保业务主管专职负责工程的环保水保建设与管理工作，环保管理工作得到切实加强。为强化对施工单位的环境管理，由移民环保部牵头，组织建立了龙滩水电站施工区环保水保管理体系。各参建单位均成立了环保水保管理办公室，由主要领导负总责，指定专人管理，并接受环保水保综合监理的监督与监理，确保了环保水保建设及管理工作的顺利开展。

（3）严格水土保持管理。龙滩水电站工程建设初期，土石方开挖量大，扰动地表面积广。由于当地年降水量大，极易造成水土流失。龙滩公司在不断完善环保设施建设的同时，制定了强有力的管理措施，加强现场的监督与管理工作，有效控制了施工区的水土流失。2001年6月，龙滩公司制定下发了《关于严禁往河床、河道弃渣的通知》，要求各施工单位严格按合同规定往指定的渣场弃渣，对故意、任意和有意向河床、河道弃渣者，一经发现每次（车）处以10000元罚款，并强制清渣。这一措施，进一步强化了施工单位的守法意识，有效杜绝了施工中的违法行为。在渣场规划、实施阶段，提前做好渣场的排水与防护工作，如姚里沟、龙滩沟、那边沟等渣场都是先做好排水涵洞和拦渣坝，由沟外向沟里弃渣；雷公滩渣场位于库区内，为防止水土流失，首先用钢筋石笼进行砌护，然后再由下向上分层弃渣，边填渣边碾压，效果都十分理想。在环境卫生管理方面，龙滩施工区主要场内施工道路的清扫保洁、洒水降尘、公共卫生设施的卫生清理、生活垃圾的清运等工作都委托专业公司承担，绿化项目落实专人进行养护，整个坝区的文明施工秩序保持良好；为确保施工区生活用水水质，保证施工人员的身体健康，施工区生活用水的取水口设在水质良好的布柳河上，并定期对供水水质进行检测，达标供应。龙滩公司还将文明施工和环保水保的工作内容纳入工程建设的考核范围，施工单位做到遵纪守法、文明施工的给予奖励，违反规定的予以处罚，成效显著。

（4）确保建设投资到位。在项目建设管理工作中，龙滩公司提出了水土保持专业项目由工程建设部提出项目建设要求，由移民环保部负责项目组织立项，由计划经营部负责项目合同签订，由移民环保部负责项目实施，由财务管理部负责资金落实到位的总体思路。通过规范基本建设程序，有效防范了经济腐败；通过签订项目承包合同，确保了建设项目进度和质量，并保证建设资金及时足额到位。在水土保持专项设施建设过程中，从未有过因投资不落实或是不到位而影响工程建设的情况发生。

（5）国内首次推行水土保持监理制度。为做好龙滩水电站施工区水土保持工作，依据国家的有关规定和要求，龙滩公司在龙滩水电站施工区率先推行了水土保持监理制度。经招标，由中国水利水电建设工程咨询有限公司承担龙滩水电站施工区的水土保持监理工作。

在水电工程建设过程中推行水土保持监理制度，当时尚属国内领先。作为一项新生事物，监理的工作内容、方式及其与施工单位、工程监理的工作关系等方面存在许多问题有待不断探索、明确与完善。对此，龙滩公司与监理部进行了认真研究，明确了水土保持监理的工作职责及工作方式，并向各参建单位下发了《关于明确施工区环保水保综合监理工作内容的函》，充分授权监理部在施工区行使监督监理职责。

龙滩公司在主体工程项目招标过程中补充完善了"环境保护与水土保持"专用技术条款，为监理部开展工作提供了监理依据。

龙滩水电工程推进水土保持监理制度，从根本上规范了水土保持建设与管理工作的程序，对有效控制水土保持设施建设的质量、进度和投资及不断提高管理工作水平都起到很好的促进作用。

3. 水土保持运行评价

龙滩水电站运行期间，建设单位按照运行管理规定，加强对防治责任范围内的各项水土保持设施的管理维护。由公司下设的移民环保部协调开展，水土保持具体工作由移民环保部专人负责，龙滩公司各部门依照公司内部制定的部门工作职责等管理制度，各司其职，从管理制度和程序上保证了运行期内水土保持设施管护工作的开展。

运行期间设置专人负责绿化植株的洒水、施肥、除草等管护，确保植被成活率，不定期检查清理截（排）水沟道内淤积的泥沙，达到了绿化美化和保持水土的双重作用。

（五）效果评价

1. 植被恢复效果

据相关资料和现场调查评价，龙滩水电站运行期植被类型与建设前调查相比，主要增加了油杉＋马尾松林、短叶黄杉＋乌岗栎林、青冈、厚壳桂林、红锥林、麻栎林、桦木林、金丝李林、余甘子灌丛、牡荆灌丛、水麻灌丛、醉鱼草灌丛、白茅灌草丛、类芦草灌草丛、苍耳灌草丛、渐尖毛蕨灌草丛、蕨灌草丛、小蓬草灌草丛、紫茎泽兰灌草丛、飞机草灌草丛、藿香蓟灌草丛等。可见龙滩水电站工程的建成和运行，并未使某一植被类型消失。相反，通过对龙滩自治区级自然保护区、雅长兰科植物国家级自然保护区、龙滩大峡谷国家级森林公园、贵州望谟苏铁自然保护区以及罗甸蒙江国家湿地公园等的深入研究，加大了对区域植被的保护，区域植被状况得以改善。且随着水库蓄水，云雾增多，湿度增大，库区出现了蕨、渐尖毛蕨、水麻等喜阴湿的群落。

通过野外考察及室内 GIS 软件的协助，解译了建设前后调查区的植被类型分布图，并统计得出了各种植被类型的面积，见表 4.1-5。

表 4.1-5　　　　调查区建库前、蓄水期及运行期植被类型面积统计表

植被类型或水域	建设前（2000 年）		建设后（2008 年）		运行期（2014 年）		2000—2008 年变化量		2000—2014 年变化量	
	面积/hm²	比例/%	面积/hm²	比例/%	面积/hm²	比例/%	面积/hm²	比例/%	面积/hm²	比例/%
针叶林	36975.10	3.94	35098.19	3.74	36721.74	3.91	−1876.91	−0.20	−253.36	−0.03
阔叶林	374537.08	39.91	357642.06	38.11	356677.30	38.01	−16895.02	−1.80	−17859.78	−1.90
灌丛和灌草丛	361211.03	38.49	352108.02	37.52	335129.57	35.71	−9103.01	−0.97	−26081.46	−2.78
经济林	12106.06	1.29	24121.12	2.57	37920.72	4.04	12015.06	1.28	25814.66	2.75
农业植被	125471.33	13.37	103323.81	11.01	99410.15	10.59	−22147.52	−2.36	−26061.18	−2.78
河流水域	5818.42	0.62	39696.61	4.23	38499.12	4.10	33878.19	3.61	32680.70	3.48

注　表中变化量为运行期减去建库前的值，正值表示建库后增加，负值表示建库后减少。

从表 4.1-5 可知，工程建设前后和运营期调查区植被均以针叶林、灌草丛植被占优势，其次是农业植被。区域植被仍呈现出以自然植被为主，并具有一定人为干扰的特点。

2000—2014 年，调查区针叶林、阔叶林、灌丛和灌草丛及农业植被面积均有减少，其中减少面积最大的为灌丛和灌草丛及农业植被，分别减少了 26081.46hm²、26061.18hm²，其次为阔叶林，减少了 17859.78hm²，针叶林面积减少了 253.36hm²；这主要是因为工程的建设、水库蓄水淹没和移民安置等活动占用上述植被类型，使其植被面积减小。由于水库建成后蓄水，因此调查区水域面积增加，为32680.70hm²。2008年以前由于工程建设和水库淹没占用部分森林植被，此外人为活动也使得森林植被部分被破坏；2008年以后，由于天然林保护及退耕还林工程的实施，以及龙滩自然保护区的建立，使森林植被的面积有所增加；由于区域内大力发展经济林，因此经济林面积有所增加，增加面积为25814.66hm²。

通过现场调研了解，工程施工期间对占地范围内的裸露地表实施了栽植乔灌木、撒播灌草籽、铺植草皮等方式进行绿化或恢复植被，选用的树（草）种以香樟、速生桉、羊蹄甲、大叶榕、芭茅、狗牙根等当地适生的乡土和适生树（草）种为主；运行期间，通过实施养护管理和植被的进一步自然演替，项目区实施的林草植被恢复措施营造的苗木植被生长状况良好，与建设期间相比，电站区小气候特征明显，项目区域内的植物多样性和郁闭度等得到了良好的恢复和提升。

龙滩水电站植被恢复效果评价指标见表4.1-6。

表4.1-6　　　　　　　　　龙滩水电站植被恢复效果评价指标

评价内容	评价指标	结　果
植被恢复效果	林草覆盖率	84%
	植物多样性指数	45
	乡土树种比例	0.70
	单位面积枯枝落叶层	1.6cm
	郁闭度	0.45

2. 面源污染治理效果

根据相关资料，龙滩控制流域内耕地1380.7万亩，主要农作物有稻谷、玉米、甘蔗、花生、油菜等。上游农业污水通过各种途径分散进入水体，经一定距离活动，在各种物理、化学及生物化学作用下，到达水库已基本净化，对库区水质影响很小，对库区水质产生影响的污水主要来自库区及库区周围各县（罗甸、隆林、贞丰、望谟、册亨、乐业、镇宁等），1983年贵州各县单位面积农药施用量4.13kg/hm²，单位面积化肥施用量747.13kg/hm²；1984年贵州各县单位面积农药施用量2.46kg/hm²，单位面积化肥施用量567kg/hm²。1985年广西各县单位面积农药施用量1.51kg/hm²，单位面积化肥施用量184.5kg/hm²；1986年广西各县单位面积农药施用量1.82kg/hm²，单位面积化肥施用量250.5kg/hm²。可以看出，库区及库周农药、化肥施用量处于较低水平。

龙滩水电站建成后，受水库淹没影响，控制流域面积内的耕地数量有所减少，但相对减少量小。由于水体的自净能力，污染物到达库区对水质的影响较小。龙滩水库库周10县耕地面积45.4万 hm²，其中水田约14.3万 hm²，占耕地面积的31.1%；旱地约31.6万 hm²，占耕地面积的68.9%。龙滩水库库周主要农作物有玉米、稻谷、甘蔗、花生和油菜等，常用的农药为敌敌畏、杀虫双、杀虫剂等，常用的化肥有氮肥、磷肥、钾肥和复合肥等。根据统计，龙滩水库库周农业污染物入河量统计见表4.1-7。

表 4.1－7　　　　　　　　　　龙滩水库库周农业污染物入河量统计

省份	县	水田面积/hm²	旱地面积/hm²	氮肥施用量/(t/a)	磷肥施用量/(t/a)	TN入河量/(t/a)	TP入河量/(t/a)
贵州	罗甸	13369.2	47705.3	2612.2	358.7	522.4	17.9
	望谟	14746.7	47732.5	1219.5	167.5	243.9	8.4
	册亨	12284	29892.3	1319.4	181.2	263.9	9.1
	贞丰	15037.3	44537.5	4162.2	571.5	832.4	28.6
	镇宁	8470.5	14706.9	5223.5	717.3	1044.7	35.9
广西	南丹	23367.2	33381.8	2759.8	379.0	110.4	15.2
	天峨	7017.8	10225.8	743.2	102.0	118.9	4.1
	乐业	11815	16234.5	497.5	68.3	99.5	3.4
	田林	19222.8	27404.5	1733.8	238.1	69.4	9.5
	隆林	17242.8	44393.5	2881.7	395.7	576.3	19.8
合　计		142573.3	316214.6	23152.8	3179.3	3881.8	151.9

从表 4.1－7 可以看出，随着水库的建成，发挥其拦蓄泥沙的功能，以及库周水土流失的控制，入库污染物得到有效控制。

为确定龙滩水电站研究范围内农业生产中氮磷流失量，首先需要分析预测 2015 年和 2020 年库周各县的氮肥、磷肥施用量。根据 1992—1999 年的库周各县施肥量统计资料及化肥施用量增长趋势，构造对数预测模型如下：

$$y = a(T - T_0) + b \tag{4.1-1}$$

式中：y 为预测年份氮肥总施用量，t；T_0 为预测基准年；T 为预测年份；a、b 为系数。

利用上述模型，分别预测不同水平年氮肥、磷肥施用（折纯）量，按照 20% 的氮肥和 5% 的磷肥进入河流计算各县进入河流的 TN、TP 量，计算结果见表 4.1－8。

表 4.1－8　　　库周各县化肥施用（折纯）量及 TN、TP 入河量预测结果　　　单位：t/a

县名	2015 年				2020 年			
	化肥施用（折纯）量		入河量		化肥施用（折纯）量		入河量	
	氮肥	磷肥	TN	TP	氮肥	磷肥	TN	TP
罗甸	3572	1406	715	70	3749	1476	750	74
望谟	1667	657	334	33	1750	689	350	34
册亨	1804	710	361	35	1894	745	379	37
贞丰	5691	2241	1138	112	5974	2352	1195	118
镇宁	7142	2812	1428	141	7497	2951	1499	148
天峨	1004	396	161	18	1054	415	169	17
乐业	680	268	136	13	714	281	143	14
隆林	4136	1551	788	78	4136	1628	827	81
南丹	3773	1486	151	75	3961	1559	158	78
田林	2370	934	95	47	2488	980	100	49

3. 水土保持效果

通过现场调研和评价，龙滩水电站实施的工程措施、植物措施等运行状况良好，根据现场水土保持监测统计，工程施工期间土壤侵蚀量 6.68 万 t，项目区平均土壤侵蚀模数 1650t/（km² · a）；通过各项水土保持措施的实施，至运行期项目区土壤侵蚀模数 488 t/（km² · a），使得项目建设区的原有水土流失基本得到治理，达到了固土保水的目的。龙滩水电站枢纽工程绿化区表土层厚度为 80～120cm，其他区域表土层厚度为 30～80cm，平均表土层厚度约 60cm。工程迹地恢复和绿化多采用当地乡土和适生树种，经过运行期的进一步自然演替，电站区小气候特征明显，使得项目区域内的植物多样性和土壤有机质含量得以不同程度地改善和提升；经试验分析，土壤有机质含量约 2.1%。项目区道路、建筑物等不具备绿化条件的区域采取混凝土、沥青混凝土、透水砖等方式进行硬化。地表硬化、迹地恢复和绿化措施的实施，使得项目区内由于工程建设导致的裸露地表得以恢复，土地损失面积得以大幅减少。

龙滩水电站水土保持效果评价指标见表 4.1-9。

表 4.1-9　　　　　　　　　　龙滩水电站水土保持效果评价指标

评价内容	评价指标	结　　果
水土保持效果	表土层厚度	60cm
	土壤有机质含量	2.1%
	地表硬化率	77.1%
	不同侵蚀强度面积比例	99.08%

4. 景观提升效果

龙滩水电站枢纽区在进行植被恢复的同时考虑后期绿化的景观效果，采取了乔灌草相结合的园林式立体绿化方式，苗木种类选择时选用景观效果比较好的树（草）种，如广玉兰、香樟、海桐球、迎春花、马尼拉等，常绿树种与落叶树种混合选用种植（约 7：3）；同时根据各树种季相变化的特性，各种植物的枝、叶、花、果、色彩、姿态等的不同观赏性状进行植物的群落搭配和点缀，使区域内一年四季均有景色可欣赏，以提高项目区域的可观赏性效果。

龙滩水电站景观提升效果评价指标见表 4.1-10。

表 4.1-10　　　　　　　　　　龙滩水电站景观提升效果评价指标

评价内容	评价指标	结　　果
景观提升效果	美景度	7
	常绿、落叶树种比例	70%
	观赏植物季相多样性	0.5

5. 环境改善效果

降温增湿指标：龙滩水库蓄水运行后，淹没区原来起伏不平的陆地及河流被平滑的水面所替代，使得下垫面与大气之间的能量交换方式和强度发生改变。因水库水体热容量大于陆地，虽淹没陆地的同一地点，但其前后的气温也会发生变化。由于水陆气温差异引起水平交换，导致库周附近陆地气温也发生变化。由于水库蓄水，库区河段水面面积和水体体积增大，蒸发量将增大，太阳辐射热得到调节，使库区及邻近区域的温度场发生改变，从而引起局地气候的变化。

龙滩水库可提高冬季温度，降低夏季温度，但夏季降温效应不明显，总体表现仍为升温。从影响区域看，水库对温度的调节作用表现在近库区较明显，但对远库区影响不明显。在全球气候变暖的大背景下，水库对局地气温会产生一定影响，但影响范围不大。

冬季降水量略有增加，春季、夏季和秋季降水量则略为减少，主要是由于水面温度和陆地温度的改变，造成降水时间分布的改变。河池市的大气环流在一定程度上影响着龙滩水电站库区的气候。因此，虽然龙滩水电站库区对夏季降水有一定影响，但影响较小，库区降水量的多少主要还是大气环流的影响较大。

距离龙滩水电站库区及较近的区域年蒸发量有偏大趋势，尤其以夏季较为明显，冬季则略微下降。主要是由于库区河段水面面积和水体体积增大，使得蒸发量增大。库区的水源充足，可使蒸发能力加强，且受温度和下垫面潮湿程度两个因子影响，一般库区环境的相对湿度会增加，使得雾日增加。

植物是天然的清道夫，可以有效清除空气中的 NO_x、SO_2、甲醛、飘浮微粒及烟尘等有害物质。通过植被恢复、园林式绿化、养护管理等植物措施的实施，项目区内林草植被覆盖情况得以大幅度改善，植物在光合作用时释放负氧离子，使周边环境中的负氧离子浓度达到 1500 个/cm^3 左右，使得区域内人们的生活环境得以改善。

研究选取红水河龙滩水电站周围的天峨、南丹、环江、凤山 4 个气象站点资料，分别按季、年、汛期三类时间段，对气温、降水量、风向、风速、蒸发量等气象要素进行统计分析。将所选区域内 4 个气象站点值作算术平均，并利用长序列资料开展整个研究区域的气候变化趋势分析。采用线性化来拟合序列，用最小二乘法求得线性变化趋势，并对线性趋势进行显著性检验，以此来评价龙滩水电站库区的区域气候变化特点，进行红水河龙滩水电站局地气候影响论证分析。

(1) 平均气温变化。龙滩水电站库周区域多年平均气温为 19.3℃（4 个气象站点 1981—2010 年算术平均值），冬季（12 月至翌年 2 月）平均气温为 11.2℃，春季（3—5 月）平均气温为 19.8℃，夏季（6—8 月）平均气温为 26.2℃，秋季（9—11 月）平均气温为 20.2℃。1964—2011 年，年平均气温呈明显的波动上升趋势，线性方程为 $y = 0.0192x + 18.804$，变化趋势为 0.19℃/10a。

龙滩水电站库周区域全年最热月份为 7 月，平均气温为 26.6℃，平均最高气温为 31.5℃，平均最低气温为 23.5℃；最冷月份为 1 月，平均气温为 9.8℃，平均最高气温为 14.1℃，平均最低气温为 7.1℃。

(2) 降水变化。龙滩水电站库周区域多年平均 4—9 月降水量为 1435.2mm（4 个气象站点 1981—2010 年算术平均），1964—2011 年，多年平均 4—9 月降雨量以 27.6mm/10a 的幅度减少。

(3) 蒸发量变化。以天峨气象站的蒸发量为代表研究红水河龙滩水电站库区蒸发情况，1964—2011 年，蒸发量年际波动较大，1965—1986 年为蒸发量较少时期，仅有 4 年蒸发量值高于平均值，其余蒸发量都在多年平均 1253.3mm 及以下，其中 1965 年的蒸发量为 1068.3mm，为蒸发量最小年；1987 年以后为蒸发量相对较大时期，只有 5 年蒸发量在多年平均值以下，其余年份蒸发量均在多年平均值及以上，尤其是 2009 年的蒸发量达到 1450.6mm，为蒸发量最高年份。近 47 年来，蒸发量以 45.3mm/10a 的幅度显著增加。

龙滩水电站环境改善效果评价指标见表 4.1-11。

表 4.1-11　　　　　　　　　龙滩水电站环境改善效果评价指标

评价内容	评价指标	结　果
环境改善效果	负氧离子浓度	1500 个/cm^3

6. 安全防护效果

通过调查了解，龙滩水电站枢纽工程共设置弃渣场 8 处。工程施工时，根据各弃渣场的位置及特点分别实施了弃渣场的浆砌石挡墙、截（排）水沟及排水涵洞等防洪排导工程、干砌石或浆砌石护坡等工程护坡措施；后期实施了弃渣场的迹地恢复措施。

经调查了解，工程运行以来，各弃渣场运行情况正常，未发生水土流失危害事故，弃渣场拦渣及截（排）水设施整体完好，运行正常，拦渣率达到了 99%；弃渣场整体稳定性良好。

龙滩水电站安全防护效果评价指标见表 4.1-12。

表 4.1-12　　　　　　　　　龙滩水电站安全防护效果评价指标

评价内容	评价指标	结　果
安全防护效果	拦渣设施完好率	99%
	渣（料）场安全稳定运行情况	稳定

7. 社会经济效果

龙滩水电工程的兴建对国民经济的贡献显著，经济效益巨大。工程总装机容量 630 万 kW，多年平均年发电量 187 亿 kW·h，可为广东、广西两省（自治区）提供充分的调节电量。龙滩水电工程对下游梯级电站补偿效益也是巨大的，按正常蓄水位 400.00m 计算，龙滩水电站蓄水调节后，龙滩以下的岩滩、大化、百龙滩、乐滩、桥巩、大藤峡 6 级电站的总保证出力由 138.79 万 kW 提高到 221.97 万 kW，增幅为 59.9%；总电量由 213 亿 kW·h 提高到 237 亿 kW·h，增幅为 11.2%。龙滩以下梯级的总枯水期电量由 33.87% 提高到 43%，工程的建设将给下游电站发电带来达数十亿元之巨的经济效益。

工程施工后期，对临时占用的土地适宜恢复成耕地的区域采取了复耕等土地复垦措施，有效地增加了当地耕地数量，在一定程度上增加了当地农民的经济收入；同时，工程建成后形成的水库景观符合当地旅游开发规划，通过旅游开发还带动了水库周边旅游市场，增加了电站及当地人民群众的经济来源，经济效益显著。

龙滩水电工程投产后，可以减少燃料消耗折合标煤约 560 万 t/a，减少 CO_2、SO_2 等大气污染物质的排放。同时龙滩水库将形成约 360km² 宽阔平静的湖面，大大消减沿岸工农业生产、群众生活所造成的面源有机污染，枯水期水库调节可明显改善中下游河水的水质，保护江河水资源，减轻和防止水污染。红水河是典型的多泥沙河流，龙滩坝址多年平均年输沙量达 5240 万 t，经水库削减沉积，年出库沙量降至 1500 万 t，每年减少输沙量 3740 万 t，可显著减少所在地区的水土流失。

工程建设过程中各项水土保持措施的实施，在有效防治工程建设引起的水土流失、给当地居民带来的直接经济效益的同时，将水土保持理念及意识在当地居民中树立了起来，使得当地居民在一定程度上认识到水土保持工作与人们的生活息息相关，提高了当地居民对水土保持、水土流失治理、保护环境等的意识强度，使其在生产生活过程中自觉科学地采取有效措施进行水土流失防治和保护环境，利用水土保持知识进行科学生产，引导当地生态环境进一步向更好的方向发展。

龙滩水电站社会经济效果评价指标见表 4.1-13。

表 4.1-13　　　　　龙滩水电站社会经济效果评价指标

评价内容	评价指标	结　果
社会经济效果	促进经济发展方式转变程度	好
	居民水保意识提高程度	良好

8. 水土保持效果综合评价

通过查表确定计算权重，根据层次分析法计算龙滩水电站各指标实际值对于每个等级的隶属度。

龙滩水电站各指标隶属度分布情况见表 4.1-14。

表 4.1-14　　　　　龙滩水电站各指标隶属度分布情况

指标层 U	变量层 C	权重	各 等 级 隶 属 度				
			好（V1）	良好（V2）	一般（V3）	较差（V4）	差（V5）
植被恢复效果 U1	林草覆盖率 C11	0.0809	0.08	0.92	0	0	0
	植物多样性指数 C12	0.0199	0.3333	0.6667	0	0	0
	乡土树种比例 C13	0.0159	0.25	0.75	0	0	0
	单位面积枯枝落叶层 C14	0.0073		0.7	0.3	0	0
	郁闭度 C15	0.0822		0.6667	0.3333	0	0
水土保持效果 U2	表土层厚度 C21	0.0436		0.8333	0.1667	0	0
	土壤有机质含量 C22	0.1139		0.6	0.4	0	0
	地表硬化率 C23	0.014	0.08	0.92	0	0	0
	不同侵蚀强度面积比例 C24	0.0347	0.7247	0.2753	0	0	0
景观提升效果 U3	美景度 C31	0.0196	0	1	0	0	0
	常绿、落叶树种比例 C32	0.0032	0.75	0.25	0	0	0
	观赏植物季相多样性 C33	0.0079		0.25	0.75	0	0
环境改善效果 U4	负氧离子浓度 C41	0.0459	0	0	0.5556	0.4444	0
	SO₂ 吸收量 C42	0.0919	0	0	1	0	0
安全防护效果 U5	拦渣设施完好率 C51	0.0542	0.8077	0.1923	0	0	0
	渣（料）场安全稳定运行情况 C52	0.2711	0.1667	0.8333	0	0	0

续表

指标层 U	变 量 层 C	权重	各 等 级 隶 属 度				
			好（V1）	良好（V2）	一般（V3）	较差（V4）	差（V5）
社会经济 效果 U6	促进经济发展方式转变程度 C61	0.01878	0.5	0.5	0	0	0
	居民水保意识提高程度 C62	0.07512	0	0.8333	0.1667	0	0

经分析计算，龙滩水电站模糊综合评判结果见表 4.1 - 15。

表 4.1 - 15 　　　　　　　　龙滩水电站模糊综合评判结果

评价对象	好（V1）	良好（V2）	一般（V3）	较差（V4）	差（V5）
龙滩水电站	0.1441	0.6173	0.2183	0.0204	0

根据最大隶属度原则，龙滩水电站 V2 等级的隶属度最大，故其水土保持评价效果为良好。

七、结论及建议

（一）结论

龙滩水电站按照我国有关水土保持法律法规的要求，开展了卓有成效的水土保持工作，对防治责任范围内的水土流失进行了全面系统的治理，基本达到了施工期间控制水土流失、施工后期改善环境和生态的目的，营造了优美的坝区环境，较好地完成了该项目的水土保持工作。目前各项防治措施的运行效果良好，弃渣得到了及时有效的防护，施工区植被得到了较好的恢复，水土流失得到了有效控制，生态环境得到了明显的改善。2015年，龙滩水电站获得"国家水土保持生态文明工程"荣誉称号，对后来的工程建设具有较强的借鉴作用。

1. 创新工程建设管理体系

将水土保持建设与工程管理工作集成为一套科学的管理体系，工程建设中，依法履行水土流失防治义务，将水土保持措施纳入主体工程设计，落实了各项水土保持投资，实现了水土保持工程和主体工程的同步推进，有效控制了水土流失。从工程建设实际出发，充分调动参建各方的积极性，制定了相关管理制度和考核办法，将水土保持工程管理纳入工程建设和运行管理体系，保证了水土流失防治措施的落实和生态建设目标的实现。

实现"绿色龙滩"为目标的"六到位"管理新模式。设立水土保持管理机构，负责龙滩水电站水土保持管理工作，并在工作中形成了以实现"绿色龙滩"为目标的"六到位"管理新模式。

2. 国内首次推行水土保持监理制度

依据国家的有关规定和要求，龙滩公司在龙滩水电站施工区率先推行了水土保持监理制度。在水电工程建设过程中推行水土保持监理制度，当时尚属国内领先。

3. 水土保持工程与绿化美化相结合

龙滩水电站将水土流失治理和改善生态环境相结合，不仅有效防治水土流失，而且营造了枢纽区和移民安置区优美的环境，采用的水土保持工程防护标准是比较合适的，使水土保持工程与电站生态环境的改善、美丽乡村建设和谐建设相结合，创造现代工程和自然和谐相处的环境，值得其他工程借鉴。

（二）建议

1. 应重视水土保持方案编制工作

龙滩水电站开工较早，在工程施工前未编报水土保持方案，施工期主要依靠水土保持相关篇章内容的要求控制水土流失，虽总体取得了不错的效果，但施工期间局部渣场、料场仍存在比较严重的水土流失。因此，必须重视水土保持方案编制工作，对施工过程中可能造成水土流失的区域及其危害进行预测，并采取针对性的防治措施。

2. 继续加大水库上游水土保持生态林建设力度

由于独特的地质条件，库区水土流失相当严重，增加了水库运行压力。水土保持生态林的建设对减少水土流失、入库泥沙起到了非常明显的作用，但仍应建立有效的监督管理机制，继续加大水库上游水土保持生态林建设力度，减少入库泥沙，提高电站寿命。

案例 2　黄河小浪底水利枢纽工程

一、项目概况

黄河小浪底水利枢纽位于洛阳以北的黄河干流上、黄河中游最后一个峡谷的出口，上距三门峡水利枢纽 130km，距郑州花园口 128km。坝址控制流域面积 69.4 万 km^2，占黄河流域总面积的 92.3%；控制黄河 87% 的天然径流量和近 100% 的输沙量。小浪底水利枢纽的工程开发任务是"以防洪（包括防凌）、减淤为主，兼顾供水、灌溉、发电，蓄清排浑，除害兴利，综合利用"。小浪底水利枢纽属 Ⅰ 等大（1）型工程，主要建筑物为 1 级建筑物，水库大坝按千年一遇洪水 40000m^3/s 设计，万年一遇洪水 52300m^3/s 校核，设计多年平均年入库径流量 277.2 亿 m^3，多年平均年入库沙量 13.23 亿 t。

（一）主要建设内容及建设工期

黄河小浪底水利枢纽工程主要由大坝及基础处理、泄洪排沙系统和引水发电系统组成。主坝为壤土斜心墙堆石坝，最大坝高 160m，坝顶长 1667m，副坝为壤土心墙坝，最大坝高 45m，坝顶长 170m。泄洪排沙系统包括进水塔群、孔板消能泄洪洞、明流泄洪洞、排沙洞、正常溢洪道和非常溢洪道、消力塘。引水发电系统包括引水发电洞、地下厂房、主变室、尾水闸门室、尾水洞、防淤闸和地面式开关站。

黄河小浪底水利枢纽工程设计总工期为 11 年，批复总工期为 10 年。

（二）项目实施

黄河小浪底水利枢纽工程主体土建工程及关键机电设备实行国际竞争性公开招标，工程建设管理、设计及施工全面和国际接轨。

黄河小浪底水利枢纽工程建设项目法人为水利部小浪底水利枢纽建设管理局（以下简称"小浪底建设管理局"），设计单位为水利部黄河水利委员会勘测规划设计研究院（已更名为"黄河勘测规划设计研究有限公司"），监理单位为黄河小浪底水利枢纽工程咨询有限公司（以下简称"小浪底咨询公司"），运行管理单位为小浪底建设管理局。

项目前期准备工程包括外线公路、内线公路、黄河公路桥、留庄铁路转运站、施工供电、施工供水、通信、砂石骨料试开采、临时房屋、导流洞施工支洞等项目。1991 年 9 月 1 日开工，1994 年 4 月 21 日通过水利部主持的前期准备工程验收。

主体工程于 1994 年 9 月 12 日开工，1997 年 10 月 28 日截流，1999 年 10 月 25 日下闸蓄水，1999 年 12 月 26 日首台机组并网发电，2001 年 12 月 31 日最后一台机组并网发电。除非常溢洪道经水利部批准暂缓建设外，黄河小浪底水利枢纽工程已按批准设计全部建成。

（三）工程投资

黄河小浪底水利枢纽工程主体工程最终批复概算总投资 352.34 亿元。黄河小浪底水利枢纽工程建设资金共到位 332.69 亿元。实际完成投资 314.95 亿元。

水土保持工程概算投资及实际完成情况：按照水利部水保〔2002〕114 号文批复，该工程水土保持工程概算总投资 11469 万元。截至水土保持设施竣工验收日实际完成水土保持工程投资 12525 万元。

（四）项目运行及效益现状

小浪底建设管理局既负责工程建设管理，又负责枢纽运行管理，下设枢纽调度中心和小浪底水力发电厂，具体负责黄河小浪底水利枢纽工程调度运用和运行管理。

1999 年 10 月 25 日小浪底水库下闸蓄水以来，工程已安全度过 18 个汛期，枢纽各主要建筑物运行正常，经受了较长时段、较高水位的运行考验，取得了较好的防洪、防凌、减淤、供水、灌溉、发电、生态环境效益。

二、项目区概况

工程施工区黄河南岸为黄土丘陵区，北岸为土石山区，海拔高度 200～500m，两岸冲沟发育，地貌多以梁的形态出现。地面普遍为黄土覆盖。

该区属暖温带大陆性半干旱半湿润季风气候，四季交替分明，气候温和，光照热量充足。平均气温 13.7℃，平均年降水量 643.2mm。降水年际变化大，年内分布不均。最大年降水量 1035.4mm，最小年降水量 406mm，6—10 月降水量 463.1mm，占全年的 72%。

该区域是以小麦、玉米为主的一年两熟栽培植物片，岭坡多垦为农田，耕垦指数在 35% 以上。该区林木稀少，山巅岭尖多为人工刺槐林，山坡为马甲刺、荆条、小枣等灌木丛，林草覆盖率约 10%。

施工区黄河北岸成土母质为泥页岩和砂岩，土质疏松，易遭冲刷，其上覆盖着第四纪黄土及红黏土，厚度为 10～30m 不等。该区黄河南岸主要为轻质壤土和黏壤土、黏土。

三、工程建设目标

通过科学的管理，将水土保持措施全面落实，水土保持工程质量优良，水土保持投资控制在工程概算范围内，水土流失得到有效控制，水土保持"六项"指标〔扰动土地率达 86.2%，水土流失治理度为 86.2%，拦渣率为 95%，林草植被恢复率为 85%，项目区林草覆盖率提高到 30.1%，土壤侵蚀模数控制到了 800～1000t/(km² · a)〕均达到设计值，项目区生态环境得到明显改善，实现"一流工程、一流环境"的目标。

四、水土保持实施过程

（一）水土保持设计情况

2001 年 8 月，完成了黄河小浪底水利枢纽工程水土保持方案报告书的编制。2002 年 4 月，水利部以"水保〔2002〕114 号"文对黄河小浪底水利枢纽工程水土保持方案进行了批复，水土流失防治区分为工程占压区、桥沟东山区、小南庄区、蓼坞区、槐树庄渣场区、马粪滩区、右坝肩区和主要交通道路占地区。各区位置、水土保持措施设计如下。

1. 工程占压区

工程占压区包括大坝占压区、泄洪建筑物占压区、溢洪道左侧山梁、地面副厂房、开关站区、西沟水库、清水池和出口区等，占地面积 350.13hm²。

该区设计了坝区硬化、排水、场地平整、边坡护砌、水土保持林和风景林等措施。工程占压区水土保持措施设计工程量见表 4.2-1。

表 4.2-1　　　　　工程占压区水土保持措施设计工程量表

分　区	总面积/hm²	措施类别	设计量
工程占压区	350.13	土地平整	36.8hm²
		覆土	30.42 万 m³
		浆砌石护坡	7056m³
		浆砌石格栅护坡	1353m³
		干砌石护坡	857m³
		排水涵	188.8m³
		造林面积	220.6hm²
		草坪面积	20.7hm²

2. 桥沟东山区

桥沟东山区位于桥沟河两岸和东山上，现为小浪底建设管理局办公生活区、公共服务区、承包商营地等，为工程永久占地。工程完工后，该区将成为小浪底建设管理局现场生活办公的场所，因此该区设计了园林式绿化、水土保持林和浆砌石格栅护坡等措施。

桥沟东山区水土保持措施设计工程量见表 4.2-2。

表 4.2-2　　　　　桥沟东山区水土保持措施设计工程量表

分　区	总面积/hm²	措施类别	设计量
桥沟东山区	104.5	浆砌石格栅护坡	8700m³
		造林面积	53.3hm²
		草坪面积	12hm²

3. 小南庄区

小南庄区包括小南庄弃渣场、机电安装标基地、劳务营地占地区、非常溢洪道占地区和炸药库占地等。小南庄弃渣场临库坡面采取抛石护坡和干砌石护坡，292.00m 高程渣场坡面采取削坡和干砌石护坡措施，渣场表面采取平整和覆土措施，一部分场地用于小浪底维修场地，另一部分场地进行造林绿化，渣场区域结合厂区建设布设排水系统。小南庄区水土保持措施设计工程量见表 4.2-3。

4. 蓼坞区

蓼坞区位于桥沟河左岸，蓼坞水源井西侧至 8 号公路桥沟桥以南的沿河地域，施工期间是工程建设的生产生活区和砂石料场。工程结束后，该区规划布局为坝后公园入口区、办公区、服务区、广场区、观光区五部分。

表 4.2－3 小南庄区水土保持措施设计工程量表

分 区	总面积/hm²	措施类别	设计量
小南庄区	61.7	干砌石护坡	1.64 万 m³
		土地平整	37.64hm²
		造林面积	16hm²

考虑到泄洪雾化影响，水土保持措施布局时，结合雾化防护，在西部采用地被植物、生态防护林进行防护，中部和东部结合服务区建设采取场地绿化。蓼坞水源井到黄河大桥之间河道北岸边坡为堆渣形成的坡面，为防止渣土流失，采用1∶1.5的浆砌石护坡，最小厚度0.3m。

蓼坞区水土保持措施设计工程量见表4.2－4。

表 4.2－4 蓼坞区水土保持措施设计工程量表

分 区	总面积/hm²	措施类别	设计量
蓼坞区	108.4	浆砌石护坡	2 万 m³
		造林面积	55.3hm²
		草坪面积	2hm²

5. 槐树庄渣场区

槐树庄渣场区位于小浪底黄河大桥下游9号公路和河道间的滩地上。邻河渣坡采取削坡开级和石笼护坡措施，其他边坡采取削坡开级措施，边坡种草绿化；渣面进行平整覆土后，占用耕地的进行复耕，占用林地的造林绿化。

槐树庄渣场区水土保持措施设计工程量见表4.2－5。

表 4.2－5 槐树庄渣场区水土保持措施设计工程量表

分 区	总面积/hm²	措施类别	设计量
槐树庄渣场区	100.3	开级削坡	12.5 万 m³
		钢丝石龙	1.6 万 m³
		基础开挖土方	1.52 万 m³
		浆砌石护坡	240m³
		表土覆盖	75930m³
		造林面积	8hm²
		草坪面积	14hm²

6. 马粪滩区

马粪滩区包括马粪滩砂石料开采加工区和东西河清占地区。东西河清占地区位于小浪底黄河大桥上下游，一部分为黄河滩地；另一部分为弃渣迹地。

马粪滩砂石料加工场作为大坝的反滤料场，施工结束后进行场地平整，对部分料坑进行了回填。工程管理期此区域除部分为砂石备料场外，其余为生产预留用地及苗圃。结合施工围堰改建，临水坡采取防渗处理，背水坡设置排水沟。场区平整后造林绿化。

马粪滩区水土保持措施设计工程量见表 4.2-6。

表 4.2-6　　　　　　　　马粪滩区水土保持措施设计工程量表

分　区	总面积/hm²	措施类别	设计量
马粪滩区	155.6	场地平整	65.5hm²
		浆砌石排水沟	3500m³
		造林面积	40hm²

7. 右坝肩区

右坝肩区包括神树山包及其东南侧的弃渣场、右坝头和观景台占地区等。规划对神树山包周边坡面采取植草护坡，渣面进行平整覆土绿化，渣坡采取抛石护坡和砌石护坡措施。其他区域采取清理平整和覆土绿化措施。

神树山脚下的现有渣场，面积约 1.14 万 m²，场地高程约 285.00m，基本与相邻的 4 号公路路面齐平。该渣场需要整治和边坡拦护。渣场地表平整后，需覆土 0.7m，覆土后进行硬化和绿化。渣场两侧现有自然堆积边坡坡比约为 1:1.5，水库水位抬高后，其边坡难以稳定，因此必须采用工程措施对西侧边坡进行拦护。

右坝肩区水土保持措施设计工程量见表 4.2-7。

表 4.2-7　　　　　　　　右坝肩区水土保持措施设计工程量表

分　区	总面积/hm²	措施类别	设计量
右坝肩区	16.9	干砌石护坡	8900m³
		场地平整	1.14hm²
		覆土	0.80 万 m³
		造林面积	10hm²

8. 主要交通道路占地区

该区结合公路改建，路边设计栽植行道树；对沿途土质边坡进行造林绿化；一部分石质边坡种植攀缘植物护坡，另一部分边坡采用浆砌石格栅护坡绿化。主要交通道路占地区水土保持措施设计工程量见表 4.2-8。

表 4.2-8　　　　　　主要交通道路占地区水土保持措施设计工程量表

分　区	总面积/hm²	措施类别	设计量
交通道路占地区	98.4	浆砌石格栅护坡	2680m³
		造林面积	2.88hm²
		草坪面积	1.4hm²

（二）水土保持实施情况

小浪底水利枢纽的水土保持工程与主体工程同时开工，自 1991 年 9 月至 2003 年 6 月，以通过水利部主持的水土保持设施竣工验收为阶段节点，历时 12 年。其中 1991—1998 年，主要实施了山体混凝土护坡、削坡开级、挡墙砌护、排水沟砌筑等工程措施，1998—2003 年全面落实了土地整治、地表防护工作和绿化美化等措施。该项目共完成土石方开挖 120 万 m³，钢筋石笼 3.2 万 m³，干砌石 3.8 万 m³，浆砌石 6.8 万 m³，干砌石、浆砌石护坡面积 11.34 万 m²，浆砌石格栅护坡 5.6 万 m³，挡墙混凝土 1710m³，平整土地面积 319hm²；完成林草措施绿化面积 564.62hm²，其中林地面积 519.28hm²，草坪面积 45.34hm²，植树总株数 181.70 万株，其中乔木树种 90.22 万株，灌木树种 91.48 万株。

（三）水土保持验收情况

2002 年 4 月，小浪底建设管理局向水利部提出了水土保持实施竣工验收申请，2002 年 6 月 23 日，水利部水土保持司在小浪底工地主持召开了黄河小浪底水利枢纽工程水土保持设施竣工验收会议，并同意通过水土保持设施竣工验收，水利部以"水保〔2002〕114 号"文给予批复，正式投入运行。

黄河小浪底水利枢纽工程水土保持设施竣工验收技术报告主要结论：该项目水土保持工程基本与主体工程同步建设，地表整治防护规划和水土保持方案批准后认真实施，对防治责任范围内的水土流失进行了全面、系统的治理，原批复的水土流失防治责任范围建设期为 2736hm²，工程竣工后的水土流失防治责任范围为 918.93hm²。工程建设中全面完成了水土保持方案确定的各项防治任务。截至 2002 年 6 月，各项防治措施运行效果较好，弃渣得到了及时有效防护，施工区的植被得到了较好的恢复，水土流失得到了有效控制，项目区的水土流失强度由中强度下降到轻度或微度。经过治理，项目区的生态环境得到了明显改善，周边地区的水土流失也得到了一定控制，扰动土地治理率达 86.2%，水土流失治理度为 86.2%，拦渣率为 95%，林草植被恢复率为 85%，项目区林草覆盖率提高到 30.1%，土壤侵蚀模数控制到了 800～1000t/(km²·a)。上述各项水土流失防治的技术指标达到了国家规定标准。枢纽工程的水土保持措施将发挥越来越大的保持水土、改善生态环境的作用。

水利部"小浪底水利枢纽工程水土保持设施竣工验收意见"主要结论：水土保持验收委员会认为，小浪底建设管理局高度重视工程建设中的水土保持工作，编报了水土保持方案和地表整治规划，落实了水土保持工程设计和建设资金，实现了水土保持工程建设和管理标准化、规范化，质量管理体系健全，有效地保证了水土保持方案的顺利实施。对责任范围内的水土流失进行了全面、系统的整治，完成了水土保持方案确定的各项防治任务，工程的各类开挖面、临时堆渣、施工场地等得到了及时的整治、拦挡和恢复植被。施工过程中的水土流失得到了有效控制，项目区的水土流失强度由中、轻度下降到轻度或微度，达到了该地区土壤流失量容许值。经过系统治理，项目区的生态环境得到明显改善，总体上发挥了较好的保持水土和改善生态环境的作用。该项目的水土保持综合治理工程达到了国内领先水平，为我国大型生产建设项目的水土保持提供了经验，值得总结推广。

水土保持验收委员会认为，小浪底水利枢纽工程的水土保持设施达到了国家水土保持法律法规及技术规范、标准的有关规定和要求，各项工程质量合格，总体工程质量达到了优良标准，同意通过水土保持设施竣工验收，正式投入运行。

工程实施效果见图 4.2-1。

（a）坝后参建单位文化主题公园　　　　　　　（b）坝后公园湖心喷泉

（c）坝后公园黄河微缩模型主题区　　　　　　（d）坝后公园老河道景观提升

（e）坝后公园乔灌草立体空间绿化　　　　　　（f）坝后公园游园道路

（g）坝后公园樱花岛1　　　　　　　　　　　（h）坝后公园樱花岛2

图 4.2-1（一）　黄河小浪底水利枢纽工程水土保持效果（照片由黄河勘测规划设计有限公司提供）

（i）马粪滩砾石料场后期治理　　　　　　　（j）施工生产区广场建设

（k）施工生产区后期园林景观建设　　　　　（l）施工生活区绿化美化

图 4.2-1（二）　黄河小浪底水利枢纽工程水土保持效果（照片由黄河勘测规划设计有限公司提供）

五、水土保持后评价

（一）目标评价

1. 项目决策和实施目标

小浪底水利枢纽工程建设区面积 $2338hm^2$，其中扰动土地面积 $1258.3hm^2$ 需要治理，工程总弃渣 2451 万 m^3 需要拦挡，施工道路高边坡路堑需要防护，否则就会造成大量的水土流失，从而可能引发重大的水土流失事故。因此，能否做好工程建设过程中水土保持工作成为项目建设是否可行的一个重要因素。

实施目标：通过科学的管理，将水土保持措施全面落实，水土保持工程质量优良，水土保持投资控制在工程概算范围内，水土流失得到有效控制，水土保持"六项"指标均达到设计值，项目区生态环境得到明显改善，实现"一流工程、一流环境"的目标。

2. 目标实现程度

按照我国有关水土保持法律法规和世界银行对环境保护的要求，开展了卓有成效的水土保持工作，对防治责任范围内的水土流失进行了全面系统的治理，基本达到了施工期间控制水土流失、施工后期改善环境和生态的目的，营造了优美的坝区环境，较好地完成了项目的水土保持工作。目前各项防治措施的运行效果良好，弃渣得到了及时有效的防护，施工区植被得到了较好的恢复，水土流失得到有效控制，生态环境有所改善。

（1）工程合同管理评价。为加强合同管理，规范合同签订及执行工作，小浪底建设管理局印发了《黄河小浪底水利枢纽工程合同管理暂行办法》，明确了合同管理机构、招投标及合同会签制度，规定了合同管理的职责、合同签约程序等，并就支付审核控制、合同价格调整、变更和索赔处理、争议调解和解决、技术问题处理、进度计划审批和质量监督等内容制定了一系列工作程序和制度，使合同管理工作走向规范化和程序化。黄河小浪底水利枢纽工程合同管理体系见图 4.2-2。

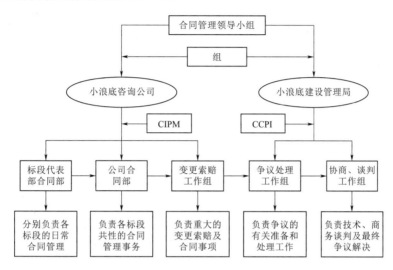

图 4.2-2　黄河小浪底水利枢纽工程合同管理体系图

（2）工程进度管理评价。

1）工程建设工期。黄河小浪底水利枢纽工程批复总工期为 10 年，其中前期准备工程工期 2 年，主体工程工期 8 年，即 1991 年 9 月至 2001 年 12 月。在编报水土保持方案时，主体工程已经完工，方案批复的新增水土保持工程工期为 2 年，即在 2002 年、2003 年内完成方案新增的土地平整和绿化美化工程。

2）水土保持工程进度实施情况。1991—1998 年，实施了山体混凝土护坡、削坡开级、挡墙砌护、排水沟砌筑等工程措施；2000 年完成了《黄河小浪底水利枢纽工程地表整治防治规划》；2000 年编制完成了《黄河小浪底水利枢纽工程水土保持方案大纲》，并通过水利部评审，获得批复。2001 年编制完成了《黄河小浪底水利枢纽工程水土保持方案报告书》，并通过水利部评审，获得批复。2002—2003 年完成项目区土地平整、绿化美化工程。2003 年 6 月通过水利部水土保持设施竣工验收。

小浪底水土保持工程实施进度上，基本实现了"三同时"，实际建设工期控制在批复的工期内。

（3）资金使用管理评价。

1）财务管理。小浪底建设管理局对水土保持工程非常重视，财务管理上采取了有效措施，积极筹措建设资金，确保水土保持资金专款专用，同时吸收国际标支付管理经验，建立了以合同管理为基础的水土保持价款结算支付程序，明确了支付过程中监理工程师、小浪底建设管理局及其内部职能部门的责任、每个支付环节的审核内容、审核依据、时间要求等，从而确保项目价款及时支付给承包商、设计单位和监理单位。基本规定如下：

A. 工程量月报表签认：小浪底建设管理局物资处、测量工程师代表部及质量控制部分别对施工材料、施工质量和完成工程量进行监控和测量，承包商按合同规定向监理工程师提交完成工程量统计月报表，现场监理工程师对承包商提交的工程量进行签认，提交土建工程师代表部，由代表签字并加盖公章。

B. 开具支付凭证：经工程师代表部签认的统计月报须于下月初提交小浪底建设管理局计划合同处，由经办人根据合同规定核对单价、总价等内容，开具支付凭证并提交财务处。

C. "国内标工程价款支付审批表"签批：财务处经办及审核人员就每月 15 日前收到的支付凭证，核对往来账款、审核各项附件是否符合审批规定、各种签字是否齐全、计算出实际应付的工程款，填写"国内标工程价款支付审批表"送财务负责人签批。

D. 款项支付：每月 20—30 日办理支付，将款项通过银行直接支付给承包商、设计单位和监理单位。

严格的财务管理规定，保证了黄河小浪底水利枢纽工程水土保持项目资金的专款专用，且及时支付，没有拖欠工程款。

2）支付结算。支付是合同管理中控制投资的最后一个环节，是合同管理结果的最终落脚点。为此，小浪底建设管理局建立了一套严格的支付结算程序。对水土保持工程措施和植物措施分别制定了不同的程序：

对于水土保持工程措施，价款的结算是以承包商测量经监理工程师核实的实际工程量为依据，结算程序主要为承包商提交完成工程量统计表→监理工程师审核→建设单位审定→建设单位支付。

对于植物措施，其价款结算与分部验收和管护期结合起来。植物措施的管护期为三年，验收分四次进行，第一次在合同签订后，支付 30％的工程款，第二次在栽植完成后，验收栽植植物数量，支付 40％的工程款，第三次主要验收植物成活率情况，支付 15％的工程款，并扣回首次支付但未成活的部分工程款，第四次在三年后，检查措施的保存情况，支付 15％的工程款，并扣回上次支付但未成活的部分工程款。

3）合同执行情况及投资使用情况。小浪底水土保持工程总计 61 项分部工程，其中 46 项列入水土保持工程投资，其余 15 项列入主体工程投资。46 项工程中，2 项实行公开招投标，占全部工程的 4％；其余 44 项实行邀请招投标，占 96％；44 项签订了最终合同，占合同总数的 96％；2 项签订了草拟合同，占合同总数的 4％。

按照水利部"水保〔2002〕114 号"文批复，小浪底水土保持工程概算总投资 11469 万元。小浪底水土保持工程实际支出 12525 万元。

（4）工程质量管理评价。

质量管理体系及制度。

A. 质量管理体系。黄河小浪底水利枢纽工程建立了项目法人负责、监理工程师控制、承包商保证和政府质量监督的质量管理体制。黄河小浪底水利枢纽工程质量管理体系见图 4.2－3。

B. 质量管理制度。小浪底建设管理局针对黄河小浪底水利枢纽工程的特点，从招标阶段开始，依据国内规范标准和国际规范标准的有关内容，编制了与国际标准接轨的工程

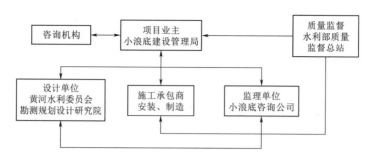

图 4.2-3　黄河小浪底水利枢纽工程质量管理体系图

技术规范列入合同文件，随工程进展又完善了技术质量管理的规章制度。除了这些综合的质量管理制度外，对于一些具体事项还有针对性地建立了具体的质量管理制度。这些制度使该项目从施工准备、原材料采购及施工过程的质量得到了控制和监督，为工程质量提供了制度保证。

（a）工程项目划分。根据工程特点和实际情况，黄河小浪底水利枢纽工程水土保持工程共划分为 12 个单位工程，61 个分部工程。

（b）质量控制措施。黄河小浪底水利枢纽工程自开工起，在全体工程建设者中树立了"百年大计，质量第一"的指导思想，并结合黄河小浪底水利枢纽工程规模大、难度高以及引进世界银行贷款采用国际化管理的特点，主要采取了以下质量控制措施：①严格招标管理，择优选择施工单位；②重视施工准备，认真开展施工准备工作审查；③择优选择供应商，确保原材料、仪器设备质量；④严格施工程序，强化施工管理；⑤严格技术标准，加强质量检验；⑥加强安全监测，提供质量信息；⑦采用先进技术，提高工程质量；⑧严格工程验收，加强缺陷处理；⑨落实质量责任制，加强质量责任追究；⑩总结质量管理经验，实行质量奖罚制度。

（c）工程质量等级评定情况。黄河小浪底水利枢纽工程施工质量评定按照《水利水电工程施工质量评定规程》（SL 176—1996）、《水利水电基本建设工程单元工程质量等级评定标准》（SDJ 249.2—1988）进行。

黄河小浪底水利枢纽工程施工质量等级评定结果为：黄河小浪底水利枢纽工程水土保持工程 61 个分部工程中，优良 59 个，优良率 92%，合格 2 个。单位工程验收 12 个，优良 12 个，优良率 100%。

（d）质量问题及处理情况。工程未出现质量问题。

（5）监理工作评价。

1）监理单位组织机构。黄河小浪底水利枢纽工程严格按照世界银行的要求引进独立的第三方监理，并通过监理合同和施工合同明确了监理的职责、权限。受小浪底建设管理局委托，小浪底咨询公司全面负责黄河小浪底水利枢纽工程所有工程项目的施工监理（包括水土保持工程）、枢纽工程原型观测和外部变形观测、土工、混凝土质量检测等咨询工作。

小浪底咨询公司根据黄河小浪底水利枢纽工程分标的情况，相应组建了大坝、泄洪、厂房和机电 4 个工程师代表部，设置了相应的部门分别对技术、合同、测量、原型观测、实验室等进行专业管理，高峰时工地现场的监理人员超过 600 人。小浪底咨询组织机构见图 4.2-4。

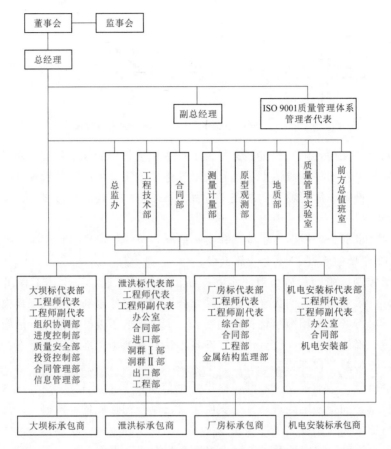

图 4.2-4　小浪底咨询公司组织机构图

2）质量控制措施。小浪底咨询公司质量控制的主要目标是对承包商的所有施工活动和工艺进行质量监控，以保证工程在合同工期内完成并达到要求的质量标准，实现整个工程的设计意图。小浪底咨询公司采取了以下质量控制措施：①建立健全监理单位的质量控制体系；②督促承包商建立健全质量保证体系；③研究质量控制的关键，对重点问题实施预控；④签发施工图纸，审查车间图；⑤严格实行现场质量检查制度，做好全过程的质量检查；⑥严格工程质量检验，加强施工测量和安全监测；⑦加强质量缺陷修复，认真处理质量事故。

3）进度控制措施。小浪底咨询公司配备了专职的进度监理工程师，制定了详细的进度控制流程，通过现场旁站监理或巡视监理、现场进度协调会、周进度会、专题会议、进度报告、专题报告、前方总值班室、计算机辅助管理、P3 软件应用等手段来进行进度管理，实现了对计划进度的有效控制。

4）投资控制措施。采取编制投资控制计划，加强工程进度款计划支付管理，严格执行合同条件和计量条款的约定，科学处理变更、索赔等合同外项目，对黄河小浪底水利枢纽工程各标段实施了有效的投资控制，主要采取了以下控制措施：①编制投资控制计划，做好工程建设资金的预测和计划；②制定工程款支付监理流程，加强计量支付管理；③严格按照约定对合同内项目计量实施有效控制；④科学处理变更、索赔等合同外项目，减少费用增加。

5）合同管理。

A. 合同管理概况。小浪底咨询公司按照国际工程的管理模式，由总经理担任工程师代表业主全面负责三个国际标和其他国内标的合同管理，委派三个工程师代表组建了三个工程师代表部直接开展相应国际标段的合同管理，成立一个工程师代表部开展国内标的合同管理。小浪底咨询公司聘请 CIPM 合同专家进行合同方面的咨询，组建合同部作为工程师代表部的后方专家系统，统一协调各标段专业性强的合同管理问题。

通过上述管理模式，小浪底咨询公司严格按照合同文件的约定和业主的授权，对各标段工程进行了合同管理，严格督促承包商完成合同义务，切实维护了业主的利益，并成立了变更索赔小组，公正合理地处理了合同变更和索赔的问题。

B. 工程变更管理。黄河小浪底水利枢纽工程的变更主要包括业主提出的变更、承包商提出的变更和监理工程师提出的变更三大类。监理工程师提出的变更多是优化方案或现场突然发生的不得不处理的意外事件，承包商提出的变更往往是经济合理或便于施工的方案，业主提出的变更则多为方案的改变或对原设计中不足的补充、增加或取消。

C. 工程索赔管理。黄河小浪底水利枢纽工程国际标工程索赔包括工期索赔和费用索赔两大类。承包商提出索赔的原因主要包括地质条件变化、后继法规、设计变更、指令赶工、指定分包、供图延误、材料供应、业主违约、监理工程师指令干扰施工等。针对承包商提出的索赔，小浪底咨询公司制定了工程索赔处理程序，见图 4.2-5。

6）信息管理。小浪底咨询公司总监办是公司内部的信息枢纽，也是对外交流信息的窗口，工程师代表部内设信息部专门负责信息管理工作；制定了信息管理制度，详细规定了施工监理信息的内容、有关单位和人员的职责、信息的传递方式及对信息分析、加工、整编的要求等；配合业主建立并完善了黄河小浪底水利枢纽工程建设项目管理信息系统。通过工地信息的网络实时共享，使小浪底咨询公司各部门能及时跟踪监测施工活动，分析、预测各种施工事件，及时甚至提前做出行动，提高了工作效率。

7）施工协调。监理工程师的现场协调工作主要包括三方面：协调承包商与业主方面的关系、协调承包商与承包商之间的关系、协调承包商与设计单位之间的关系。各工程师代表部负责协调本标段内的干扰，小浪底咨询公司办公室负责协调各标段间的互相干扰，并于 1996 年 8 月成立了前方现场总值班室负责整个工地的施工协调工作。

（6）工程验收评价。2002 年 4 月，小浪底水利枢纽工程水土保持工程最后一个分部工程"桥沟西山区生态绿化工程"完工，小浪底建设管理局启动了水土保持设施竣工验收工作程序，2002 年 4 月底相继完成了《黄河小浪底水利枢纽水土保持工程实施总结报告》《黄河小浪底水利枢纽水土保持设施竣工验收技术评估报告》等验收准备工作。2002 年 6 月，水利部水土保持司在黄河小浪底水利枢纽工程主持召开了小浪底水利枢纽工程水土保持设施竣工验收会议，会议一致认为水土保持设施总体质量达到了优良标准，同意通过竣工验收，正式投入运行。

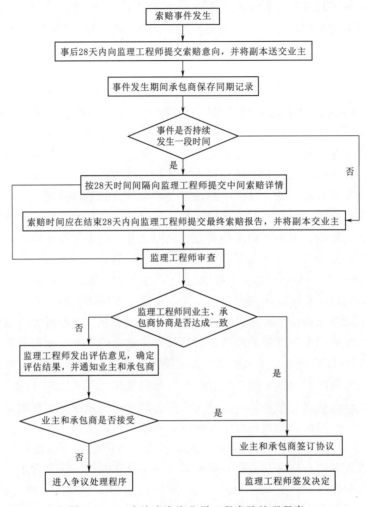

图 4.2－5　小浪底咨询公司工程索赔处理程序

　　小浪底水土保持工程及时完成了竣工验收，确认了水土保持设施有效发挥防治水土流失作用，为黄河小浪底水利枢纽工程主体竣工验收提供了有力依据。

　　3. 差距及原因

　　主要差距是投资超水土保持概算，水利部"水保〔2002〕114 号"文批复水土保持方案投资 11469 万元，建设单位实际投入 12525 万元，用于水土保持设施建设，较方案批复投资超出 1056 万元，增幅为 9%，该部分增加的投资主要用于坝后保护区地表整治第二标段的地表整治工程。

　　（二）过程评价

　　1. 水土保持设计评价

　　防洪排导工程：因小浪底水库工程水土保持方案编制阶段工程主体基本完工，因此，水土保持方案中设计的措施即为工程实际实施措施。方案对弃渣场布设截（排）水沟，排水沟防洪标准采用 20～50 年一遇，并根据防洪排导的要求，有针对性地布设了截水沟、排水沟、排洪渠（沟）、涵洞。且施工过程中，截水沟、排水沟根据地形、地质条件布设，与自然水系顺接，并布设消能防冲措施。

拦渣工程：小浪底水库工程涉及 8 处弃渣场，根据现场调查，运行 7 年多来，8 处弃渣场运行稳定，挡墙完整率达 90％以上，弃渣场挡墙采用干砌石或浆砌石形式，达到了拦挡的效果。弃渣场边坡采取了土地整治和覆土绿化措施，弃渣场平台覆土作为耕地。

斜坡防护工程：小浪底水库工程开挖边坡较多，在边坡稳定分析的基础上，采取削坡开级、坡脚及坡面防护等措施。施工期间，边坡在稳定基础上优先采取植物护坡措施。

土地整治工程：根据现场调查，工程征占地范围内对需要复耕或恢复植被的扰动及裸露土地及时采取了场地清理、平整、表土回覆等整治措施。弃渣场边坡、平台在土地整治基础上进行了绿化和复耕。

表土保护工程：根据现场调查，工程建设过程中，对可剥离的耕地区域实施了剥离措施，剥离的表土集中堆置在弃渣场附近并进行了防护，防止了水土流失。

植被建设工程：枢纽及移民安置区范围内对工程扰动后的裸露土地、营地及办公场所周边采取了植物措施或工程与植物相结合的措施。对永久设施周边按组团绿化或四旁绿化等方案布置，绿化树（草）种选择羊蹄甲、大叶榕、速生桉、八月桂、爬山虎和马尼拉草等；对施工生产场地选择马尼拉草、速生桉、羊蹄甲和爬山虎等。乔、灌和草种植面积按 3∶4∶3 的比例配置。

临时防护工程：通过查阅相关资料，工程建设过程中，为防止土（石）撒落，在场地周围利用开挖出的块石围护；同时，在场地排水系统未完善之前，开挖土质排水沟排除场地积水。对于场地填方边坡，为防止地表径流冲刷，利用工地上废弃的草袋等进行覆盖，但缺少沉砂措施和雨水利用措施。

2. 水土保持施工评价

小浪底水库工程水土保持措施的施工，严格采用招投标的形式确定其施工单位，从而保障了水土保持措施的质量和效果。

在水土保持质量管理方面，建设单位做到了思想认识到位、机构人员到位、管理措施到位、建设投资到位、规划设计到位、综合监理到位的"六到位"，确保了水土保持措施"三同时"制度的有效落实。

（1）积极宣传水土保持相关法律法规。小浪底建设管理局充分认识到各参建单位人员水土保持专业素养参差不齐，水土保持法制意识淡薄等现实情况，通过会议、宣传、督促、管理等多种途径向工程参建各方传达贯彻国家水土保持法律法规和方针政策，不断提高和统一参建各方的思想认识，通过制定水土保持管理规章制度明确参建各方的水土保持工作责任和工作要求，规范了水土保持施工，做到了文明施工。

（2）设立水土保持管理机构。2002 年 8 月，小浪底建设管理局在工程建设部内成立了移民环保部，配备 6 名干部职工，同时负责工程建设征地和环境保护、水土保持管理工作，并指定 2 人专职负责工程环境保护、水土保持管理工作，使得工程水土保持管理工作切实得到加强，岗位责任明确，部门分工清晰，工作程序规范，很快打开了水土保持管理工作的新局面。在龙滩工程建设过程中，设立水土保持管理机构，各机构配备相应的水土保持专职人员后，水土保持管理工作成效和效率大幅提高。

（3）严格水土保持管理。小浪底建设管理局在不断完善水土保持设施建设的同时，制定了强有力的管理措施，严格按照《中国大唐集团公司环境保护管理办法》和《龙滩工程文明施工管理办法》，切实加强施工区的水土保持监督与水土保持监理工作，有效地防止了水土流失。工程运行期间，成立了专门的移民环保部进行运行期间管理。目前，小浪底水库工程从未发生过重大水土流失。

（4）确保建设投资到位。在项目建设管理工作中，小浪底建设管理局提出了水土保持专业项目由工程建设部提出项目建设要求，由移民环保部负责项目组织立项，由计划经营部负责项目合同签订，由移民环保部负责项目实施，由财务管理部负责资金落实到位的总体思路。通过规范基本建设程序，有效防范了经济腐败；通过签订项目承包合同，确保了建设项目进度和质量，并保证建设资金及时足额到位。在水土保持专项设施建设过程中，从未有过因投资不落实或是不到位而影响工程建设的情况发生。

（5）国内首次推行水土保持监理制度。为做好小浪底水库工程施工区水土保持工作，依据国家的有关规定和要求，小浪底建设管理局在小浪底水库工程施工区率先推行了水土保持监理制度。经招标，由中国水利水电建设工程咨询公司承担小浪底水库工程施工区的水土保持监理工作。

在水电工程建设过程中推行水土保持监理制度，当时尚属国内领先。水土保持监理作为一项新生事物，水土保持监理的工作内容、方式及其与施工单位、工程监理的工作关系等方面存在许多问题，需要不断探索、明确与完善。对此，小浪底建设管理局与监理部进行了认真研究，明确了水土保持监理的工作职责及工作方式，并向各参建单位下发了《关于明确施工区环保水保综合监理工作内容的函》，充分授权监理部在施工区行使监督监理职责。监理部有权对违反国家水土保持法律法规的行为进行处罚，并对承包商的水土保持工作出具考核意见。

小浪底建设管理局则在主体工程项目招标过程中补充完善了"环境保护与水土保持"专用技术条款，为监理部开展工作提供了监理依据。

小浪底水库工程施工区水土保持监理部在小浪底建设管理局的大力支持下，独立开展监理工作，对龙滩工程的水土流失状况进行全方位监督，对施工区水土保持工程设施建设、绿化等水土保持专项工程承担现场监理；对道路、承包商生活营地及施工中的弃土弃渣等方面的问题，直接向承包商下达监理指令；对承包商违反国家水土保持法律法规和公司规定的行为进行处罚，并对承包商的水土保持工作出具考核意见。

龙滩水电工程推进水土保持监理制度，从根本上规范了水土保持建设与管理工作的程序，对有效控制水土保持设施建设的质量、进度和投资，对不断提高管理工作水平都起到了很好的促进作用。

（6）技术水平评价。

1）高科技含量、先进技术的运用。小浪底水土保持工程，无论是工程措施还是植物措施，都非常注重引进先进技术：在设计上聘请高水平的规划设计单位承担，把先进的治理、开发技术贯穿到工程设计中，如引进了国际先进的植物喷浆绿化技术，建设高强度的钢筋石笼防护工程、高边坡帷幕灌浆护坡、钢钎挂网护坡等，请正规的施工企业参加水土保持工程的实施，保障设计思想的实现，使设计目标得以实地落实，从而提高工作效率，实现了费省效宏的目标。

2）现代化的工程施工。小浪底施工面大、工期长，在施工布局和方法上，采用了高密集地下洞群系统，大大减少了建筑物和施工对地表的影响区域和影响时间，极大地减轻了工程建设可能造成的水土流失，施工中全部采用现代化机械设备，大量使用了 PC400/PC2000 反铲挖掘机，大型液压机，CATD7R 推土机，D7R 推土机，WA600 装载机，15t、30t、45t 自卸汽车远距离运渣，使工程的开挖、掘进、装载、运输效率得以提高，大大缩短了施工扰动面积和扰动时间，使裸露的地表得到快速平整、清理和覆盖，避免了施工期大量的水土流失，因此现代化的工程施工是黄河小浪底水利枢纽工程减少和控制水土流失的有效方法。

小浪底水利枢纽工程是全世界瞩目的大型水利工程，新技术、新材料的运用和现代化的工程施工，是减少工程建设过程水土流失的有效途径，把水土保持建设与绿化美化结合起来不仅有效地防治了水土流失，也实现了打造"一流工程，一流环境"的花园式水利枢纽工程目标。2004 年 2 月 18 日，水利部以"水保〔2004〕42 号"文评定小浪底水利枢纽工程为"开发建设项目水土保持示范工程"，对今后工程建设具有较强的借鉴作用。

3）设计能力。

A. 小浪底水利枢纽工程水土保持工程布置合理，工程等别、建筑物级别、洪水标准及地震设防烈度符合现行规范要求。

B. 小浪底水利枢纽水土保持工程运用 10 多年来，弃渣场边坡、拦挡和排水等措施均有效运行，根据监测记录和现场调研结果，弃渣场的水土流失得到了有效治理，水土保持措施设计合理，水土保持效果明显。

C. 道路区边坡设计、挂网护坡、排水等措施运行正常，设计标准合理。

D. 通过对项目区植被的调查，项目区设计、实施的水土保持林、经济林和景观生态林的成活率和林草覆盖率均达到了设计水平。

E. 通过小浪底水利枢纽工程水土保持设施的实施，工程建设造成的水土流失得到治理，降低了因工程建设所造成的水土流失危害，达到了水土保持方案编制的预期效果。经过治理，扰动土地的治理率达到 86.2％，水土流失总治理度达到 86.2％，拦渣率为 95％，植被恢复系数达到 85％，项目区林草覆盖率达到 30.1％，土壤侵蚀模数控制到 $800\sim1000t/(km^2 \cdot a)$。

综上所述，小浪底水利枢纽工程运用 10 多年来的监测资料表明，小浪底水利枢纽工程水土保持设计是成功的。

（7）水土流失治理模式。

1）工程、植物措施和临时措施相结合的综合治理模式。小浪底水利枢纽工程对项目区设计实施了永久的工程措施、植物措施和施工过程中的临时措施，如对施工道路区采用山体混凝土护坡、削坡开级、挡墙砌护、浆砌石排水沟、消力池砌筑等工程措施，对道路两侧采取栽植雪松、法国梧桐行道林绿化措施，以及施工过程中的草袋土拦挡、洒水抑尘等临时措施。工程、植物和临时措施有机结合，确保了工程建设全过程中采取相应的水土保持防护措施，更有效地减少了工程建设全阶段、全方位造成的水土流失。

2）水土保持、旅游景观相结合的治理模式。小浪底水土保持设计始终贯穿了"一流工程、一流环境"花园式水利枢纽工程的设计思想，将水土保持和园林景观设计有效结合起来。在确保水土保持功能的前提下，融合园林景观设计，为游人提供了参观、学习和休憩的优美环境。

3）持续投入、不断完善，旅游和水土保持相互促进、相互哺育的治理模式。小浪底水利工程在投入运营后，小浪底建设管理局对已建成的水土保持设施进行实时监管，对存在设计缺陷的水土保持进行完善，如2015年对坝后高程216.00m平台排水系统的建设，主要原因是原设计中没有设计排水系统，在后续运行中发现雨季排水不畅，对平台的果园形成冲积。又如2011年，对枢纽出口区域进行园林景观树种、彩叶树种的更换种植，主要原因是随着人们生活水平、审美观念的提高，原设计的绿化树种单一，不能完全满足人们的景观要求，所以部分替换成雪松、紫叶李、火棘、南天竹等景观树种，使得项目区更有视觉美感，景观效果更加完美。

在运行期间，小浪底建设管理局从发电和旅游的利润中规划出部分资金投入到黄河小浪底水利枢纽工程项目区的水土保持和绿化美化工程中，同时持续有效的水土保持措施使得小浪底枢纽越来越美，优美的生态环境又促进了旅游的发展，形成了良性的、可持续的发展模式。

3. 水土保持运行评价

小浪底水库工程运行期间，建设单位按照运行管理规定，加强对防治责任范围内的各项水土保持设施的管理维护。由小浪底建设管理局下设的移民环保部协调开展，水土保持具体工作由移民环保部专人负责，各部门依照内部制定的部门工作职责等管理制度，各司其职，从管理制度和程序上保证了运行期内水土保持设施管护工作的开展。

运行期间设置专人负责绿化植株的洒水、施肥、除草等管护，确保植被成活率，不定期检查清理截（排）水沟道内淤积的泥沙，达到了绿化美化和保持水土的双重作用。

（1）水土保持管理机构。黄河小浪底水利枢纽工程实行建管合一，小浪底建设管理局作为项目法人，既负责工程建设，又负责工程投产后的运行管理，小浪底水土保持工程也采用与主体工程一样的管理模式，小浪底建设管理局资源环境处作为业主职能部门，全面负责黄河小浪底水利枢纽工程水土保持工程的落实和完善，就水土保持工程对项目法人——小浪底建设管理局负责。小浪底咨询公司作为监理单位，根据业主授权和合同规定对承包商施工全过程进行全面的监理管理。

黄河小浪底水利枢纽工程整个组织机构比较合理，职工队伍素质较高，人员配备合理，能满足工程运行管理需要。

（2）水土保持管理制度。黄河小浪底水利枢纽工程全面实行国际招投标工程，小浪底建设管理局在工程建设初期就建立了各项规章制度和程序规定：

1）为了规范合同和财务管理，制定了《招投标管理规定》《黄河小浪底水利枢纽工程合同管理暂行办法》《合同支付管理规定》《财务管理办法和程序》。

2）为确保水土保持和环境工作的开展和落实，制定了《施工区环境保护管理办法》。

3）为了明确质量责任，确保工程质量，制定了分级负责制、三班值班制、质量情况汇报制、例会制、专题会议制、质量奖罚制等规章制度。

4）工程监理单位——小浪底咨询公司也制定了《合同管理控制程序》《进度控制程序》《质量控制程序》《投资控制程序》《信息管理控制程序》等制度，规范监理行为；承包商也建有工序施工的检验和验收程序等办法。

另外,在工程运行期,小浪底建设管理局在劳动人事管理、财务管理、经营管理、工程管理、监察与审计、党群工作、文档管理、综合管理等方面建立了齐全的规章制度,规范了工程建设、运行维护和日常管理工作。

总的来说,黄河小浪底水利枢纽工程水土保持管理制度无论在工程建设初期,还是在工程运行期,水土保持工作都有章可循,能确保水土保持工作顺利开展。

(3)水土保持管理效果。黄河小浪底水利枢纽工程实行建管合一,小浪底建设管理局既负责工程建设,又负责工程投产后的运行管理,整个组织机构比较合理,职工队伍素质较高,人员配备合理,能满足工程运行管理的需要。

(三)效果评价

小浪底水利枢纽水土保持工程自 2002 年竣工验收以来,已经顺利运行多年,小浪底建设管理局一如既往地重视水土保持工作,特别是对小浪底水利枢纽的绿化美化工作。研究以水土保持学、生态学、景观学等学科为理论依据,通过筛选指标、层次分析法计算权重,建立以水土保持、景观美学、环境、社会经济等项目指标为核心的评价指标体系,对小浪底水利枢纽工程水土保持效果进行系统的评价。

1. 构建评价指标体系

(1)评价指标的确定。以全面性、科学性、系统性、可行性和定性定量结合为原则选择评价指标,指标体系应考虑各指标间的层次关系。评价指标体系分为 3 个层次,从上至下分别为目标层、约束层、标准层。其中,目标层包含 1 个指标,即小浪底水利枢纽工程水土保持效果;约束层包含 4 个指标,分别为水土保持功能指标、景观美学功能指标、环境功能指标和社会经济功能指标;标准层包含 17 个指标。水土保持功能指标约束层包括水土流失总治理度、拦渣率、林草覆盖率、涵养水源和保持土壤等 5 个标准层指标;景观美学功能指标约束层包括美景度、斑块多度密度、观赏植物季相多样性和常绿、落叶树种比例等 4 个标准层指标;环境功能指标约束层包括负氧离子浓度、降噪、降温增湿、SO_2 吸收量和乡土树种比例等 5 个标准层指标;社会经济功能指标包括促进区域发展方式转变程度、居民水保意识提高程度、林木管护费用 3 个标准层指标,见表 4.2-9。

表 4.2-9　　　　　　　小浪底枢纽水土保持效果评价体系指标

目 标 层	约 束 层	标 准 层
小浪底水利枢纽工程 水土保持效果	水土保持功能指标	水土流失总治理度
		拦渣率
		林草覆盖率
		涵养水源
		保持土壤
	景观美学功能指标	观赏植物季相多样性
		美景度
		常绿、落叶树种比例
		斑块多度密度

续表

目 标 层	约 束 层	标 准 层
小浪底水利枢纽工程水土保持效果	环境功能指标	负氧离子浓度
		降噪
		降温增湿
		乡土树种比例
		SO_2 吸收量
	社会经济功能指标	促进区域发展方式转变程度
		居民水保意识提高程度
		林木管护费用

（2）权重计算。根据层次分析法原理，将植被建设评价指标中同类指标（U_i 与 U_j）进行两两比较后对其相对重要性打分，U_{ij} 取值含义见表 4.2 - 10，并采用层次分析法计算各个指标权重，计算结果见表 4.2 - 11。

表 4.2 - 10　　　　　　　　　　U_{ij} 取 值 含 义

U_{ij} 的取值	含　义	U_{ij} 的取值	含　义
1	U_i 与 U_j 同样重要	9	U_i 比 U_j 极其重要
3	U_i 比 U_j 稍微重要	2、4、6、8	相邻判断 1～3、3～5、5～7、7～9 的中值
5	U_i 比 U_j 明显重要		
7	U_i 比 U_j 相当重要	$1/U_{ij}$	表示 i 比 j 的不重要程度

表 4.2 - 11　　　　　　小浪底枢纽水土保持效果评价体系指标权重

目标层	约束层	约束层权重	标 准 层	标准层权重	总权重
小浪底水利枢纽工程水土保持效果	水土保持功能指标	0.4164	水土流失总治理度	0.2059	0.0857
			拦渣率	0.1617	0.0673
			林草覆盖率	0.2513	0.1046
			涵养水源	0.1814	0.0755
			保持土壤	0.1997	0.0832
	景观美学功能指标	0.2604	观赏植物季相多样性	0.1844	0.0480
			美景度	0.3145	0.0819
			常绿、落叶树种比例	0.1797	0.0468
			斑块多度密度	0.3214	0.0837
	环境功能指标	0.1648	负氧离子浓度	0.2344	0.0386
			降噪	0.1401	0.0231
			降温增湿	0.2614	0.0431
			乡土树种比例	0.1234	0.0203
			SO_2 吸收量	0.2407	0.0397
	社会经济功能指标	0.1584	促进区域发展方式转变程度	0.3689	0.0584
			居民水保意识提高程度	0.3365	0.0533
			林木管护费用	0.2946	0.0467

采用前面所述的模糊层次分析法，计算各层次、各指标的权重如表4.2-11所示。4个约束层指标权重由高到低依次为水土保持功能指标、景观美学功能指标、环境功能指标、社会经济功能指标。其中，水土保持功能指标最为重要，权重为0.4164，景观美学功能指标其次，权重为0.2604，环境功能指标权重和社会经济功能指标权重相当，分别为0.1648和0.1584。在水土保持功能指标中，与植物措施实施紧密的水土流失总治理度、林草覆盖率权重较重，涵养水源、保持土壤和拦渣率的权重分布均匀。景观美学功能指标中美景度、斑块多度密度指标权重较重，其他指标权重均匀分布。社会经济功能指标和环境功能指标的各标准层权重分布相对均匀。这样的权重分布体现了通过实施小浪底水利枢纽工程水土保持综合治理工程，确保项目区水土流失得到治理，同时绿化、美化项目区，改善区域小气候，达到增加人们绿色游憩空间、提供"绿岗"就业等目的。这些与建设单位实现"一流工程、一流环境"总体规划的目标相符合。

2. 评价指标获取

研究确定评价指标值获取主要有三种途径，其中降噪、负氧离子浓度、降温增湿、SO_2吸收量等指标通过野外调查测试获得；水土流失总治理度、林草覆盖率、涵养水源、保持土壤、拦渣率、观赏植物季相多样性、斑块多度密度、常绿、落叶树种比例、乡土树种比例、林木管护费用、促进区域发展方式转变程度等指标是通过查阅相关统计资料、分析研究获得；居民水保意识提高程度、美景度以调查问卷的方式获得。

样地布设：研究共布设20m×30m样地4块，分别为樱花岛、黄河微缩模型景观上游源头、黄河微缩模型景观下游龙羊峡、西山水土保持林样地，取每块样地四角和对角线交点作为测试点，同时取距样地40m以上的空地作为对照，在8：00、12：00和16：00调查降噪、负氧离子浓度、降温增湿、SO_2吸收量等指标：

（1）降噪。采用噪声仪连续监测对照点和测试点噪声5min后噪声减少率。

$$V = \frac{V_d - V_c}{V_d} \tag{4.2-1}$$

式中：V_d为对照点噪声值；V_c为测试点的噪声值。

经过测试，降噪率平均值为14.43%，见表4.2-12。

表4.2-12　　　　小浪底枢纽水土保持效果评价降噪率测试统计总表

测　试　区	降噪率/%	测　试　区	降噪率/%
樱花岛区	15.3	西山水土保持林区	16.5
黄河微缩模型源头区	12.4	平均值区	14.43
黄河微缩模型龙羊峡区	13.5		

（2）降温增湿。采用移动气象站连续监测对照点和测试点温度、湿度5min后取平均值，得到测试点的温度T_c、湿度H_c和对照点的温度T_d、湿度H_d，取三个时间点测试值的平均值作为评价指标。

$$\Delta T = T_d - T_c \tag{4.2-2}$$

$$\Omega = \frac{H_c - H_d}{H_c} \tag{4.2-3}$$

式中：Ω 为测试点的增湿率。

经过测试，增湿率平均值为 12.08%，降温平均值为 2.88℃，见表 4.2－13。

表 4.2－13　　　　　小浪底枢纽水土保持效果评价降温、增湿率测试统计总表

测　试　区	降温/℃	增湿率/%
樱花岛区	3.1	12.3
黄河微缩模型源头区	2.2	11.5
黄河微缩模型龙羊峡区	2.9	11.8
西山水土保持林区	3.3	12.7
平均值	2.88	12.08

（3）SO_2 吸收量。在测试点上分别采取乔木、灌木树叶，送到实验室，按照《森林植物与森林枯枝落叶层全硅、铁、铝、钙、镁、钾、钠、磷、硫、锰、铜、锌的测定》（LY/T 1270—1999）测定叶片含硫量，计算叶片单位面积含硫量。

经过测试，SO_2 吸收量平均值为：落叶乔木 $0.342g/m^2$，常绿乔木 $0.252g/m^2$，灌木 $0.231g/m^2$，见表 4.2－14。

表 4.2－14　　　　　小浪底枢纽水土保持效果评价 SO_2 吸收量测试统计总表

测　试　区	树种类型	含硫量/(g/m²)
樱花岛区	落叶乔木	0.368
	常绿乔木	0.246
	灌木	0.244
黄河微缩模型源头区	落叶乔木	0.342
	常绿乔木	0.238
	灌木	0.235
黄河微缩模型龙羊峡区	落叶乔木	0.374
	常绿乔木	0.229
	灌木	0.228
西山水土保持林区	落叶乔木	0.284
	常绿乔木	0.295
	灌木	0.217
平均值	落叶乔木	0.342
	常绿乔木	0.252
	灌木	0.231

（4）$PM_{2.5}$ 浓度。采用美国热电 PDR－1500 便携式气溶胶颗粒物检测仪监测 $PM_{2.5}$ 浓度，每天 7：00—18：00，每隔 0.5h 记录 1 次 $PM_{2.5}$ 浓度。取每天的平均值为某一试验区的 $PM_{2.5}$ 浓度。经过测试，$PM_{2.5}$ 浓度平均值为 $30\mu g/m^3$，见表 4.2－15。

表 4.2－15　　小浪底枢纽水土保持效果评价 $PM_{2.5}$ 浓度测试统计总表

测 试 区	$PM_{2.5}$ 浓度/$(\mu g/m^3)$	测 试 区	$PM_{2.5}$ 浓度/$(\mu g/m^3)$
樱花岛区	23	西山水土保持林区	37
黄河微缩模型源头区	32	平均值	30
黄河微缩模型龙羊峡区	29		

（5）观赏植物季相多样性。参考《河南植物志》统计各造林树种分别属于春景植物、夏景植物、秋景植物和冬景植物的数量，用 Simpson 多样性指数计算观赏植物季相多样性。

$$\lambda = 1 - \sum P_i^2 \qquad (4.2－4)$$

式中：P_i 为各类植物种量占植物种总量之比。

小浪底水利枢纽工程造林树种近 50 种（表 4.2－16），为了简化计算工程量，研究观赏植物季相多样性指数计算选择主要代表树种进行。经计算，观赏植物季相多样性 λ 为 0.85。

表 4.2－16　　　　小浪底枢纽水土保持造林树种统计总表

序号	植被种类	面积/hm^2	主 要 树 种	
			乔 木	灌 木
1	水土保持林	400.16	杨树、榆树、榉树、侧柏、大叶女贞、火炬树、黄栌、五角枫、山楂	荆条、紫穗槐等
2	风景林	164.46	雪松、白皮松、云杉、银杏、无花果树、二乔玉兰、香樟、栾树、广玉兰、桂花、樱花、紫荆、银杏、朴树、红枫、黄山栾、榆叶梅、垂丝海棠、紫薇、花石榴、腊梅、碧桃、棕榈、油松、红叶李、棣棠、大叶女贞、夹竹桃、木槿、红叶石楠	海桐球、紫叶矮樱、红花继木球、金钟花、千头椿、迎春、大花美人蕉、南天竹、连翘

（6）乡土树种比例。参考《洛阳林业志》统计各造林树种是否为乡土树种，利用乡土树种的造林数量与所有造林树种数量相比所得。经计算，乡土树种比例为 0.90。

（7）常绿、落叶树种比例。所有造林树种中常绿树种数量与落叶树种数量之比。经计算，常绿、落叶树种比例为 2∶5。

（8）斑块多度密度指数（PRD）。斑块多度密度指数是指单位面积上的斑块个数，反映景观的破碎化程度，同时也反映景观空间异质性程度。其表达式为

$$PRD = m/A \qquad (4.2－5)$$

式中：m 为斑块总数量，个；A 为总面积，hm^2。

PRD 值越大，则破碎化程度越高，空间异质性程度越大。

小浪底水利枢纽工程风景林主要分布在工程占压区的坝后公园内，因此，研究以坝后公园景观分布来统计斑块多度密度指数。经计算，$PRD = 0.38$。这说明坝后公园景观破碎化程度适中，空间异质性程度适中，景观布局较为合理。

（9）美景度。采取在小浪底坝后公园现场向游客调查的方法，将美景度最高赋值为 10 分，由游客对小浪底植被建设美景度进行打分，共调查游客 30 人，其中打分在 9～10 分的有 21 人，8～9 分的有 8 人，7～8 分的有 1 人。经过平均计算，美景度最终得

分 9.35。

(10) 促进区域发展方式转变程度、居民水保意识提高程度。黄河小浪底水利枢纽工程区，为黄河最后一个峡谷出口地带，该区域以黄河为界分属于河南省洛阳市孟津区（原孟津县）和济源市管辖，是一个农业生产区，农业用地以耕地为主，林草覆盖率为10%。黄河小浪底水利枢纽工程建设后，对工程占地区进行了绿化、美化，特别是坝后公园的建设，使得建设后的林草覆盖率提高到30.67%，生态环境景观效果得到明显提高。目前，小浪底已发展为著名的水利风景旅游区，每年都接待大量的游客到此旅游、度假。

由于小浪底枢纽工程水利风景旅游业的发展，明显带动了周边县（市）旅游业的发展，根据孟津区、济源市历年政府工作报告，孟津区和吉利区的旅游综合收入每年以10%的增长率增长，2017年孟津区、吉利区旅游综合收入增长率分别达到16.2%、17.3%（2017年孟津区政府工作报告、2017年济源市政府工作报告）。

随着旅游业效益的提高，也逐渐改变着项目周边居民和政府的环保意识，特别是对生态环境、植树造林的认识也在不断提高。根据2017年孟津区政府工作报告，孟津区内新增造林8.7万亩，森林覆盖率提高4.1个百分点，达到27.1%。

(11) 林木管护费用。根据小浪底建设管理局提供的数据：林木养护管理补助标准为每年 1.2 元/m²。

(12) 水土保持功能指标包括水土流失总治理度、林草覆盖率、涵养水源、保持土壤和拦渣率，采取查询水土保持竣工验收资料和现场复核的方法获得。

1）水土流失总治理度。小浪底水利枢纽工程水土流失治理达标面积为1201.78hm²，项目区水土流失面积为1258.3hm²，水土流失总治理度为95.91%，见表4.2-17。

表 4.2 - 17　　　　　　小浪底枢纽水土保持效果评价水土流失总治理度表

序号	工程区	水土流失面积 /hm²	验收资料统计治理面积/hm²	复核后治理达标面积/hm²	水土流失总治理度/%	变化原因
1	工程占压区	350.1	332.6	350.1	100.00	
2	桥沟东山区	104.5	104.5	104.5	100.00	
3	小南庄区	61.7	43.1	58.88	95.43	在竣工验收时，植物措施实施时间为不到1年，存在部分不达标面积，目前，植被长势良好，其防护面积内的土壤流失量达到了土壤容许值标准
4	蓼坞区	108.4	103	108.4	100.00	
5	槐树庄渣场区	271.3	197.2	231.1	174.43	
6	马粪滩区	106	100	100	94.34	
7	右坝肩区	16.9	10	16.9	100.00	
8	土石料场区	100	95	95	95.00	
9	主要交通道路占地区	98.4	93.5	98.4	100.00	
10	其他	41	6.3	38.5	93.90	
	合计	1258.3	1085.2	1201.78	95.91	

2）林草覆盖率。小浪底水利枢纽工程绿化面积为 564.62hm²，项目区面积为1841.2hm²，水土流失总治理度为30.67%，见表4.2-18。

表 4.2-18 小浪底枢纽水土保持效果评价林草覆盖率表

工 程 区	项目区征地面积/hm²	绿化面积/hm²	林草覆盖率/%
工程占压区	350.1	241.3	68.92
桥沟东山区	104.5	78.36	74.99
小南庄区	61.7	16	25.93
蓼坞区	108.4	74.2	68.45
槐树庄渣场区	442.6	8	7.98
马粪滩区	155.6	50	32.13
右坝肩区	16.9	10	59.17
土石料场区	462	45	9.74
主要交通道路占地区	98.4	41.76	42.44
其他	41	0	0
合 计	1841.2	564.62	30.67

3）涵养水源。植被水源涵养总量的确定，使用较多的为水量平衡法，原理为绿地多年平均年降水量等于年涵养水源总量和绿地多年平均年蒸发量之和，研究采用水量平衡法测算绿地涵养水源的物质量。根据我国对森林蒸散量的研究，全国平均蒸散量为 56%，假设小浪底绿化区域 65% 的降水通过蒸散消耗掉，据统计资料，小浪底水利枢纽工程项目区多年平均年降水量 600mm，绿化面积 564.62hm²，则一年中植被截留的水量为 $600mm \times 35\% \times 564.62hm^2 = 1185702m^3$，自工程竣工至今绿化工程涵养水源量为 1541.41 万 m^3。

4）保持土壤。研究估算水土保持措施保持土壤功能效益采取前后对比法，对工程建设前后的土壤侵蚀模数进行对比分析，即保持土壤量=（工程建设前土壤侵蚀模数－治理后土壤侵蚀模数）×项目区面积×评估年数。根据监测资料，项目区处于山地丘陵区，工程建设前项目区地类主要以荒地、疏林地和坡耕地为主，平均土壤侵蚀模数为 7700 t/(km²·a)；在包括植物绿化措施全部完成后，根据监测资料，项目区平均土壤侵蚀模数为 900t/(km²·a)。因此，小浪底水利枢纽工程水土保持工程保持土壤量为 （7700－900)t/(km²·a)×1841.2hm²×13a=162.76 万 t。

5）拦渣率。小浪底施工期间弃渣总存放量 3198 万 m^3，实际回采利用方量 747 万 m^3，弃渣量 2451 万 m^3，总拦渣量 2361 万 m^3，实际拦渣率 96.6%。

确定评价标准值采用如下方法：

A. PM$_{2.5}$ 浓度根据我国《环境空气质量标准》（GB 3095—2012）中的规定，二类区域空气颗粒物（粒径小于等于 2.5μm）的浓度限值为 75μg/m³。

B. 林木管护费用。参考北京市《城市园林绿化养护管理标准》 （DB11/T 213—2003），绿地养护定额标准为 9~12 元/m²。

C. 相关学者研究结果。乔、灌、草结合的绿地类型降噪能力能达到 13.26%，有林地与无林地相比可降温 1~3℃，增湿 2%~13%，空气负氧离子容许浓度为 400~1000 个/cm³，低于 400 个/cm³ 为临界浓度区，高于 1000 个/cm³ 为保健浓度区。落叶乔木、常绿乔木和灌木单位面积含硫量分别为 0.445g/m²、0.263g/m²、0.253g/m²（表 4.2 - 19）。乡土树种比例要达到 0.70 以上才能充分体现城市特色，一般认为常绿、落叶树种比例为 3:7 较为合理。

表 4.2 - 19 不同植被类型叶片含硫量

植被类型	含硫量/（g/m²）
落叶乔木	0.445
常绿乔木	0.263
灌木	0.253

D. 自身标准。部分指标以其能达到的最大值或自身最优值（期）作为标准，如造林树种多样性、观赏植物季相多样性、斑块多度密度和美景度。通过调查问卷所得指标均以该指标的最高程度作为标准，如促进区域发展方式转变程度和居民水保意识提高程度。

3. 评价结果与分析

采用建立起来的评价体系，对小浪底水利枢纽工程水土保持工程实施效果进行评价（表 4.2 - 20）。由评价结果可以看出，评价总分为 89.77，总体上处于优良水平，与水利部批复给予的评价结论相符。

表 4.2 - 20 小浪底枢纽水土保持效果评价结果

目标层	标 准 层	标准层权重	总权重	调查值	标准值	得分
小浪底水利枢纽工程水土保持效果	水土流失总治理度	0.2059	0.0857	95.51%	95%	100.00
	拦渣率	0.1617	0.0673	96.6%	95%	100.00
	林草覆盖率	0.2513	0.1046	30.67%	25%	100.00
	涵养水源	0.1814	0.0755	92.5	100	92.50
	保持土壤	0.1997	0.0832	1.11	1	100.00
	观赏植物季相多样性	0.1844	0.0480	0.85	1	85.00
	美景度	0.3145	0.0819	4.6	5	92.00
	常绿、落叶树种比例	0.1797	0.0468	2/5	3/7	93.33
	斑块多度密度	0.3214	0.0837	0.85	1	85.00
	负氧离子浓度	0.2344	0.0386	895	1000	89.50
	降噪	0.1401	0.0231	14.43%	13.26%	100.00
	降温增湿	0.2614	0.0431	2.88	3.0	95.83
	乡土树种比例	0.1234	0.0203	0.90	0.70	100.00
	SO_2 吸收量	0.2407	0.0397			87.99
	落叶乔木			0.342	0.445	76.85
	常绿乔木			0.252	0.263	95.82
	灌木			0.231	0.253	91.3
	促进区域发展方式转变程度	0.3689	0.0584	88	100	88.00
	居民水保意识提高程度	0.3365	0.0533	84	100	84.00
	林木管护费用	0.2946	0.0467	1.2	9	13.33
	综合得分					89.77

表 4.2－20 中部分水土保持功能指标略高于水土保持设施竣工验收时的监测值，主要是植物措施全面实施后，充分发挥了相应的水土保持功能。表中除落叶乔木 SO_2 吸收量（76.85）、林木管护费用（13.33）标准指标外，其他指标均达到了优良水准。落叶乔木 SO_2 吸收量处于中等偏上水平，主要是由于研究测试时间为 4 月，落叶乔木正处于树叶成长期，等到树叶完全长好后，其指标值会有所改善；林木管护费用与目前城市绿地的管护费用相差较大，主要原因是河南省内没有相应林木管理费用标准，研究参考的标准是北京市城市绿地管护标准，地域经济发展程度不同而造成此项指标值偏低。

六、结论及建议

（一）评价结论

该工程按照我国有关水土保持法律法规和世界银行的要求，开展了卓有成效的水土保持工作，对防治责任范围内的水土流失进行了全面系统的治理，基本达到了施工期间控制水土流失、施工后期改善环境和生态的目的，营造了优美的坝区环境，较好地完成了项目的水土保持工作。目前各项防治措施的运行效果良好，弃渣得到了及时有效的防护，施工区植被得到了较好的恢复，水土流失得到了有效控制，生态环境得到了明显改善。2004年 2 月 18 日，水利部以"水保〔2004〕42 号"文评定小浪底水利枢纽工程为"开发建设项目水土保持示范工程"，对今后工程建设具有较强的借鉴作用。

（二）主要经验教训

（1）宏观规划设计和功能分区的重要性。小浪底水库工程的水土保持效果，充分体现了宏观规划设计和功能分区的重要性，也就是各个水土保持分区后期功能定位的重要性。水库工程水土保持植被建设工程，特别是永久占地区的植被建设工程要提高标准，并根据功能分区，种植水土保持林和风景林，同时要充分考虑季相树种，乡土树种和常绿、落叶树种比例的配置。

（2）高度重视项目区表土资源的综合利用。小浪底水利枢纽工程开工时，虽没有编制水土保持方案报告书，但建设单位对项目区扰动土地面积内的表土进行了剥离，并集中堆放，作为后期绿化用土。如工程占压区剥离的表土全部堆放于坝后保护区，并用于后期坝后公园的绿化用土，此项措施，既为坝后公园绿化美化提供了必要条件，也避免了因取土造成新的土地扰动和水土流失，值得借鉴推广。

（3）对工程管理区内未扰动土地采取合理的水土保持措施。在工程管理区用地内，以小浪底水利枢纽工程大坝左右坝肩以上的山坡、东山等为主的工程未扰动区域，地形多为山地丘陵，占地类型为疏林地，为了减少该区域的水土流失，建设单位对此类未扰动区域进行了造林绿化，绿化整地方式为水平阶整地，绿化苗木以乡土树种为主，适当的点缀些彩叶植物。此项措施，增加了该区域涵养水源和减少水土流失的功能。同时，也提高了项目区的林草覆盖率和景观效果，值得借鉴推广。

（4）引进先进的管理思想，并落实于相应的管理制度和管理组织当中。项目为世界银行贷款项目，在建设过程中，引进了当时世界上许多先进的管理思想和制度，如工程招标制度、合同管理制度、工程进度管理制度、工程质量管理制度和工程款支付办法等，这些管理思想和制度在工程建设管理中得到落实与应用，确保了小浪底水利枢纽工程高质量的完成，值得借鉴推广。

（5）项目建设要采用先进的施工工艺和方法。小浪底水利枢纽水土保持工程，引进了国际先进的植物喷浆绿化技术，建设高强度的钢筋石笼防护工程、高边坡帷幕灌浆护坡、钢钎挂网护坡等，另外工程施工面大、工期长，在施工布局和方法上，采用了高密集地下洞群系统，大大减少了建筑物和施工对地表的影响区域和影响时间，极大地减轻了工程建设可能造成的水土流失，施工中全部采用现代化机械设备，大量使用了 PC400/PC2000 反铲挖掘机，大型液压机，CATD7R 推土机，D7R 推土机，WA600 装载机，15t、30t、45t 自卸汽车远距离运渣，使工程的开挖、掘进、装载、运输效率得以提高，大大缩短了施工扰动面积和扰动时间，使裸露的地表得到最快的平整、清理和覆盖，避免了施工期的大量水土流失，因此现代化的工程施工是黄河小浪底水利枢纽工程减少和控制水土流失的有效方法。

小浪底水利枢纽工程采用先进的施工工艺和方法，有效地减少了工程建设期间的水土流失，值得借鉴推广。

（6）槐树庄弃渣场区作为工程临时占地，由于管理权限的更替，在后期容易造成新的水土流失。

（三）建议

（1）应重视水土保持方案编制和水土保持设计工作。大型水利枢纽工程建设规模大，扰动土地面积大，必须重视水土保持方案编制和水土保持设计工作，对施工过程中可能造成的水土流失区域及其危害进行预测，并采取针对性的防治措施。

（2）应重视水土保持监测工作。项目没有开展水土保持监测工作，不能掌握施工过程中造成的水土流失情况及其危害。在今后工程建设时应及时开展水土保持监测工作，掌握工程建设过程中的水土流失变化情况，采取有针对性的补救措施，防止水土流失危害进一步发展。

（3）水土流失防治应与文明施工相结合。世界银行的环境保护理念对项目的水土保持工作起到了很大的推动作用，施工期间建立了健全的环境保护管理体系，国外承包商采用许多国际上控制水土流失的成功经验，提出了合理的施工组织方案，文明、规范施工，有效地控制了施工期间的水土流失。在类似的其他工程施工中，经常出现随意乱倒弃渣、乱挖乱填现象，造成的水土流失对周边环境破坏很大。在今后工程施工时，应采用合同手段对承包商的施工行为加以控制，保证文明、规范施工，控制施工过程中的水土流失。

（4）水土保持工程应与绿化美化相结合。项目把水土流失治理和改善生态环境相结合，不仅有效防治了水土流失，而且营造了坝区和移民安置区优美的环境，采用的水土保持工程防护标准是比较合适的，值得其他工程借鉴。目前很多工程提出的防护标准比较低，难以达到根治水土流失、改善环境的目的，也经常引起水土保持投资的大幅变化。在今后工程设计阶段，就应提高水土保持工程防护标准，将水土保持工程与坝区生态环境的改善、社会主义新农村和谐建设相结合，创造现代工程和自然和谐相处的环境。

（5）继续加大水库上游水土保持生态林建设力度。由于独特的地质条件，库区水土流失比较严重，增加了水库运行压力。黄河水土保持生态林的建设对减少水土流失、入库泥沙起到了非常明显的作用，但仍应建立有效的监督管理机制，继续加大水库上游水土保持生态林的建设力度，减少入库泥沙，提高水库寿命。

案例3　嘉陵江亭子口水利枢纽工程

一、项目及项目区概况

（一）项目概况

嘉陵江亭子口水利枢纽工程坝址上距四川省广元市城区约155km，下距苍溪县城约15km。坝型为混凝土重力坝，坝顶高程465.00m，最大坝高116m，坝轴线总长995.4m；水库正常蓄水位和防洪高水位同为458.00m，死水位438.00m，设计洪水位461.30m，校核洪水位463.04m；水库总库容40.67亿m^3，其中调节库容17.32亿m^3，防洪库容10.6亿m^3，死库容17.36亿m^3。亭子口水库可根本解决广元市、南充市、广安市、达州市等4个地市的12个县292.14万亩农田灌溉和181.7万城乡人口供水问题；亭子口电站装机容量4×275MW，保证出力$187 \sim 163$MW（无灌溉—全灌溉），年发电量31.75亿$\sim$29.51亿kW·h（无灌溉—全灌溉），通航能力2×500t级。工程可提高下游15座梯级电站的保证出力188MW、增加多年平均发电量约4.5亿kW·h。

工程等别为Ⅰ等，工程规模为大（1）型，主要建筑物为拦河大坝、泄水建筑物、电站厂房、垂直升船机和灌溉取水建筑物等。拦河大坝、泄水建筑物、左岸灌溉渠首为1级，电站厂房为2级，右岸灌溉渠首为3级，下游防护工程等建筑物为3级。

拦河大坝（含升船机上闸首）设计洪水重现期500年，校核洪水重现期5000年；消能建筑物设计洪水重现期100年；电站厂房设计洪水重现期200年，校核洪水重现期500年；左岸灌溉渠首进水塔设计洪水重现期100年，校核洪水重现期300年；右岸灌溉渠首进水塔设计洪水重现期30年，校核洪水重现期100年。

工程概算总投资为168.53亿元。2009年11月，主体工程开工建设；2018年12月，最后一项主体工程建设任务全部完成。

（二）项目区概况

1. 自然条件

（1）地形地貌。嘉陵江亭子口水利枢纽工程位于四川盆地北部，工程区为低山、深丘地貌，区内地势由北向南渐降。

水库库区为低山深丘地形，嘉陵江由北向南蜿蜒切割于崇山峻岭之中，河谷深切，岸坡较陡峻，河道弯曲，河流两岸多为漫滩和一级阶地。

（2）水文、气象。嘉陵江流域径流主要来源于降水，其次为地下水和融雪水补给。径流年内变化与降水量基本一致，年内年际变化均较大。嘉陵江多年平均流量608m^3/s，多年平均年径流量192亿m^3，多年平均年径流深312mm。汛期为5—10月，汛期降水量占全年的80.2%，尤以7—9月更为集中，占全年的52.4%；非汛期11月至翌年4月仅占年降水量的19.8%。工程区属于中亚热带湿润季风气候区，气候特征表现为气候温和、雨量充沛、光照适宜、四季分明、冬春干旱、盛夏高温多雨、秋雨绵绵等。工程区多年平均气温16.7℃，多年平均年降水量1023.4mm，多年平均年水面蒸发量1318.6mm，多年平均年日照时数 1490.9h，多年平均年≥10℃积温 5341.5℃，多年平均年无霜期 288d，多年平均风速 2.0m/s。

（3）土壤植被。工程区地带性土壤为黄壤，目前主要分布于低山及深丘顶部。由于人类的长期垦殖，在侏罗系、白垩系地层上，广泛发育紫色土，水田发育水稻土，沿河低洼地带发育潮土。

工程所在区域基带植被为亚热带常绿阔叶林，植被区划属四川盆北低山丘陵植被小区，森林植被种类繁多。工程建设区由于受人类生产活动的影响，现存植被多为人工植被，主要为人工林和农田植被。人工林多以桤、柏混交林为主，庭院四周、溪河两旁、田边地头及荒坡上种植有柏树、马尾松等用材林，呈零星分布。粮食作物有水稻、小麦、玉米、红苕、豆类等；经济作物有棉花、油菜、花生等。坝区及库区经济林木主要有梨、桃、李、柑、柚、枣、花椒、核桃、葡萄等。项目建设区平均林草覆盖率约为 35%。

2. 水土流失及防治情况

根据《全国水土保持规划（2015—2030 年）》和《四川省水土保持规划（2015—2030 年）》，项目区属嘉陵江及沱江中下游国家级水土流失重点治理区。项目执行《生产建设项目水土流失防治标准》（GB 50434—2018）中规定的一级防治标准。

项目区属于西南紫色土区，二级区属于川渝山地丘陵区，三级区属于四川盆地北中部山地丘陵保土人居环境维护区。

根据全国土壤侵蚀类型区划，区内容许土壤流失量为 500t/（km² · a）。水土流失类型以水力侵蚀为主，局部区域存在重力侵蚀。水力侵蚀主要发生在坡耕地、疏幼林及河谷开阔段两岸裸露荒坡，多为面蚀和沟蚀；重力侵蚀发生在河谷陡坡段和工程建设开挖面的局部地段。项目区水土流失以轻度水力侵蚀为主，平均土壤侵蚀模数为 960t/（km² · a）。

二、水土保持设计、实施过程及管理

（一）水土流失防治目标

1. 防治标准及基准值

项目区涉及嘉陵江及沱江中下游国家级水土流失重点治理区，且涉及嘉陵江干流，水土流失防治执行《生产建设项目水土流失防治标准》（GB/T 50434—2018）西南紫色土区一级标准。基准值规定如下：施工期渣土防护率 90%，表土保护率 92%；设计水平年水土流失治理度 97%，土壤流失控制比 0.85，渣土防护率 92%，表土保护率 92%，林草植被恢复率 97%，林草覆盖率 23%。

2. 目标修正值

工程水土流失防治以建设类项目一级标准为基准值，依据工程所在地区的地形地貌条件、现状土壤侵蚀强度和干旱程度等影响条件进行修正。

（1）工程区土壤侵蚀强度以轻度侵蚀为主，土壤流失控制比应不小于 1.0。因此工程运行期工程区土壤流失控制比调整为 1.0。

（2）工程区涉及嘉陵江及沱江中下游国家级水土流失重点治理区，林草植被恢复率和林草覆盖率提高 2 个百分点。

嘉陵江亭子口水利枢纽工程修正后的水土流失防治目标值见表 4.3 - 1。

表 4.3 - 1　　　　嘉陵江亭子口水利枢纽工程修正后的水土流失防治目标值

防治目标	标 准 规 定		按土壤侵蚀强度修正	采 用 标 准	
	施工期	试运行期		施工期	试运行期
水土流失治理度	*	97%		*	97%
土壤流失控制比	*	0.85	+0.15	*	1.0
渣土防护率	90%	92%		90%	92%
表土保护率	92%	92%		92%	92%
林草植被恢复率	*	97%	+2	*	99%
林草覆盖率	*	23%	+2	*	25%

* 　代表该指标值应根据批准的水土保持方案措施实施进度，通过动态监测获得，并作为竣工验收依据。

（二）水土保持方案编报审批情况

嘉陵江亭子口水利水电开发有限公司于 2007 年 6 月委托长江水资源保护科学研究所、长江勘测规划设计研究有限责任公司共同承担《嘉陵江亭子口水利枢纽工程水土保持方案报告书》的编制工作。

编制单位于 2008 年 6 月编制完成了《嘉陵江亭子口水利枢纽水土保持方案报告书》（报批稿）。2008 年 11 月 27 日，水利部以"水保函〔2008〕330 号"文《关于嘉陵江亭子口水利枢纽水土保持方案的复函》对该工程水土保持方案进行了批复。

根据"水保函〔2008〕330 号"文的要求，需编报移民安置水土保持方案，报省级水行政主管部门审批。2012 年 9 月，长江勘测规划设计研究有限责任公司编制完成了《嘉陵江亭子口水利枢纽移民安置水土保持方案报告书》（报批稿）。2012 年 10 月 15 日，四川省水利厅以"川水函〔2012〕1846 号"文《四川省水利厅关于嘉陵江亭子口水利枢纽移民安置水土保持方案报告书的批复》对该方案报告书进行了批复。

（三）水土保持方案变更

1. 变更原因

《水利部办公厅关于印发〈水利部生产建设项目水土保持方案变更管理规定（试行）〉的通知》（办水保〔2016〕65 号）中规定："水土保持方案经批准后，生产建设项目地点、规模发生重大变化、水土保持措施发生重大变更的应补充或修改水土保持方案"。

经对照分析，嘉陵江亭子口水利枢纽工程涉及"办水保〔2016〕65 号"第四条"植物措施总面积减少 30% 以上"、第五条"在水土保持方案确定的废弃砂石土等专门存放地以外新设弃渣场的，或者需要提高弃渣场堆渣量达到 20% 以上"等情形，需编制《嘉陵江亭子口水利枢纽工程水土保持方案变更报告书》，并报水利部审批。

2. 审批情况

2020 年 8 月，长江勘测规划设计研究有限责任公司编制完成了《嘉陵江亭子口水利枢纽工程水土保持方案变更报告书》。水规总院于 2020 年 8 月 30 日在北京召开会议，对《嘉陵江亭子口水利枢纽工程水土保持方案变更报告书》进行了技术审查。2020 年 9 月

16日，水规总院以"水总函〔2020〕326号"文印发了《关于印送嘉陵江亭子口水利枢纽工程水土保持方案变更报告书技术审查意见的函》。

（四）水土保持后续设计

在水土保持方案批复后，设计单位严格按照工程水土保持方案及其批复、移民安置工程水土保持方案及其批复开展水土保持后续设计。后续设计主要为初步设计和施工图设计。

1. 初步设计编报审批情况

受建设单位的委托，长江勘测规划设计研究有限责任公司于2009年8月编制完成了《四川省嘉陵江亭子口水利枢纽初步设计报告》（水土保持作为其中的一个章节），2009年10月30日，水利部以"水总〔2009〕526号"文进行了批复。

2. 水土保持施工图设计

在初步设计报告批复后，工程开展了水土保持施工图设计，根据现场施工进度，提出的成果包括小坝沟弃渣场防护施工图、灌溉渠出口渣场防护施工图、王家坝渣场防护施工图等。同时，提高了植物措施标准，嘉陵江亭子口水利水电开发有限公司委托云南省水利水电勘测设计研究院编制了《嘉陵江亭子口水利枢纽坝区绿化整体规划及景观设计》《嘉陵江亭子口水利枢纽坝区枢纽区土地利用概念性规划设计》《嘉陵江亭子口水利枢纽坝区进场公路边坡景观设计》《嘉陵江亭子口水利枢纽坝区观景平台设计》等。

（五）水土保持实施

1. 完成的工程量

（1）工程措施完成的工程量。除主体工程具有水土保持功能措施外，水土保持方案新增了水土保持工程措施完成情况。亭子口水利枢纽工程完成的水土保持方案设计的工程措施工程量为：排洪沟1253m，截（排）水沟19116m，沉沙池14座，挡渣墙340m，钢筋（铅丝）石笼拦挡3340m，载土槽7600m，干砌石护坡32.07hm²，剥离表土20.16万m³，土地平整115.53hm²，覆土10.79万m³。共完成工程结算投资3669.06万元，见表4.3-2。

表4.3-2 　　　亭子口水利枢纽水土保持工程措施完成工程量汇总表

防治分区	单位工程	分部工程		工程量	
		措施	数量	内容	数量
枢纽建筑物防治区	防洪排导工程	截水沟	8500m	土方开挖	5236m³
				石方开挖	2244m³
				M7.5浆砌石	5355m³
		沉沙池	10座	土方开挖	183m³
				石方开挖	79m³
				M7.5浆砌石	132m³
	斜坡防护工程	载土槽	7600m	砖砌体	190m³

续表

防治分区	单位工程	分 部 工 程		工 程 量	
		措施	数量	内容	数量
弃渣（存料）场区	防洪排导工程	排洪沟	1253m	土方开挖	24276m³
				石方开挖	370m³
				土方回填	20656m³
				块石回填	1348m³
				C25混凝土	5843m³
				碎石垫层	1064m³
				钢筋	171t
				PVC排水管	1591m
				土工布	470m²
				闭孔泡沫板	724m²
		截（排）水沟	6166m	土方开挖	11318m³
				土方回填	58m³
				M7.5浆砌石	8616m³
				C20混凝土	840m³
				波纹排水管（50cm）	1180m
	拦渣工程	挡渣墙	340m	土方开挖	1042m³
				土方回填	96m³
				M7.5浆砌石	88m³
				C15混凝土	994m³
				碎石回填	99m³
		钢筋（铅丝）石笼拦挡	3340m	土方开挖	4904m³
				钢筋石笼	25548m³
				铅丝石笼	610m³
				抛石	65237m³
	土地整治工程	—	—	表土剥离	3.58万m³
		—	—	土地平整	71.74hm²
		—	—	覆土	1.01万m³
	斜坡防护工程	干砌石护坡	320700m²	干砌石	124291m³
料场防治区	防洪排导工程	截水沟	2600m	土方开挖	1830m³
				石方开挖	458m³
				M7.5浆砌石	1636m³
交通道路防治区	土地整治工程	—	—	表土剥离	8.77万m³
		—	—	土地平整	1.24hm²
		—	—	覆土	0.37万m³

续表

| 防治分区 | 单位工程 | 分部工程 | | 工 程 量 | |
		措施	数量	内容	数量
施工附企及办公管理防治区	防洪排导工程	截（排）水沟	1850m	土方开挖	1628m³
				M7.5 浆砌石	1166m³
		沉沙池	4 座	土方开挖	73m³
				石方开挖	31m³
				M7.5 浆砌石	53m³
	土地整治工程	—	—	表土剥离	7.81 万 m³
		—	—	土地平整	42.55hm²
		—	—	覆土	9.40 万 m³

（2）植物措施完成工程量。亭子口水利枢纽工程共完成植物措施面积 156.86hm²，共栽植乔木 13441 株，灌木 171699 株、4563m²，攀缘植物 36045 株，铺植草皮 4.88hm²，撒播草籽 64.52hm²。共完成措施结算投资 924.34 万元，见表 4.3-3。

表 4.3-3　　　　　亭子口水利枢纽水土保持植物措施完成工程量汇总表

防治分区	单位工程	分部工程	措 施		数 量
枢纽建筑物防治区	植被建设工程	点片状植被	乔木	桂花	95 株
			灌木	红花继木球	192 株
				海桐球	98 株
				红花木莲	10 株
				武竹	6 株
				紫穗槐	240 株
				杜鹃	55 株
			攀缘植物	爬山虎	8550 株
				常春藤	180 株
				油麻藤	16541 株
				葛藤	10774 株
			撒播草籽		10.36hm²
			铺植草皮		1.16hm²
弃渣（存料）场区	植被建设工程	点片状植被	灌木	紫穗槐	16000 株
				花椒	4900 株
			撒播草籽		10.23hm²
交通道路防治区	植被建设工程	点片状植被	乔木	桂花	11 株
				大叶女贞	2088 株
				芙蓉	40 株
				玉兰	68 株

续表

防治分区	单位工程	分部工程	措　施		数　量
交通道路防治区	植被建设工程	点片状植被	灌木	红枫	35 株
				红叶李	100 株
				黄桷树	605 株
				加拿大海枣	20 株
				蒲葵	50 株
				天竺桂	909 株
				贞楠	80 株
				紫薇	368 株
				银杏	41 株
				红花继木球	1177 株
				金叶女贞球	1235 株
				紫穗槐	62356 株
				斑竹	9600 株
				茶花	51 株
				南天竹	450 株
				栾树	38 株
				贴梗海棠	90 株
				铁树	20 株
				鸭脚木	1130 株
				杜鹃	839m^2
				茶梅	978m^2
				洒金珊瑚	601m^2
				满天星	188m^2
				鸟尾	500m^2
				十大功劳	80m^2
				栀子花	461m^2
			播撒草籽		14.03hm^2
			铺植草皮		2.28hm^2
施工附企及办公管理防治区	植被建设工程	点片状植被	乔木	桂花	19 株
				大叶女贞	54 株
				红叶李	50 株
				黄桷树	66 株
				加拿大海枣	5 株
				柑橘（1.2m）	587 株
				柑橘（0.8m）	7200 株

续表

防治分区	单位工程	分部工程	措 施		数 量
施工附企及办公管理防治区	植被建设工程	点片状植被	乔木	脆红李	600 株
				红柚	350 株
			灌木	红花继木球	324 株
				金叶女贞球	350 株
				紫穗槐	73289 株
				茶花	47 株
				栾树	7 株
				美人蕉	90 株
				杜鹃	215m²
				茶梅	56m²
				栀子花	65m²
				金叶女贞	422m²
				红花檵木	103m²
			播撒草籽		29.90hm²
			铺植草皮		1.44hm²

（3）临时措施完成工程量。亭子口水利枢纽工程共完成临时措施面积 156.86hm²，临时拦挡 9870m，临时排水沟 13270m，防雨布 28000m²，临时绿化 9.98hm²。共完成措施结算投资 665.14 万元，见表 4.3-4。

表 4.3-4　　　　亭子口水利枢纽水土保持临时措施完成工程量汇总表

防治分区	单位工程	分 部 工 程		工 程 量	
		措施	数量	内容	数量
枢纽建筑物防治区	临时防护工程	临时拦挡	8750m	土方开挖	4680m³
				钢筋石笼	23400m³
				袋装土	950m³
		临时覆盖（苫盖）	—	防雨布	20000m²
弃渣（存料）场区	临时防护工程	临时拦挡	290m	土方开挖	305m³
				钢筋石笼	1218m³
		临时排水	810m	土方开挖	146m³
		临时绿化	—	撒播草籽	3.6hm²
料场防治区	临时防护工程	临时排水	860m	土方开挖	155m³
		临时绿化	—	撒播草籽	6.38hm²
		临时拦挡	320m	袋装土	320m³
交通道路防治区	临时防护工程	临时排水	11600m	土方开挖	2088m³
施工附企及办公管理防治区	临时防护工程	临时拦挡	510m	袋装土	510m³
		临时覆盖（苫盖）	—	防雨布	8000m²

2. 水土保持措施质量情况

水土保持监理单位会同主体监理单位开展水土保持单位工程、分部工程、单元工程的划分和质量复核、评定，确定水土保持措施共划分 19 个单位工程，33 个分部工程，9881 个单元工程。

在工程实施过程中，每项工程都有完整的设计图纸和施工要求，各承建单位严格按照图纸设计尺寸进行施工，单项工程验收时也按照图纸尺寸和要求进行，水土保持措施的实施，拦蓄了地表径流，有效地防治了水土流失。

工程已完成的各项水土保持设施质量合格，满足水土保持方案报告书、后续设计及规程规范对水土保持设施质量的要求。

（六）水土保持生态建设管理

1. 组织领导

嘉陵江亭子口水利水电开发有限公司在亭子口水利枢纽工程建设之初，即制定多项管理办法，成立了以建设单位总经理为主任，各参建单位主要负责人为副主任的质量管理委员会，设置了质量管理督导组，配备了专职质量管理人员，负责亭子口水利枢纽工程的全面质量管理工作，检查、监督、协调、指导参建各方开展质量管理活动。公司要求监理、施工单位严格按照《水利水电工程建设项目质量管理规定》及《中华人民共和国建设标准强制性条文 水利工程部分》等法规、规范组织施工，明确责任，各尽其责，控制好施工质量，实现了全过程的质量检验和控制。

2. 管理制度

为贯彻落实国家环境保护和水土保持的法律、法规，加强亭子口水利枢纽施工区内的环境保护和水土保持工作的管理，使场内环保、水保管理工作制度化、规范化、科学化，实现建设绿色电站的目标，嘉陵江亭子口水利水电开发有限公司于 2009 年制定并印发了《嘉陵江亭子口水利枢纽施工区环境保护、水土保持考核管理办法》，后续相继制定了《嘉陵江亭子口水利枢纽环境保护和水土保持工作实施意见》和《嘉陵江亭子口水利枢纽水土保持实施方案》等管理制度，要求各参建单位遵照执行。

3. 监督管理

亭子口水利枢纽水土保持工作一直在各级水行政部门的监督指导下实施，水利部长江水利委员会、四川省水利厅、广元市水利局、苍溪县水务局多次对亭子口水利枢纽建设过程中贯彻执行《中华人民共和国水土保持法》以及落实水土保持措施进行检查。嘉陵江亭子口水利水电开发有限公司严格按照《中华人民共和国水土保持法》要求上报书面汇报材料，同时接受水保执法人员的现场监督工作，分别获得了各级水行政主管部门的一致好评，没有收到过水土保持的任何处罚通知。

嘉陵江亭子口水利水电开发有限公司严格按照水土保持"三同时"制度对相关工作进行了落实，按批准的水土保持方案和审查的水土保持方案（弃渣场补充）报告书认真组织实施，建设前期通过了国家部委审查，内容较为全面、详细，并做了大量的规划设计工作，基本覆盖了工程施工中的各工作面。在施工中基本做到了使用一片场地，整治一片场地、种植一片场地和绿化一片场地。

（七）水土保持监理

2010 年 10 月，受嘉陵江亭子口水利水电开发有限公司委托，深圳市江源环保科技有限公司承担亭子口水利枢纽水土保持工程的监理工作。根据合同规定，监理单位主要承担亭子口水利枢纽工程施工区水土保持工程、绿化工程及除此以外的零星工程的监理任务，水土保持监理主要包括渣场治理及绿化等方面。

（八）水土保持监测

为了有效控制建设期的水土流失，及时处理建设期出现的水土流失问题，不断优化施工组织，强化弃渣防护与合理利用。嘉陵江亭子口水利水电开发有限公司根据建设项目水土保持监测的有关技术规程规范的要求，于 2011 年 2 月委托长江水利委员长江流域水土保持监测中心站承担工程水土保持监测工作。监测单位通过对进场前期调查报告（2008—2010 年）和 2011—2019 年共 9 年监测数据的计算、分析，于 2020 年 9 月编制完成了《嘉陵江亭子口水利枢纽工程水土保持监测总结报告》。

（九）水土保持设施验收

嘉陵江亭子口水利水电开发有限公司委托江河水利水电咨询中心有限公司编制水土保持设施验收报告。

嘉陵江亭子口水利水电开发有限公司于 2020 年 9 月 19 日在四川省广元市苍溪县主持召开了嘉陵江亭子口水利枢纽工程水土保持设施竣工验收会议。

验收组认为：嘉陵江亭子口水利水电开发有限公司依法编报了水土保持方案，该项目实施过程中落实了水土保持方案变更及批复文件要求，完成了水土流失预防和治理任务，水土流失防治指标达到水土保持方案变更报告确定的目标值，符合水土保持设施验收的条件，同意该项目水土保持设施通过验收。并于 2020 年 3 月 19 日印发嘉陵江亭子口水利枢纽工程水土保持设施验收鉴定书。

（十）水土保持设施运行管理情况

工程在建设初期及试运行期均成立了水土保持管理机构。水土保持管理机构结合工程实际，配备专职人员，具体负责水土保持工作，制定了有关管理规定和处罚措施，做到分工明确，责任到人。在枢纽运行过程中，由工程部继续负责管理水土保持设施的日常维护工作，通过建立绿化养护管理办法和渣场管护制度等，设置专门机构及专职人员具体负责，委托专业养护队伍实施标准化、规范化的管理，加大投入，以确保水土保持工作长效开展，亭子口水利枢纽完成 302.60hm²（其中枢纽工程区 197.26hm²）绿化面积，投入近 8701.91 万元（其中枢纽工程区 6440.77 万元），使项目区水土保持设施保持稳定良好的防护效果，水土保持运行管理责任得到了落实。

截至 2022 年，水土保持生态设施已运行至少 2 年多，各项措施总体运行状况良好。

三、水土保持实施效果

（一）效益评价

嘉陵江亭子口水利枢纽工程水土保持措施设计及布局总体合理，工程质量达到了设计标准，各项水土流失防治指标基本达到了生产建设项目水土保持一级标准，其中扰动土地整治率 97.9%，水土流失总治理度 96.6%，土壤流失控制比 1.05，拦渣率 95%，林草植被恢复率 93.6%，林草覆盖率 31.1%。运行期间，加大投入，进一步提高防治指标完成率，运行管护组织机构得到落实，各项措施运行状态良好，发挥了很好的水土保持功能。工程水土流失治理比较见表4.3-5。

表4.3-5 工程水土流失治理比较表

防治指标	方案变更目标值	达到值	达标情况
水土流失总治理度	97%	99.44%	达标
土壤流失控制比	1.0	1.23	达标
渣土防护率	92%	98.26%	达标
表土保护率	92%	96.71%	达标
林草植被恢复率	99%	99.04%	达标
林草覆盖率	25%	30.38%	达标

（二）实施效果

工程范围内的水土保持设施系统完备，运行正常，周边植被恢复较好，周边生态环境与人居环境得到较大的改善，水土保持防护效果与效益显著，做到了"山水林田湖草一体化保护与修复"，实现了"公益亭子口""绿色亭子口""生态亭子口"的目标，贯彻了"创新、协调、绿色、开放、共享"的新发展理念。工程水土保持措施实施效果见图4.3-1。

（a）嘉陵江亭子口水利枢纽全貌

（b）左岸施工场地

（c）泂水坝料场

（d）徐家湾渣场

图4.3-1 工程水土保持措施实施效果（照片由长江勘测规划设计研究有限责任公司提供）

四、水土保持后评价调研及方法

水土保持后评价是对工程建设初期制定的目标实现情况、水土保持设计施工管理等全过程工作到位情况、水土流失危害情况及工程建设后效果等进行评价分析，以期对此类工程水土保持全过程提供经验，同时也为水土保持相关设计规范、标准提出调整意见，提高水土保持措施的设计、施工科学化水平，指导后续项目的水土保持工作。

（一）水土保持后评价现场调研情况

根据《大型水利水电工程水土保持实践与后评价研究工作大纲》要求，长江勘测规划设计研究有限责任公司组织水土保持技术人员于 2022 年 9 月赴工程现场进行调研，收集了工程水土保持方案、设计、施工、监测、监理及验收等相关资料，并对工程枢纽建筑物、渣场、渣料场及库区等区域进行了实地测量和取样，向项目周边群众发放公众满意度调查表。

（二）水土保持后评价方法

水土保持后评价采用层次分析法（AHP），结合项目实际情况和西南地区特殊的自然环境情况，建立水土保持后评价指标体系，利用数学方法综合计算各层因素相对重要性的权重值。

针对水土保持运行效果实际情况，对水土保持后评价各指标定量/定性值进行现场采集和室内试验分析，然后通过多级模糊综合评价模型对项目进行水土保持后评价，得出评价结论。

（三）水土保持后评价指标体系

水土保持后评价指标体系由目标层、指标层和变量层组成，详细的水土保持后评价指标体系见表 4.3-6。

表 4.3-6　　　　　　　嘉陵江亭子口水利枢纽水土保持后评价指标体系

目标层	指标层	变 量 层
目标评价	工程建设	工程建设初期制定的水土保持目标
		扰动土地整治率、水土流失总治理度、林草植被恢复率、林草覆盖率、表土保护率、渣土防护率、土壤流失控制比
过程评价	设计过程	设计阶段及深度（从防洪排导工程、拦渣工程、斜坡防护工程、土地整治工程、植被建设工程、临时防护工程、防风固沙工程、降水蓄渗工程、表土保护工程 9 方面评价）
		设计变更
	施工过程	采购招标
		开工准备
		工程合同管理、进度管理、资金管理、工程质量管理、水土保持监理监测
		新技术、新工艺及新材料的应用
	运行过程	水土保持验收遗留问题处理
		运行管理
效果评价	植被恢复效果	林草覆盖率
		植物多样性指数
		单位面积枯枝落叶层
		郁闭度

目标层	指标层	变 量 层
效果评价	水土保持效果	表土层厚度
		土壤有机质含量
		地表硬化率
		不同侵蚀强度面积比例
		水土流失总治理度
		林草覆盖率
		涵养水源
		保持土壤
	景观提升效果	美景度
		常绿、落叶树种比例
		观赏植物季相多样性
		斑块多度密度
	环境改善效果	负氧离子浓度
		降噪
		降温增湿
		乡土树种比例
		SO_2 吸收量
		$PM_{2.5}$ 浓度
	安全防护效果	拦渣设施完好率

五、水土保持后评价

（一）目标评价

工程通过科学的管理，水土保持措施全面落实，水土保持工程质量优良，水土保持投资控制在工程概算范围内，水土流失得到有效控制，水土保持指标均达到设计值，项目区生态环境得到明显改善，实现了"一流工程、一流环境"的目标。

水土保持设施的实施完成后，工程建设造成的水土流失得到有效治理，降低了因工程建设所造成的水土流失危害，达到了水土保持方案变更报告的预期效果。经过水土保持措施全面落实，水土流失防治目标值达到：治理度 99.44%，土壤流失控制比 1.23，渣土防护率 98.26%，表土保护率 96.71%，林草植被恢复率 99.04%，林草覆盖率 30.38%。

（二）过程评价

1. 水土保持设计评价

2007 年 6 月，建设单位委托长江水资源保护科学研究所、长江勘测规划设计研究有限责任公司共同编制了水土保持方案报告书，对工程各区域采取了工程措施与生物措施相结合，"点、线、面"交错布局，形成完整的综合防护体系。

水土保持方案批复后，设计单位严格按照工程水土保持方案批复及其批复开展了水土保持初步设计和施工图设计等后续设计工作。

初步设计阶段对工程进行优化设计，减少工程建设扰动地表面积 31.73hm²，取消了徐家坡弃渣场和左岸下游桥头渣场，另从弃渣容量、运距、防护措施、减少占地等需求考虑增选了徐家湾渣场和小浙河渣场。对大圆包滑坡体采取了削坡减载、截（排）水及坡面防护等措施，并对开挖高边坡进行挂网、喷锚等护坡措施，对坝肩开挖边坡采取截水沟等措施，高边坡开挖过程中采取临时拦挡、边坡形成后采取垂直绿化以及对隧洞开挖料临时堆放场进行临时防护。在初步设计报告批复后，工程开展了水土保持施工图设计，根据现场施工进度，提出的成果包括小坝沟弃渣场防护施工图、灌溉渠出口渣场防护施工图、王家坝渣场防护施工图等；提高了植物措施标准，嘉陵江亭子口水利水电开发有限公司委托云南省水利水电勘测设计研究院编制了《嘉陵江亭子口水利枢纽坝区绿化整体规划及景观设计》《嘉陵江亭子口水利枢纽坝区枢纽区土地利用概念性规划设计》《嘉陵江亭子口水利枢纽坝区进场公路边坡景观设计》《嘉陵江亭子口水利枢纽坝区观景平台设计》等。

2. 水土保持施工评价

（1）组织领导。主体工程建设之初，建设单位就制定了多项管理办法，成立了以建设单位总经理为主任，各参建单位主要负责人为副主任的质量管理委员会，设置了质量管理督导组，配备了专职质量管理人员，负责亭子口水利枢纽工程的全面质量管理工作，检查、监督、协调、指导参建各方开展质量管理活动。公司要求监理、施工单位严格按照《水利水电工程建设项目质量管理规定》及《中华人民共和国建设标准强制性条文　水利工程部分》等法规、规范组织施工，明确责任，各尽其责，控制好施工质量，实现了全过程的质量检验和控制。

为了做好水土保持工程的质量、进度、投资控制，将水土保持工程措施的施工材料采购及供应、施工单位招标程序纳入了主体工程管理程序中，实行了"项目法人负责、监理单位控制、施工单位保证和政府监督相结合"的质量保证体系。工程管理部作为业主职能部门负责水土保持工程落实和完善，有关施工单位通过招标、投标承担水土保持工程的施工，施工单位具有相应施工资质，具备一定技术、人才、经济实力的较大型企业，自身的质量保证体系较完善。工程监理单位也是具有相应工程建设监理经验和业绩，能独立承担监理业务的专业咨询机构。

建设过程中，严把材料质量关、承包商施工质量关、监理单位监理关，更注重措施成果的检查验收工作，施工单位必须按批量规定进行报验，一旦发现未经报验的材料被使用，立即通知施工单位停止使用。将价款支付同竣工验收结合进来，保障了工程质量及林草的成活率和保存率。

（2）管理制度。为贯彻落实国家环境保护和水土保持的法律、法规，加强亭子口水利枢纽施工区内的环境保护和水土保持工作的管理，使场内环保、水保管理工作制度化、规范化、科学化，实现建设绿色电站的目标，嘉陵江亭子口水利水电开发有限公司于 2009 年制定并印发了《嘉陵江亭子口水利枢纽施工区环境保护、水土保持考核管理办法》，后续相继制定了《嘉陵江亭子口水利枢纽环境保护和水土保持工作实施意见》和《嘉陵江亭子口水利枢纽水土保持实施方案》等管理制度，要求各参建单位遵照执行。

（3）监督管理。亭子口水利枢纽水土保持工作一直在各级水行政部门的监督指导下实施，水利部长江水利委员会、四川省水利厅、广元市水利局、苍溪县水务局多次对亭子口水利枢纽建设过程中贯彻执行《中华人民共和国水土保持法》以及落实水土保持措施进行检查。嘉陵江亭子口水利水电开发有限公司严格按照《中华人民共和国水土保持法》要求上报书面汇报材料，同时接受水保执法人员的现场监督工作，分别获得了各级水行政主管部门的一致好评，没有收到过水土保持的任何处罚通知。

（4）采购招标。为全面做好亭子口水利枢纽主体工程及水土保持工程建设，嘉陵江亭子口水利水电开发有限公司除按照国家招投标有关文件规定进行施工招标，还严格执行《中国大唐集团公司工程招标管理办法》，负责亭子口水利枢纽工程有关项目的招标活动，遵循公开、公平、公正、诚信和择优的原则开展工作。将涉及水土保持工程措施的施工材料采购及供应、施工单位招标程序纳入了主体工程管理程序中，工程项目设计单位、工程监理单位、工程施工单位采取招投标选择，实行了"项目法人对国家负责，监理单位控制，承包商保证，政府监督"的质量保证体系。通过投标承担水土保持工程施工的单位都具有相应的施工资质，具备一定技术、人才、经济实力的大中型企业，自身的质量保证体系较完善。工程监理单位也是具有相当的工程建设监理经验和业绩，能独立承担监理业务的专业机构。

（5）施工管理。工程开工前，由施工单位填写开工申请报告和质量考核表，送监理部审核；项目总工程师主持对所提交的图纸进行有计划的技术交底，编制工程建设一级网络进度图，在保证质量的同时，控制工程进度；依照合同规定对工程材料、苗木及工程设备进行试验检测、验收；工程施工期，严格按方案设计进行施工，保证施工质量；明确施工方法、程序、进度、质量及安全保证措施；各项工程完工后，须具有完整的质量自检记录、各类工程质量签证、验收记录等。首先进行班组自检、工地复检、施工单位核查、交监理部和基建工程部检查核定、签证。对不符合质量要求的工程，发放工程质量整改通知单，限期整改。

在施工过程中，应严格执行安全管理工作，建立健全安全施工保证体系和安全监督措施。

施工结束后注重成果的检查和验收，结合价款支付和竣工验收结果，有效保障了工程措施的质量和植物措施的成活率及保存率。

有关工程监理单位对水泥、钢筋、钢材、建筑用砂和石料的检验报告、钢材试验报告，试验报告单签字齐全，均满足设计标号要求。用于水土保持工程挡渣墙（坝）、排水沟及混凝喷锚支护护坡所需的水泥、钢筋、钢材等主材均由业主负责采购供应。所有原材料的进场均要求施工单位按照国家、行业有关规范及合同要求及时按批量进行抽检，并将抽检结果以月报的形式及时报送监理部审查确认。同时监理部及时配合检测中心按规范对材料进行见证抽样检测。严禁使用不合格材料，以确保原材料的质量符合要求，被确认为不合格的工程材料必须清除出场，并不得与其他合格材料混放。

（6）水土保持监理。建设单位委托了水土保持专项监理单位，根据合同规定，监理单位主要承担亭子口水利枢纽工程施工区水土保持工程、绿化工程及除此以外的零星工程的监理任务，水土保持监理主要包括渣场治理及绿化等方面。

水土保持监理单位进场后，实行总监负责制，建立健全了质量管理体系，设置了相关职能部门，配备了各专业的监理工程师，明确了各部门相关职责，制定了《亭子口水利枢纽环境保护水土保持监理管理办法》及监理质量实施细则，建立设计文件与图纸审查、施工质量现场监督等20项监理工作制度。

所涉及的水土保持项目，实施全方位、全过程的质量管理和控制，施工单位建立健全了各项规章制度、质量保证体系和监督体系。监理单位严格按照"监督、管理、协调、帮助、服务"的工作方针，坚持"在监理中服务，在服务中监理"的工作态度，实行"四控制、两管理、一协调"的管理控制。工程的主要原材料实行统一供应，材料质量监督检验工作到位。各项管理措施得到全面落实，质量管理体系完善，工程质量在建设过程中总体处于受控状态。

投资控制情况：严格预算、测量、计算、统计、结算手续，坚决杜绝假报、虚报、冒领、提前结算、超结算等现象。根据施工阶段设计图纸文件，复核计算设计工程量；通过仪器等测量手段，根据规程规范规定的允许范围，每月对完成的工程量进行收方计量，期中支付按完成工程量总量控制；根据测量、计算和统计结果对竣工图纸进行审查确认，确保工程款结算准确无误。严格执行结算、付款的有关程序和制度，防止资金的不当支用。

审核施工组织设计和施工方案，合理开支施工措施费以及按合理工期组织施工。根据批准的施工总进度和承包合同价，协助业主编制投资控制性目标及各期的投资计划，并及时审查承包商的月度、季度、年度用款计划。

审查设计图纸和文件，审查承包商的施工组织设计和各项技术措施，深入了解设计意图，在保证工程质量和安全的前提下尽可能优化设计和简化施工方案，减少工程量，降低工程成本，达到节约工程投资的目的。

通过严格控制，避免或减少合同外工程量，防止投资的不合理增加，加快工程进度，提高工程质量，节约工程投资。

进度控制情况：严格按合同工期要求进行控制，建立进度信息收集、分析、现场纠偏、动态控制的职能体系，明确组织机构内的具体职责分工，落实进度控制的责任，建立进度控制协调制度。监督承包商建立有效的施工计划执行体系；研究各个作业面的施工程序；研究和合理选择施工机械设备的性能、数量；督促承包商采用新工艺、新技术和现代化的管理方法，缩短工序过程时间和工序间的技术间歇时间；对进度滞后的单位监督其提出和落实赶工措施；按合同要求及时协调有关各方的进度，以确保项目形象进度。

3. 水土保持运行评价

建设单位既是工程的建设者，又是工程的运行管理者，因此对水土保持工作非常重视，把水土保持工作作为工程建设和管理的重要组成部分，同时积极配合当地水行政主管部门，在工程建设初期及试运行期均成立了水土保持管理机构。并结合工程实际，配备专职人员，具体负责水土保持工作，制定了有关管理规定和处罚措施，做到分工明确，责任到人。具体管理措施如下：

（1）档案管理。由专人负责水土保持工作的档案管理工作。对各种资料、文本，包括水土保持方案及批复、初设文件及批复，以及其他基础资料，均进行了归档保存。

（2）巡查纪录。由专人负责对各项水保设施进行定期巡查，巡查内容包括水土保护设施的完好程度、植物措施成活状况,并做好巡查记录,记录与水土保持工作有关的事项。发现特殊情况及时上报处理。定期对水土保持设施运行情况进行总结,以便吸取经验和教训,并将总结资料作为档案文件予以保存。

(3)及时维修。如发现水土保持设施遭到破坏,及时进行维护、加固和改造,以确保工程的安全,控制水土流失。

总体来看,工程各项水土保持设施建成运行后,经过暴雨、大风等极端天气后保持完好,起到了防治水土流失的良好作用。在枢纽运行过程中,由工程部继续负责管理水土保持设施的日常维护工作,通过建立绿化养护管理办法和渣场管护制度等,设置专门机构及专职人员具体负责,委托专业养护队伍实施标准化、规范化的管理,加大投入,以确保水土保持工作长效开展,使项目区水土保持设施保持稳定良好的防护效果。

结合项目现场调研情况,建设单位长期开展日常维护工作,通过现场检查,各项措施总体运行状况良好。

(三)效果评价

1. 植被恢复效果

嘉陵江亭子口水利枢纽工程按照园林景观绿化标准进行了大面积的植被恢复,共完成绿化面积 302.60hm²,投入超过 8702 万元。在坝区枢纽工程建设之初,建设单位就按照枢纽工程建设总体布局,委托第三方设计单位开展坝区园林景观及植被恢复设计,主要包括枢纽左岸景观环境提升、右岸绿化美化、公路两旁的绿化带、施工场地迹地绿化等。在枢纽左岸打造生态果园、景观公园,在右岸打造生态菜园和景观绿化;在施工场地迹地打造地方特色经果林,将料场改造为湿地景观公园等。在按照高标准的景观规划设计实施后,枢纽工程的生态环境得到了极大提升,达到了枢纽区的园林景观效果。

植被恢复工程按坝区整体规划实施,植物类系包括了常绿乔木、落叶乔木、常绿灌木、落叶灌木、常绿草本地被、草本花卉等大类。在植物组合上尽量模拟当地自然植物群落系统特征,形成疏密有致的自然片林,并结合季相、色相变化等成景要素进行多品种搭配,形成山林景观。选用的树(草)种以桂花、大叶女贞、芙蓉、玉兰、红枫、红叶李、黄桷树、加拿大海枣、蒲葵、天竺桂、桢楠、紫薇、银杏、红花继木球、金叶女贞球、海桐球、红花木莲、武竹、紫穗槐、斑竹、茶花、南天竹、栾树、贴梗海棠、铁树、鸭脚木、杜鹃、茶梅、洒金珊瑚、满天星、鸢尾、十大功劳、栀子花、爬山虎、常春藤、油麻藤、葛藤等乡土植物为主。在建设优质枢纽的同时,贯彻了"创新、协调、绿色、开放、共享"的新发展理念,树立了绿色水利工程的典范。

亭子口水利枢纽工程植被恢复效果评价指标见表 4.3-7。

表 4.3-7   亭子口水利枢纽工程植被恢复效果评价指标

评 价 内 容	评 价 指 标	结　果
植被恢复效果	林草覆盖率	30.38%
	植物多样性指数	37
	乡土树种比例	0.89
	单位面积枯枝落叶层	2.5cm
	郁闭度	0.55

2. 水土保持效果

项目区容许土壤流失量为 500t/(km²·a)，根据嘉陵江亭子口水利枢纽工程水土保持监测成果，项目区征地范围内原生土壤侵蚀模数约为 2000t/(km²·a)。在工程建设期间，水土保持措施做到了与主体工程同步实施，主要工程措施有挡渣墙、砌石护坡、截（排）水沟、土地整治等，植物措施结合环境美化以景观绿化为主，乔、灌、花卉、草坪立体结合，较好地控制了工程建设造成的水土流失。项目建设期各防治区土壤侵蚀模数基本控制在 590～2450t/(km²·a)，运行初期平均土壤侵蚀模数为 470t/（km²·a），取得了明显的环境美化和水土保持效果。

根据亭子口水利枢纽工程水土保持验收结论，工程实施的水土保持措施体系完整，水土保持单位工程和分部工程均验收合格，水土保持设施在试运行和竣工验收后管理维护责任得到落实，各项水土保持设施运行正常，能够满足防治水土流失、保护生态环境的需要，水土保持设施持续发挥效益。从水土保持效益来看，工程水土流失治理度 99.44%，土壤流失控制比 1.23，渣土防护率 98.26%，表土保护率 96.71%，林草植被恢复率 99.04%，林草覆盖率 30.38%。

亭子口水利枢纽工程扰动范围内土地除建筑物占地外均已进行硬化或绿化，工程建设形成的裸露地表均已得到治理。绿化工程实施前均进行了种植土回填，种植土厚度为 30～50cm。

亭子口水利枢纽工程水土保持效果评价指标见表 4.3-8。

表 4.3-8　　　　　　　　亭子口水利枢纽工程水土保持效果评价指标

评价内容	评价指标	结　果
水土保持效果	表土层厚度	45cm
	土壤有机质含量	2.3%
	地表硬化率	69.33%
	不同侵蚀强度面积比例	99%

3. 景观提升效果

亭子口水利枢纽工程在进行植被恢复的同时考虑后期绿化景观效果，采取了乔、灌、草相结合的园林式立体绿化方式，苗木种类选择时选用景观效果比较好的树（草）种，选用的树（草）种以桂花、大叶女贞、芙蓉、玉兰、红枫、红叶李、黄桷树、加拿大海枣、蒲葵、天竺桂、贞楠、紫薇、银杏、红花继木球、金叶女贞球、海桐球、红花木莲、武竹、紫穗槐、斑竹、茶花、南天竹、栾树、贴梗海棠、铁树、鸭脚木、杜鹃、茶梅、洒金珊瑚、满天星、乌尾、十大功劳、栀子花、爬山虎、常春藤、油麻藤、葛藤等乡土植物为主。同时根据各树种季相变化的特性，各种植物的枝、叶、花、果、色彩、姿态等的不同观赏性状进行植物的群落搭配和点缀，使区域内一年四季均有景色可欣赏，以提高项目区域的可观赏性效果。

亭子口水利枢纽工程景观提升效果评价指标见表 4.3-9。

表 4.3-9　　　　　　　　亭子口水利枢纽工程景观提升效果评价指标

评价内容	评价指标	结 果
景观提升	美景度	7
	常绿、落叶树种比例	60%
	观赏植物季相多样性	0.6

4. 环境改善效果

亭子口水利枢纽工程共实施植物措施面积约 302.60hm²，栽植乔木 1.12 万株，灌木 1.78 万株。枢纽工程左右岸高边坡绿化采取了喷播植草和厚层基材的高边坡生态护坡措施；枢纽管理区迹地恢复打造的生态菜园和生态果园，采用水肥一体化滴灌等节水方式进行灌溉养护；在后期抚育和管理维护中，利用太阳能平振灯和降解诱虫板无害化除虫，采用视频监控系统对水土保持设施进行 24h 全天候管护，提升了工程水土保持质量和枢纽的生态修复效果。绿化植物具有调节气候、保持水土、防风固沙的作用，同时还具有净化空气、净化污水和降低噪声等功能。植物叶片可较好的吸收空气中的 SO_2、NO_2、NH_4、O_3、苯、醛、酮等，有效降低大气中的有害气体浓度。植物在进行光合作用的过程中，可吸收 CO_2 并释放负氧离子，可使周边环境中的负氧离子浓度达到 1700 个/cm³ 以上。同时，植物本身对空气中颗粒污染物的吸附效果也很明显，可有效降低 $PM_{2.5}$，提高周边空气环境质量，改善人居环境。

亭子口水利枢纽工程环境改善效果评价指标见表 4.3-10。

表 4.3-10　　　　　　　亭子口水利枢纽工程环境改善效果评价指标

评价内容	评价指标	结 果
环境改善效果	负氧离子浓	1700 个/cm³
	SO_2 浓度	0.82×10^{-6} g/m²

5. 社会经济效果

亭子口水利枢纽工程在枢纽管理区的迹地植被恢复方面，改造传统的迹地植被恢复方式，将左岸砂石系统迹地打造为近 170 亩的生态果园，栽植柑橘、脆红李、蜜桃等果苗；将右岸混凝土系统迹地改造为近 40 亩的生态菜园，种植蔬菜和瓜等。打造优质生态的"菜篮子、果园子"，将品种多、新鲜时令的绿色蔬菜、水果在最短时间内由田间到餐桌，让职工吃得放心。并结合场地条件特点，打造滨江景观公园，为职工提供了高品质的休闲场地。

结合坝区附近移民村乡村振兴规划，征求地方意见，改变传统的土地复垦方式，整合资金建设 120 亩的农业产业园，栽植当地特色经果林，并提高批复复垦方案中的灌溉标准，采用肥水一体化滴灌等节水方式进行灌溉养护。在实现基本水土保持功能的基础上，高标准恢复了土地的原有功能，顺利通过复垦验收并移交当地村组。农业产业园由坝区附近移民村的农业合作社统一经营管理和养护，一方面为坝区周边剩余劳动力提供就业机会，另一方面农业合作社与移民村老百姓分享经营成果，带动了乡村产业和经济的发展，提升了当地居民的生产和生活水平。

积极响应苍溪县"醉美梨乡、水墨苍溪"的名片打造，企业与地方政府合作进行资金整合，将环境恢复与地方旅游发展目标相结合，改变传统的"复耕＋迹地植被恢复"的思路，配合地方政府将占地1289.7亩的洄水坝料场打造为梨仙湖湿地公园；将表土堆存场迹地打造为嘉陵草甸，支持地方建设滨江绿道，将亭子口大坝、坝区生态农业园、梨仙湖湿地公园、苍溪县城连通，形成15km的沿江景观带，形成"水清＋岸绿"的生态景观，实现了水土保持和生态修复的功能，极大地提升了周边环境品质，促进了当地旅游发展。

亭子口水利枢纽工程社会经济效果评价指标见表4.3-11。

表4.3-11   亭子口水利枢纽工程社会经济效果评价指标

评 价 内 容	评 价 指 标	结 果
社会经济效果	促进经济发展方式转变程度	95
	居民水保意识提高程度	88

6. 安全防护效果

通过调查，亭子口水利枢纽工程共设置弃渣场5处。工程施工时，根据各弃渣场的位置及特点分别实施了弃渣场的浆砌石挡墙及钢筋石笼、截（排）水沟等防洪排导工程、干砌石或浆砌石护坡等工程护坡措施；后期实施了弃渣场的迹地恢复措施。

经调查了解，工程运行以来，各弃渣场运行情况正常，未发生水土流失危害事故，弃渣场拦渣及截（排）水设施整体完好，运行正常，渣土防护率达到了98.26%；弃渣场整体稳定性良好。

亭子口水利枢纽工程安全防护效果评价指标见表4.3-12。

表4.3-12   亭子口水利枢纽工程安全防护效果评价指标

评 价 内 容	评 价 指 标	结 果
安全防护效果	拦渣设施完好率	98%
	渣（料）场安全稳定运行情况	稳定

7. 水土保持综合评价

亭子口水利枢纽工程水土保持效果综合评价采用层次分析法（AHP），将水土保持效果综合评价分为3个层次。通过查表确定各层次因子的权重，层次划分见表4.3-13。

表4.3-13   亭子口水利枢纽工程水土保持效果综合评价层次划分表

目标层	指标层		变 量 层	
	项目	权重指数	项目	权重指数
水土保持效果综合评价	植被恢复效果	0.2062	林草覆盖率	0.0809
			植物多样性指数	0.0199
			乡土树种比例	0.0159
			单位面积枯枝落叶层	0.0073
			郁闭度	0.0822

续表

目标层	指 标 层		变 量 层	
	项目	权重指数	项目	权重指数
水土保持效果综合评价	水土保持效果	0.2062	表土层厚度	0.0436
			土壤有机质含量	0.1139
			地表硬化率	0.014
			不同侵蚀强度面积比例	0.0347
	景观提升效果	0.0307	美景度	0.0196
			常绿、落叶树种比例	0.0032
			观赏植物季相多样性	0.0079
	环境改善效果	0.1378	负氧离子浓度	0.0459
			SO_2吸收量	0.0919
	安全防护效果	0.3253	拦渣设施完好率	0.0542
			渣（料）场安全稳定运行情况	0.2711
	社会经济效果	0.0939	促进经济发展方式转变程度	0.0188
			居民水保意识提高程度	0.0751

基于多级模糊综合评价模型，分别对各单因素进行模糊评价。项目评价结果可汇总为：好、较好、一般、较差、差5级。各指标隶属度分布情况见表4.3-14。

表 4.3-14　　　　　　　各指标隶属度分布情况表

评价指标内容	变量指标	权重	隶　属　度				
			好（V1）	较好（V2）	一般（V3）	较差（V4）	差（V5）
植被恢复效果	林草覆盖率	0.0809	0.8414	0.1586	0	0	0
	植物多样性指数	0.0199	0.1167	0.8833	0	0	0
	乡土树种比例	0.0159	0.7368	0.2632	0	0	0
	单位面积枯枝落叶层	0.0073	0.8333	0.1667	0	0	0
	郁闭度	0.0822	0.2500	0.7500	0	0	0
水土保持效果	表土层厚度	0.0436	0	0.2500	0.7500	0	0
	土壤有机质含量	0.1139	0.3833	0.6167	0	0	0
	地表硬化率	0.014	0.8470	0.1530	0	0	0
	不同侵蚀强度面积比例	0.0347	0.7222	0.2778	0	0	0
景观提升效果	美景度	0.0196	0.2500	0.7500	0	0	0
	常绿、落叶树种比例	0.0032	0.5000	0.5000	0	0	0
	观赏植物季相多样性	0.0079	0	1.0000	0	0	0
环境改善效果	负氧离子浓度	0.0459	0	0	0.5778	0.4222	
	SO_2吸收量	0.0919	0.8810	0.1190	0	0	0

续表

评价指标内容	变量指标	权重	隶属度				
			好 (V1)	较好 (V2)	一般 (V3)	较差 (V4)	差 (V5)
安全防护效果	拦渣设施完好率	0.0542	0.7727	0.2273	0	0	0
	渣（料）场安全稳定运行情况	0.2711	0.6053	0.3947	0	0	0
社会经济效果	促进经济发展方式转变程度	0.0188	0.7000	0.3000	0	0	0
	居民水保意识提高程度	0.0751	0.4333	0.5667	0	0	0

由此计算出亭子口水利枢纽工程水土保持效果的模糊综合评价结果，见表 4.3 – 15。

表 4.3 – 15　　　　　　　　模糊综合评价结果一览表

评价对象	好 (V1)	较好 (V2)	一般 (V3)	较差 (V4)	差 (V5)
亭子口水利枢纽工程	0.5342	0.3873	0.0592	0.0194	0

根据最大隶属度原则，可确定亭子口水利枢纽工程水土保持效果综合评价结果为好（V1）。

根据此次各项调查指标的实际调查值，可计算确定亭子口水利枢纽工程水土保持效果综合评价得分为 90.85 分，见表 4.3 – 16。

表 4.3 – 16　　　　　　　亭子口水利枢纽工程水土保持效果评分表

指标层	变量层	权重	调查值	标准值	得分
植被恢复效果	林草覆盖率	0.0809	30.38%	25%	100
	植物多样性指数	0.0199	37%	60%	61.67
	乡土树种比例	0.0159	0.89	0.80	100
	单位面积枯枝落叶层	0.0073	2.5cm	2cm	100
	郁闭度	0.0822	0.55	0.70	78.57
水土保持效果	表土层厚度	0.0436	45cm	80cm	56.25
	土壤有机质含量	0.1139	2.3g/kg	3g/kg	76.67
	地表硬化率	0.014	69.33%	75%	100
	不同侵蚀强度面积比例	0.0347	99%	95%	100
景观提升	美景度	0.0196	7	8	87.50
	常绿、落叶树种比例	0.0032	60%	60%	100
	观赏植物季相多样性	0.0079	0.6	0.8	75.00
环境改善效果	负氧离子浓度	0.0459	1700 个/cm³	100000 个/cm³	64.61
	SO_2 吸收量	0.0919	0.82g/m³	0.5g/m³	100
安全防护效果	拦渣设施完好率	0.0542	98%	95%	100
	渣（料）场安全稳定运行情况	0.2711	92%	90%	100
社会经济效果	促进经济发展方式转变程度	0.0188	95%	90%	100
	居民水保意识提高程度	0.0751	88%	90%	100
综合得分					90.85

六、结论及建议

（一）结论

1. 科技创新，示范引领，积极践行新发展理念

在建设过程中，积极应用新理论、新技术和新方法，高质量地开展工程的水土流失防治和后期的运行维护，极大地提升了绿化和生态效果。

通过优化主体工程设计，减少占地面积 32.49hm²；减少砂石料场数量，相应减少扰动地表面积 76.90hm²，减少土石方挖填量 80.95 万 m³，从根源上降低了工程建设对周边环境的影响。

针对枢纽工程左右岸高边坡绿化方面，采取了喷播植草和厚层基材的高边坡生态护坡试验；对于枢纽管理区迹地恢复打造的生态菜园和生态果园，采用水肥一体化滴灌等节水方式进行灌溉养护；在后期抚育和管理维护中，利用太阳能平振灯和降解诱虫板无害化除虫，采用视频监控系统对水土保持设施进行 24h 全天候管护，提升了工程水土保持质量和枢纽的生态修复效果。

积极总结凝练，推广坝区施工场地环境恢复与生态农业园建设有机结合的新理念、新做法，为周边其他工程建设的高质量环境恢复提供借鉴。

2. 创新枢纽管理区迹地植被恢复方式，营建嘉陵江畔美丽家园

在枢纽管理区的迹地植被恢复方面，改造传统的迹地植被恢复方式，将左岸砂石系统迹地打造为近 170 亩的生态果园，栽植柑橘、脆红李、蜜桃等果苗；将右岸混凝土系统迹地改造为近 40 亩的生态菜园，种植蔬菜和瓜等。打造优质生态的"菜篮子、果园子"，将品种多、新鲜时令的绿色蔬菜、水果在最短时间内由田间到餐桌，让职工吃得放心。并结合场地条件特点，打造滨江景观公园，为职工提供了高品质的休闲场地。

同时，园区作为嘉陵江亭子口水利水电开发有限公司工会和党组织的教育和劳动基地，积极开展"幸福大唐"建设，营建嘉陵江畔美丽家园，极大地提升了职工的幸福感和获得感，坚定了公司员工扎根嘉陵江畔、奉献亭子口的信心和决心，保障了枢纽工程的防洪、灌溉、供水、航运、发电等功能正常发挥。

（二）建议

1. 水土保持工程应与绿化美化相结合

亭子口水利枢纽工程把水土流失治理和改善生态环境相结合，不仅有效防治了水土流失，而且营造了坝区优美的环境，采用的水土保持工程防护标准是比较合适的，值得其他工程借鉴。目前很多工程提出的防护标准比较低，难以达到根治水土流失、改善环境的目的，也经常引起水保投资的大幅变化。在今后工程设计阶段，应提高水土保持工程防护标准，特别是提高坝区施工生产生活区等临时用地的植物措施等级，将水土保持工程与坝区生态环境的改善、社会主义新农村和谐建设相结合，创造现代工程和自然和谐相处的环境。

2. 加强水土保持临时防护工程建设

水土保持临时防护措施通常只在可行性研究和初步设计阶段进行专门设计，而在施工图阶段，往往只是提出临时防护要求，很难具体落实到施工图中。而水土保持施工单位在施工阶段往往只按施工图施工，临时措施通常作为施工单位总价包干的形式开展，具体工程量一般无法统计，建设单位管理难度也相当大，导致水土保持临时措施通常落实不到位，在施工过程中造成严重的水土流失。建议在施工招标过程中将水土保持临时措施按单价合同进行招标，并加强现场水土保持施工管理。

3. 注重表土保护与利用

山区项目原始地表坡度一般较大，表土剥离难度较高，导致实际施工过程中表土剥离量往往较设计阶段有所减少，按照设计剥离厚度进行剥离的表土量不能满足后期复耕及植被恢复的表土需求。建议在山区的生产建设项目可适当加大工程区平缓地带的剥离厚度，特别是耕地部分，将表层腐殖土和下层腐殖质含量较低的生土一并剥离，必要时进行熟化或增肥处理，满足工程区的表土需求。

案例 4 万家寨引黄一期工程

一、项目及项目区概况

（一）项目概况

万家寨引黄工程位于山西省西北部，从黄河万家寨水利枢纽取水，由取水首部总干线、南干线、连接段和北干线组成，引水线路总长 446.70km。总干线西起黄河万家寨水库，沿偏关县北部东行 44.40km 至下土寨村附近设分水闸，以下分成南干线和北干线。南干线由分水闸向南经偏关、神池，在宁武县头马营入汾河，长 101.80km；连接段北起南干线 7 号隧洞头马营出口，经宁武、静乐、娄烦、古交至太原呼延水厂，线路长 139.40km，在汾河水库以上 81.20km 采用天然河道输水，汾河水库以下 58.20km 采用预应力钢筒混凝土管（PCCP）及隧洞输水；北干线由分水闸向东至大同南郊墙框堡水库，长 161.10km。工程设计年引水 12.00 亿 m³，设计流量 48.00m³/s，分两期实施，一期工程范围包括总干线、南干线和连接段，主要向太原供水，输水流量 25.80m³/s，每年10 个月输水，年引水 6.40 亿 m³；二期工程建设北干线，主要向大同、朔州供水，输水流量 22.20m³/s，年引水 5.60 亿 m³。

万家寨引黄一期工程（以下简称"引黄一期工程"）主要包括总干线、南干线、连接段的输水工程、泵站和输变电系统、全线自动化系统及相应的配套项目。引水线路全长285.60km，主要建筑物包括 25 条输水隧洞，共 160.90km；5 座大型泵站（总扬程636m）；1 座调节水库；11 座渡槽、埋涵；PCCP 管道 43.50km。

引黄一期工程于 1993 年 5 月 22 日奠基，1997 年 9 月 1 日主体工程开工建设，2003 年10 月 26 日投入试运行，向太原供水。

引黄一期工程的主要特点：一是远距离，长隧洞，隧洞占线路总长的 46%；二是高扬程，五级提水，提水扬程 636m；三是利用全断面掘进机（TBM）掘进、PCCP 管道输水、自动化控制；四是引进世界银行贷款，面向国际招标，建设管理与国际惯例接轨。

引黄一期工程建设项目法人为山西省万家寨引黄工程（管理局）总公司（以下简称"引黄工程总公司"，2020 年更名为万家寨水务控股集团有限公司），运行管理单位为黄河万家寨水务控股集团有限公司。

1999 年水利部和山西省计划委员会对引黄一期工程初设批复的总投资为 124.78 亿

元，2001 年国家计划委员会委托中国国际工程咨询公司对引黄一期工程调研评估后，工程总投资调整为 103.54 亿元。实际完成投资 103.54 亿元。

水土保持工程估算投资及实际完成情况：引黄一期工程水土保持方案分为国内标和国际标两部分，国内标水土保持工程投资估算为 5795.83 万元，国际标水土保持工程投资估算为 3608.68 万元，引黄一期水土保持工程合计投资估算 9404.51 万元。引黄一期工程实际完成水土保持投资 9183.65 万元。

引黄工程总公司负责工程建设管理，又负责运行管理，下设 19 个内设机构和 16 个直属机构。

万家寨引黄一期工程主干线已基本建成，支线及配套工程正在完善，已进入以运营为主的新阶段，山西省黄河万家寨水务集团有限公司为国有独资公司，为省管重要骨干企业，以独立的市场主体参与市场竞争，努力打造"主营业务突出、资本结构合理、公司治理完善、经营管理先进"的大型全产业链水务集团。

2016 年 1 月，建设单位由事业单位向现代化企业平稳过渡和转变，逐步建立市场化的运营体系。以服务全省经济社会发展为中心，围绕"一主二辅六板块"展开公司业务，即以水务产业为主业，以关联产业和投融资业务为辅业，重点发展供水业务、水利建设、水电开发、投融资业务、生态环保、其他业务等六大板块。在向太原、大同、朔州三市供水基础上，规划了"分质供水，原水直供"项目，包括大同原水直供工程、清徐原水直供工程、阳曲供水工程以及左云供水工程等。

引黄一期工程自 2003 年运行以来，已安全供水 20 年，各主要建筑物运行正常，均经受了较长时段的运行考验，取得了较好的供水效益。

（二）项目区概况

万家寨引黄工程沿线地形复杂，区内丘陵起伏，梁、峁、沟、谷相间，地形支离破碎，林草覆盖率低，大部分为黄土所覆盖，土层厚度几十厘米到十几米不等，最厚达 100 余米，沟壑密度 1.4～3.4km/km^2，水土流失十分严重。按土壤侵蚀类型分区，引黄一期工程区可分为黄土丘陵沟壑区和土石山区两大类型区。其中总干线属黄土丘陵沟壑区和土石山区；南干线、连接段均属土石山区。地势由北向南逐渐升高，最高点海拔 2600m，最低点海拔 900m，相对高差 1700m。

项目区属大陆性季风气候，沿线地区气候变化大，多年平均气温 5～10℃，多年平均年无霜期 136～207d，多年平均年降水量 402.2～452.5mm，降水量年内分配极不均匀，65％以上的降水多集中在 7～9 月，水量集中是造成水土流失的主要原因，而且年际变化较大，丰水年为枯水年的 2～3 倍。降水量小，蒸发量大，形成了"十年九旱"的局面。由于处于西北冷高压边缘，受气流影响，大风日数较多，据气象观测资料，年大风日数 17～43d，年均风速 1.9～3.9m/s。

工程区沿线受地形和气候影响，植被分布有明显差异。区内草本植被和灌木占绝对优势，乔木零星分布，林草覆盖率 35％左右。乔木主要有针叶树种油松、落叶松、侧柏及阔叶树种辽东栎、刺槐、杨树和柳树，生长状况较差。灌木主要有沙棘、胡枝子、虎榛子、柠条、黄刺玫、酸枣和绣线菊等，生长状况良好。草本植被以蒿草为主，广泛分布于工程区内。经济林主要有苹果、梨、桃、仁用杏等。

黄土丘陵沟壑区：引黄总干线 6 号隧洞到总 11 号隧洞支总（04），在此区域内，地形支离破碎，起伏不平，沟壑密度 3.4km/km² 左右，地表为黄土覆盖，土层深厚，厚度 10～100m 不等，最厚达 100m。植被覆盖较差，覆盖率 10.90%，加之广种薄收，滥垦乱伐，水土流失非常严重。侵蚀类型主要以水力侵蚀为主，兼有风力侵蚀，土壤侵蚀模数 8000t/(km²·a) 左右。

土石山区：总干线申同咀水库—分水闸，南干线以及连接段分布在该类型区。区内山高坡陡，许多地区基岩出露，土层较薄，厚度一般为 50cm，林草覆盖率为 14.80%。以水力侵蚀为主，侵蚀模数为 3600～4470t/(km²·a)。

项目所在地区土壤类型主要有山地栗钙土、淡栗钙土性土、淡栗钙土。山地栗钙土主要分布在项目区海拔较高的峁顶部位，质地疏松，肥力瘠薄，透水性能好，遇水易崩解，抗冲力低，抗蚀力弱，极易流失。淡栗钙土性土和淡栗钙土主要分布于梁峁坡的阴坡部位，土层较厚，适于农业耕作和发展林牧业。梁峁状缓坡区以淡栗钙土性土为主，质地以壤土为主，夹杂有红土、砂砾等冲积层，有机质含量低，质地疏松，由于地面坡度缓，土壤流失较轻。

二、水土保持设计、实施过程

（一）水土保持设计情况

引黄一期工程水土保持方案分为国内标和国际标两部分。引黄工程总公司于 1997 年 4 月委托山西省水土保持勘测规划设计队开始编制万家寨引黄一期工程（国内标）水土保持方案，山西省水利厅以"晋水保〔2001〕292 号"文对一期工程国内标水土保持方案进行了批复；引黄工程总公司于 2002 年 3 月委托山西省水土保持生态与环境建设中心编制万家寨引黄一期工程（国际标）水土保持方案，山西省水利厅以"晋水保〔2002〕409 号"文对一期工程国际标水土保持方案进行了批复。

引黄工程总公司按照基本建设程序落实各项防治资金，并在建设过程中委托山西润恒水土保持生态环境工程咨询有限公司、水利部山西水利水电勘测设计研究院及太原市园林建设开发公司等进行水土保持措施施工图设计，优化设计方案，做到了主体设计优化与水土保持优化相结合。

该工程水土保持防治分区分为：弃渣场防治区、施工区防治区、临时建筑防治区、进场公路防治区。各区位置、水土保持措施设计如下。

1. 弃渣场防治区

该工程水土保持方案共设 47 个弃渣场，弃渣量为 818.73 万 m³，占地面积 391.07hm²（表 4.4－1）。其中，总干线 14 座弃渣场，弃渣量为 423.43 万 m³，占地面积 152.95hm²；南干线 17 座弃渣场，弃渣量为 297.51 万 m³，占地面积 134.38hm²；连接段 16 座弃渣场，弃渣量为 97.79 万 m³，占地面积 103.74hm²。

表 4.4－1　　　　　　　　水土保持方案弃渣场统计表

项目分区	弃渣量/万 m³	数量/座	占地面积/hm²
总干线	423.43	14	152.95
南干线	297.51	17	134.38

项目分区	弃渣量/万 m³	数量/座	占地面积/hm²
连接段	97.79	16	103.74
引黄一期工程小计	818.73	47	391.07

弃渣场防治区主要的措施有：拦渣坝、拦渣堤、护坡、植树种草。方案中工程量：拦渣坝3座，拦渣堤28处，泄洪槽2处，护坡2处。部分渣场主要工程量见表4.4-2和表4.4-3。

表 4.4-2　万家寨引黄一期工程水土保持方案中部分弃渣场主要工程量汇总（国内标段）　单位：m³

项目	总干线							南干线			连接段						
	岩头寺	店湾	狼窝沟	只泥泉	贾堡	沙峁东沟泄洪槽	鸭子坪泄洪槽	下土寨东	下土寨西	红咀梁	罗家曲	河下	强家庄	策马村	六家河	坝下护坡	龙尾头护坡
总工程量	81219	97129	8199	56462	11660	17400	14300	18594	38016	26082	16470	30195	20484	21400	19800	15400	32723
挖填土方	60001	42650	3868	11461	4799	42	5330	9578	28902	17312	1140	951	15360	15970	11290	13175	31170
干砌石																5325	1553
浆砌石	20734	13844	3884	9725	4236	7318	6201	8836	8904	8473	930	894	1200	1000	1480		
铅丝石笼块石	484							180	210	297							
渣场覆土		24381	268	21168	1575	3805	1835				9600	18900	13720	14700	9600	6600	20040
渣场整理		16254	179	14112	1050	11872	6510				4800	9450	4000	4410	4800	3300	10020

表 4.4-3　万家寨引黄一期工程水土保持方案中部分弃渣场主要工程量汇总（国际标段）

项目	总干		南干									连接段					
	大岔沟	大青沟	4号洞进口	温岭	西坪沟	利民堡	木瓜沟	小狗儿洞	7号洞14支	7号洞17支	7号洞20支	头马营	策马村	龙尾头南	郝家沟	火山村	呼延
土方开挖/m³	1813	230	1313	16866	6850	768	91	2455	657	409	1620	614	12200	128	10492	1717	9544
土方回填/m³	375	60	648	1873	2003	452	65	1403	268	217	1100	26957	3817	67	413	931	3297
石方开挖/m³	819	150										26688					
石方回填/m³								13791				16705					
浆砌石/m³	5722	600	632	963	6321	302	111	1521	349	281	753	22116	4545	88	945	1343	4526
铅丝石笼/m³			77		1676			233			306	3247					

续表

项目	总干		南　干									连　接　段					
	大岔沟	大青沟	4号洞进口	温岭	西坪沟	利民堡	木瓜沟	小狗儿洞	7号洞14支	7号洞17支	7号洞20支	头马营	策马村	龙尾头南	郝家沟	火山村	呼延
混凝土/m³	660		19	41									19				10
钢筋/t	3.39			3.3									1.85				0.13
干砌石/m³		258		1851								1925					897
倒渣量/m³	4500	4500			17930	4000	12000	10335	1814	2050	4500		4500				12000
碎石垫层/m³	180	180	10	290		15		338.95	36	50	9						306
沥青麻丝/m²	386																
硬聚氯乙烯管/m	156		17														
两毡三油/m²		31			419		4	101	22	14	34	1369	542	7	63	71	362
坝体填筑/m³				75540													
复合土工布/m²				7992													
渣场覆土/万m³			0.47	0.05	0.97	0.8	1	74.29	0.27	0.18	0.44		0.38	2.24	1.34		0.84
绿化面积/m²				6003	19300	10000	12508		3320	3106	5500						

　　植物措施设计从水土保持方案到施工图设计随着主体工程的变更而不断调整。弃渣场区以栽植乔木，草地自然恢复为主，乔木有油松、云杉、桧柏、新疆杨、樟子松等。

　　2. 施工区防治区和临时建筑防治区

　　引黄一期工程施工区防治区和临时建筑防治区水土保持工程措施包括施工场地平整、护坡工程、排水工程等。

　　植物措施设计按区段性质及要求不同，采取了高低不同的造林种草绿化标准，申同咀水库库区、各泵站枢纽区以减少水土流失、美化环境为宗旨，按园林标准乔、灌、草相结合进行了绿化建设，乔木种类有油松、桧柏、新疆杨、云杉等，灌木主要有柠条、沙棘、红叶小檗、黄刺玫、紫穗槐、金银木、西府海棠、丁香、黄杨球、胶东卫矛、荆条等，草皮主要为黑麦草、老芒麦，攀缘植物有爬山虎等。区内配备有灌溉系统。箱涵顶部、渡槽下部等输水沿线，也与当地生物环境相结合，以乔灌木为主，乔木种类有油松、桧柏等，灌木主要有柠条、沙棘及黄刺玫，还有月季、马兰等花苗；国内标土地整治 25 处共计 233.85hm²，草灌混交 90.30hm²，国际标柠条直播面积 21.05hm²。

3. 进场公路防治区

国内标公路绿化 28 条，种植乔木 14.41 万株，公路两旁种植新疆杨、漳河柳等；国际标公路绿化总长度 42.10km，油松苗木量 3.20 万株。

（二）水土保持实施情况

万家寨引黄一期工程施工期实际使用弃渣场 59 个，其中总干线 25 个，南干线 22 个，连接段 12 个（表 4.4-4）。

表 4.4-4　　　　万家寨引黄一期工程实施阶段弃渣场统计表

分段	序号	渣场名称	渣场位置	弃渣量 /万 m³	渣场面积 /hm²	渣场治理措施
总干线	1	大青沟渣场	万家寨大青沟	3.2	0.35	公路侧修建拦渣堤（浆砌石），覆土绿化
	2	大岔沟口渣场	A 营地南侧	30	5.95	拦渣堤、覆土绿化
	3	国际 I 标 A 营地	大岔沟口渣场北侧	0.8	0.55	平整为砌梯
	4	大岔沟渣场	大岔沟	40.4	13.5	拦渣坝
	5	总二泵站进场公路南侧渣场	大岔沟	5	1.2	拦渣堤（铅丝石笼）、覆土绿化
	6	总二泵站交通洞进口渣场	大岔沟	5.2	14.5	拦渣堤、覆土绿化
	7	总干线一、总干线二连接路旁渣场	大岔沟	2	1.49	拦渣堤（铅丝石笼）、覆土绿化
	8	国际 I 标 B 营地	总干线一、总干线二连接路旁渣场北侧	2.1	0.8	平整覆土
	9	申同咀水库大岔沟渣场	大岔沟	95	4.58	拦渣堤（铅丝石笼）、覆土绿化
	10	申同咀水库南侧渣场	申同咀	5	1	拦渣堤、覆土绿化
	11	申同咀水库至葛家山进场公路旁弃渣	总干线二级泵站进场公路南侧	0.6	0.71	拦渣堤、覆土绿化
	12	沙峁西沟渣场	沙峁西沟	1	0.76	拦渣堤（浆砌石）、覆土绿化
	13	沙峁东沟渣场	沙峁东沟	36.4	15.67	拦渣坝、覆土绿化
	14	店湾渣场	店湾水泉河	48	4.36	拦渣堤（浆砌石）、覆土绿化
	15	狼窝沟渣场	狼窝沟	15	0.88	拦渣堤（干砌石）、覆土绿化
	16	马家山渣场	马家山	13	2	拦渣堤（浆砌石、卧管竖井）、覆土绿化
	17	岩头寺渣场	岩头寺	76.4	2.97	拦渣堤（浆砌石）、覆土绿化

续表

分段	序号	渣场名称	渣场位置	弃渣量/万 m³	渣场面积/hm²	渣场治理措施
总干线	18	大河湾渣场	大河湾	16	3.41	拦渣堤（浆砌石、排水渠）、覆土绿化
	19	八里泉渣场	八里泉	15.3	1.86	拦渣坝、覆土绿化
	20	窑窑峁渣场	窑窑峁	4	0.77	拦渣堤、覆土绿化
	21	鸭子坪渣场	鸭子坪	11	2.39	排洪渠、挡渣墙、覆土绿化
	22	明灯山公路渣场	明灯山南侧	2	0.98	拦渣堤（浆砌石）
	23	红咀梁渣场	红咀梁沟	1	0.5	拦渣堤、覆土绿化
	24	总三泵站竖井渣场	进场公路南侧	8	0.65	排水沟、覆土绿化
	25	总三进场路边坡渣场	岩头寺	5	0.67	拦渣堤、覆土绿化
小计				441.4	82.5	
南干线	1	下土寨西渣场	下土寨西平万公路南侧	3.5	2.2	拦渣堤（浆砌石）、覆土
	2	下土寨东渣场	下土寨东	37.1	8	拦渣堤（浆砌石）、覆土
	3	下土寨南渣场	下土寨南	6.7	2	干砌石护坡、覆土绿化
	4	龙须沟渣场	龙须沟	7.9	2.93	二级挡渣坝、覆土绿化
	5	信虎辛窑渣场	只泥泉	50.41	10	拦渣堤、顶部覆土绿化
	6	4 号洞进口	信虎辛窑	13.3	1.19	砌石网护坡、拦渣堤、覆土绿化
	7	西坪沟渣场	西坪沟	46.3	4.77	拦渣堤、覆土绿化
	8	南干线 5 号洞 05 支洞渣场	利民堡	2	1.55	拦渣堤、覆土绿化
	9	南干线 5 号洞出口、南干线 6 号洞进口渣场	木瓜沟	26.6	1.85	拦渣堤、覆土绿化
	10	温岭渣场	温岭	27.5	18	拦渣坝、覆土绿化
	11	南干线 7 号洞 11 支洞渣场	小狗儿涧东侧	41.2	6.84	拦渣堤、覆土绿化
	12	南干线 7 号洞 14 支洞渣场	周家堡北侧	1.5	1.45	拦渣堤、覆土绿化
	13	南干线 7 号洞 17 支洞渣场	余庄	1.8	0.57	拦渣堤、覆土绿化
	14	南干线 7 号洞南、北 20 支洞渣场	滩泥沟村	2.3	1.52	挡渣墙、覆土绿化
	15	头马营渣场	头马营汾河东岸	68	13.1	拦渣堤、覆土绿化
	16	下土寨南干线 2 号渣场	下土寨	6.7	1.81	挡渣堤、覆土绿化
	17	南二泵站 2 号渣场	信虎辛窑	3.4	0.48	挡渣墙、覆土绿化

续表

分段	序号	渣场名称	渣场位置	弃渣量 /万 m³	渣场面积 /hm²	渣场治理措施
南干线	18	南二泵站 3 号渣场	信虎辛窑	8.6	1.18	渣场平整、覆土绿化
	19	南干线 3 号洞渣场	只泥泉	13	3.3	拦渣堤、覆土绿化
	20	南干线 4 号洞进口施工平台及倒渣台渣场	信虎辛窑	8	2.74	围栏、覆土绿化
	21	南干线 5 号进口施工平台和倒渣台渣场	西坪沟	3.2	4.22	挡渣墙、覆土绿化
	22	小沟儿洞施工平台渣场	小狗儿洞	8.6	2.69	挡渣墙、覆土绿化
小计				387.61	92.39	
连接段	1	大泉沟渣场	大泉沟汾河水库右岸	7.55	0.56	干砌石护坡、排水沟、覆土绿化
	2	罗家曲渣场	罗家曲村东汾河左岸阶地上	0.9	4.37	大部分被当地利用、覆土绿化
	3	策马渣场	策马村南、北	8.7	1.46	排洪渠、挡渣堤、覆土绿化
	4	龙尾头南渣场	龙尾头村南公路旁汾河旧河道上	7.5	3.5	拦渣堤、覆土造地
	5	龙尾头北渣场		4.4	1.6	拦渣堤、边坡覆土
	6	滩上渣场	乱柴沟	3.5	0.32	被当地利用
	7	镇城底渣场	镇城底汾河右堤	4.5	1.5	移交地方治理
	8	郝家沟渣场	郝家沟村公路边洼地	4	2.74	排洪沟、覆土
	9	火山渣场	火山村东汾河左岸阶地上	4.8	2.79	排洪沟、拦渣墙、覆土绿化
	10	六家河渣场	六家河	3.52	2	拦渣墙
	11	一步岩渣场	汉道岩	2	0.7	被当地利用
	12	呼延渣场	呼延	45	2.79	拦渣墙、混凝土网络护坡、覆土绿化
小计				96.37	24.33	
合计				925.38	199.22	

根据水土保持方案提出的防治要求，引黄工程总公司环境移民处以渣场整治绿化为水土保持工作重点，分五批对沿线渣场、施工营地、施工进场公路、泵站管理区等进行治理，其中第一批治理的 8 个渣场于 2003 年 4 月全部通过完工验收；第二批治理的 14 个渣场，于 2004 年 4 月通过完工验收；第三批整治的 13 个渣场，于 2005 年 4 月进行了完工验收；第四批整治的 11 个渣场，于 2005 年 6 月初进行完工验收；第五批要整治的渣场和施工场地有 14 个，于 2005 年 6 月进行了完工验收。水土保持工程项目共

完成：

（1）工程措施共完成开挖土石方量 41.20 万 m³，土石方回填量 47.86 万 m³，覆土量 77.60 万 m³，浆砌石 8.10 万 m³，干砌石 0.92 万 m³，混凝土 38.10 万 m³，铅丝石笼 1.95 万 m³，渣坡整治 8.10 万 m²，覆土平整面积 31.00 万 m²。

（2）植物措施共完成草皮铺设 16.60 万 m²，植树总株数 1641395 株，其中乔木 472591 株、灌木 1168804 株；弃渣场（含施工平台及国际 I 标营地）绿化面积共 124.33 万 m²。

（三）水土保持验收情况

2005 年 7 月 31 日，水利部在山西省太原市主持召开了山西省万家寨引黄一期工程水土保持设施竣工验收会议，同意通过水土保持设施竣工验收，水利部以"办水保函〔2005〕365 号"文给予批复，正式投入运行。

引黄一期工程水土保持设施竣工验收技术报告主要结论：万家寨引黄一期工程是全国较早实施水土保持方案的开发建设项目，在工程建设中，引黄工程总公司认真执行批准后的水土保持方案。工程建设扰动地表面积 1032.05hm²，虽然扰动地表面积和挖填土石方量大，但施工中采用了先进的施工工艺和现代管理制度，严格执行"三同时"制度，采取了有效的水土保持措施，同时加强水土保持监测工作，及时落实资金，做到专款专用，使得水土流失得到有效控制。与水土保持方案中的项目建设区面积 1142.69hm² 相比，面积有所减小。

工程弃渣场占地 201.51hm²，其中部分弃渣用于工程回填或作为石料回用，剩余部分多填充于沟道中，采取了拦挡、排水、土地整治、覆土、植被恢复等措施。工程临时道路区、直接影响区等占地，水土保持措施较薄弱，但由于从管理和施工工艺上注重了水土流失防治和生态保护，且施工完工后也及时采取综合治理措施，只在施工期有较轻微的水土流失现象。

运行期水土流失防治责任范围，即水土保持管理范围主要为工程管理占地范围，包括永久建筑物、管理设施占地及永久征占的弃渣场区域，其面积总计 778.91hm²，其中渣场区 201.51hm²，永久设施区 577.40hm²。

引黄一期工程建设中全面完成了水土流失防治任务，各项防治措施的运行效果良好。输水沿线永久占地工程措施、植物措施质量较高、效果好，沿途弃渣得到了有效的防护，其他临时占地及直接影响区也得到综合治理。经过治理，项目区的生态环境得到了明显的改善，周边水土流失也得到了较好的控制。

水利部《万家寨引黄一期工程水土保持设施竣工验收意见》主要结论：在万家寨引黄一期工程建设期间，引黄工程总公司随着国家建设管理制度的改革，逐步将水土保持工程纳入主体工程的建设管理中，实行了工程建设三项制度，设计、施工、监理等单位资质符合国家有关规定，档案文件齐全，管理制度规范，为我国大型水利工程水土保持方案的实施、管理提供了很好的模式和借鉴。引黄工程总公司重视工程建设中的水土保持工作，按照水土保持方案要求开展水土流失防治工作，完成了水土保持方案确定的各项防治任务，水土保持设施发挥了较好的保护水土资源、改善生态环境的作用。建设的水土保持设施质量总体合格，同意通过竣工验收，正式投入运行。

三、水土保持后评价

（一）评价内容及资料

1. 评价内容

项目水土保持后评价的内容主要包括水土保持目标评价、水土保持过程评价和水土保持效果评价。

（1）水土保持目标评价。水土保持目标评价重点在于水土保持工程建设目标的评价，通过现场调研和资料分析，了解工程建设初期制定的总体目标，水土保持制度建设目标等。

水土保持制度建设目标主要评价工程建设前期相关水土保持政策的制定情况。建设过程中水土保持方案、水土保持监理、监测、竣工验收制度执行、落实情况。运行期间水土保持管护责任制度的建立和落实情况等。

（2）水土保持过程评价。水土保持过程评价是进行水土保持后评价的重点，主要包括设计过程评价、施工过程评价和运行过程评价。

设计过程主要评价水土保持方案中水土保持措施设计合理情况。分析评价水土保持方案拟定的防护措施是否符合国家相关政策和可持续发展战略，是否有利于项目区生态环境保护和水土保持情况；评价水土保持措施的合理性、可行性以及与项目整体方案的协调性等。

施工过程主要评价水土保持采购招标、开工准备、水土保持合同管理、进度管理、资金管理、工程质量管理、水土保持监理、水土保持监测开展情况以及施工中新技术、新工艺及新材料的应用等。

运行过程主要评价水土保持设施验收后，对水土保持验收遗留问题的处理情况，运行管理人员、机构、费用及管理模式等运行管理情况。

（3）水土保持效果评价。水土保持效果反映了水土保持措施实施所带来的效益，水土保持效果主要体现在基础效益、生态效益和社会效益上。

1）基础效益：水土保持措施最直接最基本的作用就是蓄水保土，因此，蓄水保土产生的基础效益也是水土保持最直接的效益。水土保持措施的实施可涵养水源，改善水分循环，为开发水土资源创造条件。各项防治措施还可以增加土壤入渗，减少地表径流，减轻土壤侵蚀现象的发生。

2）生态效益：大型水利水电工程对环境的影响范围广，影响的边际效应大。水土保持方案各项措施实施后，可以有效控制建设过程中人为产生的水土流失，改善项目区生态环境。

3）社会效益：水土保持措施实施之后，社会效益体现在对人类身心健康的促进，对社会精神文明的促进等方面。水土保持措施实施后，能够促进农业、林业、牧业的发展，活跃城乡市场，繁荣当地经济，直接或间接减缓对土地的压力。

项目水土保持效果评价重点从植被恢复效果、水土保持效果、景观提升效果、安全防护效果等4个方面进行。

2. 基本资料

（1）国家计划委员会以"计农经〔1993〕87号"文批复工程设计任务书（项目可行

性研究报告)。山西省水利厅以"晋水保〔2001〕292 号"文批复的一期工程(国内标)水土保持方案报告书、山西省水利厅以"晋水保〔2002〕409 号"文批复的一期工程(国际标)水土保持方案报告书等设计资料。

(2)《万家寨引黄一期工程水土保持设施验收评估报告》《万家寨引黄一期工程水土保持监测报告》。

(3) 1997 年开始施工前准备到 2005 年通过水利部水土保持设施竣工验收,有关环境保护及水土保持等实施过程,各专项验收、竣工决算、竣工验收资料等。

(二)目标评价

1. 项目决策和实施目标

万家寨引黄一期工程建设区面积 1034.34hm²,其中扰动土地面积 1034.34hm²,需要治理的水土流失面积 322.50hm²,工程总弃渣 937.38 万 m³ 需要拦挡,否则就会造成大量的水土流失,从而可能引发重大的水土流失事故。因此,能否做好工程建设过程中水土保持工作成为项目建设是否可行的一个重要因素。

实施目标:通过科学的管理,将水土保持措施全面落实,水土保持工程质量优良,水土保持投资控制在工程概算范围内,水土流失得到有效控制,项目区生态环境得到明显改善,将万家寨引黄一期工程建成为国家水土保持生态建设示范工程。

2. 目标实现程度

(1) 工程合同管理评价。为加强合同管理,规范合同签订及执行工作,引黄工程总公司制定了合同管理办法。明确了合同管理机构、招投标及合同会签制度,规定了合同管理的职责、合同签约程序等,并就支付审核控制、合同价格调整、变更和索赔处理、争议调解和解决、技术问题处理、进度计划审批和质量监督等内容制定了一系列工作程序和制度,使合同管理工作走向规范化和程序化。

(2) 工程进度管理评价。

1) 工程建设工期:万家寨引黄一期工程于 1992 年开工,2003 年 10 月 26 日全线试通水到太原呼延水厂。在编报水土保持方案时,主体工程已经开工,方案批复的新增水土保持工程工期为 3 年,即在 2001—2003 年内完成方案新增的水土保持措施。

2) 水土保持工程进度实施情况:1998 年编制完成了《山西省万家寨引黄一期工程水土保持方案大纲》,并通过水利部评审,获得批复。2001 年编制完成了《山西省万家寨引黄一期工程国内标部分水土保持方案报告书》,并通过山西省水利厅评审,获得批复。2002 年编制完成了《山西省万家寨引黄一期工程国际标部分水土保持方案报告书》,并通过山西省水利厅评审,获得批复。2000 年开始水土保持施工,施工高峰集中在 2001—2005 年,至 2005 年完成全部水土保持工程。2005 年 7 月通过水利部水土保持设施竣工验收。

万家寨引黄一期工程水土保持工程实施进度上,基本实现了"三同时",实际建设工期控制在批复的工期内。

(3) 资金使用管理评价。

1) 财务管理。引黄工程总公司把财务管理作为水土保持的一项重要工作来抓,以"求真务实,以人为本"认真履行财务职能,积极筹措资金,加强财务监督管理,努力提高财政性资金的使用效益，确保了工程进度审核和价款支付工作的顺利进行。经国家批准征收水资源补偿费，是引黄工程的主要资金来源，引黄工程总公司组织人员克服种种困难，完成水资源补偿费的征收任务，确保省内自筹资金的及时足额到位，既保证了引黄工程建设的需要，又满足了世界银行贷款和国债配套资金的需求。同时，也满足了水土保持投资。

2）支付结算。引黄工程总公司在工程结算上，制定了具体的工程结算及价款拨付办法，对工程的进度、投资、材料消耗和资金使用进行全面控制，具体操作方法是：各工程承包商按合同每月 20 日提交工程进度结算报表，监理工程师对工程项目质量及工程量进行控制，审核确认，建设单位合同管理人员复核，建设单位负责人审定批准后，根据审定结算价款，财务部核对账款，并扣留质量保证金后，进行工程价款支付。

3）工程措施结算方式。①核定实际工程量，以承包商测量、监理工程师核实的工程量为依据；②结算程序：承包商提交完成工程量统计表→监理工程师审核→建设单位审定→建设单位支付。

4）植物措施结算方式。价款结算与分步验收和植物措施成活以及保存情况相结合。验收分 3 次进行，第 1 次栽植完成后，验收栽植植物数量，支付栽植数量工程款的 50%；第 2 次主要验收植物成活情况，并要求承包商无偿补种未成活植物，支付 30% 的工程款；第 3 次在 1～2 年以后，检查林草措施保存情况，核定完成工程量和工程款后，支付余款。对未达到要求、未成活植物，扣除质量保证金，并补植补种。

严格的财务管理规定，保证了万家寨引黄一期工程水土保持项目资金的专款专用，且及时支付，没有拖欠未付的工程款。

5）合同执行情况及投资使用情况：万家寨引黄一期工程水土保持 39 个分部工程中，全部实行了招标、议标、邀标，招标、议标率达到 100%。在招标过程中，严格按照《中华人民共和国合同法》进行，经过招标资格预审、开标、评标、决标及报批等程序，确立中标单位。

万家寨引黄一期工程水土保持批复投资 9404.51 万元，工程实际支出 9183.65 万元。

（4）工程质量管理评价。

1）质量管理体系及制度。引黄工程总公司为加强工程质量管理，提高工程施工质量，实现工程总体目标，制定了一系列工程质量管理规定。在质量管理项目划分中，水土保持工程按独立单位工程进行招投标和合同管理（后为了便于主体工程验收进行了相应合并，合并后引黄一期工程共有 4 个单位工程，39 个分部工程，但目前的分部工程验收材料合并前是作为单位工程验收来整理的）。因此，从施工伊始水土保持就和主体工程一样实施全面工程质量监理：①严格按照有关法律、法规等规定，在设计、施工、监理有关合同中，充分明确了工程建设的质量目标和各方应承担的质量责任。②健全各种质量管理制度，开展了全员质量教育和工程质量巡回检查工作，及时发现工程建设各有关单位在工程质量和工作质量上存在的问题，按照与各方合同的有关规定，采取必要的措施进行处理。③引黄工程总公司下设的环境移民处为水土保持质量管理的专职职能部门，同时对偏关、平鲁、宁武和太原分公司充分授权，在授权范围内全权代表项目法人监督、检查、处理施工现场的质量问题。④引黄工程建设技术委员会通过现场考察、专题会议、人员培训、咨询报告等方式，对设计、施工、监理中的重大技术问题、质量问题、合同问题提出咨询意见，确保了高水平的工程建设质量。

2）质量控制措施。引黄工程总公司质量管理部门以主体工程质量管理的程序及标准衡量和加强水土保持工程的质量控制工作，分别对设计单位、监理单位和施工单位的质量责任进行了明确，并提出了相应的质量控制措施。

A. 设计单位质量控制措施：严格按照国家、有关行业建设法规、技术规程、标准和合同进行设计，为万家寨引黄一期工程的质量管理和质量监督提供技术支持。建立健全设计质量保证体系，层层落实质量责任制，签订质量责任书，并报建设单位核备。加强设计过程质量控制，按规定履行设计文件及施工图纸的审核、会签批准制度，确保设计成果的正确性。严格履行施工图设计合同，按批准的供图计划及工程进度要求提供合格的设计文件和施工图纸。对施工过程中参建各方发现并提出的设计问题及时进行检查和处理，对因设计造成的质量事故提出相应的技术处理方案。在各阶段验收中，对施工质量是否满足设计要求提出评价。

B. 工程监理质量控制措施：监理单位必须严格执行国家法律、法规和技术标准，严格履行监理合同，代表建设单位对施工质量实施监理，对施工质量负有监督、控制、检查责任，并对施工质量承担监理责任。根据监理合同，应派出与监理业务相适应的监理机构，监理工程师均持证上岗，一般监理人员都经过岗前培训。监理人员要按规定采取旁站、巡视和平行检验等形式，按作业程序即时跟班到位进行监督检查；对达不到质量要求的工程不签字，并责令返工，向建设单位报告。审查施工单位的质量体系，督促施工单位进行全面质量管理。从保证工程质量及全面履行工程承建合同出发，对工程建设实施过程中的设计质量负有核查、签发施工图纸及文件的责任；审查批准施工单位提交的施工组织设计的施工技术措施；指导监督合同中有关质量标准、要求的实施。组织或参加工程质量事故的调查、事故的处理方案审查，并监督工程质量事故的处理。及时组织单元工程的质量签证与质量评定、分部工程验收与质量评定，做好工程验收工作。用于工程的建筑材料等，未经监理工程师签字不得在工程上使用或者安装，施工单位不得进行下一道工序的施工。定期向质量管理委员会报告工程质量情况，对工程质量情况进行统计、分析与评价。

C. 施工单位质量控制措施：严格做到在资质等级许可的范围内承接相应的施工任务，依据水土保持有关法规、技术规程、标准规定以及设计文件和施工合同的要求进行施工，规范施工行为，对施工质量严格管理，并对其施工的工程质量负责。参加引黄一期工程建设的各施工单位都要按照招投标程序，经过严格的资格审查，未发现任何超越资质等级或超业务范围中标承接工程项目和将承接的工程项目转包或违法分包的现象。严格依据勘测设计文件和技术标准精心施工。在施工中，各施工单位能严格按照工程设计要求、施工技术标准和合同的约定，对建筑材料、构配件和设备进行试验和检验，未发现偷工减料、极少发现将不合格材料用于工程的现象。对本单位施工的工程质量负责，各施工单位都能通过建立健全质量保证体系、落实质量责任制、努力推广使用有利于提高工程质量的先进技术和施工手段，加强施工现场的质量管理，加强计量、检验等基础工作，完成工程设计和施工合同规定的各项工作内容，并提供完整的工程技术档案、竣工图纸，达到国家和合同规定的竣工条件。认真接受工程质量监督机构的监督检查。各施工单位能积极接受各项目监理部的监督与控制，努力使工程质量符合国家有关法律、法规、技术标准、技术文件及合同规定的要求，并经质量监督部门核定工程质量等级。

3）工程质量等级评定情况：万家寨引黄一期工程施工质量评定按照《水利水电工程施工质量评定规程》（SL 176—1996）、《水利水电基本建设工程单元工程质量等级评定标准》（SDJ 249.2—1988）进行。万家寨引黄一期工程，涉及水土保持工程措施的有 25 个分部工程，1992 个单元工程，合格率 100%，893 个单元工程为优良，优良率 44.9%；涉及水土保持植物措施的有 24 个分部工程，600 个单元工程，合格率 100%，167 个单元工程为优良，优良率 27.8%。

4）质量问题及处理情况。无。

（5）监理工作评价。承担万家寨引黄一期工程各标段监理工作的监理公司，根据业主的授权和合同规定对承包商实施全过程监理，按照"三控制、两管理、一协调"（质量控制、进度控制、费用控制，合同管理、信息管理，协调工作）的总目标，实施全面监理，建立以总监理工程师为中心、各工程师代表部分工负责、全过程、全方位的质量监控体系。

监理单位专门制定了监理规划及实施细则，制定了相应的监理程序，运用高新检测技术和方法，严格执行各项监理制度，对包括植物措施在内的整个水土保持工程实施了质量、进度、投资控制。

经过建设监理，保证了水土保持工程的施工质量，投资得到严格控制，并按计划进度组织实施。

引黄一期工程在国内水利工程行业较早地开展了施工期环境监理工作。施工期弃渣的处理作为水土保持工作的一项重要内容，水土保持工作内容主要是监督施工过程中是否按有关规定将弃渣运送到指定弃渣场；弃渣是否易产生新的水土流失；在隧洞进出口处河道、山谷两侧堆放的弃渣是否影响行洪等。施工过程中，环境监理对弃渣现状进行了多次调研，并及时向业主提出了弃渣治理建议。施工期的环境监理，对引黄工程环境保护和水土保持工作发挥了重要作用。

（6）工程验收评价。2005 年 2 月，引黄工程总公司启动了水土保持设施竣工验收工作程序，2005 年 5 月底相继完成了《山西省万家寨引黄一期工程水土保持方案实施工作总结报告》《山西省万家寨引黄一期工程水土保持设施验收评估报告》等验收准备工作。2005 年 7 月，水利部水土保持司在山西省太原市主持召开了万家寨引黄一期工程水土保持设施竣工验收会议，会议一致认为水土保持设施总体质量达到了优良标准，并同意通过水土保持设施竣工验收，水利部以"办水保函〔2005〕365 号"文给予批复，正式投入运行。

引黄一期工程及时完成了竣工验收，确认了水土保持设施有效地发挥了防治水土流失的作用，为万家寨引黄一期工程主体竣工验收提供了有力依据。

3. 差距及原因

主要差距是投资低于水土保持投资估算，万家寨引黄一期工程水土保持合计投资估算9404.51 万元。建设单位实际投入 9183.65 万元，用于水土保持设施建设，较方案批复投资节余 220.86 万元，完成投资占批复投资的 97.7%，该部分节余的投资主要原因是工程设计变更。

（三）过程评价

1. 水土保持设计评价

（1）水土保持设计。

1）拦渣工程：主要设置重力式浆砌石拦渣坝、浆砌石护堤和铅丝石笼等。拦渣坝上游坝坡比一般为 1∶0.4，下游坝坡比为 1∶0.8，中部布置溢流段。铅丝石笼规格一般为 8 号铅丝 12cm ×12cm 网格。

2）排水工程：渣场道路内侧及防护堤边修建浆砌石排洪渠。道路内侧排洪渠断面为矩形，砌石厚一般为 0.5m。防护堤边排洪渠断面为梯形，砌石厚 0.4m，坡比为 1∶0.5。

3）河道护岸工程：铅丝石笼护岸，岸坡比为 1∶1.5，铅丝石笼厚 1m，铅丝石笼规格为 8 号铅丝 12cm ×12cm 网格。

4）覆土工程：渣场覆土平整，顶面覆土厚度为 1m 以上，坡面覆土厚度为 0.8m。

5）场地平整：对用弃渣垫起的地段运客土覆土，厚度为 0.4m 以上，细平整，采取挖大坑、垒石坑等高标准整地。

6）植被建设工程：按区段性质及要求不同，采取了高低不同的造林种草绿化标准。申同咀水库库区、各泵站枢纽区以减少水土流失、美化环境为宗旨，按园林标准乔、灌、草相结合进行了绿化建设，乔木种类有油松、桧柏、新疆杨、云杉等，灌木主要有柠条、沙棘、红叶小檗、黄刺玫、紫穗槐、金银木、西府海棠、丁香、黄杨球、胶东卫矛、荆条等，草皮主要为黑麦草，攀缘植物有爬山虎等。区内配备有灌溉系统。箱涵顶部、渡槽下部等输水沿线，也与当地生物环境相结合，以乔灌木为主，乔木种类有油松、桧柏等，灌木主要有柠条、沙棘及黄刺玫，还有月季、马兰等花苗；弃渣场区以栽植乔木，草地自然恢复为主，乔木有油松、云杉、桧柏、新疆杨、樟子松等；公路两旁种植新疆杨、柳树等；工程区两侧影响区以草地自然恢复为主。工程绿化区以乔木为主；灌木则以簇状或绿篱形式配置。乔木一般采用 2～3m 株行距，其他依据实际情况确定；灌木密度一般为 15～20 株/m²。

7）临时防护工程：主要包括在临时道路两侧挖排水沟、弃渣场周围设置泥龙沙袋挡渣墙以及临时堆渣和物料加盖板、盖布等，施工结束后进行场地整治。

（2）水土保持设计评价。

1）万家寨引黄一期工程水土保持工程布置合理，工程等别、建筑物级别、洪水标准及地震设防烈度符合现行规范要求。

2）引黄一期工程水土保持工程运用后，弃渣场边坡、拦挡措施和排水等措施均有效运行，根据监测记录和现场调研结果，弃渣场的水土流失得到了有效治理，水土保持措施设计合理，水土保持效果明显。

3）道路区边坡防护、排水等措施运行正常，设计标准合理。

4）通过对项目区植被调查，项目区实施的水土保持林和景观生态林成活率、林草覆盖率均达到了设计水平。

5）通过万家寨引黄一期工程水土保持设施的实施，工程建设造成的水土流失得到了治理，降低了因工程建设所造成的水土流失危害，达到了水土保持方案编制的预期效果。经过治理，扰动土地的治理率达到 97.8%，水土流失总治理度达到 97.4%，土壤流失控制比为 0.96，拦渣率为 98.8%，植被恢复系数达到 98.5%，项目区林草覆盖率达到 22.6%，项目区平均土壤流失模数控制在 958t/（km² · a）。

综上所述，万家寨引黄一期工程运用后的监测资料表明，万家寨引黄一期工程水土保持设计是成功的。

2. 水土保持施工评价

万家寨引黄一期工程严格采用招投标的形式确定其施工单位，各标段承包人进场后，都按照施工合同的要求建立了质量管理、质量控制、质量保证等在内的质量管理保证体系。

（1）施工管理评价。

1）设立水土保持管理机构。健全的组织机构、完善的管理体系是水土保持工程实施的保障。该工程作为世界银行贷款项目，在 1997 年 8 月即成立了环境移民处，全面负责工程的水土保持管理工作，同时太原、宁武、平鲁和偏关 4 个分公司分别设置环境移民科，具体负责水土保持项目的实施、监督和管理。

2）严格水土保持管理。引黄工程总公司制定了《山西省万家寨引黄工程施工期环保规定》《山西省万家寨引黄工程环境管理手册》，明确了业主、环境监理和承包商各自的职责和施工区环境保护的各项标准和规范，其中对水土保持方面提出了专门要求，使得工程的水土保持管理步入了可操作性的规范化管理轨道。同时，引黄工程总公司将水土保持工程纳入主体工程管理体系，采取单独招投标和合同管理，设计变更直至施工组织、管理、监督、验收签证等各方面都建立了一整套有效的水土保持工程文件备案与管理模式，使水土保持工程建设与主体工程一样有章可循。

3）设立国际环境咨询专家组及环境监理。引黄工程总公司于 1997 年 9 月聘请了 7 名国内外环境移民咨询专家，每年对工程的环境管理工作和施工现场环境状况进行两次咨询检查并提出改进建议，后改为定期一年咨询检查一次。引黄工程总公司于 1997 年 5 月开始在工程中实行环境监理制度。就水土保持工作而言，环境监理具体监控以下内容：检查弃渣堆放位置是否符合工程设计，护坡、护坝工程是否合格；检查地面开挖（包括永久占地和临时用地）以备回填用的土方堆放是否规划整齐，周围是否有防止雨水冲刷的护堰；临时用地使用完后，监督承包商及时拆除临时建筑物，清理干净施工垃圾，进行复耕和恢复植被；移民生产安置是否有陡坡开荒、乱砍滥伐树木、破坏生态、增加水土流失的行为，一经发现，立即采取措施制止。环境监理由 8 名专业人员组成，依据国家环保法律、法规和工程合同条款，通过日常巡视、检查、下发环境问题通知函件等工作方式进行监督、审查和评估施工区环境保护措施的执行、落实情况，及时发现和指正承包商环境违约行为，同时提交日记录、月报和环境监理报告。

4）弃渣管理。突出弃渣管理是万家寨引黄一期工程控制水土流失的关键。该工程弃渣量为 937.38 万 m³，在建设期间共设置了 59 个弃渣场，占地面积 199.22hm²。从 2001 年起至 2005 年，引黄工程总公司分 5 批进行了治理，采取了挡渣墙、拦渣坝、拦渣堤等形式对弃渣进行拦护，拦渣率达到 98.8%。为了改善生态环境，实现工程与自然景观的协调，引黄工程总公司对弃渣场分区分段确定绿化标准，完成渣场绿化面积 124.33hm²，占全部堆渣面积的 62.40%，其中头马营、岩头寺等渣场及申同咀等渣场绿化标准较高，有条件的渣场则覆土造地后交还给地方，如下土寨西渣场。渣场治理较好地控制了水土流失，不仅改善了工程区的生态环境，也为引黄工程树立了良好的工程形象。

（2）技术水平评价。主体工程设计理念及先进的施工技术是控制和减少水土流失的有效方法。一期工程全长 285.4km，其中利用汾河天然河道 81.2km，隧洞 160.97km，PC-CP 地下埋管 42.79km。隧洞施工采用了先进的全断面掘进机（TBM）施工技术，共使用 TBM 设备 6 台，完成隧洞长度 121.8km，占全部隧洞的 75.6%，TBM 施工方法大大减少了施工支洞，主体工程设计方案及先进的施工技术使得该工程对地表的扰动大为减少，水土保持方案中的防治责任范围为 2202.38hm²，工程建设期间实际扰动面积仅为 1108.05hm²。优化施工布置、工序和方法，严格控制施工扰动面积，有效地控制和减少了工程导致的新增水土流失。

万家寨引黄一期工程全面落实了水土保持方案中的各项任务，不仅较好地控制了因工程建设可能引起的水土流失，还对原有的水土流失进行了有效治理，大大提高了项目区的林草植被覆盖程度，改善了生态环境。2005 年 12 月，引黄工程总公司荣获"黄河流域片大型开发建设项目水土保持工作先进单位"光荣称号。2006 年被水利部评为"全国第三批开发建设项目水土保持示范工程"。

3. 水土保持运行评价

该工程运行期间，引黄工程总公司按照运行管理规定，加强对防治责任范围内的各项水土保持设施的管理维护。由公司下设的环境移民处协调开展，水土保持具体工作由环境移民处专人负责，各部门依照公司内部制定的部门工作职责等管理制度，各司其职，从管理制度和程序上保证了运行期内水土保持设施管护工作的开展。

运行期间设置专人负责不定期检查弃渣场的拦挡和排水设施，使其达到安全稳定运行的要求。

万家寨引黄一期工程实行建管合一，引黄工程总公司作为项目法人，既负责工程建设，又负责工程投产后的运行管理。万家寨引黄一期工程水土保持工程也采用与主体工程相同的管理模式，引黄工程总公司环境资源处作为业主职能部门，全面负责万家寨引黄工程水土保持工程的落实和完善，就水土保持工程对项目法人负责。山西省水利水电工程建设监理公司等作为监理单位，根据业主授权和合同规定对承包商施工全过程进行全面的监理管理。

万家寨引黄一期工程全面实行国际招投标工程，引黄工程总公司在工程建设初期就建立了各项规章制度和程序规定：

（1）为了规范合同和财务管理，制定了《招投标管理规定》《万家寨引黄工程合同管理暂行办法》《合同支付管理规定》《财务管理办法和程序》。

（2）为确保水土保持和环境工作的开展和落实，制定了《山西省万家寨引黄工程施工期环保规定》《山西省万家寨引黄工程环境管理手册》等。

（3）为了明确质量责任，确保工程质量，水保工程的实施与主体工程一样实行了业主负责制、招投标制、工程监理制，形成了以"三制"为主的管理体制与机制。

（4）工程监理单位——山西省水利水电工程建设监理公司等制定了《合同管理控制程序》《进度控制程序》《质量控制程序》《投资控制程序》《信息管理控制程序》等制度，规范监理行为。

另外在工程运行期，引黄工程总公司在劳动人事管理、财务管理、经营管理、工程管理、监察与审计、党群工作、文档管理、综合管理等方面建立了齐全的规章制度，规范了工程建设、运行维护和日常管理工作。

总的来说，万家寨引黄工程水土保持管理制度无论是在工程建设期，还是在工程运行期，水土保持工作都有章可循，能确保水土保持工作顺利开展。

万家寨引黄工程实行建管合一，引黄工程总公司既负责工程建设，又负责工程投产后的运行管理，公司组织机构比较合理，职工队伍素质较高，人员配备合理，能满足工程运行管理需要。

（四）效果评价

1. 构建评价指标体系

（1）评价指标的确定。评价指标体系分为3个层次，从上至下分别为目标层、指标层、变量层。其中目标层包含1个指标，即万家寨引黄一期工程水土保持效果。约束层包含4个指标，分别为植被恢复效果、水土保持效果、景观提升效果、安全防护效果。标准层包含10个指标，其中，植被恢复效果包括林草覆盖率、乡土树种比例、郁闭度3个指标；水土保持效果包括表土层厚度、土壤有机质含量、地表硬化率、不同侵蚀强度面积比例4个指标；景观提升效果包括常绿、落叶树种比例1个指标；安全防护效果包括拦渣设施完好率、渣（料）场安全稳定运行情况2个指标。水土保持效果评价体系指标见表4.4-5。

表4.4-5　　　　　　　　　　水土保持效果评价体系指标

目 标 层	指 标 层	变 量 层
山西省万家寨引黄工程水土保持效果	植被恢复效果	林草覆盖率
		乡土树种比例
		郁闭度
	水土保持效果	表土层厚度
		土壤有机质含量
		地表硬化率
		不同侵蚀强度面积比例
	景观提升效果	常绿、落叶树种比例
	安全防护效果	拦渣设施完好率
		渣（料）场安全稳定运行情况

（2）权重计算。根据层次分析法原理，将植被建设评价指标中同类指标（U_i 与 U_j）进行两两比较后对其相对重要性打分，U_{ij} 取值含义见表4.4-6，并采用层次分析法计算各个指标权重，计算结果见表4.4-7。

表 4.4-6 U_{ij} 取值含义

U_{ij} 的取值	含义	U_{ij} 的取值	含义
1	U_i 与 U_j 同样重要	9	U_i 与 U_j 极其重要
3	U_i 与 U_j 稍微重要	2、4、6、8	相邻判断 1~3、3~5、5~7、7~9 的中值
5	U_i 与 U_j 明显重要	$1/U_{ij}$	表示 i 比 j 的不重要程度
7	U_i 与 U_j 相当重要		

表 4.4-7 万家寨引黄一期工程水土保持效果评价体系指标权重

目标层	指标层	指标层权重	变量层	变量层权重	总权重
山西省万家寨引黄工程水土保持效果	植被恢复效果	0.2622	林草覆盖率	0.4545	0.1192
			乡土树种比例	0.0910	0.0238
			郁闭度	0.4545	0.1192
	水土保持效果	0.2622	表土层厚度	0.2286	0.0599
			土壤有机质含量	0.5352	0.1403
			地表硬化率	0.0653	0.0171
			不同侵蚀强度面积比例	0.1709	0.0448
	景观提升效果	0.0544	常绿、落叶树种比例	1.0000	0.0544
	安全防护效果	0.4212	拦渣设施完好率	0.2500	0.1053
			渣场安全稳定运行情况	0.7500	0.3160

采用前面所述的层次分析法，计算各层次、各指标的权重。4 个指标层指标权重由高到低依次为安全防护效果、植被恢复效果、水土保持效果、景观提升效果。其中安全防护效果最为重要，权重为 0.4212，植被恢复效果和水土保持效果权重相当，权重为 0.2622，景观提升效果最低，权重为 0.0544。在安全防护效果指标中，渣场安全稳定运行情况权重较重，拦渣设施完好率权重稍低。植被恢复效果指标中，林草覆盖率和郁闭度权重较重且两者权重分布均匀，乡土树种比例权重较低。水土保持效果指标中土壤有机质含量权重较重，表土层厚度和不同侵蚀强度面积比例权重分布均匀，地表硬化率权重较低。

2. 评价指标获取

研究确定评价指标值获取主要有三种途径，其中林草覆盖率、郁闭度、表土层厚度等指标通过野外调查分析获得；土壤有机质含量通过取土采样实验室分析获得；乡土树种比例、地表硬化率、不同侵蚀强度面积、常绿、落叶树种比例、拦渣设施完好率、渣场安全稳定运行情况等指标是通过查阅相关统计资料、分析研究获得。

(1) 林草覆盖率。研究采用查阅资料和现场调查相结合的方法。通过查阅水土保持方案报告书和水土保持设施验收报告中的林草措施布设情况，结合现场调查，计算项目林草覆盖率。现场调查点共布设 18 个，分别为泵站工程 2 个，交通道路 3 个，施工临建 3 个和弃渣场 10 个。重点对弃渣场采用无人机拍照进行详细调查，并与建设初期对比监测植被恢复效果。

通过对 18 个调查点征地面积和绿化面积进行测算，万家寨引黄一期工程林草覆盖率 29.74%，见表 4.4-8，效果照片见图 4.4-1。

表 4.4-8　　　　　　　万家寨引黄一期工程林草覆盖率统计表

工程区		征地面积/hm²	绿化面积/hm²	林草覆盖率/%	备注
总干线	总干线1级泵站	5.40	2.30	42.59	
	交通道路	10.92	3.17	29.03	
	施工临建	8.20		0.00	全部复耕
	大岔沟弃渣场	13.50	6.12	45.33	
	店湾弃渣场	4.36	3.84	88.07	
	岩头寺弃渣场	2.97	2.73	91.92	
	鸭子坪弃渣场	2.39	1.26	52.72	
南干线	南干线2级泵站	2.80	1.10	39.29	
	交通道路	14.53	3.15	21.68	
	施工临建	3.87		0.00	全部复耕
	龙须沟弃渣场	2.93	1.04	35.49	
	西坪沟弃渣场	4.77	3.25	68.13	
	余庄弃渣场	0.57	0.51	89.47	
	头马营弃渣场	13.10	12.36	94.35	
连接段	交通道路	11.45	2.23	19.48	
	施工临建	45.20		0.00	全部复耕
	龙尾头南弃渣场	3.50	1.42	40.57	
	郝家沟弃渣场	2.74	1.08	39.42	
合计		153.20	45.56	29.74	

（2）乡土树种比例。根据现场调查及查阅相关资料，各泵站枢纽区按园林标准乔、灌、草相结合进行了绿化建设，乔木种类有油松、桧柏、新疆杨、云杉（青扦）、国槐、新疆杨、垂柳、龙爪槐等，灌木主要有柠条、沙棘、红叶小檗、黄刺玫、紫穗槐、金银木、西府海棠、丁香、黄杨球、胶东卫矛、荆条等，草皮主要为黑麦草、老芒麦等，攀缘植物有爬山虎等。公路两旁种植新疆杨、柳树等；弃渣场区乔木有油松、云杉、桧柏、新疆杨、樟子松等，灌木有沙棘、黄刺玫、紫穗槐等。

查阅山西省植被区划等相关资料，经计算得到万家寨引黄一期工程水土保持植物措施的乡土树种比例为 0.90。

（3）郁闭度。研究采用查阅资料和现场调查相结合的方法。现场调查点共布设 15 个，分别为泵站工程 2 个、交通道路 3 个和弃渣场 10 个。

通过对 15 个调查点绿化面积和乔木树冠投影面积进行测算，万家寨引黄一期工程郁闭度为 0.57，见表 4.4-9。

（4）表土层厚度。研究共布设 3 个恢复耕地取样点，分别为总干线、南干线和连接段的施工临建恢复耕地区域，并在附近工程未占用的耕地区域平行布设 3 个对照点，采用现场人工开挖测算方式进行表土层厚度调查，调查结果见表 4.4-10。

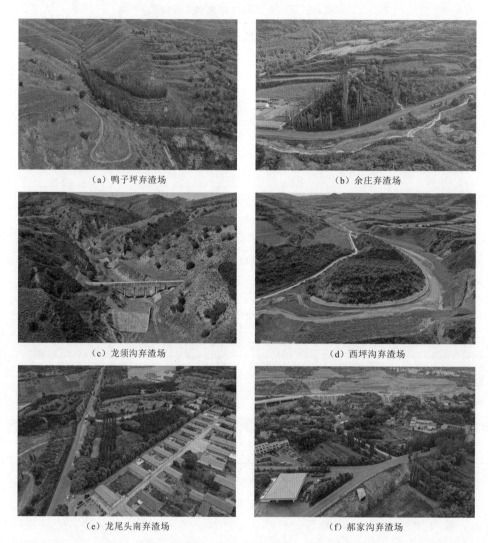

图 4.4-1　工程建设水土保持效果（照片由山西省水利水电勘测设计研究院有限公司提供）

表 4.4-9　　　　　　　　万家寨引黄一期工程郁闭度统计表

工　程　区		绿化面积/hm²	乔木树冠投影面积/hm²	郁闭度
总干线	总干线 1 级泵站	2.30	0.41	0.18
	交通道路	3.17	0.85	0.27
	大岔沟渣场	6.12	4.13	0.67
	店湾渣场	3.84	2.81	0.73
	岩头寺渣场	2.73	2.12	0.78
	鸭子坪渣场	1.26	0.52	0.41

续表

工　程　区		绿化面积 /hm²	乔木树冠投影面积 /hm²	郁闭度
南干线	南干线 2 级泵站	1.10	0.19	0.17
	交通道路	3.15	0.81	0.26
	龙须沟渣场	1.04	0.11	0.11
	西坪沟渣场	3.25	1.56	0.48
	余庄渣场	0.51	0.42	0.82
	头马营渣场	12.36	9.86	0.80
连接段	交通道路	2.23	0.57	0.26
	龙尾头南渣场	1.42	0.85	0.60
	郝家沟渣场	1.08	0.71	0.66
合　计		45.56	25.92	0.57

表 4.4－10　　　　　　　万家寨引黄一期工程表土层厚度调查表

序号	取 样 区 域	表土层厚度/cm	
		恢复耕地取样点	对照点
1	总干线施工临建区	40	40
2	南干线施工临建区	50	52
3	连接段施工临建区	50	50

经调查研究，施工临建区占用耕地区域施工过程中对表层土壤进行了剥离并保护，施工结束后将表层土壤回覆至耕作层。经过近 20 年的耕作，耕作层土壤厚度和对照点已经基本相同。

（5）土壤有机质含量。研究采取现场取土样、实验室测定的方法确定土壤有机质含量，土壤有机质采用重铬酸钾氧化-外加热法进行测定。共布设 12 个取样点，全部取表层土样（0～20cm）进行测定，其中耕地土壤取样点 3 个，林地土壤取样点 8 个。

经测定，万家寨引黄一期工程土壤有机质含量林地土壤为 2.16％～2.43％，耕地土壤为 1.58％～1.81％。测定结果见表 4.4－11。

表 4.4－11　　　　　　　万家寨引黄一期工程土壤有机质含量测定表

序号	取 样 点	地类	土壤有机质含量/％
1	总干线施工临建区	耕地	1.58
2	店湾渣场	林地	2.13
3	岩头寺渣场	林地	2.24
4	南干线施工临建区	耕地	1.63
5	余庄渣场	林地	2.17
6	头马营渣场	林地	2.43
7	连接段施工临建区	耕地	1.81

续表

序号	取 样 点	地类	土壤有机质含量/%
8	龙尾头南渣场	林地	2.35
9	郝家沟渣场	林地	2.16

（6）地表硬化率。研究仅评价泵站工程的地表硬化率。万家寨引黄工程共涉及 5 座泵站，分别为总干线 3 座和南干线 2 座。通过现场调查及查阅相关资料分析，万家寨引黄一期工程泵站工程的地表硬化率为 32.56%，见表 4.4-12。

表 4.4-12　　　　　　万家寨引黄一期工程地表硬化率测定表

工 程 区		征地面积/hm²	地表硬化面积/hm²	地表硬化率/%
总干线	总干线 1 级泵站	5.40	2.18	40.37
	总干线 2 级泵站	36.80	11.53	31.33
	总干线 3 级泵站	24.60	8.13	33.05
南干线	南干线 1 级泵站	6.70	2.15	32.09
	南干线 2 级泵站	2.80	0.85	30.36
合 计		76.30	24.84	32.56

（7）不同侵蚀强度面积比例。万家寨引黄一期工程项目区涉及山西省偏关县、神池县、宁武县、静乐县、娄烦县、古交市和太原市万柏林区，全部位于西北黄土高原区，土壤侵蚀强度以中度和强烈侵蚀为主，不同侵蚀强度（轻度以上）面积的比例为98.00%。

（8）常绿、落叶树种比例。根据现场调查及查阅相关资料，万家寨引黄一期工程水土保持植物措施种植的常绿树种有油松、桧柏、云杉（青扦）、樟子松，落叶树种有新疆杨、垂柳、国槐、龙爪槐、五角枫、金叶榆。经计算常绿、落叶树种比例为 67.00%。

（9）拦渣设施完好率。万家寨引黄一期工程共设 59 个弃渣场，通过查阅设计资料和水土保持验收资料，其中布设拦渣堤、拦渣坝和挡渣墙的弃渣场共计 45 个。研究通过对其中的 24 个弃渣场进行现场调查，发现有 2 个弃渣场的拦渣堤存在损毁现象，分别为大青沟弃渣场拦渣堤损毁长度约 20m，小狗儿洞弃渣场拦渣堤损毁长度约 8m。经现场调查分析，推测损毁原因可能是当地村民在原有堆渣坡面继续堆放建筑垃圾和原有堆渣平台排水不畅形成集中的水流冲刷。经现场调查研究，该工程拦渣设施完好率约 91.60%。

（10）渣（料）场安全稳定运行情况。以岩头寺弃渣场和头马营弃渣场为例，对照弃渣场设计资料和弃渣建成后 20 年河道所经历洪水，判断弃渣场设计阶段的防洪标准是否满足安全稳定运行的要求。

1）弃渣场设计：岩头寺弃渣场位于偏关县老营镇岩头寺村南约 1km 处偏关河一级阶地上，主要堆放总干线 10 号隧洞和总干线 3 级泵站的弃渣。渣场占地面积约 2.97hm²，堆渣量 76.4 万 m³，最大堆渣高度 16m。岩头寺渣场设一级拦渣堤防护，堤顶以上坡面采用浆砌石护坡，渣场顶部进行绿化。根据水文计算，岩头寺偏关河 20 年一遇洪峰流量为

$1123m^3/s$。

头马营弃渣场位于宁武县化北屯乡头马营村东月0.3km处汾河的一级阶地上，主要堆放南干线7号隧洞的弃渣。弃渣场呈阶梯布置，一阶堆渣最大高度2.8m，二阶堆渣高度4.7m，渣场占地面积约$13.1hm^2$，堆渣量68万m^3。渣场临河面设计洪水位以下采用斜墙式防护堤，以上部分及其他临空面采用干砌石贴坡防护，渣场顶部进行绿化。根据水文计算，头马营汾河20年一遇洪峰流量为$747m^3/s$。

2) 水文资料：偏关水文站位于偏关河偏关县城段，控制流域面积$1915km^2$，岩头寺弃渣场位于偏关河水文站上游约30km处，控制流域面积$1025km^2$。

静乐水文站位于汾河静乐县城段，控制流域面积$2799km^2$，头马营弃渣场位于汾河静乐水文站上游约49km处，控制流域面积$383km^2$。

经查询2000—2021年偏关河偏关水文站和汾河静乐水文站的洪水资料，偏关水文站最大流量为$504m^3/s$，静乐水文站最大流量为$1340m^3/s$。查询山西省水文计算手册，偏关站和静乐站10年一遇和20年一遇洪峰流量见表4.4-13。

表4.4-13　　　　　　　　2000—2001年水文站洪水特征表

水系	河名	站名	不同频率设计值的洪峰流量/(m^3/s)	
			5%	10%
黄河	偏关河	偏关水文站	1553	1119
汾河	汾河	静乐水文站	2018	1421

3) 对比分析：经比较可知，偏关水文站和静乐水文站2000—2021年最大洪峰流量均未达到10年一遇设计频率。由此推断，岩头寺弃渣场和头马营弃渣场建成后未经历10年一遇洪水。

两个弃渣场设计阶段均采用20年一遇设计洪水标准，截至2021年，均未经历设计阶段洪水频率。经现场调查发现，两个弃渣场的拦渣堤均完好，满足弃渣场安全稳定运行的要求。

万家寨引黄工程弃渣场设计阶段《水利水电工程水土保持技术规范》(SL 575—2012)还未发布，弃渣场的洪水设计标准参照《防洪标准》(GB 50201—94)中的规定。如果参照《水利水电工程水土保持技术规范》(SL 575—2012)，岩头寺弃渣场和头马营弃渣场的级别均为4级，防洪标准应为20～30年一遇设计，30～50年一遇校核。在弃渣场设计阶段采用的防洪标准为《水利水电工程水土保持技术规范》(SL 575—2012)中的设计标准下限值。

从万家寨引黄一期工程弃渣场安全稳定运行情况看，《水利水电工程水土保持技术规范》(SL 575—2012)中规定的防洪标准基本满足要求。

3. 确定评价标准

评价标准见表4.4-14。

4. 评价结果与分析

采用建立起来的评价体系，对万家寨引黄一期工程水土保持工程实施效果进行评价（表4.4-15）。由评价结果可以看出，评价总分为87.57分，总体上处于优良水平。

表 4.4-14　　　　　　　　　　　评　价　标　准

评价指标内容	变量指标	总体评价（具体数值区间）				
		好	较好	一般	较差	差
植被恢复效果	林草覆盖率/%	≥25	20～25	15～20	10～15	<10
	乡土树种比例	≥0.80	0.60～0.80	0.50～0.60	0.30～0.50	<0.30
	郁闭度	≥0.70	0.40～0.70	0.20～0.40	0.10～0.20	<0.10
水土保持效果	表土层厚度/cm	≥80	50～80	30～50	10～20	<10
	土壤有机质含量/%	≥3	2～3	1～2	0.6～1.0	<0.6
	地表硬化率/%	≤75	75～80	80～85	85～90	>90
	不同侵蚀强度面积比例/%	≥95	85～95	80～85	60～80	<60
景观提升效果	常绿、落叶树种比例/%	≥60	40～50	30～40	20～30	<20
安全防护效果	拦渣设施完好率/%	≥95	90～95	85～90	75～85	<75
	渣（料）场安全稳定运行情况	很稳定（≥90）	稳定（75～90）	基本稳定（60～75）	欠稳定（50～60）	不稳定（<50）

表 4.4-15　　　　　　　万家寨引黄一期工程水土保持效果评价结果

目标层	变量层	变量层权重	总权重	调查值	单项得分
山西省万家寨引黄工程水土保持效果	林草覆盖率	0.4545	0.1192	29.74%	95
	乡土树种比例	0.091	0.0238	0.90	95
	郁闭度	0.4545	0.1192	56.89%	75
	表土层厚度	0.2286	0.0599	40～50cm	70
	土壤有机质含量	0.5352	0.1403	1.5%～2.5%	75
	地表硬化率	0.0653	0.0171	32.56%	100
	不同侵蚀强度面积比例	0.1709	0.0448	98	100
	常绿、落叶树种比例	1	0.0544	67%	95
	拦渣设施完好率	0.25	0.1053	91.60%	85
	渣场安全稳定运行情况	0.75	0.316	稳定	95
	综合得分				87.57

表 4.4-15 中部分水土保持功能指标略高于水土保持设施竣工验收时的监测值，主要是植物措施全面实施后，充分发挥了相应的水土保持功能。表中除郁闭度、表土层厚度、土壤有机质含量指标外，其他指标均达到了优良水准。表土层厚度、土壤有机质含量处于中等偏上水平，主要是由当地的地质条件决定；郁闭度由当地的植被类型和气候气象条件决定。项目区属大陆性季风气候，多年平均气温 5～10℃，多年平均年降水量 402.20～452.50mm。工程区沿线受地形和气候影响，植被分布有明显差异。区内草本植被和灌木占绝对优势，乔木零星分布。该工程区内植被主要为人工栽植混交林，灌木主要有沙棘、胡枝子、虎榛子、柠条、黄刺玫、酸枣和绣线菊等，生长状况良好。草本植被以蒿草为主，广泛分布于工程区内。

四、结论及建议

(一) 评价结论

万家寨引黄工程总公司按照水土保持方案要求开展水土流失防治工作,完成了水土保持方案确定的各项防治任务,水土保持设施发挥了较好的保护水土资源、改善生态环境的作用,对我国大型水利工程水土保持方案的实施、管理具有很好的借鉴作用。2005年12月,引黄工程总公司荣获"黄河流域片大型开发建设项目水土保持工作先进单位"光荣称号。2006年被水利部评为"全国第三批开发建设项目水土保持示范工程"。

(二) 主要经验教训

1. 依法编报方案,注重后续设计,落实防治资金

引黄工程总公司于1997年4月委托有关单位开始编制该工程水土保持方案,按照基本建设程序落实各项防治资金,并在建设过程中进行水土保持工程招标设计和施工图设计,做到了主体设计优化与水土保持优化相结合,减少了扰动范围,各项防治措施切实可行,有效地防治了建设活动造成的水土流失。

2. 健全组织机构,完善管理体系

引黄工程总公司成立了环境移民处,负责水土保持项目的实施、监督和管理。将水土保持工程纳入主体工程管理体系,采取单独招投标和合同管理,分工明确,责任到人,确保了水土保持工程的全面实施。

3. 突出渣场治理

引黄工程弃渣量为937.38万m^3,从2001年起至2005年,对52个弃渣场分5批进行了治理,采取了挡渣墙、拦渣坝、拦渣堤等形式对弃渣进行拦护,拦渣率达到98.8%。同时对弃渣场分区分段确定绿化标准,完成渣场绿化面积124.33hm^2,占全部堆渣面积的62.40%。

4. 施工技术先进

优化施工布置、工序和方法,严格控制施工扰动面积。水土保持方案中的防治责任范围为2202.38hm^2,工程建设期间实际扰动面积仅为1108.05hm^2。施工采用TBM等现代化机械设备,缩短了地面扰动和弃土弃渣临时堆存时间,使裸露地面以最快速度进行平整、清理、覆土和植被恢复,避免了施工期的大量水土流失。

5. 设立环境监理制度及国际环境咨询专家组

环境监理制度于1997年5月开始实行,水土保持工作内容包括:①检查弃渣堆放位置是否符合工程设计,护坡、护坝工程是否合格;②检查地面开挖以备回填用的土方堆放是否规划整齐,周围是否有防止雨水冲刷的护堰;③借地使用完后,监督承包商及时拆除临时建筑物,清理干净施工垃圾,进行复耕和恢复植被;④移民生产安置是否有陡坡开荒、乱砍滥伐树木、破坏生态、增加水土流失的行为。

此外,引黄工程总公司于1997年9月聘请了7名国内外环境移民咨询专家,定期对工程的环境管理工作和施工现场环境状况进行咨询检查并提出改进建议。

(三) 建议

(1) 应重视水土保持方案编制和水土保持设计工作。大型引水工程线路长,占地面积大,沿线地形地貌复杂多样,弃渣场数量多而且比较分散,必须重视水土保持方案编制和

水土保持设计工作，对施工过程中可能造成的水土流失区域及危害性进行预测，并采取针对性措施。

（2）应加强水土保持措施的运行维护管理。项目弃渣场的拦挡和排水措施经过多年运行，有少部分已经损坏，丧失了水土保持功能，造成了项目区新的水土流失。针对大型引水工程线路长，弃渣场多的特点，定期对水土保持措施巡检和检查很有必要，发现问题及时处理，防止水土流失危害进一步发展。

案例 5　南水北调东线第一期工程三阳河、潼河、宝应站工程

一、项目概况

南水北调工程是我国水资源配置"三纵四横"格局的重要组成部分，是缓解我国北方地区水资源严重短缺问题的重大战略性举措之一。其中三阳河、潼河、宝应站工程是南水北调东线第一期工程的重要组成部分，工程位于江苏省扬州市的高邮市、宝应县境内里下河地区，总投资 9.18 亿元。

工程由三阳河工程、潼河工程、宝应站工程三个部分组成，宝应站与江都水利枢纽共同组成南水北调东线工程第一级抽江泵站。三阳河、潼河是保证宝应站北调水源的站下输水河道。本期工程新建、扩建三阳河 29.95km，新建潼河 15.5km（包括宝应泵站枢纽段 1.2km），设计规模底宽 30m，底高程 -3.50 m，按输水能力 $100\text{m}^3/\text{s}$ 平地开挖。宝应站一期工程是南水北调第一梯级泵站，设计规模 $100\text{m}^3/\text{s}$，由宝应站泵站、下游清污机桥、灌溉涵洞、扬淮公路桥、110/10kV 变电所和管理设施等组成。泵站共装 4 台套立轴导叶式混流泵（单机设计流量 $33.4\text{m}^3/\text{s}$，其中 1 台为备机），采用液压中置式调节机构，配 4 台功率 3400kW 立式同步电动机。泵站采用肘形进水流道、虹吸式出水流道，真空破坏阀断流。

（一）工程任务及规模

三阳河、潼河、宝应站工程是一个以送水为主，结合排涝、航运等多功能的综合利用河道。

送水功能是三阳河、潼河、宝应站工程的主要任务。该工程是东线工程的一个重要组成部分，是增加抽引水能力、向北输送水的关键工程。利用三阳河、潼河将江水输送至宝应站，用于北调，以逐步解决北方地区的缺水情势。工程实施后将增加 $100\text{m}^3/\text{s}$ 的抽江规模，使南水北调东线第一期工程抽江规模达到 $500\text{m}^3/\text{s}$，多年平均年抽江水量达到 89.37 亿 m^3；二期工程扩大后，保证宝应站北调抽水 $200\text{m}^3/\text{s}$，河道也可结合向北通过大三王河等河道为沿运河、沿灌溉总渠的水源调整地区提供水源。

利用宝应站的排涝功能，可提高里下河地区的防洪除涝标准，该工程的实施可改善里下河地区的航运条件，通过增引水量，提供较大的水环境容量，改善里下河地区水质。

工程等别为 Ⅰ 等。宝应站枢纽站身、上游翼墙、上游堤防等主要建筑物等级为 1 级，下游翼墙、路堤墙等次要建筑物为 3 级；由于灌溉涵洞亦位于大运河堤防上，确定为 1 级建筑物；公路桥根据该路段的公路等级确定为 2 级。

三阳河、潼河河道工程为 2 级，跨河桥梁工程采用与之连接的公路的相应等级，潼河

沿线控制建筑物工程为 4 级，其他影响工程均按照农田水利工程标准确定。

（二）项目实施

南水北调东线第一期工程三阳河、潼河、宝应站工程项目管理机构如下：

（1）建设单位：江苏省南水北调宝应站工程建设处、江苏省南水北调三阳河潼河宝应站工程扬州市建设处。

（2）设计单位：江苏省水利勘测设计研究院有限公司、扬州市勘测设计研究院有限公司。

（3）施工单位：扬州水利建筑工程有限责任公司、山东省水利疏浚工程处、江苏省水利建设工程有限公司、淮阴水利建设集团有限公司、浙江省正邦水电建设有限公司、南京市水利建筑工程总公司、江都市水电建筑安装工程总公司、高邮市水利建筑安装工程总公司。

（4）监理单位：江苏省苏源工程建设监理中心、江苏河海工程建设监理有限公司、南京江宏监理咨询有限责任公司、上海宏波工程监理有限公司、盐城市河海工程建设监理中心有限公司等。

江苏省建设局作为建设期项目法人，负责工程建设管理工作。江苏省建设局以"苏调水建〔2002〕1 号"文批复成立江苏省南水北调三阳河潼河宝应站扬州市建设处（以下简称"扬州市建设处"），扬州市建设处下设综合科、征迁科、工务科、财务科等职能部门，具体负责全线征地拆迁、河道工程、桥梁工程、影响工程及水土保持工程的组织实施和建设管理工作。扬州市建设处以扬调水建〔2003〕1 号、2 号文批复成立"扬州市南水北调三阳河潼河宝应站工程高邮市、宝应县建设处"，作为项目法人现场管理机构，主要负责相应市（县）境内的征地拆迁、影响工程的实施，并配合河道、桥梁工程的建设。

为了加强对南水北调工程三阳河潼河工程的组织领导，扬州市政府以"扬府设〔2003〕16 号"文成立了"扬州市南水北调工程建设领导小组"统一负责建设管理协调工作。由扬州市市长担任组长，市政府副市长担任副组长，成员由市政府办、市发展改革委、市水利局、市财政局、市土地局、市公安局、市交通局、市供电局、市广电局、市电信局等单位及相关县、市的县（市）长组成，分别负责解决工程涉及的相关问题。

该工程于 2002 年 12 月 27 日开工建设，2005 年 6 月 30 日完工，工程建设历时 2 年半，比计划工期提前半年。

（三）工程投资

南水北调东线第一期工程三阳河、潼河、宝应站水土保持工程实行单独招投标，并与施工单位签订了正式合同。

水土保持措施的价款结算严格按南水北调三阳河潼河宝应站工程财务管理规定执行。在工程款的拨付上，严格按照招标文件、施工合同、工程进度和实际完成的工程量计算，先由施工单位编报支付清单，再由监理工程师逐项审核，由总监签发支付证书，最后经建设处负责人审批支付。

该工程水土保持工程部分单独施工，部分与主体工程同时施工，勘测设计、水土保持监测、监理和验收技术服务合同采取了委托方式。水土保持工程涉及合同共 15 项，都签订了正式合同。

该工程水土保持临时工程随主体工程同步进行,投资主要集中在2004年和2005年。在进行分部工程验收的基础上,按合同金额拨付工程款。

该工程实际完成水土保持投资2455.26万元。

(四)项目运行及效益现状

建设单位在三阳河、潼河、宝应站建设及运行期均成立了水土保持管理机构,并结合工程实际,配备专职人员,具体负责水土保持工作,制定了有关管理规定和处罚措施,做到分工明确,责任到人。

2005年6月30日工程运营后,已安全度过18个汛期,三阳河、潼河、宝应站各主要建筑物运行正常,均经受了较长时段、较高水位的运行考验,取得了较好的防洪、减淤、供水、灌溉及生态环境效益等。

二、项目区概况

(一)地貌及地质

里下河地区是里下河平原、滨海平原以及黄河三角洲平原和长江三角洲平原的一部分,按自然地理条件分为腹部地区和沿海垦区两大片。三阳河、潼河、宝应站工程位于里下河腹部地区的西部,地貌类型为沼泽洼地平原,沿线地形比较平坦,局部低洼,地面高程为1.50~5.00m,其中三阳河宜陵至三垛高程为5.00~3.00m,南高北低;三垛至杜巷高程为3.00~1.50m,两端高,中间低,中间穿越原官垛荡区段高程仅为1.50m左右,河道两侧地形西高东低,西部高程为3.00~4.00m,东部为2.00~3.00m。潼河杜巷至京杭大运河东大堤高程为2.70~4.20m,两侧地形南侧略高,北侧略低。

三阳河老河道桩号32+700(六安河)~31+500二段河道狭窄,河面宽仅10~20m,且有水草分布,河道两侧多为鱼塘、藕塘。桩号31+500~15+600二段(三垛)老河道呈不规则状,河面宽40m左右,河道两侧大堤内多分布沟、塘、农田,堤外多为鱼塘。杜巷至六安河为三阳河新开河道,其中,桩号45+554(杜巷)~36+600二段主要为农田,桩号36+600~32+700二段为沼泽洼地,现为鱼塘、藕塘。潼河为新开河道,沿线沟、塘纵横,村庄局部密集。区内河流纵横交错、水运交通四通八达。沿输水干线有多条河流相交,河道两侧多洼地。地貌单元为平地,地形坡度小于1/6000。

(二)土壤、植被

里下河地区土壤以陆相河流冲积和湖相沉积为主,部分属海相沉积。该区土壤类别为水稻土和湖沼泽土壤,土地有机质含量较高,土壤肥沃,适宜水稻、小麦和油菜的种植。

工程所在区域属亚热带气候区,植被资源丰富,树木种类繁多。该区林木植被类型属于落叶与常绿阔叶混交林类型,林木资源主要有柳、刺槐、榆、杨、柏、泡桐、水杉、意杨、池杉等树种,以及杏、李、桃、枣、柿、银杏、毛栗、核桃、葡萄等经济果树,基本为人工栽培的农田林网、圩堤和滩地造林以及四旁植树。草类以自然生长的茅草为主。工程区垦殖系数高,主要为农业植被,主要作物有水稻、小麦、油菜、棉花、花生、蔬菜等植物。低洼地区为湿地,分布柴蒲、莲藕、菱角等水生植物。

(三)气象、水文

工程地处淮河下游的里下河腹部地区,具有寒暑变化显著、四季分明的气候特征,属亚热带季风气候区,影响该地区气候的大气环流是季风环流,冬季盛行来自高纬度大陆内部的偏北风,气候寒冷干燥;夏季盛行来自低纬度太平洋的偏南风,气候炎热多雨。年平均气温为 14～16℃,最高气温 38℃,最低气温-14℃,无霜期 220～240d,多年平均年日照时数 2239h,多年平均年蒸发量 1060mm,多年平均年降水量 1036.7mm,降雨年际差异较大,最大 1858.9mm(1991 年),最小 478mm(1978 年),最大 24h 降雨量 190mm(宝应站),且受海洋性季风影响,梅雨、台风等自然灾害频频发生,降雨年内季节间分配也不均匀,6—9 月降雨占全年雨量的 60%～70%,经常出现先旱后涝,旱涝急转,旱涝交替的天气形势。

工程区沿线水位代表站以宜陵、三垛、临泽水位为主。主要控制站特征值:宜陵站年均水位 1.30m,最高水位 3.39m(1991 年),最低水位 0.08m(1982 年);三垛站年均水位 1.28m,最高水位 3.46m(1991 年),最低水位 0.61m(1979 年);临泽站年均水位 1.19m,最高水位 3.38m(1991 年),最低水位 0.57m(1978 年)。

工程所在的里下河腹部平原水网地区,属淮河水系,南部与长江水系相衔接。工程引水时,通过新通扬运河和泰州引江河引长江水,在宜陵附近送入三阳河、潼河,经宝应站抽入里运河,与江都站抽来的水汇合北送。工程排水时,三阳河、潼河汇集里下河西南部地区的涝水,经江都站、宝应站抽排入里运河,最终汇入长江。工程辐射地区主要河流有北澄子河、东平河、横泾河、六安河、子婴河和老潼河等,这些河道一般都具有灌溉、排涝、航运的综合利用功能。

三阳河、潼河的水源地夹江、泰州引江河目前的现状水质一般为Ⅱ～Ⅲ类,以Ⅱ类为主;夹江与泰州引江河之间的新通扬运河一般也为Ⅱ～Ⅲ类;里运河一般为Ⅱ～Ⅲ类,以Ⅱ类为主,总体水质良好。现状三阳河引江时水质一般为Ⅱ～Ⅲ类,其他时间一般为Ⅲ类。

(四) 水土流失及水土保持

南水北调东线第一期工程三阳河、潼河、宝应站工程项目建设区占地面积为 1030.30hm²,工程建设期间扰动地表面积 965.94hm²,建设产生弃渣共计 1128 万 m³。建设期间采取了水土保持工程措施、植物措施及临时防护措施,使建设期水土流失得到了有效控制。

水土流失主要集中于建设期,由于河道开挖、基坑开挖、灌溉涵洞开挖、修筑圩堤等建设施工过程,开挖扰动地表,改变原地貌,破坏地表植被,产生新增水土流失。工程水土流失类型以水力侵蚀为主。工程建设产生的水土流失危害主要有以下几个方面:

(1) 工程建设涉及施工场地范围大,作业类别多,建设周期长,不可避免造成水土流失。

(2) 虽地处平原地带,但由于工程建设扰动原地貌,破坏土地和植被面积大,在整个项目范围内形成大面积的裸露地表,破坏了原有的水土保持功能,导致降水直接冲刷土壤,加剧了水土流失。

(3) 遇强度较大的降水时,堤顶、青坎、堤坡、河坡产生集中径流,在水力和重力复合侵蚀下,沿坡面产生面蚀、沟蚀,严重时发生陷穴、坍塌,削弱堤身、冲淤河道,必将影响圩堤的稳定安全和输水效益的发挥。

(4) 大面积开挖和大量的弃土,大量裸露开挖面及松散堆积体如不采取措施,在雨水的冲击下，泥沙将不断进入河道，从而淤积河道。

项目区位于里下河平原地区，在江苏省人民政府《关于划分水土流失重点防治区和平原沙土区的通知》（苏政〔1999〕54 号）划定的范围以外，项目区地势平缓，主要为耕地、林地、水塘、鱼塘、藕塘、沟塘等，植被丰富，覆盖率达 90％以上。多年来，项目区内各县、乡（镇）通过耕作保土、植树造林等措施，水土流失基本得到治理。除村庄、道路和堤防、沟塘边坡有零星分布的水土流失外，其他基本无水土流失。

项目区范围内，土壤平均侵蚀模数约为 $200t/(km^2 \cdot a)$，属微度水力侵蚀。

三、工程建设目标

通过科学的管理，将水土保持措施全面落实，水土保持工程质量优良，水土保持投资合理，水土流失得到有效控制，水土保持六项防治目标均达到水土保持方案确定的防治指标值，项目区生态环境得到明显改善，实现"一流工程、一流环境"的目标。

四、水土保持实施过程

（一）水土保持方案编制与报批情况

江苏省水利厅委托江苏省水利勘测设计研究院承担《南水北调东线第一期工程三阳河、潼河、宝应站工程水土保持方案报告书》（以下简称《报告书》）编制工作，2002 年 10 月 11 日，受水利部委托，水规总院在北京召开了《报告书》审查会议。会后，江苏省水利勘测设计研究院对《报告书》进行了修改、补充。水利部以"水保〔2003〕213 号"文对《报告书》进行了批复。

（二）水土保持设计

根据《南水北调东线第一期工程三阳河、潼河、宝应站工程可行性研究报告》的审查和评估意见，由江苏省水利勘测设计研究院负责、扬州市勘测设计研究院配合，于 2002 年 11 月编制完成了《南水北调东线第一期工程三阳河、潼河、宝应站工程初步设计》。2003 年 2 月 10 日，水利部以《关于南水北调东线第一期工程三阳河、潼河、宝应站工程初步设计的批复》（水总〔2003〕40 号）批复了初步设计，批复水土保持概算 1567 万元。

在工程建设过程中，由于主体工程的设计变更，对水土保持设计方案进行了优化调整，江苏省南水北调三阳河潼河宝应站工程建设局（以下简称"省建设局"）委托江苏省水利勘测设计研究院有限公司编写了《三阳河、潼河、宝应站工程水土保持方案修正设计报告书》，对原初步设计及概算进行了调整和修正。2007 年 4 月 20 日，省建设局以"苏调水建〔2007〕1 号"文《关于南水北调东线一期工程三阳河潼河宝应站工程水土保持修正设计及概算的通知》批复工程概算投资 2663.72 万元。

（三）运行期水土流失防治责任范围

主体工程建设完成后，工程临时占地、移民安置区治理后移交地方管理。因此运行期水土流失防治责任范围为 $934.58hm^2$，见表 4.5-1。

（四）水土保持措施设计

1. 水土保持方案措施设计

主体工程中已设计河坡护砌、河道直立墙、青坎排水系统、弃土区排水系统、施工道路硬化两侧做排水沟等工程。水土保持方案根据水土流失防治责任范围内的地貌类型、主体工程布局、施工工艺以及水土流失特点等，分别确定了各区的防治重点和措施配置；并根据各防治区施工活动可能引发水土流失的情况，在主体已有的水土保持措施的基础上，以植物措施为主，与主体中水土保持措施相结合全过程防治水土流失。

表 4.5-1   运行期水土流失防治责任范围表

区　域	项目名称	防治责任范围	面积/hm^2
项目建设区	三阳河	圩堤	19.87
		东青坎	44.88
		西青坎	8.38
		河道	227.58
		弃土区	219.32
		施工道路	18.67
		小计	538.70
	潼河	圩堤	22.24
		南青坎	7.15
		北青坎	14.34
		河道	121.72
		弃土区	118.63
		施工道路	8.40
		三中沟	25.42
		丰收北干渠	32.61
		小计	350.51
	宝应站	上、下游引河开挖	25.42
		主体基坑开挖区	9.83
		灌溉涵洞开挖	3.64
		管理所用地	6.48
		小计	45.37
合　计			934.58

（1）主体工程已设计的水土保持措施。

1）河坡护砌。三垛镇段（桩号 15+600～17+200）河坡左右两侧，三阳河（桩号 17+200～24+650）河坡右侧河坡护砌。上限至青坎，下限高程：三垛镇区段为 0.50m，三阳河（桩号 16+125～24+650）为 0.00m，三阳河、潼河连接处为－3.50m。护砌型式为：0.3m 厚干砌石，下垫 0.1m 厚碎石和 0.1m 厚砂层，顶部为 0.4m×0.6m 浆砌石盖顶，底设 0.6m×0.8m 浆砌石齿坎，水平方向每 50m 设一道 0.4m×0.6m 浆砌石横向格埝。三阳河、潼河连接处，护砌范围从河底至青坎，另在－0.5m 处设一道 0.4m×0.6m 浆砌石腰埝。

2）河道直立墙。三阳河、潼河沿线三垛镇、司徒镇、临泽镇和宝应氾水夏集镇共设 4 段河道直立墙，除三垛镇、宝应氾水夏集各 100m 外，其余每段长 70m，共计 340m。直立墙设计采用浆砌块石挡墙的型式，墙顶高程 3.00m，底板顶面高程－1.50m，齿坎底高程为－2.60m，底板厚0.6m，宽4.0m，盖顶为0.5m×0.6m，底板和盖顶混凝土标号为C20。

3）青坎排水系统。青坎地面做成"倒流水"坡（河口高于堤脚，比降1‰），避免泥沙直接排入河道，在内堤脚外设置与大堤轴线平行的纵向截水沟，汇集青坎及堤坡雨水，截水沟断面为：底宽0.5m，深0.5m，边坡为1∶1。每隔100m设置一道垂直河道轴线的横向导流沟及河坡导流槽，将水排入河道，设计断面均为：底宽0.5m，深0.5m，边坡1∶1。截水沟、导流沟及河坡导流槽采用现浇混凝土护砌，护砌厚度为15cm，下垫土工布（350g/m²）。

4）弃土区排水系统。弃土区顶面做成比降1‰的坡（迎水侧低于背水侧），在弃土区迎水侧设置截水沟，设计断面均为：底宽0.5m，高0.5m，边坡1∶1。在弃土区迎水坡坡面每隔100m设置与河线垂直的横向导流沟，将水排入青坎上的截水沟，设计断面均为：底宽0.5m，深0.5m，边坡1∶1。导流沟采用现浇混凝土护砌，护砌厚度为15cm，下垫土工布（350g/m²）。

5）施工道路硬化。施工道路在施工结束后作为管理通道，采用泥结石路（5cm砂石路面，15cm碎石路基），两侧布设排水沟，满足水土流失防治的要求。

6）宝应站工程。宝应站中、上、下游与翼墙连接段平台以下河坡浆砌块石护坡。护砌标准：35cm浆砌块石、10cm石子、10cm黄砂垫层。

（2）水土保持方案新增的水土保持措施。

1）三阳河、潼河防治区水土保持措施设计。三阳河防治区主要包括圩堤防治分区、河道防治分区、青坎防治分区、弃土区防治分区、道路防治分区。

三阳河、潼河防治区水土保持措施包括：圩堤顶撒播狗牙根草籽防护，坡顶、坡脚各植一排杞柳；河坡水位以上1m范围内坡面采用栽植香根草防护，其余为铺植狗牙根草皮防护，两侧河口线各植一排杞柳；东、西青坎采取撒播狗牙根草籽防护，沿河线方向间隔种植一排垂柳、桃树、紫叶李；弃土区坡面撒播狗牙根草籽防护，坡顶、坡脚各植一排杞柳，顶面栽种意杨形成防护林带；道路两侧选用意杨及杞柳绿化；潼河防治区三中沟、丰收北干渠水位以上坡面及圩堤采用撒播狗牙根草籽防护，两侧河口线各植一排杞柳。

2）宝应站工程防治区水土保持措施设计。上、下游引河迎水坡采用铺植狗牙根草皮防护，平台撒播狗牙根草籽防护，坡顶、坡脚种植意杨及杞柳；站身4个翼墙后平台分别建立组团绿化，以草坪为主，孤植乔木，道路两侧修建绿化带、空地种植草皮；管理区采取道路绿化、组团绿化和建筑物周围绿化及中心广场草坪绿化等；施工临时占用地为耕地，施工期场地表面硬化，设置排水系统，建筑材料堆场采取临时防护措施。在工程完工后，由施工单位清理施工场地并复耕。

3）桥梁防治区水土保持措施设计。桥梁接线段采取植物措施，道路坡面采用狗牙根草坡防护，两侧种植景观树木。

4）移民安置防治区水土保持措施设计。集中安置的居民点共6个，分为6个二级防治区，采取的主要措施为建筑空地铺植草坪，道路两侧种植行道树。草坪草选用马蹄金，行道树选用柳树、紫叶李、龙柏、腊梅等景观树木。

水土保持方案中水土保持措施设计主要工程量见4.5-2。

表 4.5-2　　　　　水土保持方案中水土保持措施设计主要工程量统计

防治措施	工程量					
	三阳河防治区	潼河防治区	宝应站防治区	桥梁防治区	移民安置防治区	合计
铺植狗牙根草皮/m²	175075	191885	13900	46000		426860
撒播狗牙根/m²	1605009	1476324	112482			3193815
栽植香根草/m²	63000	31500	2520			97020
铺植马蹄金草皮/m²			16420		30000	46420
栽植意杨/株	190707	85807	5800			282314
栽植杞柳/株	210000	168000	6460			384460
栽植垂柳/株	4200	2100	1000		1200	8500
栽植桃树/株	4200	2100	1000		1200	8500
栽植紫叶李/株	4200	2100	1000	2300	1200	10800
栽植龙柏/株			1000	2300	1200	4500
栽植腊梅/株			1000	2300	1200	4500
栽植雪松/株			50			50

2. 水土保持修正设计（初步设计阶段）

（1）主体工程设计变更情况。

1）河道工程。三阳河桩号 15+600～16+000 段，施工方案及时进行了调整；三阳河河道穿越高邮市三垛镇和司徒镇后，原有的交通道路及其他基础设施被切断，进行了设计变更；三阳河开挖施工过程中增加了周巷镇二里大沟直立墙和临泽镇临川河驳岸，并对二里大沟支河进行裁弯取直及拉坡处理；三阳河桩号 15+679～24+650 段河道护坡型式由初步设计的干砌块石变更为预制块混凝土护坡，其中 400m 变更为生态护坡试验段；初步设计时河道工程弃土区、青坎排水工程为现浇混凝土结构，施工图阶段更改为预制混凝土结构，同时在弃土区与管理通道间增设 U 形排水沟；为便于管理人员对河道工程直接巡查管理，在河道沿线青坎上设置一条巡查便道；丰收北干渠穿京沪高速潼河大桥时进行了设计变更，由原来的浆砌块石直立墙改为 C25 钢筋混凝土 U 形槽结构；三阳河潼河宝应站工程河道工程下设三阳河、潼河两管理所，在三阳河段堆土区背侧和潼河段丰收北干渠堤顶建立了管理通道，对路基及路面进行了设计修改。

2）跨河桥梁工程。初步设计批复沿线跨河桥梁共 24 座，高兴东公路桥、京沪高速潼河大桥已由交通运输部门提前实施，施工阶段古荡河生产桥与二里大沟生产桥合并建成二里大沟公路桥，桥梁实际数量为 21 座；跨河桥梁中的界临沙公路桥和马横公路桥，根据地方政府公路规划，按二级公路标准进行了设计变更；部分跨河桥梁接线（王庄生产桥、官垛生产桥、任庄生产桥）初步设计时未考虑与地方道路衔接，施工过程中进行了设计变更。

3）沿线影响工程。

高邮市影响工程：影响建筑物工程原初步设计圩口闸 41 座，泵站 22 座，涵洞 1 座，实际实施圩口闸 11 座, 涵洞 2 座, 泵站 4 座, 站涵结合泵站 2 座, 站闸结合泵站 16 座; 桥梁 (闸) 工程原初步设计批复数量 18 座, 实际建设的顺河桥梁 (闸) 调整为 13 座。

宝应影响工程: 顺河三横北套闸原初步设计闸室墙结构为墙砌块石, 招标和施工图采用现浇混凝土结构墙身; 初步设计批复的老潼河节制闸和老潼河地涵以及河道整治, 通过优化设计两座建筑物合建为二横河节制闸; 提办宝应县运西河排涝应急工程。

(2) 水土保持修正设计。

在工程建设过程中, 由于主体工程设计变更, 根据不同工程段的实际情况对水土保持措施进行了相应的修正。

1) 因主体工程局部设计修改, 增加绿化范围。为了提高河道整体效果, 便于工程管理, 主体工程对三阳河西侧河口线进行适当整理, 使西侧河口线顺直美观, 并在河口西侧增加修筑圩堤, 明确河道范围, 因工程的扩大, 增加了水土保持工程的范围。

2) 结合沿线小城镇建设规划, 镇区段绿化范围适当外延, 增加景观设计。整个河道穿过三垛、司徒和临泽三个小城镇, 将河道绿化与小城镇建设规划相结合, 把河道的绿化范围适当向外延伸, 增加镇区的景观绿化。

3) 调整草皮种类, 降低后期林草管理养护费用。在弃土区的迎水坡和背水坡, 原设计中只种植了狗牙根。通过对泰州引江河的考察, 狗牙根虽在短期内能达到水土保持的效果, 但多年后狗牙根对土壤养分的需求, 造成土壤肥力退化较快, 管理养护费用较高, 且冬天枯死易燃, 易导致一定的经济损失。白三叶属豆科, 多年生, 常绿, 匍匐茎, 蔓延快, 耐贫瘠, 为降低后期管理养护费用, 搭配季节色相, 改种狗牙根为白三叶。

4) 优化调整林木种类和栽植方式, 减少病虫害发生。原设计中, 三阳河、潼河防治区在弃土区上仅栽植了意杨, 以及少量狗牙根。由于意杨病虫害较多, 单一的苗木品种, 且数量巨大, 一旦受到病害的袭击, 必造成病虫害的大暴发, 难以得到控制。根据周边河道水土保持工程的实施经验, 每隔 800m 左右设立 100m 隔离带, 栽植嫁接银杏进行隔离, 以防止病虫害的传播。意杨 8 年后成材, 成熟期的大量采收砍伐, 不但会造成景观上的缺乏, 且采伐之后的空地闲置, 又将造成水土的流失。所以顶部在栽植意杨的同时, 两边栽植两排多样性的树种如栾树、千头椿、合欢, 有利于病虫害的控制, 在砍伐意杨后不至于造成水土流失, 可以提高河道景观效果。

5) 调整林草防护措施, 增强弃土保持防护功能。原设计中三阳河 Ⅰ～Ⅵ 标, 在弃土区上仅栽植了意杨, 以及少量狗牙根。根据勘测发现, 该段弃土区的土质是砂土, 其稳固性不强, 因此为防止雨水冲刷, 特别增加了顶部绿化防护。在顶部种植了意杨、栾树、合欢、千头椿和银杏的同时, 在整个顶部撒播白三叶, 取代了原设计中的狗牙根, 并在迎水坡和背水坡增加了灌木, 以更好地固土, 防止水土流失, 在较短的时间里达到一定的水土保持效果。

6) 因地制宜, 选择合适树种建设清水廊道, 提高河道景观效果。在弃土区的边缘分别种植了合欢、栾树、千头椿等经济速生树种, 增加河道的景观效果。同时在迎水坡和背水坡种植根系多而深等特性的云南黄馨、连翘等灌木, 有效防止水土流失, 又增强了景观效果。

水土保持修正设计情况见表 4.5-3。水土保持修正设计主要工程量见表 4.5-4。

表 4.5-3　　　　　　　　　　　　　水土保持修正设计情况表

区段	防治分区	原初步设计	修正设计	修正原因
三阳河 沙质壤土区	圩堤防治分区	圩堤顶种植狗牙根，坡顶、坡脚各种植一排杞柳。坡面种植狗牙根	圩堤坡顶种植两排意杨	
	河道防治分区	河道水位以上1m范围内坡面种植香根草，其余为狗牙根	河坡水位以上1m范围内坡面采用栽植鸢尾进行防护	香根草、狗牙根冬季枯死，易燃
	青坎防治分区	东、西青坎种植狗牙根。沿河线间隔种植一排垂柳、桃树、紫叶李	沿河线种植一排垂柳、碧桃、紫薇。内侧种植两排紫叶李、丝兰、碧桃、夹竹桃、木槿	达到水土保持、美化景观的目的
	弃土区防治分区	坡面种植狗牙根。坡顶、坡脚各种植一排杞柳。顶面种植意杨	坡面撒播白三叶草，坡顶、坡腰和坡脚各植一排云南黄馨，顶面栽种意杨、银杏、合欢、千头椿、栾树。每隔800m以100m的银杏隔离	种植经济速生树种，实现"以绿养绿"。采用银杏进行间隔，形成防护林，有利于防止意杨的虫害，并达到水土保持、美化景观的目的
	道路防治分区	行道树为意杨	行道树为意杨	
三阳河 黏土区	圩堤防治分区	圩堤顶种植狗牙根，坡顶、坡脚各种植一排杞柳。坡面种植狗牙根	圩堤坡顶种植两排意杨	
	河道防治分区	河坡水位以上1m范围内种植香根草，其余种植狗牙根	未进行苗木栽植	该段青坎高程过低，不适宜种植植物
	青坎防治分区	东、西青坎种植狗牙根。沿河线间隔种植一排垂柳、桃树、紫叶李	沿河一线种植一排垂柳；内侧种植白蜡树、落羽杉、榔榆、乌桕	青坎高程较低，距离较宽。原设计苗木不耐水湿，应种植耐水湿植物，达到水土保持的目的
	弃土区防治分区	坡面种植狗牙根。坡顶、坡脚各种植一排杞柳。顶面种植意杨	顶面种植意杨，边缘种植栾树、千头椿、合欢，每隔800m以100m的银杏隔离。坡面撒播白三叶。坡顶、坡脚种植云南黄馨、连翘。青坎上选用鸢尾、花菖蒲、白蜡条	种植经济速生树种，实现"以绿养绿"。采用银杏进行间隔，形成防护林，防止意杨产生虫害，并达到水土保持、美化景观的目的。水位变化区，选用耐水湿苗木进行栽植，并美化景观
	道路防治分区	行道树为意杨	行道树为意杨	
潼河	圩堤防治分区	圩堤顶种植狗牙根，坡顶、坡脚各种植一排杞柳。坡面种植狗牙根	圩堤坡顶种植两排意杨	
	河道防治分区	河坡水位以上1m范围内坡面种植香根草，其余为狗牙根，两侧河口线各种植一排杞柳	从青坎往下3m范围内，坡面采用栽植鸢尾、花菖蒲和杞柳进行防护	香根草、狗牙根冬季枯死，易燃。水位变化区选用耐水湿植物

区段	防治分区	原初步设计	修正设计	修正原因
潼河	青坎防治分区	东、西青坎种植狗牙根。沿河线间隔种植一排垂柳、桃树、紫叶李	潼河青坎高程在3.00m以上，沿河一线选用垂柳与碧桃（或3株丝兰）间隔种植；人行通道两侧各种植一排法青、石楠、夹竹桃、火棘	做好水土保持，防止水土流失。增加景观效果，达到美化目的
	弃土区防治分区	坡面种植狗牙根。坡顶、坡脚各种植一排杞柳。顶面意杨	顶面主要以意杨为主，两边各种植两排栾树、千头椿、合欢，每隔800m左右以100m的银杏隔离。坡面撒播白三叶草皮防护。潼河Ⅲ标在播种白三叶的基础上，加以条播多变小冠花，另外坡顶、坡脚选用云南黄馨、连翘	采用银杏进行间隔，这样有利于防止意杨产生的虫害。多变小冠花生长迅速，不需要精心养护，只要粗放管理即可，同时它也是很好的绿肥
	道路防治分区	行道树为意杨	行道树临水侧选用意杨与紫薇间隔种植；外侧则选用高杆女贞与紫薇间隔种植	考虑到周围是农田，不能遮挡阳光。外侧选用树形较矮的树种，并使其达到美化目的
	三中沟防治分区	水位以上坡面种植狗牙根，两侧河口线各种植一排杞柳	三中沟水位以上种植鸢尾、花菖蒲、杞柳等灌木，南面青坎栽植一排垂柳	选用耐水湿植物，同时增加景观效果
	丰收北干渠防治分区	水位以上坡面及圩堤种植狗牙根，两侧河口线各种植一排杞柳	坡面上未种植苗木。南面青坎种植两排意杨；北面为管理通道，设计同道路防治区	丰收北干渠土壤为黏土，土质较好。种植意杨可以带来经济效益
宝应站	上、下游引河防治分区	迎水坡种植狗牙根，平台种植狗牙根，坡顶、坡脚种植意杨及杞柳	上游选用了金叶女贞、大叶黄杨、红花继木，榉树为行道树；下游迎水坡、背水坡撒播多变小冠花，行道树种植榉树，亲水坡+1m以上种植花菖蒲。青坎临水边种植一排金丝垂柳	上游迎水坡、背水坡采用模纹种植，与正常段加以区分
	站身防治分区	草坪、乔木、绿化带	站身4个翼墙后平台铺植多变小冠花进行防护，散植茶花和桂花	做好水土保持，防治水土流失。增加景观效果，达到美化目的
	管理区防治分区	绿化带、组团绿化、草坪、乔木等	道路绿化带、组团和建筑物周围绿化等	为工作人员营造一个舒适、优美、宜人的工作环境
	桥梁防治区	草坪，行道树为柳树、紫叶李、龙柏、腊梅	桥梁接线段采取植物措施结合绿化	做好水土保持，防治水土流失。增加景观效果，达到美化目的

续表

区段	防治分区	原初步设计	修正设计	修正原因
宝应站	移民安置防治区	草坪，行道树为柳树、紫叶李、龙柏、腊梅	根据建筑总体设计，对居民点按集镇建设要求，进行园林景观设计。在形式上，镇区景观仍然以绿化景观为主，但适当增加了一定的硬质景观，如雕塑、高杆灯、观景亭、坐凳等，在结合其地域功能性的前提下来表现一定的特色景观	结合小城镇建设规划，充分体现以人为本，改善人居环境。在综合考虑各镇政府的要求下，把河道的绿化向外延伸，增加镇区的景观绿化。这样不仅可以把南水北调工程建设成清水廊道，同时还可以提升镇区景观效果，拉动小城镇经济的发展

表 4.5-4　　　　　　　　　　水土保持修正设计主要工程量表

防治分区	工　程　量						
	乔木/株	灌木/株	水生植物/株	草花/丛	藤本/株	竹/株	种草/m²
三阳河	260176	4661468		80		2206	1214367
潼河	90554	1394781		209480		25	680159
宝应站	3523	435010	8	8950	30	162	43371
三阳河管理所	3018	10788		324		1800	38073
潼河管理所	12068	14283		1710			32937
桥梁防治区	3120	67171				4081	23524
移民安置区	2586	45204				17144	25834
合计	375045	6628705	8	220544	30	25418	2058265

（五）水土保持实施情况

南水北调东线第一期工程三阳河、潼河、宝应站工程采取了工程措施、植物措施、临时措施。其中工程措施主要是主体工程中具有水土保持功能的护坡、排水工程和直立墙，完成主要工程量为混凝土 33969.51m³，浆砌石 9277.93m³；植物措施完成绿化面积459.91hm²，其中乔木190353株，灌木802067株（丛），宿根花卉94237m²，水生植物1711500株，色块类29598m²，地被植物1409732m²，种植草坪65779m²。主体工程中水土保持工程措施主要工程量见表 4.5-5，水土保持植物措施工程量见表 4.5-6。

表 4.5-5　　　　　　主体工程中水土保持工程措施主要工程量表

单位工程名称	合同编号	分部工程名称	工程量/m³	
			混凝土	浆砌石
三阳河Ⅰ标	NSBD-SYHS001	护坡	3100	1811
		排水工程	156	
		直立墙		400

续表

单位工程名称	合同编号	分部工程名称	工程量/m³	
			混凝土	浆砌石
三阳河Ⅱ标	NSBD – SYHS002	护坡	2800	
		排水工程	1581	
三阳河Ⅲ标	NSBD – SYHS003	护坡	2564	1733
		排水工程	1589	
三阳河Ⅳ标	NSBD – SYHS004	护坡	1778	1046
		排水工程	1285	
		直立墙		320
三阳河Ⅴ标	NSBD – SYHS005	排水工程	1046	
三阳河Ⅵ标	NSBD – SYHS006	排水工程	1333	
三阳河Ⅶ标	NSBD – SYHS007	排水工程	1487	
三阳河Ⅷ标	NSBD – SYHS008	排水工程	1289	
三阳河Ⅸ标	NSBD – SYHS009	排水工程	1490	
三阳河Ⅹ标	NSBD – SYHS0010	排水工程	587	
		直立墙	364	931
潼河Ⅰ标	NSBD – THS001	排水工程	437	
潼河Ⅱ标	NSBD – THS002	排水工程	461	
潼河Ⅲ标	NSBD – THS003	排水工程	5	
潼河Ⅳ标	NSBD – THS004	排水工程	1382	
潼河Ⅴ标	NSBD – THS005	排水工程	1278	
潼河Ⅵ标	NSBD – THS006	排水工程	1979	
		直立墙	524	1467
潼河Ⅶ标	NSBD – THS007	排水工程	1855	
		河道护坡	792	
宝应站泵站工程	NSBD – BYZT01	上游护坦	1101.01	
		下游护坦	1260.25	
		清污机桥护坦	217.05	
宝应站灌溉涵洞工程		灌溉涵洞上游侧护坡	115.7	
		灌溉涵洞下游侧护坡	269.5	
扬淮公路桥工程		护坡		1413.93
合　计			33969.51	9277.93

（六）水土保持监理

经招标，项目监理单位由多家监理单位构成，包括江苏省苏源工程建设监理中心、江苏河海工程建设监理有限公司、南京江宏监理咨询有限责任公司、上海宏波工程监理有限公司、盐城市河海工程建设监理中心有限公司等。各监理单位在履行监理任务时，也将水土保持作为了重要的必查必验内容。

表 4.5-6　　　　　　　　　　　　水土保持植物措施主要工程量表

单位工程	合同编号	分部工程	工程量						
			乔木 /株	灌木 /(株 /丛)	宿根花卉 /m²	水生植物 /株	色块类 /m²	地被植物 /m²	草坪 /m²
三阳河Ⅰ～Ⅴ标、潼河Ⅰ～Ⅱ标工程水土保持（植物防护）工程	NSBD-SSTBCS01	三阳河Ⅰ标工程	1956	14217	5824			83796	12248
	NSBD-SSTBCS02	三阳河Ⅱ标工程	10373	487	8349			156473	
	NSBD-SSTBCS03	三阳河Ⅲ标工程	11184	2231	37732			190851	720
	NSBD-SSTBCS04	三阳河Ⅳ标工程	4208	1038	24780			74981	2000
	NSBD-SSTBCS05	三阳河Ⅴ标工程	5848	832	17552			95593	
	NSBD-TSTBCS01	潼河Ⅰ标工程	17560	86930					
	NSBD-TSTBCS02	潼河Ⅱ标工程	23372	86930					
三阳河Ⅵ～Ⅸ、潼河Ⅲ～Ⅴ标工程水土保持（植物防护）工程	NSBD-SSTBCS06	三阳河Ⅵ标工程	25751	14500		735000		110000	8000
	NSBD-SSTBCS07	三阳河Ⅶ标工程	11314	28821		110000		85000	
	NSBD-SSTBCS08	三阳河Ⅷ标工程	12147	93286		171000		86351	
	NSBD-SSTBCS09	三阳河Ⅸ标工程	8421	113702		166000		48768	9400
	NSBD-TSTBCS03	潼河Ⅲ标工程	17474	93742		154000		174000	
	NSBD-TSTBCS04	潼河Ⅳ标工程	21612	162739		175500		142700	
	NSBD-TSTBCS05	潼河Ⅴ标工程	15264	98783		200000		123160	
宝应站管理所环境绿化工程	NSBD-BYZT05	引河段工程	1580	3224			15735	38059	2260
		管理所工程	2289	605			13863		31151
合　计			190353	802067	94237	1711500	29598	1409732	65779

各监理单位在项目建设期内，水土保持监理的工作内容、方式及其与施工单位、工程监理的工作关系等方面存在许多问题有待不断探索、明确与完善。对此，建设单位与监理单位进行了认真研究，共同明确了水土保持监理的工作职责及工作方式，并充分授权监理部门在施工区行使监督监理职责。监理部门有权对违反国家水土保持法律法规的行为进行处罚，并对承包商的水土保持工作出具考核意见。建设单位在主体工程项目招标过程中补充完善了"环境保护与水土保持"专用技术条款，为监理单位开展工作提供了监理依据。监理单位在建设单位的大力支持下，独立开展监理工作，对工程的水土流失状况进行全方位监督，对施工区水土保持工程设施建设、绿化等水土保持专项工程承担现场监理；对道路、承包商生活营地及施工中的弃土、弃渣等方面的问题，直接向承包商下达监理指令；对承包商违反国家水土保持法律法规和公司规定的行为进行处罚，并对承包商的水土保持工作出具考核意见。

项目推进水土保持监理制度，从根本上规范了水土保持建设与管理工作的程序，对有效控制水土保持设施建设的质量、进度和投资，对不断提高管理工作水平都起到了很好的促进作用。

（七）水土保持监测

扬州市建设处根据建设项目水土保持监测的有关技术规程规范的要求，于 2004 年

12月委托江苏省水土保持生态环境监测总站承担"南水北调东线第一期三阳河、潼河、宝应站工程水土保持监测"工作。水土保持监测单位于委托之日起即进行了线路巡查、典型调查和水土保持工程质量抽样调查。

根据水土保持监测报告，其结果如下：

1. 土壤侵蚀类型

项目建设区土壤侵蚀在各个时期主要由水蚀造成。

2. 防治责任范围监测结果

根据《报告书》，工程在可行性研究阶段确定的防治责任范围为 894.49hm^2，监测单位监测建设期防治责任范围为 1030.30hm^2。较水土保持方案中的防治责任范围增加了 135.84hm^2。

3. 弃土、弃渣监测结果

在工程建设过程中，河道、建筑物基坑开挖及桥梁修建等，不可避免会产生弃土、弃渣，建设过程中合理堆放弃土、弃渣是防治水土流失的重要环节。工程在施工中弃土主要为河道开挖土方筑填后多余土方、建筑物基坑及引河开挖弃土和临时弃土，共产生弃土量 1128 万 m^3；工程施工中的弃渣主要来自旧桥拆除，产生的弃渣量很少，且弃渣被用于路基垫层，充分利用后不会产生水土流失。工程多余弃土放置三阳河东侧、潼河北侧，由于弃土区建有排水系统，并及时采取植物措施，弃土区的水土流失得到了有效控制。

4. 土壤流失量监测结果

监测期内工程水土流失总量 160257t，其中三阳河防治区 82759t，潼河防治区 66873t，宝应站防治区 10625t。

（八）水土保持验收情况

项目完工试运行后，江苏省南水北调宝应站工程建设处、江苏省南水北调三阳河潼河宝应站工程扬州市建设处对水土保持设施进行了自查初验，编制了《南水北调东线第一期工程三阳河、潼河、宝应站工程水土保持方案实施工作总结报告》和《南水北调东线第一期工程三阳河、潼河、宝应站工程水土保持设施竣工验收技术报告》，项目法人以"苏水源工〔2008〕70号"文《关于南水北调东线第一期工程三阳河潼河宝应站工程水土保持设施验收的请示》向水利部提出了验收申请。江河水利水电咨询中心受南水北调东线江苏水源有限责任公司委托，于 2008 年 5—11 月对该工程的水土保持设施进行了技术评估，查阅了工程设计、施工、监理、监测、验收等档案资料，详细调查了水土保持设施，核查了各项防治措施的工程量和质量，提交了评估报告。

根据《开发建设项目水土保持设施验收管理办法》的规定，水利部于 2008 年 12 月 26 日在江苏省扬州市主持召开了南水北调东线第一期工程三阳河、潼河、宝应站工程水土保持设施竣工验收会议。参加验收会议的有国务院南水北调办公室、水利部水利水电规划设计总院、水利部淮河水利委员会、江苏省水利厅、江苏省南水北调办公室、扬州市水利局、高邮市水务局、宝应县水务局，项目法人南水北调东线江苏水源有限责任公司、建设单位、评估单位、设计单位、水土保持监测单位、有关监理和施工单位的代表等。

验收组及与会代表实地查勘了三阳河、潼河、宝应站水土保持设施建设情况，听取了建设单位关于南水北调东线第一期工程三阳河潼河宝应站工程水土保持工作情况和江河水利水电咨询中心关于技术评估情况的汇报及水土保持监测、监理、设计、施工单位对有关情况的说明。

江苏省南水北调三阳河潼河宝应站工程扬州市建设处、江苏省南水北调宝应站工程建设处对工程建设中的水土保持工作给予了高度重视，在主体工程施工的同时，实施了环境治理与水土保持措施，并按工程建设管理程序实行了严格的管理。按照国家和省有关水土保持法律法规的规定，编报了水土保持方案，并按照水利部批复意见在后续设计及工程建设中给予落实。工程实施期间，建设单位指派专人负责水土保持工作，并制定了有关管理规定和处罚措施，明确了建设过程中施工单位的水土保持职责。同时，加强施工监理，强化设计、施工变更管理，使水土保持工程设计随主体工程的设计优化而不断优化，确保了水土保持工程实施。制定和实行的质量管理体系，保证了水土保持工程高标准、高质量的完成。

项目建设期防治责任范围面积 1030.30hm²，项目建设期间共扰动土地面积 965.94hm²，水土保持综合防治措施总面积为 502.69hm²。截至验收时，水土流失总治理度达到 97.2%，扰动土地整治率为 98.5%，土壤流失控制比为 0.81，拦渣率达 99.1%，林草覆盖率为 47.6%，林草植被恢复率为 97.1%，达到了方案确定的防治标准指标值。

验收评估组通过询问、查阅技术档案、现场考察、抽查调查等方式，经认真讨论分析，认为南水北调东线第一期工程三阳河、潼河、宝应站工程水土保持方案基本上得到了贯彻实施，各项水土保持工程在不断优化设计过程中顺利完成，水土流失防治责任范围区内的各类开挖面、弃土、弃渣等得到了及时有效的治理，宝应站管理区的水土保持措施标准高、质量较好，施工过程中的水土流失得到了有效控制。项目区的水土保持设施发挥了很好的保持水土、改善生态环境的作用。

总之，水土保持措施建设符合国家水土保持法律法规、规程规范和技术标准的有关规定和要求，各项工程安全可靠、质量合格，总体工程质量达到了合格标准。从方案确定的水土流失防治目标完成情况看，水土流失防治可以全部达到防治标准。据此，验收评估组认为可以组织进行水土保持设施竣工验收，并正式投入运行。

五、水土保持效果

项目自竣工验收以来，水土保持设施已安全、有效运行超过 18 年，实施的防洪排导工程、土地整治工程、植被恢复与建设工程以及移民安置区的绿化等措施较好地发挥了水土保持的功能。根据现场调查，各项防治措施未出现失效问题。

水土保持防治效果见图 4.5-1。

六、水土保持后评价

（一）评价方法

工程水土保持后评价采用列表法和层次分析法两种方法。

1. 列表法

根据后评价总体评价指标体系，结合调查结果，对照各工程评价指标的要求，确定各项指标效果，并给出定性的评价，分为好、较好、一般、较差和差等，以对该工程进行总体评价。

（a）圩堤防治分区水土保持措施实施前

（b）圩堤防治分区水土保持措施实施后

（c）宝应站防治区水土保持措施实施前

（d）宝应站防治区水土保持措施实施后

（e）河道防治分区水土保持措施实施前

（f）河道防治分区水土保持措施实施后

图 4.5-1　水土保持防治效果（照片由江苏省水利勘测设计研究院有限公司提供）

2. 层次分析法（AHP）

针对要解决的问题进行由复杂到简单、由高到低的逐层分解。分解时根据问题的目的和所要达到的目标，按照互相之间的隶属关系自上而下、由高到低排列成有序的递阶层次结构。将每个层次每个因素互相比较，得到相对重要性，利用数学方法综合计算各层因素相对重要性的权值，得到最低层相对于中间层和最高层的相对重要性次序的组合权值，以及特征根和一致性指标等，从而达到所要求解的目的。

（二）评价内容

项目水土保持后评价的内容主要包括水土保持目标评价、过程评价、效果评价等。

（三）目标评价

1. 项目决策和实施目标

南水北调东线第一期工程三阳河、潼河、宝应站工程项目建设区占地面积为 1030.30hm²，工程建设期间扰动地表面积 965.94hm²，建设产生弃渣共计 1128 万 m³。

水土流失主要集中于建设期，由于河道开挖、基坑开挖、灌溉涵洞开挖、修筑圩堤等建设施工过程，开挖扰动地表，改变原地貌，破坏地表植被，产生新增水土流失。工程水土流失类型以水力侵蚀为主。

通过科学的管理，将水土保持措施全面落实，水土保持工程质量优良，水土保持投资控制在合理范围内，水土流失得到有效控制，水土流失六项防治指标均达到《开发建设项目水土流失防治标准》（GB 50434—2008）一级防治标准指标值，项目区生态环境得到明显改善，实现"一流工程、一流环境"的目标。

2. 目标实现程度

建设单位按照国家水土保持法律法规和世界银行对环境保护的要求，开展了卓有成效的水土保持工作，对防治责任范围内的水土流失进行了全面系统的治理，基本达到了施工期间控制水土流失、施工后期改善环境和生态的目的，营造了优美的环境，较好地完成了项目的水土保持工作。目前各项防治措施的运行效果良好，弃渣得到了及时有效的防护，施工区植被得到了较好的恢复，水土流失得到了有效控制，生态环境有所改善。

3. 工程合同管理评价

为加强合同管理，规范合同签订及执行工作，建设单位明确了合同管理机构、招投标及合同会签制度，规定了合同管理的职责、合同签约程序等，并就支付审核控制、合同价格调整、变更和索赔处理、争议调解和解决、技术问题处理、进度计划审批和质量监督等内容制定了一系列工作程序和制度，使合同管理工作走向规范化和程序化。

4. 工程建设管理评价

（1）将水土保持建设与工程管理工作集成为一套科学的管理体系。工程建设中，依法履行水土流失防治义务，将水土保持措施纳入主体工程设计，落实了各项水土保持投资，实现了水土保持工程和主体工程的同步推进，有效控制了水土流失。从工程建设实际出发，充分调动参建各方的积极性，制定了相关管理制度和考核办法，将水土保持工程管理纳入了工程建设和运行管理体系，保证了水土流失防治措施的落实和生态建设目标的实现。按照国家水土保持法律法规和技术规范要求，编报水土保持方案报告书，确保了水土保持各项防治措施有效落实。同时，委托具有甲级资质的水土保持监测单位开展水土保持专项监测工作，委托水土保持监理单位同步开展水土保持工程施工监理。竣工验收阶段，及时开展水土保持设施验收技术评估工作，符合水土保持要求。

（2）水土流失防治措施得以有效实施。在南水北调东线第一期工程三阳河、潼河、宝应站水土保持工程建设过程中，江苏省南水北调宝应站工程建设处，江苏省南水北调三阳河潼河宝应站工程扬州市建设处始终坚持"百年大计，质量为本"的宗旨，不折不扣地把好质量关。

由于水土保持工程措施均纳入主体工程中实施，在招投标和施工过程中，水土保持工程纳入主体工程中，与主体工程一起招投标及施工，采取了设计和施工质量管理，施工单位、监理单位、设计单位均实施施工质量控制和质量评定，共 32 个分部工程已经全部完成。

水土保持监理根据该工程水土保持工程措施实施具体情况，按照突出重点、涵盖全面的原则，在查阅工程设计、监理、分部工程验收资料的基础上，审阅了工程建设监理及验收资料，调查认为工程结构尺寸符合要求，外形整齐，无质量缺陷，工程措施运行效果良好，工程措施外观质量合格。

（四）过程评价

1. 水土保持设计评价

（1）防洪排导工程。方案对堤防青坎、弃渣场等布设截（排）水沟，且施工过程中，截（排）水沟根据地形、地质条件布设与自然水系顺接，并布设消能防冲措施。青坎地面做成"倒流水"坡（河口高于堤脚，比降 1‰），避免泥沙直接排入河道，在内堤脚外设置与大堤轴线平行的纵向截水沟，汇集青坎及堤坡雨水。青坎上每隔 100m 设置一道垂直河道轴线的横向导流沟及河坡导流槽，将水排入河道；弃土区顶面做成比降 1‰ 的坡（迎水侧低于背水侧），在弃土区迎水侧设置截水沟。在弃土区迎水坡坡面每隔 100m 设置与河线垂直的横向导流沟，将水排入青坎上的截水沟。以上措施发挥了良好的防洪排导作用。

（2）拦渣工程。弃渣场边坡实施了土地整治和覆土绿化措施，弃渣场平台覆土恢复耕地。

（3）斜坡防护工程。在边坡稳定分析的基础上，采用削坡开级、坡脚及坡面防护等措施。施工期间，边坡在稳定基础上优先采取植物护坡措施。

（4）土地整治工程。根据现场调查，工程征占地范围内对需要复耕或恢复植被的扰动及裸露土地及时进行了场地清理、平整、表土回覆等整治措施。弃土区边坡、平台在土地整治基础上进行了绿化和复耕。

（5）表土保护工程。根据现场调查，工程建设过程中，对可剥离的耕地区域实施了剥离措施，剥离的表土集中堆置在弃土区附近并进行了防护，防止了水土流失。

（6）植被建设工程。南水北调东线第一期工程三阳河、潼河、宝应站共实施水土保持措施面积 459.91hm²，其中乔木 190353 株，灌木 802067 株，水生植物 1711500 株，宿根花卉 94237m²，色块类 29598m²，地被植物 1409732m²，种植草坪 65779m²。栽植的乔木有意杨、合欢、栾树等；主要灌木有桃花、木槿、紫薇、杞柳、云南黄馨等；宿根花卉类有鸢尾、萱草等；色块类有杜鹃、龟甲冬青、大叶黄杨；水生植物为花菖蒲；地被植物为白三叶；植草种类为麦冬和马尼拉。

（7）临时防护工程。通过查阅相关资料，工程建设过程中，为防止土（石）撒落，在场地周围利用开挖出的块石围护；同时，在场地排水系统未完善之前，开挖土质排水沟排除场地积水。对于场地填方边坡，为防止地表径流冲刷，利用工地上废弃的草袋等进行覆盖。

项目水土保持工程布置合理，工程设计标准符合现行规范要求。水土保持工程运用近 18 年来，弃渣场边坡防护和排水等措施均有效运行。根据监测记录和现场调研结果，弃渣场的水土流失得到了有效治理，水土保持措施设计合理，水土保持效果明显。工程建设造成的水土流失得到治理，降低了因工程建设所造成的水土流失危害，达到了水土保持方案编制的预期效果。

2. **水土保持施工评价**

项目水土保持措施的施工，严格采用招投标的形式确定其施工单位，在水土保持质量管理方面，建设单位做到了思想认识到位、机构人员到位、管理措施到位、建设投资到位、规划设计到位、综合监理到位的"六到位"，确保了水土保持措施与主体工程同时设计、同时施工、同时投产的"三同时"制度有效落实。

（1）积极宣传水土保持相关法律法规。建设单位充分认识到各参建单位人员专业素养参差不齐，水土保持法治意识淡薄等现实情况，通过会议、宣传、督促、管理等多种途径向工程参建各方传达贯彻国家水土保持法律法规和方针政策，不断提高和统一参建各方的思想认识，通过制定水土保持管理规章制度明确参建各方的水土保持工作责任和工作要求，规范了水土保持施工，做到了文明施工。

（2）设立水土保持管理机构。建设单位在工程建设部内部成立了移民环保部，配备多名干部职工，同时负责工程建设征地和环境保护、水土保持管理工作，并指定2人专职负责工程环境保护、水土保持管理工作，使得工程水土保持管理工作切实得到加强，岗位责任明确，部门分工清晰，工作程序规范，很快打开了水土保持管理工作的新局面。在工程建设过程中，设立水土保持管理机构，各机构配备相应的水土保持专职人员后，水土保持管理工作成效和效率大幅提高。

（3）严格水土保持管理。建设单位在不断完善水土保持设施建设的同时，制定了强有力的管理措施，严格执行《施工区环境保护管理办法》，切实加强施工区的水土保持监督与水土保持监理工作，有效地防止了水土流失。工程运行期间，成立了专门的移民环保部进行运行期间管理。目前，工程未发生重大水土流失事故。

（4）确保建设投资到位。在项目建设管理工作中，建设单位就水土保持专业提出了建设要求，由移民环保部负责项目组织立项和项目实施，由计划经营部负责项目合同签订，由财务管理部负责资金落实到位的总体思路。通过规范基本建设程序，有效防范了经济腐败；通过签订项目承包合同，确保了建设项目进度和质量，并保证建设资金及时足额到位。在水土保持专项设施建设过程中，从未有过因投资不落实或是不到位而影响工程建设的情况发生。

3. **水土保持运行评价**

工程运行期间，建设单位按照运行管理规定，加强对防治责任范围内的各项水土保持设施的管理维护。由下设的移民环保部协调开展，水土保持具体工作由移民环保部专人负责，建设单位各部门依照公司内部制定的部门工作职责等管理制度，各司其职，从管理制度和程序上保证了运行期内水土保持设施管护工作的开展。

运行期间设置专人负责绿化植被的洒水、施肥、除草等管护工作，确保植被成活率，不定期检查清理截（排）水沟道内淤积的泥沙，达到了绿化美化和保持水土的双重作用。

（五）效果评价

项目水土保持工程自竣工验收以来，已经顺利运行多年，建设单位一如既往地重视水土保持工作，特别是对三阳河、潼河及宝应站的绿化美化工作。研究以水土保持学、生态学、景观学等学科为理论依据，通过筛选指标、层次分析法计算权重，建立以水土保持、景观美学、环境、社会经济等项目指标为核心的评价指标体系，对三阳河、潼河及宝应站的水土保持效果进行系统评价。

1. 构建评价指标体系

（1）评价指标的确定。以全面性、科学性、系统性、可行性和定性定量结合为原则选择评价指标，指标体系应考虑各指标之间的层次关系。评价指标体系分为 3 个层次，从上至下分别为目标层、指标层、变量层。其中目标层包含 1 个指标，即三阳河、潼河及宝应站工程水土保持效果；指标层包含 6 个指标，分别为植被恢复效果、水土保持效果、景观提升效果、环境改善效果、安全防护效果及社会经济效果。变量层包含 18 个指标。其中植被恢复效果指标层包括林草覆盖率、植物多样性指数、乡土树种比例、单位面积枯枝落叶层、郁闭度或覆盖度等 5 个变量指标；水土保持效果指标层包括表土层厚度、土壤有机质含量、地表硬化率、不同侵蚀强度面积比例等 4 个变量指标；景观提升效果指标层包括美景度、常绿、落叶树种比例及观赏植物季相多样性等 3 个变量指标；环境改善效果指标层包括负氧离子浓度和 SO_2 吸收量 2 个变量指标；安全防护效果指标层包括拦渣设施完好率和渣（料）场安全稳定运行情况 2 个变量指标；社会经济效果指标层包括促进经济发展方式转变程度和居民水保意识提高程度 2 个变量指标。

水土保持效果评价体系指标见表 4.5-7。

表 4.5-7　　　　　　　　水土保持效果评价体系指标

目　标　层	指　标　层	变　量　层
效果评价	植被恢复效果	林草覆盖率
		植物多样性指数
		乡土树种比例
		单位面积枯枝落叶层
		郁闭度或覆盖度
	水土保持效果	表土层厚度
		土壤有机质含量
		地表硬化率
		不同侵蚀强度面积比例
	景观提升效果	美景度
		常绿、落叶树种比例
		观赏植物季相多样性
	环境改善效果	负氧离子浓度
		SO_2 吸收量
	安全防护效果	拦渣设施完好率
		渣（料）场安全稳定运行情况
	社会经济效果	促进经济发展方式转变程度
		居民水保意识提高程度

（2）权重计算。根据层次分析法原理，将评价指标中同类指标（U_i 与 U_j）进行两两比较后对其相对重要性打分，U_{ij} 取值含义见表 4.5-8，并采用层次分析法计算各个指标权重，计算结果见表 4.5-9。

表 4.5-8　　　　　　　　　　　　　U_{ij} 取值含义

U_{ij} 的取值	含　义	U_{ij} 的取值	含　义
1	U_i 与 U_j 同样重要	9	U_i 比 U_j 极其重要
3	U_i 比 U_j 稍微重要	2、4、6、8	相邻判断 1~3、3~5、5~7、7~9 的中值
5	U_i 比 U_j 明显重要	$1/U_{ij}$	表示 i 比 j 的不重要程度
7	U_i 比 U_j 相当重要		

表 4.5-9　　　　　　　　　　水土保持效果评价体系指标权重

指　标　层	变　量　层	权　重　值
植被恢复效果	林草覆盖率	0.0809
	植物多样性指数	0.0199
	乡土树种比例	0.0159
	单位面积枯枝落叶层	0.0073
	郁闭度	0.0822
水土保持效果	表土层厚度	0.0436
	土壤有机质含量	0.1139
	地表硬化率	0.0140
	不同侵蚀强度面积比例	0.0347
景观提升效果	美景度	0.0196
	常绿、落叶树种比例	0.0032
	观赏植物季相多样性	0.0079
环境改善效果	负氧离子浓度	0.0459
	SO_2 吸收量	0.0919
安全防护效果	拦渣设施完好率	0.0542
	渣（料）场安全稳定运行情况	0.2711
社会经济效果	促进经济发展方式转变程度	0.0188
	居民水保意识提高程度	0.0751

采用前面所述的层次分析法，计算各层次、各指标的权重如表 5.4-9 所示。6 个指标层权重由高到低依次为安全防护效果、植被恢复效果和水土保持效果、环境改善效果、社会经济效果及景观提升效果；其中安全防护效果最为重要，权重为 0.3253，植被恢复效果和水土保持效果其次，权重均为 0.2062，景观提升效果权重值最低，为 0.0307。在安全防护效果指标中，渣（料）场安全稳定运行情况权重最大；植被恢复效果指标下各变量权重分布较为均衡；水土保持效果指标下土壤有机质含量权重最大，其余变量权重分布较为均衡。这样的权重分布体现了通过实施水土保持综合治理工程，确保项目

区水土流失得到治理，同时绿化、美化项目区，改善区域小气候，增加人们绿色游憩空间、提供绿岗就业等目的。这些与建设单位实现"一流工程、一流环境"总体规划目标相符合。

2. 评价指标获取

该研究确定评价指标值获取主要有三种途径：①实验法：土壤有机质含量和 SO_2 吸收量等指标通过野外采样后内业实验获得；②野外调查法：林草覆盖率、植物多样性指数、表土层厚度、负氧离子浓度等指标通过查阅相关统计资料、分析研究及野外调查测定；③调查问卷法：促进经济发展方式转变程度、居民水保意识提高程度等指标通过调查问卷的方式获得。

（1）植被恢复效果。通过现场调研了解，工程施工期间对占地范围内的裸露地表实施了栽植乔灌木、撒播灌草籽、铺植草皮等方式进行绿化或恢复植被。栽植的乔木有意杨、合欢、栾树等；主要灌木有桃花、木槿、紫薇、杞柳、云南黄馨等；宿根花卉类有鸢尾、萱草等；色块类有杜鹃、龟甲冬青、大叶黄杨；水生植物为花菖蒲；地被植物为白三叶；植草种类以麦冬和马尼拉等当地适生的乡土和适生树（草）种为主；运行期间，通过实施养护管理和植被的进一步自然演替，项目区实施的林草植被恢复措施营造的苗木植被生长状况良好，与建设期间相比，项目区小气候特征明显，项目区域内的植物多样性和郁闭度等得到了良好的恢复和提升。

植被恢复效果评价指标见表4.5-10。

表 4.5-10　　　　　　　　　　植被恢复效果评价指标

评价内容	评价指标	结　果
植被恢复效果	林草覆盖率	50.4%
	植物多样性指数	48
	乡土树种比例	0.70
	单位面积枯枝落叶层	1.3cm
	郁闭度	0.75

（2）水土保持效果。通过现场调研和评价，项目实施的工程措施、植物措施等运行状况良好，根据现场水土保持监测统计，工程施工期间土壤流失量 16.03 万 t；通过各项水土保持措施的实施，至运行期，项目区土壤侵蚀模数为 $180t/(km^2 \cdot a)$，使得项目建设区的原有水土流失基本得到治理，达到了固土保水的目的。项目区绿化区域表土层厚度为 50～120cm，其他区域表土层厚度为 30～80cm，平均表土层厚度约 60cm。工程迹地恢复和绿化多采用当地乡土适生树种，经过运行期的进一步自然演替，小气候特征明显，使得项目区域内的植物多样性和土壤有机质含量得以不同程度的改善和提升；经实验分析，土壤有机质含量约 2.2%。项目区道路、建筑物等不具备绿化条件的区域采取混凝土、沥青混凝土、透水砖等方式进行硬化。地表硬化、迹地恢复和绿化措施的实施，使得项目区内由于工程建设导致的裸露地表得以恢复，土地损失面积得以大幅减少。

水土保持效果评价指标见表4.5-11。

表 4.5 - 11	水土保持效果评价指标	
评价内容	评价指标	结　果
水土保持效果	表土层厚度	60cm
	土壤有机质含量	2.2%
	地表硬化率	42.3%
	不同侵蚀强度面积比例	99.5%

（3）景观提升效果。项目区在进行植被恢复的同时考虑后期绿化的景观效果，采取了乔、灌、草相结合的园林式立体绿化方式，苗木种类选择时选用景观效果比较好的树（草）种，如栽植的乔木有意杨、合欢、栾树等；主要灌木有桃花、木槿、紫薇、杞柳、云南黄馨等；宿根花卉类有鸢尾、萱草等；色块类有杜鹃、龟甲冬青、大叶黄杨；水生植物为花菖蒲；地被植物为白三叶；植草种类为麦冬和马尼拉；同时根据各树种季相变化的特性，各种植物的枝、叶、花、果、色彩、姿态等的不同观赏性状进行植物的群落搭配和点缀，使区域内四季有景，以提高项目区域的可观赏性效果。

景观提升效果评价指标见表 4.5 - 12。

表 4.5 - 12	景观提升效果评价指标	
评价内容	评价指标	结　果
景观提升效果	美景度	8.0
	常落树种比例	68%
	观赏植物季相多样性	0.75

（4）环境改善效果。植物是天然的清道夫，可以有效清除空气中的 NO_x、SO_2、甲醛、漂浮微粒及烟尘等有害物质。通过植被恢复、园林式绿化、养护管理等植物措施的实施，项目区内林草植被覆盖情况得以大幅度改善，植物通过光合作用释放负氧离子，使周边环境中的负氧离子浓度达到 1500 个/cm^3 左右，植被叶片含硫量均值为 0.265g/m^2。工程的实施使得区域内人们的生活环境得以改善。

环境改善效果评价指标见表 4.5 - 13。

表 4.5 - 13	环境改善效果评价指标	
评价内容	评价指标	结　果
环境改善效果	负氧离子浓度	1500 个/cm^3
	SO_2 浓度	0.265g/m^2

（5）安全防护效果。通过调查了解，工程施工时，根据各弃土区的位置及特点分别实施了临时苫盖、截（排）水沟等防洪排导工程；后期实施了弃土区的迹地恢复植被措施。

经调查了解，工程运行以来，各弃土区运行情况正常，未发生水土流失危害事故，弃土区拦渣及截（排）水设施整体完好，运行正常，拦渣率达到了 99.1%；弃土区整体稳定性良好。

安全防护效果评价指标见表 4.5 - 14。

表 4.5 - 14　　　　　　　　　　　安全防护效果评价指标

评价内容	评价指标	结　果
安全防护效果	拦渣设施完好率	99.1%
	渣（料）场安全稳定运行情况	稳定

（6）社会经济效果。三阳河、潼河、宝应站工程是一个以送水为主，结合排涝、航运等多功能的综合利用河道。

送水功能是三阳河、潼河、宝应站工程的主要任务。三阳河、潼河、宝应站工程是东线工程的一个重要组成部分，是增加抽引江水能力、向北输送的关键工程。利用三阳河、潼河将江水输送至宝应站，用于北调，以逐步解决北方地区的缺水情势，工程实施后增加 $100 m^3/s$ 的抽江规模，使南水北调东线第一期工程抽江规模达到 $500 m^3/s$，多年平均抽江水量达到 89.37 亿 m^3；二期工程扩大以后，保证宝应站北调抽水 $200 m^3/s$，河道也可结合向北通过大三王河等河道为沿运河、沿灌溉总渠的水源调整地区提供水源。

利用宝应站的排涝功能，可提高里下河地区的防洪除涝标准，工程的实施可改善里下河地区的航运条件，通过增引水量，提供较大的水环境容量，改善里下河地区水质。

工程建设过程中各项水土保持措施的实施，在有效防治工程建设引起的水土流失、给当地居民带来直接经济效益的同时，在当地居民中树立起了水土保持理念及意识，使得当地居民在一定程度上认识到水土保持工作与人们的生活息息相关，提高了当地居民对水土保持、水土流失治理、保护环境等的意识强度，在其生产生活过程中自觉科学地采取有效措施进行水土流失防治和保护环境，利用水土保持知识进行科学生产，引导当地生态环境进一步向更好的方向发展。

经济社会效果评价指标见表 4.5 - 15。

表 4.5 - 15　　　　　　　　　社会经济效果评价指标统计表

评价内容	评价指标	结　果
社会经济效果	促进经济发展方式转变程度	0.82
	居民水保意识提高程度	0.7

3. 评价结果与分析

通过查表确定计算权重，根据层次分析法计算工程各指标实际值对于每个等级的隶属度。各指标隶属度分布情况见表 4.5 - 16。

表 4.5 - 16　　　　　　　　　各指标隶属度分布情况一览表

指标层 U	变量层 C	权重	各等级隶属度				
			好（V1）	良好（V2）	一般（V3）	较差（V4）	差（V5）
植被恢复效果 U1	林草覆盖率 C11	0.0809	0.0200	0.9800	0.0000	0	0
	植物多样性指数 C12	0.0199	0.3430	0.6570	0.0000	0	0
	乡土树种比例 C13	0.0159	0.2500	0.7500	0.0000	0	0
	单位面积枯枝落叶层 C14	0.0073	0.0000	1.0000	0.0000	0	0
	郁闭度 C15	0.0822	0.0000	0.6826	0.3174	0	0

指标层 U	变量层 C	权重	各等级隶属度				
			好（V1）	良好（V2）	一般（V3）	较差（V4）	差（V5）
水土保持效果 U2	表土层厚度 C21	0.0436	0.0000	0.9525	0.0475	0	0
	土壤有机质含量 C22	0.1139	0.0000	0.7903	0.2097	0	0
	地表硬化率 C23	0.014	0.0700	0.8220	0.1080	0	0
	不同侵蚀强度面积比例 C24	0.0347	0.7444	0.2444	0.0112	0	0
景观提升效果 U3	美景度 C31	0.0196	0.0000	1.0000	0.0000	0	0
	常绿、落叶树种比例 C32	0.0032	0.7820	0.1851	0.0329	0	0
	观赏植物季相多样性 C33	0.0079	0.0000	0.6552	0.3448	0	0
环境改善效果 U4	负氧离子浓度 C41	0.0459	0.0000	0.7668	0.2332	0	0
	SO_2 吸收量 C42	0.0919	0.0000	0.8200	0.1800	0	0
安全防护效果 U5	拦渣设施完好率 C51	0.0542	0.9110	0.0890	0.0000	0	0
	渣（料）场安全稳定运行情况 C52	0.2711	0.1887	0.8113	0.0000	0	0
社会经济效果 U6	促进经济发展方式转变程度 C61	0.0188	0.6220	0.1800	0.1980	0	0
	居民水保意识提高程度 C62	0.0751	0.0000	0.6776	0.3224	0	0

经分析计算，项目模糊综合评价结果见表 4.5－17。

表 4.5－17　　　　　　　　　　模糊综合评价结果一览表

评价对象	好（V1）	良好（V2）	一般（V3）	较差（V4）	差（V5）
项目	0.2184	0.6702	0.1114	0.0000	0.0000

根据最大隶属度原则，工程 V2 等级的隶属度最大，故其水土保持评价效果为良好。

七、结论及建议

（一）评价结论

该工程按照国家水土保持法律法规的要求，开展了卓有成效的水土保持工作，对防治责任范围内的水土流失进行了全面系统的治理，基本达到了施工期间控制水土流失、施工后期改善环境和生态的目的，营造了优美的坝区环境，较好地完成了项目的水土保持工作。目前各项防治措施的运行效果良好，弃渣得到了及时有效的防护，施工区植被得到了较好的恢复，水土流失得到有效的控制，生态环境得到明显的改善。

三阳河、潼河、宝应站工程的水土保持效果，充分体现了宏观规划设计和功能分区的重要性，也就是各个水土保持分区后期功能定位的重要性，对水土保持植被建设工程，特别是永久占地区的植被建设工程要提高标准，并根据功能分区，种植水土保持林和风景林，同时要充分考虑季相树种、乡土树种和常绿与落叶树种比例的配置。

项目在建设过程中，结合了当时国内外先进的管理思想和制度，如工程招投标制度、合同管理制度、工程进度管理制度、工程质量管理制度和工程款支付办法等，这些管理思想和制度在工程建设管理中得到落实与应用，确保了高质量工程的完成。

（二）建议

（1）应重视水土保持措施后续管理工作。工程建设规模较大，扰动土地面积较大，必须重视水土保持工程措施和植物措施的后续管护工作，严防潜在的水土流失危害，特别重视汛期的水土保持管理工作。

（2）继续加大项目区水土保持生态林建设力度。将水土保持列为运营管理单位的重要考核指标，持续加大水土保持生态林的建设力度，进一步改善生态环境，减少入河泥沙量，同时着力于景观效果的提升，优化美化环境品质。

案例6　浙江省曹娥江大闸枢纽工程

一、工程概况

（一）地理位置

浙江省曹娥江大闸枢纽工程位于绍兴市柯桥区与上虞区交界的曹娥江河口，大闸左岸为柯桥区的九七丘围垦区，右岸为上虞区的九四丘围垦区。闸址距绍兴市约30km，距上虞区47km。

（二）工程任务与规模

工程建设任务为防洪（潮）、治涝和水资源开发，兼顾水环境改善和航运等综合利用。

工程等别为I等工程，闸上水库正常蓄水位3.90m，正常蓄水位以下库容为1.46亿 m^3，最大设计泄洪流量11030m^3/s。

（三）主要建设内容及建设工期

工程主要由挡潮泄洪闸、堵坝、导流堤、鱼道、闸上江道堤脚保护以及管理区等组成。挡潮泄洪闸位于曹娥江口门左侧河床上，总宽697m，总净宽560m，共28孔，单孔净宽20m；堵坝位于大闸与右岸九四丘围垦区之间，堵坝长611m；大闸与堵坝接头处设有连接坝及导流堤，闸上游导流堤长350m，下游导流堤长160m；左岸堤防及连接坝，长980m，其中闸上730m，闸下250m；左岸堤防与导流堤各设置1条鱼道，左岸鱼道长514.3m，导流堤鱼道长429m；堵坝右岸下游堤防长778m；闸上江道堤脚防冲加固工程长14.265km。办公管理区位于左岸。

曹娥江大闸枢纽工程于2003年10月1日开始围堰试抛动工兴建，主体工程于2005年12月30日开工。2007年11月22日，通过浙江省水利厅组织的过水阶段验收，2008年11月27日，通过浙江省水利厅组织的下闸蓄水阶段验收。2009年6月28日完工，建设工期3.5年。2011年5月27日，通过浙江省发展和改革委员会组织的竣工验收。

（四）项目实施

建设项目法人为绍兴市曹娥江大闸投资开发有限公司，水土保持设计单位为浙江省水利水电勘测设计院和绍兴市城市建筑设计院有限公司，水土保持工程施工单位有浙江省第一水电建设集团有限公司、浙江省正邦水电建设有限公司、浙江凌云水利水电建筑有限公司、浙江江南水利建筑工程有限公司、浙江东方市政园林工程有限公司、宁波市市政设施建设开发有限公司、浙江众磊园林工程有限公司、浙江鲲鹏建设有限公司等，水土保持监理单位是浙江省水利水电建筑监理有限公司、浙江河口海岸工程监理有限公司、绍兴市东城建设工程监理有限公司、绍兴市城建监理有限公司。

（五）工程投资

2006 年，国家发展和改革委员会核定初步设计概算总投资 12.52 亿元，其中水土保持概算总投资 404 万元。2008 年，浙江省发展和改革委员会批复初步设计投资调整报告书，总投资不变，其中水土保持投资为 802 万元。

根据 2011 年 6 月 14 日浙江省发展和改革委员会《关于印发浙江省曹娥江大闸枢纽工程竣工验收鉴定书的通知》（浙发改办基综〔2011〕61 号），工程实际完成总投资 12.38 亿元，其中水土保持投资为 672.07 万元。

二、项目区概况

曹娥江河口宽约 1.6km，自西南向东北流入钱塘江，河口段河床底高程一般为 -2.00~2.00m，局部受丁坝回流影响，可达 -4.00~-9.00m。枢纽区为强涌潮地段，河床表层冲淤变化频繁。两岸围垦区地面高程一般为 4.00~5.00m，已建海塘顶高程一般为 10.00m 左右。

曹娥江流域属亚热带季风气候区，冬夏季风交替显著，年温适中，四季分明，雨量丰沛，日照充足，多年平均年降水量 1471mm，年均气温 16.5℃，平均水汽压 17.2hPa，平均相对湿度 81%，多年平均年水面蒸发量 1136mm，平均风速 2.1m/s，最大风速 21.7m/s，相应风向 WNW。

曹娥江两岸均为近年围垦开发而成的土地，以潮土和水稻土为主。曹娥江流域的地带性植被为中亚热带常绿阔叶林，森林覆盖率约为 55%。曹娥江大闸建成后形成的 92km 河道水库均位于曹娥江两岸已建海塘或堤坝内，堤内滩地主要植被以农作物为主，柯桥区境内有少量的杉树、黑杨、香樟及杂草地，上虞境内营造的海塘防护林带树种有刺槐、意大利杨、白榆等。

项目区属于南方红壤丘陵区，容许土壤流失量 500t/(km² · a)。水土流失类型为水力侵蚀，水土流失的主要形式是河岸坍塌和海涂风沙。工程区不属于国家级水土流失重点预防区和重点治理区。根据《浙江省水利厅 浙江省发展和改革委员会关于公布省级水土流失重点预防区和重点治理区的公告》（〔2015〕2 号），工程区不属于省级水土流失重点预防区和重点治理区。

三、工程建设目标

（一）工程建设总体目标

坚持"优质、安全、廉洁、高效"的工程建设总目标，"确保钱江杯、争创鲁班奖"的质量目标和"一流的管理、一流的设计、一流的施工、一流的监理、一流的材料供应"的工作要求，突出"控投资、保质量、保安全、保进度、保廉洁"的"一控四保"具体目标，有序高效全面推进工程建设。

（二）水土保持目标

严格执行水土保持"三同时"制度，将水土保持工作纳入整个工程管理体系，通过采取有效的水土流失防治措施，控制和减少建设过程中的水土流失，水土流失六项防治指标均达到方案确定的目标值，结合建筑及景观需求，改善生态环境，争创一流水土保持工程。

四、水土保持实施过程

(一) 水土保持方案编制

2003 年 10 月，水规总院以"水总环移〔2003〕109 号"文对浙江省水利水电勘测设计院编制的《浙江省曹娥江大闸枢纽工程水土保持方案大纲》进行了批复。2006 年 8 月 3 日水利部以"水保〔2006〕318 号"文批复了《浙江省曹娥江大闸枢纽工程水土保持方案报告书》。

(二) 水土保持后续设计

初步设计阶段，依据批准的水土保持方案和水土保持相关技术标准，浙江省水利水电勘测设计院编制了水土保持初设专章，纳入主体工程初步设计报告一并上报审查。浙江省发展和改革委员会于 2005 年 12 月 1 日以"浙发改设〔2005〕327 号"文对《浙江省曹娥江大闸枢纽工程初步设计报告》进行了批复。2006 年 3 月 2 日，国家发展和改革委员会以"发改投资〔2006〕356 号"文核定浙江省曹娥江大闸枢纽工程初步设计概算。2008 年 10 月 21 日，浙江省发展和改革委员会以"浙发改设〔2008〕153 号"文对《浙江省曹娥江大闸枢纽工程项目及概算调整报告》进行了批复。

施工图设计阶段，根据主体工程和施工实际情况，水土保持工程措施纳入主体工程设计，由浙江省水利水电勘测设计院完成，植物措施由建设单位委托绍兴市城市建筑设计院有限公司进行专项设计。

根据批复的水土保持方案和初步设计专章，水土保持措施主要包括防洪排导工程、斜坡防护工程、土地整治工程、植被建设工程、临时防护工程等。

(三) 水土保持管理

工程建设期间，绍兴市委、市政府成立了曹娥江大闸工程建设领导小组和曹娥江大闸建设管理委员会，分别负责曹娥江大闸枢纽工程建设管理的领导协调和组织实施工作，绍兴市曹娥江大闸投资开发有限公司为项目法人。绍兴市曹娥江大闸投资开发有限公司（管委会）内设办公室、工程建设局、科技处（总师办）、计划财务处、综合处等 5 个职能处（室）。水土保持工作主要由工程建设局主抓。

(四) 水土保持监测

浙江省水利水电勘测设计院受建设单位委托于 2007 年 1 月开始对浙江省曹娥江大闸枢纽工程进行水土保持现场监测，监测结束时间为 2009 年 11 月。主要采取调查、巡查与定位观测相结合的方法，共布设 9 个简易径流小区、2 个水土流失观测场，完成水土保持监测调查反馈单 5 份，水土保持监测实施方案 1 份，水土保持监测径流小区施工图 4 份，水土保持监测季报 7 份，水土保持监测年报 2 份，水土保持监测总结报告 1 份。

(五) 水土保持监理

水土保持监理工作与主体工程监理同步开展，建设单位通过公开招标确定由浙江省水利水电建筑监理公司承担主体工程监理任务（含水土保持工程措施监理）；浙江河口海岸工程监理有限公司承担闸上江道堤脚保护工程监理任务；绍兴市东城建设工程监理有限公司和绍兴市城建监理有限公司承担水土保持植物措施监理任务。

各监理单位均及时进场实施全过程监理，组建了监理部，负责工程实施过程中的质量、投资、进度控制、施工合同管理及安全管理工作，协助建设单位进行工程的质量评定及验收签证复核等，编制水土保持监理总结报告1份。

（六）水土保持验收

受建设单位委托，江河水利水电咨询中心承担了水土保持设施技术验收的咨询和评估工作，2010年1月完成《浙江省曹娥江大闸枢纽工程水土保持设施验收技术评估报告》，2010年3月16日水利部在绍兴市主持召开了水土保持设施竣工验收会议，并同意通过水土保持设施竣工验收，2010年5月11日以"办水保函〔2010〕364号"文给予批复，水土保持设施正式投入运行。

（七）水土保持初期运行

2010年8月12日绍兴市曹娥江大闸管理局正式挂牌成立，水土保持设施竣工验收后由管理局进行运行管理。管理局下设的工程管理处、库区管理与开发经营处2个处（室）为水土保持设施管理职能处（室），主要负责水土保持设施管理、落实养护单位、制定养护考核管理办法以及对养护工作进行全过程监督、考核。

管理局紧紧围绕国家级水管单位创建目标，建立健全各项规章制度，积极推行"管养分离"，有序有效开展运行管理工作。通过招标方式实现水保设施养护的社会化、市场化和专业化。

五、水土保持效果

曹娥江大闸枢纽工程自竣工验收以来，水土保持设施安全、有效运行，各项工程和植物措施均较好地发挥了水土保持的功能。水土保持措施防治效果见图4.6-1。

六、水土保持后评价

（一）目标评价

1. 总体目标评价

曹娥江大闸枢纽工程自2008年12月18日正式下闸蓄水以来，在挡潮、排涝、水资源开发利用、水环境改善、航运等多个方面发挥了显著效益。特别是经受了每年历次台风的考验，下游两岸平原的防洪（潮）和排涝能力明显提高。截至2018年6月，大闸累计调度1740次，运行1458d，合计启闭闸门22144门次，共排水约392亿m³。

工程已先后获得浙江省建设工程"钱江杯"、中国建设工程鲁班奖、中国水利工程优质（大禹）奖、中国土木工程詹天佑奖、全国优秀水利水电工程勘测设计金奖、全国优秀工程勘察设计银奖、全国优秀工程咨询成果一等奖、国际咨询工程师联合会（FIDIC）优秀工程奖等。

2. 水土保持目标评价

曹娥江大闸枢纽工程建设过程中高度重视水土保持工作，依法履行水土流失防治义务，严格落实水土保持"三同时"制度，实现了水土保持工程和主体工程的同步推进，依法及时编报了水土保持方案，制定了一系列规章制度，将水土保持工程管理纳入工程建设管理体系和运行机制中，进行了水土保持专项补充设计，开展了水土保持监理、监测工作，有效地控制了水土流失，保证了水土保持措施的落实和水土流失防治目标的实现，建成的各项水土保持设施运行正常，管理维护责任落实，顺利通过了竣工验收，实现了水土保持、生态改善、环境美化与当地人文历史和自然景观的有机融合。

工程已先后被授予"国家水利风景区""全国生产建设项目水土保持示范工程""国家

(a) 曹娥江大闸下游鸟瞰实景

(b) 左岸堤防绿化

(c) 左岸堤防排水

(d) 导流堤绿化

(e) 导流堤排水

图 4.6-1　水土保持措施防治效果（照片由林洪　张博提供）

水土保持生态文明工程"等荣誉称号。

（二）过程评价

1. 设计过程评价

（1）水土保持设计。

1）防洪排导工程。左岸堤防及连接坝、导流堤、堵坝、办公管理区均设置混凝土排水沟或排水管、雨水井,总长5343m。排水沟根据地形自然放坡将雨水排入外江。

2) 斜坡防护工程。堤防、堵坝均有填方边坡,在边坡稳定分析的基础上,采用坡脚及坡面防护等措施。施工期间,边坡在稳定基础上优先采取植物护坡措施。

3) 土地整治工程。根据现场调查,工程征占地范围内对需要恢复植被的扰动及裸露土地及时进行了场地清理、平整、表土覆盖等整治措施。

4) 植被建设工程。根据现场调查,大闸左岸堤防迎水坡及背水坡、大闸办公管理区、导流堤、堵坝和堵坝右岸堤防迎水坡及背水坡等区域采取了植物措施。植物措施实施了园林式绿化,栽植的主要乔木有香樟、意杨、水杉、女贞、雪松、合欢、银杏、黄山栾树、无患子、广玉兰及榉树等;主要灌木有红叶李、海桐球、红叶石楠球、龙柏球、桃树、早樱、晚樱、紫薇、金桂、花石榴、滨海木槿、木芙蓉、冬青及夹竹桃等;植草种类为马尼拉、三叶草、百慕大、早熟禾、狗牙根及书带草等。乔木、灌木和草种面积按3:2:5的比例配置。

5) 临时防护工程。通过查阅相关资料,工程建设过程中,对临时堆放的土石料采取干砌石挡墙防护,施工围堰的内边坡采取撒播草籽绿化,围堰范围内的雨水在围堰低洼区沉淀后外排等措施。

6) 设计变更。考虑到曹娥江大闸枢纽工程地处杭州湾绍兴工业新城区核心区域及钱塘江南翼沿岸景观绿化带规划区,为了更好地与省、市区域规划相配套,进行生态水利建设,展现良好景观环境,树立浙江水利一流形象,借鉴国内外一流水利工程的成功经验,适当提升闸上建筑品位和档次,增加水土保持绿化面积。

(2) 水土保持设计评价。

1) 曹娥江大闸枢纽工程水土保持工程布置合理,工程等别、建筑物级别、洪水标准及地震设防烈度符合现行规范要求。

2) 曹娥江大闸枢纽工程水土保持工程运行多年以来,排水、坡脚、坡面防护等措施运行正常,设计标准合理。

3) 通过对项目区植被的调查,项目区设计,实施的乔、灌、草景观绿化成活率以及林草覆盖率均达到了设计水平。

4) 通过曹娥江大闸枢纽工程水土保持设施的实施,工程建设造成的水土流失得到治理,降低了因工程建设所造成的水土流失危害,达到了水土保持方案编制的预期效果。经过治理,扰动土地的整治率达到99.6%,水土流失总治理度达到99.3%,土壤流失控制比为1.8,拦渣率为99%,林草植被恢复率达到98.6%,林草覆盖率达到24%(该研究经调研林草覆盖率已达到36.41%)。

5) 曹娥江大闸枢纽工程在可行性研究阶段编制了水土保持方案,初步设计阶段设置了水土保持专章,施工图阶段补充进行了园林绿化设计,并根据主体工程优化、结合实际情况进行了弃渣场设计变更、绿化美化等。

综上所述,曹娥江大闸枢纽工程运用多年的监测资料表明,曹娥江大闸枢纽工程水土保持设计阶段合理,水土保持措施设计可行,水土保持效果明显。

根据现场调研,堵坝内河侧5.00~11.50m高程边坡坡比为1:5,较平缓,且坝顶和坝坡的集雨面积小,因此,建议修订《生产建设项目水土保持技术标准》(GB 50433—

2018）和《水利水电工程水土保持技术规范》（SL 575—2012）时，防洪排导工程在地形较缓或安全稳定的前提下，宜优先采取植物排水设施，以提高项目区的生态景观并减少工程设施的维护成本。

2. 施工过程评价

（1）水土保持施工。

1）采购招标。曹娥江大闸枢纽工程成立了工程招（投）标领导小组，对工程招（投）标过程中涉及的重大事项作出决策。按国家及部颁有关规定采用了公开招标方式招标，水土保持工程措施的设计、监理、施工单位与主体工程一同招标，水土保持绿化工程的设计、监理、施工单位单独招标。在招标工作中主要把好以下四关：①信息公开关；②招标文件关；③资格预审关；④开标评标监督关。同时制定了《非招标项目发包实施细则》，严格按细则规定程序组织开展非招标项目发包工作。

2）开工准备。工程建设管理组织实行以业主为中心、以设计为依托、以监理为保证、以质监为监督、以施工为主体的工程管理体系，落实项目法人责任制、工程建设监理制、工程招（投）标制、安全质量管理责任制。先后制定了《质量管理制度》《工程建设督查工作实施办法》《安全施工管理制度》《安全生产管理办法》《关于突发性安全事故应急救援的预案》《工程变更实施细则》等规章制度，通过制度和科学管理，做到工程建设全过程管理的规范化、标准化。明确工程的水土流失防治工作领导机构为绍兴市曹娥江大闸投资开发有限公司，日常管理由其下属的工程建设局负责。

3）合同管理。根据工程招（投）标结果，曹娥江大闸投资开发有限公司及时与选定的各中标单位签订合同，确立参建各方相互依存和制约的关系，明确各方的权利、义务和责任。建立完善的合同管理体系，保证合同的可操作性和执行的严肃性，通过合同管理实现工程建设总目标。工程实施中没有发生合同纠纷情况。

4）进度管理。根据工程现场实际情况及合同内容，严格审查施工组织设计的可行性、合理性，重点对各分部工程进度安排的审查，明确控制节点。工程进度以"节点"为目标，对施工过程中各工序的衔接及时调整、纠偏，加强工程的计划管理工作，及时督查参建单位施工力量的投入、技术措施完善情况。开展"节点考核""立功竞赛"活动，充分调动参建单位的积极性，促使施工进度在确保工程质量的前提下有序推进。

5）资金管理。建立财务管理制度，落实责任制，明确分工，并制定工程建设资金管理办法。对建设资金实行专项专户存储、专款专用。根据合同款项，本着客观、真实反映施工实际进度的原则，要求施工单位根据现场记录及评定情况，在每月26日前按本月完成的工程量情况填报月支付工程量资金结算申报表，经项目监理组长及专业监理工程师审核后，由总监理工程师审定签批，作为工程进度付款的依据。

6）质量管理。曹娥江大闸枢纽工程建立了"业主负责、施工保证、监理控制、政府监督"的质量管理体系；公司设立工程质量安全管理委员会，负责曹娥江大闸枢纽工程的全面质量管理工作，检查、督促、协调、指导参建各方开展质量管理活动；成立工程建设督查组，全权负责对设计、施工、主材供应商、监理、监造及工程现场施工质量、安全生产的监督、考核和指导、服务工作；通过组织开展科研试验和技术攻关、"创鲁班奖"活动、专家组活动、立功竞赛、定期督促检查考核等有效手段，树立"细节决定成败"的意识，抓牢工程建设中的过程管理、细节控制及质量检查等每个环节，严格质量管理不放松，确保质量"百年大计"。

7）水土保持监理。工程措施和植物措施由不同的监理单位承担，4家监理单位均组建了工程监理部，实行总监理工程师负责制，配备各专业监理人员和设备，遵循"独立、公正、科学、服务"的监理宗旨，制订并严格执行技术文件审核审批制度、原材料检验制度、工程质量检验制度、工程计量付款签证制度、会议制度、施工现场紧急情况报告制度、工作报告制度、工程验收制度、监理程序化制度等，对工程的施工和验收进行全面有效的监督、检查，促使施工质量达到规范及合同标准，工期控制在合同工期内，工程投资不超合同价，工程实现安全零事故。

8）水土保持监测。水土保持方案批复后及时委托开展水土保持监测，监测单位按照开发建设项目水土保持监测规程规范的监测频次、方法、内容进行监测，监测点位涵盖了采取水土保持措施的所有区域，监测内容包括防治责任范围监测、扰动地表动态监测、取土弃渣动态监测、水土流失防治动态监测、土壤流失量动态监测、降雨量动态监测，监测频次为每年汛期每月1次，非汛期2个月1次，24h降雨量大于50mm的暴雨加测至少1次。通过监测落实了水土保持方案和设计中的各项水土保持措施，有效防治了施工期和运行初期的水土流失，减少了工程施工对周边环境的不利影响，为水土保持设施验收提供了科学依据。

9）新技术、新工艺、新材料应用。工程建设中，采用了现代化机械设备，提高了生产效率，减少了地面扰动，缩短了临时堆渣和施工场地裸露时间，控制了施工期水土流失；在海水倒灌盐碱区域，铺覆酸性土改良土壤，提高了植物存活率；以生态型、文化型、景观型水利工程为目标，以传承绍兴特色水文化为主线，将绍兴先贤的治水精神、古代水利工程用当地大石材的建筑风格、古三江闸的"应宿"文化等有机融合，实施了文化镌刻、景石点缀、碑亭建设、大条石护坡、饰面等水文化工程，实现现代与传统相结合，功能与景观相结合，水利与文化相结合，提升了工程品位。

（2）水土保持施工评价。

水土保持设施验收结论：建设单位依法编报了水土保持方案，进行了水土保持专项补充设计，优化了施工工艺，开展了水土保持监理、监测工作，实施了水土保持方案确定的各项防治措施，完成了水利部批复的防治任务，较好地控制和减少了工程建设中的水土流失，水土流失防治指标达到了《开发建设项目水土流失防治标准》（GB 50434—2008）要求的一级防治标准，建成的各项水土保持设施质量合格。

竣工验收结论：浙江省曹娥江大闸枢纽工程已按照批准的设计规模、标准和建设内容完成，规划设计合理，建设管理规范有序，科技创新成效显著，工程质量合格，环境优美，财务管理规范，投资控制合理。

综上所述，曹娥江大闸枢纽工程建设单位在工程施工期间高度重视水土流失防治，由专门的职能处（室）负责日常水土保持工作，严格采用招投标的形式确定施工单位，保障了水土保持措施的质量和效果。各项管理制度健全、规范，建设投资到位，确保了水土保持"三同时"制度的有效落实。水土保持工程措施和植物措施由不同的监理单位承担，水土保持监测方法、频次合适，及时掌握施工期间的水土流失状况和防治效果。将水土保持、生态景观与人文历史相结合的治理模式，对类似工程建设具有较强的借鉴作用。

3. 运行过程评价

（1）水土保持运行。

1）水土保持验收提出的遗留问题。右岸管理区主体工程未实施，建设时对开挖土石方合理利用，堆土及时采取临时措施，施工结束后对可绿化面积及时绿化。运行期加强抚育管理，对部分生长不良的树种进行更换，对降雨产生的坡面小冲沟及时平整绿化，确保植物措施发挥长期保持水土、美化环境的目的。

水土保持验收后右岸管理区未进行土石方挖填等建设活动，与整个工程的绿化范围一起由养护单位进行日常的抚育管理，包括浇灌、施肥、防虫除草、枯死树木迁移、补植、松土、修剪、支撑等，确保植被成活率，达到了保持水土、美化环境的作用。

2）运行管理。绍兴市曹娥江大闸管理局通过招标方式择优确定绿化养护、工程保洁、水工维修、海塘堤防养护、防汛抢险等专业养护单位，实现工程养护的社会化、市场化、专业化，每年与绿化养护单位签订协议书，明确绿化养护范围、要求及考核办法。目前的绿化日常管理养护单位为绍兴华绿园林建设有限公司和绍兴绿叶园林建设有限公司。竣工验收以来，水土保持设施养护费用约 200 万元/a。截至目前，曹娥江大闸枢纽工程以中国第一河口大闸的影响力，水利工程和生态景观、现代文明和历史文化完美结合的独特风采，吸引着国内众多游客和社会各界人士前来视察、参观和游览。据不完全统计，已参观人数达 40 余万人。

（2）水土保持运行评价。曹娥江大闸枢纽工程运行机构、管理制度健全，管理维护责任以及水土保持设施验收遗留问题已落实，积极推行"管养分离"是水土保持生态建设可持续发展的保障。目前水土保持设施完好，养护到位，运行情况良好。

（三）效果评价

工程水土保持效果评价依据《大型水利水电工程水土保持调研与后评估工作大纲》开展工作，根据大纲规定的评价指标体系构建原则，建立了以植被恢复效果、水土保持效果、景观提升效果、环境改善效果、安全防护效果、社会经济效果为指标层的评价指标体系。

1. 植被恢复效果

根据实际情况，项目选取林草覆盖率、植被多样性指数、乡土树种比例、单位面积枯枝落叶层和郁闭度作为植被恢复效果的评价指标。

（1）林草覆盖率。林草覆盖率指工程建设征占地范围内乔木林、灌木林与草地等林草植被面积之和占征占地土地面积的百分比。通过统计征占地范围内乔木林、灌木林与草地面积计算获取。

项目组于 2018 年 7 月 3 日对曹娥江大闸枢纽工程管理范围进行了无人机航拍摄影，获取了千余幅项目区正射影像，经过拼接处理后与项目区管理范围图相叠加，通过测量得出项目区林草植被面积共计 103.71hm²，项目区总面积 284.82hm²，故项目区林草覆盖率达到 36.41%（高于水土保持设施竣工验收时的监测值）。

（2）植被多样性指数。植物多样性指数指工程建设征占地范围内单位面积上的植物种类。通过查阅相关统计资料，分析研究获取。

项目组通过收集曹娥江大闸枢纽工程各区域绿化苗木清单，汇总统计后得出项目区苗木总数共计 433542 株，其中乔木 96049 株，主要包括意杨、水杉、银杏、无患子、大叶女贞、桂花、香樟、樱花等 44 种，灌木 232930 株，主要包括夹竹桃、金叶女贞、月季、珊瑚树、八仙花、南天竹、小叶扶芳藤、云南黄馨等 27 种，草本植物（竹类）104563 株，主要包括书带草、兰花三七、鸢尾、花叶美人蕉、花叶芦竹、荷花、睡莲等 20 种。此外，另有早熟禾、狗牙根、白三叶、百慕大等各类草坪 89395m^2。

根据上述资料并参考相关标准，经过分析计算确定项目区植被多样性指数为 55。

（3）乡土树种比例。乡土树种比例指工程建设征占地范围内乡土树种的造林数量之和占所有造林树种数量的比例。通过查阅相关统计资料，分析研究获取。

根据项目区种植的绿化苗木清单，参考绍兴地区的林业资料，筛选出在该地区天然分布树种或者已引种多年且在本地一直表现良好的外来树种，采用乡土树种数量与所有造林树种数量的比值得出，经计算乡土树种的比例达 69%。

（4）单位面积枯枝落叶层。单位面积枯枝落叶层指工程建设征占地范围内单位面积上枯枝落叶的厚度。通过查阅相关统计资料，分析研究获取。

项目组通过在项目区选择的左岸上游堤防、导流堤、堵坝、右岸堤防、左岸下游堤防及管理区等 6 处林地下方采样点的测量数据，将各组数据计算平均值，得出项目区单位面积枯枝落叶层厚度为 1.80cm。

（5）郁闭度。郁闭度指工程建设征占地范围内乔木树冠在阳光直射下在地面的总投影面积（冠幅）与林地总面积的比。

通过无人机航拍摄影获得的项目区正射影像图与项目区管理范围图相叠加，勾绘所有乔木树冠范围，将面积相加后与林地面积的比值即为项目区郁闭度。经过测算，项目区林木郁闭度为 0.28。

曹娥江大闸枢纽工程植被恢复效果评价指标见表 4.6-1。

表 4.6-1   **曹娥江大闸枢纽工程植被恢复效果评价指标**

评价内容	评价指标	结 果
植被恢复效果	林草覆盖率	36.41%
	植被多样性指数	55
	乡土树种比例	0.69
	单位面积枯枝落叶层	1.80cm
	郁闭度	0.28

2. 水土保持效果

项目选取表土层厚度、土壤有机质含量、地表硬化率和不同侵蚀强度面积比例作为水土保持效果的评价指标。

（1）表土层厚度。表土层厚度指工程建设征占地范围内耕作层土壤厚度。通过调查分析获取。通过查阅相关资料，曹娥江大闸绿化区域覆土厚度基本为 30~50cm，经过现场开挖量测，项目区平均表土层厚度为 35cm。

（2）土壤有机质含量。土壤有机质含量指工程建设征占地范围内单位体积土壤中含有的含碳物质的数量。通过查阅相关统计资料，分析研究获取。

项目组在曹娥江大闸枢纽工程范围内选择了左岸上游堤防、导流堤、堵坝、右岸堤防、左岸下游堤防及管理区等 6 处具有代表性的区域，在其绿化区内设置采样点，通过环刀采样、密封袋保存的方式获取土样，后期经过土工实验室分析检测，得出 6 组土样的平均土壤有机质含量为 0.97%。

（3）地表硬化率。地表硬化率指工程建设征占地范围内硬化地表面积之和占征占地土地面积的百分比。通过查阅相关统计资料，分析研究获取。

根据现场调研，项目区建筑物、道路、广场等未采取绿化的区域均采用混凝土、沥青混凝土或透水砖等方式进行了硬化。通过对项目区地表硬化面积的统计计算，得出项目区地表硬化率为 63.59%。

（4）不同侵蚀强度面积比例。不同侵蚀强度面积比例指工程建设征占地范围内轻度、中度、强烈、极强烈和剧烈侵蚀强度水土流失面积占总面积的比例。通过查阅相关统计资料，分析研究获取。

通过现场调研，曹娥江大闸枢纽工程实施的工程措施、植物措施等运行状况良好。根据现场水土保持监测统计，工程施工期间土壤侵蚀量为 7.89 万 t，项目区平均土壤侵蚀模数为 699t/(km²·a)；通过各项水土保持措施的实施，至运行期项目区土壤侵蚀模数为 277t/(km²·a)，使得项目建设区的原有水土流失基本得到治理，达到了固土保水的目的。根据统计分析，项目区不同侵蚀强度面积比例达 93.93%。

曹娥江大闸枢纽工程水土保持效果评价指标见表 4.6-2。

表 4.6-2　　　　　　　　曹娥江大闸枢纽工程水土保持效果评价指标

评价内容	评价指标	结果
水土保持效果	表土层厚度	35cm
	土壤有机质含量	0.97%
	地表硬化率	63.59%
	不同侵蚀强度面积比例	93.93%

3. 景观提升效果

曹娥江大闸枢纽工程在进行植被恢复的同时考虑后期绿化的景观效果，采取了乔、灌、草相结合的复层绿化带，形成绿色长廊，在管理区、节点重点部位实施水土保持功能为主的绿化景观建设，形成点、线、面相结合的水土保持绿化防护体系，对改善生态、保持水土发挥着重要的作用。

项目选取美景度、常绿、落叶树种比例和观赏植物季相多样性作为景观提升效果的评价指标。

（1）美景度。美景度指群众对工程建设征占地范围内景观美丽程度的认可程度。通过向游客调查的方法获取。将美景度最高赋值为 10，由游客对项目区植被建设美景度进行打分，根据打分情况经过平均计算获得。

项目组在现场附近发放了公众满意度调查表共计 40 份，其中团体调查表 10 份，个人调查表 30 份，调查表全部收回，从公众对项目美景度的反馈情况来看，绝大部分对于项目的景观效果非常认可，美景度的平均值达 9.65。

（2）常绿、落叶树种比例。常落树种比例指工程建设征占地范围内所有造林树种中常绿树种数量与常绿及落叶树种数量总和之比。通过查阅相关统计资料，分析研究获取。

利用收集到的项目绿化苗木清单，经过统计分析，项目区常绿树种数量为 214520 株，落叶树种数量为 114459 株，故项目区常绿、落叶树种比例为 65％。

（3）观赏植物季相多样性。观赏植物季相多样性指工程建设征占地范围内所有植被中春景植物、夏景植物、秋景植物和冬景植物的数量占植被总数量之比。用 Simpson 多样性指数（λ）表示。

$$\lambda = 1 - \sum P_i^2 \tag{4.6-1}$$

式中：P_i 为各类树种量占造林树种总量之比。

参考《浙江植物志》统计各造林树种分别属于春景植物、夏景植物、秋景植物和冬景植物的数量，用 Simpson 多样性指数计算观赏植物季相多样性。经过计算，项目区观赏植物季相多样性为 0.62。

曹娥江大闸枢纽工程景观提升效果评价指标见表 4.6-3。

表 4.6-3　　　　曹娥江大闸枢纽工程景观提升效果评价指标

评价内容	评价指标	结　果
景观提升效果	美景度	9.65
	常绿、落叶树种比例	65％
	观赏植物季相多样性	0.62

4. 环境改善效果

项目选取负氧离子浓度和 SO_2 吸收量作为环境改善效果的评价指标。

（1）负氧离子浓度。负氧离子浓度指在单位体积中负氧离子的含量个数，它是空气质量好坏的标志之一。通过查阅相关统计资料，分析研究获取。

根据相关研究资料，植物园平均负氧离子浓度约 2549 个/cm^3，水域附近平均负氧离子浓度约 2648 个/cm^3，林地附近平均负氧离子浓度约 1343 个/cm^3。按照项目实际情况估算，工程区内负氧离子浓度约为 2200 个/cm^3。

（2）SO_2 吸收量。SO_2 吸收量指叶片单位面积的含硫量。可取乔木、灌木树叶，通过实验测定叶片含硫量。

由于目前缺乏相关的检测数据，项目组通过查阅相关研究资料，收集主要树种叶片对 SO_2 的吸收量，据此估算项目区绿化植物 SO_2 吸收量为 0.32g/m^2。

曹娥江大闸枢纽工程环境改善效果评价指标见表 4.6-4。

表 4.6-4　　　　曹娥江大闸枢纽工程环境改善效果评价指标

评价内容	评价指标	结　果
环境改善效果	负氧离子浓度	2200 个/cm^3
	SO_2 吸收量	0.32g/m^2

5. 安全防护效果

项目选取拦渣设施完好率和渣（料）场安全稳定运行情况作为环境改善效果的评价

指标。

(1) 拦渣设施完好率。拦渣设施完好率指建成的拦渣防护设施中，能有效发挥拦渣功能的数量（线性工程按长度、点状工程按面积）占总拦渣设施数量的比例。通过查阅相关统计资料，分析研究获取。

经调查了解，项目建设期间未设置弃土场，工程运行以来，未发生水土流失危害事故，各处拦挡及截（排）水设施整体完好，运行正常，拦渣率达到了99%。

(2) 渣（料）场安全稳定运行情况。渣（料）场安全稳定运行情况指渣（料）场已经稳定运行的时间、发挥的相关作用等情况，对发生安全事故的应单独分析。通过查阅相关统计资料，分析研究获取。

根据曹娥江大闸枢纽工程水土保持设施验收技术评估报告，项目未设弃土场，土料场位于堵坝北侧的滩涂上和堵坝上游曹娥江河道中，取土采用泥浆泵吹填，石料从市场购买。渣（料）场运行期间未发生安全事故，整体稳定性好。

曹娥江大闸枢纽工程安全防护效果评价指标见表4.6-5。

表4.6-5 曹娥江大闸枢纽工程安全防护效果评价指标

评价内容	评价指标	结 果
安全防护效果	拦渣设施完好率	99%
	渣（料）场安全稳定运行情况	很稳定

6. 社会经济效果

项目选取促进经济发展方式转变程度和居民水保意识提高程度作为环境改善效果的评价指标。

(1) 促进经济发展方式转变程度。曹娥江大闸位于曹娥江河口，闸址距绍兴市区约30km，是我国强涌潮河口地区第一大闸，曹娥江大闸枢纽工程可阻挡钱塘江河口风暴潮内侵，提高防洪排涝标准，提高曹娥江水资源的利用率，改善了航运条件。另外，曹娥江大闸枢纽工程的建成也改善了两岸平原河网水环境和两岸围垦区的投资环境。

通过闸区绿化美化，进一步提升大闸营商环境，逐步拓展大闸水文化产业开发建设。曹娥江游艇度假酒店营业，全地形车（ATV）越野赛道投入运行，浙江军旅文化园开园营业，建设房车营地，举办观潮节，打造旅游度假区，充分展示大闸水文化内涵，使国家水利风景区功能得到进一步开发。推进水域开发，闸区内游艇母港一期已经建成，举办曹娥江国际摩托艇公开赛，摩托艇培训基地在大闸挂牌，引进帆船训练与比赛项目，将曹娥江大闸景区打造成长江三角洲地区知名水上运动休闲基地和国际摩托艇竞技胜地。随着曹娥江大闸枢纽工程水利风景旅游业的发展，明显带动了绍兴市旅游业的发展，根据近年相关统计，绍兴市旅游业年均增长在10%以上。旅游开发增加了当地人民群众的经济来源，经济效益显著。

(2) 居民水保意识提高程度。曹娥江大闸枢纽工程不仅在工程建设与运行管理方面处在前列，而且在水文化建设方面特色鲜明、影响广泛。工程先后荣获鲁班奖、大禹奖、詹天佑奖、大禹水利科技特等奖，还被授予"国家水土保持生态文明工程""国家水利风景区"等荣誉称号。依照曹娥江大闸水利风景区的服务接待能力以及景区的发展水平来看，随着旅游的持续开发，未来年容纳量可以达到 30 万人次以上。

工程建设过程中各项水土保持措施的实施，在有效防治工程建设引起的水土流失、给当地居民带来直接经济效益的同时，将水土保持理念及意识在当地居民中树立了起来，使得当地居民在一定程度上认识到水土保持工作与他们的生活息息相关，提高了当地居民对水土保持、水土流失治理、保护环境等的意识强度，在其生产生活过程中自觉科学地采取有效措施进行水土流失防治和保护环境，利用水土保持知识进行科学生产，引导当地生态环境进一步向更好的方向发展。

曹娥江大闸枢纽工程社会经济效果评价指标见表 4.6-6。

表 4.6-6　　　　　　　　曹娥江大闸枢纽工程社会经济效果评价指标

评价内容	评价指标	结　果
社会经济效果	促进经济发展方式转变程度	良好
	居民水保意识提高程度	好

7. 水土保持效果综合评价

根据各指标变量对照《大型水利水电工程水土保持调研与后评估工作大纲》中的效果评价指标表，判断好坏区间并进行打分（表 4.6-7），通过建立的评价体系对曹娥江大闸枢纽工程水土保持效果进行总体评价（表 4.6-8）。从评价结果可以看出，总体得分为84.12，水土保持效果处于良好水平。

表 4.6-7　　　　　　　　　　评价指标打分表

标准层	变　量　层	总　体　评　价					分数
		好	良好	一般	较差	差	
植被恢复效果	林草覆盖率	√					100
	植物多样性指数		√				88
	乡土树种比例		√				85
	单位面积枯枝落叶层		√				86
	郁闭度			√			68
水土保持效果	表土层厚度			√			65
	土壤有机质含量				√		58
	地表硬化率	√					100
	不同侵蚀强度面积比例		√				89
景观提升效果	美景度	√					100
	常绿、落叶树种比例	√					100
	观赏植物季相多样性		√				81
环境改善效果	负氧离子浓度			√			63
	SO₂ 吸收量		√				81
安全防护效果	拦渣设施完好率	√					100
	渣（料）场安全稳定运行情况	√					95

续表

标准层	变量层	总体评价					分数
		好	良好	一般	较差	差	
社会经济效果	促进经济发展方式转变程度		√				85
	居民水保意识提高程度	√					90

注 打分原则按照"好—90~100分""良好—80~90分""一般—60~80分""较差—40~60分""差—0~40分"计算各变量分数。

表 4.6-8　　　　　　　　　　水土保持效果评价结果

目标层	标准层	变量层	权重	分数	加权得分
曹娥江大闸枢纽工程水土保持效果	植被恢复效果	林草覆盖率	0.0809	100	8.09
		植物多样性指数	0.0199	88	1.75
		乡土树种比例	0.0159	85	1.35
		单位面积枯枝落叶层	0.0073	86	0.63
		郁闭度	0.0822	68	5.59
	水土保持效果	表土层厚度	0.0436	65	2.83
		土壤有机质含量	0.1139	58	6.61
		地表硬化率	0.014	100	1.40
		不同侵蚀强度面积比例	0.0347	89	3.09
	景观提升效果	美景度	0.0196	100	1.96
		常绿、落叶树种比例	0.0032	100	0.32
		观赏植物季相多样性	0.0079	81	0.64
	环境改善效果	负氧离子浓度	0.0459	63	2.89
		SO_2 吸收量	0.0919	81	7.44
	安全防护效果	拦渣设施完好率	0.0542	100	5.42
		渣（料）场安全稳定运行情况	0.2711	95	25.75
	社会经济效果	促进经济发展方式转变程度	0.0188	85	1.60
		居民水保意识提高程度	0.0751	90	6.76
		综合得分			84.12

七、结论及建议

（一）结论

曹娥江大闸枢纽工程建设过程中高度重视水土保持工作，依法履行水土流失防治义务，严格落实水土保持"三同时"制度，实现了水土保持工程和主体工程的同步推进，依法及时编报了水土保持方案，制定了一系列规章制度，将水土保持工程管理纳入工程建设管理体系和运行机制中，进行了水土保持专项补充设计，开展了水土保持监理、监测工作，有效地控制了水土流失，保证了水土保持措施的落实和水土流失防治目标的实现。建成的各项水土保持设施运行正常，管理维护责任落实到位，顺利通过了水土保持设施竣工验收，实现了水土保持、生态改善、环境美化与当地人文历史和自然景观的有机融合。

2011年2月23日，水利部以"水保〔2011〕67号"文命名浙江省曹娥江大闸枢纽工程为"全国生产建设项目水土保持示范工程"，2012年8月25日，该工程又通过了水利部组织的"国家水土保持生态文明工程"专家评审会，在水土保持行业内具有良好的引领和示范作用。

（1）工程运用多年来的监测资料表明，曹娥江大闸枢纽工程水土保持设计阶段合理，水土保持措施设计可行，水土保持效果明显。

（2）建设单位在工程施工期间高度重视水土流失防治，由专门的职能处（室）负责日常水土保持工作，严格采用招（投）标的形式确定施工单位，保障了水土保持措施的质量和效果。各项管理制度健全、规范，建设投资到位，确保了水土保持"三同时"制度的有效落实。水土保持工程措施和植物措施由不同的监理单位承担，水土保持监测方法、频次合适，及时掌握施工期间的水土流失状况和防治效果。将水土保持、生态景观与人文历史相结合的治理模式，对类似工程建设具有较强的借鉴作用。

（3）工程运行机构、管理制度健全，管理维护责任以及水土保持设施验收遗留问题已落实，积极推行"管养分离"是水土保持生态建设可持续发展的保障。目前水土保持设施完好，养护到位，运行情况良好。

（二）成功经验

（1）施工围堰形成后即在其内边坡采取撒播草籽绿化，对防治施工期的水土流失起到至关重要的作用，有效地控制了工程施工对周边环境的不利影响。

（2）植物措施实施前，根据堤防、堵坝吹填土方偏碱性问题，覆盖酸性土壤进行改良，提高了植物成活率及水土流失防治效果。经过多年的养护管理，林草覆盖率逐步提高，已高于水土保持设施竣工验收时的监测值。

（3）开创性地提出并成功实践了工程、环境、生态、景观、人文"五位一体"的水利工程建设理念，构建了人水和谐的水生态与水文化体系，不仅增添了文化内涵，更提升了工程品位。2010年12月15日，水利部以"水事业〔2010〕541号"文评定曹娥江大闸为"国家水利风景区"。

（三）建议

（1）建议修订《生产建设项目水土保持技术标准》和《水利水电工程水土保持技术规范》时，防洪排导工程在地形较缓或安全稳定的前提下，宜优先采取植物排水设施，以提高项目区的生态景观，并减少工程设施的维护成本。

（2）经现场采样检测，平均土壤有机质含量较低，一般上边坡要低于下边坡，多年的降雨径流侵蚀使上边坡土壤变薄，土质变差，林草覆盖率降低。建议在设计和施工时需重视上边坡覆土厚度，并根据地形设置一定数量的纵向排水设施（工程宜采取植物排水设施），以取得较好的全坡面保土效果，有利于植物生长。

案例7 湖南黑麋峰抽水蓄能电站

一、项目概况

黑麋峰抽水蓄能电站位于湖南省长沙市望城区（原望城县）桥驿镇境内，距长沙市区

25km，为日调节纯抽水蓄能电站。电站安装 4 台容量 300MW 的可逆式水泵水轮发电电动机组，总装机容量 1200MW。黑麋峰抽水蓄能电站是解决华中、湖南电网季不均衡负荷的经济途径，电站建成后既能有效解决湖南最大的用电负荷中心城市——省会长沙无支撑电源、电网运行安全稳定性受到威胁的问题，也能有效地缓解湖南电网突出的汛期调峰矛盾，提高电网供电质量以及对三峡和西电（金沙江水电）的吸纳能力，改善系统水、火电运行工况，节省煤耗，减少污染，促进湖南经济的可持续发展，经济和社会效益十分显著。

（一）主要建设内容及建设工期

黑麋峰抽水蓄能电站为Ⅰ等大（1）型工程，枢纽布置主要由上水库枢纽建筑物、输水系统、地下厂房系统和下水库枢纽建筑物组成。上水库主坝 1 横跨水库区主冲沟，主坝 2 横跨长冲冲沟。主坝坝型采用钢筋混凝土面板堆石坝，最大坝高（主坝 1/主坝 2）69.50m/59.50m，坝顶宽度 7.5m，坝顶长度（主坝 1/主坝 2）318m/306m；下水库大坝也采用钢筋混凝土面板堆石坝，坝顶高程为 107.50m，最大坝高 79.5m，坝顶宽度 7.5m，坝顶长度 378m；地下厂房系统布置在下水库杨桥电站东南方向山体内。地下厂房共安装 4 台单机容量 30 万 kW 的可逆式水泵水轮机，一期工程安装 2 台。电站上水库集雨面积 1.12km²，下水库集雨面积 11.20km²（含上游已建湖溪冲水库 3.80km²）。上水库正常蓄水位 400.00m，相应水库面积为 40.41hm²；下水库正常蓄水位 103.70m，相应水库面积 32.30hm²。电站设计年发电量 16.06 亿 kW·h，年抽水耗用低谷电量 21.41 亿 kW·h。工程开发的主要目的是承担湖南省电网的调峰、填谷、调频、调相和事故备用等任务。

黑麋峰抽水蓄能电站总工期为 5 年 6 个月。

工程输水发电系统工程（Ⅰ标）和上、下水库工程（Ⅱ标）分别于 2005 年 4 月 28 日和 5 月 8 日相继开工，并于 2005 年 11 月 1 日实现下库截流，2007 年 8 月实现上、下水库蓄水，2009 年 6 月工程首台机组投产发电，至 2010 年，电站全部 4 台机组完成并网发电。

（二）项目实施

工程输水发电系统工程（Ⅰ标）由五凌电力有限公司于 2005 年 1 月招标，上、下水库工程（Ⅱ标）由五凌电力有限公司于 2004 年 12 月招标。

黑麋峰抽水蓄能电站建设单位为五凌电力有限公司，主体工程设计单位为中国水电顾问集团中南勘测设计研究院（后更名为"中国电建集团中南勘测设计研究院有限公司"），运行管理单位为黑麋峰抽水蓄能电厂，工程质量监督单位为湖南省电力建设工程质量监督中心站，主体及水土保持监理单位为中国水利水电建设工程咨询中南有限公司，水土保持监测单位为湖南省水土保持监测总站。主要施工单位包括中国水利水电第十二工程局、中国水利水电第八工程局、中国葛洲坝水利水电工程集团有限公司等，水土保持植物措施施工单位主要有湖南嘉达工程有限公司、湖南常德五强物业管理有限公司、长沙市建筑安装工程公司、湖南新光工程有限公司等。

项目前期筹建工程包括对外交通、场内交通、①号施工支洞、②号施工支洞、进场交通洞、施工供电设施、施工场地征地移民等项目。

（三）工程投资

黑麋峰电站由五凌电力有限公司投资建设，工程总投资34.29亿元，其水土保持工程所需资金全部在基建投资中列支。根据批复的《湖南省黑麋峰抽水蓄能电站水土保持方案报告书》，水土保持方案设计估算总投资7198.60万元，其中主体工程中已列投资5743.55万元，方案新增投资1455.05万元。方案新增投资中，工程措施投资459.74万元，植物措施投资547.33万元，施工临时工程费20.14万元，独立费用233.81万元，基本预备费37.83万元，水土保持补偿费156.20万元。

二、项目区概况

黑麋峰抽水蓄能电站位于湖南省长沙市望城区（原望城县）桥驿镇境内，上水库位于黑麋峰西侧坡麓的五家冲、易家冲和长冲凹地，处于省级森林公园——黑麋峰森林公园风景区内；下水库位于杨桥东侧湖溪冲沟。

工程区属低山丘陵地貌，总体地势东高西低，东、西部地表高差达300m以上。东部山脊高程多在395.00m以上，黑麋峰最高峰高程587.20m；西部山脊高程多在125.00m以上，最低湖溪冲海拔50.00～55.00m。工程区内溪沟发育，溪沟展布方向以NE、NNE向为主，最大溪流湖溪冲系湘江支流沙河（位于工程区西）的次级支流，其溪流总体流向S50°～60°W，枯水期其水面宽2～5m；次为工程区东部上水库主冲沟，该冲沟呈N30°～60°W展布，流入湖溪冲。工程区地震基本烈度为Ⅵ度。

工程区属中亚热带湿润季风气候区，具有四季分明，雨量充沛、降水集中、暑热期长、严寒期短的特点。根据流域周边各气象站资料统计，该区多年平均日照1610h，多年平均气温17.2℃，多年平均年降水量1443.6mm，汛期3—8月降水量占全年的70%以上，无霜期270d，平均相对湿度80%。该区附近的罗汉庄站实测最大24h降水量为218.3mm，暴雨历时一般为1～3d，最长5d。工程上、下水库流域洪水由降雨形成，且与暴雨同期产生。上水库集雨面积1.12km²，据调查，沟内水流量平常很小，且随降雨而变化，多雨和暴雨季节沟内水量较大，少雨和干旱季节沟内水量较小甚至干枯；下水库集雨面积11.20km²，沟内长年有水，径流最后流入湘江的支流沙河。

电站上、下水库均处于黑麋峰森林公园，流域植被条件良好，水库泥沙量很小，上、下水库多年平均含量仅为0.134kg/m³，年均输沙量分别为119t和1190t。

电站上水库成土母质为花岗岩风化物，发育形成的山地土壤为花岗岩红壤土属，麻砂土和黄砂土等土种；下水库多为板页岩和花岗岩风化物母质，发育形成的山地土壤为板页岩红壤与花岗红壤，黄泥土和黄砂土。土壤质地疏松，抗蚀能力较差，土壤肥力状况中等，其中有机质、全氮及碱解氮的含量中等，全磷、全钾等含量则普遍偏低。电站上、下水库所在地桥驿镇，在土壤与土地资源利用中林地所占比重较大，为44.33%，其次为耕地占28.70%，建设用地占11.20%。

工程区所在地黑麋峰森林公园的森林主要由以杉木、马尾松为主的人工林和少量次生林以及大面积的毛竹组成，森林覆盖率达82%。典型的地带性顶极群落为常绿阔叶林。由于长期开发利用，地带性植被基本上不复存在。现存的主要植被类型有：马尾松群系、杉木群系、火炬松群系、檫木杉木群系、青冈栎群系、毛竹群系等，共有植物（含栽培）124科438属651种。

三、工程建设目标

通过科学的管理，将水土保持措施全面落实，水土保持工程质量优良，水土保持投资控制在工程概算范围内，水土流失得到有效控制，水土保持指标均达到设计值，项目区生态环境得到明显改善，实现"一流工程、一流环境"的目标。

四、水土保持实施过程

（一）水土保持设计情况

五凌电力有限公司委托中国水电顾问集团中南勘测设计研究院承担了该项目的水土保持方案报告书编制工作。2004 年 5 月 27 日，水电水利规划设计总院组织有关专家对《湖南省黑麋峰抽水蓄能电站水土保持方案报告书》进行了审查，2004 年 11 月 3 日，水利部以"水函〔2004〕203 号"文对该方案报告书进行了批复。

根据水利部《关于湖南省黑麋峰抽水蓄能电站水土保持方案的复函》（水函〔2004〕203 号）以及《湖南省黑麋峰抽水蓄能电站水土保持方案报告书》，湖南省黑麋峰抽水蓄能电站的水土流失防治责任范围为 178.48hm^2。其中，项目建设区防治责任范围面积为 146.87hm^2，直接影响区 31.61hm^2。

1. 主体工程中的水土保持措施

（1）永久工程占地区水土保持措施。工程上、下水库永久工程占地面积 32.67hm^2，厂坝永久建筑物防治区分为上、下水库，上水库主要包括主、副坝边坡开挖区、进（出）水口裸露面开挖区；下水库主要包括大坝开挖区、进（出）水口裸露面开挖区、右岸地面副厂房开挖区、进场交通洞裸露面开挖区。主体工程设计中对不稳定边坡已采取了钢筋混凝土衬护、挂网喷混凝土、坡面截（排）水沟及坡体排水、边坡锚固等工程措施加固岩体，从水土保持角度分析完全满足防护要求。

（2）厂内施工道路防治区。主体工程设计中，对混凝土路面结构道路路基路面排水、边坡防护及支护已采取措施，其防护措施满足水土保持要求，该方案不再重复设计。通过对道路施工规划分析，场内道路修筑过程土石方开挖优先进行回填，多余的开挖方就近运送至常家冲、湖溪冲弃渣场堆放。

（3）弃渣场水土保持措施。弃渣场的防护主要是坡脚防护和坡面防护，坡脚防护主要采用浆砌石或混凝土挡渣墙；坡面防护采用干砌石防护。弃渣场以沟底设排水盲沟和渣场顶部及马道设截（排）水沟的综合排水方式进行排水。

（4）施工生活区水土保持措施。施工生活及附属设施建设初期应考虑与黑麋峰森林景观的协调性，需对原地面进行场地平整后布设房建和加工系统，场地平整过程产生的弃渣及时清运至弃渣场堆放，开挖或回填形成的边坡采取临时防护措施，部分易发生水土流失危害的坡段采取削级或支护处理，施工场地周边及场内布设临时截（排）水措施，防止施工期内发生水土流失危害。

（5）对外交通区水土保持措施。为了减少道路沿线的征地和拆迁，交通干线在现有机耕道的路面上扩建而成，公路大部分路段经过稻田，公路路面比较平坦，公路沿线路基多为填方，局部为挖方，挖方路段开挖边坡一般较小。根据公路设计规程规范要求，设计中已考虑公路两侧边坡采取护坡、挡墙、设置排水设施等防护措施，该措施的实施可满足水土保持要求。

2. 方案新增水土保持工程措施

（1）永久占地区水土保持措施。为了尽量减少对森林公园生态景观的破坏，结合主体工程设计，对上述边坡采取喷播植草绿化，边坡坡顶种植垂吊植物迎春花，使森林公园锦上添花。

（2）场内道路水土保持措施。为稳固路基，防止坡面重力侵蚀对公路的危害，美化环境，考虑栽植行道树，行道树的栽植以不影响道路运输为前提。根据场内永久公路的施工特点及立地条件，在公路填方侧种植行道树。

（3）弃渣场防治措施。对成片裸露渣场顶部表面覆土 0.5m，并进行种草，种草面积 6.48hm²，草种选择黑麦草与高羊茅混播，黑麦草可以在较短的时间内覆盖地面，从而有效防止水土流失，一两年后，黑麦草退化，高羊茅在黑麦草的保护下得以生长。

渣场顶部表面除种草外，还种植铁树、红花檵木、广玉兰和棕榈，点缀渣场顶部景观，渣场边坡的马道种植爬山虎。

（4）施工生活区水土保持措施。工程完工后，各项施工设备将全部拆除，对施工场地进行清理后，植树种草，恢复植被，防止裸露地表发生水土流失危害。

（5）对外交通区。为了稳固路基，美化道路沿线的景观，在公路两侧具备植物生长的地段营造道路防护林，不仅可减少道路边坡的水土流失，还可降低交通噪声和扬尘。

（二）水土保持实施情况

1. 工程措施

工程措施主要有运营生活区、下水库、上水库、施工营地、常家冲料场、常家冲弃渣场、对外交通、库岸防护、上、下水库连接公路、下水库上坝公路的浆砌石挡墙、浆砌石护坡、排（防洪）水沟、护脚墙等。共完成水土保持工程措施主要工程量：浆砌石 69699m³，干砌石 19075m³，混凝土 25946m³，防洪沟长 1000m。

2. 植物措施

上、下水库防治区植物措施：上水库防治区包括大坝、库盆（含环库公路）、放空洞、上库进（出）水口。上水库防治区绿化工程主要有上水库大坝及坝体边坡连接处绿化工程、坝后坡绿化工程、坝后斜坡绿化工程、上水库坝后绿化工程、上水库环库公路绿化工程等。由于特殊的地理位置及地质构造问题，工程施工对景观造成了一定的影响，为了更好地对工程扰动区域的治理，与黑麋峰景区景观协调统一，工程设计采用最新的"上垂中扩下攀"边坡绿化方案。多采用爬山虎、常春藤等攀缘植物以及春鹃、红花檵木、龟甲冬青等花卉及灌木。在环库公路、进（出）水口、1号主坝、1号副坝、2号主坝等区域种植了紫薇、杜英、桂花、茶花、麦冬、剑麻、南天竹、红叶李、迎春、夹竹桃、木芙蓉、楠竹、金银花、爬山虎、火棘等具有观赏价值的草、树种及花卉。下水库防治区绿化工程主要有下水库坝后坡绿化工程、下水库观景台、下水库进水口绿化工程等。上、下水库区绿化形式共有四种：①草皮护坡；②种植池种植；③攀缘植物护坡；④框格梁植草护坡。

生活区办公区植物措施：主要采用多种形式的园林绿化方式，不仅保护环境，美化环境，而且突出绿色，突出绿色工业园区的特点，在黑麋峰森林公园成功地建设了一个既要发展生产，又要突出环境的生态精品工程。在办公和生活区主要采用敞开式绿化形式，种植了桂花、银杏、白睡莲、苏铁、香樟、龙柏等乔木，栽种了大量的灌木，如迎春、女贞、冬青、杜鹃、金叶女贞、大叶黄杨，还有地被地毯草。

道路区植物措施：公路防治区包括上水库公路、下水库环库公路、至渣场公路、上下水库连接道路等新建场内交通公路。该防治区植物措施主要是种植乔灌木及草坪，如大叶女贞、四季桂、红花檵木、马尼拉草等。边坡绿化主要在边坡种植爬山虎、常春藤等攀缘植物。

施工营地区植物措施：主要集中在下水库施工营地、上水库桃木洞临时堆场等。该防治区植物措施主要是种植乔灌木及草坪，如大叶女贞、四季桂柱、复羽栾、绿篱、刺槐、杉木、香樟、红花檵木、马尼拉草等。

弃渣场区植物措施：工程主要有两个弃渣场——湖溪冲弃渣场和常家冲弃渣场。该防治区植物措施主要是种植乔灌木及草坪，如杜英、楠竹、金叶黄杨、春鹃、刺槐、杉木、爬山虎、马尼拉草等。

石料场区植物措施：在常家冲料场覆种植土的基础上，栽植刺槐、杉木及撒播草籽等，在坡面栽植爬山虎。

（三）水土保持验收情况

根据《开发建设项目水土保持设施验收管理办法》的规定，北京水保生态工程咨询有限公司受建设单位委托，承担了湖南省黑麋峰抽水蓄能电站水土保持设施验收的技术评估工作，评估组由 5 名成员组成，于 2010 年 5—10 月到工程建设现场进行了实地勘查、调查和分析。参加外业评估工作的有建设、监测等单位的领导和技术人员，并进行了座谈和交换意见，全面、系统地进行了水土保持设施验收技术评估工作。

水土保持设施竣工验收技术报告主要结论：经评估组实地抽查和对相关档案资料的查阅，并结合综合组、工程措施组、植物措施组和经济财务组的调查结果，评估组认为：湖南省黑麋峰抽水蓄能电站在工程建设过程中比较重视水土保持工作，基本按照批复的水土保持方案和有关法律法规要求开展了水土流失防治工作，把水土保持工作作为工程建设管理的主要内容之一。根据水土保持方案和工程实际情况，对上水库枢纽区、下水库枢纽区、对外交通区、生活运营区、弃渣场区等施工所造成的扰动土地进行了较全面的治理，完成的水土保持工程区域的生态环境较工程施工期有明显改善，基本上发挥了保持水土、改善生态环境的作用。

湖南省黑麋峰抽水蓄能电站水土保持措施设计及布局总体合理，工程质量达到了设计标准，实现了保护工程安全，控制水土流失，恢复和改善生态环境的目的。水土流失防治指标达到了方案确定的目标值：扰动土地整治率为 99.11%，水土流失总治理度为98.68%，土壤流失控制比为 1.25，拦渣率为 99.8%，林草植被恢复率为 98.13%，林草覆盖率为 46.65%。

湖南省黑麋峰抽水蓄能电站档案管理规范，竣工资料齐全，质量检验和评定程序规范，水土保持设施工程质量总体合格，未发现重大质量缺陷，运行情况良好，已具备较强的水土保持功能。水土保持设施所产生的生态效益，能够满足国家对开发建设项目水土保持的要求。

综上所述，评估组认为湖南省黑麋峰抽水蓄能电站基本完成了水土保持方案和设计要求的水土保持工程相关内容和开发建设项目所要求的水土流失的防治任务，完成的各项工程安全可靠，工程质量总体合格，水土保持设施达到了国家水土保持法律法规及技术标准规定的验收条件，可以组织水土保持设施竣工验收。

五、水土保持后评价

(一) 评价资料

(1)《湖南省黑麋峰抽水蓄能电站水土保持方案报告书》及水土保持后续设计报告；水土保持监测报告；水土保持监理报告；《湖南省黑麋峰抽水蓄能电站水土保持设施验收技术评估报告》。

(2) 有关枢纽工程、水库移民、环境保护及水土保持等实施过程，各专项验收、竣工决算、竣工验收资料等。

(3) 有关水库和下游河道的防洪、减淤、供水、灌溉和发电等运行调度资料；水库、枢纽建筑物及下游河道观测资料；移民安置监测资料；环境及水土保持监测资料以及社会影响调查资料等。

(4) 水土保持设施竣工验收以来，后续完善的水土保持工程实施过程，各专项验收、竣工决算、竣工验收资料等。

(二) 目标评价

1. 项目目标

通过科学的管理，将水土保持措施全面落实，水土保持工程质量优良，水土保持投资控制在工程概算范围内，水土流失得到有效控制，水土保持指标均达到设计值，项目区生态环境得到明显改善，实现"一流工程、一流环境"的目标。

2. 目标实现程度

按照我国有关水土保持及环境保护法律法规的要求，开展了卓有成效的水土保持工作，对防治责任范围内的水土流失进行了全面系统的治理，基本达到了施工期间控制水土流失、施工后期改善环境和生态的目的，营造了优美的坝区环境，较好地完成了项目的水土保持工作。目前各项防治措施的运行效果良好，弃渣得到了及时有效的防护，施工区植被得到了较好的恢复，水土流失得到了有效的控制，生态环境有所改善。

(1) 工程合同管理评价。为规范经济合同管理，避免和减少因经济合同管理操作不当造成经济损失，维护公司自身的合法权益，五凌电力有限公司制定了《黑麋峰电站合同管理制度》，该制度对合同分类、合同归口管理、电站职责分工、项目立项、合同委托方式、合同谈判及会签、合同订立、合同执行、合同变更、合同结算等进行了详尽的规定。

在合同签订一项中有如下规定：

1) 合同签订须公司分管领导批准；纪委书记/工会主席联签非招标项目、合同变更。

2) 合同签字人为公司法人代表或法人代表授权人，组织合同谈判的部门负责合同小签。

3) 施工项目合同金额1000万元及以上、设备采购合同金额500万元及以上应举行合同签字仪式。签字仪式由电厂组织，归口管理部门、法律部门、党群部门协助。公司领导参加5000万元及以上合同签字仪式。发包方签字人和法律顾问代表发包方签字，承包方签字人和项目经理代表承包方签字。聘请公证机构进行合同公证。

4) 合同章由公司行政综合部门指定专人管理，合同经办部门凭合同签订批准件使用合同章，合同章管理人员应核对合同文本与批准件一致，并做好用印登记。合同章盖在合同签字页指定位置，单份合同文本达二页以上的须加盖骑缝章。

5）合同正本及其他原始资料全部交公司档案室存档。

6）电站合同管理人员应统一编排合同编号，合同签订后及时分发、留存及归档。

（2）工程进度管理评价。2004 年 5 月 27 日，水电水利规划设计总院组织有关专家对《湖南省黑麋峰抽水蓄能电站水土保持方案报告书》（送审稿）进行了审查；2004 年 11 月 3 日，水利部以"水函〔2004〕203 号"文对该方案报告书进行了批复。

项目施工第 1 年完成了边沟渠道工程、路基防护工程、涵洞工程的水土保持措施；第 2 年至第 5 年完成大坝区、上水库区、下水库区的水土保持措施；第 2 年至第 3 年完成上水库区、下水库区的永久公路水土保持措施；第 3 年至第 5 年完成上水库区、下水库区的库岸水土保持措施；第 2 年至第 4 年完成移民安置区水土保持措施。

2009 年 4 月，补充了二期施工场地的临时排水措施及后期植物恢复措施等水土保持措施设计；2010 年 9 月通过水利部水土保持设施竣工验收。

黑麋峰抽水蓄能电站水土保持工程在实施进度上，基本实现了"三同时"，实际建设工期控制在批复的工期内。

（3）资金使用管理评价。

1）财务管理。五凌电力有限公司对水土保持工程非常重视，财务管理上采取了有效措施，积极筹措建设资金，确保水土保持资金专款专用，同时吸收国际标支付管理经验，建立了以合同管理为基础的水土保持价款结算支付程序，明确了支付过程中监理工程师及其内部职能部门的责任、每个支付环节的审核内容、审核依据、时间要求等，从而确保项目价款及时支付承包商、设计单位和监理单位。基本规定如下：

（a）工程量月报表签认：黑麋峰抽水蓄能电站物资处、测量工程师代表部及质量控制部分别对施工材料、施工质量和完成工程量进行监控和测量，承包商按合同规定向监理工程师提交完成工程量统计月报表，现场监理工程师对承包商提交的工程量进行签认，提交土建工程师代表部，由代表签字并加盖公章。

（b）开具支付凭证：经工程师代表部签认的统计月报须于下月初提交计划合同处，由经办人根据合同规定核对单价、总价等内容，开具支付凭证并提交财务处。

（c）款项支付：每月 20—30 日办理支付，将款项通过银行直接支付给承包商、设计单位和监理单位。

严格的财务管理规定，保证了黑麋峰抽水蓄能电站工程水土保持项目资金的专款专用，且及时支付，没有拖欠未付的工程款。

2）支付结算。支付是合同管理中控制投资的最后一个环节，是合同管理结果的最终落脚点。为此，五凌电力有限公司建立了一套严格的支付结算程序。对水土保持工程措施和植物措施分别制定了不同的程序：

对于水土保持工程措施，价款的结算是以承包商测量经监理工程师核实的实际工程量为依据，结算程序主要为承包商提交完成工程量统计表→监理工程师审核→建设单位审定→建设单位支付。

对于植物措施，其价款结算与分部验收和管护期结合起来。植物措施的管护期为

3 年，验收分 4 次进行，第一次在合同签订后，支付 30％的工程款，第二次在栽植完成后，验收栽植植物数量，支付 40％的工程款，第三次主要验收植物成活率情况，支付 15％的工程款，并扣回首次支付但未成活的部分工程款，第四次在 3 年后，检查措施的保存情况，支付 15％的工程款，并扣回上次支付但未成活的部分工程款。

3）投资使用情况。按照水利部"水函〔2004〕203 号"文批复，黑麋峰抽水蓄能电站水土保持工程概算总投资 7198.60 万元，实际完成水土保持设施总投资 7286.41 万元，完成方案设计 101.22％。

（4）工程质量管理评价。

1）质量管理体系。湖南省黑麋峰抽水蓄能电站建设工程在施工过程中全面实行了项目法人责任制、招投标制和工程监理制，建立健全了"项目法人负责，监理单位控制，承包商保证，政府监督"的质量管理体系。水土保持工程的建设与管理也纳入了整个建设管理体系中。

为加强工程质量管理，提高工程施工质量，建设单位在水土保持工程建设过程中建立健全了各项规章制度，并将水土保持工作纳入主体工程的管理中，制定了一系列质量管理制度，主要包括：《工程计划管理制度》《工程质量管理制度》《工程投资与造价管理制度》《设计变更及变更设计管理制度》《分部、分项及单位工程验收管理制度》《工程总体验收制度》等。监理单位实行总监理工程师负责制，由总监理工程师行使建设监理合同中规定的监理职责，制定了一系列管理制度，主要有《合同管理控制程序》《进度控制程序》《质量控制程序》《投资控制程序》和《信息管理控制程序》等基本制度，并在此基础上建立了工程质量责任制、现场监理跟班制，质量情况报告制、质量例会制和质量奖惩制；施工单位建立了以项目经理为组长、总工程师为副组长的质量保证体系，设有专职质量检测机构和质检人员，执行工序质量"三控制"，把质量目标责任分解到各个有关部门，严格按照施工图纸和技术标准、施工工艺、施工承包合同要求组织施工，接受监理工程师的监督，对工程施工质量负责。以上规章制度的建设和实施，为保证水土保持工程的顺利开展和质量管理奠定了坚实的基础。

综上所述，湖南省黑麋峰抽水蓄能电站建设的质量管理体系基本是健全和完善的，各项工程的质量认证资料齐全。

2）工程措施质量评估。此次工程组采用查阅资料、实地查勘等方式核查了湖南省黑麋峰抽水蓄能电站建设工程水土保持工程措施实施质量。根据监理单位提交的监理工作报告显示，建设单位会同施工单位对永久生活区、上、下水库、施工营地、常家冲料场、常家冲弃渣场、对外交通、库岸防护、上、下水库连接公路、下水库上坝公路等 7 个单位工程、24 个分部工程进行质量评定，全部合格，其中 10 个分部工程评为优良。其工程质量检查评定、验收结果均满足有关规范要求。

现场检查结果：根据工程数据资料检查及现场质量抽查，工程措施组认为水土保持工程措施从原材料、中间产品至成品质量均合格，建筑物结构尺寸规则，外表美观，质量符合设计和规范要求，工程措施质量总体合格。

3）植物措施质量评估。

评估范围：对上、下水库枢纽区、弃渣场区、道路区等进行全面检查。

评估主要内容：对水土保持植物措施进行全面核实，评估完成情况，并对水土保持植物措施工程质量进行检查。

评估方法：采取查阅资料、听取汇报和外业调查相结合的办法。

评估结果：3 个单位工程，合格 3 个，合格率 100%，12 个分部工程，合格 12 个，合格率 100%，植物措施质量总体为合格。

（5）监理工作评价。

1）监理单位组织机构。中国水利水电建设工程咨询中南公司黑麋峰工程监理部于 2005 年 2 月承接黑麋峰主体工程建设监理工作，实行总监理工程师负责制，总监理工程师下设六个部门，即工程一部、工程二部、机电金结部、试验检测部、合同信息部和安全监督部，负责水土保持工程的监理工作，并对相关监理工程师的工作进行指导和检查。监理单位在项目所在区域与工程影响区域，对厂区、施工生产生活区等生态保护、水土保持、绿化等方面进行巡视、检查、评价与控制。

2）质量控制措施。质量控制的主要目标是对承包商的所有施工活动和工艺进行质量监控，以保证工程在合同工期内完成并达到要求的质量标准，实现整个工程的设计意图。监理部门采取了以下质量控制措施：①建立健全监理单位的质量控制体系；②督促承包商建立健全质量保证体系；③研究质量控制的关键，对重点问题实施预控；④签发施工图纸，审查施工方案；⑤严格实行现场质量检查制度，做好全过程的质量检查；⑥严格工程质量检验，加强施工测量和安全监测；⑦加强质量缺陷修复，认真处理质量事故。

3）进度控制措施。监理公司配备了专职的进度监理工程师，制定了详细的进度控制流程，通过现场旁站监理或巡视监理、现场进度协调会、周进度会、专题会议、进度报告、专题报告、前方总值班室、计算机辅助管理、P3 软件应用等手段来进行进度管理，实现了对计划进度的有效控制。

4）投资控制措施。采取编制投资控制计划，加强工程进度款计划支付管理，严格执行合同条件和计量条款的约定，科学处理变更、索赔等合同外项目，对黑麋峰抽水蓄能电站工程各标段实施了有效的投资控制，主要采取了以下控制措施：①编制投资控制计划，做好工程建设资金的预测和计划；②制定工程款支付监理流程，加强计量支付管理；③严格按照约定对合同内项目计量实施有效控制；④科学处理变更、索赔等合同外项目，减少费用增加。

5）信息管理。工程师代表部内设信息部专门负责信息管理工作；制定了信息管理制度，详细规定了施工监理信息的内容、有关单位和人员的职责、信息的传递方式及对信息分析、加工、整编的要求等；配合业主建立并完善了黑麋峰抽水蓄能电站工程建设项目管理信息系统。通过工地信息的网络实时共享，使咨询公司各部门能及时跟踪监测施工活动，分析、预测各种施工事件，及时甚至提前做出行动，提高了工作效率。

6）施工协调。监理工程师的现场协调工作主要包括三方面：协调承包商与业主方面的关系、协调承包商与承包商之间的关系、协调承包商与设计单位之间的关系。各工程师代表部负责协调本标段内的事务，咨询公司办公室负责协调各个标段间的事务。

7）总体评价。监理过程采取现场巡视及抽查、平行检验与试验、重点部位和关键工序跟踪旁站等方法，采取"主动控制"和"预控"相结合，对工程施工进行全方位、全过程、全人员的监控，建立了现场值班和巡视制度、检查验收签证制度，对关键路线的重点部位、关键工序（地下厂房顶拱、大坝趾板开挖、混凝土浇筑等）实行跟踪旁站监理，进行施工质量监控，督促施工单位健全质量保证体系，认真履行质量"三检"制度；以单元工程和工序过程为基础，实行隐蔽工程检查验收签证制度、单元工程检查验收签证制度，不合格的材料不允许使用，不合格的工序不允许进入下道工序。对严重违规、质量不合格者分别处以暂停施工并返工、不予计量、缓结进度款、停工整顿的处罚，确保施工质量符合合同文件要求，并及时进行工程质量评定，按时编写监理周报、月报、年报及其他监理报告等。

监理单位根据国家有关的规程规范，结合工程建设特点，编制监理规划、监理实施细则和施工技术要求，以此为依据开展工程监理工作，对挡墙、护坡和排水、植被建设等工程实施监理，水土保持监理符合规范要求，方法可行，水土保持监理成果可靠。

（6）工程验收评价。2010 年 5 月，黑麋峰抽水蓄能电站工程水土保持工程最后一个分部工程完工，五凌电力有限公司启动了水土保持设施竣工验收工作程序，2010 年 9 月完成了《湖南省黑麋峰抽水蓄能电站水土保持设施验收技术评估报告》等验收准备工作。水利部水土保持司主持召开了黑麋峰抽水蓄能电站工程水土保持设施竣工验收会议，会议一致认为水土保持设施总体质量达到了优良标准，同意通过竣工验收，正式投入运行。

黑麋峰抽水蓄能电站工程及时完成了竣工验收，确认了水土保持设施有效发挥防治水土流失的作用，为黑麋峰抽水蓄能电站工程主体竣工验收提供了有力依据。

3. 水土保持效果

（1）水土流失治理情况。经评估组核定，项目区扰动土地整治率为 99.11％，水土流失总治理度为 98.68％，土壤流失控制比为 1.25，拦渣率为 99.8％，林草植被恢复率达 98.13％，林草覆盖率平均达到 46.65％。

（2）公众满意度。为全面了解工程施工期间和运行初期的水土保持措施防治效果、水土流失状况以及所产生的危害等，在参考《湖南省黑麋峰抽水蓄能电站水土保持监测报告》的同时，评估组结合现场查勘，针对工程建设的弃土弃渣管理、植被建设、土地恢复及对经济和环境影响等方面，向当地群众进行了细致认真的了解，并走访了当地水行政主管部门。目的在于了解项目水土保持工作及水土保持设施对当地经济和自然环境所产生的影响，多数民众有怎样的反响，从而作为此次技术评估工作的参考依据。

此次评估过程中开展了公众满意度调查，共向当地群众发放 40 份调查问卷，收回 40 份。在被调查者中，97.5％的人认为黑麋峰抽水蓄能电站工程对当地经济具有积极的促进作用，95％的人认为项目建设对当地环境有较好的影响，90％的人认为项目区林草植被建设较好，95％的人认为项目建设对弃土弃渣管理较好，有 95％的人认为项目建设对所扰动的土地恢复利用较好。

通过满意度调查，可以看出，湖南省黑麋峰抽水蓄能电站工程在项目建设实施过程中，较好地注重了水土保持工作的组织与落实，未发生明显的水土流失。

（三）过程评价

1. 水土保持设计评价

（1）黑麋峰抽水蓄能电站工程水土保持工程布置合理，工程等别、建筑物级别、洪水标准及地震设防烈度符合现行规范要求。

（2）通过黑麋峰抽水蓄能电站水土保持工程运用10多年来，弃渣场边坡、拦挡措施和排水等措施均有效运行，根据监测记录和现场调研结果，弃渣场的水土流失得到了有效治理，水土保持措施设计合理，水土保持效果明显。

（3）道路区边坡设计、挂网护坡、排水等措施运行正常，设计标准合理。

（4）通过对项目区植被的调查，项目区设计、实施的水土保持林、经济林和景观生态林成活率、林草覆盖率均达到了设计水平。

（5）通过黑麋峰抽水蓄能电站工程水土保持设施的实施，工程建设造成的水土流失得到治理，降低了因工程建设造成的水土流失危害，达到了水土保持方案编制的预期效果。

综上所述，黑麋峰抽水蓄能电站工程水土保持设计是成功的。

2．水土保持施工评价

黑麋峰抽水蓄能电站工程水土保持措施的施工，严格采用招（投）标的形式确定其施工单位，在水土保持质量管理方面，建设单位做到了思想认识到位、机构人员到位、管理措施到位、建设投资到位、规划设计到位、综合监理到位，确保了水土保持措施"三同时"制度的有效落实。

（1）施工管理评价。

1）积极宣传水土保持相关法律法规。建设单位充分认识到各参建单位人员专业素养参差不齐，水土保持法制意识淡薄等现实情况，通过会议、宣传、督促、管理等多种途径向工程参建各方传达贯彻国家水土保持法律法规和方针政策，不断提高和统一参建各方的思想认识，通过制定水土保持管理规章制度明确参建各方的水土保持工作责任和工作要求，规范了水土保持施工，做到了文明施工。

2）设立水土保持管理机构。建设单位在工程建设部内成立了移民环保部，配备干部职工，同时负责工程建设征地和环境保护、水土保持管理工作，并指定专人专职负责工程环境保护、水土保持管理工作。使得工程水土保持管理工作切实得到加强，岗位责任明确，部门分工清晰，工作程序规范，很快打开了水土保持管理工作的新局面。在工程建设过程中，设立水土保持管理机构，各机构配备相应的水土保持专职人员后，水土保持管理工作成效和效率大幅提高。

3）严格水土保持管理。建设单位在不断完善水土保持设施建设的同时，制定了强有力的管理措施，严格执行制定的环境保护管理办法，切实加强施工区的水土保持监督与水土保持监理工作，有效地防止了水土流失。工程运行期间，成立了专门的移民环保部进行运行期间管理。目前，黑麋峰抽水蓄能电站工程从未发生过重大水土流失事件。

4）确保建设投资到位。在项目建设管理工作中，通过规范基本建设程序，有效防范了经济腐败；通过签订项目承包合同，确保了建设项目进度和质量，并保证建设资金及时足额到位。在水土保持专项设施建设过程中，从未有过因投资不落实或是不到位而影响工程建设的情况发生。

5）推行水土保持监理制度。在开发建设项目建设过程中推行水土保持监理制度。明确水土保持监理的工作职责及工作方式，并充分授权监理部在施工区行使监督监理职责。监理部有权对违反国家水土保持法律法规的行为进行处罚，并对承包商的水土保持工作出具考核意见。中国水利水电建设工程咨询中南有限公司施工区水土保持监理部在五凌电力有限公司的大力支持下，独立开展监理工作，对工程的水土流失状况进行全方位监督，对施工区水土保持工程设施建设、绿化等水土保持专项工程承担现场监理；对道路、承包商生活营地及施工中的弃土弃渣等方面的问题，直接向承包商下达监理指令；对承包商违反国家水土保持法律法规和公司规定的行为进行处罚，并对承包商的水土保持工作出具考核意见。

黑麋峰抽水蓄能电站工程水土保持监理制度，从根本上规范了水土保持建设与管理工作的程序，对有效控制水土保持设施建设的质量、进度和投资，对不断提高管理工作水平都起到了很好的促进作用。

（2）技术水平评价。黑麋峰抽水蓄能电站施工面大、工期长，在施工布局和方法上，大大减少了建筑物和施工对地表的影响区域和影响时间，极大地减轻了工程建设可能造成的水土流失。施工中全部采用现代化机械设备，大量使用了 PC400/PC2000 反铲挖掘机、大型液压机、CATD7R 推土机，D7R 推土机，WA600 装载机，15t、30t、45t 自卸汽车远距离运渣，使工程的开挖、掘进、装载、运输效率得以提高，大大缩短了施工扰动面积和扰动时间，使裸露的地表得到最快的平整、清理和覆盖，避免了施工期的大量水土流失，因此现代化的工程施工是黑麋峰抽水蓄能电站工程减少和控制水土流失的有效方法。黑麋峰抽水蓄能电站工程是湖南省瞩目的大型水利工程，新技术、新材料的运用和现代化的工程施工，是减少工程建设过程中水土流失的有效途径，把水土保持建设与绿化美化结合起来不仅有效防止了水土流失，也实现了"一流工程，一流环境"的花园式枢纽目标。

（3）水土流失治理模式。

1）工程措施、植物措施和临时措施相结合的综合治理模式。黑麋峰抽水蓄能电站工程对项目区域设计、实施了永久的工程措施和植物措施以及施工过程中的临时措施，如对施工道路区采用山体混凝土护坡、锚喷支护、挡墙砌护、浆砌石排水沟、消力池砌筑等工程措施，道路两侧香樟、中国梧桐行道林绿化措施，以及施工过程中的草袋土拦挡、洒水抑尘等临时措施。工程、植物和临时措施有机结合，确保了工程建设全过程中都有相应的水土保持防护措施，更有效地减少了工程建设全阶段、全方位造成的水土流失。

2）水土保持、旅游景观相结合的治理模式。黑麋峰抽水蓄能电站水土保持设计始终贯穿了"一流工程、一流环境"花园式水利枢纽工程的设计思想，将水土保持和园林景观设计有效地结合起来。在确保水土保持功能的前提下，融合园林景观设计，为游人提供了参观、学习和休憩的优美环境。

3. 水土保持运行评价

黑麋峰抽水蓄能电站运行期间，建设单位按照运行管理规定，加强对防治责任范围内的各项水土保持设施的管理维护。由公司下设的移民环保部协调开展，水土保持具体工作由专人负责，黑麋峰抽水蓄能电站工程各部门依照公司内部制定的部门工作职责等管理制度，各司其职，从管理制度和程序上保证了运行期内水土保持设施管护工作的开展。

运行期间设置专人负责绿化植株的洒水、施肥、除草等管护，确保植被成活率，不定期检查清理截（排）水沟道内淤积的泥沙，达到了绿化美化和保持水土的双重作用。

（1）水土保持管理机构。黑麋峰抽水蓄能电站工程实行建管合一，黑麋峰抽水蓄能电厂既负责工程建设，又负责工程投产后的运行管理，黑麋峰抽水蓄能电站水土保持工程也采用与主体工程相同的管理模式，黑麋峰抽水蓄能电站资源环境处作为业主职能部门，全面负责黑麋峰抽水蓄能电站工程水土保持工程的落实和完善，就水土保持工程对黑麋峰抽水蓄能电厂负责。中国水利水电建设工程咨询中南有限公司作为监理单位，根据业主授权和合同规定对承包商施工全过程进行全面的监理管理。

五凌电力有限公司整个组织机构比较合理，职工队伍素质较高，人员配备合理，能满足工程运行管理需要。

（2）水土保持管理制度。由于黑麋峰抽水蓄能电站施工期长、工程项目多、参建单位多、工作接口多，环境监理工作难度较大，为有序开展工作，保证工作的有效性和连续性，建设单位充分发挥了建设单位的主导作用，以制度、办法进行规范化管理，狠抓质量管理制度建设工作，以国家法律法规为依据，制定颁发各项管理办法、考核办法和细则共10多项。水土保持管理规章制度和监理实施规范的制定，健全了水土保持工作的管理与监理体系。

黑麋峰抽水蓄能电站建设工程在施工过程中全面实行了项目法人责任制、招投标制和工程监理制，建立健全了"项目法人负责，监理单位控制，承包商保证，政府监督"的质量管理体系。水土保持工程的建设与管理也纳入了整个建设管理体系中。

为加强工程质量管理，提高工程施工质量，建设单位在水土保持工程建设过程中建立健全了各项规章制度，并将水土保持工作纳入主体工程的管理中，制定了一系列质量管理制度，主要包括《工程计划管理制度》《工程质量管理制度》《工程投资与造价管理制度》《设计变更及变更设计管理制度》《分部、分项及单位工程验收管理制度》和《工程总体验收制度》等。监理单位实行总监理工程师负责制，由总监理工程师行使建设监理合同中规定的监理职责，制定了一系列管理制度，主要有《合同管理控制程序》《进度控制程序》《质量控制程序》《投资控制程序》和《信息管理控制程序》等基本制度，并在此基础上建立了工程质量责任制、现场监理跟班制、质量情况报告、质量例会制和质量奖惩制；施工单位建立了以项目经理为组长、总工程师为副组长的质量保证体系，设有专职质量检测机构和质检人员，执行工序质量"三控制"，把质量目标责任分解到各个有关部门，严格按照施工图纸和技术标准、施工工艺、施工承包合同要求组织施工，接受监理工程师的监督，对工程施工质量负责。以上规章制度的建设和实施，为保证水土保持工程的顺利开展和质量管理奠定了坚实的基础。

管理办法涵盖了对水土保持工程违规处罚、质量验收评定、档案管理及质量事故处理程序等各个方面。各参建单位根据各自工程特点，完善了相关规章制度，并加强制度执行落实的巡视检查监督，以制度、办法促进工程质量的规范管理，使参建各方在工程质量管理方面有章可循，有据可依，不断改进提高，从而保证了工程质量的进一步提高。综上所述，黑麋峰抽水蓄能电站建设的质量管理体系基本是健全和完善的，各项工程的质量保证资料比较齐全。

（3）水土保持管理效果。黑麋峰抽水蓄能电站工程实行建管合一，黑麋峰抽水蓄能电厂既负责工程建设，又负责工程投产后的运行管理，整个组织机构比较合理，职工队伍素质较高，人员配备合理，能满足工程运行管理需要。

（四）效果评价

黑麋峰抽水蓄能电站水土保持工程自 2010 年竣工验收以来，已经顺利运行多年，五凌电力有限公司一如既往地重视水土保持工作，重点开展了区域范围内的绿化美化工作。研究以水土保持学、生态学、景观学等学科为理论依据，通过筛选指标、层次分析法计算权重，通过建立以水土保持、景观美学、环境、社会经济等项目指标为核心的评价指标体系，对黑麋峰抽水蓄能电站工程水土保持效果进行系统的评价。

1. 构建评价指标体系

（1）评价指标的确定。以全面性、科学性、系统性、可行性和定性定量结合为原则选择评价指标，指标体系应考虑各指标之间的层次关系。评价指标体系分为 3 个层次，从上至下分别为目标层、约束层、标准层。其中目标层包含 1 个指标，即工程水土保持效果；约束层包含 4 个指标，分别为水土保持功能指标、景观美学功能指标、环境功能指标和社会经济功能指标；标准层包含 17 个指标，其中水土保持功能指标约束层包括水土流失总治理度、拦渣率、林草覆盖率、涵养水源和保持土壤等 5 个标准层指标；景观美学功能指标约束层包括美景度、斑块多度密度、观赏植物季相多样性和常绿、落叶树种比例等 4 个标准层指标；环境功能指标约束层包括负氧离子浓度、降噪、降温增湿、SO_2 吸收量和乡土树种比例等 5 个标准层指标；社会经济功能指标包括促进区域发展方式转变程度、居民水保意识提高程度、林木管护费用 3 个标准层指标。详见表 4.7 - 1。

表 4.7 - 1　　　　　　　　　水土保持效果评价体系指标

目　标　层	约　束　层	标　准　层
黑麋峰抽水蓄能电站工程水土保持效果	水土保持功能指标	水土流失总治理度
		拦渣率
		林草覆盖率
		涵养水源
		保持土壤
	景观美学功能指标	观赏植物季相多样性
		美景度
		常绿、落叶树种比例
		斑块多度密度
	环境功能指标	负氧离子浓度
		降噪
		降温增湿
		乡土树种比例
		SO_2 吸收量
	社会经济功能指标	促进区域发展方式转变程度
		居民水保意识提高程度
		林木管护费用

（2）权重计算。根据层次分析法原理，将植被建设评价指标中同类指标（U_i 与 U_j）进行两两比较后对其相对重要性打分，U_{ij} 取值含义见表 4.7-2，并采用层次分析法计算各个指标权重，计算结果见表 4.7-3。

表 4.7-2 U_{ij} 取 值 含 义

U_{ij} 取值	含 义	U_{ij} 取值	含 义
1	U_i 与 U_j 同样重要	9	U_i 比 U_j 极其重要
3	U_i 比 U_j 稍微重要	2、4、6、8	相邻判断 1～3、3～5、5～7、7～9 的中值
5	U_i 比 U_j 明显重要	1/U_{ij}	表示 i 比 j 的不重要程度
7	U_i 比 U_j 相当重要		

表 4.7-3 水土保持效果评价体系指标权重

目标层	约束层	约束层权重	标 准 层	标准层权重	总权重
黑麋峰抽水蓄能电站工程水土保持效果	水土保持功能指标	0.4806	水土流失总治理度	0.2059	0.0990
			拦渣率	0.1617	0.0777
			林草覆盖率	0.2513	0.1208
			涵养水源	0.1804	0.0867
			保持土壤	0.2007	0.0965
	景观美学功能指标	0.1798	观赏植物季相多样性	0.2344	0.0421
			美景度	0.2145	0.0386
			常绿、落叶树种比例	0.2697	0.0485
			斑块多度密度	0.2814	0.0506
	环境功能指标	0.2035	负氧离子浓度	0.2215	0.0451
			降噪	0.1458	0.0297
			降温增湿	0.2597	0.0528
			乡土树种比例	0.1334	0.0271
			SO_2 吸收量	0.2396	0.0488
	社会经济功能指标	0.1361	促进区域发展方式转变程度	0.4107	0.0559
			居民水保意识提高程度	0.3647	0.0496
			林木管护费用	0.2246	0.0306

采用前面所述的层次分析法，计算各层次、各指标的权重如表 4.7-3 所示。4 个约束层指标权重由高到低依次为水土保持功能指标、环境功能指标、景观美学功能指标、社会经济功能指标；其中水土保持功能指标最为重要，权重为 0.4806，环境功能指标其次，权重为 0.2035，景观美学功能指标权重为 0.1798，社会经济功能指标为 0.1361。在水土保持功能指标中，与植物措施实施紧密的水土流失总治理度、林草覆盖率权重较重，涵养水源、保持土壤和拦渣率的权重分布均匀。景观美学功能指标中，斑块多度密度指标权重较重，其他指标权重分布均匀。社会经济功能指标和环境功能指标的各标准层权重分布相对均匀。这说明了实施黑麋峰抽水蓄能电站工程建设同时确保了项目区水土流失得到治

理，项目区实施的绿化、美化，改善区域小气候，增加人们绿色游憩空间。这些与建设单位实现"一流工程、一流环境"总体规划目标相符合。

2. 评价指标获取

此次研究确定评价指标值获取主要有三种途径，其中降噪、负氧离子浓度、降温增湿、SO_2 吸收量等指标通过野外调查测试获得；水土流失总治理度、林草覆盖率、涵养水源、保持土壤、拦渣率、观赏植物季相多样性、斑块多度密度、常绿、落叶树种比例、乡土树种比例、林木管护费用等指标是通过查阅相关统计资料、分析研究获得；促进区域发展方式转变程度、居民水保意识提高程度、美景度以调查问卷的方式获得。

样地布设：此次研究共布设 20m×30m 样地 4 块，分别为付家凹土料场、上下水库连接公路、永久生活区及常家冲渣场，取每块样地四角和对角线交点作为测试点，同时取距样地 40m 以上的空地作为对照，在 8：00、12：00 和 16：00 测试降噪、负氧离子浓度、降温增湿、SO_2 吸收量等指标。

（1）降噪。采用噪声仪连续监测对照点和测试点噪声 5min 后噪声减少率。

$$V = \frac{V_d - V_c}{V_d} \qquad (4.7-1)$$

式中：V_d 为对照点噪声值；V_c 为测试点噪声值。

经过测试，降噪率测试值为 13.42%，见表 4.7-4。

表 4.7-4　　　　　　　水土保持效果评价降噪率测试统计总表

测试区	降噪率/%	测试区	降噪率/%
付家凹土料场	12.58	常家冲渣场	12.73
上下水库连接公路	13.898	平均值	13.42
永久生活区	14.49		

（2）降温增湿。采用移动气象站连续监测对照点和测试点温度、湿度 5min 后取平均值得到测试点的温度 T_c、湿度 H_c 和对照点的温度 T_d、湿度 H_d，取三个时间点测试值的平均值作为评价指标。

$$\Delta T = T_d - T_c \qquad (4.7-2)$$

$$\Omega = \frac{H_c - H_d}{H_c} \qquad (4.7-3)$$

式中：Ω 为测试点的增湿率。

经过测试，增湿率平均值为 11.9%，降温平均值为 2.92℃，见表 4.7-5。

表 4.7-5　　　　　　水土保持效果评价降温、增湿率测试统计总表

测试区	降温/℃	增湿率/%	测试区	降温/℃	增湿率/%
付家凹土料场	2.85	11.5	常家冲渣场	2.76	11.3
上下水库连接公路	2.93	12.1	平均值	2.92	11.9
永久生活区	3.12	12.7			

（3）SO_2 吸收量。在测试点上分别采取乔木、灌木树叶，送到实验室，按照《森林植物与森林枯枝落叶层全硅、铁、铝、钙、镁、钾、钠、磷、硫、锰、铜、锌的测定》

（LY/T 1270—1999）测定叶片含硫量，计算叶片单位面积含硫量。

经过测试，此次研究 SO_2 吸收量测试值为：落叶乔木值 $0.33g/m^2$，常绿乔木 $0.26g/m^2$，灌木 $0.24g/m^2$，见表4.7－6。

表 4.7－6　　　　　　　　水土保持效果评价 SO_2 吸收量测试统计总表

测 试 区	树种类型	含硫量/(g/m^2)
付家凹土料场	落叶乔木	0.37
	常绿乔木	0.25
	灌木	0.25
上下水库连接公路	落叶乔木	0.33
	常绿乔木	0.24
	灌木	0.24
永久生活区	落叶乔木	0.36
	常绿乔木	0.24
	灌木	0.23
常家冲渣场	落叶乔木	0.27
	常绿乔木	0.29
	灌木	0.22
平均值	落叶乔木	0.33
	常绿乔木	0.26
	灌木	0.24

（4）$PM_{2.5}$ 浓度。采用美国热电 PDR－1500 便携式气溶胶颗粒物检测仪监测 $PM_{2.5}$ 浓度，每天 7：00—18：00，每隔 0.5h 记录 1 次 $PM_{2.5}$ 浓度。取每天的平均值为某一试验区的 $PM_{2.5}$ 浓度。经过测试，$PM_{2.5}$ 浓度平均值为 $32\mu g/m^3$，见表 4.7－7。

表 4.7－7　　　　　　　　水土保持效果评价 $PM_{2.5}$ 浓度测试统计总表

测 试 区	$PM_{2.5}$ 浓度/$(\mu g/m^3)$	测 试 区	$PM_{2.5}$ 浓度/$(\mu g/m^3)$
付家凹土料场	31	常家冲渣场	29
上下水库连接公路	33	平均值	32
永久生活区	35		

（5）观赏植物季相多样性。参考《湖南植物志》统计各造林树种分别属于春景植物、夏景植物、秋景植物和冬景植物的数量，用 Simpson 多样性指数计算观赏植物季相多样性。

$$\lambda = 1 - \sum P_i^2 \qquad\qquad (4.7-4)$$

式中：P_i 为各类树种量占造林树种总量之比。

黑麋峰抽水蓄能电站工程造林树种近 30 种，为了简化计算工程量，此次研究观赏树种季相多样性指数计算选择主要代表树种进行。经计算观赏植物季相多样性 λ 为 0.85。

（6）乡土树种比例。参考《湖南植物志》，统计各造林树种是否为乡土树种，利用的是乡土树种的造林数量与所有造林树种数量相比所得。经计算乡土树种比例为 0.91。

（7）常绿、落叶树种比例。将所有造林树种中常绿树种数量与落叶树种数量之比。经计算常绿、落叶树种比例为 2∶5。

（8）斑块多度密度指数（PRD）。斑块多度密度指数（PRD）是指单位面积上的斑块个数，反映景观的破碎化程度，同时也反映景观空间异质性程度。其表达式为

$$PRD = m/A \tag{4.7-5}$$

式中：m 为斑块总数量，个；A 为总面积，hm^2。

PRD 值越大，则破碎化程度越高，空间异质性程度越大。

（9）美景度。采取在黑麋峰抽水蓄能电站现场向游客调查的方法，共向当地群众发放 40 份调查问卷，将美景度最高赋值为 10，由游客对电站植被建设美景度进行打分，其中打分在 9~10 分的有 18 人，8~9 分的有 15 人，7~8 分的有 7 人。经过平均计算，美景度最终得分 8.78。

（10）促进区域发展方式转变程度、居民水保意识提高程度。采取在黑麋峰抽水蓄能电站现场向游客调查的方法，共向当地群众发放 40 份调查问卷，提问"黑麋峰抽水蓄能电站对区域发展方式的影响有多大"，分为大、较大、一般、较小和小 5 个等级，分别赋分为 5、4、3、2、1；从游客发放问卷中随机抽取 5 个与水土保持及环境保护相关的问题，答对得 2 分，答错得 0 分，满分 10 分。

（11）林木管护费用。黑麋峰抽水蓄能电厂提供的数据为林木养护管理补助标准为每年 1.2 元/m^2。

（12）水土保持功能指标：包括水土流失总治理度、林草覆盖率、涵养水源、保持土壤和拦渣率，采取查询水土保持竣工验收资料和现场复核的方法获得。

1）水土流失总治理度。黑麋峰抽水蓄能电站工程水土流失治理达标面积为 59.27hm^2，项目区水土流失面积 60.06hm^2，水土流失总治理度为 98.68%（表 4.7-8）。

表 4.7-8　　　　　　　　水土保持效果评价水土流失总治理度表

防治分区	扰动土地面积/hm^2	水土流失面积/hm^2	建筑物及场地硬化面积/hm^2	水土流失治理面积/hm^2				水土流失治理度/%
				植物措施	工程措施	土地整治	小计	
上水库枢纽区	61.72	13.77	2.40	5.61	8.06		13.67	99.27
下水库枢纽区	41.56	4.83	4.27	3.03	1.60		4.63	95.86
场内外公路	14.90	7.10	7.80	5.90	1.20		7.10	100.00
弃渣场及料场	21.97	21.92	0.05	15.37	1.79	4.63	21.79	99.41
施工生产生活区	24.46	10.96	13.50	10.00	0.60		10.60	96.72
运营办公生活区	2.10	1.48	0.62	1.47	0.01		1.48	100.00
合　计	166.71	60.06	28.64	41.38	13.26	4.63	59.27	98.68

2）林草覆盖率。黑麋峰抽水蓄能电站工程绿化面积为 41.38hm^2，项目区面积为 166.71hm^2，林草植被恢复率为 98.13%（表 4.7-9）。

表 4.7 - 9　　　　　　　　　　水土保持效果评价植被恢复情况计算表

防治分区	防治责任范围/hm²	植物措施面积/hm²	未绿化面积/hm²	可绿化面积/hm²	水域面积/hm²	林草覆盖率/%	林草植被恢复率/%
上水库枢纽区	61.72	5.61	0.10	5.71	45.55	34.69	98.25
下水库枢纽区	41.56	3.03	0.20	3.23	32.46	33.30	93.81
场内外公路	14.90	5.90		5.90		39.60	100.00
弃渣场及料场	21.97	15.37	0.13	15.50		69.96	99.16
施工生产生活区	24.46	10.00	0.36	10.36		40.88	96.53
运营办公生活区	2.10	1.47		1.47		70.00	100.00
合　计	166.71	41.38	0.79	42.17	78.01	46.65	98.13

3）涵养水源。涵养水源效益主要从调节水量加以分析。调节水量能力的大小主要取决于林分类型，不同林分类型对降雨截留量也就不同。各林分类型中，灌木林调节水量能力最强，单位面积年平均调节水量高达 209mm/(hm² · a)，阔叶混交林最差，仅为 136.18mm/(hm² · a)（表 4.7 - 10）。

表 4.7 - 10　　　　　　　　　　水土保持效果评价水源涵养情况计算表

防治分区	植物措施面积/hm²	林分类型	调节水量/[mm/(hm² · a)]
上水库枢纽区	5.61	阔叶混交林	136.18
下水库枢纽区	3.03	阔叶混交林	136.18
场内外公路	5.90	阔叶混交林	136.18
弃渣场及料场	15.37	灌木林	209
施工生产生活区	10.00	灌木林	209
运营办公生活区	1.47	灌木林	209
合　计	41.38		

4）保持土壤。根据《湖南省黑麋峰抽水蓄能电站水土保持监测报告》和《土壤侵蚀分类分级标准》，工程所在区域容许土壤流失量为 500t/(km² · a)。至 2010 年 10 月，经过采取各项防治措施，湖南省黑麋峰抽水蓄能电站防治责任范围内大部分区域基本没有土壤流失，其平均土壤流失量为 400t/(km² · a)。评估组经过现场检查，认可监测结果：土壤流失控制比为 1.25。

5）拦渣率。根据水土保持监测资料和对建设区弃渣场调查：各类措施产生较好的拦渣效益，拦渣率为 99.8%。

3. 确定评价标准值

（1）PM$_{2.5}$ 浓度根据我国《环境空气质量标准》（GB 3095—2012）中的规定，二类区域空气颗粒物（粒径小于等于 2.5μm）的浓度限值为 75μg/m³。

（2）林木管护费用参考北京市《城市园林绿化养护管理标准》（DB11/T 213—2003），绿地养护定额标准 9～12 元/m²。

（3）相关学者研究结果。根据相关研究结果表明，乔、灌、草结合的绿地类型降噪能力能达到 13.26%，有林地与无林地相比可降温 1～3℃，增湿 2%～13%，空气负氧离子允许浓度为 400～1000 个/cm³，低于 400 个/cm³ 为临界浓度区，高于 1000 个/cm³ 为保健浓度区。落叶乔木、常绿乔木和灌木单位面积含硫量分别为 0.445g/m²、0.263g/m²、0.253g/m²（表 4.7-12），乡土树种比例要达到 0.70 以上才能充分体现城市特色，一般认为常绿、落叶树种比例为 3：7 较为合理，见表 4.7-11。

表 4.7-11　　　　　　　　　　不同植被类型叶片含硫量

植被类型	含硫量/(g/m²)
落叶乔木	0.445
常绿乔木	0.263
灌木	0.253

（4）自身标准。部分指标以望其能达到的最大值或自身最优值（期）作为标准，如造林树种多样性、观赏植物季相多样性、斑块多度密度、美景度。通过调查问卷所得指标均以该指标的最高程度作为标准，如促进区域发展方式转变程度、居民水保意识提高程度。

4. 评价结果与分析

采用建立起来的评价体系，对黑麋峰抽水蓄能电站工程水土保持工程实施效果进行评价（表 4.7-12）。由评价结果可以看出，评价总分为 88.01 分，总体上处于优良水平。

表 4.7-12　　　　　　　黑麋峰抽水蓄能电站水土保持效果评价结果

目标层	标准层	标准层权重	总权重	调查值	标准值	得分
黑麋峰抽水蓄能电站工程水土保持效果	水土流失总治理度	0.2059	0.0990	98.68%	95%	100
	拦渣率	0.1617	0.0777	99.8%	95%	100
	林草覆盖率	0.2513	0.1208	41.38%	31%	100
	涵养水源	0.1804	0.0867	7589.62	8648.42	87.76
	保持土壤	0.2007	0.0965	1.25	0.95	100
	观赏植物季相多样性	0.2344	0.0421	0.85	1	85
	美景度	0.2145	0.0386	8.78	10	87.8
	常绿、落叶树种比例	0.2697	0.0485	2/5	3/7	99.93
	斑块多度密度	0.2814	0.0506	0.37	1	37
	负氧离子浓度	0.2215	0.0451	834	1000	83.4
	降噪	0.1458	0.0297	13.42	13.26	100
	降温增湿	0.2597	0.0528	2.915	3	97.17
	乡土树种比例	0.1334	0.0271	0.91	0.70	100
	SO₂ 吸收量	0.2396	0.0488	0.27	0.32	85.35
	落叶乔木			0.33	0.45	0.75
	常绿乔木			0.26	0.26	0.97
	灌木			0.23	0.25	0.92
	促进区域发展方式转变程度	0.4107	0.0559	3.75	5	75
	居民水保意识提高程度	0.3647	0.0496	7.35	10	73.5
	林木管护费用	0.2246	0.0306	2.2	9	24.44
	综合得分					88.01

黑麋峰抽水蓄能电站工程水土保持措施防治效果见图 4.7-1。

（a）主体工程区

（b）施工生产生活区

（c）弃渣场区

（d）交通道路区

图 4.7-1　黑麋峰抽水蓄能电站工程水土保持措施防治效果
（照片由中国电建集团中南勘测设计研究院有限公司提供）

六、结论及建议

（一）评价结论

该工程按照我国有关水土保持法律法规和世界银行的要求，开展了卓有成效的水土保持工作，对防治责任范围内的水土流失进行了全面系统的治理，基本达到了施工期间控制水土流失、施工后期改善环境和生态的目的，营造了优美的坝区环境，较好地完成了项目的水土保持工作。目前各项防治措施的运行效果良好，弃渣得到了及时有效防护，施工区植被得到了较好的恢复，水土流失得到了有效控制，生态环境得到了明显的改善。

（二）主要经验教训

（1）宏观规划设计和功能分区的重要性。黑麋峰抽水蓄能电站的水土保持效果，充分体现了宏观规划设计和功能分区的重要性，也就是各个水土保持分区后期功能定位的重要性，在水库工程水土保持植被建设工程，特别是永久占地区的植被建设工程要提高标准，并根据功能分区，种植水土保持林和风景林，同时要充分考虑季相树种，乡土树种和常绿、落叶树种比例的配置。

（2）对工程管理区内未扰动土地采取合理的水土保持措施。在工程管理区用地内，为了减少未扰动区域的水土流失，建设单位对此类未扰动区域进行了造林绿化，绿化整地方式为水平阶整地，绿化苗木以乡土树种为主，适当点缀些彩叶植物。此项措施，增加了该区域涵养水源和减少水土流失的功能。同时，也提高了项目区的林草覆盖率和景观效果，值得借鉴推广。

（3）引进先进的管理思想，并落实于相应的管理制度和管理组织当中。项目在建设过程中，引进了先进的管理思想和制度，如工程招标制度、合同管理制度、工程进度管理制度、工程质量管理制度和工程款支付办法等，这些管理思想和制度在工程建设管理中得以落实与应用，确保了黑麋峰抽水蓄能电站工程的高质量完成，值得借鉴推广。

（4）项目建设要采用先进的施工工艺和方法。黑麋峰抽水蓄能电站水土保持工程施工面大、工期长，在施工布局和方法上，大大减少了建筑物和施工对地表的影响区域和影响时间，极大地减轻了工程建设可能造成的水土流失。施工中全部采用现代化机械设备，大量使用了 PC400/PC2000 反铲挖掘机，大型液压机，CATD7R 推土机，D7R 推土机，WA600 装载机，15t、30t、45t 自卸汽车远距离运渣，使工程的开挖、掘进、装载、运输效率得以提高，大大缩短了施工扰动面积和扰动时间，使裸露的地表得到最快的平整、清理和覆盖，避免了施工期的大量水土流失，因此现代化的工程施工是黑麋峰抽水蓄能电站工程减少和控制水土流失的有效方法。黑麋峰抽水蓄能电站工程采用先进的施工工艺和方法，有效地减少了工程建设期间的水土流失，值得借鉴推广。

（三）建议

（1）应重视水土保持方案编制和水土保持设计工作。大型水利枢纽工程建设规模大，扰动土地面积大，必须重视水土保持方案编制和水土保持设计工作，对施工过程中可能造成水土流失区域及其危害进行预测，并采取针对性的防治措施。

（2）应重视水土保持监测工作，及时掌握施工过程造成的水土流失情况及其危害。在今后工程建设时应及时开展水土保持监测工作，掌握工程建设过程的水土流失变化情况，采取有针对性的补救措施，防止水土流失危害进一步发展。

（3）水土流失防治应与文明施工相结合。环境保护理念对项目的水土保持工作起到了很大的推动作用，施工期间建立了健全的环境保护管理体系，吸取了控制水土流失的成功经验，提出了合理的施工组织方案，文明、规范施工，有效地控制了施工期间的水土流失。在类似的其他工程施工中，经常出现随意乱倒弃渣、乱挖乱填现象，造成的水土流失对周边环境破坏很大。在今后工程施工时，应采用合同手段对承包商的施工行为加以控制，保证文明、规范施工，控制施工过程的水土流失。

（4）水土保持工程应与绿化美化相结合。项目把水土流失治理和改善生态环境相结合，不仅有效防治了水土流失，而且营造了坝区和移民安置区优美的环境，采用的水土保持工程防护标准是比较合适的，值得其他工程借鉴。如果工程提出的防护标准比较低，不但难以达到根治水土流失、改善环境的目的，而且经常引起水保投资的大幅变化。在今后工程设计阶段，就应提高水土保持工程防护标准，使水土保持工程与坝区生态环境的改善、生态文明建设相结合，创造现代工程和自然和谐相处的环境。

（5）继续加大水库上游水土保持生态林建设力度。由于独特的地质条件，库岸水土流失比较严重，增加了水库运行压力。水土保持生态林可对减少水土流失、入库泥沙起到非常明显的作用，但仍应建立有效的监督管理机制，加大水库上游水土保持生态林建设力度，减少入库泥沙，提高水库寿命。

案例 8　黄河公伯峡水电站工程

一、项目及项目区概况

（一）项目概况

公伯峡水电站是黄河干流龙羊峡至青铜峡河段中第四个大型电站。电站枢纽位于青海省循化撒拉族自治县和化隆回族自治县交界处，距循化县城 25km，距西宁市 153km。

工程是以发电为主，兼顾灌溉、供水的Ⅰ等大（1）型工程，水库正常蓄水位 2005.00m，校核洪水位 2008.28m，总库容 6.3 亿 m^3，调节库容 0.75 亿 m^3，为日调节水库。电站装机容量 1500MW，年发电量 51.4 亿 kW·h，还可改善下游 16 万亩土地灌溉条件。水库回水长度 53.4km，正常蓄水位时水库面积 22km^2，防护后，库区淹没耕地 7581.9 亩，迁移人口 5798 人。

2001 年 2 月，完成了《黄河公伯峡水电站工程可行性研究报告》，国家发展计划委员会于 2001 年 7 月批准了项目的"可行性研究报告书"。2001 年 8 月，公伯峡水电站正式开工，2002 年 3 月实现黄河截流，2004 年 8 月下闸蓄水，同月，首台机组发电，2006 年 6 月，第五台机组发电，2006 年 12 月 31 日枢纽工程竣工。工程静态投资 53.62 亿元，总投资 62.57 亿元。

工程枢纽主要由大坝、引水发电系统和泄水建筑物三大部分组成。枢纽布置格局为：河床混凝土面板堆石坝（坝高 132.2m，坝顶长 429m）、右岸引水发电系统（由引渠、混凝土坝式进水口、压力钢管、岸边地面厂房及 330kV 开关站组成）、右副坝、左副坝、左右岸边泄洪洞及左岸灌溉取水口、右岸混凝土面板防渗系统。

（二）项目区概况

公伯峡水电站坝址位于公伯峡峡谷出口处，河道基本平直，河谷不对称，左岸在 1932.00～1940.00m 高程处为Ⅱ级阶地，宽 40～100m，右岸有约 400m 宽的Ⅲ级阶地。

公伯峡峡谷坡高多在 500m 以上，太阳辐射强，日照时间长，光照充足；干湿季分明，雨热同季，冷干时间长，暖湿时间短；冬寒夏凉，气温日较差大，无霜期短；大部分地区干旱少雨，降水集中，蒸发量大，空气干燥。多年平均年降水量为 262.8～350mm，年蒸发量为 2169.9～1890mm（200mm 蒸发皿观测）。

水库库周土壤和植被分成四个不同类型。海拔 1840～2400m 的山川地，土壤是干旱、半干旱荒漠自然景观下形成的灰钙土，也有新积土、潮土和灌淤土，灌溉条件便利，农田多为水浇地。土层厚而松软，结构良好，质地多为壤土。主要林木有桦树林、山杨林、沙棘林等。人工林树种单一，主要有山杨、青杨、白桦、红桦等乔木及沙棘、柠条、锦鸡儿、枸杞等灌木。乔木多分布于沟底及沟道两侧较湿润的地方，灌木多分布于干旱山坡。经济林木有苹果、梨、杏、核桃花椒和零星分布的枣树等。

循化、化隆、尖扎县位于青海省东部农业区，地处黄土高原丘陵沟壑区，是黄河上游水土流失较为严重的区域，属青海省水土保持重点监督区，年土壤侵蚀模数为 3000～3700t/(km^2·a)，属中度水土流失区，工程区地处黄河河谷川地区，地形较平缓，平均土壤侵蚀模数为 500～3000t/(km^2·a)，水土流失以轻度为主。

二、水土保持目标、实施过程及效果

（一）水土保持目标

根据水土流失方案编制的指导思想和编制原则，结合工程特点及可能产生的水土流失情况，拟定水土流失防治目标如下：

（1）项目区建设期和生产期潜在的水土流失及危害基本得到有效控制；使建设期和生产期人为的新增水土流失得到及时、合理的防治。

（2）弃渣场经防治后基本不产生水土流失。

（3）因开挖、压埋造成的坝区两岸、弃渣场、左岸生产生活区及交通道路等全方位绿化、硬化。

（4）项目施工区绿化率达 10％。

验收评估组根据项目区自然环境及水土流失现状，参照《开发建设项目水土流失防治标准》（GB 50434—2008）及类似工程，提出 6 项控制性指标的量化值，见表 4.8-1。

表 4.8-1　　　　　　公伯峡水电站水土流失防治目标值

指标	扰动土地整治率/％	水土流失总治理度/％	土壤流失控制比	拦渣率/％	林草植被恢复率/％	林草覆盖率/％
数值	95	95	0.8	85	60	10

施工期间，建设单位根据批复的水土保持方案报告书，对施工单位提出了"控制施工作业、减少地表扰动；加强临时防护、减少泥沙淤积；维持生态系统、保护生态植被"的水土保持目标。

（二）水土保持实施过程

1. 水土保持方案编报

1999 年 12 月，国家电力公司将公伯峡水电站列为近期开工建设项目，黄河上游水电开发有限责任公司委托中国电建集团西北勘测设计研究院有限公司（原中国水电顾问集团西北勘测设计研究院）编制工程水土保持方案报告书。同月，水利部水土保持监测中心在北京组织召开了黄河公伯峡水电站工程水土保持方案大纲技术评审会，2000 年 3 月水利部水土保持司以"水保监便字〔2000〕第 3 号"文批复了水土保持方案大纲，2000 年 12 月水利部水土保持司以"水保〔2000〕659 号"文对水土保持方案进行了批复。

2. 水土保持设计

水土保持工程设计单位主要为中国电建集团西北勘测设计研究院有限公司，根据《黄河公伯峡水电站工程水土保持方案报告》（报批稿），公伯峡水电站水土流失防治分为重点防治区和一般防治区，重点防治区主要为渣场区及倒运场区，一般防治区主要分为主体工程施工区、施工辅助企业区、料场区、左岸生产生活区、交通道路区、移民安置区。根据批复的水土保持方案，水土保持措施主要工程量为：土石方开挖 11.7 万 m³，土石方回填 1.2 万 m³，浆砌石 1181m³，干砌石 9532m³，混凝土 2.6 万 m³，铅丝石笼 63m³，覆土 15.3 万 m³，植生带 24.1hm²，栽植乔灌木 16.5 万株，种草 41.3hm²，钢筋制作安装 116.24t。根据批复的水土保持方案，公伯峡水电站工程设计的水土保持措施主要分为土

地整治、斜坡防护工程、拦渣工程、临时拦挡措施,防洪排导措施以及植被绿化工程,具体各分区水土保持措施如下:

主体工程施工区:主要包括开挖边坡的斜坡防护工程,坡面防洪排导工程,施工期间对开挖裸露地表进行临时苫盖,施工完成后对扰动区域进行土地平整以及植物绿化。

施工辅助企业区:分为左岸生产区、右岸生产区以及砂石料加工区,主要包括开挖边坡的斜坡防护工程,同时设计拦挡措施,施工期间对开挖裸露地表进行临时苫盖措施,在各建筑物周边布设防洪排导措施,施工完成后对扰动区域进行土地平整以及植物绿化。

料场区:分为水车村砂石料场以及药水沟砂石料场,主要包括防洪排导工程,设计拦挡措施,采料完成后对扰动区域进行土地平整以及植物绿化。

渣场区:分为古什群弃渣场、药水沟弃渣场、石头沟弃渣场、左岸岸边弃渣场以及2号弃渣场,主要包括对各渣场实施拦渣工程和防洪排导工程,在弃渣过程中采取防护工程措施,弃渣结束后对渣面进行土地整治并采取植被建设工程。

左岸生产生活区:主要包括拦挡措施以及在各建筑物周边布设防洪排导措施,在施工完成后对扰动区域进行土地平整以及植物绿化,同时还要确保景观设计。

交通道路区:主要包括道路两侧的防洪排导措施,施工期间对开挖裸露地表进行临时苫盖,施工结束后对扰动区域进行土地平整以及植物绿化。

移民安置区:主要包括拦挡措施、防洪排导措施以及营造防护林措施。

3. 水土保持措施施工

该工程水土保持各项措施施工单位均采取招投标形式确定,水土保持工程施工单位主要为甘肃玉树园艺有限责任公司等。水土保持工作作为工程的重要组成部分,一直受到建设单位的高度重视。建设单位累计实施水土保持单位工程18个,分部工程38个,对工程施工造成的土地扰动和产生的弃渣进行了全面治理。

根据水土保持工程与主体工程"三同时"的原则,该工程水土保持措施基本上与主体工程同步实施。建设单位于2000—2006年实施了主体工程中具有水土保持功能的措施,包括挡护工程、边坡治理工程、施工场地治理工程、道路整治工程等单位工程7个,分部工程7项,均为工程措施。

建设单位于2000—2007年实施的《黄河公伯峡水电站工程水土保持方案报告》(报批稿)中提出的新增水土保持措施,包括边坡治理工程、弃渣场综合治理工程、施工场地综合治理工程、生活区绿化美化工程和道路治理、绿化工程等共计11个单位工程、31个分部工程,其中工程措施12个,植物措施19个。截至2008年3月,工程措施全部完工,植物措施基本完工。

为确保该工程水土保持措施建设质量,保证各措施施工工期按时完成,建设单位黄河上游水电开发有限责任公司成立了公伯峡水电站工程水土保持工作管理委员会,下设水土保持工作管理办公室,配备具备相关资质的专业人员开展工作,确保各项水土保持工作和措施的贯彻落实。

根据水利部"水函〔2002〕136号"要求:"建设单位在建设过程中,应委托具有相应资质的监测机构承担水土保持监测任务,并定期向水行政主管部门提交监测报告"。建设单位于 2003 年 8 月委托青海省水土保持生态环境监测总站开展水土保持监测工作。根据工程进度和水土保持监测要求，监测单位在查阅编制的水土保持方案以及主体工程施工设计的基础上，于 2003 年 9 月至 2006 年 12 月对施工区实施了水土保持监测，并根据监测成果于 2007 年 8 月提交了项目水土保持监测总报告。

为做好各项水土保持工作，依据国家相关规定，建设单位委托了中国水利水电建设工程咨询北京公司进行监理工作。水土保持监理工程师常驻工地，并根据每次监理情况做出工作记录，编制监理月报报送建设单位，并严格按照"三控制、两管理、一协调"的程序，对该工程各项水土保持工作实施监理，对监理过程中发现的问题以会议纪要的形式及时提出整改意见。

各项水土保持工程运行良好，无明显缺陷，达到了批复水土保持方案的设计要求，能够很好地发挥水土保持设施的功能。

4. 水土保持验收

根据《中华人民共和国水土保持法》、水利部《开发建设项目水土保持设施验收管理办法》及《开发建设项目水土保持设施验收技术规程》（GB/T 22490—2008）等法律及部门文件的要求，黄河上游水电开发有限责任公司分公司于 2007 年 8 月起委托各承接单位编制《公伯峡水电站水土保持实施工作总结报告》《公伯峡水电站水土保持竣工验收技术报告》《公伯峡水电站水土保持监理总结报告》《公伯峡水电站水土保持监测总结报告》《公伯峡水电站水土保持设施竣工验收技术评估报告》等验收文件。

水利部于 2008 年 11 月召开公伯峡水土保持设施竣工验收会议，会议认为，工程水土保持设施建设基本达到水土保持法律法规及技术规范、标准的要求，工程质量总体合格，运行期管理责任落实，同意通过竣工验收。会后，水利部以《关于印发黄河公伯峡水电站水土保持设施验收鉴定函》（办水保函〔2008〕767 号）通过公伯峡水电站水土保持设施验收。

（三）水土保持效果

公伯峡水电站工程自竣工验收以来，水土保持设施已安全、有效运行 15 年，实施的枢纽区景观绿化、植树种草、截（排）水沟、沉沙池、挡渣墙等水土保持植物和工程措施均较好地发挥了水土保持的功能。根据现场调查，工程枢纽区几个渣场挡渣墙、防洪排导、土地整治和植被建设等措施未出现垮塌、截（排）水不畅和植被覆盖不达标的情况。公伯峡水电站工程水土保持措施防治效果见图 4.8-1。

公伯峡水电站工程水土保持工程实施完成后，确保工程的水土流失降低到最小，建设单位营地按照滨湖公园进行建设，在高海拔、干旱、严寒地区，将水电站建设成了一个旅游景点，工程运行至今，荣获"青海省环境友好工程奖""国家环境友好工程奖"及"2011 年全国生产建设项目水土保持示范工程"等多种奖项，也为荣获"2008 年度全国优秀工程勘察设计金奖""中国电力工程优质奖""中国土木工程学会成立 100 周年百项百年杰出土木工程奖""新中国成立六十周年百项经典暨精品工程奖""第八届中国土木工程詹天佑奖"及"2009 年度国家优质工程金质奖"等奖项作出了贡献。

（a）主体工程区　　　　　　　　　　（b）施工辅助企业区

（c）渣场区

（d）料场区

图 4.8-1　公伯峡水电站工程水土保持措施防治效果（照片由夏朝晖 刘媛 赵雨提供）

三、水土保持后评价调研及方法

（一）水土保持后评价现场调研情况

根据《大型水利水电工程水土保持实践与后评价研究工作大纲》要求，中国电建集团西北勘测设计研究院有限公司组织水土保持技术人员分别于 2018 年 7 月、2019 年 7 月、2020 年 7 月多次赴公伯峡水电站工程现场进行调研，收集了工程水土保持方案、设计、施工、监测、监理及验收等相关资料，并对主体工程区、施工辅助企业区、料场区、渣场区、交通道路区及移民安置区进行了实地测量和取样，向项目周边群众发放公众满意度调查表。

（二）水土保持后评价方法

公伯峡水电站工程水土保持后评价采用层次分析法（AHP），结合项目实际情况和西北地区特殊的自然环境情况，建立黄河公伯峡水电站工程水土保持后评价指标体系，利用数学方法综合计算各层因素相对重要性的权重值。针对实际情况，对水土保持后评价各指标定量/定性值进行现场采集和室内试验分析，然后通过多级模糊综合评价模型对项目进行水土保持后评价，得出评价结论。

（三）水土保持效果后评价指标体系

水土保持后评价指标体系是根据评价内容和评价重点，结合项目区域特征由若干指标按照一定的规则相互补充又相互独立组成的体系。公伯峡水电站工程水土保持后评价指标体系是在《大型水利水电工程水土保持实践与后评价研究工作大纲》确定的指标体系基础上根据指标设置原则、客观性原则、易获取原则、全面性原则、代表性原则、定性定量结合原则和可行性原则建立起来的，由目标层、指标层和变量层组成，详细的水土保持后评价指标体系见表4.8-2。

表 4.8-2　　　　　　　公伯峡水电站工程水土保持后评价指标体系

目标层	指标层	变　量　层
目标评价	工程建设	工程建设初期制定的水土保持目标
		扰动土地整治率、水土流失总治理度、土壤流失控制比、拦渣率、林草植被恢复率、林草覆盖率
过程评价	设计过程	设计阶段及深度（项目各分区布设水土保持工程及具体工程量）
		设计变更情况
	施工过程	采购招标
		开工准备
		工程质量管理、工程制度管理、水土保持监理、监测、验收、工程与景观相结合管理
	运行过程	水土保持验收遗留问题处理
		运行管理
效果评价	植被恢复效果	林草覆盖率、植物多样性指数、乡土树种比例、郁闭度
	水土保持效果	表土层厚度、土壤有机质含量、不同侵蚀强度面积比例、地表硬化率
	景观提升效果	美景度，常绿、落叶树种比例，观赏植物季相多样性
	环境改善效果	负氧离子浓度、SO_2 吸收量
	安全防护效果	拦渣设施完好率、渣（料）场安全稳定运行情况
	社会经济效果	扰动区经果林种植比例、促进经济发展方式转变程度、居民水保意识提高程度

四、水土保持后评价

（一）目标评价

根据现场实地调研，公伯峡水电站运行期间，各项水土保持措施均发挥了相应的水土保持作用，防护效果明显，施工扰动区域水土流失基本得到治理，未出现明显的水土流失现象。通过查阅《黄河公伯峡水电站工程水土保持方案报告》（报批稿），项目水土保持方案阶段制定的水土流失量化指标均达到了目标要求。工程水土流失防治目标如下：

（1）项目区建设期及生产期潜在水土流失及危害基本得到控制。

（2）弃渣场经防治后基本不产生水土流失。

（3）因开挖、压埋造成的坝区两岸、弃渣场、左岸生产生活区及交通道路等全方位绿化、硬化。

（4）项目施工区绿化率达 10％。

工程实施后，公伯峡水电站项目建设区扰动土地面积 430.04hm²（其中永久建筑物面积 108.01hm²），累计治理水土流失面积 424.04hm²，工程扰动土地整治率 98.6％，水土流失总治理度 97.5％。

公伯峡水电站项目区容许土壤流失量为 1000t/(km²·a)，截至验收时，项目建设区内规划的各项水土保持措施均已竣工，建立了完善的水土流失防治体系。根据水土流失监测成果，项目建设区治理后的平均土壤侵蚀模数为 1041t/(km²·a)，土壤流失控制比为 0.96。

工程实际弃渣 1446 万 m³，分别堆放在石头沟、2 号沟、药水沟、古什群和左岸等5 个弃渣场，通过采取铅丝笼护脚、浆砌石挡墙、干砌石护坡、浆砌石护坡、浆砌石排洪渠、预制混凝土网格护坡、渣面覆土绿化等水土保持综合治理措施，在施工期有效地防止了弃渣流失，工程实际挡渣量为 1429 万 m³，拦渣率为 98.82％。

该工程通过恢复施工迹地、绿化美化永久生活区和施工道路，共完成绿化面积87.53hm²，林草植被恢复率为 98.03％，林草覆盖率为 35.01％。

各项水土保持工程运行良好，无明显缺陷，达到了批复水土保持方案的设计要求，能够很好地发挥水土保持设施的功能。

（二）过程评价

1. 水土保持设计评价

（1）防洪排导工程。方案对弃渣场布设截（排）水沟，排水沟防洪标准采用 100 年一遇，并根据防洪排导的要求，有针对性地布设了截水沟、排水沟、排洪渠（沟）、涵洞。且施工过程中，截（排）水沟根据地形、地质条件布设，与自然水系顺接，并布设消能防冲措施。根据现场实地调查，场内截（排）水沟保存完好，运行通畅。

（2）拦渣工程。公伯峡水电站工程涉及 6 个倒渣场和 5 个弃渣场，根据现场调查，运行以来，6 处倒渣场和 5 个渣场运行稳定，拦渣率达到了 98.82％。弃渣场挡墙采用干砌石或浆砌石形式，达到了拦挡的效果。弃渣场边坡实施了土地整治和覆土绿化措施，弃渣场平台覆土作为耕地。根据现场实地调查，弃渣场运行稳定，拦挡工程保存率高，具有较好的拦挡效果。

（3）斜坡防护工程。公伯峡水电站工程开挖边坡较多，在边坡稳定分析的基础上，采用削坡开级、坡脚及坡面防护等措施。施工期间，边坡在稳定基础上优先采取植物护坡措施。

（4）土地整治工程。根据现场调查，工程征占地范围内对需要复耕或恢复植被的扰动及裸露土地及时进行了场地清理、平整、表土回覆等整治措施。弃渣场边坡、平台在土地整治基础上进行了绿化和复耕。

（5）表土保护工程。根据现场调查，工程建设过程中，对可剥离的耕地区域实施了剥离措施，剥离的表土集中堆置在弃渣场附近并进行了防护，防治了水土流失。

（6）植被建设工程。枢纽及移民安置区范围内对工程扰动后的裸露土地、营地及办公场所周边采取了植物措施或工程与植物相结合的措施。对永久设施周边按组团绿化或四旁绿化等方案布置，绿化树（草）种选择旱柳、国槐、青杨、沙枣、榆树、沙棘、枸杞、紫穗槐、金露梅、黄刺、胡枝子、锦鸡儿等；对于施工生产场地用紫花苜蓿、醉马草、盐碱早熟禾、偏穗苔草、高原苔草、狗尾草、紫羊茅、赖草等进行植被恢复。乔木、灌木和草种植面积按 3∶4∶3 的比例配置，植被颜色搭配合理，空间层次错杂，具有较好的景观结构。

（7）临时防护工程。通过查阅相关资料，工程建设过程中，为防止土（石）撒落，在场地周围利用开挖出的块石围护；同时，在场地排水系统未完善之前，开挖土质排水沟排除场地积水。对于场地填方边坡，为防止地表径流冲刷，利用工地上废弃的草袋等进行覆盖。

该工程水土保持工程布置合理，工程等别、建筑物级别、洪水标准及地震设防烈度符合现行规范要求。公伯峡水电站运用以来，弃渣场边坡防护措施、拦挡措施和排水等措施均有效运行，根据监测记录和现场调研结果，弃渣场的水土流失得到了有效治理，水土保持措施设计合理，水土保持效果明显。道路区边坡设计、挂网护坡、排水等措施运行正常，设计标准合理。通过对项目区植被的调查，项目区设计、实施的水土保持林、经济林和景观生态林成活率、林草覆盖率均达到了设计要求。通过水土保持措施，工程建设造成的水土流失得到治理，避免了因工程建设所造成的水土流失危害，达到了水土保持方案编制的预期效果。经过治理，扰动土地的治理率达到 98.6%，水土流失总治理度达到97.5%，拦渣率为 98.82%，植被恢复系数达到 98.03%，项目区林草覆盖率达到 35.01%，土壤侵蚀模数控制到 1041t/(km^2 · a) 左右。综上所述，公伯峡水电站工程水土保持设计是成功的。

2. 水土保持施工评价

公伯峡水电站水土保持工程在施工过程中实行了项目法人制、招投标制和工程监理制，建立健全了"项目法人负责、监理单位控制、施工单位保证、政府部门监督"的质量保证体系，水土保持工程的建设和管理纳入了主体工程的建设管理体系。

（1）工程实施单独施工招标。公伯峡水电站工程采用招标形式，根据各投标公司的资质、业绩、报价等条件定标。新增水土保持措施均采用招标形式，招标的过程主要包括准备招标文件、确定标底、发出招标邀请函、投标单位编制投标文件、投标单位参加现场踏勘、招标文件答疑、投标单位递交投标文件、评标授标、建设单位定标、建设单位与施工单位签订施工合同等。建设单位根据各投标公司的资质、业绩、报价等条件定标。从施工图设计到施工、监理和监测均与主体工程施工区分开单独管理，从而保障了水土保持措施的质量和效果。

（2）设立专门的水土保持管理机构。黄河上游水电开发有限责任公司成立了公伯峡水电站水土保持工作管理委员会，下设水土保持工作管理办公室，挂靠建设公司安全办公室。建设公司由主管副经理分管，各职能部门按照各自职责分工进行落实和监督，各监理、设计、施工和运行单位配备具有相关资质的专业人员开展工作，保证了水土保持工作正常、有效开展。为了加强水土保持工作，建设单位利用建设单位协调会、监理例会以及专项检查、考核等机会，宣传有关建设项目水土保持的法律法规、相关知识和有关要求，不断提高参建员工的水土保持意识、素质和能力，确保各项水土保持工作和措施的贯彻落实，使得水土保持管理工作效率大幅提高。

（3）建立健全的水土保持管理体系。为便于管理，黄河上游水电开发有限责任公司开发了公伯峡水电站工程建设管理系统，以投资控制为核心，以合同管理为纽带，全面控制工程建设各方面的数据，实时跟踪，定期比较分析，全面控制施工进度成本和质量。其中与水土保持工程建设紧密联系的包括概算管理、合同管理、计划管理、投资控制管理、进度管理、质量管理、安全管理、监理日志、渣场管理、辅企管理等十几个模块。

1）质量管理体系：建设单位在工程建设过程中，建立了以建设单位为首的质量管理体系，经理是质量工作第一责任人，总工程师主管质量工作，下设两个工程处负责质量的具体工作，工程处的各项目专责负责各个标段的质量管理日常工作。另设有咨询专家组对工程中遇到的重大技术质量问题进行研究和指导。成立了测绘中心及试验中心，为项目专责和监理工程师抓好质量工作提供依据。

质量标准方面，要求各施工单位严格执行国家正式颁布的技术、施工规范及标准。

2）投资控制管理体系：在投资控制方面，建设公司积极筹措资金，建立了以合同管理为基础的水土保持价款结算支付程序，明确了支付过程中监理单位、建设单位及其内部职能部门的责任、每个支付环节的审核内容、审核依据、时间要求等，从而确保将项目价款及时支付给施工单位、设计单位和监理单位。

3）合同管理体系：合同管理方面，分为招标阶段合同管理和实施阶段合同管理两个阶段。

在招标阶段，建设单位按"准备招标文件—确定标底—发出招标邀请函—接受投标书—评标授标—签订施工合同"进行合同管理的过程控制。

在实施阶段，监理工程师协助建设单位通过合同管理文件、合同目标对水土保持工程的投资、进度、质量进行控制，并对工程变更的确认、计量、支付等进行控制。对于合同纠纷，以事实为依据，以合同为准绳，分清责任，慎重处理。同时防患于未然，严格对施工单位进行监督检查，对工程建设出现的问题，采取积极的应变措施，解决工程建设过程中出现的和可能出现的问题。

（4）建立健全的水土保持监测监理制度。新增水土保持措施施工监理工作由中国水利水电建设工程咨询北京公司承担，主体工程中具有水土保持功能的措施施工监理工作由青海禹天咨询公司公伯峡辅企工程监理部承担。

建设单位委托青海省水土保持生态监测总站承担施工期水土保持监测工作，为保证监测工作科学及时、保质保量地完成，根据项目特点，成立了项目工作组，制定了完善的管理制度，明确了监测工作的各项分工，分解任务责任到人。

公伯峡水电站工程以合同工期为施工进度控制目标。公伯峡水电站工程于2000年7月1日开工，2006年12月31日枢纽工程竣工，总工期6年半。工程施工分工程准备期、主体工程建设期和工程完建期三个阶段。根据水土保持工程与主体工程"三同时"的原则，水土保持措施与主体工程同步实施。

作为现场监理人员，投资控制的主要任务是根据合同文件规定的计量支付原则，对所实施的工程量进行正确测算、计量。在实施过程中，由于地质、地形条件、工程变更等因素的影响，合同工程量与实际工程量很难一致。监理人员在工作中以承建合同为依据，按程序规定的要求进行投资控制。

监理部在严格控制工程变更事项的同时，针对现场出现的特殊情况，严格按照"施工单位呈报—监理审查—建设单位审批—设计单位出变更通知—施工单位按设计变更施工"的程序，进行实事求是的处理。

公伯峡水电站水土保持工程自工程开工后，以建设单位为主的各参建单位成立工程管理体系，制定各项工程管理规章制度，做好各单位工程的招投标工作，签订施工合同，对工程施工进行监理，对工程水土流失进行监测，按照施工进度计划，严格把控施工质量，控制工程投资，工程施工结束后，积极组织有关部门进行验收。工程过程管理完整、可行、高效，在施工过程中对水土保持工程的各个单位工程进行严格管理，很好地落实了水土保持方案的设计要求，达到了水土流失防治目标，满足了水土保持要求。

（5）水土保持工程与环境美观相结合。建设单位在公伯峡水电站建设过程中对水土保持工作与环境相结合非常重视，通过左岸弃渣场绿色走廊建设，施工场区、建设单位营地、厂区道路绿化美化，为电站建设者、运行管理人员以及当地居民提供了一个娱乐休闲的场所，公伯峡水电站也因为其良好的生态环境，逐渐成为青海省内休闲、度假、拓展训练的新景点，为水电站水土保持工作做出了表率。

3. 水土保持运行评价

公伯峡水电站运行期间，建设单位按照运行管理规定，加强对防治责任范围内的各项水土保持设施的管理维护，积极开展临时征地移交工作。建设单位下设经营环保部协调开展水土保持设施后期运行维护工作，制定工作职责和工作制度文件，各司其职，从管理制度和程序上保证了运行期内水土保持设施管护工作的开展。

工程水土保持措施实施后，经建设期及多年的运行期检验，各类水土保持设施运行情况良好、开挖边坡防护及渣场防护设施质量稳定，沟道泥石流排导系统运行正常，能有效防止建设期及运行期水土流失，植物措施覆盖率及成活率高，生态景观效果好，后期管护操作简便，可保障运行期各项水土保持措施正常运行。运行期间设置专人负责绿化植株的洒水、施肥、除草等管护，确保植被成活率，不定期检查、清理截（排）水沟道内淤积的泥沙，达到了绿化美化和保持水土的双重作用。

通过水土保持工程的实施，公伯峡水电站建设引起的水土流失得到了综合治理，生态环境得到保护的同时，营造了空气清新、绿色健康的人居环境，有利于环境保护和经济发展相协调，从而实现项目区生态系统的优化、提高及区域经济的可持续发展。

（三）绿化效果评价

为了探索和改善公伯峡水电站边坡绿化工艺水平，实现岩石和砂砾石坡面生物绿化效果，中国电建集团西北勘测设计研究院有限公司提出了在右岸坝肩开展生物菌绿化法试点，为后期大坝边坡绿化整治积累了经验。

生物菌绿化法是一种以绿化岩石为主要目的而开发的施工方法，它利用有效生物菌将岩石的风化、土壤化过程加速几万倍，并从岩石及大气中吸取养分，使岩石的植物生长及永久绿化成为可能。其生物菌主要以"光合菌群""酵母菌群""乳酸菌群"和"放线菌群"等组成的18类融合菌群作用于土壤硅酸盐表层，提取转化土壤中的有机物，供植物生长，同时能改良土壤的团粒结构和酸碱平衡。

施工具体措施为：用三维铅丝网挂在陡坡面上，用锚杆固定，把"绿化生物菌"和植物籽种及无机保水材料、骨架材料、改性材料、磁性无机盐和黏结材料等辅助材料混合，用客土喷播机喷至网格上，厚度为10cm，保水材料为中国科学院的无机保水剂，其保水性能好，吸水能力不衰减，解决了抗旱问题。

生物菌微生物主要包括细菌、放线菌、真菌、藻类和原生动物。这些微生物具有促进成土作用，并能改善土壤的物理性质，增加土壤中的营养成分及改善沙粒结构。生物菌绿化法在公伯峡水电站右岸坝肩岩质边坡进行了播种试验，植物生长良好，取得了一定的效果，为西北干旱区岩质开挖边坡治理、植被恢复生长提供了一条值得研究和探索的新技术。

（四）效果评价

1. 植被恢复效果

通过资料查阅分析，工程施工期间对枢纽区扰动范围内的裸露地表实施了植被恢复措施，主要包括撒播草籽、铺设草皮、栽植乔灌木、栽植藤本植物等形式，选用的树（草）种以早熟禾、黑麦草、紫穗槐、胡枝子、沙棘、新疆杨、北京杨等为主。植被恢复区域主要为主体工程建设区、施工辅助企业区、弃渣场、左岸生活区、交通道路区及移民安置区等。调查时，项目区实施的林草植被恢复措施营造的苗木植被生长状况良好，与建设期相比，枢纽区小气候特征明显，区域内主要以乡土树种为主，经乔、灌、草配置形成的植物多样性和郁闭度得到了良好的恢复和提升。公伯峡水电站工程植被恢复效果评价指标见表4.8-3。

表4.8-3　　　　　　　　　公伯峡水电站工程植被恢复效果评价指标

评价内容	评价指标	结　果
植被恢复效果	林草覆盖率	35.01%
	植物多样性指数	0.81
	乡土树种比例	0.89
	郁闭度	0.52

2. 水土保持效果

通过现场调研以及收集资料，工程施工迹地经整治后绿化和景观恢复并自然演替和恢复，项目区小气候特征明显。项目区内地表由建筑物、硬化地面和绿化植被覆盖，无明显的裸露区域；区内排水、截水、渗水设施齐全，内涝或积水现象，区内土壤入渗效果明显，项目区土壤有机质含量明显提升。该工程实施的截（排）水沟、挡渣墙和边坡防护等工程措施与景观绿化、撒播植草及草皮等植物措施运行状况良好，根据公伯峡水电站工程水土保持现场监测结果，公伯峡主体工程建设区内防治后的土壤流失量约为3600t，防治后的平均土壤侵蚀模数为1041t/(km² · a)，项目建设区经过水土保持措施防护后水土流失基本得到治理。经实地量测和土壤调查，公伯峡水电站工程绿化区域主要包括主体工程区、施工辅助企业区、弃渣场、左岸生活区、交通道路区，共覆土 288592m³，场地平整 49.9 万 m²，栽植乔木 98613 株，栽植灌木、花卉 1331410 株、种草 32.31 万 m²。公伯峡 水电站工程水土保持效果评价指标见表 4.8-4。

表 4.8-4　　　　　公伯峡水电站工程水土保持效果评价指标

评价内容	评价指标	结　　果
水土保持效果	表土层厚度	40cm
	土壤有机质含量	3.25g/kg
	土壤入渗率	35mm/min
	不同侵蚀强度面积比例	98%
	地表硬化率	30%

3. 景观提升效果

建设单位对电站建设过程中水土保持工作高度重视，通过左岸弃渣场绿色走廊建设、施工场区、左岸生活区、厂区道路绿化美化，为电站建设者、运行管理人员以及当地居民提供了一个娱乐休闲的场所。公伯峡水电站也因良好的生态环境，成为黄河上游旅游度假的新景点，为水电站水土保持工作做出了表率。

公伯峡水电站工程水土保持工程实施完成后，为确保工程的水土流失量降到最低，建设单位营地按照滨湖公园的标准进行建设，在高海拔、干旱、严寒地区，水电站建设成了一个旅游景点。

公伯峡水电站工程景观提升效果评价指标见表 4.8-5。

表 4.8-5　　　　　公伯峡水电站工程景观提升效果评价指标

评价内容	评价指标	结　　果
景观提升效果	美景度	5
	常绿、落叶树种比例	60%
	观赏植被季相多样性	0.5

4. 环境改善效果

项目区景观植被是天然的净化器，可以有效清除空气中的 NO_x、SO_2、甲醛、飘浮微粒及烟尘等有害物质。通过植被恢复、园林式绿化、养护管理等植物措施的实施，项目区内林草植被覆盖情况大幅度改善，植被恢复面积达 87.53hm²，可恢复植被面积 89.29hm²，植被恢复系数为 98.03%，林草覆盖率达到了 35.01%。同时，项目区植物通过光合作用时释放负氧离子，使周边环境中的负氧离子浓度达到约 31050 个/cm³，使区域内人们的生活环境得以改善。公伯峡水电站工程环境改善效果评价指标见表 4.8-6。

表 4.8-6　　　　　公伯峡水电站工程环境改善效果评价指标

评价内容	评价指标	结　　果
环境改善效果	负氧离子浓度	31050 个/cm³
	植被覆盖率变化程度	79.76%

5. 安全防护效果

公伯峡水电站工程共设置 5 个弃渣场和 6 个倒渣场，弃渣场包括左岸药水沟弃渣场、左岸岸边弃渣场、右岸石头沟弃渣场、2 号沟弃渣场和右岸上游库区古什群弃渣场，倒渣场包括左岸药水沟倒渣场、右岸开关站倒渣场、石头沟倒渣场和垫层料加工倒渣场。通过查阅主体工程资料，水土保持监测、监理以及验收报告，建设单位采取了相应的水土保持工程措施以及植物措施，实际拦渣 1429 万 m³，拦渣率为 98.82%，渣场整体稳定性良好。公伯峡水电站工程安全防护效果评价指标见表 4.8-7。

表 4.8-7　　　　　　　公伯峡水电站工程安全防护效果评价指标

评价内容	评价指标	结　果
安全防护效果	拦渣设施完好率	98.82%
	渣（料）场安全稳定性运行情况	稳定

6. 社会经济效果

在项目建设对当地经济发展和个人收入增长方面，根据当地国民经济统计数据，无论是地区生产总值还是个人可支配收入，均呈现逐年增长趋势。虽然不能完全归功于公伯峡水电站的建设，但该项目的建设及运行对当地的经济增长起到了一定程度的推动作用。

通过对周边群众进行问卷调查，工程建设过程中各项水土保持措施的实施，有效防治工程建设引起的水土流失、给当地居民带来直接经济效益的同时，也将水土保持理念及意识在当地居民中树立了起来，多数居民从"未了解水土保持理念"到"认识水土保持措施"转变过来，使当地居民在一定程度上认识到了水土保持工作与其生活息息相关，提高了当地居民对水土保持、水土流失治理、环境保护等的意识，在其生产生活过程中自觉科学地采取有效措施防治水土流失和保护环境，利用水土保持知识进行科学生产，引导当地生态环境向更好的方向发展。

公伯峡水电站工程社会经济效果评价指标见表 4.8-8。

表 4.8-8　　　　　　　公伯峡水电站工程社会经济效果评价指标

评价内容	评价指标	结　果
安全防护效果	扰动区经果林种植比例	42%
	促进经济发展方式转变程度	85%
	居民水保意识提高程度	76%

7. 水土保持效果综合评价

此次水土保持后评价根据当地水利工程实际情况，对公伯峡水电站工程水土保持效果评价指标体系有调整，在 AHP 层次分析软件中重新建立了水土保持效果评价指标结构图，根据多年的实践经验和研究基础对各项指标按照 AHP 层次法矩阵评判尺度进行打分，重新计算了各指标的权重值。结合各指标的权重值，根据层次分析法权重的多级模糊综合评价模型来计算公伯峡水电站工程各指标总权重及标准值，从而综合分析水土保持效果。公伯峡水电站工程水土保持效果综合评价见表 4.8-9。

表 4.8-9　　　　　　　公伯峡水电站工程水土保持效果综合评价一览表

目标层	标 准 层	总权重	调查值	标准值	得分
公伯峡水电站工程水土保持效果	林草覆盖率	0.0862	35.01%	10%	100
	植物多样性指数	0.0195	0.81	1.00	81
	乡土树种比例	0.0364	0.89	0.70	100
	郁闭度	0.0731	0.52	0.50	100
	表土层厚度	0.0167	40cm	40cm	100
	土壤有机质含量	0.0558	3.25g/kg	4g/kg	81
	土壤入渗率	0.0975	35mm/min	40mm/min	88
	不同侵蚀强度面积比例	0.0522	98%	100%	98
	地表硬化率	0.0293	30%	25%	100
	美景度	0.0426	5	5	100
	常绿、落叶树种比例	0.0145	60%	100%	60
	观赏植物季相多样性	0.0301	0.5	1	50
	负氧离子浓度	0.0905	31050 个/cm³	30000 个/cm³	100
	林草覆盖率	0.0254	79.76%	85%	94
	拦渣设施完好率	0.1846	98.82%	85%	100
	渣（料）场安全稳定性运行情况	0.0612	85%	100%	85
	扰动区经果林种植比例	0.0188	42%	60%	70
	促进经济发展方式转变程度	0.0205	85%	100%	85
	居民水保意识提高程度	0.0451	76%	100%	76
	综合得分				87.79

经综合评价其水土保持效益为良好，综合评价得分 87.79 分。

五、结论及建议

(一) 结论

黄河公伯峡水电站工程按照我国有关水土保持法律法规和世界银行的要求，有序开展了卓有成效的水土保持工作，对防治责任范围内的水土流失进行了全面系统的治理，基本达到了施工期间控制施工作业、减少地表扰动，维持生态系统、保护生态植被的目的，营造了优美的坝区环境，较好地完成了项目水土保持工作。调查时，项目区各项防治措施运行效果良好，通过水土保持工程的实施，公伯峡水电站建设引起的水土流失得到了综合治理，生态环境得到保护的同时，营造了空气清新、绿色健康的人居环境，有利于环境保护和经济发展相协调，从而实现项目区生态系统的优化、提高及区域经济的可持续发展。对今后其他水电工程建设具有较强的借鉴作用。

1. 健全的水土保持管理体系

公伯峡水电站工程水土保持质量管理体系健全，设计、施工、监测和监理的责任明确，确保了水土保持设施的施工质量。各参建单位按照"创建精品工程，争夺鲁班奖"的总目标和合同规定的职责义务以及责任范围，健全水土保持管理体系，逐级落实责任，确保水土保持各项工作符合国家法律法规和地方、流域、行业的有关规定及要求，落实《黄河公伯峡水电站工程水土保持方案报告》（报批稿）的各项措施，提升了施工单位对水土保持工程的认识，保证了水土保持工程质量，确保了水土保持投资用到实处，有利于实现项目区生态建设目标。

2. 水土保持工作实施的良好推进

建设各方在水土保持工作实施中精心组织、科学施工、规范管理，重点防护，对水土流失防治责任范围内产生的新增水土流失进行了较好的治理，主体工程区、施工辅助企业区、料场区、渣场区、左岸生活区和施工道路区等施工扰动区均得到了及时的整治，具备绿化条件的区域及时实施了绿化，总体上落实了水土保持方案规划设计的各项水土保持措施。各项措施的施工质量较好，项目区环境比工程建设期有了一定程度的改善，水土保持设施的管理维护责任明确，对水土保持功能的持续有效发挥效益打下了稳定的基础。

3. 将水土保持工程与环境美化相结合

建设单位在对该工程建设过程中对水土保持工作与环境相结合非常重视，通过水土保持工程的实施，公伯峡水电站建设引起的水土流失得到了综合治理，生态环境得到保护的同时，营造了空气清新、绿色健康的人居环境，有利于环境保护和经济发展相协调，从而实现项目区生态系统的优化、提高区域经济的可持续发展。公伯峡水电站也因其良好的生态环境，逐渐成为青海省内休闲、度假、拓展训练的新景点，为水电站水土保持工作做出了表率。

（二）建议

1. 把水土保持方案编制工作作为重点

目前国内大型水利水电工程日益增多，其建设规模大，扰动土地面积大，水土流失隐患严重，因此必须重视水土保持方案编制和水土保持设计工作，对施工过程中可能造成的水土流失区域及其危害进行预测，并采取针对性的防治措施。

2. 做好水土保持的同时要做好生态环境景观建设

该工程将水土流失治理和改善生态环境相结合，不仅有效防治水土流失，而且营造了库区优美的环境，采用的水土保持工程防护标准是合理的，值得其他工程借鉴。建设单位在该工程建设过程中对水土保持工作与环境相结合非常重视，公伯峡水电站也因为其良好的生态环境，逐渐成为青海省内休闲、度假、拓展训练的新景点，为水电站水土保持工作做出了表率。在今后工程设计阶段，应结合周边环境，适当提高植物标准，使水土保持工程与生态环境美观以及当地经济发展相结合，实现工程与自然和谐共处的新格局。

3. 将水土保持工作与文明施工结合

公伯峡水电站工程在施工期间建立了健全的环境保护管理体系，借鉴了国外承包商控制水土流失的成功经验，提出了合理的施工组织方案，文明、规范施工，有效地控制了施工期间的水土流失。在今后工程施工时，应采用合同手段对承包商的施工行为加以约束，保证文明、规范施工，有效防治施工过程的水土流失。

辽宁蒲石河抽水蓄能电站工程

一、项目概况

蒲石河抽水蓄能电站位于辽宁省宽甸满族自治县境内。电站总装机容量1200MW，属日调节纯抽水蓄能电站，额定设计水头308.00m，上、下水库直线距离约2500m。多年平均年发电量为18.60亿kW·h，多年平均年发电利用小时数为1550h，多年平均年抽水电量为24.09亿kW·h，多年平均年抽水利用小时数为2008h，综合效率为77.2%。

工程规模属于I等大（1）型工程，主要建筑物为1级，次要建筑物为3级。枢纽建筑物主要由上水库、下水库、地下厂房、输水系统及500kV地面开关站五部分组成。

2004年3月开始筹建，2006年8月1日工程主体开始施工，至2012年9月29日4台机组相继投入运行。

电站建成后，实现了调峰、填谷、调频、紧急事故备用等设计功能，对于优化东北电网结构及服务电力发展具有重要意义，为当地经济和社会的可持续发展作出了重要贡献。

工程总征占地653.82hm²，其中，建设用地639.47hm²，施工临时占地14.35hm²。

工程项目决算总投资45.75亿元，其中静态投资43.87亿元。

项目建设管理单位为辽宁蒲石河抽水蓄能有限公司。

二、项目区概况

蒲石河发源于辽宁省宽甸县四方顶子，由北向南流贯宽甸县全境，在太平湾水电站坝下汇入鸭绿江，属鸭绿江水系。区域地貌类型为辽东剥蚀低山-丘陵区。气候类型属暖温带湿润季风气候区。项目区地处辽东半岛临近黄海的南向迎风坡，鸭绿江河谷被周围山丘围成一个喇叭状地形，蒲石河恰恰处于喇叭喉管的前部，区内台风型天气的暴雨极为强烈，常为辽东暴雨中心及整个东北地区暴雨高值区。水土流失形式为水力侵蚀，流失类型以面蚀为主，并同时有沟蚀、河槽状侵蚀和泥石流等。水土流失强度以轻度、中度为主，土壤侵蚀背景值2500t/(km²·a)。

项目区多年平均气温为6.6℃。最高气温35℃，最低气温−38.5℃。多年平均年降水量为1134.6mm。多年平均≥10℃年积温3200℃，无霜期145d，平均风速为2.0m/s、最大风速为24m/s。多年平均悬移质输沙量为43.9万t/a，推移质输沙量为13.3万t/a。稳定封冻期约4个月，最大冻土深1.32m。11月中旬日平均气温稳定在0℃以下，日平均气温低于−10℃的严寒期在60d左右，在建筑气候区划中属于严寒气候区。

项目区地面坡度为15°～35°，土壤类型主要为棕壤土、草甸土，成土母质类型复杂多样，主要有原积母质、坡积母质、黄土状及冲洪积母质。地带性植被，属针阔混交林和暖温带落叶阔叶林，介于华北和长白山区系的过渡带。原生植被有云杉、紫杉、红松、油松、赤松，伴生有枫桦、蒙古栎、山槐、赤杨等；灌木有荆条、胡枝子等；草本植物繁多，林草覆盖率70%左右。

项目区在辽宁省人民政府划分的水土保持分区中属重点预防保护区；在水土保持分区规划中，属鸭绿江沿岸丘陵中度侵蚀区；在宽甸县人民政府划分的水土保持规划分区中属重点治理区。

三、工程建设目标

蒲石河电站的决策目标是：在东北电网中承担系统的调峰、填谷、调频、调相及紧急事故备用，兼具低周波自启动和黑启动功能。

建设过程中，坚守"建好一座电站、带动一方经济、改善一片环境、造福一批移民"的"四个一"建设理念。

在环境保护方面，提出将蒲石河抽水蓄能电站建成"绿色环保工程"，对工程建设引起的水土流失本着"统筹规划、源头控制、全面治理、注重实效"的治理思路，对裸露边坡实施复绿，对裸露地表全面绿化。

工程实施阶段，依据《开发建设项目水土流失防治标准》（GB 50434—2008）及《黑土区水土流失综合防治技术标准》（SL 446—2009）的规定，在水土保持后续设计报告中对可行性研究阶段提出的水土保持6项指标进行了修正。修正后的各防治分区水土流失防治目标见表4.9-1。

表4.9-1　　　　　　　　　　蒲石河工程水土流失防治目标修正表

	项　目	扰动土地整治率/%	水土流失总治理度/%	土壤流失控制比	拦渣率/%	林草植被恢复率/%	林草覆盖率/%
施工期	枢纽施工区	*	*	0.7	95	*	*
	弃渣场区	*	*	0.7	90	*	*
	料场区	*	*	0.7	90	*	*
	交通设施区	*	*	0.7	90	*	*
	临时施工区	*	*	0.7	95	*	*
	王家街生产基地	*	*	0.7	95	*	*
	移民安置区	*	*	0.7	95	*	*
	总防治目标	*	*	0.7	92	*	*
试运行期	枢纽施工区	95	98	1	95	97	20
	弃渣场区	95	98	1	95	99	50
	料场区	95	97	1	95	95	5
	交通设施区	95	95	1	95	97	25
	临时施工区	95	95	1	95	97	8
	王家街生产基地	95	98	1	95	99	50
	移民安置区	—	—	1	95	—	—
	总防治目标	95	97	1	95	97	27

*　表示指标值应根据批准的水土保持方案措施实施进度，通过动态监测获得，并作为竣工验收的指标之一。

四、水土保持实施过程

（一）水土保持设计

1. 水土保持方案编制及批复

2003年，中水东北勘测设计研究院有限公司编制了《蒲石河抽水蓄能电站工程水土保持方案报告书》（简称《水保方案》）。2004年3月23日，水利部以"水函〔2004〕

"39号"文予以批复。

2. 水土保持后续设计

2004年，经设计优化，工程建设减少征占土地152.68hm²。因此，水土保持责任范围、施工扰动面积、损坏土地和植被面积、水土流失预测量、水土保持治理目标等都发生了相应的变化。招标设计阶段，水土保持按施工优化设计成果进行调整，施工图按现场实测地形图采用跟进式设计。

2013年，根据现场变化，中水东北勘测设计研究院有限公司编写了《蒲石河抽水蓄能电站工程水土保持后续设计报告》（简称《后续设计》）。

2013年12月20日，水利部松辽委以"水保便字〔2013〕10号"文对《后续设计》给予了批复。

3. 水土保持招标及技施设计

（1）招标设计。2006年，招标设计先将弃渣场的坡脚浆砌石挡护、截（排）水设施、施工区表土剥离等措施作为土建工程的招标设计内容，其中，汇水量较大的黄草沟渣场排水系统独立成标，水土流失监测独立标段。将公路边坡防护措施整合到水土保持专项工程中，标段内容如下：

1）水土保持Ⅰ标，即施工道路及其他工程水土保持工程施工标。

2）水土保持Ⅱ标：枢纽施工区水土保持工程施工标。

3）水土保持Ⅲ标：移民安置及水库影响区水土保持工程施工标。

4）水土保持Ⅳ标：厂前区水土保持工程施工标。

5）黄草沟渣场标：黄草沟防洪排水专项工程标。

（2）技施设计。依据主体工程实施阶段的设计变更内容及《后续设计》，水土保持措施主要内容有防洪排导工程、拦渣工程、斜坡防护工程、土料保护工程、土地整治工程、植被建设工程等。详见表4.9-2。

表4.9-2　　　　　　　　蒲石河工程主要水土保持设计情况

措施类型	所在分区	工程部位	设计标准或规格
防护排导工程	弃渣场区、交通道路区	渣场及场内外交通道路的排水设施	防洪标准除黄草沟的渠、急流槽、涵、沟等为50年一遇，其他渣场排水沟、涵管或盖板涵、涵洞、截洪沟、消力池、跌水等均为20年一遇、道路排水系统25年一遇
拦渣工程	弃渣场区	3个坡地型、2个沟道型渣场坡脚	黄草沟渣场级别为3级，坡脚透水棱体及其他建筑物为4级，其他渣场2个4级、2个5级，拦渣坝及拦渣墙，工程等级为5级
斜坡防护工程	枢纽施工区、弃渣场区、料场区、交通道路区	坝头、渣场堆坡、石料场开挖坡、路堑和路堤、挡墙	1∶0.75→1∶1→1∶1.5→1∶2的石方开挖渐变坡，1∶2的渣场堆坡和1∶1路堤边坡等各类坡面，采用柔性支护复绿，石料场喷锚防护。坡脚挡墙属于独立布置的次要建筑物4级或5级。岩质边坡安全等级为2级、3级，土石质填方及土质开挖边坡安全等级为3级
土料保护工程	枢纽区、营地、库区	上下水库、生产营地、地面建筑物场地	库盆混杂土40～150cm，营地平丘的黄黏土全部、山皮砂15～20cm，淹没区Q_4堆积物20～200cm

续表

措施类型	所在分区	工程部位	设计标准或规格
土地整治工程	枢纽区、营区、渣场区	枢纽区平面、厂前区、生产营地、渣场平台面、筛分厂	枢纽区、厂前区、生产营地覆土厚30cm，2号和4号渣场覆土50cm，下水库渣场硬化强夯安置移民、上库和黄草沟渣场覆土40cm，临时占地覆土70cm
植被建设工程	涵盖整个施工范围	边坡、碎落台、小平台、小坡面等	用保存的土料＋草纤维＋草炭土＋有机肥等配置绿化用土，预埋根芽，使用三维植被网和镀锌金属网进行坡面支护后复绿，坡面乔灌草种子用量30g，平面种子用量20g
临时防护工程	弃渣场区、交通道路区	土料暂存场、弃渣场、边坡	临时排水沟、沉沙池、坡面复绿草帘遮盖、土砂袋挡水、草把及土埝挡水

（二）水土保持施工

1. 施工组织

自2004年5月准备期开始，建设单位根据主体工程的实施进度，组织了水土保持招标设计、施工图设计及各项水土保持设施的实施。

2. 措施布置

工程实施采用分区、分片、分功能进行"工程化防治、景观化治理、综合性利用"。

（1）工程化防治。为有效落实水土保持"三同时"制度，将表土剥离集堆、暂存、临时拦挡措施及渣场护脚挡墙、拦渣坝、截（排）水沟的施工纳入土建工程中。利用坡面挡墙和马道缩短坡长，减弱地表径流的冲刷和便于坡面排水，改善渣体结构层次和坡面复绿，把土建工程与水土保持完美地结合在一起。

（2）景观化治理。坡面治理取消硬防护，采用厚层基质喷附和三维植被网柔性支护，避免人工嵌块体对山体生态景观格局造成的阻隔和破坏。

平面治理以土生物种为骨干树种，以观赏性与实用性相结合的原则选取生物材料，将道路的安全岛、两侧的碎落台、小平台及邻水陆地的半岛、建筑物周边裸露地面作为微型园林景观塑造区。封闭式管理区以观食两用的经果林为主。利用爬地柏和花灌木模纹，遮蔽圬工、围挡化粪池构筑物。巧借堆石与彩叶树相互依托，使平面灵动优美。

（3）综合性利用。根据弃渣场、筛分系统等环境特点，将交通方便的渣场安置散户移民和山洪灾民，其他渣场种植农作物或栽植用材林；筛分系统施工迹地复垦成高产田。把建设单位营地内的土料场及移民拆迁迹地改造成菜田，厂前区和建设单位营地栽植大量的观食两用经果林。水土保持防治效果见图4.9-1。

3. 施工条件

（1）气候条件恶劣，施工期短，影响幼苗保存率。在绿化施工有效时间内，有一半的时间属于强降雨期。雨季不施工，延误工期，会造成9月以后萌发的幼苗全部冻死。采用新方法、新工艺是关系到边坡绿化成败的关键。

覆盖完表土后，在温差和湿差作用下形成胀缩循环、干缩循环，导致岩土强度衰减和边坡剥蚀，春季解冻后表层融雪渗入到土层后易形成重力侵蚀，尤其是高陡岩坡更甚，采取何种措施能够起到加筋作用，促使人工植物根系、表层土与岩体结为一体，是实现边坡复绿的难题。

（a）渣场集中安置移民

（b）渣场安置散户移民

（c）生产营地果树

图 4.9-1 综合性利用治理效果（照片由中水东北勘测设计研究有限责任公司提供）

（2）山高坡陡，表土剥离困难，绿化用土匮乏。项目建设区山高坡陡，边坡开挖没有保存腐殖土的条件，下水库淹没区剥离的腐殖土需要优先保证移民造地及渣场平台面的土地复垦，绿化用土的来源也是植被恢复的难点之一。

原地貌被破坏后，高陡边坡如何重建植生层，采取什么样的植物措施配置才能实现植被的免管目标也是需要解决的技术难点。

（3）施工用地紧张，开挖边坡没有布设坡顶截水沟的施工用地。施工边坡的开口线就是施工征地线，坡顶不具备布设截水沟的条件，如何解决坡面径流的冲刷是必须解决的最大难关。

（三）水土保持监理、监测

1. 监理

经公开招标，中国电建集团西北勘测设计研究院有限公司监理中心承担了主体工程监理工作；经协议招标，辽宁江河水利水电工程建设监理有限责任公司承担了水土保持监理工作。

渣场拦挡、排水系统、坡面挡墙、大面积的场地回填整形等工程，由主体工程监理公司负责；以绿化为主的水土保持设施，由水土保持监理负责。主体监理成果与水土保持监理共享。

2. 监测

2006 年 12 月由辽宁华禹水土保持监测技术中心承担水土保持监测工作；2012 年 5 月

因该公司机构调整，转由辽宁省水土保持研究所接替。

（四）水土保持竣工验收

2013 年 4 月，北京水保生态工程咨询有限公司承担了水土保持设施验收技术评估工作。

2014 年 3 月 25 日，水利部在丹东主持召开了蒲石河抽水蓄能电站水土保持设施竣工验收会。2014 年 4 月 18 日，水利部以"办水保函〔2014〕370 号"文下发了《关于印发蒲石河抽水蓄能电站工程水土保持设施验收鉴定书的函》，水土保持设施通过了专项验收。

（五）水土保持运行管理

2014 年，水土保持设施管理维护分成两部分：第一部分是竣工验收完成后，工程措施 1 年、植物措施 3 年的质保期，由施工单位负责管理维护；第二部分为质保期结束后，运行期的维修管护，每年从收益中划出一定比例的经费，委托专业服务公司负责。

2014—2018 年，营区绿化管护由具备园林绿化工程施工资质的承包公司负责；道路、边坡、弃渣场等管护维修由具备工程建筑资质的承包公司负责。

（六）水土保持实施效果

蒲石河抽水蓄能电站各类连续边坡采用喷播和三维植物网支护复绿，零散边坡穴栽补植修复；将零散斑块打造为微型景观绿地；将管理区打造为由观食两用经果林、草坪及花卉组成的园艺区。

通过现场调查，坡面的树木根系已伸入岩石裂隙中，将基材、岩层交错盘结在一起，有效地发挥了水土保持功能。防洪排导设施、弃渣场坡脚拦挡设施及各类挡墙也都发挥着各自的功能。营区板栗、银杏、梨、山楂挂满枝头，菜田里的蔬菜为职工食堂提供了应季的食材。临时用地及渣场平台面，除安置移民外，经土地整治用于种植玉米、蔬菜、黄豆，栽植果松。还有部分过渡性灌草地，现处于土壤熟化阶段，拟用于园地或耕地。

蒲石河抽水蓄能电站通过新技术、新方法、新材料、新工艺的应用，对各类裸露边坡进行生态重塑，实现了项目区生态系统的完整性、连续性和生物多样性。通过土地整治及综合利用，社会效益、生态效益及经济效益显著。水土保持防治效果见图 4.9-2 和图 4.9-3。

（a）高陡岩质边坡治理前　　　　　　　　　（b）高陡岩质边坡治理后

图 4.9-2　东洋河高陡岩坡防治效果（照片由中水东北勘测设计研究有限责任公司提供）

（a）种植果树	（b）种植苹果树和梨树
（c）色带草坪效果	（d）爬地柏遮蔽排水沟效果
（e）台面绿化效果	（f）库区景观效果

图 4.9-3　观赏性植物利用效果（照片由中水东北勘测设计研究有限责任公司提供）

五、水土保持后评价

（一）目标评价

1. 工程建设总目标

蒲石河抽水蓄能电站上、下水库分别于 2011 年 1 月 13 日和 8 月 1 日通过蓄水验收，2012 年 9 月 29 日 4 台机组全部投入商业运行，工程建设期结束。根据运行情况分析，电站较好地实现了设计目标。

2. 水土保持目标

含在土建标中的水土保持工程于 2006 年 8 月 1 日开工，2012 年 6 月 30 日完工验收；水土保持专项工程于 2008 年 9 月 1 日开工，2014 年 1 月 30 日完工验收。2014 年 3 月 25 日通过了水利部组织的专项验收，水土保持施工基本结束。

通过对 2016 年地质灾害排查和 2018 年水土保持现场调研结果分析，电站运行期，水土保持各项设施安全稳定，运行良好，《后续设计》制定的水土保持 6 项防治目标均达到要求，防护效果显著，水土流失得到了有效治理。工程区山清水秀，除硬化地表及工程防护措施外，全部绿化，成为真正的"绿色环保工程"。

（二）过程评价

1. 项目前期决策总结

2003 年，蒲石河抽水蓄能电站项目重新启动后，引进了环境建设的理念，把水土保持方案作为立项的绿色文件。

2003 年 9 月 23 日，《水保方案》通过了水电水利规划设计总院的审查，2004 年水利部以"水函〔2004〕39 号"文予以批复。

2. 项目实施准备工作

2004 年 3 月，项目开始筹建，建设单位以完善的"四控制、三管理和一协调"为过程管理，把蒲石电站建设成精品工程和国内同类型电站的样板工程，水土保持作为建设管理的一部分，按照从上到下进行三级管理。

2006 年，建设单位对水土保持专项工程实行独立招标。项目实施前，设计单位组织专业人员赴国内水利水电工程环境保护理念先进、水土流失整治成功的单位进行调研。2007 年建设单位先后三次听取了设计单位提出的应用新材料、新技术、新工艺进行边坡防护的汇报，最终形成在东洋河道路高陡岩坡上尝试厚层基质喷附复绿技术及在土质、土石质边坡大范围应用三维植被网护坡的决议。

（1）管理目标确定。

1）进度管理目标。2003 年 9 月，水电水利规划设计总院于对《蒲石河抽水蓄能电站可行性研究报告》进行审查，同意总工期为 70 个月，其中，准备工程工期和主体工程施工期 59 个月，工程完建期 11 个月。

按"三同时"制度要求，含在土建标中的水土保持工程与主体工程同步实施，水土保持专项工程按现场作业面的完成情况适时实施。

施工过程中，先实施工程措施再实施植物措施，边坡防护结合开挖或填筑过程实施，边坡复绿的作业面在安全稳定验收合格的基础上实施。

A. 平面绿化。按该地区植物对时令的要求实施。春季植物措施安排在 4 月下旬到 5 月中下旬，秋季植物措施安排在 10 月下旬至 11 月中旬。

B. 坡面绿化。三维植被网施工在 4 月下旬至 10 月上旬；厚层基质喷附技术在 4 月下旬至 9 月下旬。

水土保持专项工程施工跨 5 年，冬季不施工，施工历时 27.5 个月。

2）工程质量管理目标。工程总评质量优良，单元工程质量合格率 100%，优良率 90% 以上；分部工程质量合格率 100%，优良率 92% 以上。

3）工程的投资管理目标。确保工程总投资控制在批复的概算范围内。

4）安全健康及环保目标。不发生人身死亡事故及环境污染事故和重大垮（坍）塌事故，控制因工程建设而造成流行性疾病的发生和传播，控制施工过程的水土流失。

（2）工程建设管理策划。

1）在项目管理上，严格执行项目法人责任制、招投标制、建设监理制、合同管理制和资本金制。水土保持采用"小专业、大监理"的建设管理模式。水土保持专项工程监理单独招标。

2）水土保持工程开工前，责成设计单位编写《水土保持施工规划报告》，确定施工技术难点、重大危险因素和质量重点。对高陡岩坡复绿组织专家召开专题研讨会，并按专业派出工程技术人员到外地调研。

3）开工前，制定了涉及开工管理、质量管理、工程档案管理和安全文明施工管理等覆盖工程全过程的一系列管理文件和制度，并发布实施。

（3）勘察设计工作。

1）设计质量控制。2004年初，全面开展招标和施工图设计工作。2006年9月，设计单位编制《蒲石河抽水蓄能电站工程水土保持专业技施设计工作大纲》，制订了设计管理质量目标、原则并提出了水土流失防治措施优化设计要求。水土保持专业自2007年开始逐年编制水土保持专项工程年度工作大纲及技施设计简报。

技施设计采用的设计规范以国标及水土保持行业的规程规范为主，其他行标为辅，重点参考《绿化工程施工规范》（建标〔1993〕285号）、《造林技术规程》（GB/T 15776—1995）、《主要造林树种苗木质量分级》（GB 6000—1999）、《公路土工合成材料应用技术规范》（JTJ/T 019—98）等规范；并严格执行新版《中华人民共和国工程建设标准强制条文（电力工程部分）》。

2）设计工作原则。

A. 复核方案阶段的水土流失防治责任范围和治理要求，避免错漏及重复。

B. 根据各防治分区的主体工程施工扰动特点，对防治措施进行总体布置。

C. 将表土剥离、料场开采、弃渣拦挡、坡面排水放入土建工程标，与其同步实施。

D. 边坡复绿、平面绿化、土地复垦与主体作业面完工时序紧密衔接，在编制招标文件时，重点分析施工界面、绿化用土来源、用量及配置，以及"三新"技术试验段的技术要求。

E. 以弃渣场、大坝开挖区、施工道路区为重点，布设完善的排水系统、平面绿化、土地复垦及综合利用措施。

F. 详细编写采用新材料、新技术、新工艺对高陡岩坡进行复绿、坍坡隐形浆砌石骨架支护复绿、圬工遮蔽等措施的水土保持实施方案。

G. 实施阶段经复核若发现不合理之处，须及时更正与优化。对上道工序需布置的预留口、预埋件要及时与相关专业沟通，图纸实行会签制。

3）设计供图计划。每年年初，按照"设计工作大纲"要求，根据施工进度，编制"施工图和技术文件供应计划"，含在主体土建标中的水土保持施工图按供图计划供图，水土保持专项工程采用现场跟进式供图。

4）设计现场服务。结合工程现场施工的实际进度，制定设计服务计划。水土保持施工期向现场派驻设计代表1人或2人，解决施工现场出现的技术问题，主持或参加设计交底，向施工单位说明设计意图。

（4）工程招投标工作。

1）标段划分及招标项目。在《水土保持施工规划报告》中，将水土保持工程分成两部分：以预防为主的措施含在土建标中；以治理为主的措施属于水土保持专项工程。

2）施工材料供应及采购。水土保持工程施工标中钢筋水泥、护坡金属网、三维植被网等全部为乙方提供，绿化用表土为甲方提供。

进场原材料质量控制由监理公司负责，对照设计文件检验苗木、种子、网材及肥料等规格、性能、含量等。

3）水土保持招标效果。水土保持招标项目结算总额为 9183.18 万元（含土建工程中的投资），《竣工决算》的静态部分投资为 9183.18 万元，招标项目结算总额占静态部分投资的比例为 100%。

4）项目资金筹措及使用。石河电站的资金来源主要包括资本金和融资，资本金为 9.5亿元，银行贷款 35.66 亿元。水土保持工程所需资金来源与主体工程一致，全部在基建投资中列支。水土保持投资 9183.18 万元，占项目静态总投资的 2.09%。

（5）合同管理及控制情况。

1）合同管理情况。建设期共签订各类水土保持合同 13 份，合同类型有工程类、费用类、索赔与补偿类，实际结算额有效地控制在概算范围内。《水保方案》批复总投资为9899.84 万元，实际完成总投资 9183.18 万元。

2）合同工程量、价格控制情况。水土保持施工合同中，由于后续设计引起的变更，监理严格按照变更程序控制变更项目内容、工程量和价格，变更流程见表 4.9-3。

表 4.9-3　　　　　　　　水土保持项目合同变更一览表

工作性质	按合同工作范围	工程量清单中的工作项目	工程变更指令	单价	结算支付方式
新增工程	附加工程：属原合同工作范围以内的工程	列入工程量清单的工作	不必发变更指令	按投标单价	按合同规定的程序按月结算支付
		未列入工程量清单的工作	要补发变更指令	议定单价	按合同规定的程序按月结算支付
	额外工作：超出原合同工作范围的工程	不属工程量清单中的工作项目	要发变更指令	新定单价	提出索赔，按月支付
			或另订合同	新定单价或合同价	提出索赔，或按新合同程序支付

3.项目建设实施总结

土建工程实际开工时间为 2006 年 8 月，完工时间为 2011 年 11 月 1 日。水土保持专项工程于 2008 年 9 月 1 日开工，2013 年 11 月 25 日完工，完工验收延时 2 个月。竣工验收时间为 2014 年 3 月 25 日，比计划延时 3 个月。

（1）质量管理体系和制度。工程建设过程中水土保持管理规范，重视施工管理和施工质量。三级组织层层把关，贯彻上级有关工程质量管理法律、法规和规定，定期召开工程质量管理工作会议，会议通知、签到、记录完整，质量问题的整改意见、整改闭环记录完整，质管会资料汇编装订成册。制定"工程达标投产，创优质工程，争创精品工程"的质量管理目标，并在建设过程中动态实施。

自水土保持监理进场后，按照批复的水土保持方案到现场仔细查看工程措施、植物措施及临时措施实施情况。一切以文字为根据，做到事先指导，事中巡视，事后检查。并编制了水土保持监理规划、监理实施细则和施工技术要求，依此开展监理工作，对挡墙、护坡和排水、植被建设等工程实施监理。

电力建设工程质量监督总站通过抽查施工质量，监督质量控制的状况与效果。现场质量监督巡视检查共计13次，水土保持亦属于监督巡查内容之一。

2009年7月，辽宁省水利厅组织水土保持监督组，对蒲石河抽水蓄能电站水土保持工作进行了监督检查。在电站建设过程中，丹东市水务局、宽甸县水利局也多次进行不定期的监督检查。建设单位按照水行政主管部门提出的意见和建议及时整改。

2013年10月10—11日，松辽水利委员会会同有关单位对蒲石河抽水蓄能电站水土保持后续设计报告进行审查，并对工程进行水土保持监督检查。

（2）工程质量管理体系执行情况。为实现高起点建设目标，每月统计"工程质量月报"，让各参建单位相互及时了解工程建设质量状况，通过与设计单位签订供图协议，检查设计合同有效执行；通过《监理月报》《工程月进度报表》审核各参建人员的到位情况、通过工程施工例会及工程月进度报表的审核等督促和检查监理合同的执行，协调解决工程施工过程中出现的进度偏差及技术问题。

对于新材料、新技术、新工艺的试验段，项目部严格落实《水工土建施工技术检验管理办法》。

（3）工程质量控制及评定情况。水土保持专项工程共划分为6个单位工程、45个分部工程、743个单元工程。其中，工程措施398个单元，植物措施248个单元，临时措施97个单元。

经施工单位自评，监理复核，水土保持工程共验收了743个单元工程，全部合格，其中优良680个，优良率91.5%；45个分部工程全部合格，其中优良43个，优良率95.6%；6个单位工程全部合格，其中优良6个，优良率100%。

4. 设计优化

（1）施工组织设计优化。实施阶段，施工组织实施优化设计，累计节约占地152.68hm^2。内容包括优化开挖形式、优化进场路径、改变弃渣方式、调整石料取用途径、改变生活营地使用计划等。

（2）水土保持设计优化。从可行性研究阶段至招标设计阶段，与实施阶段的设计内容比各区水土保持设计都有变化，内容如下：

1）枢纽施工区。实施阶段布置在厂前区的地下管道、地下电缆纵横交错，为避免施工作业面的相互干扰，将建筑室外整理与水土保持整合在一起，并独立招标。将环库路边坡穴栽树木优化成厚层基质喷播和三维植被网复绿。

2）弃渣场区。招标阶段将弃渣场的工程措施整合到土建标内，渣顶平台面放在水土保持专项治理工程中。将黄草沟弃渣场作为防洪排水工程专题，独立成标。

3）料场区。实施阶段，结合库盆增容采挖石料，取消石料场。永久占地区内的土料场未开采，用营区基础开挖弃料替代黏土料。

4）交通道路区。工程实施阶段，取消钢筋混凝土框格植草措施及干砌石护坡，调整为柔性支护复绿。

5）临时施工区。实施阶段采取永临结合及租赁办公楼或仓库等措施后，临时占地仅有筛分厂一项，将其划归在移民生产安置项目中，土地复垦由地方政府组织实施。

《后续设计》与现场实际高度吻合，并作为各级水行政管理部门监督管理、专项验收及上报省级水行政主管部门的报件及备案资料，也是此次水土保持后评价研究的基本依据。

5. 档案管理

项目档案实行登记制。登记表一式三份，上报国家电网有限公司档案中心、国家档案局。

监理单位提交的资料有水土保持监理指令、计日工工作通知单、会议纪要、监理报告、监理日记、影像资料等。

设计单位提交的资料有水土保持的设计工作大纲、专业设计大纲、施工图设计、设计通知、设计更改通知、设计工作总结等。

施工单位提交的资料有完工验收施工管理报告、单位工程完工鉴定书、施工组织设计、施工方案及施工技术申请与批复、安全文明施工措施、进场人员设备、工期分析报告与批复等报审文件，各施工作业面的实测地形图、设计交底记录、施工材料报验单、施工台账、完工工程量申请与批复等签证文件，以及施工联系单、施工日记、隐蔽工程记录、施工作业情况、苗木生长情况、边坡防护情况、水毁及坍塌等影像信息资料等。

档案中心现有水土保持库存科技档案 134 卷、竣工图 64 张、录像档案 15 条、照片档案 440 余张。

6. 资金控制

（1）投资管理目标。水利部批复的《水保方案》总投资为 9899.84 万元，实际完成投资 9183.18 万元，投资完成率 92.76%。

（2）投资变化原因。施工决算，水土保持总投资 9183.18 万元，比方案阶段减少投资 716.84 万元。投资变化原因如下：

1）水土保持设计优化将边坡硬防护全部变成柔性支护，节约部分投资。

2）施工组织设计优化，占地面积较可行性研究阶段减少 152.68hm^2，节约大量投资。

7. 参建单位

蒲石河抽水蓄能电站工程参建单位如下：

（1）建管单位：辽宁蒲石河抽水蓄能有限公司。

（2）设计单位：中水东北勘测设计研究有限责任公司。

（3）主体监理单位：中国水利水电建设工程咨询西北公司。

（4）水保监理单位：辽宁江河水利水电工程建设监理有限公司。

（5）水保监测单位：辽宁华禹水土保持监测技术中心和辽宁省水土保持研究所。

（6）水土保持施工单位：南京春燕园林实业有限公司、江苏环绿园林市政建设有限公司、沈阳市园林科技工程有限公司。

8. 竣工验收

评估单位核查了枢纽区、弃渣场区、道路区、工程管理区、临建设施区、移民安置区的水土保持设施。经施工单位自评，建设单位和监理单位认定，质量监督机构核定，斜坡防护工程、拦挡工程、防洪排导工程、土地整治工程和临时工程等 5 个单位工程，合格率 100%。

水土保持工程自开工以来，建设中未发生任何质量事故与重大安全事故。现场监测结果显示，水土保持工程总体质量优良，项目区绿化物种配置得当，绿化质量较高。

各参建单位建立了工程质量管理体系、制定了有效的质量管理制度，确保工程参建各方的质量管理体系正常运转。通过有效的质量控制，施工工艺均能满足设计及国家标准和规范要求，水土保持施工过程中经历过 2010 年"8·20"日降雨量近 600mm 的强降雨及山洪考验之后，确认边坡复绿技术安全可靠、施工质量过硬。

水土保持竣工验收后，经历多个寒暑交替的考验，纵横交错盘根错节的植物根系已经固结了岩层，伸展、穿插进岩石缝隙内的乔灌木根系为植被的持续生长提供了很好的机械支撑，生态效果好、安全性能高。

9. 运行管护

2014—2018 年，平面绿化抚育管理中标单位为辽宁金大路绿化工程有限公司。根据现场调查，项目区植被长势良好，景观和谐，生态系统处于良性状态；坡面防护、防洪排导、弃渣拦挡等水土保持设施先后由太平湾发电厂实业总公司、宽甸满族自治县晟晔建筑工程有限公司、丹东众聚建筑装饰工程有限公司、浙江中瓯园林建设有限公司、石家庄金宸建筑工程有限公司、山西省宏图建设集团有限公司等单位进行维修管护。调研组现场查勘确认，道路及边坡维修管理到位，有村民经常从事农事活动的弃渣场维护稍有欠缺，但也处于能较好运行的状态。

（三）效果评价

1. 植被恢复效果

通过现场调研，高陡岩坡坡面绿化采用厚层基质喷播复绿，其他边坡采用植被三维网＋辅助措施复绿，物种主要有刺槐、胡枝子、紫花苜蓿、黑麦草、高羊茅。平面绿化以乡土树种为主，以观赏性与实用性相结合的原则选取生物材料，物种主要有刺槐、香花槐、九角枫、五角枫、连翘、木绣球、绣线菊及观食两用的经果林、白三叶、早熟禾以及宿根野菊花等；运行期，通过植被的自然演替和委托第三方的养护管理，植被生长态势良好，整个工程区基本没有裸露地表，植被覆盖度远超周边。

蒲石河工程植被恢复效果评价指标见表 4.9－4。

表 4.9－4　　　　　　　　蒲石河工程植被恢复效果评价指标一览表

评价内容	评价指标		结　　果
植被恢复效果	林草覆盖率		30.45％
	植物多样性指数		18
	乡土树种比例		0.93
	绿化物种/种	草本	18
		木本	71
	单位面积枯枝落叶层		3.9cm
	郁闭度		0.85

2. 水土保持效果

调研了解到，项目建设区水土保持各项设施运行状态良好。监测数据表明：项目建设期，土壤流失量为 35608t，新增土壤流失量 30097t，坡地土壤侵蚀背景值为 900t/(km² · a)；植被恢复期，土壤侵蚀模数为 398t/（km² · a）；生产运行期，土壤侵蚀模数为 180 t/(km² · a)。水土保持措施的实施，使施工期的水土流失得到了有效遏制。

项目建设过程中做到了水土保持工程与主体工程施工进度紧密衔接，不同施工阶段实施不同的防护措施，对防治水土流失和保证工程安全起到了明显的作用。

项目区原土地基本都是中低产田，土壤有机质含量多为 0.6% ～ 1.0%，此次调研检测的土壤有机质含量平均为 2.4%。项目区除道路、办公楼门前、泊车位等硬化面，基本采取绿化。项目建设区的土地经复原、恢复及重建，土地复垦率接近 95%，施工迹地基本都恢复为园地、林地、草地等农用地，林草植被面积达到 136.28hm²。

蒲石河工程水土保持效果评价指标见表 4.9-5。

表 4.9-5 蒲石河工程水土保持效果评价指标一览表

评价内容	评价指标	结　果
水土保持效果	表土层厚度	62cm
	土壤有机质含量	2.4%
	地表硬化率（扣除水面面积）	57.91%
	不同侵蚀强度面积比例	98.58%

3. 景观提升效果

蒲石河抽水蓄能电站在空间组织上，形成"一园、二湖、三区、二轴"的构架。一园，即王家街生产生活景观园区；二湖，即上、下两个水库形成的湖库；三区，即上水库施工区、下水库施工区、厂洞施工区；二轴，即蒲石河、黄草沟及泉眼沟形成的水轴及东洋河路、上水库路、于家堡子路、厂洞路、开关站路等形成的路轴。

水土保持工程建设所采用的各类植物配置，完美地与自然风光、建筑物及人文配景有机地结合在一起，形成独具特色的寒区水韵风光，进而提升了蒲石河抽水蓄能电站的现代企业形象。

蒲石河工程景观提升效果评价指标见表 4.9-6。

表 4.9-6 蒲石河工程景观提升效果评价指标

评价内容	评价指标	结　果
景观提升效果	美景度	8.6
	常绿、落叶树种比例	54.59%
	冬景形树（雾凇）比例	48.87%
	观赏植物季相多样性	0.63

4. 环境改善效果

水土保持措施实施后，项目区内的林草覆盖率得到大幅度提高。坝下生态流量泄放，有效地保护了坝址下游河段的基本水质，促进了湿周植被演替变化，对坝下游生态环境产生了有利影响。项目区植被茂密，空气清新，入库泥沙量逐年减少，水体清澈。负氧离子浓度可以达到 10000 个/cm³，环境质量改善明显。

水土保持设施为林蛙的栖息繁衍提供了良好的生存环境，使项目建设区的国家二级保护物种得到了很好的保护。通过强夯弃渣场为深受山洪威胁的村民提供了安全稳定的居住场所，堆置在进场道路附近的渣场平台面为移民提供了良好的园田地，场外道路为移民出行及从事农事活动提供了便利。

蒲石河工程环境改善效果评价指标见表 4.9-7。

表 4.9-7　　　　　　　　蒲石河工程环境改善效果评价指标

评价内容	评价指标	结　　果
环境改善效果	负氧离子浓度	10000 个/cm^3

5. 安全防护效果

调研了解到，2016 年建设单位委托中水东北勘测设计研究院有限公司对项目建设区进行一次地质灾害排查，对新增出现临灾征兆、可能造成人员伤亡或者重大财产损失的地质灾害点进行调查。排查结论：项目区原山地多为直径 5～10cm 次生林或林下杂木及低矮灌丛，植被较发育，局部稀疏或地表裸露，存在局部水土流失现象。根据地质灾害排查结论分析出现隐患的原因，主要有以下几个方面：

（1）由于岩石节理发育、雨水入渗降低结构面强度、冻融影响及混合花岗岩的不均匀风化引起的小型崩塌隐患 24 处（全部为开挖边坡）。

（2）由于百姓农事活动不当引起的小型滑坡隐患 11 处（4 号渣场斜坡 1 处）。

（3）由于山洪及地形地貌等环境条件引起的小型泥石流 5 处（1 号渣场 3 处）。

针对地质灾害排查结果，2017 年建管单位对区域内的排水系统进行了补充完善，对存在小型泥石流的自然沟道进行了梳理，修建支挡和截洪工程；2018 年对存在崩塌和滑坡隐患的边坡采用主动防护网和浆砌石挡墙进行防护。

蒲石河工程安全防护效果评价指标见表 4.9-8。

表 4.9-8　　　　　　　　蒲石河工程安全防护效果评价指标

评价内容	评价指标	结　　果
安全防护效果	拦渣设施完好率	98%
	渣场安全稳定运行情况	稳定
	斜坡安全稳定运行状况	基本稳定

6. 社会经济效果

项目区构建的"一库、一湖、八路"，不仅给当地居民提供了畅通无阻的交通道路，也为项目区食用菌、无公害蔬菜、干鲜果、淡水鱼等产业扩大生产规模、拓展市场空间提供了商机，彻底结束了村民经营土特产时手提肩扛卖山货的历史，为促进区域农、副、渔业规模化生产、集约化经营提供了便利条件，为拉动区域经济作出了巨大贡献。

此外，建设单位还为附近居民提供安保、保洁、物业、运行维护等工作岗位 150 多个，居民的经济收入稳步提高。

同时，幽静茂密的林草植被措施及畅通的排水设施为林蛙的繁衍越冬提供了良好的生存空间，区域内林蛙的密度有所增加，上水库生态放流洞下游的泉眼沟林蛙卵、小蝌蚪、幼蛙等随处可见，已形成了良性循环。项目建设区恢复了野生动物栖息环境，成群结队的野鸭在水面嬉戏，就连珍稀的丹顶鹤、白鹤、东方白鹳、大天鹅等也时有光顾，地面上野鸡、杜鹃、斑鸠更是常见，水库下游的缓流段，清澈见底的河道内密密麻麻的各色小鱼在不停地游弋，为区域环境提供了一道亮丽的风景线。良好的生态环境使附近的居民得到了实惠，尝到了甜头，逐渐明白了防治水土流失、保护生态环境的重要性。从公众满意度调查结果可以看出，对该工程水土保持建设非常满意的占 91.7%，满意的占 8.3%。

蒲石河工程社会经济效果评价指标见表 4.9-9。

表 4.9-9　　　　　　　　蒲石河工程社会经济效果评价指标

评价内容	评价指标	结论	备　　注
社会经济效果	促进经济发展方式转变程度	好	通过公众调查、访谈、座谈
	居民水保意识提高程度	好	通过公众调查、访问、交流

7. 水土保持效果综合评价

通过查表确定计算权重，根据层次分析法计算蒲石河抽水蓄能电站各项指标实际值对应每个等级的隶属度。

蒲石河工程各项指标隶属度分布情况见表 4.9-10。

表 4.9-10　　　　　　　　蒲石河工程各项指标隶属度分布情况

指标层 U	变量层 C	权重	好（V1）	较好（V2）	一般（V3）	较差（V4）	差（V5）
植被恢复效果 U1	林草覆盖率 C11	0.0809	0.8428	0.1572	0	0	0
	植物多样性指数 C12	0.0199	0	0	0.1667	0.8333	0
	乡土树种比例 C13	0.0159	0.7826	0.2174	0	0	0
	单位面积枯枝落叶层 C14	0.0073	0.9419	0.0581	0	0	0
	郁闭度 C15	0.0822	0.75	0.25	0	0	0
水土保持效果 U2	表土层厚度 C21	0.0436	0	0.9	0.1	0	0
	土壤有机质含量 C22	0.1139	0	0.9	0.1	0	0
	地表硬化率 C23	0.014	0.9648	0.0352	0	0	0
	不同侵蚀强度面积比例 C24	0.0347	0.5968	0.4032	0	0	0
景观提升效果 U3	美景度 C31	0.0196	0.6875	0.3125	0	0	0
	常绿、落叶树种比例 C32	0.0032	0.7222	0.2778	0	0	0
	观赏植物季相多样性 C33	0.0079	0	0.5	0.5	0	0
环境改善效果 U4	负氧离子浓度 C41	0.0459	0	0.5944	0.4056	0	0
	SO₂ 吸收量 C42	0.0919	0	1	0	0	0
安全防护效果 U5	拦渣设施完好率 C51	0.0542	0.7727	0.2273	0	0	0
	渣（料）场安全稳定运行情况 C52	0.2711	0.1667	0.8333	0	0	0
社会经济效果 U6	促进经济发展方式转变程度 C61	0.0188	0.5924	0.4076	0	0	0
	居民水保意识提高程度 C62	0.0751	0.5924	0.4076	0	0	0

经分析计算，蒲石河抽水蓄能电站模糊综合评判结果见表 4.9 – 11。

表 4.9 – 11　　　　　　　蒲石河电站模糊综合评判结果一览表

评价对象	好（V1）	良好（V2）	一般（V3）	较差（V4）	差（V5）	综合得分
蒲石河抽水蓄能电站	0.3418	0.6	0.0416	0.0166	0	87.68

根据最大隶属度原则，蒲石河抽水蓄能电站 V2 等级的隶属度最大，故其水土保持评价效果为良好，综合评价得分为 87.68 分。

六、结论及建议

（一）结论

经实地踏勘和对相关档案资料的查阅，并结合与建管单位的座谈及对附近居民的访问等，认为蒲石河抽水蓄能电站在工程建设过程中重视水土保持工作，基本按照批复的《水保方案》和有关法律法规要求开展了水土流失防治工作，把水土保持工作作为工程建设管理的主要内容之一，设计及布局总体合理。根据水土保持方案和实施阶段的优化设计，对施工所造成的扰动土地进行了较全面的治理，工程完工后通过质量评定及水土保持设施专项验收。工程质量检验和评定程序规范，水土保持设施工程质量总体合格，达到了设计标准，未发现重大质量缺陷，运行情况良好。土地扰动范围内的生态环境较工程施工期有明显改善，发挥了有效的保持水土、改善生态环境的作用。植被长势远超周边，具备较强的水土保持功能。蒲石河抽水蓄能电站被水利部评选为 2016 年度"国家水土保持生态文明工程"，被水利部松辽水利委员会列为建设项目水土保持设施建设培训的教学基地。其成功经验为寒区生态重塑闯出了一条新路，起到了很好的窗口示范作用。

1. 打破常规，勇于探索

自工程筹建期开始，建设单位即成立了水土保持管理机构，指定专人负责项目建设过程中的水土保持领导、管理和实施工作；并配合地方水行政主管部门对该建设项目水土保持措施的实施情况进行监督和管理。

在水土保持实施中采取项目法人制、工程招标制和工程建设监理制。植物措施施工单位具备园林资质，将水土保持专项工程独立招标，把水土保持监理工作从监理总承包合同中剥离出来，实行现场监理。

质量保证中重要的一条是在编写招标标书前，先编写招标文件，重点提出招标范围及界面划分、主要技术方案、施工方案及施工工艺和验收标准等。编制避免发生重大设计变更的招标文件，有效地控制不平衡报价现象的发生。

工程档案管理符合国家和水利水电行业有关规定，资料闭环性好，寻踪索迹清晰明了，变更内容少、无错漏。

水土保持施工与土建工程的最大区别在于工作内容零散繁杂，不确定因素多。根据自身特点采取跟进式设计，具体步骤如下：第一步，施工承包商给设计提供经监理、建设单位确认的所有作业面的实测地形图；第二步，设计单位绘制施工图纸、编写施工说明或设计通知等；第三步，将图纸及设计通知发送建设方，经监理确认后下发施工单位；第四步，监理及建设单位按设计文件对现场施工计量进行复核。

上述做法，很好地解决了水土保持设施施工档案管理上的难题。

2. 体系完善，制度健全

在土建及水土保持专项发包文件中，以合同条款的形式明确承包商应承担的水土流失防治责任、义务和惩罚措施；明确施工单位的施工责任。要求中标单位在实施过程中，设计内容如有变更，按有关规定履行报批手续。

建设单位组织制定由设计、监理、监测、施工各参建方参加的管理体系，责成专人负责水土保持措施实施情况的监督管理。形成各方相互制约的管理模式，确保水土保持方案的顺利实施。

3. 统筹规划，源头控制

进入招标阶段，水土保持专业对所涉及的工作内容进行整合和分解，将以预防为主的措施内容纳入土建工程中。将道路边坡防护全部分解到水土保持专项工程中，把环境保护中施工占地区古树、名树、形树的移栽、国家一二级保护植物树木的补栽，以及林蛙生态蓄水池实施作为水土保持施工内容。

4. 全面治理，注重实效

在土建招标文件中，将表土剥离集堆、暂存、临时拦挡措施作为一项很重要的工作内容。并明确施工结束后用于土地复垦、造田和绿化。

项目区可绿化面积基本采取了植物措施，而且成本低，效果好。改变绿化只重视企业办公区的陋习，把投资重点放在弃渣场的强夯造地、平台面的合理开发利用，以及道路高陡岩坡的生态重塑上，为政府承担部分改善民生的义务。置身于项目区，能清晰感受到"山青、水秀、果香、村美、人富"的新气象。

综上所述，蒲石河抽水蓄能电站从理念到管理，从设计到实施，有许多值得同类工程借鉴的经验。

（二）建议

（1）抽水蓄能工程受发电水头制约，地理位置多为山区，山高坡陡剥离表土可操作性极差，即使相对平整的地面施工时也无法做到将20～30cm的表土单独剥离出来，但将其覆盖层剥离出来很容易做到。建议将表土剥离堆存改成绿化及复垦可利用土料保存（含表土＋心土＋底土及山皮砂），并将其作为评价指标。

（2）渣体排水比坡面排水重要，建议对降雨量大且集中的地区，堆置高度大于30m时，除底层布设排水盲沟，在弃渣堆置到总高度的2/3左右时再布置一层排水管或盲沟，同时要布置临时排水明沟。根据渣场类型及周围环境危险要素进行排水沟施工。建议东北沟道型渣场截水沟应先随堆渣高度变化开挖临时排水沟，永久排水沟施工时间待弃渣场临近封顶时布设，避免出现悬沟。

（3）建管单位提出水土保持设施运行期维修管护投入的资金大，尤其是占地面积大、建筑物分散的工程，资金有缺口。建议上级主管部门在维修管护费投放上要按地域、类别加以区分。蒲石河抽水蓄能电站地处东北暴雨高值区及建筑严寒气候区，河槽状侵蚀和泥石流、山洪等时有发生，冻胀对水土保持工程设施的破坏问题也比较严重，在资金投放政策上要有所倾斜。只建不管或管理不到位再好的成果也难以维持，建议政府主管部门长期跟踪监督评价指导，同时还要经常开展地质灾害排查，对病险工程实施加固处理。对土壤情况也要开展调查，了解土层厚度及母质母岩情况，及时消除对高大乔木生长的不利因素。

案例 10　南水北调中线一期工程沙河南至黄河南段

一、项目概况

南水北调中线一期工程从丹江口水库陶岔渠首引水，跨长江、淮河、黄河、海河四大流域，总干渠途经河南、河北、天津、北京等 4 省（直辖市），至终点北京市团城湖，全长 1432km。南水北调中线一期工程是国家南水北调工程的重要组成部分，是一项跨流域、大流量、长距离的特大型调水工程，是缓解我国黄淮海平原水资源严重短缺、优化配置水资源、改善生态环境的重大战略性基础设施，供水目标以北京、天津、河北、河南等省（直辖市）的城市生活、工业供水为主，兼顾生态和农业用水，多年平均年调水量 95 亿 m^3，陶岔渠首设计流量 350m^3/s。南水北调中线一期工程包含水源工程、输水工程和汉江中下游治理工程共三大项 16 个单项工程，沙河南至黄河南是其中的一个单项工程。

该工程起点位于河南省平顶山市鲁山县薛寨村北陶岔渠首至沙河南渠段的末端，终点在河南省郑州市的荥阳市王村乡王村变电站南（即穿黄工程进口 A 点）。渠线途经河南省平顶山市的鲁山县、宝丰县、郏县，许昌市的禹州市、长葛市，郑州市的新郑市、中牟县、郑州市管城、二七、中原区、郑州国家高新技术产业开发区、郑州航空港经济综合实验区和荥阳市，共 3 个省辖市，13 个县（市、区）。划分为 11 个设计单元，从南向北依次为：沙河渡槽段、鲁山北段、宝丰至郏县段、北汝河渠倒虹吸工程、禹州和长葛段、新郑南段、双泊河渡槽段、潮河段、郑州 2 段、郑州 1 段和荥阳段。

（一）主要建设内容及建设工期

该工程总长 235.22km，其中明渠长 215.89km，建筑物长 19.33km，工程起点设计流量为 320m^3/s，加大流量至 380m^3/s，终点设计流量为 265m^3/s，加大流量至 320m^3/s。渠段起点设计水位 132.37m，终点设计水位 118.00m，总水头 14.37m，渠道工程全挖方段居多，兼有半挖半填段和全填方段，明渠段全挖、全填、半挖半填段长度分别为 120.11km、9.77km 和 86.13km，渠道过水断面呈梯形状，底宽为 12.0～34.0m，设计水深 7.0m，堤顶宽 5.0m，土渠边坡系数为 1.5～3.5，石渠边坡系数为 0.4～0.7，设计纵坡为 1/23000～1/26000。沿线共有各类建筑物 440 座，其中河渠交叉建筑物 32 座、左岸排水建筑物 95 座、渠渠交叉建筑物 15 座、铁路交叉建筑物 9 座、公路交叉建筑物 253 座、控制建筑物 36 座（其中节制闸 12 座、退水闸 8 座、分水口 12 座、分水闸 3 座、事故闸 1 座）。

工程等级为 Ⅰ 等工程，总干渠及其上的主要建筑物工程等级为 1 级，附属建筑物与河道护岸工程等次要建筑物等级为 3 级，临时建筑物等级为 4～5 级。

工程总占地面积 7524.03hm²，其中永久占地 3685.17hm²，临时占地 3838.86hm²。工程土方开挖 16523.29 万 m^3（自然方），土方回填 5102.08 万 m^3（实方），借土量 2183.45 万 m^3（自然方），弃方量 10876.88 万 m^3（自然方）。工程总工期 51 个月，2009 年 9 月开工，2013 年 12 月完工。

（二）项目实施

该工程的建设单位为南水北调中线干线工程建设管理局（现更名为中国南水北调集团中线有限公司），施工期建设管理单位为南水北调中线工程建设管理局河南直管项目建设管理局（直管）、河南省南水北调中线工程建设管理局（委托）、山西省万家寨引黄工程总公司双洎河代建部（代建），运行管理单位为南水北调中线干线工程建设管理局河南分局（现更名为中国南水北调集团中线有限公司河南分公司），设计单位为河南省水利勘测设计研究有限公司（以下简称"河南院"）、黄河勘测规划设计有限公司、长江勘测规划设计研究有限责任公司，主体监理单位为黄河工程咨询监理有限责任公司、水利部丹江口水利枢纽管理局建设监理中心、中水淮河规划设计研究有限公司等，水土保持监理单位为山西省水利水电工程建设监理有限公司，水土保持监测单位为河南省水土保持监测总站、北京华夏山川生态环境科技有限公司，施工单位为中国水电基础局有限公司，中国水利水电第二工程局有限公司、中国水利水电第三工程局有限公司、中国水利水电第四工程局有限公司、中国水利水电第五工程局有限公司、中国水利水电第六工程局有限公司、中国水利水电第七工程局有限公司、中国水利水电第八工程局有限公司、中国水利水电第九工程局有限公司、中国水利水电第十一工程局有限公司、中国水利水电第十二工程局有限公司、中国水利水电第十三工程局有限公司、中国水利水电第十六工程局有限公司，中国葛洲坝集团股份有限公司，中国安能建设总公司，河南省水利第一工程局，河南省水利第二工程局，黄河建工集团有限公司，河南水利建筑工程有限公司等。

项目前期准备工程包括对外连接道路、场内施工道路、施工供电、施工供水、通信、砂石骨料试开采、临时房屋等项目。沙河南至黄河南段工程于 2009 年 9 月开工，2013 年12 月完工，2014 年 12 月中线一期工程正式通水，2019 年 12 月完成水土保持设施自主验收并取得水利部验收报备。2022 年 8 月 25 日随着最后一个设计单元的验收通过，标志着南水北调中线一期工程全部通过水利部的完工验收，全线转入正式运行阶段。

（三）工程投资

该工程批复概算总投资（静态）2582566 万元，其中水土保持工程总投资为 17621.76万元，实际完成水土保持总投资为 13563.49 万元，投资变化主要原因是弃渣综合利用后，部分工程、植物防护措施未再实施。

（四）项目运行及效益现状

中国南水北调集团中线有限公司河南分公司负责该工程的运行管理，下设鲁山管理处、宝丰管理处、新郑管理处、航空港区、郑州管理处分段管理。

通水以来工程运行安全平稳，水质持续达标，工程投资受控，累计调水超过 560 亿 m^3，受益人口超过 1.5 亿人，发挥了显著的经济、社会和生态效益。

二、项目区概况

工程区域位于一级大地构造单元中朝准地台（Ⅰ）的南部，二级大地构造单元华熊台缘坳陷（Ⅰ2）的东部，属三级大地构造单元渑池-确山陷褶断束（Ⅰ21）。新构造主要表现为大面积缓慢抬升，区域地质构造基本稳定。近场区第四纪断裂不发育，多为前第四纪断裂，处在伏牛山、外方山东部余脉与黄淮平原交接地带，地势西高东低，呈梯形展布。

西部、南部、北部，伏牛山、外方山逶迤连绵，层峦叠嶂。中部、东部为丘陵和平原，地震基本烈度为Ⅵ度、Ⅶ度。

项目区属北亚热带向暖温带过渡区，夏秋两季受太平洋副热带高压控制，多东南风，炎热多雨；冬春两季受西伯利亚和蒙古高压控制，盛行西北风，干燥少雨。沿线同期气温自南向北递减，但变幅不大，自南向北多年平均气温 14.8～14.4℃，全年 1 月温度最低，平均气温 0.1～0.8℃；月平均最低气温 -3.7～-4.3℃，极端最低气温 -16.7～-18.8℃；7 月气温最高，月平均气温 27.0～26.9℃，月平均最高气温 31.6～32.1℃，极端最高气温 43.3～42.3℃。最早地面稳定冻结初日在 12 月 20—26 日，终日在 2 月 14—20 日，历年最大冻土深度小于 60cm。沿线多年平均年降水量 632～828mm，多年平均年降水日数 80～93d，降水年际变幅大，年最大与最小降水量之比达 5 倍左右，降水年内分配不均，60%～70% 集中在汛期，多以暴雨形式出现，年降水量从南到北，从山区到平原呈递减趋势。区内冬秋季盛行西北风，夏季多东南风，多年平均风速 2.0～2.6m/s；全年最多风向为西北风，最大风速 17.7～22.0m/s。

土壤类型以风化程度高的褐土、棕壤和黄棕壤为主。区内土地开发利用程度较高，平原地区除沙丘、河滩、洼地及盐渍化严重的地方有少数天然植被分布外，其他广大平原均为栽培植物所代替。低山丘陵除极少数的栎树和人工栽培侧柏幼林外，主要以灌木和草本为主，主要树种有栎类、榆、柳、侧柏、松树、刺槐等，灌木有荆条、马角刺、酸枣等，主要经济林种有核桃、苹果、山楂、花椒等，草本植物繁多，主要有黄背草、白草、狗尾草、茵陈蒿等，林草覆盖率平均约为 25.7%。

在全国水土保持区划中，项目区涉及的平顶山市的鲁山县、宝丰县、郏县，许昌市的禹州市，郑州市的新郑市、二七区、中原区位于北方土石山区（Ⅲ）—豫西南山地丘陵区（Ⅲ-6）—伏牛山山地丘陵保土水源涵养区（Ⅲ-6-2th）；许昌市的长葛市，郑州市的中牟县、航空港区、管城回族区位于北方土石山区（Ⅲ）—华北平原区（Ⅲ-5）—黄泛平原防沙农田防护区（Ⅲ-5-3fn），郑州市的荥阳市位于北方土石山区（Ⅲ）—豫西南山地丘陵区（Ⅲ-6）—豫西黄土丘陵保土蓄水区（Ⅲ-6-1tx），容许土壤流失量 200t/(km² · a)。

在全国及河南省省级水土流失重点防治区划分中，项目区涉及的平顶山市的鲁山县位于伏牛山中条山国家级水土流失重点治理区，郑州市的中牟县位于黄泛平原风沙国家级水土流失重点预防区，郑州市的二七区、中原区、新郑市、荥阳市，平顶山市的宝丰县、郏县，许昌市的禹州市位于伏牛山中条山省级水土流失重点治理区，郑州市的管城回族区位于黄泛平原风沙省级水土流失重点预防区。

项目区水土流失类型主要为水力侵蚀，侵蚀形式主要为面蚀和沟蚀，潮河段有一定的风蚀影响。侵蚀强度为轻度，平原区侵蚀模数约 200t/(km² · a)，岗丘区侵蚀模数约 800t/(km² · a)。

三、工程建设目标

(一) 总体目标

通过科学的管理，使得新增水土流失得到有效控制，原有水土流失得到治理，将水土保持措施全面落实，水土保持设施安全有效，水土保持投资控制在工程概算范围内，水土保持"六项"指标均达到目标值，项目区水土资源、林草植被得到最大限度的保护与恢复，生态环境得到明显改善。

（二）水土保持目标

2007 年，水利部在对《南水北调中线一期工程水土保持总体方案》和 16 个单项工程（《南水北调中线一期工程沙河南至黄河南段水土保持方案》作为其中的 1 个单项）水土保持方案批复中明确沙河南至黄河南段水土流失防治标准执行建设类项目一级防治标准，工程水土流失防治目标值为：扰动土地整治率 95％，水土流失总治理度 95％，土壤流失控制比 0.8，拦渣率 95％，林草植被恢复率 98％，林草覆盖率 20％～25％。

四、水土保持实施过程

（一）水土保持方案编报

2005 年 1 月，河南省水土保持科学研究所（现河南省水土保持监测总站）、河南省水利勘测设计院（现河南省水利勘测设计研究有限公司）共同编制完成了《南水北调中线一期工程沙河南至黄河南段水土保持方案报告书》（送审稿）。2005 年 3 月 3—5 日，水规总院在郑州市召开会议，对该方案送审稿进行了审查。方案编制单位根据审查意见，修改完成了《南水北调中线一期工程沙河南至黄河南段水土保持方案报告书》（报批稿）。

2005 年 5 月，长江水资源保护科学研究所汇总编制完成南水北调中线一期工程水土保持总体方案，包括 16 个单项工程水土保持方案，含该单项工程水土保持方案。2007 年 7 月 18 日，水利部以"水保函〔2007〕177 号"文对《南水北调中线一期工程水土保持总体方案》和 16 个单项工程水土保持方案（含《南水北调中线一期工程沙河南至黄河南段水土保持方案》）进行了批复。

（二）水土保持设计变更

1. 主体工程中具有水土保持功能的措施设计变更或提升

项目实施过程中，根据主体工程建设需要，受建管单位委托，河南院先后完成了《南水北调中线一期工程总干渠双洎河段土料方案专题报告》《北汝河渠道倒虹吸取土场及土方填筑设计变更报告》《南水北调中线一期工程总干渠鲁山北段 SH（3）12＋320～SH（3）12＋660.01 段膨胀岩土处理设计变更》《沙河渡槽工程节点景观设计报告》等变更报告，主体设计变更的同时，部分主体工程中具有水土保持功能的措施也随之发生变更。

2. 水土保持一般设计变更

项目实施过程中，由于主体设计变化或施工需要，为了更好地治理水土流失、实施水土保持措施，经统计，受建管单位委托，河南院先后完成了该工程如下水土保持一般变更。

（1）2012 年完成了《郑州 2 段第三施工标段杨沟弃渣场排水工程设计变更》《郑州 2 段第四施工标段上田河东弃渣场、八卦庙社区弃渣场排水工程设计变更》，河南省南水北调中线工程建设管理局分别以"豫调建投〔2012〕80 号""豫调建投〔2012〕81 号"给予了批复。

（2）2015 年完成了《南水北调中线一期工程禹州长葛段冀村东弃渣场设计变更报告》

《大营料场水土保持工程设计变更》，南水北调中线干线工程建设管理局分别以"中线局移〔2015〕2 号""中线局移〔2015〕19 号"给予了批复。

（3）2017 年完成了《南水北调中线一期工程禹州长葛段 6 标詹庄北弃渣场问题处理方案》，河南省南水北调中线工程建设管理局以"豫调建投〔2017〕4 号"给予了批复。

（4）2018 年完成了《南水北调中线一期工程郑州 2 段站马屯弃渣场水土保持变更设计报告》《南水北调中线一期工程禹州长葛段刘楼北弃渣场整理返还方案》，河南省南水北调中线工程建设管理局分别以"豫调建投〔2018〕72 号""豫调建投〔2018〕82 号"给予了批复。

3. 水土保持重大设计变更

根据《中华人民共和国水土保持法》、《水利部生产建设项目水土保持方案变更管理规定（试行）》（办水保〔2016〕65 号）的规定，结合工程变化情况对工程是否构成重大变更进行了梳理，根据梳理结果，项目地点、规模变更、水土保持措施变化等不涉及水土保持重大变更，可以纳入水土保持设施验收管理；弃渣场变化涉及水土保持重大变更，依据"办水保〔2016〕65 号"第五条规定需编制水土保持（弃渣场补充）方案报告书。

2019 年 8 月，河南院编制完成了《南水北调中线一期工程沙河南至黄河南段水土保持方案（弃渣场补充）》。2019 年 9 月 26—28 日，水规总院在北京组织召开了弃渣场补充报告审查会议，10 月 12 日印发了《关于印送南水北调中线一期工程陶岔至古运河南段（不含漳河倒虹吸工程）水土保持方案（弃渣场补充）报告书审查会议纪要的函》（水总〔2019〕206 号），《南水北调中线一期工程沙河南至黄河南段水土保持方案（弃渣场补充）》是该报告的附件之一。

（三）水土保持措施设计

1. 初步设计及其批复

初步设计阶段，该工程分为 11 个单元进行设计，分别为沙河渡槽工程、鲁山北段工程、宝丰至郏县段工程、北汝河渠倒虹吸工程、禹州和长葛段工程、新郑南段工程、双洎河渡槽工程、潮河段工程、郑州 2 段工程、郑州 1 段工程和荥阳段工程。各设计单元工程初步设计中均有水土保持篇章，并都得到了国务院原南水北调工程建设委员会办公室批复。

该工程按 11 个设计单元工程分别进行了初步设计，在初步设计报告中都包含水土保持专章，各设计单元工程水土流失防治分区包括主体工程区（渠道工程区、建筑物工程区等），弃土弃渣场区，取料场区，生产生活区，施工道路区、工程管理区等。

2. 各设计单元分区水土保持措施设计

主体工程设计的具有水土保持功能的措施包括：渠道内外边坡的工程护坡，如浆砌石护坡、框格护坡、干砌石护坡等；渠道内外边坡的植物护坡，如草皮护坡、草灌护坡；局部坡脚的浆砌石挡土墙；截流沟及各类排水设施；渠道两侧堤防坡脚的防护林等。建筑物区的拦挡、排水设施及临河（沟）侧的抛石或铅丝石笼护脚措施及节点绿化。各类临时用地且需要复垦的表土回覆、土地整治等措施。

（四）水土保持实施情况

建管单位在工程项目建设期间履行了水土保持方案编制、设计及变更，落实了水土保持"三同时"制度，先后完成了各项水土保持措施。

通过落实初步设计、专题设计、施工图设计和弃渣场加固设计，实施的水土保持措施包括以下几个方面。

（1）完成的工程措施。

1）拦渣工程包括浆砌石挡土墙 2433m³，混凝土挡土墙 8404m³，混凝土挡坎 161m³。

2）拦挡工程包括浆砌石挡坎 310m³。

3）斜坡防护工程包括浆砌石护坡 19092m³，混凝土六角框格护坡 1323m³，框格护坡预制混凝土构件 325655 个，削坡 1120236m³等。

4）防洪排导工程包括浆砌石排水沟 23129m³，混凝土排水沟 13930m³，排水沟预制混凝土构件 7534 个，砌砖 985m³，消能防冲设施（抛石 52m³、混凝土 905m³、浆砌石 578m³），挡水土埂 52566m³，现有排水沟清淤 4622m³，土方开挖 118872m³等。

5）土地整治工程包括表土剥离 19848m³，表土回覆 19848m³，土地平整 493.65hm²，土石方挖运 1472542m³，土方填筑 139133m³。

（2）完成的植物措施。完成的植物措施主要包括栽植乔木 42348 株、灌木 2386903 株、绿篱 752m、植草 376.22hm²。

（3）完成的施工临时工程。

1）临时拦挡措施：土埂填筑 6201m³、编织袋装土拦挡 33810m³。

2）临时苫盖措施：苫盖 829439m²。

3）临时排水措施：临时排水沟土方开挖 71257m³。

（五）水土保持验收情况

受南水北调中线干线工程建设管理局的委托，中国水利水电科学研究院于 2019 年 10 月编制完成了《南水北调中线一期工程沙河南至黄河南段水土保持设施验收报告》。

2019 年 10 月 16—17 日，南水北调中线干线工程建设管理局在郑州市主持召开了该工程水土保持设施验收会。2019 年 12 月 17 日取得了水利部《南水北调中线一期工程沙河南至黄河南段水土保持设施自主验收报备回执》（水保验收回执〔2019〕第 86 号）。

（六）与水土保持相关的其他关联项目

南水北调工程是世界上最大的调水工程，是中华民族发展史上具有里程碑意义的大型人工建筑物。为充分挖掘工程蕴含的价值和文化内涵，融合周边生态文化旅游资源，国务院南水北调办、国家旅游局、文化部在共同调研的基础上，于 2012 年 10 月 20 日印发了《南水北调中线生态文化旅游产业带规划纲要》，要求做好工程及其配套服务设施的设计工作。2012 年 10 月 30 日南水北调中线干线工程建设管理局发布了《南水北调中线干线工程防护林及绿化工程设计技术导则（试行）》指导开展防护林及绿化设计。2014 年和 2015 年，国务院南水北调办对《南水北调中线干线工程防护林及绿化一期工程设计报告》和《南水北调中线干线工程防护林及绿化二期工程设计报告》进行了批复。工程实施的防护林及绿化措施提升了南水北调中线的景观绿化效果，同时具有很好的水土保持功能，下面简要说明与该工程相关的内容。

1. 南水北调中线干线工程防护林及绿化一期工程

（1）建设内容。一期工程建设内容主要为南水北调中线干线工程沙河南—贾鲁河南段

（潮河段、郑州 2 段）和黄河北—漳河南段（沁河倒虹吸、焦作 1 段）的防护林及节点绿化工程，包括土地整理、绿化种植等，以及配套给排水设施，总投资为 9891 万元。

防护林一期工程建设总面积为 180.799hm²，涉及干渠防护林总长度为 75.525km，其中潮河段防护林长度为 45.245km，郑州 2 段防护林长度为 20.133km，焦作 1 段防护林长度为 10.147km。节点绿化分为三类：第一类重要性节点共 3 个，均不涉及沙河南至黄河南段，不再赘述；第二类涉及沙河南至黄河南段的主要性节点为 5 个，即黄水河倒虹吸、丈八沟渠倒虹吸、潮河渠倒虹吸、十八里河渠倒虹吸、金水河渠倒虹吸；第三类涉及沙河南至黄河南段的一般性节点共 81 个，包括河渠交叉建筑物 4 个、左岸排水建筑物共 23 个、路渠交叉建筑物共 54 个。

（2）防护林设计。总干渠两侧防护林带，左岸防护林宽度多为 4～8m，右岸防护林宽度多为 8～13m，潮河段较为特殊，两侧防护林宽度多为 20～35m。依据设计单元、标段、土壤类型、总干渠建设类型、左右岸、建筑物位置等设计要素的不同，将潮河段、郑州 2 段设计范围划分为 48 个小班。

遵循小班设计原则和防护林种植点配置，对每一个小班设计要素（土壤类型、干渠建设形式、宽度等）匹配其对应的种植模式，如填方段以防护为主，配置速生、成林效果明显的阔叶乔木，主要品种有垂柳、千头椿、刺槐、白蜡等；半挖半填段要注重一定的绿化效果，配置具有观赏特性的落叶乔木，搭配常绿及花灌木，营造植物层次丰富、花灌木及常绿灌木为点缀的林带，主要品种有黄山栾、枫杨、大叶女贞、法国冬青、海桐等；挖方段是主线部分生态防护需求最为强烈的区域，配置以常绿树种为主，搭配花灌木，主要品种有黑松、大叶女贞、法国冬青、海桐、碧桃、丁香、黄刺玫等。

（3）节点绿化设计。该工程涉及的主要节点以生态防护型为主，强调应适地适树，以乡土树种为主，并符合植物间伴生的生态习性，保证防护林面积占绿化总面积的 40％以上，结合节点的位置及功能，通过乔、灌、草等植物合理配置，营造出各种类型的森林和以树木为主体的绿地，形成以近自然森林为主的生态系统。一般性节点以种植防护林为主，与防护林设计统筹考虑。

（4）防护林及绿化一期工程的实施。一期工程施工总工期 7 个月，工程于 2014 年 3 月招标并进行施工准备，2014 年 4 月施工单位进场，2014 年年底实施完成。

2. 南水北调中线干线工程防护林及绿化二期工程

（1）建设内容。二期工程建设内容为南水北调中线干线工程沙河南至贾鲁河南段（含沙河渡槽段、鲁山北段、宝丰至郏县段、北汝倒虹吸段、禹州和长葛段、新郑南段、双洎河渡槽）和黄河北至漳河南段（含温博段、焦作 2 段、辉县段、石门河倒虹吸、新乡和卫辉段、潞王坟段、鹤壁段、汤阴段、安阳段）的防护林及节点绿化工程，包括土地整理、绿化种植等，以及配套给排水设施。其中节点绿化工程包括沙河渡槽进口节制闸、沙河渡槽出口检修闸 2 个重要性节点，净肠河倒虹吸等 16 个主要性节点，以及 228 个一般性节点绿化工程，总投资为 37164.72 万元。

（2）防护林设计。总干渠两侧防护林带，左岸防护林宽度多为 4～8m，右岸防护林宽度多为 8～13m。依据设计单元、标段、土壤类型、总干渠建设类型、左右岸、建筑物位置等设计要素的不同，将沙河渡槽工程、鲁山北段工程、宝丰至郏县段工程、禹州和长葛段工程、新郑段工程设计范围划分为 92 个小班。

遵循小班设计原则和防护林种植点配置，对每一个小班设计要素（土壤类型、干渠建设形式、宽度等）匹配其对应的种植模式，沙河渡槽结合地形和小班特性栽植碧桃、垂柳、丁香、法国冬青、迎春，鲁山北段结合地形和小班特性栽植白蜡、丁香、海桐、连翘、枇杷、速生楸、紫薇，宝丰至郏县段结合地形和小班特性栽植碧桃、垂柳、大叶女贞、丁香、海桐、黑松、连翘、龙柏、枇杷、迎春、紫薇，禹州和长葛段结合地形和小班特性栽植碧桃、垂柳、法国冬青、连翘、龙柏、栾树、千头椿、西府海棠、迎春、紫薇、紫叶李，新郑南段结合地形和小班特性栽植法国冬青、海桐、腊梅、连翘、栾树、枇杷、五角枫、西府海棠、紫叶李。

（3）节点绿化设计。与沙河南至黄河南段相关的重要性节点 2 个，即沙河渡槽进口节制闸、沙河渡槽出口检修闸，绿地分为作业管理区和重点绿化区，作业管理区的种植以常绿植物为主，较多地选用小乔木，常绿与落叶比例控制在 7∶3 左右，如桂花、樱花、法国冬青等，地面也满铺地被及绿篱，选用棣棠、迎春、金叶女贞等；重点绿化区选择适当的树种，做到层次丰富、四季常绿，围网以内用流线型大面积种植大叶女贞、垂柳、广玉兰、枫杨、油松、三角枫及银杏林，形成有序的背景林，保证背景林中常绿与落叶的比例达到 1∶1，在背景林内层种植小乔木、灌木及地被组团，每个组团中配置少量主干大乔木，树种上选用广玉兰、大叶女贞、桂花、枫杨、日本晚樱等。

主要性节点 6 个即宝丰至郏县段的净肠河倒虹吸，北汝河段的北汝河倒虹吸，禹州和长葛段的颍河渠倒虹吸，新郑南段的沂水河渠倒虹吸、双泪河渡槽段的双泪河渡槽倒虹吸、新密铁路渠倒虹吸，绿地一般分为作业管理区、重点绿化区和防护林区，作业管理区在植物配置上主要选用抗力性好、生命力强、耐干旱的植物，以浅根系植物为主，多常绿灌木，如金叶女贞、桂花等，形成大面积的绿色空间；重点绿化区配置上按照乔木＋灌木＋地被植物进行立体种植，依据植物的高低、色彩、香味进行配置，同时合理配置落叶和常绿植物，近景和远景，相适应的植物栽植形式，高大乔木类有雪松、广玉兰等，小乔木及灌木有木槿、金叶女贞等，疏密相结合形成多样的植物景观空间；防护林区以防护为主要功能，也作为重点绿化区的背景林，主要乔木有常绿的大叶女贞、落叶乔木枫杨，搭配低矮灌木法国冬青，增加层次感。

一般性节点 133 个，以种植防护林为主，与防护林设计统筹考虑。

（4）防护林及绿化二期工程的实施。二期工程施工总工期 10 个月，工程于 2015 年 8—9 月招标并进行施工准备，施工期从 2015 年 10 月至 2016 年 5 月，2016 年 6 月底实施完成。

（七）水土保持效果

南水北调中线一期工程沙河南至黄河南段 2013 年主体工程完工，2014 年 12 月试通水，2019 年 12 月水土保持设施验收备案，主体工程区的水土保持设施至今已安全、有效运行近 5 年，2019 年实施的弃渣场加固整治工程的各项水土保持设施也已运行近 3 年，这些措施较好地发挥了水土保持功能，特别是总干渠渠道、各类建筑物等主体工程区的景观植被工程，显著改善了工程区域的环境质量，有助于保持水质持续达标，生态、社会和经济效益显著。

南水北调中线一期工程沙河南至黄河南段水土保持防治效果见图 4.10-1～图 4.10-9。

图 4.10-1　沙河渡槽节制闸（左）、退水闸（右）
（照片由中国南水北调集团中线有限公司河南分公司提供）

图 4.10-2　沙河梁式渡槽两侧植被建设
（照片由中国南水北调集团中线
有限公司河南分公司提供）

图 4.10-3　沙河梁式渡槽起点
（照片由中国南水北调集团中线
有限公司河南分公司提供）

图 4.10-4　北汝河倒虹吸入口及退水闸
（照片由中国南水北调集团中线有限公司河南分公司提供）

图 4.10-5 北汝河倒虹吸入口背面裹头边坡防护
（照片由中国南水北调集团中线有限公司河南分公司提供）

图 4.10-6 禹州管理处景观绿化
（照片由中国南水北调集团中线有限公司河南分公司提供）

图 4.10-7 郑州 1 段赵村弃渣场景观绿化
（照片由中国南水北调集团中线有限公司河南分公司提供）

图 4.10 - 8　郑州 2 段崔庄东弃渣场
（照片由中国南水北调集团中线有限公司河南分公司提供）

图 4.10 - 9　荥阳段索河渡槽景观绿化
（照片由中国南水北调集团中线有限公司河南分公司提供）

五、水土保持后评价

（一）后评价使用的资料

后评价采用了涉及该工程的初步设计、施工图设计、专题报告及水土保持方案、变更、水土保持设施验收、监测等报告；自 2014 年 12 月试通水运行至今，有关运行调度、水质观测、水土保持/环境及社会影响分析调查资料；自 2017 年弃渣场稳定性评估、整改及 2019 年 12 月水土保持设施自主验收以来，后续完善的水土保持工程实施过程，各专项验收、竣工决算、竣工验收资料等。

(二) 目标评价

1. 水土流失防治目标评价

根据该工程水土保持方案批复，水土流失防治标准采用建设类项目一级防治标准。批复的水土流失防治目标值为：扰动土地整治率95%，水土流失总治理度95%，土壤流失控制比0.8，拦渣率95%，林草植被恢复率98%，林草覆盖率20%～25%。

根据水土保持监测资料，项目建设区内扰动土地治理率达到99.5%，水土流失总治理度达到99.1%，土壤流失控制比达到1.0，拦渣率达到98%，林草植被恢复率达到98.5%，林草覆盖率达到34.5%，均超过了批复水土保持方案设计的防治目标。

根据现场实地调研，该工程运行期间，各项水土保持措施防护效果得到明显改善，水土流失基本得到治理，4级（含）以上弃渣场等重要防护对象不存在严重水土流失危害隐患，项目建设区可恢复植被区域植被恢复良好，永久占地范围内景观绿化形式多样、层次丰富，不同区域绿化效果各具特色，形成了南北一条亮丽的风景长廊。

2. 目标实现程度

按照我国有关水土保持法律法规和相关文件的要求，开展了卓有成效的水土保持工作，对防治责任范围内的水土流失进行了全面系统的治理，基本达到了施工期间控制水土流失、施工后期改善环境和生态的目的，营造了优美的环境，较好地完成了项目的水土保持工作。目前各项防治措施的运行，实现了"一流工程、一流环境"的目标。

（1）工程合同管理评价。工程项目法人为南水北调中线干线工程建设管理局。为提高水土保持工程施工现场建设和合同管理，项目法人组建了南水北调中线干线工程建设管理局河南直管项目建设管理局，负责工程直管段的水土保持建设管理；委托段由河南省南水北调中线工程建设管理局进行现场建设管理；委托代建段由山西省万家寨引黄工程总公司双泊河代建部负责现场建设管理。全面实行项目法人制、招投标制、工程监理制和合同管理制，合同管理有效，截至2019年12月，南水北调中线一期工程沙河南至黄河南段各设计单元全部完成了合同验收，合同验收相关资料可追溯并全部存档。

（2）工程管理进度评价。根据工程建设流程，建设管理单位相继组织完成了水土保持方案批复，项目建议书、可行性研究报告、初步设计报告、招标设计等阶段水土保持设计篇章，重点防护对象开展了水土保持施工图设计。按照水土保持设施验收流程，先后开展了水土保持监测、监理工作，组织咨询单位开展了弃渣场等重要防护对象的安全稳定评估工作，完成了水土保持设施自主验收并获得了水利部的报备。建设过程中监理单位采取审核施工进度计划、定期召开工程例会、突出重点，狠抓关键区域和关键节点等措施，使水土保持措施与主体工程进行了有效衔接，进度控制基本有效。

（3）资金使用管理进度评价。实施过程中，在各建管单位的组织领导及监督下，监理单位根据施工合同和设计工程技术联系单，以合同价格为基本控制依据，审核施工单位报送的进度款支付证书，水土保持投资控制基本到位。

（4）工程质量管理评价。工程质量管理实行项目法人负责、建设管理单位现场管理、监理单位质量控制、设计和施工单位及其他承建方保证、政府监督相结合的质量管理体制。各参建单位均建立健全各自的质量管理体系，各单位质量管理体系运行基本正常，对保证施工质量起到了积极作用，为工程建设提供了组织保证。国务院南水北调办建立了质量风险管理机制。一是"三查一举"查问题（稽查大队飞检、质量监督站巡查、监管中心组织专项稽查、举报中心有奖举报）。二是质量认证体系，一般性问题由监管中心认证，重大事故由监管中心委托国内 6 家权威机构认证。三是南水北调质量问题责任追究办法。结合质量问题责任终身制、信用管理办法、关键工序考核制度等管理制度对沙河南—黄河南段工程进行质量监管，突出了质量管理效果。

1）建设单位质量管理体系。建设单位南水北调中线干线工程建设管理局下设质量安全部，负责中线工程质量安全管理工作，并成立了质量巡查队、关键工序考核队及质量检测队等管理机构开展质量管理工作。

现场建设管理单位成立了质量管理委员会和质量管理委员会办公室，制定了质量管理制度和质量监管工作方案，与施工单位签订了《质量目标管理责任书》，进行质量考核和奖惩，并向各施工标段下派质量管理人员负责现场质量管理。

2）设计单位质量管理体系。设计单位河南省水利勘测设计研究有限公司、黄河勘测规划设计有限公司、长江勘测规划设计研究有限责任公司执行 ISO 9001 质量管理体系，建立了项目设计质量保证体系，实行项目设总（院长）负责制，配备经验丰富的各类专业人员，对图纸和设计变更建立了严格审查会签审批制度，按照供图计划提供施工图纸，并在施工现场成立了设计代表处，配备专业人员，建立了设计代表工作制度，工作职责明确。

3）监理单位质量管理体系。监理单位选派有资质、经验丰富的总监理工程师和专业监理工程师组成施工现场项目监理机构。监理工作实行总监理工程师负责制，建立了质量控制体系。编制《监理规划》《监理实施细则》，依据工程的特点，将质量管理作为首要管理工作，确定了质量控制要点，配备旁站监理、专业监理人员实施质量控制。制定了各项工作制度和岗位责任制度，规定了质量控制程序，明确了各个岗位的质量责任。监理部监理人员数量与专业基本满足工作需要，监理人员分工和岗位职责明确。

4）施工单位质量管理体系。施工单位为国字头及省内知名的施工队伍，质量保证体系通过了 ISO 9001 认证。成立了项目部，实行项目经理负责制，有较健全的组织机构。建立了由项目经理为第一负责人的质量管理小组和质量保证体系；设置了专门的质检机构和工地实验室，制定了工程质量管理制度，落实了工程质量责任制。

5）质量监督单位质量管理体系。工程质量监督机构为南水北调中线沙河渡槽工程质量监督项目站、南水北调工程建设监管中心、南水北调工程河南质量监督站，下设质量监督巡回抽查组具体负责质量监督工作。对工程项目划分及其调整进行了确认核备；对项目管理单位、勘查、设计、施工、监理及质量检测等质量责任主体和有关机构的资质、主要人员资格进行了复核；对质量责任主体和有关机构履行质量责任的行为进行了监督检查；监督检查了项目管理单位、设计、监理、施工等责任主体的质量体系建立和运行情况；对工程质量有关的建设、设计、施工、监理等单位的文件和资料进行了监督检查；对重要隐蔽工程在隐蔽前进行了监督检查；对工程质量缺陷备案进行了监督检查；对重要隐蔽单元工程及关键部位单元工程质量等级签证表、已验收的分部工程验收签证书进行了核备。

（5）监理工作评价。该工程水土保持监理由山西省水利水电工程建设监理有限公司完成。监理单位编制了《南水北调中线一期工程总干渠沙河南至黄河南段水土保持工程监理规划》《南水北调中线一期工程总干渠沙河南至黄河南段水土保持工程监理实施细则（工程措施）》《南水北调中线一期工程总干渠沙河南至黄河南段水土保持工程监理实施细则（植物措施）》《南水北调中线一期工程总干渠沙河南至黄河南段水土保持工程监理实施细则（临时措施）》，通过核查施工单位计量仪器、设备和人员资质，审查设计文件和设计图纸、施工组织设计和施工措施计划，检验原材料和中间产品质量，采用现场巡视、旁站和跟踪监测等质量控制手段，对单元工程工序质量实行事前、事中、事后的动态控制，按照规范组织各道程序、单元工程、分部工程验收，水土保持质量控制、投资控制基本到位，进度控制基本有效。

总体上，工程水土保持监理工作内容明确，职责基本清晰；质量、进度、投资控制方法和措施基本有效。监理工作基本满足规程、规范要求，但建设单位于 2011 年 3 月才委托开展水土保持监理工作，水土保持监理工作开展时间滞后于主体工程，流程上存在一定的不足。

（6）水土保持监测工作评价。该工程水土保持监测由北京华夏山川生态环境科技有限公司、河南省水土保持监测总站共同完成。按照水利部要求，监测单位及时向长江水利委员会、淮河水利委员会、河南省水利厅等水行政主管部门提交了水土保持监测实施方案、2011—2015 年水土保持监测年度报告、2011 年第二季度至 2016 年第一季度水土保持监测季度报告等监测成果。

总体上，工程监测内容全面，监测方法正确，监测点位设置基本合理，水土保持监测工作基本符合水土保持方案的要求，水土保持监测结果基本可信。然而，建设单位于2011 年 3 月才委托开展水土保持监测工作，水土保持监测工作开展时间滞后于主体工程，造成开工后至水土保持监测单位进场的施工时段需要利用遥感历史影像进行回顾性监测，未获得施工现场第一手的监测资料，是工程监测工作的不足之处。

（7）工程验收评价。2019 年 10 月 16—17 日，南水北调中线干线工程建设管理局在郑州市主持召开了南水北调中线一期工程沙河南至黄河南段水土保持设施验收会，验收组同意工程水土保持设施通过验收。2019 年 12 月 17 日获得了水利部《南水北调中线一期工程沙河南至黄河南段水土保持设施自主验收报备回执》（水保验收回执〔2019〕第86 号）。

水土保持验收工作基础资料翔实，结论符合工程实际，符合《水利部关于加强事中事后监管规范生产建设项目水土保持设施自主验收的通知》（水保〔2017〕365 号）和《水利部办公厅关于印发生产建设项目水土保持设施自主验收规程（试行）的通知》（办水保〔2018〕133 号）等文件的要求。

南水北调中线一期工程沙河南至黄河南段水土保持工程及时完成了验收，确认了水土保持设施有效地发挥防治水土流失作用，为主体竣工验收提供了有力依据。

3. 差距及原因

南水北调中线一期工程沙河南至黄河南段实际完成水土保持总投资为 13563.49 万元，其中工程措施 7340.86 万元、植物措施 1516.72 万元、临时措施 2382.58 万元、独立费用2231.14 万元、水土保持补偿费 92.19 万元。完成的水土保持总投资较初步设计减少4057.88 万元，其中工程措施减少 2489.51 万元，植物措施减少 1014.15 万元，临时措施减少 82.06 万元，独立费用增加 40.6 万元，预备费减少 513.19 万元。

投资减少的主要原因是实施过程中，工程弃土弃渣结合沿线的其他工程建设、填坑造地等将弃土进行了综合利用，部分取料场、施工生产生活区、施工道路等进行了复垦，节省了较多的水土保持工程和植物措施投资。渠道、建筑物及管理机构区等永久占地范围内水土保持措施投资未减少，加上 2014 年、2015 年先后实施的南水北调中线干线工程防护林及绿化一期工程、二期工程共计费用约 47055 万元，提高了永久占地范围内的景观绿化效果，发挥了较好的生态效益。

（三）过程评价

1. 水土保持设计评价

（1）主体工程区。主体工程区完成的工程措施包括拦挡工程和防洪排导工程。拦挡工程为部分建筑物坡脚设置的浆砌石挡坎，防洪排导工程为局部排水不畅区域设置的排水沟。完成的工程措施基本与初步设计的措施类型一致。

完成的植物措施包括在永久占地范围内可绿化区域栽植乔木、灌木、绿篱、直播种草等；完成的临时措施主要包括临时挡水土埂填筑、编织袋装土拦挡、临时排水沟、防尘布等。完成的植物措施和临时措施与初步设计的措施类型一致。

（2）弃渣场区。弃渣场区完成的工程措施包括拦渣工程、拦挡工程、斜坡防护工程、防洪排导工程、土地整治工程。完成的拦渣工程包括浆砌石挡土墙、混凝土挡土墙等；拦挡工程包括混凝土挡坎；斜坡防护工程包括浆砌石护坡、混凝土六角框格护坡、削坡等；防洪排导工程包括浆砌石排水沟、混凝土排水沟、砖砌排水沟、消能防冲设施、挡水土埂、集水喇叭口等；土地整治工程包括表土剥离、表土回覆、土地平整、土石方挖运、土方填筑等。与初步设计相比，部分浆砌石材料根据现场情况，遵循经济适用的原则，经监理同意后更换为混凝土、砖砌等，如浆砌石土墙更换为混凝土挡土墙，浆砌石排水沟更换为混凝土排水沟、砖砌排水沟，浆砌石框格护坡更换为混凝土六角框格护坡等，经评价这些变化不影响水土保持设施的功能，且便于施工、节省了投资。

完成的植物措施包括弃渣场边坡栽植乔木、灌木、直播种草、植生毯等；完成的临时措施主要包括编织袋装土拦挡、临时排水沟、防尘布等。

完成的弃渣场区各项措施与初步设计措施类型一致。

（3）取料场区。取料场区完成的工程措施主要为防洪排导工程，包括浆砌石排水沟、混凝土排水沟、消能防冲设施、挡坎、集水喇叭口等。与初步设计相比，削坡、土地整治措施未计入工程量统计，原因主要是取料过程中对施工单位提出了边坡坡比一次基本到位的要求。

完成的植物措施包括在取料场边坡栽植灌木、直播种草等，实施时栽植的灌木紫穗槐，在自然降水条件下长势非常好，水土保持效果十分明显；完成的临时措施主要包括临时挡水土埂填筑、编织袋装土拦挡、临时排水沟、防尘布等。与初步设计相比措施类型一致。

（4）施工生产生活区。施工生产生活区完成的植物措施主要包括占压林草地栽植灌木、直播种草等；完成的临时措施主要包括临时挡水土埂填筑、编织袋装土拦挡、临时排水沟、防尘布等。与初步设计措施类型一致。

（5）施工道路区。施工道路区完成的植物措施主要包括占压林草地栽植乔木等；完成的临时措施主要包括临时挡水土埂填筑、编织袋装土拦挡、临时排水沟、防尘布等。与初步设计措施类型一致。

（6）工程管理区。工程管理区完成的工程措施主要为防洪排导工程，即混凝土排水沟；完成的植物措施包括乔、灌、花、草、绿篱等植物措施及部分的景观小品设施；完成的临时措施主要包括编织袋装土拦挡、临时排水沟、防尘布等。与初步设计相比，各个管理结合各自的区域位置及地形特点，经过专门园林公司的设计及施工，植物措施搭配非常丰富，层次明显，具有很好的景观效果。

从项目实际运行情况来看，当时的水土保持方案、初步设计对专项电力线路、通信线路、地埋管道的迁（改）建关注不够，未设计较有效的防护措施，尤其是地埋管道或线缆的建设，在山丘区容易产生水土流失影响，设计应吸取教训。另外针对大型的引调水工程，仅设置了主体工程区太笼统，应该进行细分并针对其特点进行防护设计，比如划分为水源工程区（如有）、首部取水工程区（如有）、输水渠道工程区、泵站工程区（如有）、隧洞工程区、倒虹吸工程区、渡槽工程区、闸站工程区等。

2. 水土保持施工评价

该工程水土保持工程施工未单独招标，含在主体工程施工单位合同内，施工责任明确，避免了水土保持施工与主体工程施工互相扯皮、推诿，不能很好衔接的情况，保证了水土保持施工的连续性、完整性。

施工单位为国字头的一流水利水电施工队伍和河南省知名的施工单位，水土保持施工具有丰富的实战经验，施工单位的质量保证体系均通过了 ISO 9001 认证。实行项目经理负责制，有较健全的组织机构，并有专人负责水土保持工作。施工单位严格按照设计方案，根据进度安排，与主体工程同步实施水土保持工程措施、临时措施，选择合适季节进行植被工程建设，并特别注重植物措施的养护，及时对未栽植成活的苗木进行补植，保证了植被建设工程的施工质量。

另外施工过程中建设单位委托了水土保持监理单位、水土保持监测单位，及时关注水土保持工作的开展、防护措施的实施情况，并形成了监理、监测的文字及影像记录，对发现的问题向建管单位进行反映、及时要求整改。水土保持监理单位独立开展监理工作，对沙河南至黄河南段水土保持工程进行全方位监督，严格贯彻了水土保持监理制度，从根本上规范了水土保持建设与管理工作的程序，有效控制了水土保持设施建设的质量、进度和投资，对不断提高工程管理工作水平也起到了很好的促进作用。

在水土保持质量管理方面，建设单位与施工单位签订了《质量目标管理责任书》，由专人负责水土保持工作，并成立了质量巡查队、关键工序考核队及质量检测队等管理机构开展质量管理工作，做到了思想认识到位、机构人员到位、管理措施到位、建设投资到位、规划设计到位、综合监理到位的"六到位"，确保了水土保持措施"三同时"制度的有效落实。

沙河南至黄河南段中的沙河渡槽进口、北汝河倒虹吸工程进口等节点绿化呈现规整、常绿的绿化氛围，春秋两季以开花和味觉植物点缀，整洁而不失色彩；潮河段防护林宽20～35m，靠近堤的一侧栽植观赏性强、植株较为矮小的品种，远离堤的另一侧形成观赏背景林，中间进行点缀布置，大气且防护有效；穿越郑州城区段讲究与周边环境的相协调，渠道内外边坡采取了草皮、草灌、菱形框格、六角框格等丰富多样的防护形式。水土保持取得了较好的防护效果，给类似工程起到了一定的示范作用。

3. 水土保持运行评价

主体工程完工后进入试运行，项目法人委托南水北调中线干线工程建设管理局河南分局（现更名为中国南水北调集团中线有限公司河南分公司）负责管理维护。中国南水北调集团中线有限公司河南分公司下设鲁山管理处、宝丰管理处、郏县管理处、禹州管理处、长葛管理处、新郑管理处、港区管理处、郑州管理处、荥阳管理处分别进行各段工程管理养护。建设管理单位有配套的管护制度，按照要求组织专人进行日常巡检、维护及管理运营，管护责任明确，资金有保障，水土保持设施运行管护责任已落实，能够保证其持续发挥作用。

试运行期间，为了满足水土保持设施验收的需要，2017 年年底建管单位委托黄河勘测规划设计有限公司、中国电建集团北京勘测设计研究院有限公司、中水北方勘测设计研究有限责任公司对南水北调中线一期工程沙河南至黄河南段 4 级（含）以上级别弃渣场进行了稳定性评估，评估稳定弃渣场为 28 个，基本稳定弃渣场为 16 个，局部边坡不稳定弃渣场为 12 个，2019 年建管单位组织对基本稳定弃渣场、局部边坡不稳定弃渣场进行了整改，完善了水土保持措施，整改后再次评估均为稳定弃渣场。

工程试运行期间，设置有专人负责绿化植被的洒水、施肥、除草等管护工作，确保植被成活率，不定期检查清理截（排）水沟道内淤积的泥沙，达到了绿化美化和保持水土的双重作用。

2022 年 2 月 25 日，由黄河勘测规划设计研究院有限公司、长江勘测规划设计研究有限责任公司、河南省水利勘测设计研究有限公司、中国南水北调集团中线有限公司河南分公司、长江水资源保护科学研究所联合申报的《南水北调中线一期工程河南段水土保持设计》获得了第三届中国水土保持学会优秀设计一等奖。《南水北调中线一期工程河南段水土保持设计》针对膨胀土弃渣场水土保持设计创新提出了基于三维实景及激光点云模型地质勘察方法，提出了针对膨胀土弃渣场水土流失防治的措施设计布局及防护创新关键技术，并总结了一套弃渣场稳定评估技术规定；基于工程特点提出了弃渣高效利用方向，创新提出了弃渣利用与城市三次元景观结合设计理念，有效节省了工程投资，高效率利用开挖资源，并进一步开拓了弃渣场的综合利用模式，在管控弃渣安全风险基础上极大地升华了弃渣场综合效益；创新提出打造南水北调长距离调水沿线生态走廊和城市阳台设计理念，突出大型引调水工程建设与历史文化、风景园林设计的紧密结合，设计理念新颖，在保障中线水质基础上提升了工程生态品质和人文品位。试运行期间的水土保持设计一等奖获得了水利行业同行及评审专家的认可，也是对水土保持设计、施工的一次检验。

2022 年 8 月 25 日，随着最后一个设计单元的验收通过，标志着南水北调中线一期工程全部通过水利部的完工验收，全线转入正式运行阶段，沿线的水土保持各项设施在建管单位的管护下，将持续完好运行，发挥更多的生态效益。

（四）效果评价

1. 植被恢复效果

通过资料查阅分析，工程施工期间对渠道工程、建筑物工程扰动范围内的裸露地表实施了植被恢复措施，主要包括撒播草籽、铺设草皮、栽植乔灌木等形式，选用的树（草）种以大叶女贞、紫叶李、龙爪槐、国槐、紫薇、人工草皮、狗牙根（或野牛草）草籽等为主。植被恢复区域主要为渠道内外边坡、防护林带、边角地、施工扰动占压林草地的区域、弃渣场和料场边坡等。

为充分挖掘南水北调中线一期工程蕴含的价值和文化内涵，融合周边生态文化旅游资源，提升景观绿化效果，建设单位先后于 2014 年、2015 年实施南水北调中线干线工程防护林及绿化一期工程和二期工程，防护林植物品种有垂柳、千头椿、黄山栾、枫杨、刺槐、白蜡、黑松、侧柏、大叶女贞、法国冬青、柽柳、海桐、沙棘、黄刺玫、丁香等，园林式配置建设，节点绿化根据不同节点的特点和区域、地形情况，采取一点一设计，植物品种有广玉兰、白皮松、银杏、垂柳、合欢、紫叶李、碧桃、棕榈、日本晚樱、桂花、石楠、榆叶梅、紫荆、悬铃木、楸树、雪松、南天竹、迎春、臭椿、法国冬青、丁香、柽柳等。

运行期间，运行管护单位认真履行了植物养护管理工作，项目区植被景观效果良好。与建设期相比，南水北调永久占地围网内小气候明显改善，项目区域内的植物多样性和郁闭度等得到了良好的恢复和提升。同时，由于植被恢复措施大多选用的是华北地区景观绿化树种，采用乡土树种比例较低；项目区内植草面积比例较大，乔木树种也大多为中小型乔木，有些是常绿树种，造成单位面积枯枝落叶层厚度较小。沙河南至黄河南段植被恢复效果评价指标见表 4.10-1。

表 4.10-1　　　　　　　　　　沙河南至黄河南段植被恢复效果评价指标

评价内容	评价指标	结　果
植被恢复效果	林草覆盖率	34.5%
	植物多样性指数	80
	乡土树种比例	0.30
	单位面积枯枝落叶层	0.8cm
	郁闭度	0.80

2. 水土保持效果

根据现场调查，工程实施的各项水土保持设施运行状况良好。工程建设期间，对景观绿化区域实施了土地整治、表土回覆、土壤改良等措施，林草植被恢复率达到 98.5%。对项目区内广场、道路、建筑物等不具备绿化条件的区域采取了浆砌石、混凝土、沥青混凝土、透水砖铺装（停车区域）等方式进行硬化。扰动土地整治率达到 99.5%，水土流失总治理度达到 99.1%，地表硬化、绿化措施的实施，使得项目区内现状土壤侵蚀强度降至微度，土壤流失控制比达到 1.0，基本不存在土壤侵蚀强度为轻度及以上的区域，弃渣场采取了有效的防护措施，拦渣率达到 98%，建设区原有水土流失基本得到了治理，水土保持效果良好。沙河南至黄河南段水土保持效果评价指标见表 4.10-2。

表 4.10 - 2　　　　　　　沙河南至黄河南段水土保持效果评价指标

评价内容	评价指标	结　果
水土保持效果	表土层厚度	50cm
	土壤有机质含量	3%
	地表硬化率	40%
	不同侵蚀强度面积比例	99%

3. 景观提升效果

南水北调中线一期工程沙河南至黄河南段永久占地范围内植被建设按照景观绿化标准，采取草、灌、花、藤、乔立体种植的方式，并考虑花期的不同，选择诸如广玉兰、白皮松、银杏、垂柳、合欢、紫叶李、碧桃、棕榈、日本晚樱、桂花、石楠、榆叶梅、紫荆、悬铃木、楸树、雪松、南天竹、迎春、臭椿、法青、丁香、柽柳、野牛草、狗牙根等不同的苗木品种。考虑冬季绿化需求，并结合地区气候条件和养护成本控制要求，将常绿树种与落叶树种搭配种植。考虑观叶、观果等时段不同，搭配了四季有花果、有彩叶的树（草）种。根据现场调查，沙河南至黄河南段工程区域景观提升效果明显，具有良好的美景度，形成了一道亮丽的南北景观长廊，具有很好的旅游价值。沙河南至黄河南段景观提升效果评价指标见表 4.10 - 3。

表 4.10 - 3　　　　　　　沙河南至黄河南段景观提升效果评价指标

评价内容	评价指标	结　果
景观提升效果	美景度	9
	常绿、落叶树种比例	45%
	观赏植物季相多样性	0.8

4. 环境改善效果

植物是天然的清道夫和净化器，可以有效清除空气中的 NO_x、SO_2、甲醛、漂浮微粒及烟尘等有害物质。通过植被恢复、园林式绿化、养护管理等植物措施的实施，项目区内林草植被覆盖度大幅提高，植物在光合作用时释放负氧离子，使得工程区域环境质量明显改善，为南水北调水质持续达标作出了贡献。沙河南至黄河南段环境改善效果评价指标见表 4.10 - 4。

表 4.10 - 4　　　　　　　沙河南至黄河南段环境改善效果评价指标

评价内容	评价指标	结　果
环境改善效果	负氧离子浓度	约 30000 个/cm^3
	SO_2 吸收量	0.4g/m^2
	植被覆盖率变化程度（永久占地范围内）	55%

5. 安全防护效果

通过调查了解并根据《南水北调中线一期工程沙河南至黄河南段水土保持设施验收报告》，南水北调中线一期工程沙河南至黄河南段工程建设共设置弃渣场 123 个，其中平地型（不含填坑）弃渣场 31 个，平地型（填坑）57 个，沟道型 7 个，坡地型 24 个，临河型 4 个。2 级弃渣场 3 个，3 级 33 个，4 级 20 个，5 级 67 个。

大营料场弃渣场截至水土保持设施验收时，建设单位与现使用单位宝丰县永顺铝土有限公司因矿业权纠纷问题尚未解决，列入遗留问题，建议建管单位积极关注，合理处置并及时转移水土流失防治责任；索河弃渣场位于荥阳市整体水系及河道治理规划范围内，中线局河南分局与荥阳市政府商定了处置协议，该弃渣场水土流失防治责任已移交给荥阳市政府，弃渣场加固及水土保持防护措施将由河道治理工程一并实施治理建成休闲湿地公园；郑州 2 段的站马屯弃渣场受郑州市渠南路建设影响，部分防护措施实施进度需跟道路建设进行协调，道路建设方承担相应的水土流失防治责任；白庙西南弃渣场等被地方政府征用的弃渣场，堆放高度都比较低，中线局纪要〔2019〕52 号中均给予了处理方式。2019 年 8 月咨询单位出具的稳定性评估报告中，纳入评估范围的 4 级（含 4 级）以上弃渣场均为稳定弃渣场。弃渣场区实施的土地平整、挡水土埂、截（排）水沟、防冲槽、集水喇叭口、浆砌石挡土墙等工程措施和直播种草、栽植乔灌木等植物措施；以及施工期间的临时苦盖、临时排水、临时拦挡等措施，满足稳定要求。沙河南至黄河南段安全防护效果评价指标见表 4.10 - 5。

表 4.10 - 5   沙河南至黄河南段安全防护效果评价指标

评价内容	评价指标	结 果
安全防护效果	拦渣设施完好率	98.0%
	渣（料）场安全稳定运行情况	稳定

6. 社会经济效果

南水北调中线一期工程是国家南水北调工程的重要组成部分，是一项跨流域、大流量、长距离的特大型调水工程，是缓解我国黄淮海平原水资源严重短缺、优化配置水资源、改善生态环境的重大战略性基础设施，是中国强国强基的一张名片，南水北调是中华民族发展史上具有里程碑意义的大型人工建筑物，工程蕴含了丰富的价值和文化内涵，国务院南水北调办公室、国家旅游局、文化部联合印发了《南水北调中线生态文化旅游产业带规划纲要》，力争融合周边生态文化旅游资源，打造旅游文化新亮点。

近年来通过南水北调中线的旅游开发、观摩推动，带动了沿线平顶山市、许昌市、郑州市经济的快速发展，郑州市南水北调两岸开发了多个高端住宅楼盘，提升了文化品位，提升了地方房地产市场潜力，沙河渡槽取得了多项发明专利等知识产权，多次获得全国优秀设计奖，南水北调中线工程已成为向公众宣传水土保持、环境保护、生态文明的重要窗口。

南水北调中线累计调水超过 560 亿 m³，受益人口超过 1.5 亿人，发挥了显著的经济和社会效益。沙河南至黄河南段社会经济效果评价指标见表 4.10 - 6。

7. 水土保持效果综合评价

根据对各项水土保持效果评价变量指标调查的结果，及其分别对应的权重值，计算南水北调中线一期工程沙河南至黄河南段水土保持效果综合得分为 91.3 分，总体效果评价为好。沙河南至黄河南段水土保持效果综合评价见表 4.10 - 7。

表 4.10－6　　　　　　　沙河南至黄河南段社会经济效果评价指标

评价内容	评价指标	结　果
社会经济效果	提升知名度	很好
	促进经济发展方式转变程度	好
	居民水保意识提高程度	好

表 4.10－7　　　　　　　沙河南至黄河南段水土保持效果综合评价表

评价内容	评价指标	结果	单项赋分	权重值
植被恢复效果	林草覆盖率	34.5%	98	0.0998
	植物多样性指数	80	97	0.0206
	乡土树种比例	0.30	55	0.0159
	单位面积枯枝落叶层	0.8cm	55	0.0073
	郁闭度	0.80	97	0.0822
水土保持效果	表土层厚度	50cm	80	0.0436
	土壤有机质含量	3%	92	0.0939
	地表硬化率	40%	95	0.014
	不同侵蚀强度面积比例	99%	98	0.0347
景观提升效果	美景度	9	98	0.0267
	常绿、落叶树种比例	45%	85	0.0032
	观赏植物季相多样性	0.8	90	0.0079
环境改善效果	负氧离子浓度	30000 个/cm^3	80	0.0431
	SO_2 吸收量	0.4g/m^2	80	0.0718
	林草覆盖率变化程度	55%	80	0.0622
安全防护效果	拦渣设施完好率	98%	96	0.0542
	渣（料）场安全稳定运行情况	稳定	97	0.2143
社会经济效果	提升知名度	很好	90	0.0132
	促进经济发展方式转变程度	好	85	0.0178
	居民水保意识提高程度	好	95	0.0736
综合得分		91.3		

六、结论及建议

（一）结论

南水北调中线一期工程沙河南至黄河南段按照我国有关水土保持法律法规的要求，开展了卓有成效的水土保持工作，对防治责任范围内的水土流失进行了全面系统的治理，基本达到了施工期间控制水土流失、施工期后改善环境和生态的目的，营造了优美的环境，较好地完成了项目的水土保持工作。目前各项防治措施的运行效果良好，弃渣得到了及时有效防护，建设区植被得到了较好的恢复和提升，水土流失得到了有效控制，生态环境得到了明显的改善。南水北调中线一期工程作为国之重器，高标准高水平建设工程本身并配套实施水土保持和生态景观提升，取得了很好的示范效果，对今后类似工程的建设具有较强的借鉴作用。

（二）建议

1. 应重视水土保持监测监理工作

大型引调水工程建设规模大，线路长，扰动土地面积大，施工前期是水土流失发生的重点时段，然而工程水土保持监理监测工作开展滞后了一年多，造成施工期现场第一手的监理监测资料缺失，可能影响水土保持监测数据和评价。水土保持监理监测应与工程建设同步开展，建管单位应吸取教训及时自行开展或委托相关技术服务单位。

2. 应重视弃渣场、取料场的选址和土石方调配

线性工程一般开挖量和回填量均比较大，由于跨越行政区，受到沿途道路、桥梁、河流等限制，无法做到经济合理的土石方自身平衡，弃渣场、取料场的选址应在现行法律法规框架下，同时充分征求权属单位意见后选择，工程在方案报告书及初步设计阶段该项工作做得不够扎实，造成了大量的弃渣场、取料场选址发生了变化，验收前不得不组织大量人力、物力来编制弃渣场补充报告。

3. 建管单位充分重视与地方的协调和沟通

沙河渡槽段的大营料场，作为工程的石料场，使用结束后作为工程弃渣场使用。由于种种原因，建管单位与地方政府、权属单位沟通出现问题，导致该料场（弃渣场）在未返还的情况下，因矿业权纠纷问题被宝丰县永顺铝土有限公司占用，随意挖采，导致水土保持设施无法实施，无法纳入水土保持验收范围，列入遗留问题进行处理，还需建管单位持续关注。因此，建设期间，建管单位应充分重视与地方的协调和沟通。

4. 设计时应加强生态环境保护措施的使用

工程初步设计时，针对弃渣场设计大量的浆砌石挡墙、浆砌石排水沟等硬质防护措施，实施时由于平原区弃渣场高度普遍在3m左右，放缓边坡满足稳定的情况使得硬质挡水、排水措施实施难度较大，不被当地群众所接受，导致实施的水土保持投资较批复投资有所减少。建议其他项目在设计时，针对不同区域及弃渣场类型来细化防护措施设计，平原区弃渣场宜采用生态袋、挡渣土堤等偏生态的拦挡措施，根据实际情况可采用生态型的截（排）水沟。

（三）建议

（1）对周边区域生态环境影响重大，以及具有旅游开发功能或潜力的水利建设项目，在水土保持方案编制或初步设计时，适当提高水土流失防治标准尤其是植物措施标准，以满足当前生态文明建设的新要求和后期旅游开发的需要。同时，在植物措施配置时，应适当结合景观要求，选择观赏性较强的树（草）种，并设计相应的灌溉、排水等配套工程。

（2）平原区弃渣场高度较低但由于弃渣量较大而达到4级渣场标准的，建议视实际情况及危害程度降低稳定评估的要求。2021年12月1日颁布的团体标准《水利水电工程弃渣场稳定安全评估规范》（T/CWHIDA 0018—2021）中确定平缓地弃渣场评估工作级别时，仅用堆渣最大高度来控制就是一个很好的做法。

案例 11　重庆市玉滩水库扩建工程

一、项目及项目区概况

（一）项目概况

1. 地理位置

重庆市玉滩水库扩建工程位于重庆市大足区境内，沱江支流与濑溪河中上游的交界

处。坝址在大足区珠溪镇以上 2.5km 的玉滩村，上距大足城区 37km，下距荣昌城区 28km。

2. 项目组成

玉滩水库扩建为大（2）型水库工程，是重庆市西部供水规划中的四大供水工程之一，主要以灌溉和城乡生活供水为主，兼有旅游、防洪和改善生态环境等综合利用功能。工程主要由枢纽工程、灌区工程和移民安置工程三部分组成，其中移民安置工程通过采取货币补偿方式交由当地政府完成。枢纽工程包括主坝、副坝（7 座）、溢洪道、引水渠首和泵站等，主要建筑物等级为 2 级，次要建筑物等级为 3 级；灌区工程灌溉面积 30.13 万亩，城乡总供水人口 59.10 万人，由左右干渠（96.85km）、朱家庙提灌干渠（3.35km）和 6 条灌溉支渠（15.47km）组成，主要渠系建筑物有隧洞、渡槽和倒虹吸管等，左干渠渠系建筑物级别为 4 级，其余各干渠和支渠建筑物均为 5 级。

3. 项目规模及特性

工程水库正常蓄水位 351.60m，相应库容 1.321 亿 m^3，校核洪水位 353.31m，死水位 330.50m，最低洪水位 352.40m，总库容 1.496 亿 m^3。水库设计洪水标准为 100 年一遇洪水，洪峰流量为 2230m^3/s。枢纽工程由 1 座主坝、7 座副坝和溢洪道等组成，主坝坝型为沥青混凝土心墙石渣坝，坝顶高程为 354.20m，防浪墙顶部高程为 355.60m，最大坝高约 42.70m，坝顶长 678.15m；枢纽副坝坝顶高程为 353.70m，防浪墙顶部高程为 354.70m，坝顶宽 5.00m，副坝最大坝高 19.20m，最小坝高 3.93m，坝长 28.13～155.40m 不等，全部为浆砌石重力坝；溢洪道布置在主坝左岸的杨家垭口—二大田一线，控制段位于杨家垭口，地面高程 335.00～376.00m，为 3 孔驼峰堰结构形式，全长540.20m，包括引渠、控制段、泄槽、消力池、海漫、抛石防冲槽及扩散段等 7 部分。

玉滩水库工程（枢纽区）实际占地 775.04hm^2，完成土石方开挖 203.17 万 m^3，回填利用 60.50 万 m^3，弃渣量 142.67 万 m^3，弃方堆放在 1～3 号弃渣场、斜石坝渣（料）场和牛厂寨渣（料）场等。工程实施水土保持措施包括斜坡防护工程、拦挡工程、土地整治工程、防洪排导工程、临时防护工程和植被恢复工程等，水土保持实际完成投资 1975.60 万元。

4. 项目运行及建设现状

工程分枢纽工程和灌区工程两部分，并分期施工，目前灌区工程还在施工阶段，此次评价仅对枢纽工程水土保持目标、水土保持实施过程及水土保持效果进行评价分析。工程枢纽工程总投资 11.29 亿元，已于 2008 年 12 月开工建设，2011 年 10 月溢洪道工程下闸蓄水进入试运行阶段，2012 年 7 月工程正式完工。工程建设单位和运行期间管理维护单位为重庆市玉滩水库有限责任公司。

玉滩水库工程（枢纽区）自竣工验收以来，水土保持设施已安全、有效运行 10 余年，实施的枢纽区景观绿化、植树种草、截（排）水沟、沉沙池、挡渣墙等水土保持植物和工程措施均较好地发挥了水土保持的功能。根据现场调查，工程枢纽区渣场挡渣墙、防洪排导、土地整治和植被建设等措施未出现垮塌、截（排）水不畅和植被覆盖不达标的情况。玉滩水库工程（枢纽区）水土保持措施防治效果见图 4.11－1。

（a）玉滩水库工程枢纽区全貌

（b）主坝边坡植被恢复

（c）2号渣场经果林恢复全貌

（d）附属企业区全貌及景观绿化

（e）坝肩边坡及溢洪道边坡防护措施

（f）取水塔景观平台全貌

（g）渣场顶面经果林恢复全貌

（h）枢纽工程区道路周边景观绿化

图 4.11-1　玉滩水库工程水土保持效果（照片由汪三树提供）

（二）项目区概况

项目区以丘陵地貌为主，地形起伏较小，河谷形态近似 U 形，河道蜿蜒曲折，支流较多。项目区气候类型属亚热带季风气候，坝址位置多年平均气温 18℃，多年平均年无霜期长达 326d，多年平均年降水量 1001mm，平均风速 1.30m/s，多年平均年水面蒸发量 1065mm。

项目区内土壤以紫色土和水稻土为主，土地利用以耕地、林地和果园为主，主要植被类型为慈竹、桉树、紫穗槐、加杨和马尾松等，林草覆盖率为 36%。

根据《全国水土保持规划（2015—2030 年）》，项目区属西南紫色土区，容许土壤流失量 500t/(km^2·a)，水土流失以水力侵蚀为主，土壤侵蚀形式以面蚀、沟蚀和库岸侵蚀为主。根据《全国水土保持规划国家级水土流失重点预防区和重点治理区复核划分成果》，项目区不属于国家级水土流失重点预防区和重点治理区。根据《重庆市人民政府办公厅关于公布水土流失重点预防区和重点治理区复核划分成果的通知》（渝府办法〔2015〕197 号），项目区涉及的大足区珠溪镇不属于重庆市水土流失重点预防区和重点治理区。

二、水土保持目标、设计和实施过程

（一）水土保持目标

1. 方案批复目标

工程前期设计阶段，建设单位编制完成了水土保持方案报告书，提出的水土保持基本目标为：采取有效的水土流失防治措施，预防和治理因工程建设造成的新增水土流失，保护和合理利用水土资源，恢复土地生产力，恢复植被和重建良好生态环境。水土保持方案确定的水土流失防治目标，见表 4.11-1。

表 4.11-1　　　　　工程水土保持防治目标情况表

序号	防治指标	防治目标值	序号	防治指标	防治目标值
1	水土流失治理度	95%	4	拦渣率	95%
2	扰动土地整治率	95%	5	林草植被恢复率	99%
3	土壤流失控制比	1.2	6	林草覆盖率	25%

2. 施工期建设目标

施工期间，建设单位根据批复的水土保持方案报告书，对施工单位提出了"控制施工作业、减少地表扰动；加强临时防护、减少泥沙淤积；维持生态系统、保护生态植被"的水土保持目标。

3. 运行期生态恢复目标

运行期间，建设单位结合玉滩水库水源地水资源涵养及水生态修复的重要性，对项目区植被建设进行升级打造，完善了库滨植被带、水源涵养林等，提出了"保护水土资源和自然生态资源、加强生态修复和水土保持"的水土保持新目标。

（二）水土保持措施设计情况

1. 水土保持方案批复措施情况

2003 年 7 月，江河水利水电咨询中心承担了该工程水土保持方案的编制工作，于 2007 年 6 月编制完成了《重庆市玉滩水库工程水土保持方案报告书》（报批稿）；2007 年

11月21日，水利部以《关于重庆市玉滩水库工程水土保持方案的复函》（水保函〔2007〕322号）予以批准。方案批复阶段为可行性研究阶段，受设计阶段限制，项目移民安置与专项复建在水土保持方案批复中只提出水土保持要求，未做水土保持措施设计。后续施工期间，建设单位将该部分建设内容通过货币方式交由当地政府进行安置建设。

根据批复的水土保持方案，玉滩水库工程设计的水土保持措施主要为斜坡防护工程、土地整治工程、拦渣工程、防洪排导工程、临时防护工程和植被建设工程等，见表4.11-2～表4.11-4。

主体工程防治区：坝肩、溢洪道边坡等部位实施斜坡防护工程，施工期间采取临时防护工程布设，完工后对施工扰动区域进行土地整治后采取植被建设。

弃渣场防治区：对各渣场实施拦渣工程和防洪排水工程，在弃渣过程中采取临时防护工程措施，弃渣结束后对渣面进行土地整治后采取植被建设工程。

石料场防治区：料场开采完成后对扰动区域进行土地整治，然后恢复植被。

附属企业防治区：在各建筑物周边布设防洪排导工程，对施工扰动区域采取植被恢复措施。

施工道路防治区：对道路下坡一侧进行临时挡护，同时对道路周边扰动区域进行植被恢复措施。

表 4.11-2　　　　　　　　方案设计水土保持工程措施工程量

工 程 项 目		工程量/m³		
		清基	挖土石方	浆砌石
施工生产、生活区及临时弃渣场	截洪沟		720	420
	台阶式排水沟		192	450
	挡渣墙	750		1900
狮子坡挡渣坝		1837		8400
杨家坝挡渣坝		1585		7071
斜石坝挡渣墙				16
牛厂寨挡渣墙				16
小　计		4172	912	18273

表 4.11-3　　　　　　　　方案设计水土保持植物措施工程量

工程项目		绿化面积/hm²	工 程 量			
			乔木/穴	灌木/穴	慈竹/穴	草/hm²
主坝	坝肩	0.9	600			
	主坝下游区域	0.54			5400	
副坝	副坝下游区域	2.64		19800		
溢洪道		0.71		7100		
左右岸引水首部		0.4			4000	
附属企业区		4.11	200	30000	3500	0.51

续表

工程项目	绿化面积/hm²	工程量			
		乔木/穴	灌木/穴	慈竹/穴	草/hm²
斜石坝渣（料）场（弃渣场）	9.36		93600		
施工道路	3		7500		
小　计	21.66	800	158000	12900	0.51

表 4.11－4　　　　　　方案设计水土保持临时措施工程量

工程项目	工程规模		工程量/m³		
	防护面积/hm²	长度/m	土方开挖	土方填筑	干砌块石
斜石坝渣（料）场临时防护围堰	10.4	500			400
牛厂寨渣（料）场临时防护围堰	5.33	300			240
临时转运弃渣场围堰	3.1	75		98	
施工道路护坡	0.23	4500	1692		2760
小　计	19.06	5375	1692	98	3400

2. 初步设计阶段措施设计情况

初步设计阶段，建设单位未单独开展水土保持专项设计工作，将水土保持措施纳入到枢纽工程主体设计中，水土保持设计作为初步设计报告中的章节内容进行水土保持专项设计工作，编制工作由江河水利水电咨询中心和中水北方勘测设计研究有限责任公司完成。重庆市水利局于 2008 年 9 月 16 日以"渝水许可〔2008〕69 号"文对项目初步设计进行了批复。

初设批复对大坝坝肩、主坝坡脚线以外一定区域、副坝坡脚线以外一定区域、溢洪道周边、左右岸引水渠首采取绿化措施。在弃渣场修筑浆砌石挡渣墙，对附属企业区渣场、斜石坝渣（料）场、牛厂寨渣（料）场增加绿化措施。施工营地区采取绿化美化措施。永久道路两侧种植行道树，对部分施工道路单侧采取干砌片石护坡的临时防护措施。

3. 施工图设计阶段措施设计情况

工程建设期间，建设单位组织设计单位分别对枢纽的 5 个渣（料）场（1 号渣场、2 号渣场、3 号渣场、牛厂寨渣（料）场及斜石坝渣（料）场的拦渣坝、挡渣墙、排水沟及枢纽范围内植树种草等进行了施工图设计，设计单位为重庆三峡水电建筑勘察设计研究院。工程运行期间，建设单位委托重庆中博工程设计咨询有限公司对玉滩水库水源地水资源涵养及水生态修复工程进行单独设计包括库滨植被带工程、水源涵养林工程等，对枢纽工程植被措施进行景观升级，见表 4.11－5 和表 4.11－6。

表 4.11－5　　　　　　玉滩水库工程水土保持措施设计情况

措施类型	防治分区	设计措施实施区域	主要措施及设计标准
拦渣工程	弃渣场防治区	1 号弃渣场（库内）	浆砌石拦渣坝，10 年一遇设计标准，5 级建筑物
		2 号弃渣场沿河一侧	拦渣坝，20 年一遇设计标准，5 级建筑物
		3 号弃渣场（库内）	浆砌石挡墙，10 年一遇设计标准，5 级建筑物

续表

措施类型	防治分区	设计措施实施区域	主要措施及设计标准
土地整治工程	主体工程区	施工扰动区域	引水建筑物周边围封，地面硬化
	石料场防治区	斜石坝渣（料）场和牛厂寨渣（料）场	坑洼回填、地表整平、覆土
	弃渣场防治区	2号弃渣场沿河一侧	地表整平、覆土
防洪排导工程	主体工程区	坝肩及场内道路	浆砌石排水沟、盖板排水沟、涵洞和截洪沟，采用20~50年一遇设计标准
	弃渣场防治区	3个弃渣场	截洪沟，采用10~20年一遇设计标准
	附属企业防治区	建筑物及场内道路	浆砌石排水沟，采用20年一遇设计标准
斜坡防护工程	主体工程区	坝肩左右两侧、溢洪道两侧边坡	浆砌石挡墙、护坡、混凝土护坡，采用20年一遇防治标准
	施工道路防治区	道路下坡拦挡及排水	干砌石挡土墙和排水沟
临时防护工程	各防治区	施工扰动区域	临时拦挡
植被建设工程	主体工程区	主副坝下游坝坡、坝肩及施工迹地	草皮护坡、小叶榕、湿地松
	石料场防治区	斜石坝渣（料）场和牛厂寨渣（料）场	慈竹、桉树
	弃渣场防治区	各渣场渣面	柑橘林、百花三叶草、结缕草、马桑、黄荆
	附属企业防治区	扰动区域	紫穗槐
	施工道路防治区	道路两侧	意杨

表 4.11-6　　　　玉滩水库工程水源地水生态环境改善设计情况

措施类型	防治分区	设计措施实施区域	主要措施及设计标准
植被建设工程	主体工程防治区	库区大坝前3座孤岛、大坝及副坝区域及大坝周边库岸区域	水源涵养林：植物配置香樟、金丝垂柳、黄葛树、银杏、云南黄馨；库滨植物带：植物配置原有草地、麦冬草本、灌木红枫、山茶花、杜鹃、棕榈、雪松、黄葛树、金叶女贞、蔷薇、紫薇、白玉兰等景观植被；景观绿化：植物配置麦冬草本、灌木红枫、山茶花、杜鹃、黄葛树、金叶女贞、蔷薇、紫薇、白玉兰等景观植被
	石料场防治区	斜石坝渣（料）场和牛厂寨渣（料）场	水源涵养林：植物配置竹柳、乌桕、香樟、板栗、核桃和枇杷等

（三）水土保持实施过程

1. 水土保持措施实施情况

项目水土保持各项措施施工单位均采取招投标形式确定，其中主体工程区中斜坡防护工程、防洪排导工程、临时防护工程等措施同主体工程一致，施工单位主要为中国葛洲坝集团有限公司和四川省恒沣建设工程有限公司。项目渣（料）场拦渣工程及植被建设工程、主体工程区植被建设工程等采取单独招投标方式确定，共划分了1个标段，1个施工单位，由深圳市铁汉园林绿化有限公司完成。

为确保玉滩水库工程水土保持措施建设质量，保证各措施施工工期按时完成，建设单位成立了玉滩水库工程（枢纽区）水土保持工作领导小组，下设办公室，全面负责工程水土保持防治工作。

项目水土保持措施施工管理工作中，涉及水土保持工程均由公司工程部提出项目建设要求，由水土保持工作领导小组组织实施，相应的招投标工作、资金落实等均由公司相应部门完成。

根据水土保持方案批复要求："建设单位在建设过程中，应委托具有相应资质的监测机构承担水土保持监测任务，并定期向水行政主管部门提交监测报告。"建设单位于 2009 年 1 月委托重庆市水土保持生态环境监测总站开展项目水土保持专项监测工作。监测单位根据编制的水土保持监测实施方案，采取了驻地监测方式，对项目区进行实地监测、采集样品、分析化验及数据处理，完成了施工过程中的水土保持监测分析和数据采集，于 2012 年 7 月完成项目（枢纽区）水土保持监测总报告。

为做好工程各项水土保持工作，依据国家的有关规定和要求，重庆市玉滩水库有限责任公司委托重庆市智创水土保持科技开发有限公司开展了水土保持专项监理工作，2010 年 9 月监理组正式入场，对水土保持工程进行质量、进度和投资控制，对项目水土保持相关合同和信息进行管理，协调建设单位和施工单位之间的关系。

重庆市玉滩水库工程枢纽工程水土保持措施实际完成工程量如下：

（1）主体工程设计中具有水土保持功能的措施完成工程量为：浆砌石 2414.93m³、干砌石 11501.94m³、混凝土 10715.8m³，铺草皮 2.83hm²。

（2）方案新增水土保持措施完成工程量为：C20 混凝土 818.47m³、浆砌条石 89.33m³、浆砌块石 876.32m³、抛石堆石坝 12261.32m³、土石方开挖（含基础开挖）5794.36m³、土石方回填 24314.56m³、种植土回填 71920.15m³、橡胶止水 12.5m、沥青杉板 156.55m²、拦污栅制作安装 0.33t、M10 水泥砂浆（厚度 5cm）980.4m²、压力钢管（ϕ630）1.37t、碟阀安装 1 套、PVC 管安装（ϕ100）16m、1 号角钢 50 型 0.98t、钢管 0.44t、钢筋 0.57t、2 号角钢 40 型 0.27t、螺栓 80 个、油漆 3 桶、钢丝网 181.6m²、钢板 33.06kg、塑胶网 90m²、斜石坝水塘土石方回填 54529.6m³、竹柳 69484 株、枇杷 850 株、垂柳 230 株、爬山虎 50kg、草籽撒播 2.71t、干砌石绿化带 208.48m³、干砌石绿化带种植土回填 104.24m³、干砌片石 50.72m³、土质围堰工程 54529.6m³、锚喷混凝土 236m³。

2. 水土保持验收情况

2013 年 1 月 23 日，玉滩水库工程（枢纽区）通过水利部组织的水土保持设施专项验收（办水保函〔2013〕45 号）。

玉滩水库工程（枢纽区）水土保持设施管理维护分成两个阶段实施。第一阶段为水土保持设施交工验收后的质保期内，工程措施为 1 年，植物措施为 2 年，由相应的施工单位负责管理维护；第二阶段为质保期结束后，水土保持设施正式移交建设运行单位管理维护，目前全部由重庆市玉滩水库有限责任公司负责管理维护。

玉滩水库扩建工程（枢纽区）施工期实际防治责任范围为 781.46hm²，较水土保持方案设计防治责任范围 766.07hm² 增加 15.38hm²；工程共完成土石方开挖量为 203.178 万 m³，回填利用量为 60.50 万 m^3，弃渣量为 142.67 万 m^3。项目扰动土地整治率 99.48%，水土流失总治理度 99.18%，拦渣率 99.6%，土壤流失控制比 1.1，林草植被恢复率 99.06%，林草覆盖率 54.75%，达到了水土保持方案批复的各项目标值。验收报告的主要结论：该项目水土保持工程措施和植物措施运行情况良好，达到了防治水土流失的目的，整体上已具备较强的水土保持功能，能够满足国家对生产建设项目水土保持的要求，运行初期，在各防治分区采取的水土保持措施总体适宜，水土保持工程布局合理，工程质量合格，运行良好，工程区内水土流失得到有效控制，基本达到了水土保持方案及水利部批复的要求。

三、水土保持后评价

水土保持后评价是对工程建设初期制定的目标实现情况、水土保持设计施工管理等全过程环节到位情况、水土流失危害情况及工程建设后效果等进行评价分析，以期对此类工程水土保持全过程提供经验，同时为水土保持相关设计规范、标准提出调整意见，提高水土保持措施的设计、施工科学化水平，指导后续项目的水土保持工作。

（一）评价内容和资料

1. 评价内容

水土保持后评价范围应结合工程分类，以建设可能引起水土流失的环节和重点部位为主要评价范围，包括主体工程、配套设施、临时工程以及移民安置区等。后评价的内容包括目标评价、过程评价和效果评价三个方面。

（1）水土保持目标评价。水土保持目标评价重点在于水土保持工程建设目标的评价，通过现场调研和资料分析，了解工程建设初期制定的总体目标，水土保持制度建设目标等。

总体目标主要评价水土保持对防洪、减淤、灌溉、供水与发电、蓄清排浑、除害兴利等方面的作用是否实现。

水土保持制度建设目标主要评价工程建设前期相关水土保持政策的制定情况。建设过程中水土保持方案、水土保持监理、监测、竣工验收制度执行、落实情况。运行期间水土保持管护责任制度的建立和落实情况等。

（2）水土保持过程评价。水土保持过程评价是进行水土保持后评价的重点，主要包括设计过程评价、施工过程评价和运行过程评价。

1）设计过程主要评价水土保持方案中水土保持措施设计合理情况，重点从防洪排导、拦渣工程、斜坡防护工程、土地整治工程、植被建设工程、临时防护工程、防风固沙工程、降水蓄渗工程和表土保护工程等方面入手，分析评价水土保持方案拟定的防护措施是否符合国家相关政策和可持续发展战略，是否有利于项目区生态环境保护和水土保持情况；评价水土保持措施的合理性、可行性以及与项目整体方案的协调性等。过程评价还需对设计阶段、深度、设计变更情况等进行评价。

2）施工过程主要评价水土保持采购招标、开工准备、水土保持合同管理、进度管理、资金管理、工程质量管理、水土保持监理、水土保持监测开展情况以及施工中新技术、新工艺及新材料的应用等。分析评价前期准备工作是否合规，水土保持管理是否到位，水土保持监理、监测工作是否有效协助建设单位落实了水土保持方案，加强了水土保持设计和施工管理指导；是否及时掌握建设项目水土流失状况和防治效果；是否及时发现重大水土流失危害隐患并提出了水土流失防治对策建议等。同时还需评价施工过程中采用的新技术、新工艺、新材料的应用是否有效提高了水土保持工作效率、达到了相应的要求等。

3）运行过程主要评价对水土保持设施验收后，水土保持验收遗留问题处理情况，运行管理人员、机构、费用及管理模式等运行管理情况。

（3）水土保持效果评价。水土保持效果反映了水土保持措施实施所带来的效益，水土保持效果主要体现在基础效益、生态效益和社会效益方面。

1）基础效益。水土保持措施最直接最基本的作用就是蓄水保土，因此，蓄水保土产生的基础效益也是水土保持最直接的效益。水土保持措施的实施可涵养水源，改善水分循环，为开发水土资源创造条件。各项防治措施还可以增加土壤入渗，减少地表径流，减轻土壤侵蚀现象的发生。

2）生态效益。大型水利水电工程对环境的影响范围广，影响的边际效应大。水土保持方案各项措施实施后，可以有效地控制建设过程中人为产生的水土流失，改善项目区生态环境。

3）社会效益。水土保持措施实施之后，社会效益体现在对人类身心健康的促进，对社会精神文明的促进等方面。水土保持措施实施后，能够促进农、林、牧的发展，活跃城乡市场，繁荣当地经济，直接或间接减缓对土地的压力。

综合以上分析，水土保持效果评价重点从植被恢复效果、水土保持效果、景观提升效果、环境改善效果、安全防护效果、社会经济效果等 6 个方面进行，见表 4.11 - 7。

表 4.11 - 7　　　　　　　玉滩水库水土保持后评价范围及重点

评价范围	评价内容	评价重点
评价范围结合工程分类，以建设可能引起水土流失的环节和重点部位为主要评价范围，包括主体工程区、石料场防治区、弃渣场防治区、附属企业防治区和施工道路防治区等	目标评价	（1）水土保持对防洪、减淤、灌溉、供水与发电、蓄清排浑、除害兴利等方面的作用是否实现； （2）工程建设前期相关水土保持政策的制定情况。建设过程中水土保持方案、水土保持监理、监测、竣工验收制度执行、落实情况。运行期间水土保持相关管护责任制度的建立和落实情况等
	过程评价	（1）从防洪排导、拦渣工程、斜坡防护工程、土地整治工程、植被建设工程、临时防护工程、防风固沙工程、降水蓄渗工程和表土保护工程等方面入手，分析评价水土保持方案拟定的防护措施是否符合国家相关政策和可持续发展战略，是否有利于项目区生态环境保护和水土保持情况；评价水土保持措施的合理性、可行性以及与项目整体方案的协调性等。对设计阶段及深度、设计变更情况等进行评价； （2）水土保持采购招标，开工准备，合同、进度、资金、工程质量管理，水土保持监理监测开展情况以及施工中新技术、新工艺及新材料的应用等； （3）水土保持设施验收后，水土保持验收遗留问题处理情况，运行管理人员、机构、费用及管理模式等运行管理情况
	效果评价	（1）基础效益：借助于工程建设和运行期间水土保持监测和后续运行监测，评价水土保持措施实施后减水减沙、土壤改善情况； （2）生态效益：评价水土保持措施实施后对当地生态环境承载力的变化，对改善当地小气候等生态环境的变化； （3）社会效益：评价水土保持措施实施后，给当地群众带来的经济改善、民生改善和社会发展等方面

2. 后评价基本资料及依据

项目前期立项、可行性研究报告及批复、初步设计报告及批复、水土保持方案报告书及批复文件。

2008年11月开始施工到2012年7月，有关枢纽工程、水库移民、环境保护、水土保持及水源地水资源涵养及水生态修复工程等实施过程，各专项验收、竣工决算、竣工验收资料等。

自2012年7月下闸蓄水以来，有关水库和下游河道的防洪、减淤、减碳排放和发电等运行调度资料，环境及水土保持监测资料以及社会影响调查资料。

项目竣工验收以来后续完善的水土保持措施实施过程、大禹奖申报资料等。

（二）评价方案和内容

1. 项目决策和实施目标

建设单位通过科学的管理和控制，结合批复的水土保持方案报告书，提出了"控制施工作业、减少地表扰动；加强临时防护、减少泥沙淤积；维持生态系统、保护生态植被"的水土保持目标。运行期间，建设单位结合玉滩水库水源地水资源涵养及水生态修复的重要性，对项目区植被建设进行升级打造，建植了库滨植被带、水源涵养林等，提出了"保护水土资源和自然生态资源、加强生态修复和水土保持"的水土保持新目标。建设单位将水土保持措施全面落实到位，水土保持工程质量优良，水土保持投资控制在工程概算范围内，水土流失得到有效控制，水土保持六项目标达到设计值，区域生态环境得到明显改善，促进了区域内碳排放的吸收，实现了"保护水土资源和自然生态资源、加强生态修复和水土保持"的生态目标。

2. 目标实现程度

（1）合同管理评价。建设单位建立了一系列合同管理办法和条例，明确了合同管理机构、招投标及合同会签制度，规定了合同管理的职责、合同签约程序等，并就支付审核控制、合同价格调整、变更和索赔处理、争议调解和解决、技术问题处理、进度计划审批和质量监督等内容制定了一系列工作程序和制度，使合同管理工作走向规范化和程序化。

玉滩水库工程水土保持工程项目承包合同均为估计工程量固定单价合同，项目单价以通过招标确定的合同单价和经发包单位审核批准的新增项目单价为准，工程量以经监理签证、发包单位认可的实际发生量为准。

由于工程建设区地质条件复杂，实际完成的工程量、工程项目和工程造价与合同工程量、合同项目和合同造价相比有增有减，最终以结算金额为准。

项目在工程建设管理过程中，严格执行工程建设合同管理制度。合同管理的程序是：所有工程施工和监理均由公开招标择优选择施工队伍和监理单位，委托监理单位代表业主进行全程管理，监理公司根据业主的授权和合同规定，对承包商实施全过程监理，水土保持工程的建设与管理也纳入了主体工程的建设管理体系中。

合同正式签订管理：合同文本经建设单位、承包商双方法人代表签字并加盖公章（或合同专用章）后生效。合同的正式签字表明合同双方在平等的基础上共享合同权利、承担合同责任。合同双方均受合同的约束及法律的保护。

合同执行过程中的管理：对承包商的施工计划、质量、进度全方位的监督管理，施工各方的协调、调度，对设计变更等因素引起的单价、总价变更的审定及其对索赔等工作的处理，以上工作由监理与建设单位共同完成。

竣工决算：工程完工，由承包商提交竣工资料，建设单位成立工程验收委员会，对工程进行全面验收，待工程验收合格，工程交付业主后，办理工程竣工决算。竣工决算办理完毕，标志着合同的全部管理工作结束。

（2）工程进度管理评价。水土保持工程的实施本着"三同时"的原则制定工程水土保持方案中各项防治措施的实施进度计划。

具体而言，对于施工道路的防护要求与道路施工同步，对于弃渣场和取料场的防护，要求在弃渣、取料之前就做好前期的清理、防护、拦挡、排水等措施，并随着弃渣、取料的逐步增加，逐步完成防护、拦挡措施，最后做好植物措施的防护；对于临时防护工程，其水土保持设施要同步建设，而且临时工程在使用完成之后，针对不同情况还要采取植物措施。

在玉滩水库工程建设中，建设单位重视水土保持工作，将水土保持工程纳入主体工程之中，保证了水土保持工程与主体工程同步实施。相关水土保持施工项目完工日期汇总见表 4.11 - 8。

表 4.11 - 8　　　　　　　相关水土保持施工项目完工日期汇总表

序号	施工项目	完成时间	序号	施工项目	完成时间
1	3 号渣场堆石坝	2012 年 3 月	8	3 号渣场平场整理	2012 年 4 月
2	斜石坝渣（料）场边坡整理	2012 年 4 月	9	2 号料场苗木种植	2011 年 12 月
3	斜石坝渣（料）场水塘回填	2011 年 3 月	10	斜石坝苗木种植	2012 年 1 月
4	2 号料场种植土回填	2011 年 12 月	11	牛厂寨苗木种植	2011 年 12 月
5	斜石坝种植土回填	2011 年 12 月	12	副坝库区边坡防护	2012 年 4 月
6	牛厂寨种植土回填	2011 年 11 月	13	拦渣坝上下游围堰拆除	2012 年 1 月
7	拦渣坝	2012 年 3 月	14	2 号料场边坡整理平整	2012 年 4 月

（3）资金使用管理评价。该工程（枢纽区）验收区域主体工程设计具有水土保持功能的措施完成投资 1118.77 万元，方案新增水土保持措施完成投资 855.83 万元，其中：工程措施费为 502.08 万元，植物措施费为 106.91 万元，临时措施费为 15.27 万元，独立费用为 184.66 万元，水土流失补偿费 46.91 万元。

价款的结算严格按照管理办法中招标文件规定的支付原则进行，管理办法明确规定：监理工程师在支付活动中必须严格遵守招标文件中规定的支付原则。①支付必须以工程计量为准，支付必须在质量合格和准确计量的基础上进行；②支付必须及时；③支付必须按照有关规定办理。对工程费用支付，监理工程师必须站在公正的立场上，以公平合理的态度，客观准确地评价承包人的施工活动，认真负责和正确地确定工程费用，并及时签认，使承包人及时得到应有的付款。

水土保持设施的投资已列入主体建设工程概算，其支付与主体工程价款的支付程序相一致，结算程序严格按建设单位与施工单位签订合同中的验收结算及投资额管理进行。在工程建设过程中，监理工程师根据工程建设监理合同中业主授予的权限，以施工承建合同文件为依据，对工程投资进行了严格的控制，其投资控制方法包括工程量控制和工程款支付控制。

工程量控制：根据合同规定，设计工程量是预计数量，而不是结算工程数量，结算工程数量是按合同规定的计量原则，经监理工程师批准的实际发生数量。据此规定，监理工程师和施工单位都对设计工程数量进行验算复核，并与实际施工的几何尺寸核对。当设计数量无误，但与实际发生数量有差异时，必须按照规定对数量进行调整，使计价数量、竣工数量、实际发生数量相吻合，不允许直接用设计数量进行计算；办理中间计量证时，必须附有详细的工程数量计算书和质量检验证明单，并经总监办公室复核数量后，才准办理中间交工证书和进入支付报表；同时加强验收计量检验，对未经检查验收的工程不得隐蔽，确保据实准确计量，防止事后改动数量或不求实际的申报。通过设计与实际数量的复核，从而保证工程量的有效控制。

工程款支付控制：承包合同均为估计工程量固定单价合同，项目单价以通过招标确定的合同单价为准，工程量以经监理签证、发包单位认可的实际发生量为准。经过工程建设监理、建设单位等部门几道程序的严格控制，项目已竣工验收的水土保持工程的施工合同价与实际结算价一致。

承包人的计量支付，先填报中间计量支付报表，经监理代表处、建设单位财务处、总监理工程师、业主逐级审核后才进行支付。支付结算的工程量以承包商测量经监理工程师核实的实际工程量为依据。

若发生新增工程项目，其单价由承包人按合同文件中新增单价编制规定进行单价编制，报经监理工程师审核并签注意见后报总监代表处合同科、建设单位财务部逐级审核，最后由业主批准。

其具体控制措施如下：

1）工程的计量支付严格按程序进行，各种手续必须完整齐全，逐级把关。

2）计量的工程项目及工程量必须真实、准确无误，审核人签署明确、有效。

3）工程必须完成，检验合格并签发了《中间计量证书》的工程，才能计量支付。

4）任何一项支付都必须符合合同文件的规定。

5）严格控制工程变更，每一个变更方案都必须进行认真论证，多方案比较，力求做到既科学、先进，又经济、合理。

（4）工程质量管理评价。

1）质量管理体系：在水土保持工程建设过程中，建设单位建立了项目法人负责、监理工程师控制、施工单位保证和政府质量监督的质量管理体制。始终把工程质量放在重中之重来抓，实行全过程的质量控制和监督。在工程建设过程中严格实行项目法人制、招投标制、建设监理制和合同管理制，根据工程规模和特点，按照水利部有关规定，通过资质审查，进行招标，选择施工、监理单位，并实行合同管理。

2）质量管理制度：结合项目建设情况，建设单位在安全文明施工方面，督促施工单位在进场之日就成立施工安全委员会，负责监督、督导施工单位日常安全施工。从开工到完工日止，建设单位坚持每月组织一次安全、质量检查分析会，并组织进行多次突击性安全检查，督促施工单位对检查出的问题及时进行整改和封闭。在质量管理方面，督促施工单位建立、健全工程质量保证体系和施工技术管理体系，完善组织结构、人员组成和管理制度及保证措施，并指导施工单位对工程进行质量策划，将质量目标进行分解，针对工程的施工特点，编制相应的施工质量技术措施。同时，建设单位对各项施工项目的质量要求、控制要点进行明确的规定，并强制贯彻实施。玉滩水库工程从开工到投产运营均未发生任何大的水土保持质量事故。

3）工程项目划分：根据工程特点和实际情况，该工程（枢纽区）水土保持工程共划分为5个单位工程，21个分部工程和160个单元工程。水土保持工程合格率100％，单位工程优良率80％，分部工程优良率57.14％，单元工程优良率45.62％。

4）质量控制措施：按照"三同时"要求，该项目水土保持工程做到了与主体工程同时设计，同时施工，初步设计报告中新增的水土保持措施全部实施。根据现场实际情况新增部分水土保持措施。

（5）监理工作管理评价。

1）监理组织机构：根据工程招投标管理办法，建设单位选择重庆市智创水土保持科技开发有限公司为水土保持工程施工监理单位。监理单位在建设过程中采取了一系列有效的措施加强对工程的监理。

监理单位接受委托后，重庆市玉滩水库扩建工程水土保持项目监理部，设总监1人，监理工程师2人，现场监理员1名。监理部负责组织、管理现场工程监理工作，配合建设单位做好工程的现场数量核查工作；对工期、投资、质量、安全、环保等控制目标实施全过程监理；对施工合同、各种技术信息加强管理，督促施工、材料供应等合同单位信守合同，兑现投标承诺；提供技术信息，用以指导工程的管理和实施；协助建设单位协调施工、设计及地方间的各种关系；参加水土保持工程施工全过程的各项检查、评优、验收工作；按监理权限负责管理范围内建设工程的变更设计、验工计价等工作。

水土保持工程监理人员于2008年12月进场，2012年7月完成工作退场。

该工程在工程建设过程中，将主体工程中具有水土保持功能的措施纳入了主体工程的施工和管理体系，其监理权限和职责由主体工程监理单位承担，重庆市智创水土保持科技开发有限公司负责水土保持方案、初步设计报告中枢纽区新增水土保持工程的监理服务工作。

2）质量控制措施：该工程（枢纽区）涉及的水土保持措施类型主要有浆砌块石、C20埋石混凝土、C20面板混凝土、垫层混凝土、浆砌石排水沟、浆砌石拦渣坝、浆砌石挡墙、植树、撒播草籽、干砌片石、土质围堰、锚喷混凝土等，在质量控制方面监理单位从事前、事中、事后进行控制，抓住控制要点，采取相应的手段加以控制。

一是在监理工作中始终将事前控制作为主线，实行动态管理。事前严格执行基本建设程序，做好开工条件审查和各种施工措施的审查以及各种器具和特殊工种的审查。

二是严格落实过程控制，施工过程中做到监理人员到位，各司其职，把好材料关、设备关。严格执行有关法规和设计图纸，采取巡视、平行检查、旁站等方法进行监督检查。在工程施工过程中严格审查施工单位采购材料的出厂合格证，试验报告，材质证明文件。对不符合设计及规范要求的工程材料、设备要求施工单位必须更换处理。

三是以事后控制来弥补过程中出现的问题和不足，坚持监理例会制度，坚持监理预验收程序，利用例会总结工程中所发生的各种质量、进度、安全等问题，提出整改方案及下一步计划安排。

始终坚持"安全第一，预防为主"的方针，把安全工作摆在一切工作的首位，强化监理的安全管理，切实推进施工现场的安全文明监理工作。在施工人员未进场之前，要求施工单位安全负责人必须做好施工人员的安全教育工作。在工程开工之前必须进行事前安全技术交底。

在施工过程中现场监理采用巡视检查的方法，随时对所需安全器具进行检查，在机械吊装时对起吊工具进行检查，凡有不符合使用要求的立即整改或清除出场。由于做了大量的检查工作，并得到了建设单位的大力支持及施工单位的理解和配合，使发现的问题都得到了整改落实。

3）进度控制措施：在建设过程中，监理工程师通过认真执行以上工作内容，使整个项目的工程进度与计划进度基本一致，工程实际开工日期为 2010 年 10 月 27 日，在实际施工过程中由于新增和变更项目的影响，至 2012 年 5 月全面完工。

4）投资控制措施：工程投资的控制包括对预付资金、进度拨款、验收决算等阶段的投资控制。针对工程的特点，工程投资控制采取的主要措施如下：①开工前，做好工程定额设计及概算审查工作；②编制资金投入计划和投资控制规划；③由业主单位、监理工程师和施工单位，三方联合计量的方法进行工程量的合理计量，控制工程量；④复核工程付款单，如实签发付款证书；⑤督促建设单位按时支付工程款，提高施工单位的积极性。

在工程施工中，建设单位根据实际情况组织具有相关资质的设计单位依据批复水土保持方案、规程规范所规定的内容和深度原则，完成了《重庆市玉滩水库扩建工程水土保持方案施工图设计图册》《大足县玉滩水库枢纽水土保持拦沙坝施工图设计》；在工程实施过程中根据工程实际需要新增一部分水土保持措施。枢纽区新增水土保持工程实际完成投资855.83 万元，其中：工程措施 502.08 万元，植物措施 106.91 万元，临时措施 15.27 万元，独立费用 184.66 万元，水土保持设施补偿费 46.91 万元。

（6）工程验收评价。2012 年 4 月，建设单位组织水土保持方案编制单位、监理单位、水土保持施工单位和水土保持监测单位等相关单位启动了水土保持设施验收工作程序。相继完成了《水土保持监理总结报告》《水土保持监测总结报告》《水土保持设施技术报告》《水土保持工作总结报告》等，完成了验收前的准备工作。2012 年 8 月，水利部长江水利委员会长江流域水土保持监测中心站主持召开了玉滩水库扩建工程枢纽工程水土保持设施竣工验收会议，会议一致认为建设单位重视水土保持工作，依法编报了水土保持方案，优化了施工工艺；实施了各项水土保持防治措施，完成了防治任务；建成的水土保持设施质量总体合格。水土流失防治指标达到了水土保持方案确定的目标值，较好地控制和减少了工程建设中的水土流失；开展了水土保持监理、监测工作；运行期间的管理维护责任落实，符合水土保持设施竣工验收的条件，同意该工程水土保持设施通过竣工验收。

项目水土保持工程及时完成了竣工验收，确认了水土保持设施有效地发挥防治水土流失作用，为项目主体工程竣工验收提供了有利条件。

3. 差距及原因

该工程（枢纽区）水土保持措施结算投资比方案设计有所增加，主要体现在以下方面：

（1）主体工程具有水土保持功能的措施投资增加 123.41 万元，主体已列浆砌石等措施完成工程量较方案设计虽有减少，但增加了混凝土，混凝土的单价较浆砌石、干砌石高，因此导致主体已列的水土保持措施投资增加 123.41 万元。

（2）方案新增的工程措施中，新增 C20 埋石混凝土、C20 面板混凝土、垫层混凝土、浆砌石衬砌、浆砌石方砌筑等措施，导致方案新增工程措施投资增加 256.26 万元。

（3）方案新增的植物措施在实施过程中采取植树与种草相结合，增加绿化措施，保证了水土流失防治效果，增强了项目区的景观效果，导致方案新增植物措施投资增加 90.88 万元。

（4）方案新增的临时措施在施工过程中采取合同包干，完成投资减少 2.84 万元。

（5）独立费用中，工程建设监理费、勘测设计费、水土保持监测费、水土保持设施验收评估费都较方案设计有较大增加，导致独立费用增加 77.19 万元。

（6）水土保持补偿费较方案设计增加 16.17 万元。

（7）方案新增水土保持投资增加 422.88 万元。

（三）过程评价

1. 水土保持设计评价

（1）设计范围评价。该工程枢纽部分未单独开展水土保持施工图设计，设计的水土保持防洪排导工程、拦挡工程、植被恢复工程、边坡防护工程等均全部纳入主体设计中一并出图，未单独开展水土保持专项设计工作，但项目主体工程施工完毕后，建设单位委托重庆中博工程设计咨询有限公司对玉滩水库水源地水资源涵养及水生态修复工程进行单独设计，包括库滨植被带工程、水源涵养林工程等，对枢纽工程植被措施进行景观升级。

（2）设计深度评价。该项目所有水土保持措施的设计均是按照相关规范执行，设计深度达到施工图阶段，可以直接指导施工。

（3）设计规范性评价。该项目设计工作充分考虑了水土保持工程布置的合理性，水土保持措施的工程级别、洪水标准及地震设防等均符合规范要求，弃渣场边坡、拦挡措施和排水均按照规范进行了计算，水土流失得到了有效控制，水土保持措施设计合理，水土保持效果明显。通过对项目区植被的调查，项目区设计、实施的水土保持林、水源地水生态修复工程、经果林等成活率高，林草覆盖率达到了设计水平。

（4）水土保持设计措施评价。防洪排导工程：该工程防洪排导工程主要分布在 2 号渣场和斜石坝渣（料）场周边和场内，排水沟防洪标准采用 20～50 年一遇设计标准，并根据防洪排导的要求，有针对性地布设了沉沙池和排水沟顺接设施。根据现场实地调查，场内截（排）水沟保存完好，运行通畅，渣场内因野草生长茂盛对排水沟运行有一定的阻碍，管护效果不明显。

拦渣工程：该工程共涉及 3 座弃渣场和斜石坝渣（料）场，根据现场实际调查，该项目 1 号渣场和 3 号渣场均属于库内渣场，2 号渣场和斜石坝渣（料）场经过多年的运行，弃渣场运行稳定，挡墙保存率高，几乎全部完整保留，挡墙采用浆砌石结构，具有较好的拦渣效果。同时项目渣场堆高均小于 10m，弃渣边坡和渣顶均实施了林草恢复措施或种植经果林。

斜坡防护工程：该工程开挖边坡较多，主要分布在坝肩两侧、溢洪道两侧开挖区域和场内道路一侧，在边坡稳定性分析的基础上，采用削坡开级、坡脚种植爬山虎和坡面喷混凝土等防护措施。场内道路边坡除自然生长葛藤植被和人工种植爬山虎护坡外，还采取了框格护坡措施。

土地整治工程：经查阅该工程水土保持监测、监理和技术评估等相关资料，结合现场实地调查，该项目对渣（料）场和主体工程区进行种植土回覆措施，并对渣（料）场平台及边坡进行了绿化。

表土保护工程：经现场实地调查，工程建设期间，未单独对项目区可剥离表土区域实施表土剥离措施，也未对表土实施保护和利用。项目建设后期因植被恢复所需土壤资源均采用外购种植土方式完成，既增加了工程总投资，也浪费了项目宝贵的表土资源。

植被建设工程：经现场实地调查，工程完成后对施工扰动区域、石料场区、弃渣场、附属企业区和施工道路两侧均实施了植被建设工程，并且运行后期还对附属企业区、库区两岸等进行了植被景观升级，绿化树种主要有小叶榕、紫穗槐、意杨、香樟、黄荆、湿地松、桉树、百花三叶草、结缕草、景观灌木、爬山虎和柑橘等。乔、灌、草种植数量比例按照 2：4：4 的比例配置，通过合理的植被颜色搭配，以红配绿为主，形成错落有致的空间层次景观结构。

临时防护工程：经查阅玉滩水库水土保持监测、监理和技术评估等相关资料，项目施工期间对牛厂寨渣（料）场、临时道路边坡等实施了临时拦挡和护坡措施，缺少项目施工期间大型开挖坡面的临时覆盖和临时排水措施。

结合现场实地调查，翻阅该工程水土保持监测、监理和技术评估资料，枢纽区实施的水土保持工程措施和植物措施保存完好，植物措施较批复的绿化措施增加较多，主要集中在附属企业区和库区两侧，同时经现场无人机遥感影像分析项目区除了建设单位自身打造的景观绿化、植树种草绿化以外，野生杂草生长茂盛，主要分布在斜石坝渣（料）场、牛厂寨渣（料）场和 2 号弃渣场，因此项目区无明显裸露区域，也无明显水土流失危害。

该工程（枢纽区）水土保持措施恢复效果，应根据区域气候特征，结合当地农业经济发展特色，对弃渣场、取料场或其他难以复耕的地块进行经果林种植，以提高土地生产力。

2. 水土保持施工评价

（1）施工管理评价。该项目水土保持各项措施施工单位均采取招投标形式确定，其中主体工程区中斜坡防护工程、防洪排导工程、临时防护工程等措施同主体工程一致，施工单位主要为中国葛洲坝集团有限公司和四川省恒沣建设工程有限公司。项目渣（料）场拦渣工程及植被建设工程、主体工程区植被建设工程等采取单独招投标方式确定，共划分了 1 个标段，1 个施工单位，由深圳市铁汉园林绿化有限公司完成。

为确保该工程水土保持措施建设质量，保证各项措施按时完成，建设单位成立了该工程（枢纽区）水土保持工作领导小组，下设办公室，全面负责工程水土保持防治工作。

项目水土保持措施施工管理工作中，涉及水土保持工程均由公司工程部提出项目建设要求，由水土保持工作领导小组组织实施，相应的招投标工作、资金落实等均由公司相应部门完成。

根据水土保持方案批复要求："建设单位在建设过程中，应委托具有相应资质的监测机构承担水土保持监测任务，并定期向水行政主管部门提交监测报告"。建设单位于2009年1月委托重庆市水土保持生态环境监测总站开展水土保持专项监测工作。监测单位编制水土保持监测实施方案，采取驻地监测方式，对项目区进行实地监测、采集样品、分析化验及数据处理，完成了施工过程中的水土保持监测分析和数据采集，于2012年7月完成项目（枢纽区）水土保持监测总报告。

为做好工程各项水土保持工作，依据国家的有关规定和要求，建设单位委托重庆市智创水土保持科技开发有限公司开展水土保持专项监理工作，2010年9月监理组正式入场，对水土保持工程进行质量、进度和投资控制，对项目水土保持相关合同和信息进行管理，协调建设单位和施工单位之间的关系。

（2）水土流失治理模式评价。

1）综合治理模式：项目施工过程中，采取工程措施、植物措施和临时措施分时段、分空间、分区域布置的模式，对坝肩边坡开挖过程中形成的临时堆土、临时裸露边坡及施工道路等进行了防护，从空间、时间上一体化防治因工程建设扰动形成的水土流失危害，最大限度地减少了施工过程中临时堆土散落、施工扬尘的情况，确保工程建设全过程中都有相应的水土保持防护措施，全方位保证项目水土保持工作。

2）工程措施＋经果林配置模式：工程施工后期，建设单位对占用土地适宜区域实施了经果林种植措施，共在2号弃渣场渣顶及坝前施工扰动区域种植经果林3.65hm²，占总绿化面积的45%。该项措施既对项目施工临时扰动区域进行绿化处理，增加了土地生产力，又紧密结合当地农业经济生产模式，增加了农村经济收入，带动了当地人民群众的生产积极性，保障了土地基本生产力。

经过对现场周边群众的问卷调查和工程建设过程中各项水土保持措施的实施，在有效防治工程建设引起的水土流失、给当地居民带来直接经济效益的同时，也将水土保持理念及意识在当地居民中树立了起来，多数居民从"未了解水土保持理念"到"认识水土保持措施"转变过来，使当地居民在一定程度上认识到水土保持工作与人民的生活息息相关，提高了当地居民对水土保持、水土流失治理、保护环境等的意识强度，在其生活过程中自觉科学地采取有效措施进行水土流失防治和环境保护，利用水土保持知识进行科学生产，引导当地生态环境进一步向更好的方向发展。

（3）水土保持施工过程综合评价。该工程枢纽部分水土保持措施的施工，严格采用招投标的形式确定其施工单位，在水土保持质量管理方面，建设单位做到了思想认识到位、机构人员到位、管理措施到位、建设投资到位、规划设计到位、综合监理到位的"六到位"，确保了水土保持措施"三同时"制度的有效落实。

1）水土保持工程单独施工招标：经现场调查，工程枢纽部分水土保持措施的施工，严格采用招投标的形式确定施工单位，同时建设单位为提高水土保持措施施工质量，创造性地对水土保持工程单独招标，于2010年5月对枢纽工程区的4个渣场［2号渣场、3号渣场、牛厂寨渣（料）场及斜石坝渣（料）场］水土保持措施、枢纽工程区植物措施等水土保持措施进行单独施工招标，从施工图设计到施工、监理和监测均与主体工程施工区分开单独管理，从而保障了水土保持措施的质量和效果。

2）设立专门的水土保持管理机构：2009 年 1 月，建设单位成立了玉滩水库工程（枢纽区）水土保持工作领导小组，配置 6 名干部职工，全面负责工程的水土保持防治工作，下设办公室，协调管理水土保持工程的日常工作。水土保持管理机构成立后，使工程水土保持管理工作切实得到加强，岗位责任明确，部门分工清晰，工作程序规范，水土保持档案管理工作有序进行，打开了建设单位水利工程水土保持管理工作的新局面，水土保持管理工作成效和效率大幅提高。

3）全面严格水土保持管理：经现场实地调研，该项目水土保持工程档案资料工作与主体工程是单独管理，单独成册的，从水土保持工程合同管理、进度管理、资金管理和工程质量管理等四方面对项目枢纽区水土保持工程进行管理，施工期间单独成立水土保持工作领导小组，运行期间成立枢纽工程植物养护小组，确保水土保持工程资料档案建立，确保水土保持"三同时"工作制度，确保水土保持工程建设资金按时到位，确保水土保持工程质量安全。

4）水土保持监测监理制度：为做好该工程枢纽区水土保持相关工作，依据国家的有关规定和要求，重庆市玉滩水库有限责任公司在施工期间实行了单独的水土保持监理制度，委托重庆市智创水土保持科技开发有限公司开展枢纽区水土保持监理工作。在建设单位的大力支持下，水土保持监理部对项目区水土流失状况进行全方位监督，对施工区水土保持设施建设、绿化承担现场监理，还对施工过程中土石方调配、弃渣等问题进行跟踪检查，并直接向施工单位下达水土保持监理指令，对水土保持工程质量进行验收评定，从根本上规范了水土保持建设与管理工作的程序，对有效控制水土保持设施建设的质量、进度和投资及不断提高建设单位管理工作水平都起到很好的促进作用。

同时，为有效控制施工期间水土流失量及施工扰动区域，建设单位在施工期间实行了水土保持监测制度，但由于对水土保持法律法规认识浅薄，未能在开工前完成水土保持监测委托工作，使水土保持监测工作相对滞后。

5）实际防治责任范围评价：经查阅该工程（枢纽区）水土保持监测、监理、技术评估等资料，该工程（枢纽区）施工期间实际扰动 781.46hm^2，包括项目建设区和直接影响区，较批复的水土保持方案增加 15.38hm^2。

3. 水土保持运行评价

该工程运行期间，建设单位按照运行管理规定，加强防治责任范围内各项水土保持设施的管理维护。由公司下设的安全环保部协调开展，水土保持具体工作由安全环保部专人负责，建设单位公司各部门依照公司内部制定的部门工作职责等管理制度，各司其职，从管理制度和程序上保证了运行期内水土保持设施管护工作的开展。

后期工程建设单位成立大禹奖申报专门机构，专项开展水库后期景观绿化维护及大禹奖申报程序。运行期间设置专人负责绿化植株的洒水、施肥、除草等管护，确保植被成活率，不定期检查清理截（排）水沟道内淤积的泥沙，达到了绿化美化和保持水土的双重作用。

（四）效果评价

1. 评价指标体系说明

（1）植被恢复效果评价指标。指标层植被恢复效果中取消了枯枝落叶量变量层指标，枯枝落叶层在西南地区森林中很普遍，部分区域厚度达到 0.60～1.00m。但根据工程现场调研实际情况，项目区水源涵养林底部多为草皮或杂草，目测无明显的枯枝落叶层（图 4.11－2）。

图 4.11－2　项目区地表植被恢复无明显枯枝落叶层（照片由汪三树提供）

（2）水土保持效果。结合西南地区特殊的自然条件，评价水土保持效果，增加了土壤入渗率指标。土壤入渗率是指单位时间内地表单位面积土壤的入渗水量，是反应土壤入渗能力的定量指标，也是地表水与地下水相互转化、消耗过程的重要环节，对坡面径流汇流有直接影响。结合西南地区降雨量大、坡面径流丰富的自然特征，提出以土壤入渗率指标反映土壤入渗能力，表征地表径流形成难易程度。此次结合现场样品采集情况（图 4.11－3 和图 4.11-4），采用单环刀法。

图 4.11－3　项目区现场土壤入渗及有机质样品采集（照片由汪三树提供）

（3）环境改善效果。西南地区特殊的自然条件造就了该工程植物措施物种的丰富程度。植物措施可以有效清除空气中 NO_x、SO_2、甲醛、漂浮颗粒及烟尘等有害物质。考虑 SO_2 吸收量测试难度较大，测试仪器复杂，不便于测试并提供数据评价，因此取消了 SO_2 吸收量评价指标，利用项目建设前后植物覆盖率的变化情况和负氧离子浓度来评价项目区环境改善效果情况（图 4.11－5）。

同时为了测试植物措施及该工程的环境整治效果，此次评价增加了碳排放量吸收指数指标，利用大坝前渣场顶部经果林空间作业带，测量经过作业带前后碳排放量吸收指数的变化来评价植物措施对碳的吸收率。

图 4.11-4　项目区表土层厚度调查（照片由汪三树提供）

图 4.11-5　项目区现场负氧离子浓度测定（照片由汪三树提供）

　　（4）社会经济效果。结合地方农业经济发展模式，西南地区多数区域推广经济林种植发展，并已得到当地百姓的认可和支持。因此为提高土地利用率，增大土地生产力，生产建设项目临时扰动后多数区域复耕外，部分区域也通过种植经果林的方式来提高土地生产力。该工程作为大足区大型的饮用水源区域，在水库大坝下游 2 号弃渣场渣面经土地整治后种植了柑橘林（图 4.11-6），既对项目施工临时扰动区域进行绿化处理，又增加了土地生产力。因此结合西南地区多数水利工程建设实际情况，提出增加了经果林种植面积占绿化面积的比例来评价项目后期的社会经济效果。

图 4.11-6　2 号弃渣场渣面柑橘林（照片由汪三树提供）

2. 水土保持效果后评价指标体系

水土保持后评价指标体系是根据评价内容和评价重点，结合项目区域特征由若干指标按照一定的规则相互补充又相互独立组成的体系。该工程水土保持后评价指标体系由目标层、指标层和变量层组成，详细的水土保持后评价指标体系见表 4.11-9。

表 4.11-9　　　　　　　　　玉滩水库工程水土保持后评价指标体系

目标层	准则层	指　标　层	备注
目标评价	工程建设	工程建设初期制定的水土保持目标	
		扰动土地整治率、水土流失总治理度、林草植被恢复率、林草覆盖率、表土保护率、渣土防护率、土壤流失控制比	
过程评价	设计过程	设计阶段及深度（从防洪排导工程、拦渣工程、斜坡防护工程、土地整治工程、植被建设工程、临时防护工程、防风固沙工程、降水蓄渗工程、表土保护工程 9 方面评价）	
		设计变更	
	施工过程	采购招标	
		开工准备	
		工程合同管理、进度管理、资金管理、工程质量管理、水土保持监理监测	
		新技术、新工艺及新材料的应用	
	运行过程	水土保持验收遗留问题处理	
		运行管理	
效果评价	植被恢复效果	林草覆盖率	
		植物多样性指数	
		乡土树种比例	
		郁闭度	
	水土保持效果	表土层厚度	
		土壤有机质含量	
		土壤入渗率	
		不同侵蚀强度面积比例	
		地表硬化率	
	景观提升效果	美景度	
		常绿、落叶树种比例	
		观赏植物季相多样性	
	环境改善效果	负氧离子浓度	
		林草覆盖率变化程度	
	安全防护效果	拦渣设施完好率	
		渣（料）场安全稳定运行情况	
	社会经济效果	扰动区经果林种植比例	
		促进经济发展方式转变程度	
		居民水保意识提高程度	

3. 植被恢复效果

通过资料查阅分析，工程施工期间对枢纽区扰动范围内的裸露地表实施了植被恢复措施，主要包括撒播草籽、铺设草皮、栽植乔灌木、栽植藤本植物等形式，选用的树（草）种以竹柳、枇杷、垂柳、爬山虎、人工草皮和狗牙根草籽等为主。植被恢复区域主要为大坝边坡、副坝边坡、坝区裸露空地、场内道路两侧空地、弃渣场和料场等。

建设单位为提高水库及周边景观效果，在实施养护管理的基础上，于 2015 年对枢纽区办公区域、库区库岸两侧、场内道路两侧空地及渣（料）场区进行景观植被升级，主要采取水源涵养林、库滨植物带、景观绿化等形式，选用的树（草）种以香樟、金丝垂柳、黄葛树、银杏、云南黄馨、冬草本、红枫、山茶花、杜鹃、棕榈、雪松、金叶女贞、蔷薇、紫薇、白玉兰等为主。

目前项目区实施的苗木植被生长状况良好，与建设期相比，枢纽区小气候特征明显，区域内主要以大足区乡土树种为主，经景观草皮＋景观灌木＋乔木组合形成的植物多样性和郁闭度得到了良好的恢复和提升。玉滩水库工程（枢纽区）植被恢复效果评价指标见表 4.11－10。

表 4.11－10　　　　　玉滩水库工程（枢纽区）植被恢复效果评价指标

评 价 内 容	评 价 指 标	结　　果
植被恢复效果	林草覆盖率	65%
	植物多样性指数	0.54
	乡土树种比例	0.85
	郁闭度	0.50

4. 水土保持效果

通过现场实地调研和评价，该工程（枢纽区）实施的截（排）水沟、挡渣墙和边坡防护等工程措施与景观绿化、撒播植草及草皮等植物措施运行状况良好，根据该工程（枢纽区）水土保持现场监测结果，工程施工期间土壤侵蚀量为 12962t，项目区平均土壤侵蚀模数为 9637t/（km² · a）；同时实施各项水土保持措施后，至运行期项目区土壤侵蚀量为 716t，平均土壤侵蚀模数为 1250t/（km² · a），项目建设区经过水土保持措施防护后水土流失基本得到治理。

经现场实地量测和土壤调查，玉滩水库工程（枢纽区）绿化区域主要包括 2 号渣场、坝区道路两侧空地、附属企业区空地、斜石坝渣（料）场和牛厂寨渣（料）场。经现场土壤实地调查 2 号渣场渣面绿化区域表土层厚 40～80cm，坝区道路两侧空地因实施草皮景观绿化无法量测表土层厚度，附属企业区空地景观绿化区表土层厚 30～60cm，斜石坝渣（料）场表土层厚 40～80cm，项目区平均表土层厚度约 40cm。

项目经多年运行后，工程施工迹地经整治后绿化和景观恢复，通过运行期的进一步自然演替和恢复，项目区小气候特征明显。项目区内地表由建筑物、硬化地面和绿化植被覆盖，无明显的裸露区域；区内排水、截水、渗水设施齐全，无明显的内涝或积水现象，区内土壤入渗效果明显；经过建设单位对景观绿化植物和经果林养护施肥管理，项目区土壤有机质含量明显得到改善和提升。经现场采集土壤样品进行试验分析，项目区内土壤有机质含量约 4.65g/kg，平均土壤入渗率约 40mm/min。项目区道路、建筑物及休闲广场等不具备绿化条件的区域采取混凝土、沥青混凝土和透水砖等方式进行硬化。通过地表硬化和景观绿化措施的实施，项目区内裸露地表全部得到恢复，土地损失面积得以大幅减少。

玉滩水库工程（枢纽区）水土保持效果评价指标见表 4.11-11。

表 4.11-11   玉滩水库工程（枢纽区）水土保持效果评价指标

评价内容	评价指标	结　　果
水土保持效果	表土层厚度	40cm
	土壤有机质含量	4.65g/kg
	土壤入渗率	40mm/min
	不同侵蚀强度面积比例	99%
	地表硬化率	35%

5. 景观提升效果

该工程（枢纽区）在施工期间进行了植被恢复，同时运行期间为提高玉滩水库水源地水资源涵养和周边生态修复，建设单位于 2015 年 10 月对枢纽区扰动范围内绿化区域进行了植被景观升级打造，包括库滨植被带（含大坝道路周边空地景观绿化打造）、水源涵养林、附属企业区景观打造等，采取景观草皮＋景观灌木＋乔木组合的园林式立体绿化方式，景观植被选择具有色彩分明、形状多样、树种季相多样的树（草）种，如景观花木类：蔷薇、桂花、白兰花、三角梅、千屈菜、红枫、云南黄馨，常绿树种黄葛树、香樟树、金叶女贞、黄栌、美人蕉、木槿等，常绿草皮为多年生黑麦草草皮，还有其他红叶桃、红叶李、银杏、水杉、栾树等。经现场实地调查，项目区常绿树种与落叶树种混合选用种植，比例约 9∶1。

项目景观打造结合了各树种季相变化的特性，利用植物的枝、叶、花、果及色彩姿态等不同观赏性进行植物群落搭配和点缀，建设单位运行期委托重庆中博工程设计咨询有限公司专门进行景观和生态修复设计工作，通过景观设计打造，项目区内一年四季景色宜人，色彩丰富，空间层次感强，提高了项目区域的可观赏性效果。

玉滩水库工程（枢纽区）景观提升效果评价指标见表 4.11-12。

表 4.11-12   玉滩水库工程（枢纽区）景观提升效果评价指标

评价内容	评价指标	结　　果
景观提升效果	美景度	8
	常绿、落叶树种比例	90%
	观赏植物季相多样性	0.6

6. 环境改善效果

项目区景观植被是天然的净化器，可以有效清除空气中的 NO_x、SO_2、甲醛、漂浮微粒及烟尘等有害物质。通过植被恢复、园林式绿化、养护管理等植物措施的实施，项目区内林草植被覆盖情况得以大幅度改善。项目区现场林草覆盖率达到65%，与原地貌林草植被平均覆盖率（约35%）相比，林草覆盖率提升85.71%。同时，项目区植物在光合作用时释放负氧离子，使周边环境中的负氧离子浓度达到约34700个/cm^3，使区域内人们生活环境得以改善。

玉滩水库工程（枢纽区）环境改善效果评价指标见表4.11-13。

表 4.11-13　　　　　　玉滩水库工程（枢纽区）环境改善效果评价指标

评价内容	评价指标	结　果
环境改善效果	负氧离子浓度	34700个/cm^3
	林草覆盖率变化程度	85.71%

7. 安全防护效果

该工程（枢纽区）共设置3座弃渣场和2座渣（料）场，其中1号渣场和3号渣场均是库内渣场，此次后评价不涉及，翻阅项目施工、水土保持监测、监理及技术评估等相关资料，库内2座渣场均布设了拦挡措施。项目涉及的弃渣场均属于平地型弃渣场，堆渣高度较小，占地面积较大，工程施工时，结合各渣场的位置及特点分别实施了渣场的挡渣墙、拦渣坝、截（排）水沟及沉沙池等工程措施，后期实施渣场植被恢复措施。

通过现场调查了解，工程运行以来，弃渣场运行情况正常，未发生水土流失危害事故，弃渣场拦渣和截（排）水设施整体完好，运行正常，拦渣设施完好率达到了99%；渣场整体稳定性良好。

玉滩水库工程（枢纽区）安全防护效果评价指标见表4.11-14。

表 4.11-14　　　　　　玉滩水库工程（枢纽区）安全防护效果评价指标

评价内容	评价指标	结　果
安全防护效果	拦渣设施完好率	99%
	渣（料）场安全稳定运行情况	稳定

8. 社会经济效果

玉滩水库是准公益性水利工程，担负着防洪、抗旱、灌溉、生态修复等公益性任务，责任重大。而玉滩水库作为大型水库，枢纽及库区范围宽，灌区干渠线路长，设备设施多（已建成干渠31.20km，管道1.40km，泵站4座：朱家庙一级泵站、朱家庙二级泵站、岩洞泵站、双桥提水泵站），维护工作量很大。

因农业灌溉无收入、城镇供水量小、收入低，工程运营单位现有收入无力支撑水库运营及维修养护工作，运转极其困难。经审计的年报显示，工程运营单位2015年、2016年运营成本分别为1458.26万元、1493.26万元，亏损分别为820.84万元、850.86万元。随着水库建成年限的增长及生态环保压力逐渐增大，运行维护资金还将逐年增加。

工程施工后期，建设单位对临时占用土地适宜区域实施了经果林种植措施，共在2号弃渣场渣顶及坝前施工扰动区域种植经果林3.65hm^2，占总绿化面积的45%。该项措施既对项目施工临时扰动区域进行绿化处理，增加了土地生产力，又紧密结合当地农业经济生产模式，增加了农村经济收入，带动了当地人民群众的生产积极性，保障了土地基本生产力。

经过对现场周边群众的问卷调查，工程建设过程中各项水土保持措施的实施，在有效防治工程建设引起的水土流失、给当地居民带来直接经济效益的同时，也将水土保持理念及意识在当地居民中树立了起来，多数居民从"未了解水土保持理念"到"认识水土保持措施"转变过来，使当地居民在一定程度上认识到水土保持工作与人民的生活息息相关，提高了当地居民对水土保持、水土流失治理、保护环境等的意识强度，在其生活过程中自觉科学地采取有效措施进行水土流失防治和环境保护，利用水土保持知识进行科学生产，引导当地生态环境进一步向更好的方向发展。

玉滩水库工程（枢纽区）社会经济效果评价指标见表 4.11 - 15。

表 4.11 - 15　　　　玉滩水库工程（枢纽区）社会经济效果评价指标

评价内容	评价指标	结　果
社会经济效果	扰动区经果林种植比例	45%
	促进经济发展方式转变程度	较好
	居民水保意识提高程度	良好

9. 水土保持效果综合评价

该工程（枢纽区）因水土保持效果评价指标体系有调整，此次水土保持后评价根据重庆地区水利工程实际情况，在 AHP 层次分析软件中重新建立了水土保持效果评价指标结构图，然后邀请地区共 16 位水土保持行业专家根据多年的实践经验和研究基础对各项指标按照 AHP 层次法矩阵评判尺度进行打分，重新计算了各指标体系的权重值。

结合各指标体系的权重值，根据层次分析法权重的多级模糊综合评价模型来计算玉滩水库各指标实际值对应每个等级的隶属度（表 4.11 - 16），从而综合分析水土保持效果。

表 4.11 - 16　玉滩水库工程（枢纽区）水土保持综合效果评价指标权重值及隶属度分布情况

指标层 U	变 量 层 C	权重值	玉滩水库实际值	各 等 级 隶 属 值				
				好（V1）	良好（V2）	一般（V3）	较差（V4）	差（V5）
植被恢复效果 U1	林草覆盖率 C11	0.074	65%	0.75	0.25	0	0	0
	植物多样性指数 C12	0.022	0.54	0.3333	0.6667	0	0	0
	乡土树种比例 C13	0.037	0.85	0.4	0.6	0	0	0
	郁闭度 C14	0.0622	0.50	0.4444	0.5556	0	0	0
水土保持效果 U2	表土层厚度 C21	0.0194	40cm	0	0	0.75	0.25	0
	土壤有机质含量 C22	0.0524	4.65g/kg	0.2667	0.7333	0	0	0
	土壤入渗率 C23	0.1048	40mm/min	0	0	1	0	0
	不同侵蚀强度面积比例 C24	0.0568	99%	0.7247	0.2753	0	0	0
	地表硬化率 C25	0.0326	35%	0	0.5556	0.4444	0	0

续表

指标层 U	变 量 层 C	权重值	玉滩水库实际值	各 等 级 隶 属 值				
				好（V1）	良好（V2）	一般（V3）	较差（V4）	差（V5）
景观提升效果 U3	美景度 C31	0.0417	8	0.6667	0.3333	0	0	0
	常绿、落叶树种比例 C32	0.0113	90%	0	0.75	0.25	0	0
	观赏植物季相多样性 C33	0.0307	0.6	0	0	0.7333	0.2667	0
环境改善效果 U4	负氧离子浓度 C41	0.0886	34700 个/cm³	0.3333	0.6667	0	0	0
	林草覆盖率变化程度 C42	0.0222	85.71%	0	0.6667	0.3333	0	0
安全防护效果 U5	拦渣设施完好率 C51	0.1902	99%	0.2137	0.7863			
	渣场安全稳定运行情况 C52	0.0634	稳定		0.1667	0.8333		
社会经济效果 U6	扰动区经果林种植比例 C61	0.0227	45%	0.3645	0.6355			
	促进经济发展方式转变程度 C62	0.0227	较好			0.6667	0.3333	
	居民水保意识提高程度 C63	0.0453	良好	0	0.7333	0.2667	0	0

　　AHP 层次分析法软件中通过模糊综合评判，玉滩水库工程（枢纽区）基于权重模糊综合评判结果见表 4.11-17。

表 4.11-17　　　　玉滩水库工程（枢纽区）基于权重模糊综合评判结果

评价对象	好（V1）	良好（V2）	一般（V3）	较差（V4）	差（V5）	综合得分
玉滩水库工程（枢纽区）	0.2367	0.4408	0.2778	0.0447	0	85.81

　　根据最大隶属度原则，该工程（枢纽区）的隶属值最大的为良好（V2），故经综合评价其水土保持效益为良好，综合得分 85.81 分。

四、结论及建议

（一）结论

　　玉滩水库工程（枢纽区）按照我国有关水土保持法律法规的要求，有序开展了卓有成效的水土保持工作，通过合理配置工程措施、植物措施、临时措施，结合健全的管理制度体系，对枢纽区防治责任范围内的水土流失进行了全面系统的治理，基本达到了施工期间控制施工作业、减少地表扰动，加强临时防护、减少泥沙淤积，维持生态系统、保护生态植被的目的，营造了优美的环境，较好地完成了项目水土保持工作。经过多年运行项目区各项防治措施运行效果良好，生态景观得到升级，弃渣取料场地得到了及时有效的防护，施工区植被得到较好的恢复，水土流失得到有效控制，区内生态环境得到明显改善。项目运行期间对区内植被进行景观打造升级，同时充分结合当地农业经济模式在弃渣场发展经果林经济，对今后其他水利工程建设具有较强的借鉴作用。

　　1. 独立的水土保持管理体系

　　项目建设单位十分重视水土保持工作，从方案阶段、设计阶段、招投标阶段、施工阶段及后期验收阶段均成立了单独的管理体系。工程建设中，依法履行水土流失防治义务，将项目水土保持工程采取单独招投标方式进行施工，落实项目区各项水土保持投资，实现水土保持工程和主体工程同步施工、同步推进，有效控制了水土流失。独立的水土保持工程施工提升了施工单位对水土保持工程的认识，保证了水土保持工程质量，确保水土保持投资用到实处，有利于实现项目区生态建设目标。

2. 运行期水土保持工作持续推进

建设单位在项目运行期间，一方面结合当地农业经济发展模式在永久征地范围内渣场渣面发展经果林经济模式，提升了项目区林草保存率，增加了土地利用率，提高了农业经济收入；另一方面通过对项目区库滨地带、已有绿化区域和库内湿地区域进行植被景观升级，打造生态环境，保证项目区水土保持的同时，提高了项目区观赏性。

建设单位在运行期间除加强水土保持措施的养护管理外，还对部分措施进行升级提高，是对水土保持工作的持续推进，在大型水利工程建设过程中属罕见。

3. 水土保持工程与当地经济发展模式相结合

玉滩水库工程（枢纽区）充分将水土保持工程与当地农业经济发展模式相结合，不仅有效防治水土流失，而且充分利用现有资源提高扰动土地生产力，增加当地农民经济收入，使水土保持工程与经济效益实现双丰收，同时营造了良好的水土保持氛围，提高当地居民对水土保持工程的认识，值得其他工程借鉴。

（二）建议

1. 重视水土保持专项设计工作

水土保持方案的审批是按照水土保持法的要求开展的，在多数水利工程施工设计过程中，往往忽略了水土保持的专项设计，导致后期水土保持专项监理和验收、水土保持专项资金等出现明显问题，如果有了专项的水土保持设计，那么相应的监理工作和责任也能有明确的界定，水土保持专项资金也能有明显的出处和依据。

项目建设单位应根据批复水土保持方案确定的水土保持措施，结合项目实际特点，将水土保持专项措施纳入招标管理，切实落实项目建设过程中的水土保持措施设计、监理和施工管理，以确保批复的水土保持措施在项目建设过程中得到切实落实，以便从容应对各种水土保持监督检查，也为后续水土保持验收奠定坚实基础。

2. 合理合规开展水土保持监测工作

项目建设单位应在项目开工前落实水土保持监测单位，并高度重视《水土保持监测季度报告》中的整改意见。水土保持监测单位是水土保持技术服务中唯一一个与水土保持其他技术服务单位（方案、设计、监理、施工和验收）均有联系的单位，且其技术服务工作贯穿整个项目建设期，其技术服务水平和项目建设单位的水土保持履职能力将直接决定项目水土保持工作的落实程度，因此建议项目建设单位优选水土保持监测单位，并重视水土保持监测意见，以补足自身及其他水土保持技术服务单位（设计、监理和施工）水土保持管理能力不足的问题。

3. 加大水土保持工作与当地经济发展体系的融合

生态治理应与农林经济发展相结合，项目充分利用弃渣场及相关临时用地，将其与当地的柑橘产业相融合，构建了生态经济的防御体系，减少了水土流失，增大了库区周边的泥沙拦截。

案例 12　黄河海勃湾水利枢纽工程

一、项目及项目区概况

（一）项目概况

黄河海勃湾水利枢纽工程位于黄河干流内蒙古自治区境内，是《黄河流域防洪规划》和《"十一五"全国大型水库规划》中的黄河干流梯级工程之一，工程任务是防凌、发电等综合利用。

工程位于黄河干流内蒙古自治区乌海市境内，左岸为乌兰布和沙漠，右岸为乌海市，工程距乌海市区 3.0km，距 110 国道仅 1.0km，距包兰铁路乌海火车站 3.0km，下游 87.0km 为已建的内蒙古三盛公水利枢纽。工程为 Ⅱ 等大（2）型工程，枢纽主要由河床电站、泄洪闸、土石坝等建筑物组成。水库设计洪水标准为 100 年一遇，校核洪水标准为 2000 年一遇，正常蓄水位 1076.00m，总库容 4.87 亿 m^3，电站总装机容量 90MW。

该项目是以社会公益性为主、兼有发电经营性质的准公益性大型水利建设项目，项目法人为黄河海勃湾水利枢纽工程建设管理局，授权内蒙古大唐国际海勃湾水利枢纽开发有限公司进行工程建设管理，设计单位为中水北方勘测设计研究有限责任公司，总监理单位为湖南水电工程监理承包总公司，施工单位主要有中国水利水电第三工程局有限公司、中国水利水电第五工程局有限公司、中国葛洲坝集团第一工程有限公司。工程总投资 27.41 亿元，自 2010 年 4 月 26 日正式开工建设，2011 年 3 月主体工程开工，2013 年 8 月 28 日下闸蓄水，2014 年 8 月 12 日 4 台机组全部并网发电，主体工程全部完工，总工期 52 个月。

（二）项目区概况

工程区属荒漠化草原、草原化荒漠过渡带，有着较为复杂的地质背景和多荒漠的地貌格局。区域地形由东南向西北呈现出低山丘陵—山间冲积、洪积倾斜平原—河谷阶地—风沙区四种地貌单元，主要由前震旦纪变质岩组成基底。

项目区受大陆西风气流的控制，呈现出中温带大陆性气候。据多年观测资料，项目区多年平均年降水量 156.8mm，年蒸发量 3206.4mm，年内降水分配不均匀，干燥度 4.05，年平均气温 9.7℃，极端最高气温 40.2℃，极端最低气温 −32.6℃，最大冻土深度 1.78cm。多年平均风速 2.9m/s，最大风速 24m/s，扬沙以上风沙天有 41～67d，最长可达 80d，多集于 4—7 月。平均年日照时数 3000～3200h。

水库所在区域地带性土壤为漠钙土，土壤 pH＝9.0～10.0，呈强碱性，区域还分布有灰漠土、风沙土、草甸土等。工程区域生态比较脆弱，植被群落分布以荒漠植被型、干旱草原植被型、沙漠植被型、草甸植被型、草原化荒漠植被型等 5 种植被类型为主体，平均林草覆盖率为 25%。旱生植物代表有沙冬青、霸王、红沙、珍珠柴、白刺、枸杞等；沙生植物代表有沙蒿、油蒿、沙拐枣、沙木蓼、沙生针茅、沙茴香等；盐生植物有灰绿藜、独行菜、盐爪爪等。

项目区位于内蒙古干旱荒漠地区，土地退化现象严重，出现了水土流失、土地沙漠化、盐渍化等一系列生态环境问题。按全国土壤侵蚀类型区划分，项目区属于"三北"戈壁沙漠及沙地风沙区，土壤侵蚀模数为 $4000 \sim 5500t/(km^2 \cdot a)$，属强度侵蚀级别。容许土壤流失量为 $1000t/(km^2 \cdot a)$。根据《全国水土保持规划国家级水土流失重点预防区和重点治理区复核划分成果》（办水保〔2013〕188号）相关规定，项目区不属于国家级重点预防区和重点治理区。

二、水土保持目标、实施过程及效果

（一）水土保持目标

黄河上游宁蒙河段处于黄河流域的最北端，特殊的地理位置、河道流向和气候条件形成该河段天然情况下每年凌汛期均有不同程度的灾情发生，较大的凌汛灾害平均每2年一次。内蒙古河段尚无一座具有一定调节能力的水库工程，凌期的水量调节任务只能由上游已建成的龙羊峡和刘家峡两座水库承担，但封河期卡冰仍很严重，冰塞致灾概率依然较多。黄河海勃湾水利枢纽工程位于黄河内蒙古，具有得天独厚的地理位置，在内蒙古河段防凌调度方面具有上游水库不能完全替代的重要作用，因此海勃湾水利枢纽主要开发任务以防凌为主，结合发电，改善生态环境、防洪和滞洪削峰等多重效益。

（二）水土保持方案编报

2008年4月，内蒙古自治区乌海市水务局委托中水北方勘测设计研究有限责任公司负责《黄河海勃湾水利枢纽工程水土保持方案报告书》的编制工作。

2008年7月15—16日，水规总院在乌海市组织召开了"黄河海勃湾水利枢纽工程水土保持方案报告书审查会"，审查通过了该项目的水土保持方案报告书。

2009年3月10日，水利部以"水保〔2009〕145号"文对水土保持方案进行了批复。

（三）水土保持措施设计

受内蒙古自治区乌海市水务局委托，中水北方勘测设计研究有限责任公司和黄河勘测规划设计有限公司承担该工程初步设计阶段勘测、设计及专题研究论证工作。2009年12月7—9日，水利部对黄河海勃湾水利枢纽工程的初步设计报告进行了审查。2010年4月1日，水利部以"水总〔2010〕114号"文对黄河海勃湾水利枢纽工程的初步设计报告进行了批复。

为提高水土保持标准，乌海市政府批复专项资金用于加强海勃湾水利枢纽工程的绿化建设，主要涉及压重平台和工程管理区左岸等部分的绿化，包括在施工营地建设坝址公园、管理基地建设苗圃、上下游平台进行林业绿化、土料场及砂石料厂建成人工景观湖等，以上部分单独立项。

根据水土保持相关规定要求，2013年2月，建设单位委托中水北方勘测设计研究有限责任公司编制了《黄河海勃湾水利枢纽工程水土保持实施方案》，进行水土保持后续实施方案设计，并于2013年12月12日在内蒙古自治区水利厅备案。根据2013年12月12日在内蒙古自治区水利厅备案的《黄河海勃湾水利枢纽工程水土保持实施方案》，水土保持分区取消移民安置区，移民安置区由移民安置专项资金另行委托设计并实施。

（四）水土保持施工

根据黄河海勃湾水利枢纽工程实际情况，黄河海勃湾水利枢纽工程建设管理局将水土保持措施纳入了主体工程的管理体系，水土保持建设与主体工程建设同步进行，按照水土保持方案和工程设计的技术要求组织施工。水土保持工程措施从2010年4月开始实施，到 2017 年 5 月全部完成，工程共完成水土流失治理面积 588.80hm²，其中工程措施面积 167.32hm²（土地整治及灌溉与植物措施面积重复部分不累计），植物措施面积 421.48hm²，临时土编织袋挡护 264.0m³。各工程防治分区主体已实施的主要水土保持措施情况如下。

1. 主体工程区

主体工程区水土保持措施仅为压重平台平整及造林种草，上下压重平台和下游裹头区域面积 55.07hm²，压重平台由泄洪闸等主体工程弃渣堆砌而成，由大坝施工单位完成对压重平台的削坡、改造、土地平整等施工作业，随后由乌海市林业局敷设灌溉管道和微喷系统，绿化灌溉设施覆盖全部造林区域，实施完成土地整治及林草栽植面积 55.07hm²。根据压重平台的特点，绿化措施主要采用林草间作方式，林木以小乔木和灌木为主，地被以种草为主，栽植乔灌木 26585 株，花草种植 26.75hm²。

2. 工程管理区

工程管理区包括大坝上下游岸周区域，库区右岸由乌海市政府作为市政规划统一进行整体设计实施（大坝主体至旧 110 国道大桥范围区域）。

（1）左岸库周防风林带。库区左岸土石坝作业区及库周防风林带，植物措施总面积 288.66hm²。由乌海市林业局负责防风固沙林及配套绿化灌溉系统设施的实施。主要栽植防风固沙树种包括胡杨、梭梭、沙拐枣、花棒、柽柳等。

（2）鱼类增殖站绿化。鱼类增殖站治理区域 30.67hm²，由黄河海勃湾水利枢纽工程建设管理局负责实施，完成乔灌木栽植 30.67hm²，栽植乔灌木共计 62218 株，林草覆盖率达到 95%，造林保存率达到 74%。绿化的主要树种包括旱柳、竹柳、柽柳、红宝石海棠、枣树、山楂、梨树、杏树等，部分地段采用人工种草措施。配套绿化灌溉系统 30.67hm²，主要以滴灌方式为主，少部分柽柳区域采用漫灌方式。

（3）边界网围栏设置。在工程库区范围与阿拉善盟交界处设置高标准网围栏进行封育管理。网围栏部分由黄河海勃湾水利枢纽工程建设管理局负责实施（钢板网围栏 10.875km，钢丝网围栏 14.25km）。现已全部完成设计建设任务。

3. 管理基地区

管理基地区包括工程区和生产生活区（办公楼、仓库、职工住宅等），治理面积 4.10hm²。栽植乔木 46006 株，栽植灌木 0.3hm²。

4. 料场区

（1）黏土料场。黏土料场共计两处，分别位于乌海市乌达区乌兰乡以西和乌海市与阿拉善盟交界处，占地面积合计 41.25hm²。完工后根据现场地下水位高的特点，将取土坑进行修整和整形后建成人工湖。配套建设园林公园设施，黏土料场区域已初步建成小公园。

（2）砂石料场。砂石料场位于卡布其南侧河道内，南北约 4km，占地面积 167.32hm²。设计要求通过工程措施对采砂坑进行边坡修整，恢复自然地貌。对上层无用层剥离料进行回填，播种沙生植物草籽。对砂石料场区南部 2km 区域进行了全面土地平整，废弃料推入砂石料坑并进行了适当处理；北侧 1.9km 区域由乌海市水利局结合城市建设进行河道治理，已完成河道整治工程建设。

5. 施工营地区

为了尽快恢复施工营地的生态功能，施工人员撤离后进行土地整理，设计整治面积 21.28hm²。位于大坝右岸的混凝土搅拌站完成拆除，中国水利水电第三工程局有限公司项目部完成拆除，检修车间完成拆除。营地拆除后由乌海市政府安排土地平整和覆土后进行园林绿化建设，建设成坝址公园以及书法广场，完成栽植的林木、花草按照园林景观标准进行建设，面积 23.00hm²。

6. 临时道路防治区

临时施工道路占地面积共计 16.06hm²。施工期采用定时安排洒水车喷水降尘，路面采用砂石料进行硬化，施工结束后进行土地整理。

（五）水土保持验收

2018 年 5 月 9 日，在内蒙古自治区乌海市黄河海勃湾水利枢纽工程建设管理局主持召开黄河海勃湾水利枢纽工程水土保持设施自主验收会议。

验收组及参会人员对工程现场进行查勘，并查阅建设单位提供的有关技术资料，听取方案编制单位、水土保持监测单位、监理单位关于水土保持方案设计及后续设计情况的汇报，以及设计、施工单位的补充说明，经质询，最终形成项目验收结论：黄河海勃湾水利枢纽工程建设管理局在工程建设过程中依法落实了水土保持方案、后续设计及批复文件的要求，实施了水土保持各项措施，完成了水土流失防治任务，开展了水土保持监测，水土流失防治指标达到了水土保持方案的目标值，依法缴纳了水土保持补偿费，符合水土保持设施验收条件，同意工程水土保持设施通过验收。

（六）水土保持效果

黄河海勃湾水利枢纽工程水土保持设施自 2014 年 4 月开始实施以来，已经有效运行超过 4 年，并于 2018 年 5 月自主验收完毕，水土保持效果得到与会专家和各方参建单位的一致认可和良好评价。

根据现场调查，实施的主体工程区、管理基地和施工营地区已经建设成为坝址公园，植被恢复与建设采用园林景观标准进行建设，整个坝址公园以大坝为骨干，管理基地为中心，外接永久道路，采用孤植、丛植、片植等栽植方式，综合布置花镜、花墙和亭台轩榭等景观小品，提高整个区域的林草覆盖率，不仅较好地发挥了水土保持功能，并且为当地旅游开发提供了便利条件。

工程管理区位于坝址公园外缘区域及鱼类增殖站区域，通过栽植乔木和灌木，对坝址公园进行保护，并布置滴灌和喷灌等微灌措施以及围栏封育措施，减少人为扰动和破坏，提高植被成活率和保存率。

料场区主要分为黏土料场和砂砾料场，其中黏土料场位于黄河左岸乌海市乌达区，原为治沙站林场。乌达区政府另外立项利用开采后的料场建设人工景观湖。工程主要采用削坡及土方回填对人工景观湖进行塑形，根据现场调查，景观湖湖岸稳定，并未出现塌岸和滑坡等水土流失现象。砂砾料场位于岗德尔山东侧的卡布其沟上游，距坝址 10～15km，按照乌海市政府要求，以河道清淤疏浚的方式采料，工程主要采用土方回填及土地整治等措施防治水土流失。工程水土保持措施防治效果见图 4.12-1。

（a）压重平台

（b）坝址公园

（c）工程管理区

（d）库周防沙林

图 4.12-1 工程水土保持措施防治效果（照片由中水北方勘测设计研究有限责任公司提供）

三、水土保持后评价

（一）目标评价

1. 海勃湾水利枢纽工程防凌、发电、防洪和滞洪削峰等效益显著

工程总库容 4.87 亿 m^3，初期调节库容 4.43 亿 m^3，运行 20 年调节库容 0.91 亿 m^3，总装机容量 90MW，4 台单机容量为 22.5MW 机组，多年平均年发电量 3.82 亿 kW·h。工程是以公益性为主的水利建设项目，整体工程经济内部收益率为 7.4%。从国民经济评价角度分析，项目是合理可行的。工程以社会效益为主，电站的发电收入可以承担工程的全部年运行费和工程运行期更新改造费用，将来不给国家增加运行费负担。

在黄河干流防凌期，海勃湾水利枢纽建成后，通过与上游刘家峡配合运用，短期、适时调节出库流量，可有效缓解内蒙古河段的冰凌危害；利用天然水能发电，节约燃料，不污染环境，具有经济和清洁等优点。因此，工程具有良好的社会效益。

2. 实现"景观水利"，带动区域旅游事业发展

目前，工程已经建设完成，库区形成 $118km^2$ 的乌海湖，湖水与大漠长河融为一体，水面面积是杭州西湖的 20 倍，形成烟波浩渺的水面美都，通过坝头周边景观设计及滨水区建设，构建了包括水面、沙漠、林草地的立体景观，使海勃湾水利枢纽工程成为集防洪、调蓄、防凌、发电、景观、旅游、科教于一体的大型水利风景区。景观绿化方案的实施，不但对改善生态环境有着重要的意义，更影响着乌海城市转型的方向与进程，是乌海打造文化旅游城市的重要依托，也为海勃湾水利枢纽申报国家级水利风景区提供了强有力的支撑。2015 年，海勃湾水利枢纽景观设计方案获得"中水万源杯"生产建设项目水土保持与生态景观设计三等奖。

3. 水土保持工程建设科学合规的管理体系

建设单位在主体工程招标技术文件中，按水土保持工程技术要求，将水土保持工程措施纳入招标文件的正式条款中。中标后，施工单位与业主签订的施工合同中明确承包商的水土流失防治责任，制定了实施、检查、验收的具体方法和要求。工程建设中，将各项水土保持措施实施同主体工程一起纳入质量管理体系之中。在工程施工准备初期，为确保各项水土保持措施落到实处，加强了水土保持工程的招投标、合同管理和工程建设监理等工作。工程建设中，始终坚持"目标明确、职责分明、控制有力、监督到位、及时总结、不断改进"的原则，并严格按照国家基建项目管理要求，认真贯彻执行行业主负责制、招投标制、工程监理制、合同管理制的建设管理原则，严格按照"服务、协调、督促、管理"的八字方针，积极推行"四位一体"的运作机制，把搞好工程建设管理作为第一任务，并为设计、监理、施工单位创造良好的工作环境和施工条件，使工程质量、安全、进度、投资得到良好的控制。

4. 水土流失防治措施得以有效实施

工程位于内蒙古乌海市，风沙灾害频繁，气候为典型中温带大陆性气候，干旱少雨，地表土地退化现象严重，出现了水土流失、土地沙漠化、盐渍化等一系列生态环境问题。借助于海勃湾水利枢纽工程建设，坝址周边、鱼类增殖站、库周道路以及料场等区域水土保持措施的实施，全面治理和恢复了工程区周边生态环境，有效改善了当地水土流失状况。黄河是典型的多泥沙河流，两岸流动沙丘众多，通过工程水土保持措施实施，可以有效降低黄河的输沙量，明显改善中下游的水质，保护江河水资源。

（二）过程评价

1. 水土保持设计评价

该工程水土保持措施主要包括工程措施、植物措施和临时防护措施三类，其中工程措施主要包括土地整治、灌溉工程和围栏封育等；植物措施主要包括左岸库周防护林和乔灌草相结合的园林景观植被建设工程；临时防护措施主要包括临时排水、临时覆盖和临时挡护等。

（1）工程措施。

1）土地整治。根据现场调查，工程征占地范围内对需要植被建设的扰动区域和料场裸露土地及时进行了场地清理、平整和表土覆盖等整治措施。主体工程区的压重平台和下游裹头区域、管理基地、工程管理区和施工营地等区域在土地整治的基础上，按照园林景观设计标准进行绿化美化。

2）灌溉工程。工程区位于"三北"戈壁沙漠及沙地风沙区，气候干旱，多风少雨，为了达到"景观水利"的目标，改善并提高当地生态系统功能，乌海市林业局对全部造林绿化区域敷设灌溉管道和微喷系统，保证植物生长所需水量，提高造林的成活率和保存率。

3）围栏封育。在黄河海勃湾水利枢纽工程库区范围与阿拉善盟交界处设置高标准网围栏进行封育管理,一方面减少牲畜及人类扰动,保证该区域植被自然恢复;另一方面结合行政区划,明确工程水土流失防治责任范围。

4)斜坡防护。工程斜坡防护主要包括削坡和综合植物护坡两种措施。根据现场调查,工程主要针对压重平台边坡以及黏土料场边坡采用削坡措施,通过边坡削坡,增加边坡的稳定性,为植物护坡提供稳定基础;综合植物护坡措施主要布置于压重平台边坡和坝址区域裸露边坡,采用砌石+植物相结合的护坡形式。

(2)植物措施。工程植物措施设计主要包括左岸库周防风林和乔灌草相结合的园林景观植被建设工程。根据现场调查,左岸库周防风林主要布置于盟间穿沙公路(乌海侧)、导流明渠和左岸土石坝作业区裸露空地等区域;园林景观植被建设工程主要布置于坝址右岸、鱼类增殖站周边和管理基地周边等区域。

(3)临时措施。工程临时措施主要针对剥离表土和施工期间为防止土(石)撒落以及扰动土地周边排水等所布置的保护工程。通过查阅相关设计资料,对可剥离表土的区域实施了表土剥离措施,剥离的表土集中堆放,并在堆放表土区域周边布置了临时拦挡措施和临时排水措施,表面采用临时覆盖措施。场地排水系统未完善之前,开挖土质排水沟排除场地积水。施工临时道路在施工期采用定时洒水车进行喷水降尘措施。

2. 水土保持施工评价

(1)施工管理评价。海勃湾水利枢纽工程水土保持措施的施工,严格采取招投标的形式确定其施工单位,从而为水土保持工程施工质量和施工效果提供保证。为加强工程质量管理,实现工程总体目标,工程施工单位成立了环保、水保领导小组,并指派专人予以负责,制定了一系列质量管理制度,明确质量责任,防范建设中不规范行为。

1)建立健全了质量监督管理体系。各项目部设置了专门的质量管理部门,并配备了专职质量管理人员和监督验收人员。

2)实行全面质量管理。施工单位的三级质检员、特殊工种的作业人员、实验室、计量器具和分包单位,必须通过资质审查后才能上岗,对于资质不全或不在有效期内的人员和单位,坚决要求退场,并根据有关规定给予施工单位经济处罚;建立质量奖惩制度,充分发挥参建人员的积极性。

3)落实质量责任制。明确项目第一负责人同时也是质量负责人,做到凡事有人负责,有人监督,有人检查,有据可查。

4)结合水土保持工程实际情况,编制了《施工质量检验项目划分表》,并确定土建分部工程优良率95%以上。

5)督促承包人严格落实"三检"(自检、复检、终检),建立了"承包单位班组自检、承包单位复检、监理工程师终检"的三级质量管理模式,层层落实质量管理责任制,形成了上下贯通、内外一体的质量保证体系。

6)建设单位在主体工程招标技术文件中,按水土保持工程技术要求,将水土保持工程措施纳入招标文件的正式条款中。中标后,施工单位与业主签订的施工合同中明确承包商的水土流失防治责任,制定了实施、检查、验收的具体方法和要求。

7)落实"三同时"制度。建设单位明确要求水土保持设施与主体工程同时设计、同时施工和同时投产使用。

（2）施工质量评价。

1）工程措施质量评价。采用查阅自检成果数据和现场抽查等方式，对工程质量进行鉴定和评价。工程质量评定以分部工程评定为基础，其评定等级分为合格和不合格两级。单元工程质量由施工单位质检部门组织评定，监理单位复核；分部工程质量评定是在施工单位质检部门自评的基础上，由监理单位复核，报质量监督机构审查核定；单位工程质量评定在施工单位自评的基础上由监理单位复核，报质量监督机构核定。

水土保持工程包含土地整治工程、网围栏封育工程及节水灌溉工程共计 3 个分部，合格率 100%。

黄河海勃湾水利枢纽工程建设管理局根据工程实际情况对主体工程区、工程管理区、管理基地、施工营地、取料场区等 5 个防治分区各单位工程实施了土地整治工程、网围栏封育工程及节水灌溉工程等分部工程，对施工过程中扰动和破坏区域进行了较全面的治理，检查评定结果为 8 个分部工程全部合格。

2）植物措施质量评价。

A. 树种、草种。工程按照适地适树的原则，选择了符合立地条件、满足生长要求、绿化效果好的草种。树种为旱柳、竹柳、柽柳、红宝石海棠、枣树、山楂、梨树、杏树等。

B. 植物措施质量。根据现场检查，在工程建设过程中，基本按照批复的水土保持方案和有关法律法规要求开展了水土流失防治工作。根据水土保持方案和工程实际情况，对坝区周围、上下游边坡和压重平台等施工造成的土地扰动区域进行了全面的治理，采取了相应的水土保持植物措施，林草植被恢复率达到 97% 以上；植物措施质量总体合格，绿化树木、草坪生长良好，植物成活率达到 99% 以上；自然恢复区植被覆盖度达到 80% 以上，生长良好，满足水土保持的要求，对保护和美化项目区环境起到了积极作用。

（3）施工监理评价。2012 年 3 月 21 日，黄河海勃湾水利枢纽工程建设管理局委托内蒙古同洲工程咨询有限责任公司承担黄河海勃湾水利枢纽工程水土保持工程监理工作，监理期限为工程开工至工程竣工验收。

2014 年 3 月，黄河海勃湾水利枢纽工程建设管理局委托内蒙古同洲工程咨询有限责任公司承担主体工程区导流明渠鱼类增殖站处水土保持工程后续设计项目的监理工作。

监理公司依据工程监理合同确定监理工作内容，2012 年 4 月编制了水土保持工程监理规划及监理实施细则，作为开展工程监理工作的措施和办法。

工程设立乌海市黄河海勃湾水利枢纽工程水土保持工程监理部，实行总监理工程师负责制，设总监理工程师 1 名、副总监理工程师 1 名、监理工程师 1 名、监理员 2 名。

监理工作主要由两部分组成：一部分是开展 6 个水土保持工程重点防治区的巡视监理工作；另一部分是主体工程区导流明渠鱼类增殖站处"2014 年水土保持项目后续设计项目"的监理工作。

采取巡视检查和旁站检查相结合的方式开展监理工作，在控制工程进度、控制工程建设质量、控制项目投资管理方面，认真履行监理职责，依据严格监理、热情服务的原则贯穿整个监理过程。按时向建设单位报送监理月报、季报和各项监理文件，定期和不定期召开监理例会解决工程中的问题。严格依据各项工程建设合同处理工程中出现的问题。协调各方关系，及时与工程实施部门沟通情况，保证工程建设顺利进行。监理单位于2012年开始监理工作，到2016年水土保持工程基本达到竣工验收标准为止，监理期长达5年，监理单位在每年工程施工阶段派驻工程监理常年开展监理工作。

3. 水土保持运行评价

（1）水土保持监测评价。2012年3月，建设单位委托内蒙古自治区水利科学研究院承担了工程的水土保持监测工作。2012年5月7日，成立了项目水土保持监测项目组，实行项目负责人负责制，监测组由6名监测人员组成，项目组于2012年5月10日进驻现场监测至2017年8月。

监测单位根据监测技术标准规范，在查阅《黄河海勃湾水利枢纽工程水土保持方案报告书》和主体工程施工设计的基础上，结合工程进展的实际情况，进行现场勘测资料收集，完成监测实施方案，并根据监测成果资料，于2017年9月编制完成监测总结报告。

监测单位共布设标准固定监测点位9处，其中风蚀小区7处（原地貌风蚀小区1处，施工扰动地貌风蚀小区6处），水蚀小区2处。原地貌风蚀小区布设在库区淹没区范围内，施工扰动地貌风蚀小区分别布设在黏土料场、大坝施工区和泄洪闸施工区，水蚀小区布设在泄洪闸施工区和管理区边坡。

根据水土保持监测成果，并通过对项目前后遥感影像或航拍资料，计算得出六项水土流失防治目标值。

1）扰动土地整治率。工程建设期实际扰动原地貌、破坏土地和植被面积881.92hm²。截至2017年8月，共完成扰动土地治理面积881.34hm²，扰动土地整治率达到了99.93%。

2）水土流失总治理度。工程共完成水土保持治理面积588.80hm²，水土流失总治理度达到了99.89%。

3）拦渣率与弃渣利用率。根据监测结果，项目建设期土石方用量总体上挖方量大于填方量，施工过程中力求控制土石方调运，达到土石方平衡，减少了对项目区周边产生的影响。项目拦渣率（弃渣利用率）为99%，符合开发建设项目关于弃土（渣）的利用与防治要求。

4）土壤流失控制比。通过实地调查核实，结合方案资料，施工过程中风蚀模数为4500~7250t/(km²·a)，水蚀模数为1500~2940t/(km²·a)，水土流失强度远远高于原地貌。经过治理后，目前项目区的平均风蚀模数下降至800t/(km²·a)，平均水蚀模数下降至200t/(km²·a)，平均土壤流失控制比达到了1.0，基本控制到了容许土壤侵蚀强度。

5）林草植被恢复率。工程已完成林草植被建设面积421.48hm²，可绿化面积422.06hm²，林草植被恢复率为99.86%。

6）林草覆盖率。工程已完成林草植被建设面积421.48hm²，扣除水域后的防治责任范围为881.92hm²，工程建设区林草覆盖率为47.79%。

（2）水土保持运行评价。2014年4月开展水土保持工程后续设计施工，至2017年5月，完成项目水土保持后续设计，2018年5月水土保持工程验收结束。各项水土保持设施建成运行后，已安全稳定度过4个汛期，植物措施也度过4个完整生长季。总体来说，初期运行情况良好，黄河海勃湾水利枢纽工程建设管理局负责水土保持设施后期工程维修及植被措施养护。运行期间由专人负责绿化植物的浇水、施肥和除草等管护，确保植被成活率和保存率，不定期检查灌溉设施运行状况，保证植物正常需水量的供应，达到了绿化美化和保持水土的双重作用。

（三）效果评价

1. 植被恢复效果

（1）植被调查。海勃湾枢纽工程水土保持后评价对压重平台区域、鱼类增殖站区域和导流明渠区域植被恢复效果进行现场典型调查。调查内容主要包括调查区域位置，地形情况，植被覆盖度（郁闭度），群落类型，不同植物层次的主要植物种类，植物生态位置，物候期，植物密度等指标。调查方法采用随机布置样方法，其中乔木林样方规格为 $10m×10m$，灌木林样方规格为 $5m×5m$，草本样方规格为 $1m×1m$，共布置乔木林样方 10 个，灌木林样方 20 个，草本样方 35 个。

（2）植被恢复效果评价。通过现场调研，压重平台区域、鱼类增殖站区域和导流明渠区域施工期间采用园林景观绿化美化标准进行植被恢复建设，选用的树（草）种主要有油松、柽柳、紫叶李、旱柳、沙打旺、红宝石海棠、白草、砂引草、芦苇、苦苣、大蓟等，多数为当地适生种和乡土树种。运行期间，通过实施养护管理和植被的进一步自然演替，项目区实施的林草植被恢复措施营造的苗木植被生长状况良好，局地小气候特征明显，区域内植物多样性和植被覆盖度（郁闭度）得到了良好的恢复和提升。黄河海勃湾水利枢纽工程植被恢复效果评价指标见表 4.12-1。

表 4.12-1 黄河海勃湾水利枢纽工程植被恢复效果评价指标

评价内容	评价指标	结果
植被恢复效果	林草覆盖率	45.00%
	植物多样性指数	38.67
	乡土树种比例	0.57
	单位面积枯枝落叶层	3.67cm
	郁闭度	0.22

2. 水土保持效果

（1）土壤调查。海勃湾枢纽工程水土保持后评价对压重平台区域、鱼类增殖站区域和导流明渠区域水土保持效果进行现场典型调查。调查内容主要包括调查区域位置，地形情况，土壤类型、土壤表土层厚度、土壤有机质含量、不同侵蚀强度面积等指标。调查方法采用野外实地考察与室内分析化验相结合，野外实地考察主要包括随机开挖土壤剖面（深2m），并分层采用环刀法收集土壤样品。此次调查共挖掘 30 个土壤剖面，其中压重平台 5 个，鱼类增殖站 15 个，导流明渠 10 个。

（2）水土保持效果评价。通过现场调研，工程实施的水土保持工程措施、植物措施等运行状况良好。根据水土保持监测统计，通过实地调查核实，结合引用方案资料，施工过程中风蚀模数为 $4500\sim7250t/(km^2·a)$，水蚀模数为 $1500\sim2940t/(km^2·a)$，水土流失强度远远高于原地貌。经过治理后，目前项目区的平均风蚀模数下降至 $800t/(km^2·a)$，平

均水蚀模数下降至 $200t/(km^2 \cdot a)$，项目建设区水土流失基本得到治理，达到了固沙、固土和保水的目的。海勃湾水利枢纽工程压重平台区域表土层厚度约 30cm，鱼类增殖站区域表土层厚度约 80cm，导流明渠区域表土层厚度约 50cm，通过环刀法取样，并采用元素分析仪（elementar vario MACRO CUBE）进行分析，压重平台土壤有机质含量 1.47%，鱼类增殖站土壤有机质含量 2.90%，导流明渠周边土壤有机质含量 1.79%。项目区道路、建筑物等不具备绿化条件的区域全部采用透水砖、混凝土、沥青混凝土等方式进行硬化。地表硬化、迹地恢复和绿化措施的实施，使得项目区内由于工程建设导致的裸露地表得以恢复，土地损失面积大幅度减少。黄河海勃湾水利枢纽工程水土保持效果评价指标见表 4.12-2。

表 4.12-2　　　　　黄河海勃湾水利枢纽工程水土保持效果评价指标

评价内容	评价指标	结　果
水土保持效果	表土层厚度	13.33cm
	土壤有机质含量	2.05%
	地表硬化率	6.67%
	不同侵蚀强度面积比例	82%

3. 景观提升效果

（1）园林景观调查。工程水土保持后评价对坝址公园以及施工营地区域进行园林景观调查，调查内容主要包括景观类型、斑块组成、植物配置、植物覆盖度、植物（乔木、灌木）种类、植物形态特征、植物生物学特性、硬化景观比例等。

（2）景观提升效果评价。海勃湾水利枢纽工程在植被恢复的同时考虑水利旅游区资源综合开发利用，根据水土保持设计与主体工程、环境水利、景观水利相结合的设计理念，做到"天配地适""有法无式"，从而达到"虽由人做，宛自天开"，凸显磅礴大气的景观效果，创造出水土保持治理与维护自然景观、促进观光和旅游发展双赢的局面。园林绿化美化树种主要包括樟子松、云杉、白蜡、馒头柳、侧柏、金叶榆、金叶莸、八宝景天、格桑花、马蔺等，综合应用变化、统一、协调、对比、均衡、韵律等手法，以孤植、对植、列植、丛植、群植、林植以及篱植等形式，模拟自然植物群落特征，建立具体的植物空间，营造各异的城市滨河绿地植物景观；根据各树（草）种季相变化的特性，各种植物的枝、叶、花、果、色彩和姿态的不同观赏特性进行群落搭配和点缀，使区域内一年四季均有景色可以观赏，提高工程本身的客观性效果。黄河海勃湾水利枢纽工程景观提升效果评价指标见表 4.12-3。

表 4.12-3　　　　　黄河海勃湾水利枢纽工程景观提升效果评价指标

评价内容	评价指标	结　果
景观提升效果	美景度	6.17
	常绿、落叶树种比例	83.33%
	观赏植物季相多样性	0.61

4. 环境改善效果

根据现场调查及实验室分析化验，工程植物措施 SO_2 吸收量约 $0.30g/m^2$；通过植被恢复、园林式绿化、养护管理等措施的实施，项目区内林草植被覆盖情况得到大幅度改善，植物通过光合作用时释放的负氧离子使周边环境中的负氧离子浓度达到约 31666.67 个/cm³，当地居民宜居生活质量比工程实施前得以明显提高。黄河海勃湾水利枢纽工程环境改善效果评价指标见表 4.12 - 4。

表 4.12 - 4　　　　　黄河海勃湾水利枢纽工程环境改善效果评价指标

评价内容	评价指标	结　果
环境改善效果	负氧离子浓度	31666.67 个/cm³
	SO_2 吸收量	0.30g/m²

5. 安全防护效果

（1）渣（料）场防护工程调查。通过查阅资料和现场调查，坝址区主体和临建工程开挖料除回填利用以外，尚有 314.51 万 m³（松方）弃渣，工程对弃渣采用综合利用方式进行处理，弃渣全部置于土石坝 BC 段的上游侧，形成压重平台，作为水工结构的一部分。为了保证压重平台的稳定，对压重平台边坡采用削坡措施，边坡坡度约 1∶2.5，对坡面进行综合护坡防治水土流失。土料开采量约需 50.23 万 m³，土料开采时进行放坡处理，使边坡坡度不小于 1∶2，进行顺接连接、平整，形成自然坡度，保持料场坡面稳定，防止滑坡、坍塌等现象造成的水土流失危害。

（2）安全防护效果评价。工程涉及渣（料）场边坡由于采用削坡措施，并没有设置拦渣设施，而且由弃渣形成的压重平台整体顶高程与地面相齐，边坡坡比为 1∶2.5，通过稳定计算和现场调查，压重平台边坡稳定运行状况良好，没有滑坡和垮塌情况发生，边坡坡面采用的综合护坡措施整体运行情况良好，没有破坏；黏土料场边坡坡比为 1∶2，并与自然坡度顺接，通过现场调查，现已经由当地政府开发为生态庄园，边坡稳定运行状况良好，边坡坡面采用自然驳岸修复方式，整体情况运行良好。黄河海勃湾水利枢纽工程安全防护效果评价指标见表 4.12 - 5。

表 4.12 - 5　　　　　黄河海勃湾水利枢纽工程安全防护效果评价指标

评价内容	评价指标	结　果
安全防护效果	拦渣设施完好率	100%
	渣（料）场安全稳定运行情况	92

6. 社会经济效果

（1）公众调查。根据水土保持后评价指标类型，评价人员向工程周围群众和相关团体进行问卷调查，共计发放调查表格 92 份，其中个体（群众）发放了 80 份，团体（当地政府相关部门及周边企业）发放了 12 份。问卷调查内容主要包括项目水土保持工作及水土保持设施对当地居民产生的环境影响以及民众反响，海勃湾水利枢纽工程实施对当地经济发展方式的转变，弃渣（压重平台）管理是否良好等。所调查的个体对象主要为当地居民，被调查者中有老年人、中年人和青年人；团体对象包括黄河海勃湾水利枢纽工程建设管理局、乌海市政府、乌海市水务局、乌海市环保局、乌海市林业局、乌海市国土局、乌海市发展和改革委、海勃湾区政府、七码头重庆火锅店、海勃湾区建设银行、中天外国语学校、老东家火锅店等单位。

（2）社会经济效果评价。通过问卷调查，个体调查中 100％的人认为项目建设的坝址公园是当地居民的休闲娱乐场所，空气质量良好，人们感觉神清气爽；80％的人认为项目建设对当地经济有促进作用，将对当地经济发展方式产生好的影响；74％的人认为项目建设对当地环境有较好的影响；70％的人认为项目对弃土弃渣管理得好；32％的人认为项目区林草建设得好；64％的人认为项目对所扰动土地恢复得好；团体调查中 100％的团体认为海勃湾项目的实施对当地环境有明显改善作用，90％的团体认为项目实施对当地经济有促进作用，对当地经济发展方式的转变具有有利影响，77％的团体认为通过海勃湾水利枢纽工程的实施，当地居民环保意识有所提高。黄河海勃湾水利枢纽工程社会经济效果评价指标见表 4.12－6。

表 4.12－6　　　　黄河海勃湾水利枢纽工程社会经济效果评价指标

评价内容	评价指标	结　　果
社会经济效果	促进经济发展方式转变程度	好
	居民水保意识提高程度	良好

7. 水土保持效果综合评价

通过查表确定各个指标变量层计算权重，根据层次分析法计算工程各项指标实际值对于每个等级的隶属度。黄河海勃湾水利枢纽工程区各个指标隶属度分布情况见表 4.12－7。经过分析计算，黄河海勃湾水利枢纽工程模糊综合判断结果见表 4.12－8。根据最大隶属度原则，黄河海勃湾水利枢纽工程 V2 等级的隶属度最大，因此水土保持评价结果为良好。

表 4.12－7　　　　黄河海勃湾水利枢纽工程区各个指标隶属度分布情况

指标层 U	变量层 C	权重	好（V1）	良好（V2）	一般（V3）	较差（V4）	差（V5）
植被恢复效果	林草覆盖率	0.0809	0.9444	0.0556	0	0	0
	植物多样性指数	0.0199	0	0.7889	0.2111	0	0
	乡土树种比例	0.0159	0	0.4167	0.5833	0	0
	单位面积枯枝落叶层	0.0073	0.9348	0.0652	0	0	0
	郁闭度	0.0822	0.9966	0.0034	0	0	0
水土保持效果	表土层厚度	0.0436	0	0	0	0.6667	0.3333
	土壤有机质含量	0.1139	0	0.5533	0.4467	0	0
	地表硬化率	0.0140	0.9824	0.0176	0	0	0
	不同侵蚀强度面积比例	0.0347	0	0	0.9000	0.1000	0
景观提升效果	美景度	0.0196	0	0.5833	0.4167	0	0
	常绿、落叶树种比例	0.0032	0.8500	0.1500	0	0	0
	观赏植物季相多样性	0.0079	0	0.5284	0.4716	0	0
环境改善效果	负氧离子浓度	0.0459	0	0.7407	0.2593	0	0
	SO_2 吸收量	0.0919	0	0.5000	0.5000	0	0

指标层 U	变 量 层 C	权重	各 等 级 隶 属 度				
			好（V1）	良好（V2）	一般（V3）	较差（V4）	差（V5）
安全防护效果	拦渣设施完好率	0.0542	0.8333	0.1667	0	0	0
	渣（料）场安全稳定运行情况	0.2711	0	0.9000	0.10	0	0
社会经济效果	促进经济发展方式转变程度	0.0188	0.6053	0.3947	0	0	0
	居民水保意识提高程度	0.0751	0	0.8333	0.1667	0	0

表 4.12-8　　　　　黄河海勃湾水利枢纽工程模糊综合判断结果

评价对象	好（V1）	良好（V2）	一般（V3）	较差（V4）	差（V5）
海勃湾水利枢纽工程	0.2382	0.5099	0.2050	0.0325	0.0145

四、结论及建议

（一）结论

黄河海勃湾水利枢纽工程按照我国有关水土保持法律法规要求，开展了卓有成效的水土流失治理工作，对防治责任范围内的水土流失进行全面系统的治理，基本达到了施工期间控制水土流失，施工后期改善环境和生态的目的，营造了优美的坝址公园，较好地完成了项目的水土保持工作。各项防治措施运行状况良好，各防治区工程措施防护效果显著，项目区植被得到较好恢复，水土流失得到有效控制，生态环境、生态系统及局地小气候得到明显改善。2015 年，黄河海勃湾水利枢纽景观设计方案获得"中水万源杯"生产建设项目水土保持与生态景观设计三等奖，对今后工程建设具有借鉴和指导意义。

1. 工程建设目标得到充分实现

黄河海勃湾水利枢纽建成后，通过与上游刘家峡配合运用，短期、适时调节出库流量，可有效缓解内蒙古河段的冰凌危害；通过坝头周边景观设计及滨水区建设，构建了包括水面、沙漠、林草地的立体景观，使黄河海勃湾水利枢纽工程成为集防洪、调蓄、防凌、发电、景观、旅游、科教于一体的大型水利风景区；水土保持工程建设形成一套科学合规的管理体系；借助于黄河海勃湾水利枢纽工程建设，坝址周边、鱼类增殖站、库周道路以及料场等区域水土保持措施的实施，全面治理和恢复了工程区周边生态环境，有效改善了当地水土流失状况。黄河是典型的多泥沙河流，两岸流动沙丘众多，通过工程水土保持措施实施，可以有效降低黄河的输沙量，明显改善中下游水质，保护江河水资源。

2. 水土保持工作贯穿于工程全过程

黄河海勃湾水利枢纽工程设计过程中，对水土保持工程进行了详细的设计，水土保持措施主要包括工程措施、植物措施和临时防护措施三类，形成了一套完整系统的水土流失防治措施体系；在主体施工过程中，水土保持工程通过招投标形式确定施工单位，制定了一系列质量管理制度，明确质量责任，防范建设中不规范行为。通过质量评定，水土保持工程合格率为 100%。植物措施质量总体合格，绿化树木、草坪生长良好，植物成活率达到 99% 以上，自然恢复区林草覆盖率达到 80% 以上，生长良好，满足水土保持的要求，对保护和美化项目区环境起到了积极作用；工程运行过程中，通过水土保持监测，水土保持方案确定的 6 项防治目标全部达标，总体来说，水土保持工程初期运行情况良好。

3. 生态环境改善及"景观水利"效果明显

根据层次分析法计算工程各项指标实际值对于每个等级的隶属度。经过分析计算，根据最大隶属度原则，海勃湾水利枢纽工程 V2 等级的隶属度最大（0.5099），因此水土保持综合评价结果为良好。

（二）建议

1. 加强水库上游水土保持综合治理

由于黄河海勃湾水利枢纽工程处于乌兰布和沙漠边缘，库区风力侵蚀十分剧烈，水土流失严重，增加了水库运行压力。水土保持综合治理工程可以减少工程周边的水土流失，对减少入库泥沙起到明显作用，提高工程的使用寿命。

2. 继续开展封育及防风固沙工程

工程封育及防风固沙植物措施已经取得明显成效，但是部分穿沙公路区域周边风力侵蚀仍然存在，对工程安全造成一定的影响。因此建议当地政府或者其他相关部门在工程基础上继续开展防沙治沙工作，改善当地生态系统。

案例 13　淮河中游临淮岗洪水控制工程

一、项目及项目区概况

（一）项目概况

临淮岗洪水控制工程位于淮河中游正阳关以上 28km 处，集水面积 4.2 万 km²。坝址位于安徽省霍邱、颍上两县交界处，北距颍上县城约 20km，南距霍邱县城约 14km。淮河主槽中泓线为两县县界，南坝头临淮岗为霍邱县所辖，北坝头陈巷子为颍上县所辖。

临淮岗洪水控制工程属于Ⅰ等大（1）型工程，由主坝、副坝、浅孔闸、深孔闸、姜唐湖进洪闸、船闸和副坝穿堤建筑物等组成。主坝为土坝，由南向北分为连接段、姜南段、姜北段、主槽段和淮北段共 5 个坝段，总长 7343m，坝顶高程 31.60m，坝顶宽 10.0m。工程按 100 年一遇洪水标准设计，相应滞洪库容 85.6 亿 m³；按 1000 年一遇洪水标准校核，相应滞洪库容 121.3 亿 m³。工程总投资 22.7 亿元。工程于 2001 年 12 月开工建设，2003 年 11 月提前一年实现淮河截流，2005 年年底主体工程基本完工，2007 年 6 月竣工验收，投入运行。工程建设单位为淮河水利委员会临淮岗洪水控制工程建设管理局，管理单位为安徽省临淮岗洪水控制工程管理局。

（二）项目区概况

临淮岗洪水控制工程位于华北平原的南沿，蓄洪区主要是淮河、史河河谷及滩地和周围低洼地区。南部是江淮波状平原，霍邱以南有残丘分布，地面整体倾向北东。气候类型属于暖温带半湿润季风气候区，多年平均气温 15.4℃，多年平均年降水量 936.8mm，多年平均风速 3.2m/s，多年平均年蒸发量 1077.6mm。植被类型为暖温带落叶阔叶林带，主要包括落叶阔叶用材林、经济林、竹木等，草种以自然生长的茅草为主。项目区林草植被覆盖率达 60％以上。

按全国土壤侵蚀类型区划分，项目区属北方土石山区，容许土壤流失量 $200t/(km^2 \cdot a)$。水土流失类型主要为水力侵蚀，水土流失形式以面蚀和沟蚀为主。根据《全国水土保持规划国家级水土流失重点预防区和重点治理区复核划分成果》（办水保〔2013〕188 号），项目区不涉及国家级水土流失重点预防区和重点治理区。根据《安徽省政府关于划定省级水土流失重点预防区和重点治理区的通告》（皖政秘〔2017〕94 号），项目区不涉及省级水土流失重点预防区和重点治理区。

二、水土保持目标、实施过程及效果

（一）水土保持目标

临淮岗洪水控制工程是淮河中游地区重要的防洪战略骨干工程，是"十五"期间我国具有较大影响的水利工程之一，完整的水土流失防护体系建设，不仅可以控制水土流失，而且可以通过绿化美化效应，为水利工程水土保持生态建设树立良好的社会形象。

依据《开发建设项目水土保持方案技术规范》（SL 204—98）、《开发建设项目水土保持设施验收管理办法》和水土保持治理要求，确定临淮岗洪水控制工程水土保持方案中水土流失防治目标值。各项防治目标见表 4.13-1。

表 4.13-1　　　　　　　　　工程水土保持防治目标

项目名称	防治指标	防治目标值
临淮岗洪水控制工程	扰动土地整治率	95％
	水土流失治理度	95％
	土壤流失控制比	1.0
	拦渣率	95％
	林草恢复系数	95％
	林草覆盖率	20％

（二）水土保持方案编报

根据《中华人民共和国水土保持法》《安徽省实施〈中华人民共和国水土保持法〉办法》等有关法律、法规的规定，水利部淮河水利委员会规划设计研究院（现为"中水淮河规划设计研究有限公司"）承担了《淮河中游临淮岗洪水控制工程水土保持方案报告书》编制工作。2002 年 6 月 19 日，水利部以"水保〔2002〕238 号"文对淮河中游临淮岗洪水控制工程水土保持方案予以批复。

（三）水土保持措施设计

1. 水土保持方案设计

根据批复的水土保持方案，淮河中游临淮岗洪水控制工程设计的水土保持措施主要有防洪排导工程、斜坡防护工程、土地整治工程、植被建设工程、临时防护工程、表土保护工程等。具体措施包括主体工程区边坡防护、排水措施、植被建设工程、取土料场复耕及植被建设、弃渣场复耕措施、附属企业和生产生活防治区的临时排水、临时防护措施，后期土地整治及绿化措施、移民安置和淹没影响处理工程防治区的边坡防护、土地整治、周边绿化和临时拦挡等。水土保持措施设计情况见表 4.13-2。

表4.13-2　　　　淮河中游临淮岗洪水控制工程水土保持措施设计情况一览表

措施类型	区　域	设计措施实施区域	主要措施及标准
防洪排导工程	主体工程区取土料场	主坝、副坝、临时占地复垦区域	坝肩及坡面设排水沟、内外坡脚设纵向排水沟（主体设计）、取土料场开挖中、小排水沟，设计排涝标准为3年一遇
斜坡防护工程	主体工程区	主（副）坝边坡、建筑物导流堤、封闭堤边坡、移民安置庄台边坡	砌石护坡、混凝土护坡（主体设计）
表土保护工程	取土料场	取土料场	表土剥离，厚度30cm
土地整治工程	附属企业和施工生产生活区	施工临时占地	施工迹地恢复
植被建设工程	各施工区	主要分布在大坝边坡、建筑物边坡、堤防边坡、道路两侧、移民安置区周边	主坝背水坡高程30.00～31.40m坝段、镇压平台采用马尼拉草皮满铺；主坝连接段、姜南段和姜北段和淮北坝上下游坡脚10m以内撒播白喜草，沿其外侧栽植杨树防护林带；副坝迎水侧满铺马尼拉草皮，背水坡散铺马尼拉草皮，坝顶两侧路肩撒播狗牙根草籽；副坝坡脚外撒播白喜草，栽植杨树防护林带；浅孔闸南侧上下游导堤背水侧采用马尼拉草皮满铺，上游两侧翼墙满铺马尼拉草皮，周围栽球型大叶黄杨，中间种月季；姜唐湖进洪闸上下游导堤背水侧采用马尼拉草皮满铺，导堤顶部采用灌木、草皮及花卉组合防护，封闭堤坡面撒播狗牙根草籽；深孔闸左岸上下游导水堤平台采用灌草、花卉相结合的措施防护，田间道路路肩撒播白喜草防护；移民安置区道路两侧栽种行道树，庄台坡面满铺马尼拉，四周布设乔灌草相结合的防护林带，临水侧栽植垂柳；影响处理工程堤防边坡撒播狗牙根草籽，弃土区边坡撒播葛芭草，排泥场围堰边坡栽植紫穗槐，撤退道路路肩撒播狗牙根草籽
临时防护工程	附属企业和施工生产生活区	主要包括施工围堰的临水坡面、施工临时道路两侧及施工生产生活区周边	施工围堰临水侧采用编织袋装土拦挡、施工道路两侧、施工生产生活区周边开挖临时排水沟

2. 水土保持设计变更

根据批复的水土保持方案，该工程水土保持防治措施以植物措施为主。实施阶段主要设计变更如下：

（1）北副坝护坝地靠近坝脚10m范围内工程设计变更。北副坝护坝地原设计靠近坝脚10m范围内种草，但全部遭当地群众毁坏。根据当地实际情况，将原设计种草改为种植杨树，胸径改为大于25mm，株行距由2m×3m改为3m×4m。

（2）北副坝背水坡草皮防护布置变更。原设计北副坝背水坡散铺草皮，品字形布置空档易产生水土流失，变更为满铺草皮。

（3）主坝坝面护坡设计变更。临淮岗主坝护坡原设计采用干砌石和混凝土面板护砌，由于项目区周边石料少且质量差，采用垂直联锁混凝土预制块代替干砌石和现浇混凝土。

（4）北副坝Ⅰ和Ⅲ标段护坡变更。由于项目区石料紧张且质量不能满足要求，将原设计的浆砌石护坡及排水沟变更为现浇混凝土护坡及排水沟。

（5）深孔闸和浅孔闸之间分流岛水土保持变更及新增水土保持工程。

1）图纸变更设计内容：

A. 原图纸设计地貌以旱地、湿地为主，变更后以旱地为主。

B. 原图纸园建部分以全景布局设计为主，变更后以局部设计为主。

C. 原图纸绿化部分以落叶乔木为主，大面积满铺草坪，变更后为落叶乔木和常绿乔木相结合，主景区地被以草坪为主。

D. 原设计图纸以北方气候类型及地理环境配置绿化苗木，变更后以实地气候及地理环境为背景，配置相应苗木。

E. 12孔深孔闸与船闸间分流岛水土保持工程设计主要是对原地貌进行绿化造坡，绿化苗木为主，地表铺设草坪。

2）水土保持变更项目。变更前苗木品种 31 种，苗木数 1925 株，变更后苗木品种 31 种，苗木数量 11942 株，地被植物 2178m²，草坪约 14000m²，地型造坡 4600m³。变更后分流岛水土保持工程绿化苗木 11153 株，地被植物 700m²，地型造坡 38000m³，草坪约 90000m²。

（四）水土保持施工

该工程水土保持措施施工单位采取招投标的形式确定，主要包括蚌埠市靖波水利发展有限公司、蚌埠市园林绿化工程有限公司、蚌埠市江河水利工程建设有限责任公司、蚌埠市淮河水土资源开发有限公司、淮河水利水电开发总公司、常州市武进华夏花木园林集团有限公司、颍上县水利建筑安装工程公司、中铁十八局集团有限公司等单位。

工程成立了由建管局牵头，设计、监理、施工及有关单位参加的临淮岗洪水控制工程安全生产领导小组和临淮岗洪水控制工程创建文明建设工地领导小组，各参建单位也分别成立了安全生产和创建文明建设工地领导机构，并指定专人负责安全生产和创建文明建设工地活动。

根据水利部"水函〔2002〕136号"要求："建设单位在建设过程中，应委托具有相应资质的监测机构承担水土保持监测任务，并定期向水行政主管部门提交监测报告。"建设单位于 2002 年 5 月委托水利部淮河水利委员会淮河流域水土保持监测中心站对临淮岗洪水控制工程进行了水土保持专项监测。

为做好临淮岗洪水控制工程施工区水土保持工作，依据国家的有关规定和要求，淮河水利委员会临淮岗洪水控制工程建设管理局推行了水土保持监理制度。经招标，由淮河水利委员会监理中心、山东科源工程建设监理中心、江苏科兴工程建设监理有限公司、安徽省水利水电工程建设监理中心作为监理单位，承担该项目水土保持监理工作。

水利部水利工程质量监督总站淮河流域分站负责临淮岗洪水控制工程质量监督工作，在工程建设期间，成立了质量监督项目站，委派专职质量监督人员进驻现场，对工程建设质量全过程监督，并委托省级以上水行政主管部门认可的检测单位对工程质量进行抽查。

（五）水土保持验收

2006 年 9 月，淮河中游临淮岗洪水控制工程水土保持设施通过了水利部组织的专项验收。

（六）水土保持效果

临淮岗洪水控制工程自竣工验收以来，水土保持设施已安全、有效运行超过 10 年，实施的主体工程区绿化、护砌、排水措施，弃渣场（冲填区）绿化措施，移民安置区绿化措施等较好地发挥了水土保持效益。根据现场调查，实施的防洪排导工程未出现排水不畅、植被建设未出现覆盖率不达标等情况。淮河中游临淮岗洪水控制工程水土保持措施防治效果见图 4.13-1。

图 4.13-1 淮河中游临淮岗洪水控制工程水土保持措施防治效果图
（照片由中水淮河规划设计研究有限公司提供）

三、水土保持后评价

（一）目标评价

1. 水土流失防治指标

根据水土保持监测报告，临淮岗洪水控制工程各项水土保持措施落实到位，水土流失基本得到治理。项目区植被恢复良好，水土保持功能逐步体现，生态环境明显好转，未出现明显的水土流失现象。根据水土保持监测结果，水土保持六项防治目标均达到要求。具体数据见表 4.13-3。

2. 水土保持绿化美化效果突出

工程充分利用弃土弃渣回填低洼地，塑造微地形，创造条件进行绿化美化。分流岛采用乔灌草、花卉相结合的立体防治措施进行绿化美化，所采用的乔灌木、花卉多达数十种，改善了周边生态环境，提升了工程总体形象。2009 年，临淮岗洪水控制工程被授予"国家级水利风景区"称号，同时被授予"国家 4A 级旅游景区"称号。

表 4.13－3　　　　　　　　　　　水土流失六项指标达标情况

项目名称	防治指标	防治目标值	达到值	达标情况
临淮岗洪水控制工程	扰动土地整治率	95％	97％	达标
	水土流失治理度	95％	95％	达标
	土壤流失控制比	1.0	1.3	达标
	拦渣率	95％	98％	达标
	林草恢复系数	95％	96％	达标
	林草覆盖率	20％	30％	达标

（二）过程评价

1. 水土保持设计评价

（1）防洪排导工程。北副坝坝面背水侧坝肩处设矩形断面混凝土排水沟，内、外坝脚处设纵向混凝土排水沟，坝身内、外坡面每隔 100m 设一道竖向排水沟，竖向排水沟与平行坝线的纵向排水沟相连通。

（2）拦渣工程。工程弃土弃渣大部分用于填挖或营造微地形，工程设置的 4 处冲填区后期均复耕。弃渣场边坡实施了土地整治和覆土绿化措施，弃渣场覆土复耕。

（3）斜坡防护工程。临淮岗洪水控制工程大坝坡面采用混凝土预制块及草皮满铺等措施进行防护。

（4）土地整治工程。根据现场调查，工程征占地范围内对需要复耕或恢复植被的扰动及裸露土地及时进行场地清理、平整、表土回覆等整治措施，在此基础上进行绿化和复耕。

（5）植被建设工程。主坝镇压平台、背水坡高程 30.00～31.50m 满铺草皮，坡脚外100m 护堤地植树，浅孔闸和深孔闸之间的分流岛进行园林建设；南副坝迎、背水侧铺植草皮，路肩撒播草籽，护堤地撒播草籽，栽植杨树；北副坝迎、背水侧种草，护堤地20m 内栽植杨树。

（6）临时防护工程。通过查阅相关资料，工程建设过程中，对建筑物施工围堰临水面采用编织袋装土拦挡；为防止施工期造成水土流失，在施工临时道路一侧及施工生产生活区周边设计开挖临时排水沟。

2. 水土保持施工评价

临淮岗洪水控制工程水土保持措施的施工，严格采用招投标的形式确定施工单位，从而保障了水土保持措施的质量和效果。

（1）将水土保持建设与工程管理工作集成一套科学的管理体系。该工程在建设过程中将水土保持措施纳入主体工程设计，落实了各项水土保持投资，实现了水土保持工程和主体工程的同步推进，有效控制了水土流失。工程按照国家水土保持法律法规和技术规范要求，编报了水土保持方案报告书，确保了水土保持各项防治措施有效落实。同时，委托了具有甲级资质的水土保持监测单位开展水土保持专项监测工作，委托水土保持监理单位同步开展水土保持工程施工监理。竣工验收阶段，及时开展了水土保持设施验收技术评估工作，符合水土保持的要求。

（2）国内首批推行的水土保持监理制度。为做好临淮岗洪水控制工程施工区水土保持工作，依据国家的有关规定和要求，淮河水利委员会临淮岗洪水控制工程建设管理局率先推行了水土保持监理制度。经招标，淮河水利委员会监理中心、山东科源工程建设监理中心、江苏科兴工程建设监理有限公司、安徽省水利水电工程建设监理中心承担工程水土保持监理工作。在水利工程建设过程中推行水土保持监理制度，当时尚属国内领先。

不同的监理工程分标段对临淮岗洪水控制工程独立开展监理工作，对工程水土流失状况进行全方位监督，对施工区水土保持工程建设、绿化等水土保持专项工程承担现场监理；对施工过程中的弃土弃渣直接向承包商下达监理指令；对承包商违反国家水土保持法律法规和公司规定的行为进行处罚，并对承包商的水土保持工作出具考核意见。

（3）严格水土保持管理。在施工过程中，建设单位严格按照有关法律法规要求，组织专人对水土保持工程施工进行监督检查，施工期间加大了对施工区的水土保持监督力度，有效防止水土流失发生。工程从开工至竣工未发生重大水土流失事件。

3. 水土保持运行评价

临淮岗洪水控制工程运行期间，管理单位安徽省临淮岗洪水控制工程管理局按照运行管理规定，加强了工程范围内各项水土保持设施的管理维护。运行期，安徽省临淮岗洪水控制工程管理局设专人负责绿化草树的管护，及时补植，确保植被成活率，达到绿化美化和保持水土的双重作用。

（三）效果评价

1. 植被恢复效果

通过现场调研了解，工程施工期间对占地范围内的裸露地表实施了栽植乔灌木、撒播灌草籽、铺植草皮等方式进行绿化或植被恢复，选用的树（草）种以雪松、香樟、杨树、柳树、马尼拉、狗牙根等当地适生树（草）种为主；运行期间，通过养护管理，项目区林草植被恢复措施营造的苗木植被生长状况良好，项目区内植物多样性和郁闭度得到了良好的恢复和提升。

临淮岗洪水控制工程植被恢复效果评价指标见表4.13-4。

表 4.13-4　　　　　　临淮岗洪水控制工程植被恢复效果评价指标

评价内容	评价指标	结　果
植被恢复效果	林草覆盖率	25.6%
	植物多样性指数	0.68
	乡土树种比例	0.60
	单位面积枯枝落叶层	1.52cm
	郁闭度	0.41

2. 水土保持效果

通过现场调研和评价，临淮岗洪水控制工程实施的工程措施、植物措施等运行状况良好，根据现场水土保持监测统计，工程从2001年年底开工，至2006年各项工程竣工。工程施工建设期土壤侵蚀总量为8.89万t，项目区平均土壤侵蚀模数 $1537t/(km^2 \cdot a)$；通过各项水土保持措施的实施，至运行期项目区土壤侵蚀模数 $199t/(km^2 \cdot a)$，使得项目建设区的原有水土流失基本得到治理，达到了固土保水的目的。临淮岗洪水控制工程绿化区域的表土厚度约 55cm。工程迹地恢复和绿化多采用当地乡土和适生树种，使得项目区植物多样性和土壤有机质含量得以不同程度的改善和提升，经分析，土壤有机质含量约 2.0%。项目区道路、建筑物等不具备绿化条件的区域采取了混凝土、透水砖等方式进行硬化。地表硬化、迹地恢复和绿化措施的实施，使得项目区内由于工程建设导致的裸露地表得以恢复，土地损失面积得以大幅减少。

临淮岗洪水控制工程水土保持效果评价指标见表 4.13-5。

表 4.13-5　　　　　临淮岗洪水控制工程水土保持效果评价指标

评价内容	评价指标	结　果
水土保持效果	表土层厚度	55cm
	土壤有机质含量	2.0%
	地表硬化率	74.4%
	不同侵蚀强度面积比例	93.7%

3. 景观提升效果

临淮岗洪水控制工程在进行植被恢复的同时考虑后期绿化的景观效果，在分流岛采取了乔灌草、花卉相结合的园林式立体绿化方式，苗木种类选择时采用景观效果比较好的树（草）种，如雪松、香樟、女贞、月季、牡丹等，常绿树种与落叶树种混合选用种植（约 2:3），根据各树种季节变化，采用不同观赏性状进行植物的群落搭配和点缀，使区域内一年四季均有景色可欣赏，以提高项目区域的可观赏效果。

临淮岗洪水控制工程景观提升效果评价指标见表 4.13-6。

表 4.13-6　　　　　临淮岗洪水控制工程景观提升效果评价指标

评价内容	评价指标	结　果
景观提升效果	美景度	7
	常绿树种比例	42%
	观赏植物季相多样性	0.75

4. 环境改善效果

工程通过植被恢复、园林式绿化、养护管理等植物措施的实施，项目区内植被覆盖情况得以大幅改善，植物通过光合作用时释放负氧离子，使周边环境中的负氧离子浓度达到 1200 个/cm^3 左右，使得周边人们的生活环境得以改善。

临淮岗洪水控制工程环境改善效果评价指标见表 4.13-7。

表 4.13-7　　　　　临淮岗洪水控制工程环境改善效果评价指标

评价内容	评价指标	结　果
环境改善效果	负氧离子浓度	1200 个/cm^3

5. 安全防护效果

通过调查了解，临淮岗洪水控制工程主坝弃土弃渣主要用于坑洼回填、复耕利用及坝脚外 100m 范围内低洼地堆垫；副坝弃土弃渣用于坝脚 20m 范围内低洼地；工程设置 4 处冲填区，冲填固结后覆土复耕。工程弃土弃渣尽量综合利用，在大坝下游利用弃土填筑了分流岛，分流岛采用植物措施绿化美化，同时周边实施了截（排）水沟等防洪排导工程。

经调查，工程运行以来，各弃渣场、冲填区运行情况正常，未发生水土流失危害事故。弃渣场周边截（排）水设施整体完好，运行正常。拦渣率达 99％，弃渣场整体稳定性良好。

临淮岗洪水控制工程安全防护效果评价指标见表 4.13-8。

表 4.13-8　　　　临淮岗洪水控制工程防护效果评价指标

评价内容	评价指标	结　果
安全防护效果	拦渣率	99％
	渣（料）场安全稳定运行情况	稳定

6. 社会经济效果

临淮岗洪水控制工程的兴建对国民经济的贡献显著，经济效益巨大。

工程建设为当地及下游地区居民生产生活提供了保障，同时，当地居民在一定程度上认识到水土保持工作的重要性，提高了当地居民对水土保持、水土流失治理和环境保护的意识，社会效益明显。临淮岗洪水控制工程社会经济效果评价指标见表 4.13-9。

表 4.13-9　　　　临淮岗洪水控制工程社会经济效果评价指标表

评价内容	评价指标	结　果
社会经济效果	促进经济发展方式转变程度	良好
	居民水保意识提高程度	良好

7. 水土保持效果综合评价

通过查表确定计算权重，根据层次分析法计算临淮岗洪水控制工程各指标实际值对于每个等级的隶属度。

临淮岗洪水控制工程各指标隶属度分布情况见表 4.13-10。

表 4.13-10　　　　临淮岗洪水控制工程各指标隶属度分布情况

指标层 U	变量层 C	权重	各 等 级 隶 属 度				
			好（V1）	较好（V2）	一般（V3）	较差（V4）	差（V5）
植被恢复效果 U1	林草覆盖率 C11	0.0809	0.95	0.05	0	0	0
	植物多样性指数 C12	0.0199	0.65	0.35	0	0	0
	乡土树种比例 C13	0.0159	0.40	0.60	0	0	0
	单位面积枯枝落叶层 C14	0.0073	0	0.63	0.37	0	0
	郁闭度 C15	0.0822	0	0.55	0.45	0	0
水土保持效果 U2	表土层厚度 C21	0.0436	0	0.75	0.25	0	0
	土壤有机质含量 C22	0.1139	0	0.83	0.17	0	0
	地表硬化率 C23	0.0140	0.88	0.12	0	0	0
	不同侵蚀强度面积比例 C24	0.0347	0.33	0.67	0	0	0

续表

指标层 U	变 量 层 C	权重	各 等 级 隶 属 度				
			好（V1）	较好（V2）	一般（V3）	较差（V4）	差（V5）
景观提升效果 U3	美景度 C31	0.0196	0.02	0.98	0	0	0
	常绿、落叶树种比例 C32	0.0032	0.11	0.89	0	0	0
	观赏植物季相多样性 C33	0.0079	0.09	0.91	0	0	0
环境改善效果 U4	负氧离子浓度 C41	0.0459	0	0.56	0.44	0	0
	SO$_2$ 吸收量 C42	0.0919	0.78	0.22	0	0	0
安全防护效果 U5	拦渣设施完好率 C51	0.0542	0.37	0.63	0	0	0
	渣场安全稳定运行情况 C52	0.2711	0	1	0	0	0
社会经济效果 U6	促使经济发展方式转变程度 C61	0.0188	0.50	0.50	0	0	0
	居民水保意识提高程度 C62	0.0751	0.33	0.67	0	0	0

经分析计算，临淮岗洪水控制工程综合评判结果见表 4.13－11。

表 4.13－11　　　　临淮岗洪水控制工程综合评判结果

评价对象	好（V1）	良好（V2）	一般（V3）	较差（V4）	差（V5）
临淮岗洪水控制工程	0.247	0.663	0.09	0	0

根据最大隶属度原则，临淮岗洪水控制工程 V2 等级的隶属度最大，故其水土保持评价效果为良好。

四、结论及建议

（一）结论

淮河中游临淮岗洪水控制工程按照我国有关水土保持法律法规的要求，开展了卓有成效的水土保持工作，对防治责任范围内的水土流失进行了全面的治理，基本达到了施工期间控制水土流失、施工后期改善环境和生态的目的，营造了优美的管理区环境，较好地完成了该项目的水土保持工作。目前各项防治措施的运行效果良好，弃渣得到了及时有效防护，施工区植被得到了较好的恢复，水土流失得到了有效控制，生态环境得到明显的改善。2009 年，临淮岗洪水控制工程获"国家级水利风景区"称号，同时获得"国家 4A 级旅游景区"称号。

1. 国内首批推行的水土保持监理制度

依据国家的有关规定和要求，水利部淮河水利委员会临淮岗洪水控制工程建设管理局在本工程中率先推行了水土保持监理制度，当时尚属国内领先。作为一项新生事物，探索出水土保持监理的工作内容、方式及其与施工单位、主体工程监理单位的工作关系。

2. 弃土综合利用

该工程以土方填筑为主，施工中产生的弃土弃渣大多用于回填利用，如堤后低洼地回填、镇压平台填筑、分流岛绿化、护堤地垫高、冲填区覆土复耕等。该工程充分利用工程弃土弃渣，减少了弃土占地，对于减小水土流失、节约工程投资都具有重要意义。

3. 水土保持工程与绿化美化相结合

临淮岗洪水控制工程将水土流失治理和改善生态环境相结合，不仅有效防治了水土流失，而且营造了管理区和移民安置区优美的环境，采用的水土保持工程防护标准是比较合适的，使得水土保持工程与周边生态环境的改善、美丽乡村建设相结合，值得其他工程借鉴。

（二）建议

1. 重视水土保持方案编制工作

建设单位必须重视水土保持方案编制工作，对施工过程中可能造成的水土流失区域及其危害进行预测，并采取针对性的防治措施。只有前期制定了切实可行的水土保持防治措施，后期实施时才能做到有的放矢。

2. 施工过程中严格落实水土保持各项防治措施

工程建设时，大规模的开挖、填筑、堆垫，水土流失强度大大增加，因此，施工过程中应严格落实各项水土保持防治措施，控制因工程建设造成的水土流失，保证工程顺利实施。

3. 重视建设移交管理过渡时期植物措施养护

根据调研，临淮岗洪水控制工程在工程建成后移交管理机构之前存在一段真空期。该段时间由于植物管护不到位，致使树（草）种死亡率较高，后期补植代价较大。建议水利工程重视建设移交管理过渡时期的植物养护，明确管护责任，确保水土保持措施充分发挥效益。

案例 14　广东省飞来峡水利枢纽工程

一、项目及项目区概况

（一）项目概况

飞来峡水利枢纽位于珠江流域北江干流中游广东省清远市升平镇境内，坝址控制流域面积 3.41 万 km²，占北江流域面积的 73%，水库总库容 19.04 亿 m³，是以防洪为主，兼有航运、发电和改善生态环境等综合效益的大（1）型水利枢纽工程，也是北江流域综合治理和开发利用的关键性工程。

飞来峡水利枢纽主要建筑物有混凝土溢流坝、主土坝、副坝和社岗防护工程。溢流坝采用混凝土重力坝，最大坝高 52.3m，共设 16 个泄流孔。主土坝基础采用混凝土防渗墙防渗，全长 1777.8m，最大坝高 25.8m，4 座副坝总长 613.8m，最大坝高 24.65m，为均质土坝。船闸为单线一级，闸室有效尺寸为 190m×16m×3m（长×宽×槛上水深），可通过 500t 级组合船队。电站厂房为河床式，安装 4 台单机容量为 3.5 万 kW 灯泡式水轮发电机组。

飞来峡水利枢纽主要完成工程量为：土方开挖 1564.19 万 m³，石方明挖 101 万 m³，土石方填筑 1389.72 万 m³，混凝土 105.77 万 m³，混凝土防渗墙 5.43 万 m²，金属结构安装 0.972 万 t。工程静态总投资 42.961 亿元，工程总投资 52.919 亿元。工程于 1994 年 10 月动工兴建，1999 年建成投入试运行，2010 年 5 月，通过广东省政府组织的工程竣工验收。

根据水利部批复的《广东北江飞来峡水利枢纽水土保持方案》《广东北江飞来峡水利

枢纽水土保持方案初步设计报告（修改补充）》，飞来峡水利枢纽建设水土流失防治责任范围总面积为 223.20hm²，核定水土保持概算总投资为 2170.5 万元。工程共分为 Ⅰ 区（地方所属的 10 个移民安置点和 18 号、20 号土料场）、Ⅱ 区（19 号土料场、板塘石料场、大岗岭石料场）、Ⅲ 区（枢纽及其周边料场、施工生活区、项目建设管理局用地等）三个防治分区，未设置永久弃渣场。2006 年 3 月 4 日，工程水土保持设施通过水利部组织的竣工验收。

（二）项目区概况

飞来峡水利枢纽坝址位于北江中游河段大庙峡与飞来峡之间的丘陵盆地宽谷段。坝址两岸为丘陵，均发育有高漫滩（含一级阶地），多垭口。左岸山顶高程 40.00～60.00m，右岸山体较厚，山顶高程在 60.00m 以上。坝址河床及两岸多为第四系地层覆盖，一般厚 5～10m，最厚达 22m，基岩为燕山四期牛栏岭岩体，岩石为肉红、灰白色中细粒花岗岩，后期有花岗闪长岩、硅化岩、石英岩、煌斑岩和辉绿岩等岩脉侵入。

北江流域属亚热带气候区，受季风及地形影响，气温常年较高，年际变化不大，据统计，清远站多年平均气温 21.7℃，多年平均相对湿度 77%，多年平均年日照时数 1670.13h，年平均风速 1.1～1.9m/s。多年平均年降水量 1400～2500mm，降水主要集中在 4—9 月，占年降水量的 81.3%。河流含沙量较小，属少沙河流，根据石角站 1954—2003 年 50 年泥沙系列进行统计分析，石角站多年平均含沙量为 0.13kg/m³，汛期含沙量为 0.16kg/m³，多年平均输沙模数为 148t/km²。

项目区地带性土壤多为红壤和水稻土。地表植被以亚热带常绿阔叶林和稀树草地为主，优势植物主要有马尾松、湿地松、落羽松、马占相思、大叶相思、台湾相思、木荷、细叶桉、尾叶桉、青皮竹、梅叶冬青、了哥王等；草本植物有芒萁、飘拂草、竹节草、狗牙根、白茅、狗尾草等；藤本植物有玉叶金花、酸藤子、海金砂、青藤子等。主体工程占地范围内坝址区域现状地貌以河滩地为主，有少量竹林及荒草地，林草覆盖率相对较低。

二、水土保持目标、实施过程及效果

（一）水土保持目标

该项目水土保持方案编制较早，没有确定具体的防治指标值，批复的水土保持方案确定的防治目标为：

（1）对周边地区和下游的环境影响降低到最低限度。

（2）凡扰动过的地面，必须尽可能恢复植被。

（3）选择适宜当地景观环境、园林绿化效果好的树（草）种作为造林和绿化材料，尽量与周围环境协调一致。

广东省水利厅及建设单位重视水土保持工作，明确提出要把飞来峡水土保持专项工程建成广东水利行业的水土保持"一流工程、特色工程、精品工程、廉洁工程"。工程在水土保持实施后期评价工作成效时，实际按以下防治标准进行管理和验收：扰动土地治理率 95%，水土流失治理度 95%，植被恢复系数 95%，林草覆盖率 30%，项目区土壤侵蚀强度恢复到微度水平。

（二）水土保持方案编报

该项目水土保持方案由原水利部珠江水利委员会勘测设计研究院（现更名为中水珠江

规划勘测设计有限公司）于 2000 年 10 月编制完成，2001 年 4 月，水利部印发了《关于广东北江飞来峡水利枢纽水土保持方案的批复》（水保〔2001〕105 号）。随着工程的进展及对水土保持工作的深入认识，按照广东省水利厅和广东省飞来峡水利枢纽管理局的工作要求，2002 年 7 月，中水珠江规划勘测设计有限公司又编制了《广东北江飞来峡水利枢纽水土保持方案初步设计报告（修改补充）》（以下简称"修改补充报告"），2002 年 12 月，水利部以"水保〔2002〕536 号"文批复同意飞来峡水土保持修改补充报告，广东省飞来峡水利枢纽管理局（以下简称"飞来峡管理局"）依据该设计进行了施工招标。

（三）水土保持措施设计

工程水土保持设计按工程分区、分项进行了施工详图设计，将防治分区调整为 3 个。Ⅰ区为属于地方政府管理的 10 个移民安置点和 18 号、20 号土料场，防治措施布局以减轻水土流失，达到防治标准为目的；Ⅱ区为 19 号土料场、板塘石料场、大岗岭石料场，以恢复生态环境、最大限度绿化为主要目的；Ⅲ区为枢纽及其周边料场、施工生活区、项目建设管理局用地，以绿化美化打造生态人文景观工程为主要目的。设计治理总面积 223.20hm²。

1. Ⅰ区水土保持措施

该区主要包括升平墟镇、黎溪镇银英公路边、黎溪镇、黎溪湖溪和大湖分界岭安置点、连江口镇、连江口下步村、连江口大樟坝、连江口银坑村、连江口三井村、水边镇 10 个移民安置点及 18 号、20 号土料场。

（1）升平墟镇。对靠近飞来峡管理局的裸露坡面，将坡面的水蚀冲沟推填、平整，按 1∶1.5 坡度削坡。然后顺坡脚和坡面设置长 1000m 的排水沟，将水引至下游排走。在平整后的球场附近裸露坡面植上草皮；升平镇政府后山及排水渠附近裸露地种植马占相思树，间距 2.5m×2.5m，总株数 2000 株，裸露坡面植上草皮，植草皮面积 8000m²。

（2）黎溪镇银英公路边。在该治理区主要采取植物措施加以防治，在现有的植物覆盖不被破坏的前提下，对裸露面稍加平整，植上草皮，并沿公路边采取植树措施，植树 2 排，株行距 2.5m×2.5m，植树 800 株，植草皮 5000m²。主要树种为马占相思等。

（3）黎溪镇。水土流失治理点位于黎溪镇北面敬老院旁，有两块裸露台阶地，其中一块已种植农作物，裸露面积约 10000m²，由于缺少排水系统，集雨面积较大，造成冲刷，并形成冲沟。

在两个台阶沿坡脚设排水沟，使径流进入冲沟沟口，排水沟长度 700m。裸露空地种植马占相思树，株行距 2.5m×2.5m，植树 1600 株。

（4）黎溪镇湖溪和大湖分界岭。将坡顶及坡面的水蚀冲沟推填平整，将坡面削坡推填至稳定，沿坡面两侧凹陷处设置两条排水沟，再沿山坡坡脚设置排水沟（兼作挡墙作用），纵横排水沟相交处设置渐变段衔接。将山脚平地部分的水蚀冲沟推填平整，对局部冲沟用浆砌石进行砌护，恢复原有排水沟，汇集山体排水排至银英公路侧排水沟。共设置坡面排水沟 40m，坡脚排水沟 260m。该区采取的植物措施主要包括：坡顶种树，树种选用马占相思；株行距 2m×2m，裸露空地地植草皮；坡面条状种植香根草，行距 1m，裸露空地撒百喜草种。植树 650 株，种香根草 3750m²，植草皮 1500m²，撒草种 4250m²。

（5）连江口镇。该区位于连江口镇政府后山，约 20hm²，山体完全裸露，冲刷严重，存在严重的冲沟、崩塌。对冲刷严重的山坡，先将山坡坡面削坡平整，然后沿山坡设置排水沟，汇集至坡脚，再顺坡脚设置排水沟，到银英公路边的平地处，将坡脚两侧的土包连接，设置浆砌石挡墙 80m，汇集之后流入山后的集水塘。连江中学球场后的山坡坡脚设置排水沟 400m，汇集之后流入学校围墙外的水沟。在削坡之后的缓坡地及坡顶平台以株行距 2.5m×2.5m 间距植树，树种可选择马占相思、木荷、黎蒴等混交，植树面积 20hm^2，植树 32000 株；交警大楼后面的坡面条状种植香根草，行距 1m，每隔 5m 插种水竹，香根草种植面积 10000m^2，种竹 400 棵。另在局部裸露山石面可种植藤本植物（爬山虎），间距 50cm 一束，每束 3~5 条，种植藤本植物 7500 丛。在局部水土流失比较严重的裸露空地植草皮，面积 50000m^2。

（6）连江口大樟坝。对 1800m^2 的裸露地种植马占相思，株行距 2.5m×2.5m，植树 300 株。

（7）连江口下步村。对现有的马道进行平整规整，形成宽约 1.0m 的台阶，绕坡脚设置排水沟；将村后冲沟推填、平整，顺山势削坡，沿坡设排水沟至下游水沟，纳入北江。在稳定坡面及马道上种植马占相思，裸露坡面植草皮；村部后平整的坡面种植香根草，每隔 5m 种植水竹，行间撒草种，草种选用百喜草。植树 400 株，植草皮 2400m^2，种香根草 1500m^2，撒草种 2400m^2，种竹 60 棵。

（8）连江口银坑村。在公路上开挖边坡上游设置截水沟，顺坡面排入环库公路的排水沟。将公路下的坡面水蚀冲沟推填、平整，将坡面削坡至稳定状态，在公路边设置截水沟，然后顺山坡设置排水沟至坡脚，再顺坡脚设一排水沟，将水引至下游。公路上的稳定边坡种植马占相思，裸露坡面植草皮。公路下的坡面经平整后，条状种植香根草，每隔 5m 插种水竹，裸露地撒百喜草籽。植树 2100 株，植草皮 8400m^2，种香根草 2000m^2，撒草种 2000m^2，种竹 80 棵。

（9）连江口三井村。先将坡面的水蚀冲沟推填、平整，按 1：1.5 坡度削坡，在公路边设置截水沟，然后顺山坡设置排水沟，再沿坡脚设一排水沟，汇集坡面来水之后，将水引至下游，排水沟长 400m。该区主要在坡面条状种植香根草，裸露面撒百喜草籽。河边及学校前面空地种植马占相思。植树 300 株，种香根草 3000m^2，撒草籽 3000m^2。

（10）水边镇。该区位于水边镇政府的后山头，由于圩镇建设开挖形成一座完全裸露的山坡面，面积 0.32hm^2，坡面较陡，在开挖时已形成 4 级台阶，坡面较稳定，冲沟相对较小，但由于坡面完全裸露，存在不稳定因素，需采取相应措施加固。将坡体的各级马道清理、平整，沿坡面顶部设置天沟，再沿山坡设置排水沟，在坡脚周边也设置一条排水沟，汇集坡面来水之后，将水引至下游。排水沟长 950m。该区主要在山坡坡脚及各级马道种植灌木类树种。沿坡脚及各级马道种植藤本植物（爬山虎），间距 50cm 一束，每束 3~5 条。学校后裸露空地种植马占相思，间距 2.5m。植树 2000 株，植草皮 8000m^2。

（11）18 号料场。18 号料场裸露面积 32.5hm^2。对现有的冲沟开挖、平整，用于砌石砌护，形成长 800m 的排水沟。对平整后的山坡、山岭及周边空旷地区以及进入料场的公路两侧周边种植经济林，树的株行间距为 2m×2m，由于土地贫瘠，在种植过程中须加复合肥料 0.25kg/株，植树合计约 8 万株。全区范围种植草皮或撒草籽，合计面积 30.8hm^2。

（12）20 号料场。20 号料场裸露面积 36.2hm²。将相对较陡的山头推填、平缓，并将现已形成的冲沟进行平整，平整面积约 6hm²；沿三个山头修筑三条排水沟，穿过山坡前平地，将水引至水塘，形成简易排水沟总长 1200m，三个冲沟出口处回填石料。对平整后的山坡、山岭及周边空旷地区、从坝址进入料场的公路两侧周边种植经济林，树的行间距为 2m×2m，种植过程中须加复合肥料 0.15kg/株。种植面积 35.2hm²，植树合计约 8.8 万株。沿临水库库湾山坡种植宽 2.5m 绿化草皮，靠公路边山坡种植绿化草皮，总面积为 1hm²。种植时覆盖率不低于 50%。其余地方种植草皮或撒草籽。

2. Ⅱ区水土保持措施

该区包括 19 号料场、板塘石料场及大岗岭石料场。

（1）19 号料场。按株行距 2m×2m 种植马占相思，裸露空地种草；坡顶、平台、坡脚均设置排水沟。

（2）板塘石料场。板塘石料场占地面积 12.3hm²，其中石壁面积 6000m²。该区在采取治理措施前，先采取封禁措施，防止料场被继续破坏。采取的工程措施主要是将现有的凹凸不平的裸露山面加以平整，在开采坡面的坡顶及坡脚设置排水沟，将雨水引至北江。将坡脚与公路之间的平地及原搭建工棚的平台空地进行平整，回填 0.3~0.5m 厚的腐殖土。根据裸露石山面的地形，采取挂网喷草、山腰种植灌木、坡脚植草三种植物措施相结合的方法。对于裸露的陡峭石山面采取挂网喷播植草措施。对于山腰相对突出，存在平台的地方，在山腰处分级设置台阶，开挖 0.3m×0.3m×0.3m 的树坑，回填腐殖土之后种植灌木类植物勒杜鹃等，株行距 0.5m，形成沿山腰的绿色植物带，在每级台阶处沿山坡面种植藤本植物爬山虎等，间距 0.5m 一束，每束 3~5 条。沿山坡面架设竹竿，协助藤本植物的攀爬。对沿路两旁及开挖形成的平地种植马占相思树，植树的株行距为 2m×2m，其余空地撒播种草。

（3）大岗岭石料场。大岗岭石料场位于京广铁路复线和银英公路附近，占地面积 28.6hm²，石场覆盖层开挖量大，水土流失严重。采取的工程措施主要是将现有的裸露山面及平台加以平整，在 60.00m 高程平台沿坡脚及路边设置排水沟，连接至公路边原有的排水沟，平台空地则进行平整，若裸露面为石山面的则回填 0.3~0.5m 厚的腐殖土。在 60.00m 高程平台北侧路边，原有的陡峭山谷已冲塌，加以修整、回填。根据裸露石山面的地形，采取挂网喷草、山顶种植灌木、坡脚植草三种植物措施相结合的方法。对于裸露的陡峭石山面采取挂网喷播植草措施。沿山顶周边，开挖 0.3m×0.3m×0.3m 的树坑，回填腐殖土之后种植灌木类植物勒杜鹃等，株行距 0.5m，在山顶形成一排灌木丛，在山顶及山脚种植藤本植物爬山虎等，间距 0.5m 一束，每束 3~5 条。沿山坡面架设竹竿，协助藤本植物的攀爬。对沿路两旁及开挖形成的平地种植马占相思树，植树的株行距为 2m×2m，其余空地撒播种草。

3. Ⅲ区水土保持措施

Ⅲ区是指枢纽及其周边料场、施工生活区、项目建设管理局用地，包括主坝区平台山、2 号坝上下游平台、隔流带、水厂山头、右坝头、右岸 15 号土料场、16 号土料场、2 号副坝下游右侧边坡、3 号副坝下游两侧边坡、原二局临时生活区和其他零星裸露地等。

（1）主坝区平台山。山脚广场以大花坛为中心周围种植低矮的灌木和台湾草，其中路边计 10 个停车位。沿着山坡开辟一条小径，蜿蜒而上。5 个重叠的大平台种满常青植物。平台山的最高处——山顶平台建立纪念雕塑广场，用火烧石铺成曲径，精心设置座椅、黄蜡石等小品，人们可在绿荫花丛旁远眺枢纽建筑物宏伟的身姿，感受飞来峡水利枢纽建设者的辛劳成果。

（2）2 号副坝上、下游平台。下游平台开阔平坦，种植芒果。上游平台地形平坦，规划为大面积的公园式绿化。利用上坝公路与平台间的高差，做成斜坡式的绿化空间，斜坡面用各色花草修剪成五彩的文字和图案。主平面以种植绿草平面为主，就像一块绿色的地毯，在上面种植不同品种的鲜花或赏叶灌木，勾勒出美丽的图案，高低错落，层次分明，沿江一面种植垂柳。

（3）隔流带。隔流带位于航道与大江之间，考虑到平时无游客，绿化方面主要以观赏性为主，保留原有的草地和树木，四周间隔种植球形福建茶，中间成片种植黄叶假连翘，从而形成丰富的层次感。

（4）水厂山头。鉴于水厂已成为该区的主体，造园方法运用借景的手法，在美化水厂周围环境的同时，留出足够的平台空间作为远眺之用。

（5）右坝头。右坝头以草坪为主，简洁的绿化种植衬托出飞来峡的青山绿水。广场四周留出大面积的空地作为青年们开展植树活动的基地。

（6）右岸 15 号土料场。15 号土料场植被破坏较为严重，但形成连绵起伏的山丘，顺着山丘开辟几个平台，分别种植品种不同的花卉和灌木。保留原有岩石让它置于绿草、花卉、灌木间，形成鲜明的对比。平台上树木间铺带状白色的广场砖，周围的草地上多种灌木被剪成各式图案，象征着波浪、雨滴、涟漪等。

（7）16 号土料场。进场公路右侧为 16 号土料场。在靠近 1 号副坝的部分 16 号料场处已经形成两个沉淀池，并已有一道土堤分隔两个沉淀池。此部分主要治理措施为沿 1 号副坝进场后的公路右侧山坡坡脚设置一道排水沟，将水引至一级沉淀池，穿过土堤后通向二级沉淀池，由于坡面已经形成了良好的植被，只需将坡脚的冲蚀面平整，进行植树、植草。在离飞来峡管理局大门附近处，沿两座山头之间的山谷处引一条排水沟至公路边的坡脚平地，环两座山坡坡脚设置排水沟，汇合之后引向飞来峡管理局大门附近的沉淀池，然后外排，这两座山头坡面已经形成了良好的植被，故只将坡脚的冲沟及坡脚平地平整，进行植树、植草。已经植树的部分区域仍然有冲沟的，则将树之间的冲沟稍加平整，撒播草籽。株行距达不到 2m×2m 的区域补种马占相思和木荷。

（8）2 号副坝下游右侧边坡。对下游右侧边坡的杂草进行清理，铺 50cm 腐殖土，种植台湾草及福建茶。

（9）3 号副坝下游两侧边坡。将下游右侧边坡草割除，保留原有树木，清除施工遗留的混凝土块等杂物，回填土方平整坡面，裸露坡面植树种草。对下游左侧坡面进行清理、平整；设置排水沟；种植台湾草。

（10）原二局临时生活区。原临时生活区位于银英公路旁，属工程建设时期施工单位临时生活区。保留原有混凝土路面和植被，清除地面杂物，将裸露地规划成果园。

（11）其他零星裸露地。其他零星裸露地包括坝区 20 号料场道路土、石边坡、情人道路两边整治绿化，黄洞堤石角村岛、1 号副坝周边绿化，主要采取坡面平整、护坡、铺草皮、植树、植草等水土保持措施。

（四）水土保持施工

工程由广东水电二局股份有限公司、广东省水利水电第三工程局有限公司、广东省源天工程有限公司等单位施工。

为确保工程水土保持设施的顺利实施和管理，建设单位明确内部管理职能，配套技术专职工作人员。在实施专项工程阶段，建设单位还抽调了各有关部门技术骨干组成了实施专项工程领导小组和工作组，负责项目的全面实施。项目开展了施工监理和水土保持监测。

在项目的实施过程中，项目法人单位按照基本建设管理的要求，制定了《实施飞来峡水利枢纽水土保持项目的管理规定》，规范施工作业行业，完善了施工验收制度，并每周定期召开项目法人、监理、设计、施工单位协调会议，及时处理相关施工遇到的实际问题，使项目实施顺利进行，确保施工质量和进度要求，项目的实施严格按照水利工程建设项目招标管理规定公开招标。

（五）水土保持验收

2006 年 3 月，水利部在广东省清远市主持召开了广东省飞来峡水利枢纽工程水土保持设施竣工验收会议，会议认为，飞来峡管理局认真履行了水土流失防治的法律义务和责任，落实了水土保持方案，完成了规定的水土保持建设任务，水土保持设施的管理维护责任明确，水土流失防治效果明显，同意通过竣工验收，正式投入运行。

工程共计综合治理水土流失 581.63hm²，共完成土石方工程量 38.70 万 m³，平整场地 26.03 万 m²，浆砌石护堤 1 万 m，铺设广场砖 8916 m²，营造水土保持林 212.55 hm²，种草 21.84 万 m²。飞来峡水利枢纽工程水土保持措施设计符合当地实际，工程布局合理，建成的各项设施外观整齐，施工质量达到了规定标准，运行正常，发挥了较好的水土保持功能，未发现工程质量缺陷。工程扰动土地治理率达到 98.0%，水土流失治理度 96.4%，土壤流失控制比 1.03，植被恢复系数 97.9%，林草覆盖率 36.6%，水土流失防治效果达到了国家规定的要求。水利部批复的飞来峡水利枢纽水土保持工程投资 2170.95 万元，实际完成投资 2160.92 万元，投资控制执行良好并有节余。

（六）水土保持效果

飞来峡水利枢纽通过水土保持工程的实施，达到了水土流失目标控制要求，使水土流失量减少 80% 以上，泄入周边地区或下游的泥沙显著减少，重点治理区的林草覆盖率达到 80% 以上，达到了设计要求。坝区土壤流失控制比接近 1，拦渣率接近 100%，林草覆盖率达到 76%，植被恢复系数 100%，扰动土地整治率 100%，水土保持效果良好。

飞来峡水土保持专项工程通过了水利部的验收，荣获了 "2004 年度水利部开发建设项目水土保持示范工程" 称号，发挥了较好的示范和引领作用。飞来峡水利枢纽水土保持设计考虑了工程景观与周边自然景观相协调，创造出不同氛围的环境景观空间，形成了山美、水秀的水利风景区景观。景区具有飞来峡特色，大坝展雄姿，库面出平湖。通过大坝的蓄水，形成了 70km² 的水面，延伸至库区黎溪镇、连江口镇，英德市城区利用库面水景建设了江滨公园，远眺青山，近赏平湖，库区处处呈现山水相辉、鱼肥鸟翔的如画景色，形成了一道亮丽的水利风景线，有力地促进了库区旅游业的发展，促进了库区的经济发展。2001 年被评为首批国家水利风景区。工程水土保持措施效果见图 4.14-1 和图 4.14-2。

图 4.14-1　主坝区全貌（照片由中水珠江规划勘测设计有限公司提供）

图 4.14-2　主坝区一角（照片由中水珠江规划勘测设计有限公司提供）

三、水土保持后评价

（一）目标评价

通过水土保持工程的实施，达到了水土流失目标控制要求，使水土流失量减少80％以上，泄入周边地区或下游的泥沙显著减少，重点治理区的林草覆盖率达到80％以上，达到了设计要求。坝区土壤流失控制比接近1，拦渣率接近100％，林草覆盖率达到76％，植被恢复系数100％，扰动土地整治率100％，水土保持效果良好。

根据现场实地调研，飞来峡水利枢纽水土保持设计考虑了工程景观与周边自然景观相协调，创造出不同氛围的环境景观空间，形成了山美、水秀的水利风景区景观。

水利枢纽工程由于坝型的选择对于扰动地表面积和项目区林草覆盖率的影响较大，后期应研究不同坝型的林草覆盖率指标值，特别是从建设生态水利工程的战略角度出发，今后应当将水土保持作为坝型选择的重要因素纳入比选内容。

（二）过程评价

1. 水土保持设计评价

水土保持方案批复后，工程建设后期，飞来峡管理局利用建设和运行管理的部分经费，相继进行了枢纽主体工程建设区包括部分土石料场、道路沿线、大坝周边的水土流失治理与绿化，水土流失得到了较好的控制。但也由于防治责任范围发生了一定的变化，后续又对设计内容进行了部分调整。针对库区所列各移民工程进行了调查，根据水土流失现状和危害，选取了10个影响较大、危害较严重的移民点作为初步治理点；18号、19号、20号土料场在移交政府前进行初步治理，板塘石料场、大岗岭石料场尽可能恢复生态；对16号土料场、水厂山头、平台山、2号副坝上下游平台、船闸左侧平台、右坝头、原施工生活区等进行全面统一规划设计，将水土保持与坝区环境美化整体相结合，适当提高水土保持美化绿化设计标准。

与国内外同类项目比较，该工程把水土保持作为主体工程设计优化的重要参考指标，先后对枢纽总体布置、施工方法、施工组织设计等进行了优化，促进弃渣的减量和综合利用、减少施工扰动范围和强度，从源头上减少水土流失，取得了较好的水土保持效果。在国内较早提出将水土保持与工程景观绿化有机结合，将景观设计理念贯穿于水土保持设计全过程，在珠江流域内开创了将水土保持与工程景观绿化统筹考量、同步规划设计的先河。在水土保持设计中放弃了当时占主流的硬防护设计，而是采取以生态护坡为主的设计思路，研究应用了彼时最为先进的挂网喷草、无网喷草、挂板植草、植树技术，间隔挂板、混合立体种植等相结合的石壁坡面强制绿化技术。该工程是珠江流域内最早应用生态护坡技术治理岩质边坡水土流失的大型水利工程。

根据广东省科学技术情报研究所的科技查新报告，"广东省飞来峡水利枢纽工程水土保持设计"，在内容上具有技术新颖性特点。

2. 水土保持施工评价

飞来峡水利工程水土保持措施在施工中，严格执行了招投标制、施工监理制，建设管理单位也加强了对施工单位的管理和要求，确保按设计图纸施工。特别是较早地开展了水土保持监测工作，为达到防治目标起到了重要作用。

3. 水土保持运行评价

工程完工后，临时用地均办理了移交手续，部分土料场作为坝区管理用地纳入了景观用地，运营管理单位飞来峡管理局十分重视水土保持的运行维护工作，将水利工程与水利风景区、水文化宣传和发扬充分结合，由飞来峡管理局下设的工程建设科负责运营管理，确定了水土保持专责人员，制定了管理制度。运行期间的具体绿化植株的洒水、施肥、除草等维护、管护工作通过公开招标的方式，确定由专业队伍（第三方单位）承担，确保管理范围内的绿化美化和水土流失防治达标。

（三）效果评价

1. 植被恢复效果

飞来峡水利枢纽重视生态恢复和景观效果，因此植被恢复效果显著。无论是取土场、弃渣场或枢纽平台，植被恢复率在 98% 以上。飞来峡库区水土保持树种主要选择马占相思、木荷、黎蒴等，草种主要选择香根草、百喜草、百慕大等，并间种勒杜鹃等开花植物，在形成乔灌草综合防护的基础上，达到水土保持、生态、景观的高度统一。在主坝区更是采用了美丽异木棉、桂花、红花羊蹄甲等岭南常用园林绿化树种，坝区平台山为了配合工程纪念雕塑、循环跌水，在边坡上种植了成片的桂花，水池中种植睡莲，在平台设置观赏花坛，平台山边种植大叶榕树，形成纪念雕塑与山、水、植物相结合的标志性景观。板塘石料场和大岗岭石料场，采取挂网喷草、无网喷草、挂板植草、植树技术，间隔挂板、混合立体种植等相结合的石壁坡面强制绿化技术。在 0°～45° 的缓坡面采用无网喷草，在 45°～70° 石坡面采用挂网喷草，大于 70° 的石坡面或反坡面采用间隔挂板，林草覆盖率达到 70% 以上。

2. 水土保持效果

飞来峡水利枢纽开展了全过程的水土保持监测工作，是全国水利工程水土保持监测开展最早的项目之一。据现场水土保持监测，施工初期取土场的土壤侵蚀高达 3.2 万 t/(km² · a)，但很快引起飞来峡管理局的高度重视，立即采取截（排）水和植被恢复措施减轻水土流失，工程施工期间的 5 年时间，土壤侵蚀量 1.67 万 t，项目区平均土壤侵蚀模数 1510t/(km² · a)；通过各项水土保持措施的实施，至运行期项目区土壤侵蚀模数基本都处于微度，基本看不见明显的水土流失现象。

3. 景观提升效果

飞来峡水利枢纽在进行植被恢复的同时，对Ⅲ区，即大坝枢纽及其周边区域在满足水土保持功能的前提下，采用适当的园林绿化手法，提高整个管理区的绿化质量，使整个坝区内的环境既各具特色，又有机地衔接、融合，以期创造出不同特色的环境景观氛围。结合现有地形地貌尽量保持具"飞来峡特色"的景观完整性，利用借景等绿化手法，根据不同地理条件，创造出不同氛围的环境景观空间，营造园景小区、植被景观特色，使飞来峡水利枢纽成为一个山美、水秀的花园式工程，体现坝区的整体环境美观效果。特别是在右岸的原 15 号土料场设计为一个漫步公园：顺着山丘开辟几个平台，分别种植品种不同的花卉和灌木，小路迂回其间，步移景换；保留原有岩石让它置于绿草之上、花卉、灌木其间，形成鲜明的对比；点缀绿草之上的处处山景和弯弯曲曲的小路组成一幅美丽的图案，草坪与被剪成球状或柱状的灌木相拥抱，绿色植物与原有岩石相辉映，使大自然的生机无处不在；把岩石按枯山水的构造来设置，然后在石头后面种植爬山虎，形成层层叠叠的"瀑布"。

4. 环境改善效果

项目区属于丘陵地貌，群众在丘陵种植果树和农作物过程中本身也时常产生水土流失，且极易形成崩岗。工程产生的 10 个移民点，在建设过程中也有一些水土流失现象，后期通过完整的水土保持规划设计和建设，项目区的环境较工程建设前均有较大程度的改善。到处绿树成荫、花团锦簇，道路灰尘明显减少。景区内四面环水，站闸相连，绿树成荫，景色宜人，是一个集工程景观、人文景观、水利科普知识、旅游休闲、文化娱乐、运动健身、水上运动等为一体的旅游风景区。景区管理到位、功能齐全、制度完善、安全卫生、环境优美。景区栽植各种景观树木达 1000 多种，10 万多株，林草覆盖率达 95％以上，水质优良，符合国家饮用水标准，空气清新，生态环境的改善，使这里成为了鸟类的天堂。空气指数为优的天数在 90％以上。

5. 安全防护效果

飞来峡水利枢纽在国内首次运用吹填砂振冲筑坝新技术，避免了大范围开挖处理，与常规修筑围堰、填筑土坝方案相比，减少土石方开挖近 200 万 m³。工程建设高度重视工程土石方平衡及工程弃渣的综合利用，减少外弃方量。工程土石方开挖总量达 1119 万 m³（包括导流工程量）。通过优化施工时序，主体工程填筑、导流工程土石围堰填筑利用开挖料约 400 万 m³，土石方利用率达 35.7％。视工程部位、开挖时间等，结合道路及施工场地要求等，约有 220 万 m³ 开挖料用于平整场地。此外，还结合升平镇地方发展规划用地回填要求，堆填弃渣 168 万 m³。通过以上施工组织设计的优化，减少外弃渣近 800 万 m³，剩下了 300 余万 m³ 弃土，分别堆弃于上游航道右侧高程 26.00m 的平台、上航道与防护堤之间或沿排水渠渠线就近堆弃，使上航道左侧台地与防护堤连成一片，并在上航道右侧形成"一岛"，为工程建成后美化坝区环境创造条件，成为了主体工程的一部分，水土保持方案和补充设计以及批复均已没有了弃渣场防治工程量，成为了一个零弃渣工程。运行近 20 年以来，无论是枢纽区还是取料场，植物措施及截（排）水设施整体完好，运行正常，没有安全事故发生。

6. 社会经济效果

工程施工后期，对临时占用的土地适宜恢复成耕地的区域实施了复耕等土地复垦措施，有效地增加了当地耕地数量，枢纽区建成的花果园目前种植有砂糖橘、芒果、木瓜、桃树、红江橙等多种果树，其中砂糖橘树 6278 棵，芒果树 667 棵，木瓜树 1000 棵，桃树550 棵等，在一定程度上增加了当地农民的经济收入；同时，工程建成后形成的水库景观符合当地旅游开发规划，通过旅游开发还带动了水库周边旅游市场，增加了电站及当地人民群众的经济来源，经济效益显著。

工程建设过程中各项水土保持措施的实施，将水土保持理念及意识在当地居民、参建单位各方特别是施工单位中树立了起来，起到了宣传、科普、教育的效果，飞来峡水利枢纽已成为广东省水利高等院校、水利设计单位、各级水利部门的实训基地。

7. 水土保持效果综合评价

飞来峡水利枢纽水土保持工程建设，注重将水土保持与水文化融合，将主坝及人工岛区等坝区管理区域按照生态文化小景、生态文化岸坡、生态文化公园区规划建设，做到了工程建设与水土保持相统一，水土保持与文化建设相融合，综合利用与生态绿化相结合，实现了人水和谐，文化融合、水土保持综合效果得分在 90 分以上。飞来峡水利枢纽工程水土保持效果评价指标见表 4.14-1。

表 4.14-1　　　　　　　飞来峡水利枢纽工程水土保持效果评价指标

项目分区	评价指标	结果	标准值	得分
Ⅰ区	水土流失总治理度/%	96	95	100
	土壤流失控制比	1.0	1.0	100
	林草覆盖率/%	33	27	100
	植物多样性指数	0.51	1	50
	美景度	3	5	60
	乡土树种比例	0.40	0.70	0.60
	单位面积枯枝落叶层/cm	1.2	1.5	80
	郁闭度	0.25	0.30	0.80
	表土层厚度/cm	20	30	65
Ⅱ区	水土流失总治理度/%	97	95	100
	土壤流失控制比	1.0	1.0	100
	林草覆盖率/%	80	27	100
	植物多样性指数	0.7	1	70
	美景度	3	5	60
	乡土树种比例	0.50	0.70	0.70
	单位面积枯枝落叶层/cm	1.5	1.5	100
	郁闭度	0.30	0.30	0.10
	表土层厚度/cm	20	30	65
Ⅲ区	水土流失总治理度/%	98	95	100
	土壤流失控制比	1.0	1.0	100
	林草覆盖率/%	80	27	100
	植物多样性指数	0.8	1	80
	美景度	5	5	100
	乡土树种比例	0.55	0.70	0.80
	单位面积枯枝落叶层/cm	1.5	1.5	80
	郁闭度	0.40	0.30	0.10
	表土层厚度/cm	30	30	100

四、结论及建议

（一）结论

飞来峡水利枢纽创造性地提出把水土保持作为主体工程设计优化的主要参考指标，通过对枢纽总体布置、施工方法、施工组织设计等进行优化，促进弃渣的减量和综合利用、减少施工扰动范围和强度，从源头上减少水土流失，将工程建设与自然和谐相结合，具有前瞻性。飞来峡水利枢纽在施工方法方面，在国内首次运用吹填砂振冲筑坝新技术，避免了大范围开挖处理，缩短了工期，减少土石方开挖近 200 万 m^3，有效减少了施工扰动范围、强度、时间、弃渣量和水土流失。

将水土保持与工程景观绿化有机结合，将景观设计理念贯穿于水土保持设计全过程。为实现"建设速度一流、质量一流、管理一流、效益一流"工程建设总体目标，把飞来峡水土保持专项工程建成广东水利行业水土保持"一流工程、特色工程、精品工程、廉洁工程"，立足于实际，以枢纽坝区为核心区，以种植树木和草皮绿化为主进行水土保持整治，利用时尚的设计手法，以带状景观、线型景为主，结合现状场地条件，营造点、线、面相结合的全方位、不同特色的环境景观，并尽量保持具有"飞来峡特色"的景观完整性，利用适当的借景、纪念雕塑等园林绿化手法，根据不同地理条件，创造出不同氛围的环境景观空间，营造园景小区、植被景观特色，使整个坝区内的环境既各具特色，又有机地衔接、融合，以创造出不同特色的环境景观氛围，提高整个建设区的绿化质量，使飞来峡水利枢纽成为一个山美、水秀的花园式工程，体现坝区整体环境的美观。

该工程较早采用了石壁坡面强制绿化技术方案，提高了水土保持效果和科技含量。板塘石料场和大岗岭石料场为飞来峡水利枢纽建设期的主要采石场，石料开采后，陡峭岩石坡面凹凸不平，完全裸露，迹地只有少量存在生长不好的植物，植被恢复难度很大。在这两个石料场的设计中，为达到与周边环境的协调，研究应用了彼时最为先进的挂网喷草、无网喷草、挂板植草、植树技术，间隔挂板、混合立体种植等相结合的石壁坡面强制绿化技术。在 0°～45°的缓坡面采用无网喷草，在 45°～70°石坡面采用挂网喷草，大于 70°的石坡面或反坡面采用间隔挂板。

（二）建议

水利枢纽工程由于坝型的选择对于扰动地表面积和项目区林草覆盖率的影响较大，后期应研究不同坝型的林草覆盖率指标值，特别是从建设生态水利工程的战略角度出发，今后应当将水土保持作为坝型选择的重要因素纳入比选内容。

案例 15 南水北调中线京石段应急供水工程（北京段）

一、项目及项目区概况

（一）项目概况

南水北调中线京石段应急供水工程（北京段）南起与河北省相接的北拒马河中支南，经过北京市房山区、丰台区、海淀区，至终点团城湖，全长约 80.34km。

南水北调中线京石段应急供水工程（北京段）为Ⅰ等工程，北京段总干渠渠道和管涵、加压泵站、大宁调压池、隧洞工程、各类交叉建筑物及控制工程等主要建筑物均按1 级建筑物设计，分水口门、退水闸等按 3 级建筑物设计，临时建筑物按 4～5 级建筑物设计。总干渠渠道防洪标准为 50 年一遇洪水设计，100 年一遇洪水校核，河渠交叉建筑物（集流面积 20km² 以上），100 年一遇洪水设计，300 年一遇洪水校核。工程建成后，多年平均向北京供水 10 亿 m^3，（供城市生活用水 8.0 亿 m^3，供工业用水 2.0 亿 m^3）。渠首设计流量为 $50m^3/s$，加大流量至 $60m^3/s$。

（二）项目区概况

项目区沿线地区气候属于暖温带半干旱季风气候。年平均气温 11～12℃，多年平均年降水量在 590mm 左右，降水量年内分配不均匀，其中 6—8 月降水量占全年降水量的 75% 以上。沿线冬季盛行偏北风，夏季盛行偏南风，春秋季为南北风，多年平均风速在 2.5m/s 左右，其中 4 月风速最大，可达 20～24m/s。多年平均冻土深 0.47m，最大冻土深通常发生在 2 月，一般为 0.5～0.8m。项目区土壤以砾质轻壤质为主，砾质砂壤及中壤次之。自高而低土壤类型依次为草甸土、棕壤和褐土。平原地区土壤主要是冲洪积物，以轻壤质为主。项目沿线经过地区为高山、丘陵向平原的过渡带，地形变化急剧，河谷纵坡大，植被破坏严重，土壤涵蓄水分能力低，易造成水土流失。植被类型属于暖温带落叶阔叶林，主要乡土树种为松、杉、柏、杨、柳、榆、槐等。

按全国土壤侵蚀类型区划分，项目区属于北方土石山区，容许土壤流失量 $200t/(km^2 \cdot a)$。水土流失类型主要为水力侵蚀，水土流失形式以面蚀和沟蚀为主。项目不涉及国家级水土流失重点预防区和重点治理区，根据《北京市水土保持规划》，项目区涉及北京市水土流失重点预防区和重点治理区。

二、水土保持目标、实施过程及效果

（一）水土保持目标

结合工程的建设特点及同类工程的水土保持经验，南水北调中线京石段应急供水工程（北京段）建设初期，提出要特别注重临时措施的布置，尽量减小对周边环境的影响，同时应与首都的城市绿化、环境美化相结合，与城市水土保持相结合，坚持高标准设计，高标准绿化，以适应首都的城市发展以及对环境的更高要求。

南水北调中线京石段应急供水工程（北京段）水土保持方案编制依据《开发建设项目水土保持方案技术规范》（SL 204—98），制定的防治目标见表 4.15-1。

表 4.15-1　　　　　　　　　工程水土保持防治目标情况表

防治指标	防治目标值	防治指标	防治目标值
扰动土地整治率	95%	拦渣率	95%
水土流失治理度	95%	植被恢复率	98%
土壤流失控制比	1.2	林草覆盖率	45%

（二）水土保持方案编报

2003 年 6 月，南水北调北京工程办公室委托北京市水利规划设计研究院编制该项目水土保持方案，2003 年 7 月，水规总院以"水总环移〔2003〕61 号"对南水北调中线京石段应急供水工程（北京段）水土保持方案大纲予以批复。在 2003 年 8 月，北京市水利规划设计研究院编制完成的《南水北调中线京石段应急供水工程（北京段）水土保持方案报告书》（送审稿）通过了水规总院组织的专家技术审查，并在 2003 年 10 月完成该项目最终的水土保持方案报批稿。根据南水北调中线一期工程总体要求，为配合南水北调中线一期工程总体可行性研究报告的批复和一些单项工程开工后水土保持建设管理的需要，

2007 年 5 月，水利部以"水保〔2007〕177 号"将南水北调中线一期工程的水土保持总体方案 16 个单项工程水土保持方案一并予以批复。

（三）水土保持措施设计

工程的水土保持后续设计由北京市水利规划设计研究院设计完成。根据批复的水土保持方案，南水北调中线京石段应急供水工程（北京段）设计的水土保持措施主要为防洪排导工程、斜坡防护工程、表土保护工程、降水蓄渗工程、土地整治工程、植被建设工程、临时防护工程等。南水北调中线京石段应急供水工程（北京段）水土保持措施设计情况见表 4.15－2。

表 4.15－2　南水北调中线京石段应急供水工程（北京段）水土保持措施设计情况表

措施类型	区域	设计措施实施区域	主要措施及标准
防洪排导工程	主体工程施工区	渠首枢纽边坡排水	钢筋混凝土排水沟、涵洞、截水沟、排水沟。采用 50～100 年一遇标准
斜坡防护工程	主体工程施工区	主要分布在渠首枢纽区域	浆砌石护坡、堤脚防护。采用 50～100 年一遇标准
表土保护工程	各施工区	对可剥离的耕地、林地及草地实施剥离措施	表土剥离，剥离厚度 30～50cm，后期回覆至绿化区域及复垦区域用作绿化覆土和土地复垦用土
降水蓄渗工程	主体工程施工区	泵站、管理所	采用透水砖铺装和雨水渗沟，增加雨水入渗
土地整治工程	各施工区	PCCP 管道维修、生产生活区以及弃渣场区的临时占地区域	临时道路迹地恢复、渣场弃渣分层整平、压实
植被建设工程	主体工程施工区	主要分布在泵站、管理所、团城湖明渠段，渠首枢纽、PCCP 管道维修道路及隧洞进出口周边	对泵站、管理所、调压池区、团城湖明渠段等永久设施周边进行园林景观绿化。绿化树（草）种选择国槐、圆柏、毛白杨、雪松、侧柏、桧柏、龙爪槐、柳树、桎柳、黄栌、大叶黄杨、紫叶小檗、冷季草坪等；对于渠首枢纽、PCCP 管道维修道路及隧洞进出口周边采用行道树及坡面绿化，绿化树（草）种选用国槐、毛白杨、大叶黄杨、撒播草籽等
临时防护工程	主体工程施工区、生产生活区	主要分布在泵站、管理所、调压池区、团城湖明渠段等区域（施工临时挡护）	为防止土（石）撒落，大风扬尘，堆放土方采用编织袋装土拦挡、土工织物覆盖并洒水降尘，在场地周围采用铁质围挡措施，在场地周边布设土质排水沟排除施工期间场地积水

（四）水土保持施工

工程水土保持措施施工单位采取招投标的形式确定，措施施工单位同主体工程一致。为了确保南水北调中线京石段应急供水工程（北京段）的建设质量，加强工程建设过程中的水土保持工作，南水北调中线干线工程建设管理局自成立之初，就确立了水土保持工程与主体工程建设"三同时"的指导原则，2006 年成立了移民环境管理局，具体负责南水北调中线干线的水土保持与环境保护的管理工作，明确了管理单位和管理责任。

在项目建设管理工作中，建设单位作为业主职能部门牵头组织设计、监理、施工等参建各方质量负责人，对参建各方质量体系进行检查和评价，推进质量宣传活动和质量评比活动，决定质量奖罚。

工程开工前，建设单位依据水土保持方案，委托具有水土保持工程设计经验的设计单位，对水土保持工程项目进行细化和深化设计，并通过招标选择有相关资质、相关施工经验和技术力量强的施工单位进行水土保持工程项目的施工，为水土保持设施实施奠定了良好基础。

建设过程中，职能部门水土保持管理人员每周对施工区水土保持专项、具有水土保持功能项目和已投入使用的水土保持项目进行检查，检查内容包括水土保持专项工程施工质量、施工进度、弃渣情况及运行情况等，对检查中发现的问题及时通知建设监理和施工单位，并督促整改。

根据水利部"水函〔2002〕136号"要求："建设单位在建设过程中，应委托具有相应资质的监测机构承担水土保持监测任务，并定期向水行政主管部门提交监测报告。"建设单位委托北京中水新华国际工程咨询有限公司对项目进行水土保持专项监测。

为做好南水北调中线京石段应急供水工程（北京段）水土保持工作，依据国家的有关规定和要求，经招标，由北京水保生态工程咨询有限公司承担南水北调中线京石段应急供水工程（北京段）的水土保持监理工作。

（五）水土保持验收

2011年1月，建设单位启动了项目水土保持设施竣工验收准备工作。经现场查勘评估，江河水利水电咨询中心于2012年8月完成《南水北调中线干线京石段应急供水工程（北京段）水土保持设施验收技术评估报告》，2013年1月，该工程水土保持设施通过了水利部组织的水土保持设施专项验收（办水保函〔2013〕191号）。

北京市南水北调工程建设管理中心于2006年8月成立，承担南水北调中线干线北京段工程建设管理任务，并设立了水土保持机构，健全了水土保持工作管理制度，具备健全的组织机构和管理体系，运行管理制度完善，岗位责任明确，能够保证主体及水土保持设施的正常运行。

（六）水土保持效果

南水北调中线京石段应急供水工程（北京段）自竣工验收以来，水土保持设施已安全、有效运行10年以上，主体工程施工区实施的边坡排水措施、坡面防护措施、透水铺装、行道树绿化、园林绿化、草坪等措施较好地发挥了水土保持的功能。根据现场调查，实施的防洪排导、斜坡防护、降水蓄渗、土地整治、植被建设等措施未出现拦挡措施失效、截（排）水不畅和植被覆盖不达标等情况。工程水土保持措施防治效果见图4.15-1和图4.15-2。

三、水土保持后评价

（一）目标评价

南水北调中线京石段应急供水工程（北京段）设计阶段按照水土保持"三同时"制度的要求，依法编报了水土保持方案，按照批复的水土保持方案和有关法律法规要求，根据水土保持方案和工程实际情况，开展了水土保持专项设计，优化了施工工艺。

根据现场实地调研，建设期间，水土保持防治措施与主体工程建设同步进行，各类建设场地经过清理平整，防治责任区域采取了一系列水土保持工程措施和绿化美化工程，有效控

图 4.15-1 南水北调中线京石段应急供水工程（北京段）渠首枢纽全貌
（照片由北京市水利规划设计研究院提供）

图 4.15-2 惠南庄泵站全貌（照片由北京市水利规划设计研究院提供）

制了工程建设期间的水土流失，基本完成了水土保持方案及初步设计要求的水土保持设施。

在后续工程运行期间，各项水土保持措施防护效果得到明显体现，乔、灌、草、花相结合，以草坪为主的园林式绿化，不仅控制了水土流失，而且美化了环境，水土保持功能逐步体现，水土保持措施设计及布局合理，通过工程措施、植物措施、复耕措施和临时措施的实施，能有效防治防治责任范围内的水土流失，保证主体工程的正常运行，运行期间未出现明显的水土流失现象。根据水土保持监测结果，水土保持方案阶段制定的 6 项防治目标均达到了生产建设项目水土保持方案技术规范的要求，满足国家对开发建设项目水土保持的要求。

（二）过程评价

1. 水土保持设计评价

防洪排导工程：南水北调中线京石段应急供水工程（北京段）防洪排导工程主要为渠首枢纽边坡钢筋混凝土排水沟、涵洞、截水沟，截（排）水沟防洪标准采用 50～100 年一遇，坡面雨水经收集后，集中排放至河道下游顺接，并设计有完善的消力池和防冲措施。

斜坡防护工程：南水北调中线京石段应急供水工程（北京段）沿线地势平坦，开挖边坡主要集中在渠首枢纽区域，为保证工程运行安全综合采取了浆砌石护坡、堤脚防护等措施。工程运行十几年来，无水土流失灾害发生，运行安全稳定。

表土保护工程：根据现场调查和施工记录资料，工程建设过程中，对可剥离的耕地、林地及草地区域均实施了表土剥离措施，剥离厚度 30～50cm，剥离的表土集中堆放，在施工后期回覆至绿化区域及复垦区域，用作绿化覆土和土地复垦用土，防止了水土流失。

降水蓄渗工程：泵站、管理所广场区域采用透水砖铺装减少硬质铺装，道路两侧采用雨水渗沟，充分增加雨水下渗，减少雨水外排。

土地整治工程：根据现场调查，工程征占地范围内对 PCCP 管道维修道路、生产生活区以及弃渣场区的临时占地区域需要复耕或恢复植被的扰动及裸露土地进行了场地清理、平整、表土回覆等整治措施。目前已经恢复为耕地、林地或作为其他建设用地使用。

植被建设工程：泵站、管理所、调压池区、团城湖明渠段，渠首枢纽、PCCP 管道维修道路及隧洞进出口周边对工程扰动后的裸露土地采取了景观绿化措施。道路两侧种植行道树，其他区域根据用途进行不同形式的绿化和微地形改造，绿化树（草）种主要选择国槐、圆柏、毛白杨、雪松、侧柏、桧柏、龙爪槐、柳树、柽柳、黄栌、大叶黄杨、紫叶小檗、冷季草坪等。

临时防护工程：通过查阅相关资料，工程建设过程中，为防止土（石）撒落，大风扬尘，泵站、管理所、调压池区、团城湖明渠段等区域采取了施工临时挡护措施。堆放土方采用编织袋装土拦挡、土工织物覆盖并洒水降尘，在场地周围采用铁质围挡措施，在场地周边布设土质排水沟排除施工期间场地积水。

根据后评价研究，南水北调中线京石段应急供水工程（北京段）产生的弃渣得到了充分利用，填埋至工程区周边砂石坑和低洼地，整平碾压后用作耕地、林地，提高了土地利用率。建设实际实施的植被建设工程较批复绿化措施规格提高，主要集中在泵站、管理所、团城湖明渠段，采用园林式景观设计的手法运用地形、植被等景观元素屏蔽城市环境的不利影响，通过乔灌草的合理搭配，营造丰富的空间层次，营造生态良好的水源地环境，有利于水土保持效果，打造水源保护区生态模式的"隐性空间"。

2. 水土保持施工评价

南水北调中线京石段应急供水工程（北京段）水土保持措施的施工，严格采用招投标的形式确定其施工单位，从而保障了水土保持措施的质量和效果。

在水土保持质量管理方面，建设单位把水土保持工作作为工程建设和管理的重要组成部分。充分认识到水土保持工作既是国家法律法规的要求，又是工程安全和持续运行的需要，确保了水土保持措施"三同时"制度的有效落实。

（1）水土保持管理机构建设。建设单位南水北调中线干线工程建设管理局重视水土保持和生态建设工作，建立机构、制度、责任、监督、奖惩"五位一体"的管理体系。从建设单位到各参建单位，都具有比较强的水土保持意识和高度的水土保持责任感，配备专门人员，制定工程水土保持工作方案，分阶段明确水土保持工作的内容、重点和要求，对各项水土保持措施高标准设计和规范化施工。构建了由南水北调中线干线工程建设管理局统一组织、各管理单位具体实施、监理单位日常监理、设计单位技术支持、施工单位具体落实、监督单位定期监督的施工期水土保持管理组织体系。

（2）高标准设计，规范化施工。建设单位按照"环境友好工程"的建设目标，工程将生态建设与保护贯穿到各环节，取得了显著成效。特别是对各防治分区采取了园林化景观设计，标准大幅度提高；同时树立大生态理念，将整个渠系统筹考虑，实施了渠道沿线生态恢复景观点。通过招投标，对各地块水土保持绿化采取专业化设计、专业化队伍施工，确保了植被恢复取得实效。由于有高标准的设计和切实可行的监理细则的规定指导了规范化的施工，所以保证了工程的质量。

（3）制度体系健全。建设单位根据实际需要制定了规章制度，建立了一整套的管理制度体系，包括计划合同管理办法、质量管理制度和办法、财务与资产管理制度、档案管理办法、督查工作制度等办法和制度，对工程质量进行实时控制。施工过程中按照标准化、规范化、程序化的要求做好工程管理工作，将水土保持工作纳入主体工程的管理中，确保工程质量始终可控，在水土保持专项设施建设过程中，从未有过因投资不落实或是不到位而影响工程建设的情况发生，为保证水土保持工程的质量奠定了良好的基础。

（4）注重弃渣的综合利用和渣场的治理。南水北调中线京石段应急供水工程（北京段）建设周期长，土石方挖填量较大。工程建设过程中通过优化设计，加强了弃渣的综合利用。如PCCP管道和西四环暗涵沿线弃渣就近填埋了废弃的大坑和荒芜的洼地，既考虑了土石的综合利用，又增加了可用土地，同时又减少了工程的投资，为以后工程弃渣的综合利用提供了重要的依据。

渣场的治理严格按照设计要求实施碾压、平整和植被恢复等水土保持措施，永定河、大宁水库、北拒马河弃渣场经碾压平整后立即播撒草籽恢复植被。PCCP、西四环沿线与地方协商改造原有坑洼地作为弃渣的渣场，在经过碾压平整后交由地方管理使用，用作农耕地、建筑用地和绿化用地等，提高了土地利用率，取得了良好的水土保持效果。

（5）积极开展科学实验研究，恢复生态。建设单位对扰动区生态恢复高度重视，在初步设计水土保持工程专章中对施工生产生活临时占地的恢复进行了详细的设计，并提出了严格的要求。在工程施工中，临时堆土必有苫盖措施或植物措施，施工过程中的临时用地不允许裸露，及时播撒草籽进行绿化。工程结束后，对施工临时占地进行植被恢复。工程的水土保持工程措施严格按水土保持方案的设计标准实施，达到了设计要求，大部分措施的标准高于方案的要求。经过几年运行的考验，防护、拦渣、土地整治、恢复植被等各项水土保持措施运行正常，基本发挥了控制水土流失的作用，水土保持效果较好。项目区水土保持措施经受了2012年北京"7·21"、2016年北京"7·20"特大暴雨的考验，未出现明显水土流失，各项工程及植物措施均正常运行。

2012年7月21日，北京市发生了60年一遇大雨，在大雨后，评估组到现场检查主要的弃渣场的安全问题，发现弃渣场均安全稳定。除突出于周边地面的渣场和有特殊用途的渣场之外，已找不到原来弃渣场的痕迹，尤其是位于房山区大苑上村的崇青隧洞弃渣场和团城湖明渠左侧表土堆放场，由于挡渣墙和渣土边坡及顶面的绿化措施发挥了作用，渣土的顶面和边坡未出现冲沟。

3. 水土保持运行评价

南水北调中线京石段应急供水工程（北京段）运行期间，建设单位严格按照运行管理规定，专人负责对各项水土保持设施进行定期巡查，巡查内容包括水土保持设施的完好程度、植物措施成活状况，并做好巡查记录，记录与水土保持工作有关的事项，发现特殊情况及时上报处理。定期对水土保持设施运行情况进行总结，以便吸取经验和教训，并将总结资料作为档案文件予以保存。

运行期间未发现水土保持设施遭到破坏，对运行中出现的局部损坏及时进行修复、加固，对林草措施及时抚育、补植，保证水土保持设施的正常运行和水土保持效益的持续发挥，能够满足防治水土流失、保护生态环境的需要。

（三）效果评价

1. 植被恢复效果

通过现场调研了解，工程施工期间对占地范围内的裸露地表实施了乔灌木绿化、撒播灌草籽、铺植冷季草坪等方式进行绿化或恢复植被，选用的树（草）种以国槐、圆柏、毛白杨、雪松、侧柏、桧柏、龙爪槐、柳树、柽柳、黄栌、大叶黄杨、紫叶小檗及花卉组合等当地适生的乡土和适生树（草）种为主。运行期间，采取了良好的管护措施，并进一步绿化提升，形成园林式景观格局，项目区实施的林草植被恢复措施营造的苗木植被生长状况良好，与建设期间相比，项目区域内的植物多样性和宜居性等得到了良好的恢复和提升。

南水北调中线京石段应急供水工程（北京段）植被恢复效果评价指标见表 4.15-3。

表 4.15-3 南水北调中线京石段应急供水工程（北京段）植被恢复效果评价指标表

评价内容	评价指标	结 果
植被恢复效果	林草覆盖率	45%
	植物多样性指数	0.55
	乡土树种比例	0.75

2. 水土保持效果

通过现场调研和评价，南水北调中线京石段应急供水工程（北京段）实施的工程措施、植物措施等运行状况良好，通过各项水土保持措施的实施，至运行期项目区土壤侵蚀模数 $190.7t/(km^2 \cdot a)$，使得项目建设区的原有水土流失基本得到治理，达到了固土保水的目的。南水北调中线京石段应急供水工程（北京段）枢纽工程枢纽绿化区表土层厚度 $50\sim70cm$，平均表土层厚度约 60cm。工程迹地恢复和绿化多采用当地乡土和适生树种，经过运行期的进一步管理维护和景观提升，项目区植物多样性和绿化效果得到进一步改善和提升；项目区道路、建筑物等不具备绿化条件的区域采取混凝土、沥青混凝土、透水砖等方式进行硬化。地表硬化、迹地恢复和绿化措施的实施，使得项目区内由于工程建设导致的裸露地表得以恢复，土地损失面积得以大幅减少。

南水北调中线京石段应急供水工程（北京段）水土保持效果评价指标见表4.15-4。

表 4.15-4　南水北调中线京石段应急供水工程（北京段）水土保持效果评价指标表

评价内容	评价指标	结　果
水土保持效果	表土层厚度	60cm
	地表硬化率	55%
	不同侵蚀强度面积比例	98.58%

3. 景观提升效果

南水北调中线京石段应急供水工程（北京段）在进行植被恢复的同时考虑后期绿化的景观效果，采取了乔灌草相结合的景观园林绿化方式，苗木种类选择时选用景观效果比较好的树（草）种，如国槐、圆柏、毛白杨、雪松、侧柏、桧柏、龙爪槐、柳树、柽柳、黄栌、大叶黄杨、紫叶小檗等，常绿树种与落叶树种混合选用种植（约7：3）；同时根据各树种季相变化的特性，进行植物的群落搭配和点缀，形成不同的景观在形、色、线、面上的不断演变和重新组合，创造了景观空间营造在系列性、连贯性、整体性后又一个时间序列上的美感，形成了动态的时间性空间性矛盾统一的四维空间效果。

南水北调中线京石段应急供水工程（北京段）景观提升效果评价指标见表4.15-5。

表 4.15-5　南水北调中线京石段应急供水工程（北京段）景观提升效果评价指标表

评价内容	评价指标	结　果
景观提升效果	美景度	9
	常绿、落叶树种比例	70%
	观赏植物季相多样性	0.7

4. 安全防护效果

通过调查了解，南水北调中线京石段应急供水工程（北京段）共设置弃渣场7处，工程施工时，选取低洼地及砂石坑作为弃渣场，并采取土地平整和弃渣碾压。从现场检查来看，经填埋的低洼地和土坑，现已改做耕地、林地和建筑用地。工程运行以来，各弃渣场运行情况正常，未发生水土流失危害事故，拦渣率达到了99%。

南水北调中线京石段应急供水工程（北京段）安全防护效果评价指标见表4.15-6。

表 4.15-6　南水北调中线京石段应急供水工程（北京段）安全防护效果评价指标表

评价内容	评价指标	结　果
安全防护效果	拦渣设施完好率	99%
	渣场安全稳定运行情况	稳定

5. 社会经济效果

南水北调中线工程是一项跨流域、跨省市的特大型调水工程，是水利部和国家发展和改革委员会（原国家计划委员会）根据北京水资源的严峻形势设立的应急供水工程，其主要目的是用于解决北京城市生活及工业需水，通过联合调度置换出当地水资源以改善水环境及满足农村经济发展，以及为在奥运之前解决北京供水问题。工程对优化我国水资源配置，缓解华北地区的水资源紧缺状况，改善区域生态环境，促进华北地区国民经济和社会可持续发展，具有重大战略意义。

截至 2021 年年底，入京的南水北调水已超 73 亿 m³。南水北调水为北京市多水源优化配置、加强城市供水保障、提高水资源战略储备、涵养回补水源地、水资源科学统一精细化调度护航，有力支撑了首都高质量发展。北京市地下水水位连续 6 年回升，与 2014 年同期对比，地下水水位回升 9.14m。通过入河、入海、入地的系统化补水，永定河、潮白河、北运河、泃河、拒马河五大河流实现全线水流贯通入海，大运河北京段全线通航。2021 年度，北京市新增 27 条有水河道，新增有水河长 452.61km。河道内水质及水生态健康状况持续改善，各类污染物浓度指标大幅度下降，流域水生生物多样性和水生态功能得到恢复，创造了巨大的环境和社会效益。

水土保持措施的实施，极大地降低了对于耕地、林地的占用，提高了土地利用率，减少对项目区居民生产、生活的影响，带来了直接的经济效益。另外，通过实施工程水土保持的工程措施和植物措施，大大降低了管线营运的维修防护等费用，延长了使用年限，减小了水土流失给主体工程带来的危害，保障管线运营与供水的安全，使调水的经济效益得以最大限度地发挥。

在工程建设过程中各项水土保持措施的设计及实施，有效改善了工程防治责任范围内的土壤结构，增强水分入渗，减少地表径流；有效地恢复和提高了工程沿线的土地生产力，增加了农民收入，维护了社会稳定；提高了环境容量，改善了投资环境，使环境与经济发展实现良性循环，实现可持续发展；良好的生态环境建设，使得拆迁移民工作得以顺利开展，为移民安置区人民生活水平的提高打下良好的基础，对加快工程建设和发展首都经济具有重要的意义。通过公众满意度调查，91.4% 的人认为项目区林草植被恢复情况较好，94.3% 的人认为项目对弃土弃渣管理较好，91.4% 的人认为项目对所扰动的土地恢复利用较好。

通过各项水土保持措施的实施，在带来直接经济效益的同时，项目区植被覆盖度的提高，还有助于绿化和美化环境，减少大气污染，大大改善管线沿途的自然景观。特别是团城湖明渠段的园林式绿化，成为南水北调末端一道亮丽的风景线，成了科普教育基地，使得首都居民对水土保持、水土流失治理、保护环境等的认识更加深入，有利于后续其他建设项目水土流失防治工作的开展，引导当地生态环境的良性发展。

南水北调中线京石段应急供水工程（北京段）社会经济效果评价指标见表 4.15 - 7。

表 4.15 - 7　南水北调中线京石段应急供水工程（北京段）社会经济效果评价指标统计表

评价内容	评价指标	结　果
社会经济效果	促进经济发展方式转变程度	好
	居民水保意识提高程度	好

6. 水土保持效果综合评价

利用层次分析法根据各项指标的权重来计算南水北调中线京石段应急供水工程（北京段）各指标实际值对于每个等级的隶属度。

南水北调中线京石段应急供水工程（北京段）各指标隶属度分布情况见表 4.15-8。

表 4.15-8 南水北调中线京石段应急供水工程（北京段）各指标隶属度分布情况一览表

指标层 U	变量层 C	权重	各等级隶属度				
			好（V1）	良好（V2）	一般（V3）	较差（V4）	差（V5）
植被恢复效果 U1	林草覆盖率 C11	0.1080	0.75	0.25			
	植物多样性指数 C12	0.0720	0.65	0.35			
	乡土树种比例 C13	0.0600	0.75	0.25			
水土保持效果 U2	表土层厚度 C21	0.0805		0.3333	0.6667		
	地表硬化率 C22	0.0690	0.45	0.55			
	不同侵蚀强度面积比例 C23	0.0805	0.25	0.75			
景观提升效果 U3	美景度 C31	0.0715	0.65	0.35			
	常绿、落叶树种比例 C32	0.0260		0.70	0.30		
	观赏植物季相多样性 C33	0.0325		0.65	0.35		
安全防护效果 U4	拦渣设施完好率 C41	0.0980	0.75	0.25			
	渣场安全稳定运行情况 C42	0.1820	0.80	0.20			
社会经济效果 U5	促进经济发展方式转变程度 C51	0.0540	0.50	0.50			
	居民水保意识提高程度 C52	0.0660		0.70	0.30		

经分析计算，南水北调中线京石段应急供水工程（北京段）模糊综合评判结果见表 4.15-9。

表 4.15-9 南水北调中线京石段应急供水工程（北京段）模糊综合评判结果一览表

评价对象	好（V1）	良好（V2）	一般（V3）	较差（V4）	差（V5）	综合得分
南水北调中线京石段应急供水工程（北京段）	0.5221	0.3933	0.0846	0	0	88.75

根据最大隶属度原则，南水北调中线京石段应急供水工程（北京段）V1 等级的隶属度最大，故其水土保持评价效果为好，综合得分 88.75 分。

四、结论及建议

（一）结论

1. 建立"三落实"工程管理体系

南水北调中线干线工程建设管理局既是南水北调京石段应急供水工程的建设单位，又是南水北调京石段应急供水工程的管理单位。因此对水土保持工作非常重视，把水土保持工作作为工程建设和管理的重要组成部分，将水土保持工程项目纳入主体工程施工之中，建立了项目法人负责、监理单位控制、施工单位保证、政府职能部门监督的质量管理体系，加强工程建设的监督检查力度。后期管理过程中，配备专职人员，具体负责水土保持工作，制定了有关管理规定和处罚措施，做到分工明确，责任到人。建设单位通过严格档案管理，落实巡查记录，及时修复、加固，保障了工程建设及运行过程中组织落实、制度落实、经费落实的"三落实"，保证了水土保持设施的正常运行和水土保持效益的持续发挥。

南水北调中线京石段应急供水工程（北京段）按照我国有关水土保持法律法规的要求，贯彻落实了水土保持"三同时"制度的要求，开展了卓有成效的水土保持工作，开展了水土保持专项补充设计，优化了施工工艺，实施了水土保持方案和主体设计确定的边坡防护、排水等措施，完成的各项工程安全可靠，工程质量合格，因工程造成的防治责任范围内水土流失得到了全面系统的治理。水土保持档案管理规范，竣工资料齐全，质量检验和评定程序规范，未发现重大质量缺陷，工程运行十余年来，未发生水土流失事故，运行情况良好，有效达到了防治水土流失的目的。

2. 水土保持工程与绿化美化相结合

南水北调中线京石段应急供水工程（北京段）在团城湖调节池等城市区，采用景观设计的手法运用地形、植被等景观元素屏蔽城市环境的不利影响，营造生态良好的水源地环境，有利于水土保持效果。绿化景观设计与周边环境及城市底蕴相结合，融合中国传统文化和南水北调现代水文化，在满足工程建设需求的同时，打造水源保护区生态模式的"隐性空间"，形成水利工程名片和科研教育基地，增强群众的获得感，增强社会水土保持、保护生态的意识，推动区域生态文明建设再上新台阶，值得其他工程借鉴。

（二）建议

建议在后续生产建设项目水土保持工作中，除了采用传统水土保持措施外，进一步引进新技术、新方法，并结合主体工程景观、建筑方案，纳入工程总投资，在后续工程设计、施工中加以优化，形成完整的水土保持体系。对于位于城市区的建设项目，宜适当提高植被绿化规格，在恢复植被的同时，充分考虑人文历史、生态环保等城市功能的要求，打造优美的城市绿化景观，充分恢复受损的生态系统，恢复河流的自然风貌，净化、美化水环境系统，为城乡创建理想的人居环境，提高居民的幸福感、获得感，有利于水土保持工作的开展，同时也推动我国城市的可持续发展。

案例 16　黄壁庄水库除险加固工程

一、项目及项目区概况

（一）项目概况

黄壁庄水库位于河北省鹿泉市黄壁庄镇附近的滹沱河上，距省会石家庄市约 30km，于 1958 年动工兴建，1959 年拦洪，1960 年蓄水，是海河流域子牙河水系重要支流——滹沱河中下游重要的、控制性的大（1）型水利枢纽工程，总库容 12.1 亿 m^3，兴利库容 4.64 亿 m^3，水库的任务以防洪为主，兼顾城市供水、灌溉、发电等功能。

该工程于 1999 年 3 月正式开工，2004 年 6 月完工。工程内容包括现有建筑物加固和新增非常溢洪道两大项目，现有建筑物加固主要是对副坝采用垂直防渗墙、重力坝采用帷幕灌浆措施减少渗漏，对正常溢洪道采用预应力锚索方案解决现存问题；新增非常溢洪道用来解决水库现在防洪标准低的问题，新增溢洪闸室设 5 孔，每孔宽 12m。

（二）项目区概况

水库西属太行山区，东接华北平原。山区北部山脊高程多在 300.00m 以上，最高达

800.00m；南部山脊多呈东西或北东向排列，高程 300.00～700.00m。山区与平原之间为丘陵地带，高程多在 200.00m 左右。滹沱河以北、南甸河以东较宽阔平坦，间有残山，高程为 150.00～500.00m。丘陵的前缘为北西—南东向的垅岗，高程多在 200.00m 以下，分布于滹沱河以北。东部是广阔的华北平原，地面高程 100.00m 左右，向东逐渐降低。

项目区属暖温带大陆性季风气候区，其特点为冬季寒冷干燥，夏季炎热多雨。年平均气温 13.3℃，极端最高气温 42℃，极端最低气温 -18.4℃，多年平均年降水量 522.4mm，多年平均风速 1.4m/s，常年主导风向为西南风，多年平均年日照时数 2547h，最大冻土深度 51cm。项目区植物种类属暖温带落叶阔叶林带，天然野生植被有禾本科草类和野生灌木丛。

按全国土壤侵蚀类型区划分，项目区属北方土石山区，容许土壤流失量为 200t/(km² · a)。水土流失类型以水力侵蚀为主，部分地区存在风蚀及重力侵蚀。水力侵蚀主要表现为坡耕地的层状面蚀、细沟状面蚀、荒山阳坡的鳞片状面蚀和浅沟侵蚀。根据《全国水土保持规划（2015—2030 年）》，项目区属于太行山国家级水土流失重点治理区。

二、水土保持目标、实施过程及效果

（一）水土保持目标

水土保持方案总体目标是：采取拦渣、护坡、土地整治、防洪、绿化等防治措施，使新增的水土流失得到有效控制，原有的水土流失基本得到治理，工程安全得到保障，减少水库淤积，使汇入下游河道的泥沙显著减少，区域生态环境明显改善。其具体目标如下：

（1）扰动土整治率，试运行期达到 95%。

（2）防治责任范围内水土流失总治理度，试运行期达到 90% 以上。

（3）水土流失控制比，试运行期达到 1.5。

（4）拦渣率，试运行期达到 98%。

（5）林草覆盖率，试运行期达到 25% 以上。

（6）植被恢复系数，试运行期达到 98%。

（二）水土保持方案编报

该项目在可行性研究阶段未编制水土保持方案，初步设计中没有计列水土保持项目。为保护项目区水土资源，整治库区环境，根据《中华人民共和国水土保持法》等法律法规规定，黄壁庄水库除险加固工程建设局委托河北省水利水电第二勘测设计研究院承担了黄壁庄水库除险加固工程水土保持方案的编制任务，并于 2003 年 9 月完成项目水土保持方案。2003 年 11 月国家发展和改革委批复的调整概算中增列了水土保持工程项目和投资。

后由于主体设计的调整，为系统做好库区环境整治，黄壁庄水库除险加固工程建设局又委托河北省水利水保技术服务站牵头编制了《黄壁庄水库除险加固工程水土保持方案（补充设计）报告书》，2004 年 4 月 4 日通过了水利部水利水电规划设计总院组织的审查。

（三）水土保持措施设计

黄壁庄水库作为石家庄市的水源地和旅游景区，做好水土保持工作十分重要。水土保持措施布局按主坝、副坝、新增非常溢洪道、调度中心和管理处周边及弃土弃渣场等进行了典型设计，结合不同的分区特点，建立分区防治体系。

对主坝下游的压坡平台进行覆土整治，种植较高标准的乔木、灌木，形成了一个小型绿化带。同时对主坝下游结合地形、地物，布置了鱼塘，点缀了荷花、垂柳等。

副坝下游压坡平台长 6km，宽 10～20m，以种植景观树种为主，实施带状绿化、美化，形成了长条绿色景观带。

新增非常溢洪道为保证安全运行，防止冲刷，对右岸顺坡段边坡采用灌草防护，同时在尾渠段也采用了植物护坡。

由于水库属旅游景点，因此对景观要求较高，水土保持工程结合园林景观设计，搭配了多种树木和花卉，形成高低错落、疏密相间、层次丰富的景观。

弃土场均进行了土地整治，最终复耕或恢复植被，平台种植乔灌林带及草坪，边坡采取综合护坡防护。

（四）水土保持施工

工程水土保持措施施工单位采取招投标的形式确定，共选定了 3 家施工单位。为保证工程质量，依据国家的有关规定和要求，建设单位在工程建设中实行了水土保持监理制度。监理单位为河北省水利水电工程监理咨询中心。

为保证水土保持工程质量，工程施工前建设单位委托河北省水利科学研究院和河北省农业科学研究院，组织监理单位、施工单位现场取样进行土质化验，共化验 25 个点，除 3 个点含盐量略高外，其他点均符合土壤标准。

根据水利部"水函〔2002〕136 号"要求："建设单位在建设过程中，应委托具有相应资质的监测机构承担水土保持监测任务，并定期向水行政主管部门提交监测报告。"建设单位委托河北省水土保持工作总站开展工程建设水土保持专项监测。

（五）水土保持验收

该工程已于 2005 年 5 月通过河北省水利厅组织的水土保持设施专项验收。

黄壁庄水库是石家庄市的一个重要旅游景区，库区规模宏大，场面壮观。水土保持工作景观美化要求比较高，为提高绿化标准，工程实施时将水土保持与环境治理分部工程协同施工。在设置了必要的植物护坡、植被恢复的基础上，结合园林设计，布置了多个园林小品、小桥等。目前，河北省黄壁庄水库管理局专门设置了水保园林处和生态园管理处 2 个专门处室负责后续的管理维护工作。

（六）水土保持效果

黄壁庄水库除险加固工程设计和建设中充分考虑了水土保持要求，自竣工验收以来，水土保持设施已安全、有效运行超过 18 年，详述如下：

（1）黄壁庄水库是河北省的旅游景区，对于景观质量要求较高，因此工程提高了植被建设标准和景观效果。水土保持工程结合园林景观设计，搭配了多种树木和花卉，形成高低错落、疏密相间、层次丰富的景观。在减少水土流失的同时，也达到了生态效益、经济效益和社会效益的完美统一。

（2）对主坝下游的压坡平台进行覆土整治，种植较高标准的乔木、灌木，形成了一个小型绿化带。同时对主坝下游结合地形、地物，布置了鱼塘，点缀了荷花、垂柳等，风景宜人。

（3）副坝下游压坡平台长 6km，宽 10～20m，以种植景观树种为主，实施带状绿化、美化,形成了长条绿色景观带。

(4)新增非常溢洪道为保证安全运行,防止冲刷,对右岸顺坡段边坡采用灌草防护,同时在尾渠段也采用了植物护坡。

(5)工程实施过程中共设置了3个大型弃土场,分别位于库区大坝南、北两端及主坝下游。弃土场施工结束后均进行了土地整治,最终复耕或恢复植被,平台种植乔灌林带及草坪,边坡用综合护坡防护,目前边坡稳定、植物茁壮,保水保土效果良好。水土保持措施现场效果见图4.16-1。

（a）水库枢纽景观绿化

（b）副坝下游压坡平台绿化

（c）弃土场拦挡及边坡防护

（d）弃土场顶面植被恢复

图4.16-1 水土保持措施现场效果（照片由石兆英提供）

三、水土保持后评价

(一)目标评价

根据现场实地调研,黄壁庄水库运行期间,各项水土保持措施防护效果得到明显体现,水土流失基本得到治理,项目建设区可恢复植被区域植被恢复良好,水土保持功能逐步体现,未出现明显的水土流失现象。根据水土保持监测结果,水土保持方案阶段制定的6项防治目标均达到要求。但结合水库运行期间的实际,水土保持后评价认为对《生产建设项目水土流失防治标准》(GB/T 50434—2018)中规定的个别目标有必要进行修订调整,比如拦渣率指标,本项目水土保持方案确定的目标值为98%,在工程实际建设过程中,只有少数颠撒遗漏的弃土(渣)没有及时防护,在实际监测过程中极难测量。因此,建议修订《生产建设项目水土流失防治标准》(GB/T 50434—2018)时将此目标优化。

（二）过程评价

1. 水土保持设计评价

因黄壁庄水库除险加固工程在水土保持方案编制阶段主体工程已基本完工，因此，水土保持方案中的绝大部分工程措施即为工程实际实施措施，主要包括防洪排导措施，如有针对性地布设了截水沟、排水沟、排洪渠（沟）等，且做到了根据地形、地质条件布设与自然水系顺接。目前工程已稳定运行多年，未发生重大水土流失事件。

方案新增的水土保持措施主要包括植被恢复和景观绿化工程，详述如下：

（1）主坝。主坝下游压坡平台在场地清理平整的基础上，根据植被恢复需要进行平整和覆土，平台采用乔、灌绿化。沿平台内侧设绿篱，植物选择河南桧和大叶黄杨球；平台外侧种植三排速生杨，平台内种植月季、芍药、金叶女贞、榆叶梅，种植形状分别设为圆形、椭圆形和正方形。

（2）副坝下游带状绿化区。副坝下游压坡平台以种植景观树种为主，实施带状绿化、美化，形成了长条绿色景观带。

（3）新增非常溢洪道防治区。新增非常溢洪道为保证安全运行，防止冲刷，对右岸顺坡段边坡采用灌草防护，同时在尾渠段也采用了植物护坡。

（4）调度中心和管理处周边区。由于水库属旅游景点，因此对景观要求较高，水土保持工程结合园林景观设计，搭配了多种树木和花卉，形成高低错落、疏密相间、层次丰富的景观。

（5）弃土弃渣场。弃土弃渣场均进行了土地整治，最终复耕或恢复植被，平台种植乔灌林带及草坪，边坡用综合护坡防护。

黄壁庄水库是河北省的旅游景区，对于景观质量要求较高，因此工程提高了植被建设标准和景观效果。水土保持工程结合园林景观设计，搭配了多种树木和花卉，形成高低错落、疏密相间、层次丰富的景观。在减少水土流失的同时，也达到了生态效益、经济效益和社会效益的完美统一。

但由于设计时间较早，受限于当时的设计理念和资金限制，导致副坝边坡、溢洪道边坡、截渗墙下游绿化标准较低，如副坝边坡铺石子防护，溢洪道边坡、截渗墙下游也只是简单地撒播草籽绿化，虽能起到防治水土流失的作用，但景观效果较差，不能适应新时期生态文明建设的要求。

2. 水土保持施工评价

黄壁庄水库除险加固工程水土保持措施的施工，严格采用招投标的形式确定其施工单位。为保证施工质量，建设单位在工程建设中采取水土保持监理制度，监理单位为河北省水利水电工程监理咨询中心。

监理单位主要从以下两个方面来保证水土保持工程的施工质量：

（1）种植土的质量控制。工程施工前建设单位委托河北省水利科学研究院和河北省农业科学研究院，组织施工单位现场取样进行土质化验，共化验 25 个点，除 3 个点含盐量略高外，其他点均符合土壤标准。

植被绿化前进行了土地平整和种植土回填，种植土厚度达到了方案要求的 30cm。肥料撒播均匀，并用旋耕机进行了旋耕处理。监理过程中抽检种植土厚度 164 点，合格

142 点。

（2）苗木、草籽的质量控制。在苗木、草籽的质量控制中着重把好材料关，苗木进场后按设计要求进行抽检，抽检时特别注意取样的代表性、外地购进苗木是否有当地检疫证明、植物是否根系发达、树形美观、无病虫害。草种及花卉的种子播种前均进行了有监理旁站监督的发芽率实验。

为保证苗木的种植质量，要求施工单位对不同的树种采用不同的技术措施，如根部填土、根系置放、分层还土、种植的垂直度等，对各工序都有严格规定。种植时现场监理先对施工单位准备工作进行检查、核实，检查种植树穴大小及深度，检查回填土土质能否满足植物生长需要，检查种植土和复合肥是否充分混合等。

草籽播种时，现场旁站监理，要求种子撒播均匀，用机械将表面轻耙，加以镇压，使种子与土壤紧密接触，随后立即均匀喷水，一次浇透，入土深度不低于 10cm。

为保证成活率，监理对施工单位养护过程中的洒水、施肥进行了旁站监理，对植物修剪、清除杂草进行了巡视检查。

水土保持工程作为一项单位工程，质量全部合格，达到设计要求，于 2004 年 12 月通过了河北省水利厅组织的单位工程验收。

3. 水土保持运行评价

河北省黄壁庄水库管理局专门设置了水保园林处和生态园管理处 2 个专门处室负责后续的管理维护工作。运行期间设置专人负责绿化植株的洒水、施肥、除草等管护，确保植被成活率，不定期检查清理截（排）水沟道内淤积的泥沙，达到了绿化美化和保持水土的双重作用。

（三）效果评价

1. 植被恢复效果

通过查阅设计资料、水土保持监测报告以及现场调研，工程施工结束后对裸露的地表实施了植被恢复工程，主要包括栽植乔灌木、撒播草籽和草皮铺设等。目前项目区植被生长状况良好，水土保持效果明显，项目区域内的植物多样性和郁闭度等得到了良好的恢复和提升。

黄壁庄水库植被恢复效果评价指标见表 4.16-1。

表 4.16-1　　　　　　　　黄壁庄水库植被恢复效果评价指标

评价内容	评价指标	结　果
植被恢复效果	林草覆盖率	45％
	植物多样性指数	0.40
	乡土树种比例	0.50
	单位面积枯枝落叶层	1.9cm
	郁闭度	0.50

2. 水土保持效果

通过现场调研和评价，黄壁庄水库除险加固工程实施的工程措施、植物措施等运行状况良好。根据现场水土保持监测统计，工程施工期间土壤侵蚀量 26442t，项目区平均土

壤侵蚀模数 $2316t/(km^2 \cdot a)$；通过各项水土保持措施的实施，至运行期项目区土壤侵蚀模数 $200t/(km^2 \cdot a)$，使得项目建设区的原有水土流失基本得到治理，达到了固土保水的目的。根据黄壁庄水库环境治理工程监理报告统计，绿化区表土层厚度均达到了要求的 30cm 以上。工程迹地恢复和绿化多采用当地乡土和适生树种，经过运行期的进一步自然演替，小气候特征明显。项目区道路、建筑物等不具备绿化条件的区域采取混凝土、沥青混凝土、透水砖等方式进行硬化。地表硬化、迹地恢复和绿化措施的实施，使得项目区内由于工程建设导致的裸露地表得以恢复，水土流失面积得以大幅减少。

黄壁庄水库水土保持效果评价指标见表 4.16-2。

表 4.16-2　　　　　　　　黄壁庄水库水土保持效果评价指标

评价内容	评价指标	结　果
水土保持效果	表土层厚度	$>30cm$
	土壤有机质含量	2.1%
	地表硬化率	50%
	不同侵蚀强度面积比例	95%

3. 景观提升效果

黄壁庄水库是石家庄市的一个重要旅游景区，库区规模宏大，场面壮观。水土保持工程在设置了必要的植物护坡、植被恢复的基础上，结合园林设计，布置了多个园林小品、小桥等。大部分区域的绿化标准按园林标准建设，选用了油松、丁香、大叶黄杨、云杉、榆叶梅、三叶草、五叶地锦等树（草）种。通过后期精心养护和自然植被的进一步自然演替，目前项目区植被生长状况良好，景观效果明显。

黄壁庄水库景观提升效果评价指标见表 4.16-3。

表 4.16-3　　　　　　　　黄壁庄水库景观提升效果评价指标

评价内容	评价指标	结　果
景观提升效果	美景度	7
	常绿、落叶树种比例	30%
	观赏植物季相多样性	0.2

4. 环境改善效果

植物具有调节气候、保持水土、净化空气、净化污水和降低噪声的作用。项目区通过恢复植被和园林式绿化，使得自身和周边环境都得以大幅度改善。

植物可以保持空气中氧和二氧化碳的平衡，还可以有效降低有害气体的浓度，同时在减少空气中的灰尘以及减少空气中的放射性物质等方面也可发挥重要的作用。

黄壁庄水库环境改善效果评价指标见表 4.16-4。

表 4.16-4　　　　　　　　黄壁庄水库环境改善效果评价指标

评价内容	评价指标	结　果
环境改善效果	负氧离子浓度	1300 个/cm^3

5. 安全防护效果

黄壁庄水库除险加固工程实施过程中共设了 3 个大型弃土场，分别位于库区大坝南、北两端及主坝下游。弃土场均采取了工程及植物综合防护措施，其中工程措施主要有浆砌石挡土墙、截（排）水沟、挡水土埂等。

经调查了解，工程运行至今，各弃土场整体稳定性良好，运行情况正常，未发生水土流失危害事故；拦渣及截（排）水设施整体完好，运行情况正常，拦渣率基本达到了 100%。

黄壁庄水库安全防护效果评价指标见表 4.16-5。

表 4.16-5　　　　　　　　　　黄壁庄水库安全防护效果评价指标

评价内容	评价指标	结　果
安全防护效果	拦渣设施完好率	100%
	渣场安全稳定运行情况	稳定

6. 社会经济效果

黄壁庄水库是子牙河系滹沱河中下游重要的控制性大（1）型水利枢纽工程，总库容 12.1 亿 m³。水库于 1958 年始建，由于设计防洪标准低及施工质量等问题，水库长期带病运行，不能充分发挥效益，安全方面存在隐患，早在 20 世纪 80 年代就被列为全国首批 43 座重点病险水库之一。1998 年工程开始除险加固，目前水库设计防洪标准为 500 年一遇，校核防洪标准为万年一遇。2005 年 12 月黄壁庄水库除险加固工程通过竣工验收，2006 年 3 月完成了大坝安全鉴定工作，定为一类坝。2016 年河北省水利水电勘测设计研究院对黄壁庄水库进行安全鉴定，具备正常运用条件，定为一类坝。

黄壁庄水库是海河流域防洪骨干工程，也是实现河北省政府提出"四保"（一保京津、二保铁路通信干线、三保油田、四保自身）战略目标的关键性工程。黄壁庄水库保护下游 25 个县（市）、1245 万人口、1800 万亩耕地，重要工矿及交通设施有：华北油田、大港油田、京广铁路、京九铁路、津浦铁路、石德铁路、石太铁路和京港澳、京开高速等重要交通干线。水库除险加固工程的实施具有巨大的社会效益。

同时，工程建成后形成的水库景观符合当地旅游开发规划，通过旅游开发还带动了水库周边旅游市场，增加了水库及当地人民群众的经济来源，经济效益显著。

工程建设过程中各项水土保持措施的实施，在有效防治工程建设引起的水土流失的同时，在当地居民中树立起环境保护的理念及意识，使得当地居民在一定程度上认识到环境保护与人们的生产生活以及经济利益息息相关，提高了当地居民对保护环境等的意识强度。

黄壁庄水库社会经济效果评价指标见表 4.16-6。

表 4.16-6　　　　　　　　　　黄壁庄水库社会经济效果评价指标

评价内容	评价指标	结　果
社会经济效果	促进经济发展方式转变程度	较好
	居民水保意识提高程度	较好

7. 水土保持效果综合评价

通过查表确定计算权重，根据层次分析法计算黄壁庄水库各指标实际值对于每个等级的隶属度。

黄壁庄水库各指标隶属度分布情况见表 4.16-7。

表 4.16-7　　　　　　　　　黄壁庄水库各指标隶属度分布情况

指标层 U	变量层 C	权重	各 等 级 隶 属 度				
			好（V1）	较好（V2）	一般（V3）	较差（V4）	差（V5）
植被恢复效果 U1	林草覆盖率 C11	0.0809	✓				
	植物多样性指数 C12	0.0199		✓			
	乡土树种比例 C13	0.0159			✓		
	单位面积枯枝落叶层 C14	0.0073			✓		
	郁闭度 C15	0.0822		✓			
水土保持效果 U2	表土层厚度 C21	0.0436			✓		
	土壤有机质含量 C22	0.1139		✓			
	地表硬化率 C23	0.014	✓				
	不同侵蚀强度面积比例 C24	0.0347	✓				
景观提升效果 U3	美景度 C31	0.0196		✓			
	常绿、落叶树种比例 C32	0.0032			✓		
	观赏植物季相多样性 C33	0.0079				✓	
环境改善效果 U4	负氧离子浓度 C41	0.0459			✓		
	SO_2 吸收量 C42	0.0919			✓		
安全防护效果 U5	拦渣设施完好率 C51	0.0542	✓				
	渣（料）场安全稳定运行情况 C52	0.2711	✓				
社会经济效果 U6	促进经济发展方式转变程度 C61	0.0188		✓			
	居民水保意识提高程度 C62	0.0751		✓			

经分析计算，黄壁庄水库模糊综合评判结果见表 4.16-8。

表 4.16-8　　　　　　　　　黄壁庄水库模糊综合评判结果

评价对象	好（V1）	较好（V2）	一般（V3）	较差（V4）	差（V5）
黄壁庄水库	0.4549	0.3368	0.2005	0.0079	0

根据最大隶属度原则，黄壁庄水库 V1 等级的隶属度最大，故其水土保持评价效果为好。

四、结论

黄壁庄水库除险加固工程按照我国有关水土保持法律法规的要求，开展了卓有成效的水土保持工作，对防治责任范围内的水土流失进行了全面系统的治理，基本达到了施工期间控制水土流失、施工后期改善环境和生态的目的，营造了风景优美的库边景区环境，较好地完成了项目的水土保持工作。目前各项防治措施的运行效果良好，弃土弃渣得到了及时有效的防护，施工区植被得到了较好的恢复，水土流失得到有效控制，生态环境得到明显的改善，获得"省级园林式单位"称号，对今后工程建设具有较强的借鉴作用。

1. 创新工程建设管理体系

将水土保持建设与工程管理工作集成为一套科学的管理体系，工程建设中，依法履行水土流失防治义务，将水土保持措施纳入主体工程设计，落实了各项水土保持投资，实现了水土保持工程和主体工程的同步推进，有效控制了水土流失。

2. 推行水土保持监理制度

依据国家的有关规定和要求，该工程推行了水土保持监理制度。监理制度的实施，对保证水土保持工程施工质量和后期植被恢复质量控制，起到了重要作用。

3. 水土保持工程与绿化美化相结合

将水土流失治理和改善生态环境相结合，不仅有效防治了水土流失，而且营造了库区周边优美的环境，创造了现代工程和自然和谐相处的环境，值得其他工程借鉴。

案例 17　大伙房水库输水工程

一、项目及项目区概况

（一）项目概况

大伙房水库输水工程位于辽宁省东部本溪市桓仁县和抚顺市新宾县境内，工程将浑江上桓仁水库的发电尾水，利用西江和凤鸣两座电站作为调节池，经输水隧洞自流引水至新宾县境内的苏子河后汇入大伙房水库，再经大伙房水库反调节后，向辽宁省中部地区的抚顺、沈阳、辽阳、鞍山、盘锦、营口等六市提供城市生活和工业用水。工程设计引水流量 $70m^3/s$，多年平均调水量 17.86 亿 m^3。

取水头部设在凤鸣水库库区右岸，出口位于苏子河穆家拦河坝下游约 2.0km 处，采用无压输水隧洞，隧洞长 85.32km。大伙房水库输水工程前期准备工作始于 2002 年 9 月 19 日，2003 年 6 月 15 日主体工程开工，2009 年 12 月 31 日主体工程全部结束，总工期 78.5 个月。工程建设单位为辽宁润中供水有限责任公司。

（二）项目区概况

项目区属中低山区，为长白山脉西延部分，高程一般为 300.00～700.00m，局部超 1000.00m。地势一般较陡，高差变化较大，局部地势较平坦。

气候类型属温带季风型气候，多年平均气温 6.3℃，多年平均年降水量 888.3mm，多年平均年蒸发量 1239.1mm，多年平均风速 2.2m/s。主要土壤类型为棕壤、草甸土和水稻土。植被属长白植物区系，为辽东山区温湿带，是针阔叶混交林和大面积针叶林区，林草覆盖率为 77.1%。

按全国土壤侵蚀类型区划分，项目区属于东北黑土区，容许土壤流失量为 200t/ ($km^2 \cdot a$)。水土流失类型主要为水力侵蚀，水土流失形式以面蚀和沟蚀为主。根据《全国水土保持规划（2015—2030 年）》，项目区属于长白山国家级水土流失重点预防区。根据《辽宁省水土保持规划（2016—2030 年）》，项目区属辽东山地丘陵省级水土流失重点预防区。

二、水土保持目标、实施过程及效果

（一）水土保持目标

根据工程的特点，全面治理因工程建设所带来的水土流失，更好地改善生态环境，结合工程特征及水土流失特点，提出如下目标：

（1）工程引起的水土流失区域，除凤鸣水库淹没和永久建筑物占地外，基本得到较高程度的治理，其水土流失治理度达到 95% 以上。

（2）工程弃渣应尽量加以利用，不能利用的全部妥善堆置，并做好防护措施，不遗留滑坡、塌陷、泥石流等隐患，拦渣率达到 95% 以上。

（3）对于工程弃渣转存场地、堆料场及施工道路边坡等处采取临时防护措施，减少施工期水土流失。

（4）方案所涉及的植物措施做到防护作用与绿化美化效果相结合。对工程管理场所加大绿化、美化措施，使水土保持工程与园林建筑有效结合。

（5）各项水土保持措施实施后，使工程建设区的生态环境质量得到一定的改善，林草植被恢复率（包括复垦）达到或超过 90%，水土保持生态、社会效益显著。

（6）建立水土保持生态环境监测站点，对施工期水土流失进行有效监测，为水土保持方案措施设计的合理性提供科学依据，并为全面减少工程区水土流失服务。

（7）施工期水土流失总量得到全面控制，控制度在 60% 以上，在各项措施充分发挥作用后，水土流失总量控制度在 95% 以上。

（二）水土保持方案编报

2001 年 6 月，《辽宁省大伙房水库输水工程水土保持方案大纲》通过了水规总院的审查。2002 年 4 月，《辽宁省大伙房水库输水工程水土保持方案报告书》通过水规总院的审查。水利部以"水保〔2003〕114 号"文批复了方案报告书。

（三）水土保持措施设计

辽宁省大伙房水库输水工程水土保持工程措施与主体工程一同进行了招标，工程措施施工图设计随着工程进展逐步完成。水土保持植物措施单独进行招标，2009 年 10 月，辽宁省水利水电勘测设计研究院完成了《大伙房水库输水工程水土保持技施设计》。2010 年 3 月，辽宁省水利水电勘测设计研究院完成了《大伙房水库输水工程水土保持设计变更》，由建设单位提交省级行政主管部门备案。

根据批复的水土保持方案及初步设计优化，主要水土保持设计如下：

1. 弃渣场防治区

工程共设 17 处弃渣场，分布于洞线各支洞口附近。渣场边坡按自然稳定边坡考虑坡比为 1:2，并在此基础上布设边坡固定工程或拦挡工程。

平地型渣场（2 号支洞、4 号支洞渣场）主要采取护坡工程，包括浆砌块石护坡和格状框条护坡（框条内撒播草籽）。山地型渣场主要采用浆砌块石挡土墙防护，并布设排水系统。挡土墙的断面高度及尺寸根据各渣场的堆渣高度及地质条件等特性而确定。排水沟的断面尺寸依据设计洪水标准计算确定，各渣场根据不同的地理位置，考虑到其重要程度，而采用不同的设计频率。

在弃渣堆放前，首先用推土机清理表层土，采用填土袋做临时防护，弃渣堆放完毕

后，再将表土回填。土地经整治后，种植刺槐，并撒播早熟禾草籽。

2. 料场防治区

工程各取料场开挖后形成的凹坑，由料场的无用层回填，保证料场区不形成大的坑地，对料场征占的林业用地和位于河滩地的部分荒地采取植被恢复措施。

3. 施工道路防治区

道路的边坡稳定及排水沟等设施已在公路设计中考虑，水土保持方案只针对永久道路两侧采取绿化措施。根据工程区现有公路的绿化情况调查，在工程永久道路两侧单排间种杨树、柳树。

4. 主洞及支洞口防治区

由于主洞与支洞口的开挖面岩石裸露，植被恢复措施的难度很大，设计在洞口底部采取种植攀缘植物的方法来绿化洞口开挖面。选择的攀缘植物为五叶地锦（俗名"爬山虎"），采用密植方式。

5. 施工场地防治区

施工场地在施工期间作为转渣场地和堆料场地的，采取干砌块石（或卵石）挡墙，并预留行车道。工程临时占地中占用耕地区域进行复耕；占用林地、草地、荒地等区域进行植被恢复，种植刺槐。

6. 生产管理防治区

主要对管理区的永久占地区进行园林绿化。

（四）水土保持施工

水土保持工程施工单位采取招投标的形式确定，其中工程措施施工单位同主体工程一致，植物措施采取单独招投标确定。

为了确保大伙房水库输水工程的建设质量，加强工程建设过程中的水土保持工作，辽宁润中供水有限责任公司专门成立了负责环境保护和水土保持的部门，并由专人负责项目的水土保持和环境保护管理工作。

在项目建设管理工作中，辽宁润中供水有限责任公司规定水土保持专业项目由工程部提出项目建设要求，由商务部负责项目合同签订，由工程部负责项目实施，由财务管理部负责资金落实。

（五）水土保持监测监理

工程建设初期，建设单位委托辽宁水利土木工程咨询有限公司开展水土保持监理工作，委托辽宁省水土保持研究所开展水土保持监测工作。

工程建设期间，方案编制单位在现场配置了水土保持专业设计代表，根据施工的进展，开展施工图设计、变更及解决现场设计问题，监理单位随着主体工程及水土保持工程进度开展监理工作，监测单位按照监测频次进行监测。

（六）水土保持验收

建设单位委托江河水利水电咨询中心编制完成了《大伙房水库输水工程水土保持设施验收技术评估报告》，同时完成了《辽宁省大伙房水库输水工程水土保持设施竣工验收报告》《辽宁省大伙房水库输水工程水土保持监理总结报告》《辽宁省大伙房水库输水工程水土保持监测总结报告》《辽宁省大伙房水库输水工程水土保持工程设计总结报告》。2011

年 12 月辽宁省大伙房水库输水工程水土保持设施通过水利部验收（办水保函〔2011〕1007 号）。

水土保持设施管理维护分成两个阶段实施：第一阶段为水土保持设施交工验收后的质保期内，工程措施为 1 年，植物措施为 2 年，由相应的施工单位负责管理维护；第二阶段为质保期结束后，水土保持设施正式移交建设单位管理维护，全部由辽宁润中供水有限责任公司负责管理维护。

（七）水土保持效果

大伙房水库输水工程水土保持设施已安全、有效运行 12 年，实施的拦挡措施、截（排）水措施、绿化措施等较好地发挥了水土保持的功能。根据现场调查，实施的弃渣场挡渣、防洪排导、土地整治、植被建设等措施未出现拦挡措施失效、截（排）水不畅和植被覆盖不达标等情况。水土保持措施防治效果见图 4.17-1。

三、水土保持后评价

（一）目标评价

根据现场实地调研，大伙房水库输水工程运行期间，各项水土保持措施运行良好，水土流失基本得到治理，项目建设区可恢复植被区域植被恢复良好，水土保持功能逐步体现，未出现明显的水土流失现象。根据水土保持监测结果，水土保持措施均达到了方案确定的治理和控制水土流失的要求。由于工程水土保持方案编制较早，尚无规范规定明确的防治目标值要求，方案中制定了水土流失治理度达到 95% 以上、拦渣率达到 95% 以上、林草植被恢复率（包括复垦）达到或超过 90%、施工期水土流失控制度在 60% 以上，在各项措施充分发挥作用后，水土流失总量控制度在 95% 以上。

根据调查分析，工程实际建设过程中，至设计水平年基本都能达到水土流失治理目标，但林草覆盖率各分区差异较大，建议针对不同类型项目制定不同的林草覆盖率指标。

（二）过程评价

1. 水土保持设计评价

防洪排导工程：方案设计在弃渣场布设截（排）水沟，排水沟防洪标准采用 20～50 年一遇，并根据防洪排导的需求，有针对性地布设了截水沟、排水沟、排洪渠（沟）、涵洞。且施工过程中，截（排）水沟根据地形、地质条件布设，与自然水系顺接，并布设消能防冲措施。

拦渣工程：工程实施阶段变更为 13 处弃渣场，根据现场调查，运行 10 余年来，弃渣场运行稳定，弃渣场边坡实施了土地整治和覆土绿化措施。弃渣场拦渣工程分别采用浆砌石和混凝土两种型式的挡渣墙，拦挡的效果较好。根据调查，工程弃渣多为石方，挡墙基础坐落在基岩上，基本不受冻胀影响，冻融影响也较轻微。经调查，挡渣墙完整率达 95% 以上，有轻微损毁的均为浆砌石挡墙，主要是由于砂浆受冻融影响产生裂痕，挡墙顶部块石少量脱落。

斜坡防护工程：工程开挖边坡较多，在边坡稳定分析的基础上，采用削坡开级、坡脚及坡面防护等措施，并在边坡稳定基础上优先采取植物护坡措施。经调查，坡度较缓的斜坡采取工程防护结合植物措施的效果较好，坡度较陡的斜坡防护工程措施保存率较高。

（a）取水头部及隧洞进口广场实景　　　　　　　　（b）隧洞出口广场实景

（c）混凝土砌块（连锁砖）植草措施　　　　　　　（d）堤内裸露土地绿化措施

（e）10号弃渣场顶部绿化效果　　　　　　　　（f）15号弃渣场混凝土挡墙

图 4.17-1　水土保持措施防治效果（照片由辽宁省水利水电勘测设计研究院有限责任公司提供）

　　土地整治工程：根据现场调查，工程征占地范围内对需要复耕或恢复植被的扰动及裸露土地及时进行了场地清理、平整、表土回覆、施肥等整治措施。弃渣场边坡、平台在土地整治基础上进行了绿化和复耕。

　　表土保护工程：根据现场调查，工程建设过程中，对可剥离的耕地区域实施了剥离措施，剥离的表土集中堆置在弃渣场附近并进行了防护，防止了水土流失。

　　植被建设工程：支洞口采取了植物措施或工程与植物相结合的措施；取水头部和出口、管理区均进行了高标准绿化；弃渣场种植了耐贫瘠、速生、固土效果好的刺槐和紫穗槐，并撒播了早熟禾草籽；较难恢复的硬质坡面栽植了地锦等。经调查，洞口顶部坡面种植的常绿乔木生长较慢，效果稍差，灌草生长快，效果好；弃渣场坡面植被恢复需配合截（排）水措施。通过植被恢复效果看，永久占地区域植物措施养护及时，进入冬季后进行人工养护，基本没有冻害影响；弃渣场等临时占地植被恢复采用的都是当地优势乔灌草种，受冻害影响轻微。

临时防护工程：工程建设过程中，为防止土（石）撒落，在场地周围利用开挖出的块石围护；同时，在场地排水系统未完善之前，开挖土质排水沟铺设塑料膜排出场地积水。但实施过程中缺少消能和沉沙措施。

根据后评价研究，工程建设期间弃渣综合利用量增加，且有多种综合利用形式，减少了弃渣场设置，综合利用区域在工程防护的基础上，增加了绿化设计。但由于弃渣场分散较难管理，部分弃渣场恢复植被后被当地村民清理改为种植农作物，因此，弃渣场后期的恢复方向应有更精细的设计。对永久管理区、与村镇建设结合的弃渣综合利用区均应提高绿化标准。

2. 水土保持施工评价

大伙房水库输水工程水土保持措施的施工，采用招投标的形式确定施工单位，从而保障了水土保持措施的质量和效果。

在水土保持质量管理方面，建设单位做到了思想认识到位、机构人员到位、管理措施到位、建设投资到位、规划设计到位、综合监理到位的"六到位"，确保了水土保持措施"三同时"制度的有效落实。

建设单位通过会议、宣传、督促、管理等多种途径向工程参建各方传达贯彻国家水土保持法律法规和方针政策，不断提高和统一参建各方的思想认识，通过制定水土保持管理规章制度明确参建各方的水土保持工作责任和工作要求，规范了水土保持施工，做到了文明施工。

工程部下设了负责环境保护和水土保持的工作组，并指定3人专职负责工程环境保护和水土保持管理工作，使得工程水土保持管理工作得到切实加强，岗位责任明确，部门分工清晰，工作程序规范。在工程建设过程中，各参建单位均设立水土保持管理机构，各机构配备相应的水土保持专职人员后，水土保持管理工作成效和效率大幅提高。

建设单位在不断完善水土保持设施建设的同时，制定了强有力的管理措施，严格按照管理办法切实加强施工区的水土保持监督与水土保持监理工作，有效地防治了水土流失。工程建设及运行期间，未发生重大水土流失事故。

在项目建设管理工作中，通过签订项目合同，确保了建设项目的进度和质量，并保证建设资金及时足额到位。在水土保持专项设施建设过程中，未发生因投资不落实或是不到位而影响工程建设的情况。

依据国家和行业相关规定和要求，建设单位委托辽宁水利土木工程咨询有限公司进行水土保持工程监理，充分授权监理单位在施工区行使监督监理职责，对工程的水土流失状况进行全方位监督，对水土保持工程各项措施现场监理。从根本上规范了水土保持建设与管理工作的程序，对有效控制水土保持设施建设的质量、进度和投资，不断提高管理工作水平都起到了很好的促进作用。

3. 水土保持运行评价

工程运行期间，建设单位按照运行管理规定，加强对防治责任范围内的各项水土保持设施的管理维护。由公司下设的工程部协调开展、专人负责，工程部制定了相应的管理制度，明确了工作职责，从管理制度和程序上保证了运行期内水土保持设施管护工作的开展。

运行期间设置专人负责绿化植物的洒水、施肥、除草等管护，不定期检查清理截（排）水沟道内淤积的泥沙，确保植被成活率，水土保持措施正常发挥效益。

（三）效果评价

1. 植被恢复效果

通过现场调研了解，工程施工期间对占地范围内的裸露地表采取了栽植乔灌木、撒播灌草籽、铺植草皮等方式进行绿化或恢复植被，选用的树（草）种以刺槐、紫穗槐、梓树、油松、丹东桧柏、垂柳、垂枝榆、李、杏、山楂、连翘、紫叶小檗、水蜡、一串红、草地早熟禾草坪等当地适生的乡土树（草）种为主；运行期间，通过实施养护管理和植被的进一步自然演替，项目区实施的林草植被恢复措施营造的苗木植被生长状况良好，与建设期间相比，项目区域内的植物多样性和郁闭度等得到了良好的恢复和提升。

2. 水土保持效果

通过现场调研和评价，实施的工程措施、植物措施等运行状况良好，项目建设区的原有水土流失基本得到治理。项目区道路、建筑物等不具备绿化条件的区域采取混凝土、沥青混凝土、透水砖等方式进行硬化。地表硬化、迹地恢复和绿化措施的实施，使得项目区内由于工程建设导致的裸露地表得到治理，土地损失面积得以大幅减少。

3. 景观提升效果

工程在进行植被恢复的同时考虑后期绿化的景观效果，采取了乔灌草相结合的园林式立体绿化方式，苗木种类选择时选用景观效果比较好的树（草）种，如梓树、油松、丹东桧柏、垂柳、垂枝榆、李、杏、山楂、连翘、紫叶小檗、水蜡等，常绿树种与落叶树种混合选用种植；同时根据各树种季相变化的特点，以及各种植物的枝、叶、花、果、色彩、姿态等的不同观赏性状进行植物的群落搭配和点缀，使区域内四季有景，提高了项目区域的可观赏性效果。取水头部厂区的沿河护岸坡面采取客土栽植云杉的措施，将客土按设计纹样平铺在坡面上，栽植云杉形成浪花等图案，已经成为当地标志性景观广场。

4. 环境改善效果

沿河修建水蜡绿篱隔离带：①可人为活动与浑江水源形成隔离；②可吸收有害气体、吸附飞扬的尘土和隔离行人丢弃垃圾等，可减少氮、磷等元素进入河道；③有效防止由于人为原因造成水质污染，保护河流水质。

坡面垂直绿化栽植五叶地锦，使五叶地锦向下生长，覆盖坡面。坡面五叶地锦垂直绿化发挥作用时，可有效减缓混凝土表面温差裂缝、减缓表面风化、提高混凝土板使用寿命；同时五叶地锦具有较强的吸、抗氯、氟、硫污染能力，有助于改善水源区的环境，减轻污染物的损害。坡面连锁砖内植草及坡面植树、植草，可防止由于水流冲刷造成的水土流失。

5. 安全防护效果

实施阶段工程共设置弃渣场 13 处，并根据各弃渣场的位置及特点分别实施了弃渣场的浆砌石挡墙、混凝土挡墙、截（排）水沟及排水涵洞等防洪排导措施；后期实施了弃渣场植被恢复措施。工程运行以来，各弃渣场运行情况正常，未发生水土流失危害事故，弃渣场整体稳定性良好，拦渣及截（排）水设施整体完好，运行正常。

6. 社会经济效果

大伙房水库输水是辽宁省"十五""十一五"期间重点基础设施建设项目。工程建设的任务是为实现辽宁省东、中部水资源的优化配置，即从辽宁省东部水资源丰沛的浑江流域调水到浑河上的大伙房水库，再通过对水库的科学调度，解决辽宁中部六城市工业与生活的用水要求。工程设计引水流量 $70m^3/s$，多年平均年调水量 17.86 亿 m^3。工程的建设可改变全省水资源分布不均的现状，促进辽宁省老工业基地的振兴和经济社会的可持续发展，具有举足轻重的战略意义。输水工程的受水区是占有辽宁省生产总值 80% 以上的抚顺、沈阳、辽阳、鞍山、营口、盘锦、大连等城市，是辽宁省重要的工业及商品粮生产基地，也是全国重要的以钢铁、煤炭、石油、化工、造船、电力、机械、建材为产业链的重工业区，受益人口多达 1000 万人。

工程建设过程中各项水土保持措施的实施，在有效防治工程建设引起的水土流失、给当地居民带来直接经济效益的同时，在当地居民中宣传树立水土保持理念及意识，使得当地居民认识到水土保持工作与人们的生活息息相关，提高了当地居民对水土保持、水土流失治理、保护环境等的意识强度，在其生产生活过程中自觉科学地采取有效措施进行水土流失防治和保护环境，利用水土保持知识进行科学生产，引导当地生态环境进一步向更好的方向发展。

7. 水土保持效果综合评价

通过查表确定计算权重，根据层次分析法计算大伙房水库输水工程各指标实际值对于每个等级的隶属度。各指标隶属度分布情况见表 4.17 - 1；模糊综合评判结果见表 4.17 - 2。

表 4.17 - 1　　　　　　　　　各指标隶属度分布情况

指标层 U	变 量 层 C	各 等 级 隶 属 度				
		好（V1）	良好（V2）	一般（V3）	较差（V4）	差（V5）
植被恢复效果 U1	林草覆盖率 C11	0.08	0.92			
	植物多样性指数 C12	0.20	0.80			
	乡土树种比例 C13	0.55	0.45			
	单位面积枯枝落叶层 C14		0.65	0.35		
	郁闭度 C15	0.15	0.75	0.10		
水土保持效果 U2	表土层厚度 C21		0.35	0.65		
	土壤有机质含量 C22		0.40	0.60		
	地表硬化率 C23	0.15	0.85			
	不同侵蚀强度面积比例 C24	0.85	0.15			

续表

指标层 U	变量层 C	各等级隶属度				
		好（V1）	良好（V2）	一般（V3）	较差（V4）	差（V5）
景观提升效果 U3	美景度 C31	0.80	0.20			
	常绿、落叶树种比例 C32	0.75	0.25			
	观赏植物季相多样性 C33		0.25	0.75		
环境改善效果 U4	负氧离子浓度 C41			1.00		
	SO$_2$吸收量 C42			1.00		
安全防护效果 U5	拦渣设施完好率 C51	0.90	0.10			
	渣（料）场安全稳定运行情况 C52	0.90	0.10			
社会经济效果 U6	促进经济发展方式转变程度 C61	0.65	0.35			
	居民水保意识提高程度 C62		0.80	0.20		

表 4.17-2　　　　　　　　模 糊 综 合 评 判 结 果

评价对象	好（V1）	良好（V2）	一般（V3）	较差（V4）	差（V5）	综合得分
大伙房水库输水工程	0.33	0.41	0.26	0	0	87.90

根据最大隶属度原则，大伙房水库输水工程 V2 等级的隶属度最大，故其水土保持评价效果为良好，综合得分 87.90 分。

四、结论及建议

（一）结论

大伙房水库输水工程按照水土保持法律法规的相关要求，开展了卓有成效的水土保持工作，对防治责任范围内的水土流失进行了全面系统的治理，基本达到了施工期间控制水土流失，施工后期改善环境和生态的目的，营造了优美的环境，较好地完成了项目的水土保持工作。工程运行以来，各项防治措施的运行效果良好，弃渣得到了及时有效的防护，施工区植被得到了较好的恢复，水土流失得到了有效控制，生态环境得到了明显的改善。

建设单位将水土保持建设与工程管理工作有机结合，工程建设中，依法履行水土流失防治义务，将水土保持措施纳入主体工程设计，落实了各项水土保持投资，实现了水土保持工程和主体工程的同步推进，有效控制了水土流失。从工程建设实际出发，充分调动参建各方的积极性，制定了相关管理制度和考核办法，将水土保持工程管理纳入工程建设和运行管理体系，保证了水土流失防治措施的落实和生态建设目标的实现。

工程将水土流失治理和改善生态环境相结合，不仅有效防治水土流失，而且营造了优美的环境，采用的水土保持工程防护标准是比较合适的，水土保持与生态环境改善、美丽乡村建设充分结合，树立了工程建设与自然和谐相处的样板，值得其他工程借鉴。

（二）建议

建议按工程类型制定相应的水土流失防治指标；应结合当前生态环境建设的新要求，弃渣场平台尽可能恢复为耕地；对永久占地及涉及村屯恢复的，应提高绿化标准；水土保持措施投资标准偏低，在一定程度上影响水土保持实施效果，建议尽快修订水土保持概估算编制定额；同时建议对大型水利水电工程产生的弃渣，应充分利用，提倡尽可能进行项目区景观塑造，提高项目区生态景观。

案例 18　哈尔滨市磨盘山水库工程

一、项目及项目区概况

（一）工程概况

哈尔滨市磨盘山水库工程建设在拉林河干流，坝址位于五常市沙河子乡沈家营村上游1.8km，距松花江入河口 343km，坝址距哈尔滨市区约 180km，坝址以上流域面积1151km²，工程任务以向哈尔滨市居民生活供水为主，并结合防洪、灌溉、环境用水等综合利用。水库规模为 Ⅱ 等大（2）型工程，主要建筑物为 2 级，水库设计标准为 100 年一遇洪水，校核标准为 5000 年一遇洪水，总库容 5.23 亿 m³。

枢纽工程主要由拦河坝、溢洪道、灌溉导流洞、取水塔四部分组成。其中，拦河坝采用黏土心墙垂直防渗堆石砂砾混合坝，坝长 370m，最大坝高 45m；溢洪道布置在右坝肩为开敞河岸式，其控制段轴线距右坝肩 40m，由进水渠、控制段、陡坡接挑流段组成；灌溉导流洞布置在溢洪道左侧，进水口距坝轴线 190m，其平面布置由三段直线段和两段圆弧曲线段组成；取水塔布置在右岸溢洪道进口上游，分两组取水，每组设上下两层取水口。工程总投资 31.18 亿元（含供水工程投资）。主体工程于 2003 年 4 月 20 日开工建设；2005 年 9 月 25 日，下闸蓄水；2006 年 10 月 25 日，坝体混凝土全部完成。工程建设单位为哈尔滨市供水工程有限责任公司。

（二）项目区概况

项目区地貌以山区、半山区为主，气候类型属中温带大陆性季风气候区，冬季漫长而寒冷，夏季短促且酷热。年平均气温为 3℃ 左右，多年平均年降水量为 500～800mm，年内降水分配不均，多集中在 6—8 月，约占全年降水量的 70% 以上。项目区在大地构造上位于大兴安岭褶皱山带和长白山兴安岭褶皱山带中间台地上，土壤种类繁多，主要土壤类型有暗棕壤、白浆土、黑土等。区域植被属长白山植物区系完达山亚区，植被呈现垂直分布特点，以针阔混交林为主，林草覆盖率在 70% 以上。

按全国土壤侵蚀类型区划分，项目区属于东北黑土区，容许土壤流失量 200t/(km²·a)。现状水土流失类型主要为水力侵蚀，水土流失形式以面蚀和沟蚀为主。项目区内起水土保持作用的主要是天然林、人工林、草等自然植被。根据《黑龙江省水土保持规划（2015—2030 年）》，项目区属于东北漫川漫岗国家级水土流失重点治理区。

二、水土保持目标、实施过程及效果

（一）水土保持目标

哈尔滨市磨盘山水库枢纽作为水源地工程，保证水质至关重要，故水土保持措施在设计上以植物措施为主，通过增加项目区林草覆盖率降低土壤侵蚀强度，同时在施工期布设必要的工程措施，拦挡弃渣和坡面水土流失，防止弃渣入库。

磨盘山水库水土保持方案编制时，水土流失防治标准尚未出台，水土保持方案未对水

土保持防治目标进行详细的规定，只提出了水土流失治理度、拦渣率和植被恢复度。后评价开展过程中，根据《开发建设项目水土流失防治标准》（GB 50434—2008），提出该工程的水土流失防治目标表，见表 4.18-1。

表 4.18-1 工程水土流失防治目标情况表

防治指标	防治目标值	防治指标	防治目标值
扰动土地整治率	95%	拦渣率	95%
水土流失总治理度	95%	林草植被恢复率	97%
土壤流失控制比	1.0	林草覆盖率	25%

（二）水土保持方案编报

2001年8月，水利部水土保持司以"水保监便字〔2001〕第38号"对黑龙江省哈尔滨市磨盘山水库工程水土保持方案大纲进行批复。方案编制单位于2001年12月提出《哈尔滨市磨盘山水库工程水土保持方案报告书》，方案包括主报告、枢纽工程分报告、输水管线分报告、净水厂分报告和配水管网分报告。2002年2月4—5日，水利部水利水电规划设计总院受水利部委托组织专家在北京对该报告书进行审查。2002年5月，水利部以"水保〔2002〕200号"对哈尔滨市磨盘山水库工程水土保持方案进行批复。2006年6月6日，黑龙江省水利厅以"黑水发〔2006〕200号"对磨盘山水库水土保持设计变更进行批复。

（三）水土保持措施设计

根据已经批复的水土保持方案，哈尔滨市磨盘山水库工程水土保持措施主要为拦渣工程、表土保护工程、土地整治工程、植被建设工程和临时防护工程，具体包括料场、施工场地、施工道路的表土剥离、临时防护和排水，弃渣场压实，各施工区土地整治、表土剥离、行道树绿化、植被护坡、迹地植被恢复及周边绿化等。磨盘山水库工程水土保持措施设计情况见表 4.18-2。

表 4.18-2 磨盘山水库工程水土保持措施设计情况一览表

措施类型	区域	水土保持方案阶段		初步设计阶段		施工图阶段	
		措施实施区域	主要措施及标准	措施实施区域	主要措施及标准	措施实施区域	主要措施及标准
拦渣工程	弃渣场区	方案设计的2处弃渣场	弃渣坡面压实，水库蓄水后淹没	无变化	无变化	坝体型式由黏土心墙堆石坝改为黏土心墙土石坝，弃渣全部利用，故取消永久弃渣场	
表土保护工程	各施工区	对可剥离的耕地区域实施剥离措施	表土剥离，剥离厚度20～30cm	无变化	无变化	对可剥离的耕地区域实施剥离措施	表土剥离，剥离厚度20～30cm
土地整治工程	各施工区	黏土料场、砂砾料场、石料场、临时施工区、道路	土方平整、土地复垦	无变化	无变化	黏土料场、砂砾料场、临时施工区、道路	土方平整、土地复垦

续表

措施类型	区域	水土保持方案阶段		初步设计阶段		施工图阶段	
		措施实施区域	主要措施及标准	措施实施区域	主要措施及标准	措施实施区域	主要措施及标准
植被建设工程	各施工区	主要分布在坝后、料场、弃渣场、道路两侧、库周、移民安置区	对于临时占地区域，按照原占地类型进行恢复，对于永久占地区域采用园林标准进行绿化	无变化	无变化	主要分布在坝后、料场、道路两侧、库周、移民安置区	对于临时占地区域，按照原占地类型进行恢复，对于永久占地区域采用园林标准进行绿化
临时防护工程	各施工区	主要分布在料场、弃渣场、施工生产生活区等	对厂区内剥离的表土进行坡面压实和编织袋临时拦挡，料场、施工区周边、临时道路两侧布置临时排水沟	无变化	无变化	主要分布在料场、施工生产生活区等	对厂区内剥离的表土进行坡面压实和编织袋临时拦挡，料场、施工区周边、临时道路两侧布置临时排水沟

（四）水土保持管理与施工

为确保哈尔滨市磨盘山水库工程的建设质量，加强工程建设过程的水土保持工作，工程建设单位在项目部内设专员负责管理磨盘山水库工程水土保持和环境保护管理工作。

在项目建设管理工作中，哈尔滨市供水工程有限责任公司规定水土保持专业项目由工程建设部提出项目建设要求，由项目部负责项目合同签订及项目实施，由财务管理部负责资金落实到位。

该工程采取招投标的形式确定水土保持措施施工单位，其中工程措施施工单位同主体工程一致，植物措施采取单独招投标形式确定。

在水土保持施工过程中，移民安置区、迁建铁路公路均采用货币化补偿的方式，由地方政府统一进行建设管理。

（五）水土保持监测、监理

根据水土保持方案批复要求："建设单位在建设过程中，应委托具有相应资质的监测机构承担水土保持监测任务，并定期向水行政主管部门提交监测报告。"建设单位于2003年6月委托黑龙江省水土保持科学研究院对磨盘山水库工程进行水土保持专项监测。

工程建设期间，依据国家和行业相关规定和要求，哈尔滨市供水工程有限责任公司同黑龙江省水利工程建设监理公司签订了水土保持监理合同，成立水土保持监理部开展水土保持监理工作。

（六）水土保持验收及运行管理

哈尔滨市磨盘山水库工程是哈尔滨市磨盘山水库供水工程的一部分，建设单位在供水工程全部完工后开展了哈尔滨市磨盘山水库工程（含水库枢纽工程、输水管线工程、净水厂和排水管网）的水土保持设施竣工验收准备工作。2013年7月12—13日，水利部在黑龙江省哈尔滨市主持召开了哈尔滨市磨盘山水库工程水土保持设施验收会议。经质询、讨论，验收组同意该工程水土保持设施通过竣工验收。

哈尔滨市磨盘山水库工程水土保持管理维护分为两个阶段实施：第一个阶段为水土保持交工验收后至 2011 年年底，这期间水土保持设施由建设单位哈尔滨市供水工程有限责任公司负责维护管理；第二阶段为 2011 年年底至 2023 年年底，由水库的运行管理单位哈尔滨市磨盘山水库管理处负责维护管理。

（七）水土保持治理效果

哈尔滨市磨盘山水库自竣工验收以来，水土保持设施已安全、有效运行满 5 年，实施的坝后管理区（含临时施工区）绿化、取料场土地复垦、库周防护林、道路两侧防护林等措施较好地发挥了水土保持的功能。根据现场调查，大坝右坝肩位置主体设置了混凝土边坡防护，未进行植物措施设计，导致右坝肩与周边景观极不协调。哈尔滨市磨盘山水库水土保持措施防治效果见图 4.18-1。

三、水土保持后评价

（一）目标评价

根据现场实地调研，哈尔滨市磨盘山运行期间，各项水土保持措施防护效果显著，水土流失基本得到治理，项目建设区可恢复植被区域植被恢复良好，水土保持功能逐步体现，未出现明显的水土流失现象。根据水土保持监测结果，水土保持方案阶段制定的 6 项防治目标均达到要求。

（二）过程评价

1. 水土保持设计评价

拦渣工程：磨盘山水库在水土保持方案以及初步设计中布设了 2 处弃渣场，均位于水库淹没区内。在实际施工过程中取消了永久弃渣场，设置了弃渣转运场，施工结束后弃渣全部回填黏土料场，施工期间弃渣转运场采取了临时拦挡措施防护。

表土保护工程：根据现场调查，工程建设过程中，对可剥离的耕地区域实施了剥离措施，剥离的表土就近堆置并进行防护，防治了水土流失，表土资源得到了有效的保护。

土地整治工程：根据现场调查，对工程征占地范围内需要复耕或恢复植被的扰动及裸露土地及时进行了场地清理、平整、表土回覆等整治措施，改善了立地条件，有利于后期的植被恢复。

植被建设工程：坝后管理范围内施工临时占地、取料场、施工临时路、管理站、进场路、水库库周采取了植物措施。在库周栽植了樟子松，在坝后管理范围内栽植了杨树、柳树等，在管理站内进行了绿化，在进场路两侧栽植了高大乔木，个别路段增加了生态护坡。对于施工临时占地均按照原地类进行了恢复，提高了占地范围内的林草覆盖率。

临时防护工程：通过查阅相关资料，工程建设过程中，对场地内的临时堆土进行了防护，在场地排水系统未完善之前，开挖土质排水沟排除场地积水，但缺少沉砂措施和雨水利用措施。

受投资的限制以及设计理念的局限性，设计阶段未对工程开挖石质边坡进行生态防护设计，大坝右坝肩及右坝肩上坝路在建成后靠近山体侧裸露石质边坡，仅进行了喷混防护，未主动采取植物措施进行防护，水库建成后右坝肩及右坝肩上坝路与周边景观极不协调。黑龙江省冬季比较寒冷，一年四季降雨量分布不均，挂网喷播在黑龙江省效果较差，

（a）水库大坝及引水口

（b）坝后边坡种草防护

（c）坝后管理范围绿化

（d）砂砾料场恢复为水田

（e）上坝路两侧栽植乔木

（f）进场路两侧栽植乔木

图 4.18-1　工程水土保持措施防治效果（照片由陈强提供）

并且运行期维护成本较高，结合黑龙江省公路边坡绿化经验，建议在黑龙江地区，开挖裸露的石质边坡每 5m 高度进行削坡开级，每级留 3m 台阶，台阶内进行开槽，槽内覆种植土，栽植耐干旱且四季常绿的针叶乔木，如樟子松等，同时槽内栽植适合东北地区的攀缘植物，如爬山虎等。此种方式建设期间和运行初期投入的工程费用可能略高，但随着植物措施慢慢发挥作用，后期的运行维护费用会很低。

2. 水土保持管理与施工评价

哈尔滨市磨盘山水库工程采用招投标的形式确定水土保持措施的施工单位，从而保障了水土保持措施的质量和效果。

在水土保持质量管理方面，建设单位做到了思想认识到位、机构人员到位、管理措施到位、建设投资到位、规划设计到位、综合监理到位的"六到位"，基本有效落实了水土保持措施"三同时"制度。

（1）积极宣传水土保持相关法律法规。哈尔滨市供水工程有限责任公司充分认识到各参建单位人员水土保持专业素养参差不齐，水土保持法制意识不强等现实情况，项目建设过程中，通过会议、宣传、督促、管理等多种途径向工程参建各方宣传贯彻国家水土保持法律法规和方针政策，不断提高和统一参建各方的思想认识，并通过制定水土保持管理规章制度明确参建各方的水土保持工作责任和工作要求，规范了水土保持施工，做到了文明施工。

（2）设立水土保持管理机构。工程建设单位为哈尔滨市供水工程有限责任公司，在项目部内设专员负责磨盘山水库工程水土保持和环境保护管理工作，使得工程水土保持管理工作切实得到加强，岗位责任明确，部门分工清晰，工作程序规范，水土保持管理工作成效和效率大幅提高。

（3）严格水土保持管理。哈尔滨市供水工程有限责任公司在不断完善水土保持设施建设的同时，制定了完善的管理制度，切实加强施工区的水土保持监督与水土保持监理工作，有效地防治水土流失。工程运行期间，派专人负责管理磨盘山水库工程水土保持和环境保护工作。哈尔滨市磨盘山水库从未发生过重大水土流失现象。

（4）确保建设投资到位。在项目建设工作中，哈尔滨市供水工程有限责任公司规定水土保持专业项目由工程建设部提出项目建设要求，由项目部负责组织项目立项、合同签订及项目实施，由财务管理部负责资金落实到位。通过规范基本建设程序，签订项目承包合同，确保了建设项目进度和质量，并保证建设资金及时足额到位。在水土保持设施建设过程中，未发生水土保持资金不落实或是不到位而影响工程建设的情况发生。

（5）水土保持监理制度。依据国家和行业相关规定和要求，哈尔滨市供水工程有限责任公司落实了水土保持监理制度，同黑龙江省水利工程建设监理公司签订水土保持监理合同，成立水土保持监理部，开展水土保持监理工作，对磨盘山水库工程的水土保持工程和土地复垦工程进行水土保持监理。该工程落实水土保持监理制度，规范了水土保持建设与管理工作的程序，对有效控制水土保持设施建设的质量、进度和投资，对不断提高管理工作水平都起到很好的促进作用。

（6）水土保持监测制度。建设单位于2003年6月委托黑龙江省水土保持科学研究院对磨盘山水库工程进行水土保持专项监测。通过监测单位定期、定点的监测，全面掌握了工程施工期间及植被恢复期的水土流失变化情况，发现问题与不足之处及时向建设单位反馈，很好地发挥了水土保持监测的作用。

3. 水土保持运行评价

哈尔滨市磨盘山水库运行期间，建设单位按照运行管理规定，加强对防治责任范围内的各项水土保持设施的管理维护。各部门依照内部制定的部门工作职责等管理制度，各司其职，从管理制度和程序上保证了运行期内水土保持设施管护工作的开展。

运行期间设置专人负责绿化植株的洒水、施肥、除草等管护，确保植被成活率，达到了绿化美化和保持水土的双重作用。

(三) 效果评价

1. 植被恢复效果

通过现场调研了解，工程施工期间对坝后管理范围和管理站内空地采取了栽植乔木、栽植灌木、铺草皮等方式进行植被恢复和绿化，对库周常水位之上栽植了防护林。树种以樟子松、垂柳、钻天杨、灌木柳、冰草等当地适生的乡土和适生树（草）种为主；运行期间，通过实施养护管理和植被的进一步自然演替，项目区实施的林草植被生长状况良好，与建设期相比，水库小气候改善作用明显，项目区域内的植物多样性和郁闭度等得到了良好的恢复和提升。

磨盘山水库工程植被恢复效果评价指标见表4.18-3。

表 4.18-3　　　　　　磨盘山水库工程植被恢复效果评价指标

评价内容	评价指标	结　果
	林草覆盖率	3.65%
植被恢复效果	乡土树种比例	0.80
	郁闭度	0.60

2. 水土保持效果

通过现场调研和评价，磨盘山水库工程实施的工程措施、植物措施等运行状况良好，根据现场水土保持监测统计，工程施工期间土壤侵蚀量2.07万t，项目区平均土壤侵蚀模数3647t/(km²·a)；通过各项水土保持措施的实施，至运行期，项目区土壤侵蚀模数200t/(km²·a)，项目建设区的原有水土流失基本得到治理。磨盘山水库工程施工区内表土层厚度50cm。工程迹地恢复和绿化多采用当地乡土和适生树种，经过运行期的进一步自然演替，水库小气候特征明显；项目区道路、建筑物等不具备绿化条件的区域采取混凝土、沥青混凝土、透水砖等方式进行硬化。地表硬化、迹地恢复和绿化措施的实施，使项目区内由于工程建设导致的裸露地表得到治理，水土流失面积得以大幅减少。

磨盘山水库工程水土保持效果评价指标见表4.18-4。

表 4.18-4　　　　　　磨盘山水库工程水土保持效果评价指标

评价内容	评价指标	结　果
	表土层厚度	30cm
水土保持效果	地表硬化率	75%
	不同侵蚀强度面积比例	90%

3. 景观提升效果

磨盘山水库工程管理站在进行植被恢复时，充分考虑后期绿化的景观效果，采取了乔灌草相结合的园林式立体绿化方式，苗木种类选择时选用景观效果比较好的树（草）种。坝后管理范围内主要采取植被恢复，防止地面裸露，采用乔灌草的栽植方式配置；水库管理站房空地内进行了绿化。不足之处为右坝肩开挖形成的裸露边坡只进行了工程防护，未采取植物防护，影响了大坝整体景观效果。

磨盘山水库工程景观提升效果评价指标见表4.18-5。

表 4.18－5　　　　　　　　磨盘山水库工程景观提升效果评价指标

评价内容	评价指标	结　果
景观提升效果	美景度	5
	常绿、落叶树种比例	80％
	观赏植物季相多样性	0.2

4. 安全防护效果

通过调查了解，磨盘山水库工程施工时由于坝体形式发生变化，故取消永久弃渣场。施工期间对弃渣转运场以及剥离的表土进行临时防护。施工结束后实施了弃渣转运场的迹地恢复措施。

施工期间由于大坝右坝肩开挖形成裸露边坡，主体设计了混凝土护坡，对边坡进行了防护。经调查了解，工程运行以来，未发生水土流失危害事故，大坝边坡整体稳定性良好。

磨盘山水库工程安全防护效果评价指标见表 4.18－6。

表 4.18－6　　　　　　　　磨盘山水库工程安全防护效果评价指标

评价内容	评价指标	结　果
安全防护效果	拦渣设施完好率	100％
	渣（料）场安全稳定运行情况	稳定

5. 社会经济效果

磨盘山水库是以哈尔滨市居民生活供水为主，兼向沿线山河、五常等城镇供水，并兼顾下游防洪、农田灌溉、环境用水等综合利用的新建的大型水利枢纽工程。工程建成后可极大地改善哈尔滨城区居民的饮用水条件，对哈尔滨经济发展有极大的作用。

工程建设过程中各项水土保持措施的实施，在有效防治工程建设引起的水土流失，给当地居民带来直接经济效益的同时，在当地居民中宣传树立了水土保持理念及意识，使当地居民认识到水土保持工作与人们的生活息息相关，提高了当地居民对水土保持、水土流失治理、保护环境等的意识强度。

磨盘山水库工程社会经济效果评价指标见表 4.18－7。

表 4.18－7　　　　　　　　磨盘山水库工程社会经济效果评价指标

评价内容	评价指标	结　果
社会经济效果	促进经济发展方式转变程度	良好
	居民水保意识提高程度	良好

6. 水土保持效果综合评价

通过查表确定计算权重，根据层次分析法计算磨盘山水库各指标实际值对于每个等级的隶属度。

磨盘山水库工程各指标隶属度分布情况见表 4.18－8。

表 4.18 - 8　　　　　　　　磨盘山水库工程各指标隶属度分布情况

指标层	变 量 层	权重	各 等 级 隶 属 度				
			好	良好	一般	较差	差
植被恢复效果	林草覆盖率	0.1008	0.1	0.9			
	乡土树种比例	0.0232	0.3	0.7			
	郁闭度	0.0822	0.25	0.75			
水土保持效果	表土层厚度	0.1575		0.8	0.2		
	地表硬化率	0.0140		0.7	0.3		
	不同侵蚀强度面积比例	0.0347	0.7	0.3			
景观提升效果	美景度	0.1574		0.9	0.1		
	常绿、落叶树种比例	0.0032	0.4	0.6			
	观赏植物季相多样性	0.0079		0.25	0.75		
安全防护效果	拦渣设施完好率	0.0542	0.9	0.1			
	渣（料）场安全稳定运行情况	0.2711	0.9	0.1			
社会经济效果	促进经济发展方式转变程度	0.0188	0.3	0.6	0.1		
	居民水保意识提高程度	0.0751		0.8	0.2		

经分析计算，磨盘山水库工程模糊综合评判结果见表 4.18 - 9。

表 4.18 - 9　　　　　　　磨盘山水库工程模糊综合评判结果一览表

评价对象	好	良好	一般	较差	差
磨盘山水库	0.3616	0.5643	0.0743	0.0000	0.0000

根据最大隶属度原则，磨盘山水库 V_2 等级的隶属度最大，故其水土保持评价效果为良好。

四、结论及建议

（一）结论

哈尔滨磨盘山水库按照我国有关水土保持法律法规的要求，开展了水土保持工作，对防治责任范围内的水土流失进行了全面系统的治理，基本达到了施工期间控制水土流失、施工后期改善环境和生态的目的，营造了优美的坝区环境，较好地完成了该项目的水土保持工作。目前各项防治措施的运行效果良好，施工区植被得到了较好的恢复，水土流失得到了有效的控制，生态环境得到了明显的改善。

工程建设期间，建设单位十分重视水土保持工作，开工前将水土保持内容纳入主体工程招投标，重视施工期间的水土保持措施落实。重视施工迹地的恢复和绿化，施工期间通过招投标形式确定专门的水土保持监理、监测单位进行相关工作。从而保障了水土保持措施的质量和效果，基本做到了水土保持措施"三同时"制度的有效落实。

由于大坝右坝肩位置主体设置了混凝土边坡防护，未进行植物措施设计，导致右坝肩与周边景观极不协调。

（二）建议

建议修订《生产建设项目水土保持技术标准》（GB 50433—2018）时，将高陡边坡防护纳入重点评价的内容，并要求要优先考虑生态效果明显的工程＋植物或是植物防护措施，同时结合景观建设要求，针对水库工程开挖后形成裸露高陡边坡应提出绿化要求和标准，并针对南北方的气候差异，提出绿化措施要求。同时建议对大型水利水电项目产生的弃渣，应优先综合利用，提倡尽可能用于项目区景观塑造，提高项目区生态景观效果。

案例 19 青草沙水库及取输水泵闸工程

一、项目及项目区概况

（一）项目概况

青草沙水库位于上海市崇明区长兴岛，长江三角洲的前缘地带南支水域之中。青草沙水库是世界上最大的潮汐河口蓄淡避咸水库，是上海市重大民生工程，更是关系到上海城市供水安全的百年工程。工程的建成和投入运行，改写了上海饮用水主要依靠黄浦江水源的历史，从根本上改变了上海城市原水的供应格局，目前上海市一半以上的城市原水由青草沙水库供应。

青草沙水源地原水工程于 2007 年年底开工建设，2010 年年底正式建成启用。建成后，水库总面积约 66.15km²，相当于 10 个杭州西湖。水库有效库容 4.38 亿 m³，死库容 0.89 亿 m³，总库容 5.27 亿 m³，可在最长连续 68d 不取水的情况下正常供应原水。水库设计供水规模达 719 万 m³/d，供水范围覆盖上海市杨浦、虹口、闸北、黄浦、静安、长宁、普陀、徐汇等 8 个区，受益人口达 1150 万人。

该工程包括青草沙水库库区工程、取水泵闸工程及输水泵闸工程三个部分。

青草沙水库库区工程包括新建青草沙库区围堤、按水库标准改造的中央沙库区围堤、加高加固长兴岛库区段海塘、中央沙库区南堤与青草沙库区新建围堤保滩护底等。工程环库大堤由南堤、西堤、北堤、东堤及长兴岛海塘组成，其中新建北堤、东堤共计 21.99km，加高加固中央沙南堤、西堤共计 10.47km，加高加固长兴岛海塘长 16.36km。另外，改造中央沙北围堤 7.13km。取水泵闸工程由上游取水泵闸和下游水闸组成。上游取水泵闸取水口位置设在北堤上段，靠近北港进口新桥通道中部，采用闸站相结合、明渠引水的平面布置方式；下游水闸布置在青草沙水库库尾外侧堤段。输水泵闸工程包括岛域输水干线输水闸井和长兴输水支线输水泵站，位于水库库内东南角现有丁坝上游附近。

（二）项目区概况

项目区地貌属河口、沙嘴、沙岛地貌类型，下游东邻横沙岛，隔江北望崇明岛，气候类型属于亚热带季风气候区，工程区域年平均气温（陆上）为 16.9℃，多年平均年降水量 1169.6mm，多年平均年水面蒸发量 1007.6mm，工程区堤基土以粉质黏土、砂质粉土及淤泥质黏土为主。项目区土壤主要以黄泥土和壤质盐土等为主。区域现有植被面积约 11.3km²，植物主要有 10 科 22 种，现状植被以芦苇等草本植物为主，在芦苇带中有零星的旱柳分布。

按全国土壤侵蚀类型区划分，项目区属于南方红壤区，容许土壤流失量 500t/(km²·a)。水土流失类型主要为水力侵蚀，主要表现形式为坡面面蚀、浅沟侵蚀等。根据《上海市水土保持规划（2021—2035 年）》，该工程所在区域属上海市水土流失重点预防区。

二、水土保持目标、实施过程及效果

（一）水土保持目标

青草沙水库工程是上海市重大民生工程，关系到上海市一半人口的饮用水问题，在工程建设初期，工程提出了"控制水土流失，保护生态环境，维护工程建设和运行安全，保障上海人民饮用水安全"的水土保持总体目标。

根据项目水土保持方案，以及上海市发展和改革委员会批复的工程初步设计，依据原《开发建设项目水土保持方案技术规范》（SL 204—98）确定的水土流失防治目标见表4.19-1。

表 4.19-1　　　　　　　工程水土流失防治目标情况表

防治指标	防治目标	防治指标	防治目标
扰动土地治理率	95%	拦渣率	95%
水土流失治理度	85%	林草植被恢复率	95%
水土流失控制比	1.2	林草覆盖率	20%

（二）水土保持方案编报

该项目在可行性研究阶段编报了水土保持方案，制定了各项水土流失防治目标和防治措施体系，估算了水土保持投资，并报建设单位和主管部门审核。

（三）水土保持措施设计

依据批复的水土保持方案报告书、水土保持初步设计专章和施工图，主体工程设计具有水土保持功能的措施主要包括排水工程、防护工程、土地整治工程、绿化工程等。水土保持设计从水土保持的角度出发，针对主体设计中的不足，补充设置了相应的水土保持措施，并对主体工程中部分措施进行了细化优化，主要包括：考虑到工程位于长江口区域，土壤含盐量较高，为确保苗木成活率及生长，对绿化苗木进行抗盐碱植物措施配置，并对绿化区土壤进行排盐改良；对工程占用耕地、林草地区域表层耕植土进行剥离，并集中堆放保护，施工后期用于绿化和复耕使用；在施工临时设施区、临时生活区四周及施工道路两侧设置排水沟，排水沟出水口设置沉沙池；砂石料堆场采用砖砌体防护；土料周转场采用填土草包临时挡护，四周设置排水沟，排水沟出水口设置沉沙池；对临建工程的施工工序加强监督管理，禁止将临时弃土乱堆乱弃；施工结束后及时将地表建筑物全部拆除，清除施工垃圾和平整场地，进行迹地恢复。弃土场区周边用填土草包防护，并撒播草籽进行绿化防护。青草沙水库及取输水泵闸工程水土保持措施设计情况见表4.19-2。

表 4.19-2　　　　　青草沙水库及取输水泵闸工程水土保持措施设计情况

措施类型	区域	设计措施实施区域	主要措施及标准
斜坡防护工程	主体工程区	库外侧护坡	拱圈草皮护坡、内青坎护坡及草皮铺设
土地整治工程	主体工程区	绿化区域	耕植土回填
	施工临时设施区	绿化区域	耕植土回填，绿化区土壤排盐改良
防洪排导工程	主体工程区	库区道路沿线	永久排水沟

续表

措施类型	区域	设计措施实施区域	主要措施及标准
植被工程	主体工程区	管理区、上游水闸区、实验基地	乔灌草景观绿化、水源涵养林、抗盐碱（抗渍）植物措施配置
	施工临时设施区	施工平台	灌草绿化
临时防护工程	施工临时设施区	施工临时设施区、临时生活区四周及施工道路两侧	临时排水和沉沙，临时苫盖
	弃土场区	弃土场周边，裸露地表区域	填土草包防护，撒播草籽临时绿化
表土保护工程	主体工程区、施工临时设施区	施工占用耕地、林草地的区域	表土剥离与集中保护

（四）水土保持施工

该工程实行项目法人制，项目法人为上海青草沙投资建设发展有限公司。项目建设期间，施工现场设立第一项目管理部负责工程现场的管理工作，确定了项目经理、项目副经理、技术负责人、安全负责人等管理人员，同时制定了工作职责及管理办法。上海青草沙投资建设发展有限公司在管理工程建设的同时，根据批复的工程初步设计中的水土保持设计内容，由第一项目管理部负责该工程建设期间水土保持措施的监督落实、水土保持工程的建设管理，使工程建设与水土保持措施同步进行，确保工程建设的各个阶段满足水土保持的规范要求。

工程水土保持措施施工单位采取招投标的形式确定，主要有 7 家水土保持工程施工单位。施工单位成立项目经理部，项目经理部根据工程实际情况，建立了完善的工程管理组织机构。项目经理负责主持项目经理部全局工作，全面负责工程施工安排、施工技术方案与措施、合同管理、施工质量管理、施工测量与放样、安全与文明施工管理、材料和设备管理等，项目总工负责项目经理部工程技术工作。通过实行三级管理体制，保证水土保持工程的顺利实施。

（五）水土保持监测、监理

建设单位委托上海勘测设计研究院有限公司对该项目进行水土保持专项监测。监测成果表明，工程施工期间各项水土保持措施基本按照施工图实施，施工期间未发生明显水土流失。

项目建设单位统一将水土保持监理工作纳入上海宏波工程咨询管理有限公司等具有水土保持监理资质的主体监理单位的监理范围，在开展主体工程监理的同时，对水土保持措施实施"四控制、二管理、一协调"的监理工作。根据监理成果，主体工程具有水土保持功能的水保措施共涉及 10 个单位工程，其中共包括 16 个分部工程，869 个单元工程，869 个单元工程全部合格，其中优良个数 676 个，优良率 77.8%。

（六）水土保持验收

2012 年 8 月 9 日，上海市水务局水土保持处在上海市崇明区长兴镇组织该项目水土保持设施验收会议，水土保持验收组一致认为：工程建设期间，建设单位组织优化了设计内容和施工工艺，开展了水土保持监测和监理工作，施工过程中各项水土保持防护措施到位，有效地控制和减少了工程建设的水土流失，建成的水土保持设施质量合格，防治指标达到了水土保持设计的目标值，工程符合水土保持设施验收的条件，同意水土保持设施通过验收。

（七）水土保持效果

青草沙水库及取输水泵闸工程自竣工验收以来，水土保持设施已安全、有效运行超过10 年，库区外侧实施的拱圈草皮护坡、内青坎护坡及草皮铺设，管理区、上游水闸区、实验基地的乔灌草景观绿化、水源涵养林、土壤排盐改良，库区道路两侧的永久性排水沟，均较好地发挥了水土保持的功能。水土保持措施防治效果见图 4.19-1 和图 4.19-2。

图 4.19-1　青草沙水库全貌（照片由上海勘测设计研究院有限公司提供）

三、水土保持后评价

（一）目标评价

根据现场实地调研，青草沙水库在运行期间，各项水土保持措施防护效果显著，水土流失基本得到治理，项目建设区可恢复植被区域植被恢复良好，水土保持功能逐步体现，未出现明显的水土流失现象。根据水土保持设施验收结果，水土保持方案制定的 6 项防治目标均达到要求。但结合水库运行期间的实际情况，水土保持后评价认为对工程初步设计中水土保持设计内容规定的个别目标有必要进行修订调整。

（二）过程评价

1. 水土保持设计评价

（1）防洪排导工程。根据防洪排导需要，在库区道路沿线布置了永久性的排水沟，且在施工过程中，结合地形、地质条件在各施工区域周边布设了临时排水、沉沙设施，有效防止了冲刷引起的水土流失。

（2）斜坡防护工程。根据现场调查，水库外侧布置了拱圈草皮护坡、内青坎护坡及草皮铺设等斜坡防护措施，防治了斜坡坡面水土流失。

（a）拱圈草皮护坡　　　　　　　　（b）内青坎护坡及草皮铺设

（c）乔灌草景观绿化　　　　　　　（d）永久性排水沟

（e）水源涵养林

图 4.19-2　水土保持措施防治效果（照片由上海勘测设计研究院有限公司提供）

　　（3）土地整治工程。根据现场调查，工程征占地范围内对需要复耕或恢复植被的扰动及裸露土地及时进行了场地清理、平整、表土回覆等整治措施，保护了耕地资源，提高了林草覆盖率，也减少了临时占地扰动造成的水土流失。

　　（4）植被建设工程。项目实际施工过程中在库区进出入口处、管理区周边、上游水闸区、实验基地等区域进行了乔灌草景观绿化，并实施了水源涵养林建设，在施工临时设施区域保留了 2 处施工绿化平台，以灌草绿化为主，有效实现了水土保持和景观效果的有机结合。考虑到绿化区土壤含盐量、含水量较高，采用了抗渍、抗盐碱植物措施配置，主要采取的乔木品种为水杉、大叶女贞、乌桕、落羽杉、栾树、无患子，灌木品种有大叶黄杨、假连翘、红叶石楠、金叶女贞、海桐、红叶小檗、金银花、海滨木槿、柽柳、南天竹等，并合理搭配栽植。

（5）临时防护工程。工程建设过程中，在弃土场周边和裸露地表区域采取了填土草包防护，撒播草籽临时绿化等，控制了弃土弃渣可能产生的水土流失。

（6）表土保护工程。根据现场调查，工程建设过程中，对可剥离的耕地、林草地区域实施了表土剥离措施，剥离的表土集中堆置在弃渣场附近并进行了防护，防治了水土流失，也保护了表土资源。

（7）植物抗盐碱措施。青草沙水库位于长江口区域，土壤以吹填土方为主，含盐量较高，pH 值普遍较高（基本为 8～9），有机质含量平均仅为 4.13g/kg，表层土长期受淋溶、返盐等影响，有机质含量偏低，不利于景观苗木和水源涵养林生长。因此在绿化施工前，采用"种植绿肥＋挖大穴改良方案"进行土壤抗盐碱改良，种植绿肥植物可减少蒸发返盐，增加土壤有机质和营养物质，降低土壤盐分含量，由于绿肥改良效果相对较慢，在种植绿肥的同时，采用扩大乔木树穴，并进行树穴回填土改良。绿肥植物选用紫花苜蓿，播撒种子为 1.5kg/（亩·a），在花荚期、秸秆开始纤维化时，割倒就地翻压。种植灌木的区域施加 2000kg/亩有机肥改良土壤性质。同时，有条件的区域配合采用铺设排盐管的方式降低土壤含盐量。

2. 水土保持施工评价

（1）项目经理负责制。施工单位成立项目经理部，项目经理部根据工程实际情况，建立了完善的工程管理组织机构。项目经理负责主持项目经理部全局工作，全面负责工程施工安排、施工技术方案与措施、合同管理、施工质量管理、施工测量与放样、安全与文明施工管理、材料和设备管理等，项目总工程师负责项目经理部的工程技术工作。通过实行三级管理体制，保证水土保持工程的顺利实施。

（2）质量控制体系。项目部为了确保工程质量创优规划及优良等级目标的实现，制定了《项目质量计划》《质量目标考核标准》《质量保证措施》等一系列质量管理文件，制定了质量保证体系组织机构框图，建立了以项目经理为工程质量第一责任人的质量检查组织机构，从保证质量的组织、管理及控制三方面入手，在施工过程中，强化企业自检体系，由项目经理部和作业队的主要责任人、专业技术人员、施工人员等组成项目部质量管理工作领导小组，带领各级施工管理人员做到认真学习合同文件、技术规范和监理规程，按设计图纸、质量标准及监理工程师指令进行施工和管理，落实各项管理制度，做到施工操作程序化、标准化、规范化，贯穿工前有交底、工中有检查、工后有验收的"一条龙"操作管理方法，确保工程质量。

（3）安全生产制度。各施工项目部均建立健全了安全组织机构，成立以项目经理为组长的安全管理领导小组，建立了高效、精干的安全管理组织机构，切实加强组织领导，为了使安全责任制度得到全面落实，带动各层次的施工负责人切实履行各自的安全责任，主体施工单位第一安全责任人签订了安全责任协议，明确了事故控制目标和安全工作要求。各单位在各自的管理范围内采用了安全风险抵押、阶段性安全考核等措施，逐级落实安全责任。

3. 水土保持运行评价

水土保持工程竣工验收后，水土保持工程措施的日常养护工作由上海城投原水股份有限公司运行管理部门承担。绿化工程质保期间由绿化施工单位进行抚育管理，质保期后由上海城投原水股份有限公司负责植物后期养护工作。

运行期间设置专人负责绿化植株的洒水、施肥、除草等管护，确保植被成活率，不定期检查清理截（排）水沟道内淤积的泥沙，达到了绿化美化和水土保持的双重作用。

（三）效果评价

1. 植被恢复效果

植被恢复属于重要的水土保持措施。通过现场调查，青草沙水库库区内和水源地防护林栽植乔木以落羽杉、大叶女贞、池杉、水杉、红豆杉、乌桕、栾树、无患子等为主，灌木以海桐、红叶石楠、柽柳、海滨木槿、大叶黄杨、金叶女贞、红叶小檗、金银花、假连翘等当地乡土或适生树种为主，具有很好的抗盐抗渍功能，苗木植被长势良好，起到了景观绿化、水源涵养、保水固土的功效；运行期间，通过实施养护管理和植被的进一步自然演替，项目区实施的林草植被恢复营造的苗木植被生长状况良好，与建设期间相比，项目区小气候特征明显，项目区域内的植物多样性和郁闭度等得到了良好的恢复和提升。

青草沙水库及取输水泵闸工程植被恢复效果评价指标见表 4.19-3。

表 4.19-3　　　　　　　　青草沙水库植被恢复效果评价指标

评价内容	评价指标	结　果
植被恢复效果	林草覆盖率	20.4%
	植物多样性指数	0.26
	乡土树种比例	0.80
	单位面积枯枝落叶层	1.8cm
	郁闭度	0.55

2. 水土保持效果

通过现场调研和评价，青草沙水库及取输水泵闸工程实施的水土保持工程措施、植物措施等运行状况良好，根据水土保持设施验收结果，项目区各项水土流失防治指标达到了水土保持方案确定的目标值，其中实际扰动土地整治率 99.7%，水土流失总治理度 98.3%，土壤流失控制比 3.8，拦渣率 97.8%，林草植被恢复率 98.2%，林草覆盖率 20.4%。通过各项水土保持措施的实施，至运行期项目区土壤侵蚀模数 260t/($km^2 \cdot a$)，项目建设区的原有水土流失基本得到治理。项目区平均表土层厚度约 60cm，工程迹地恢复和绿化多采用当地乡土和适生树种，经过运行期的进一步自然演替，项目区小气候特征明显，使得项目区植物多样性和土壤有机质含量得以不同程度地改善和提升；经试验分析，土壤有机质含量约 2.4%。项目区道路、建筑物等不具备绿化条件的区域采取混凝土、沥青混凝土、透水砖等方式进行硬化。地表硬化、迹地恢复和绿化措施的实施，使得项目区内由于工程建设导致的裸露地表得到治理，土地损失面积得以大幅减少。

青草沙水库及取输水泵闸工程水土保持效果评价指标见表 4.19-4。

表 4.19-4　　　　青草沙水库及取输水泵闸工程水土保持效果评价指标

评价内容	评价指标	结　果
水土保持效果	表土层厚度	60cm
	土壤有机质含量	2.4%
	地表硬化率	75%
	不同侵蚀强度面积比例	99%

3. 景观提升效果

工程在库区进出入口处、管理区周边、上游水闸区、实验基地、施工平台等区域进行植被恢复的同时考虑后期绿化的景观效果,采取了乔灌草相结合的园林式立体绿化方式,苗木种类选择时选用景观效果比较好的树(草)种,如落羽杉、大叶女贞、池杉、水杉、红豆杉、乌桕、栾树、无患子、海桐、红叶石楠、柽柳、海滨木槿、大叶黄杨、金叶女贞、红叶小檗、金银花、假连翘等,常绿树种与落叶树种混合选用种植(约 7:3);同时根据各树种季相变化的特点以及植物的枝、叶、花、果、色彩、姿态等的不同观赏性状进行植物的群落搭配和点缀,使区域内一年四季均有景色可欣赏,以提高项目区域的可观赏性效果,也起到了很好的水土保持效果。

青草沙水库及取输水泵闸工程景观提升效果评价指标见表 4.19-5。

表 4.19-5　　　　青草沙水库及取输水泵闸工程景观提升效果评价指标

评价内容	评价指标	结　果
景观提升效果	美景度	7.5
	常落树种比例	75%
	观赏植物季相多样性	0.5

4. 环境改善效果

植物是天然的清道夫,水土保持植物措施的实施,可以有效清除空气中的 NO_x、SO_2、甲醛、飘浮微粒及烟尘等有害物质。通过植被恢复、园林式绿化、养护管理等植物措施的实施,项目区内林草植被覆盖情况得以大幅度改善,植物在光合作用时释放负氧离子,使周边环境中的负氧离子浓度达到约 1600 个/cm^3,使得区域内人们的生活环境得以改善。

青草沙水库及取输水泵闸工程环境改善效果评价指标见表 4.19-6。

表 4.19-6　　　　青草沙水库及取输水泵闸工程环境改善效果评价指标

评价内容	评价指标	结　果
环境改善效果	负氧离子浓度	1600 个/cm^3

5. 安全防护效果

经调查了解,工程运行以来,水土保持设施运行情况正常,未发生水土流失危害事故,弃土场区防护措施及截(排)水设施整体完好,运行正常,拦渣率达到了 97.8%,水土保持效果良好。

青草沙水库及取输水泵闸工程安全防护效果评价指标见表 4.19-7。

表 4.19－7　　　　　青草沙水库及取输水泵闸工程安全防护效果评价指标

评价内容	评价指标	结　果
安全防护效果	拦渣设施完好率	99%

6. 社会经济效果

青草沙水库的建设从根本上改变了上海城市原水的供应格局，供应了上海市一半以上的城市原水，受益人口达 1150 万人，有极大的社会效益。

青草沙水源地水土保持措施的实施，减少了各项水土流失风险。同时，水土保持防护林和涵养林工程的实施在提高水源地整体生态性、涵养水源、改善水质、美化环境、阻隔污染等方面起到重要作用，是青草沙水源地的重要生态屏障，作为长江三角洲河口地区首个水源地防护林项目，其成功实施为其他类似项目起到了良好的示范作用。

同时，工程的实施将水土保持理念及意识在当地居民中树立了起来，使当地居民认识到水土保持工作与人们的生活息息相关，提高了当地居民对水土保持、水土流失治理、保护环境等的意识强度，在其生产生活过程中自觉科学地采取有效措施进行水土流失防治和保护环境，利用水土保持知识进行科学生产，引导当地生态环境进一步向更好的方向发展。

青草沙水库及取输水泵闸工程社会经济效果评价指标统计见表 4.19－8。

表 4.19－8　　　青草沙水库及取输水泵闸工程社会经济效果评价指标统计表

评价内容	评价指标	评价结果
社会经济效果	促进经济发展方式转变程度	好
	居民水保意识提高程度	好

7. 水土保持效果综合评价

通过查表确定计算权重，根据层次分析法计算青草沙水库及取输水泵闸工程各指标实际值对于每个等级的隶属度。

青草沙水库及取输水泵闸工程各指标隶属度分布情况见表 4.19－9。

表 4.19－9　　　青草沙水库及取输水泵闸工程各指标隶属度分布情况

指标层	变　量　层	权重	各 等 级 隶 属 度				
			好（V1）	良好（V2）	一般（V3）	较差（V4）	差（V5）
植被恢复效果 U1	林草覆盖率 C11	0.0437	0	0.825	0.175	0	0
	植物多样性指数 C12	0.0361	0	0.632	0.368	0	0
	乡土树种比例 C13	0.0323	0.866	0.134	0	0	0
	单位面积枯枝落叶层 C14	0.0361	0.75	0.25	0	0	0
	郁闭度 C15	0.0418	0.25	0.75	0	0	0
水土保持效果 U2	表土层厚度 C21	0.0484	0	0.866	0.134	0	0
	土壤有机质含量 C22	0.0506	0	0.7	0.3	0	0
	地表硬化率 C23	0.0572	0.1	0.9	0	0	0
	不同侵蚀强度面积比例 C24	0.0638	0.8	0.2	0	0	0

指标层	变量层	权重	各等级隶属度				
			好（V1）	良好（V2）	一般（V3）	较差（V4）	差（V5）
景观提升效果 U3	美景度 C31	0.0272	0	1	0	0	0
	常绿、落叶树种比例 C32	0.0264	0.82	0.18	0	0	0
	观赏植物季相多样性 C33	0.0264	0.92	0.08	0	0	0
环境改善效果 U4	负氧离子浓度 C41	0.096	0	0.66	0.34	0	0
安全防护效果 U5	拦渣设施完好率 C51	0.1656	0.72	0.28	0	0	0
社会经济效果 U6	促进经济发展方式转变程度 C61	0.0756	0.4	0.6	0	0	0
	居民水保意识提高程度 C62	0.0444	0	0.21	0.79	0	0

经分析计算，青草沙水库及取输水泵闸工程模糊综合评判结果见表 4.19－10。

表 4.19－10　　　　青草沙水库及取输水泵闸工程模糊综合评判结果

评价对象	好（V1）	良好（V2）	一般（V3）	较差（V4）	差（V5）	综合得分
青草沙水库	0.20	0.61	0.19	0	0	85.07

根据最大隶属度原则，青草沙水库及取输水泵闸工程良好等级隶属度最大，故水土保持评价效果为良好，综合得分为 85.07 分。

四、结论及建议

（一）结论

青草沙水库按照我国水土保持有关法律法规的要求，开展了卓有成效的水土保持工作，对防治责任范围内的水土流失进行了全面系统的治理，相关参建单位和运行维护单位重视水土保持工作，建立了完善的水土保持管理制度。工程建设期间，建设单位组织优化了设计内容和施工工艺，水土保持各项防护措施到位，有效地控制和减少了工程建设中的水土流失，建成的水土保持设施质量合格，水土保持设施运行管理单位得到落实。

（二）建议

对于潮汐河口蓄淡避咸型水库，土壤盐碱度普遍较高，对于景观绿化、水源涵养林建设极为不利，苗木选型和配置、土壤抗盐碱改良措施直接关系到绿化效果，但是国内相关方面的研究尚不深入，也缺少相应的工程经验。绿化工程是重要的水土保持措施，因此水土保持专业人员应加大相关研究，并及时总结相关设计施工经验，为后续类似项目提供经验。

案例20　仙游抽水蓄能电站

一、项目及项目区概况

（一）项目概况

仙游抽水蓄能电站位于福建省东南沿海中部的莆田市仙游县境内，电站利用木兰溪源头两条平行支流——大济溪和溪口溪筑坝形成上下库，高差约450m，装机容量120万kW，设计年发电量18.96亿kW·h，年抽水电量25.28亿kW·h。工程规模为大（1）型，工程等别为Ⅰ等。

该工程枢纽由上水库、下水库、输水系统、地下厂房、地面开关站等建筑物组成。上水库主要工程项目包括1座钢筋混凝土面板堆石主坝、2座分区土石副坝，最大坝高分别为72.6m、14m、3m，主坝坝顶高程747.60m，另外还包括总长5.36km的环库公路等。下水库主要建筑物有钢筋混凝土面板堆石坝、右岸开敞式溢洪道、导流泄放洞等，钢筋混凝土面板堆石坝坝顶高程299.90m，最大坝高74.9m。输水系统连接上下水库，为2洞4机布置，引水隧洞单条长1149.09m，衬砌内径6.5m，尾水洞长1104.50m，衬砌内径7.0m。地下厂房系统由主副厂房洞、交通洞、母线洞、主变洞及其他地下洞室等组成，厂内安装4台单机容量为300MW的混流可逆式水泵水轮发动机组。开关站、中控楼等建筑物位于地面，电站采用两回500kV线路接入泉州北变电所。项目总投资39.8亿元，工程于2009年5月1日开工建设，2013年12月19日4台机组全部进入商业运行。项目法人为国网新源控股有限公司，建设单位与运营单位均为福建仙游抽水蓄能有限公司。

（二）项目区概况

项目区所在流域为木兰溪流域，属中低山地貌，气候类型属亚热带海洋性季风气候，四季分明，温和湿润，上、下水库多年平均气温分别为16.9℃、19.1℃，多年平均相对湿度为81%，平均风速1.8m/s；上、下水库流域多年平均年降水量分别为2014mm、1879mm，降水量年际变化大，年内分布不均匀，主要集中在汛期。项目区地带性土壤以红壤为主。

按全国土壤侵蚀类型区划分，项目区属于南方红壤丘陵区，容许土壤流失量500t/(km²·a)。土壤侵蚀以微、轻度水力侵蚀为主。根据《全国水土保持规划（2015—2030年）》，项目区属于粤闽赣红壤国家级水土流失重点治理区。根据《福建省水土保持规划（2016—2030年）》和《莆田市水土保持规划（2016—2030年）》，项目区未涉及省级或市级水土流失重点预防区和重点治理区。

二、水土保持目标、实施过程及效果

（一）水土保持目标

该工程任务是为福建电网提供调峰填谷容量，承担系统的紧急事故备用和调频、调相等。工程建设始终坚持"百年大计，质量第一"的主题，建设之初，就提出了"运行可靠、质量优良、达标投产、争创国优"的目标，把"一次成优，过程成优"的理念贯穿仙游抽水蓄能电站建设的始终。

（二）水土保持方案编报

2006年5月，由福建省水利水电勘测设计研究院完成仙游抽水蓄能电站工程的水土保持方案，2006年7月14日水利部以"水保函〔2006〕337号"对福建仙游抽水蓄能电站工程水土保持方案予以批复。

（三）水土保持措施设计

工程建设期间，建设单位委托中国电建集团华东勘测设计研究院（现更名为中国电建集团华东勘测设计研究院有限公司）和福建省水利水电勘测设计研究院（现更名为福建省水利水电勘测设计研究院有限公司）进行水土保持专项设计。根据批复的水土保持方案，仙游抽水蓄能电站工程设计的水土保持措施主要为斜坡防护工程、防洪排导工程、拦渣工程、土地整治工程、植被防护工程、临时防护工程、表土保护工程等，具体包括工程枢纽区边坡和库岸防护、排水工程、临时排水、沉沙池、拦挡、覆盖、绿化，施工生产生活区挡墙、边坡防护、排水、沉沙池、土地整治、绿化，弃土弃渣场区挡墙、护坡、排水设施、沉沙池、土地整治、绿化，土石料场区排水设施、沉沙池、土地整治、绿化，交通道路区挡墙、边坡防护、临时排水、沉沙池、施工期绿化、施工后期整治绿化，移民生活安置区挡墙、排水沟、沉沙池、绿化等。水土保持措施设计情况见表 4.20-1。

表 4.20-1 水土保持措施设计情况一览表

措施类型	区 域	设计措施实施区域	主要措施及标准
拦渣工程	弃土弃渣场区	上、下水库弃土弃渣区	浆砌石挡渣墙
斜坡防护工程	工程枢纽区、弃土弃渣区	库区边坡，上水库大坝背侧，进场交通洞脸	预制混凝土块护坡、人字形骨架护坡
防洪排导工程	施工生产生活区、弃土弃渣区、土石料场区、交通道路区、移民生活安置区	上、下水库弃土弃渣场场内、土石料场截（排）水、道路两侧、移民生活安置区	浆砌石排水沟、截洪沟，采用30年一遇标准
土地整治工程	工程枢纽区、施工生产生活区、弃土弃渣区、土石料场区、交通道路区、移民生活安置区	工程枢纽区域绿化区域场地整治、施工生产生活区复垦和植被恢复区域场地整治、弃土弃渣场改造和碾压、土石料场场地整治	渣场改造和碾压、复垦、场地整治
植被防护工程	各施工区	主要分布在工程枢纽和交通道路边坡、道路两侧、移民安置区周边	对永久设施周边按景观绿化或四旁绿化等方案布置，绿化树（草）种选择乡土树种
临时防护工程	各施工区	主枢纽工程和交通道路开挖边坡、弃土弃渣场堆土堆渣、土石料场开采面	弃土弃渣临时拦挡、边坡临时覆盖

（四）水土保持施工

工程水土保持措施施工单位采取招投标的形式确定，其中工程措施施工单位同主体工程一致，为中国葛洲坝集团股份有限公司、中国水利水电第十二工程局有限公司、中国安能建设集团有限公司、中国水利水电第十四工程局有限公司、中国水利水电第十六工程局有限公司，景观及绿化施工单位为浙江达华园林建设有限公司、淮南市沁源绿化工程有限责任公司、江苏星美环境艺术工程有限公司。

为了确保仙游抽水蓄能电站工程的建设质量，加强工程建设过程中的水土保持工作，建设单位专门成立了环保部，一并负责仙游抽水蓄能电站工程水土保持和环境保护管理工作。

在项目建设管理工作中，建设单位规定水土保持专业项目由工程建设部提出项目建设要求，由环保部负责项目组织立项和项目实施，由计划经营部负责项目合同签订，由财务管理部负责资金落实到位。

（五）水土保持监测、监理

根据水土保持方案批复要求："建设单位在建设过程中，应委托具有相应资质的监测机构承担水土保持监测任务，并定期向水行政主管部门提交监测报告。"2008 年 12 月，建设单位委托福建八闽水保生态工程咨询有限公司承担工程水土保持监测工作。

依据国家和行业相关规定和要求，建设单位经招标，由中国水利水电建设工程咨询中南有限公司承担工程的水土保持监理工作。2007 年 11 月，水土保持监理部正式进场开展监理工作。

（六）水土保持验收

2014 年 1 月，在上、下水库枢纽工程蓄水验收自检工作陆续完成后，建设单位依照《开发建设项目水土保持设施验收管理办法》（水利部令第 16 号）的规定，委托江河水利水电咨询中心对仙游电站进行水土保持设施验收开展技术评估工作。

2015 年 8 月，仙游抽水蓄能电站工程水土保持设施通过了水利部组织的专项验收（办水保函〔2015〕358 号）。

（七）水土保持效果

仙游抽水蓄能电站工程自竣工验收以来，水土保持设施已安全、有效运行超过 7 年，实施的斜坡防护工程、防洪排导工程、拦渣工程、土地整治工程、植被防护工程、临时防护工程、表土保护工程等措施较好地发挥了水土保持的功能。根据现场调查，实施的弃渣场挡渣、防洪排导、土地整治、植被建设等措施未出现拦挡措施失效，截（排）水不畅和植被覆盖不达标等情况。仙游抽水蓄能电站工程水土保持措施防治效果见图 4.20-1。

（a）办公区景观绿化 　　　　　　　　　　　（b）交通道路土石边坡绿化

（c）弃土弃渣场植被恢复 　　　　　　　　　（d）坝后边坡

图 4.20-1　仙游抽水蓄能电站工程水土保持措施防治效果（照片由张淼提供）

三、水土保持后评价

（一）目标评价

1. 实现"矢志建设绿色工程，与自然和谐发展"目标

"矢志建设绿色工程，与自然和谐发展"是仙游抽水蓄能电站践行"一次成优、过程成优"的重要准则，始终坚持环境保护与工程建设"三同时"，上水库库岸创造性地采取免防护工程，保护了 300 万 m^2 生态资源。2015 年，仙游抽水蓄能电站顺利通过了电力建设绿色施工示范工程验收，入选国家生态示范工程。

2. 水土流失防治措施得以有效实施

项目区属于粤闽赣红壤国家级水土流失重点治理区，借助于仙游抽水蓄能电站的建设，库区及其周边区域实施的工程措施、植物措施，全面治理和恢复了库区及其周边生态环境，有效改善库区周边水土流失状况。

（二）过程评价

1. 水土保持设计评价

该项目主体工程设计、水土保持工程设计由中国电建集团华东勘测设计研究院、福建省水利水电勘测设计研究院共同承担，工程获中国施工企业协会优秀设计一等奖和中国电力优质工程奖。工程实施阶段，主体工程设计单位对库岸防护、弃渣堆放形式及位置、土石料场开采方式及位置等进行了优化设计，水土保持后续设计依据主体工程的变化也做了相应的调整，并且在植物措施上较方案设计阶段做了细化，并按弃渣场、交通道路、弃土弃渣场等不同部位、不同功能提供了完善的施工图和图纸说明，变更后的植物措施更趋于景观化治理及综合性利用，所呈现的图纸及其他设计文件质量充分体现了设计单位质量管理的严肃性及科学性，并满足下列几个方面的要求：

（1）严格按照国家、行业建设法规、技术规程、标准和合同进行设计，为工程的质量管理和质量监督提供了技术支持。

（2）建立健全设计质量保证体系，层层落实质量责任制，签订质量责任书，并报建设单位核查备案。加强设计过程质量控制，按规定履行设计文件及施工图纸的审核、会签、批准制度，确保设计成果的正确性。

（3）严格履行施工图设计合同，按批准的施工图计划及工程进度要求提供合格的设计文件和施工图纸。

（4）对施工过程中参建各方发现并提出的设计问题及时进行检查和处理，对因设计造成的质量事故提出相应的技术处理方案。

（5）在各阶段验收中，对施工质量是否满足设计要求提出评价。

（6）设计单位按监理工程师需要，提出必要的技术资料、项目设计大纲等，并对资料的准确性负责。

拦渣工程：福建仙游抽水蓄能电站工程在上、下水库各设弃渣场 1 处，根据现场调查，运行 7 年多来，弃渣场运行稳定，挡墙完整率达 95% 以上，达到了拦挡的效果。弃渣场边坡实施了土地整治和覆土绿化措施，弃渣场平台覆土进行景观绿化，上水库弃渣场平台部分改做耕地。

斜坡防护工程：工程枢纽区和交通道路区开挖边坡较多，在边坡稳定分析的基础上，

采用削坡开级、坡脚及坡面防护等措施。施工期间，边坡在稳定基础上优先采取植物护坡措施，部分难度较大的区域预留平台后期进一步进行绿化。

防洪排导工程：方案对道路两侧设排水沟，弃土弃渣场布设截（排）水沟，排水沟防洪标准采用 30 年一遇，并根据防洪排导的要求，有针对性地布设了截水沟、排水沟、排洪渠（沟）、涵洞。且施工过程中，截（排）水沟根据地形、地质条件布设，与自然水系顺接，并布设消能防冲措施。

土地整治工程：根据现场调查，工程征占地范围内对需要复耕或恢复植被的扰动及裸露土地及时进行了场地清理、平整、表土回覆等整治措施。在土地整治基础上进行了绿化和复耕。

植被防护工程：工程枢纽区和交通道路区范围内对工程扰动后的裸露土地及办公生活场所周边、交通道路两侧采取了景观绿化措施。对永久设施周边按组团绿化或四旁绿化等方案布置，绿化树（草）种选择棕榈、香樟、桂花、紫叶小檗、小叶栀子、栀子、幸福树、五角枫、高山榕、铁树、紫薇、紫叶李、杜鹃、竹子、南洋杉、爬山虎、三角梅、夹竹桃、木棉、海桐球、迎春花、马尼拉、狗牙根等。

临时防护工程：工程建设过程中，为防止弃土弃渣撒落，在弃土弃渣场场地周围利用开挖出的土石装袋围护；同时，遇雨季施工时期，为防止地表径流冲刷，在场地开挖边坡，用土工布等进行覆盖。

2. 水土保持施工评价

仙游抽水蓄能电站水土保持措施的施工，严格采用招投标的形式确定其施工单位，从而保障了水土保持措施的质量和效果。

在水土保持质量管理方面，建设单位做到了思想认识到位、机构人员到位、管理措施到位、建设投资到位、规划设计到位、综合监理到位的"六到位"，确保了水土保持措施"三同时"制度的有效落实。

（1）积极宣传水土保持相关法律法规。仙游抽水蓄能电站充分认识到各参建单位人员水土保持专业素养参差不齐，水土保持法制意识不强等现实情况，通过会议、宣传、督促、管理等多种途径向工程参建各方宣传贯彻国家水土保持法律法规和方针政策，不断提高和统一参建各方的思想认识，并通过制定水土保持管理规章制度明确参建各方的水土保持工作责任和工作要求，规范了水土保持施工，做到了文明施工。

（2）设立水土保持管理机构。工程施工初始，建设单位成立了环保部，配备专门的干部职工，负责工程建设水土保持和环境保护管理工作，使得工程水土保持管理工作切实得到加强，岗位责任明确，部门分工清晰，工作程序规范，很快打开了水土保持管理工作新局面。在工程建设过程中，设立水土保持管理机构，配备相应的水土保持专职人员后，水土保持管理工作成效和效率大幅提高。

（3）严格水土保持管理。建设单位在不断完善水土保持设施建设的同时，制定了完善的管理制度，严格按照相关管理措施，切实加强施工区的水土保持监督与水土保持监理工作，有效地防治了水土流失。工程运行期间，成立了专门的移民环保部进行运行期间管理。截至 2023 年 12 月，福建仙游抽水蓄能电站从未发生过重大水土流失。

（4）确保建设投资到位。在项目建设工作中，建设单位提出了水土保持专业项目由工程建设部提出项目建设要求，由环保部负责项目组织立项和项目实施，由计划经营部负责项目合同签订，由财务管理部负责资金落实到位的总体工作思路。通过规范基本建设程序，签订项目承包合同，确保了建设项目进度和质量，并保证建设资金及时足额到位。在水土保持专项设施建设过程中，未发生水土保持资金不落实或不到位而影响工程建设的情况。

（5）积极推行水土保持监理制度。为做好仙游抽水蓄能电站工程水土保持工作，依据国家和行业相关规定和要求，建设单位积极推进水土保持监理制度。经招标，由中国水利水电建设工程咨询中南公司承担工程的水土保持监理工作。

在工程建设过程中推行水土保持监理制度，仙游抽水蓄能电站工程水土保持监理部在建设单位的大力支持下，独立开展监理工作，对水土保持工程设施建设、绿化等水土保持专项工程进行现场监理；对施工中的弃土弃渣等方面的问题，直接向承包商下达监理指令；对承包商违反国家水土保持法律法规和公司规定的行为进行处罚，并对承包商的水土保持工作出具考核意见。

仙游抽水蓄能电站工程严格落实水土保持监理制度，从根本上规范了水土保持建设与管理工作的程序，对有效控制水土保持设施建设的质量、进度和投资，不断提高管理工作水平都起到了很好的促进作用。

3. 水土保持运行评价

仙游抽水蓄能电站工程运行期间，建设单位按照运行管理规定，加强对防治责任范围内的各项水土保持设施的管理维护。由建设单位下设的环保部协调开展各项水土保持工作，确保水土保持与工程建设"三同时"，由环保部专人负责水土保持具体工作，建设单位各部门依照公司内部制定的部门工作职责等管理制度，各司其职，从管理制度和程序上保证了运行期内水土保持设施管护工作的开展。

运行期间设置专人负责绿化植株的洒水、施肥、除草等管护，确保植被成活率，不定期检查清理截（排）水沟道内淤积的泥沙，达到了绿化美化和保持水土的双重作用。

（三）效果评价

1. 植被恢复效果

施工期，仙游抽水蓄能电站植物措施本着分区、分片、分功能的原则实施，共分成 3 个标段，即：上水库水土保持工程、下水库水土保持工程和业主营地景观绿化工程。工程枢纽区中上水库栽植的主要乔木品种为香樟、重阳木、木棉、碧桃等，下水库栽植的主要乔木树种为木棉、杜英、广玉兰、紫叶李、苏铁、四季桂等，上、下水库库区色带为红花继木、毛杜鹃、红叶石楠等，草种为马尼拉草；交通道路区栽植的主要乔木树种为垂枝榕、碧桃，灌木主要为红花继木、毛杜鹃等，攀缘植物为云南黄馨、三角梅，草种为马尼拉草；弃土弃渣场区栽植的主要树种有榕树、香樟、重阳木、枇杷、樱桃、广玉兰、杨梅、李树、柿子等，色带品种为红花继木、毛杜鹃、金叶女贞、瓜子黄杨、红叶石楠等；施工生产生活区栽植的主要乔木树种为垂枝榕、碧桃、香樟、广玉兰等，色带主要为马缨丹、三角梅，草种主要为马尼拉草。运行期间，通过养护管理和植被的进一步自然演替，项目区实施的林草植被恢复措施营造的苗木植被生长状况良好，与建设期间相比，上、下水库库区和施工生产生活区生态环境明显改善，项目区域内的植物多样性和郁闭度等得到了良好的恢复和提升。

仙游抽水蓄能电站工程植被恢复效果评价指标见表 4.20-2。

表 4.20-2　　　　仙游抽水蓄能电站工程植被恢复效果评价指标一览表

评价内容	评价指标	结　果
植被恢复效果	林草覆盖率	25.18%
	植物多样性指数	0.54
	乡土树种比例	0.90
	单位面积枯枝落叶层	0.9cm
	郁闭度	0.55

2. 水土保持效果

通过现场调研和评价，仙游抽水蓄能电站工程实施的工程措施、植物措施等运行状况良好，根据现场水土保持监测统计，工程施工期间土壤侵蚀量 28392.80t，项目区平均土壤侵蚀模数 1658.34t/(km² · a)；通过各项水土保持措施的实施，至运行期项目区土壤侵蚀模数 226.34t/(km² · a)，项目建设区的原有水土流失基本得到治理。仙游抽水蓄能电站工程上库石料场环库公路以上平台覆土 30cm，弃渣场平台、土料场、施工区覆土厚度 50cm，石料场覆土厚度 30cm，平均表土层厚度约 33cm。工程迹地恢复和绿化多采用当地乡土和适生树种，经过运行期的进一步自然演替，上、下水库库区和施工生产生活区小气候特征明显，使得项目区植物多样性和土壤有机质含量得以不同程度的改善和提升；经试验分析，土壤有机质含量约 1.6%。项目区道路、建筑物等不具备绿化条件的区域采取混凝土、沥青混凝土、透水砖等方式进行硬化。地表硬化、迹地恢复和绿化措施的实施，使得项目区内由于工程建设导致的裸露地表得到治理，水土流失面积得以大幅减少。

仙游抽水蓄能电站工程水土保持效果评价指标见表 4.20-3。

表 4.20-3　　　　仙游抽水蓄能电站工程水土保持效果评价指标一览表

评价内容	评价指标	结　果
水土保持效果	表土层厚度	33cm
	土壤有机质含量	1.6%
	地表硬化率	16.2%
	不同侵蚀强度面积比例	97.19%

3. 景观提升效果

仙游抽水蓄能电站工程在进行植被恢复的同时考虑后期绿化的景观效果，采取了乔灌草相结合的园林式立体绿化方式，苗木种类选用景观效果比较好的树（草）种，如棕榈、香樟、桂花、紫叶小檗、小叶栀子、栀子、幸福树、五角枫、高山榕、铁树、紫薇、紫叶李、杜鹃、竹子、南洋杉、爬山虎、三角梅、夹竹桃、木棉、海桐球、迎春花、马尼拉、狗牙根等，乔木几乎全部为常绿树种与乡土树种；同时根据各树种季相变化的特点以及植物的枝、叶、花、果、色彩、姿态等的不同观赏性状进行植物的群落搭配和点缀，使区域内一年四季均有景色可欣赏，以提高项目区域的可观赏性效果。

仙游抽水蓄能电站工程景观提升效果评价指标见表 4.20-4。

表 4.20-4　　　　　　仙游抽水蓄能电站工程景观提升效果评价指标

评 价 内 容	评 价 指 标	结　果
景观提升效果	美景度	8
	常绿、落叶树种比例	100%
	观赏植物季相多样性	0.8

4. 环境改善效果

植物是天然的清道夫，可以有效清除空气中的 NO_x、SO_2、甲醛、飘浮微粒及烟尘等有害物质。通过植被恢复、园林式绿化、养护管理等植物措施的实施，项目区内林草植被覆盖情况得以大幅度改善，植物在光合作用时释放负氧离子，使周边环境中的负氧离子浓度达到约 11000 个/cm^3，使得区域内人们的生活环境得以改善。

仙游抽水蓄能电站工程环境改善效果评价指标见表 4.20-5。

表 4.20-5　　　　　　仙游抽水蓄能电站工程环境改善效果评价指标

评 价 内 容	评 价 指 标	结　果
环境改善效果	负氧离子浓度	11000 个/cm^3
	SO_2 吸收量	0.15g/m^2

5. 安全防护效果

仙游抽水蓄能电站工程在上、下水库设置弃渣场各 1 处，工程施工时，根据各弃渣场的位置及特点分别实施了弃渣场的浆砌石挡墙、截（排）水沟等防洪排导工程、干砌石或浆砌石护坡等工程护坡措施；后期实施了弃渣场的迹地恢复措施。

工程运行以来，各弃渣场运行情况正常，未发生水土流失危害事故，弃渣场拦渣及截（排）水设施整体完好，运行正常，拦渣率达到了 99.34%；弃渣场整体稳定性良好。

仙游抽水蓄能电站工程安全防护效果评价指标见表 4.20-6。

表 4.20-6　　　　　　仙游抽水蓄能电站工程安全防护效果评价指标

评 价 内 容	评 价 指 标	结　果
安全防护效果	拦渣设施完好率	99.34%
	渣场安全稳定运行情况	稳定

6. 社会经济效果

仙游抽水蓄能电站建成后实际投资为 3317 元/kW，远低于火电站或液化天然气电站，且运行费用也低于火电站，项目建设可节省电力建设投资和系统运行费用，其容量可完全替代火电或其他同等规模电站，是满足福建电网不断增长的电力需求的经济电源。工程主要为福建电网供电，为其提供调峰填谷容量，承担系统的调频、调相、紧急事故备用和黑启动等任务，电站建成后将能较好地解决福建电网总体调峰经济性差、峰谷差大的矛盾，改变水电弃水调峰、火电深度调峰的状况。同时，项目建设可推动仙游山区的经济发展和人民生活水平的提高。

工程建设过程中各项水土保持措施的实施，在有效防治工程建设引起的水土流失、给当地居民带来直接经济效益的同时，在当地居民中宣传树立了水土保持理念及意识，使得当地居民认识到水土保持工作与人们的生活息息相关，提高了当地居民对水土保持、水土流失治理、保护环境等的意识强度，在其生产生活过程中自觉科学地采取有效措施进行水土流失防治和保护环境，利用水土保持知识进行科学生产，引导当地生态环境进一步向更好的方向发展。

仙游抽水蓄能电站工程社会经济效果评价指标见表4.20-7。

表4.20-7　　　　　　　　仙游抽水蓄能电站工程社会经济效果评价指标

评价内容	评价指标	结　果
社会经济效果	促进经济发展方式转变程度	好
	居民水保意识提高程度	良好

7. 水土保持效果综合评价

通过查表确定计算权重，根据层次分析法计算仙游抽水蓄能电站工程各指标实际值对于每个等级的隶属度。

仙游抽水蓄能电站工程各指标隶属度分布情况评价指标见表4.20-8。

表4.20-8　　　　　　　　仙游抽水蓄能电站工程各指标隶属度分布情况

指标层	变　量　层	权重	各等级隶属度				
			好	良好	一般	较差	差
植被恢复效果	林草覆盖率	0.0809	0.95	0.05			
	植物多样性指数	0.0199	0.37	0.63			
	乡土树种比例	0.0159	0.90	0.10			
	单位面积枯枝落叶层	0.0073			0.30	0.70	
	郁闭度	0.0822		0.80	0.20		
水土保持效果	表土层厚度	0.0436			1.00		
	土壤有机质含量	0.1139		0.15	0.55	0.30	
	地表硬化率	0.0140	0.88	0.12			
	不同侵蚀强度面积比例	0.0347	0.85	0.15			
景观提升效果	美景度	0.0196		1.00			
	常绿、落叶树种比例	0.0032	1.00				
	观赏植物季相多样性	0.0079		1.00			
环境改善效果	负氧离子浓度	0.0459		1.00			
	SO_2吸收量	0.0919				1.00	
安全防护效果	拦渣设施完好率	0.0542	0.87	0.13			
	渣（料）场安全稳定运行情况	0.2711	0.11	0.89			
社会经济效果	促进经济发展方式转变程度	0.0188	0.62	0.38			
	居民水保意识提高程度	0.0751		0.78	0.22		

经分析计算，仙游抽水蓄能电站工程模糊综合评判结果见表 4.20-9。

表 4.20-9　　　　　仙游抽水蓄能电站工程模糊综合评判结果一览表

评价对象	等级	好	良好	一般	较差	差
仙游抽水蓄能电站工程	权重	0.2322	0.4953	0.1414	0.1312	0

根据最大隶属度原则，仙游抽水蓄能电站工程良好等级的隶属度最大，故其水土保持评价效果为良好。

四、结论及建议

(一) 结论

仙游抽水蓄能电站工程按照我国有关水土保持法律法规的要求，开展了卓有成效的水土保持工作，对防治责任范围内的水土流失进行了全面系统的治理，基本达到了施工期间控制水土流失、施工后期改善环境和生态的目的，营造了优美的坝区环境，较好地完成了该项目的水土保持工作。目前各项防治措施的运行效果良好，弃渣得到了及时有效的防护，施工区植被得到了较好的恢复，水土流失得到了有效控制，生态环境得到了明显的改善。2015 年，仙游抽水蓄能电站工程通过了中国电力建设企业协会电力建设绿色施工示范工程验收，入选国家生态示范工程，上水库库岸采用免防护技术，减少硬化面积；弃渣进行综合利用设计优化，对今后工程建设具有较强的借鉴作用。

(二) 建议

1. 继续加强高陡边坡植被恢复工作

该工程至工程验收时仍遗留部分硬化或岩基硬质高陡边坡，建议在运行期保证边坡稳定的基础上根据工程特点及技术、资金条件进一步进行绿化，减少青山挂白，更好地融入当地自然景观。

2. 继续加大水库上游水土保持生态林建设力度

由于独特的工程运行方法和地理位置、地质条件等，库区库岸水位变化幅度大，水土流失和水库泥沙淤积风险依然存在。建议建立有效的监测和监督管理机制，加大水库上游水土保持生态林的建设力度，以减少入库泥沙，提高电站寿命。

案例 21　河南省燕山水库工程

一、项目及项目区概况

(一) 项目概况

燕山水库位于淮河流域沙颍河主要支流澧河上游干江河上，坝址位于河南省平顶山市叶县境内保安镇杨湾村下游约 1.6km 处，水库淹没区涉及平顶山市叶县和南阳市方城县两个县。燕山水库的开发任务是以防洪为主，兼有供水、灌溉，兼顾发电等综合利用效益。

燕山水库总库容 9.25 亿 m^3，控制流域面积 1169km^3，工程等别及规模为 Ⅱ 等大 (2) 型，其主要建筑物大坝、溢洪道、泄洪洞和输水洞进水口为 2 级，次要建筑物为 3 级。主要建筑物设计洪水标准采用 500 年一遇，校核洪水标准采用 5000 年一遇。水库大坝坝顶高程 117.80m，坝长 4070m，最大坝高 34.7m。

水库主体工程于 2006 年 3 月正式开工，于 2008 年 12 月完工，建设单位为河南省燕山水库建设管理局。2011 年 10 月，工程顺利通过水利部会同河南省人民政府主持的竣工验收，进入正常运行阶段，工程运行管理单位为河南省燕山水库管理局。工程总投资214123 万元，累计完成水土保持投资 3206 万元。

（二）项目区概况

燕山水库位于长江、淮河流域分界线的淮河流域一侧，属于中国第二阶梯向第三阶梯的过渡地带，地貌单元有山地、丘陵、岗地、冲洪积扇平原。水库区位于保安槽地所形成的狭长平原之中，两侧多为低山丘陵，除少数山顶高程在 500.00m 以上外，其余都在500.00m 以下。

项目区属北亚热带向暖温带过渡区，多年平均年日照时数 2147.6h，年平均气温14.5℃，多年平均大于等于 10℃年积温 4776℃，多年平均年无霜期 221d，多年平均年降水量 885mm，年平均风速 3.4m/s，多年平均 6 级以上大风年日数 21.4d。

项目区土壤主要发育有黄棕壤类土和砂姜黑土两大类。水库淹没区全部为黄棕壤类土，控制区上游绝大部分也是黄棕壤类土，只有极小块砂姜黑土类。

项目区植被类型属温带（亚热带）落叶阔叶林，具有南北物种兼有的特点，林草覆盖率约 29.3%，野生木本植物有合欢、黄楝、山楂、酸枣、葛花、猕猴桃等，野生草本植物有红茎马唐、芭茅、马齿苋等，人工栽植植物主要有油松、黑松、刺槐、麻栎、栓皮栎、泡桐等。

在全国水土保持区划中，项目区位于北方土石山区—豫西南山地丘陵区—伏牛山山地丘陵保土水源涵养区，容许土壤流失量 200t/(km²·a)。项目区位于伏牛山中条山省级水土流失重点治理区，水土流失类型主要为水力侵蚀，侵蚀形式主要为面蚀和沟蚀，侵蚀强度为轻度，平均侵蚀模数 1100t/(km²·a)。

二、水土保持目标、实施过程及效果

（一）水土保持目标

2006 年，水利部在对《河南省燕山水库水土保持方案报告书》（报批稿）的批复中明确燕山水库工程水土流失防治目标值为：扰动土地整治率 96%，水土流失总治理度90%，土壤流失控制比 0.8，拦渣率 95%，林草植被恢复率 97%，林草覆盖率 30%，见表 4.21-1。

表 4.21-1　　　　　　　燕山水库工程试运行期水土流失防治目标情况表

试运行期防治指标	防治目标值	试运行期防治指标	防治目标值
扰动土地整治率	96%	拦渣率	95%
水土流失总治理度	90%	林草植被恢复率	97%
土壤流失控制比	0.8	林草覆盖率	30%

（二）水土保持方案编报

根据《河南省干江河燕山水库工程项目建议书》和《河南省干江河燕山水库工程可行性研究报告》，河南省水利勘测设计研究有限公司（原河南省水利勘测设计院）于 2004 年

1 月编制完成了《河南省燕山水库水土保持方案大纲》（以下简称《方案大纲》）。《方案大纲》于 2004 年 4 月通过了水利部水利水电规划设计总院审查。

2004 年 7 月，河南省水利勘测设计研究有限公司编制完成了《河南省燕山水库水土保持方案报告书》（报批稿）（以下简称《方案报告书》）。2006 年 8 月 11 日，水利部以"水保〔2006〕315 号"文对《方案报告书》进行了批复。

为满足生态文明建设需要，提高工程区域绿化标准，受建设管理单位委托，河南省水利勘测设计研究有限公司于 2009 年 8 月编制完成《河南省燕山水库水土保持工程变更设计报告》，该变更报告于 2009 年 8 月通过了水利部水利水电规划设计总院的审查。同年，水利部水利水电规划设计总院以"水总〔2009〕790 号"文对其进行了批复。

（三）水土保持措施设计

燕山水库工程水土保持措施设计情况见表 4.21-2。

表 4.21-2　　　　　　燕山水库工程水土保持措施设计情况一览表

防治分区	措施类型	主 要 措 施
主体工程防治区	工程措施	大坝护坡、下游坝脚排水沟
	植物措施	溢洪道工程开挖边坡植物措施防护、输水洞工程开挖边坡植被混凝土喷护、工程管理范围内景观绿化及配套工程建设
	临时工程	填土编织袋、挡水土埂、排水沟
料场防治区	临时工程	挡水土埂、排水沟
渣场防治区	工程措施	削坡、土地整治、排水沟开挖护砌
	植物措施	植物栽植
	临时工程	填土编织袋
施工营地和附属企业区	临时工程	干砌石坎、排水沟
施工道路防治区	工程措施	干砌石护坡
	植物措施	行道树栽植
	临时工程	排水边沟、排水管涵
生活及管理区	工程措施	排水沟
	植物措施	景观绿化及配套工程建设
移民安置防治区	工程措施	排水沟
	植物措施	区内绿化
专项设施复建区	工程措施	道路边坡防护、路边排水沟
	植物措施	行道树栽植
	临时工程	挡水土埂
库周影响防治区	工程措施	库周边坡防护

（四）水土保持施工

河南省燕山水库建设管理局（以下简称"燕山水库管理局"）在工程项目建设期间严

格规范地落实了水土保持"三同时"制度，自 2005 年施工准备期起，至 2009 年主体工程完建后，先后完成了各项水土保持措施。工程措施、临时工程根据主体工程施工进度同步开展。植物措施根据建设单位安排，通过设计变更的形式，按照景观设计标准，在原方案设计基础上扩大了绿化范围，优化了植物措施配置，增设了相应的配套设施，并通过单独招标选择了更为专业、优秀的施工、监理单位进行建设施工。植物措施完成时间集中于2007 年 3 月至 2009 年 6 月。

（五）水土保持验收

2009 年 6 月，水土保持设施全部建成后，建设单位随即启动了水土保持设施竣工验收准备工作。2009 年 9 月 25—26 日，水利部组织召开了燕山水库工程水土保持设施竣工验收会议，形成了验收意见。验收组认为：燕山水库建设单位依法编报了水土保持方案，随着主体工程的优化，对水土保持设计进行了合理变更，并实施了变更后的水土保持措施，开展了水土保持监理、监测工作，建成的水土保持设施质量合格，较好地控制和减少了工程建设过程中的水土流失，水土流失防治指标达到了水土保持方案确定的目标值，运行期间的管理维护责任落实到位，符合水土保持设施竣工验收的条件，同意该工程水土保持设施通过竣工验收。

（六）水土保持效果

燕山水库工程水土保持设施已安全、有效运行超过 14 年，实施的各项水土保持设施较好地发挥了水土保持功能，特别是主体工程区的景观植被工程，显著改善了工程区域的环境质量，生态、社会效益显著。

燕山水库工程水土保持防治效果见图 4.21 - 1～图 4.21 - 7。

图 4.21 - 1　燕山水库坝区全貌（照片由河南省燕山水库建设管理局提供）

图 4.21-2　燕山水库管理局绿化全貌（照片由河南省燕山水库建设管理局提供）

图 4.21-3　坝后区域景观植被建设
（照片由河南省燕山水库建设管理局提供）

图 4.21-4　坝后右岸景观植被建设
（照片由河南省燕山水库建设管理局提供）

图 4.21-5　溢洪道尾水渠三维网植草护坡
（照片由河南省燕山水库建设管理局提供）

图 4.21-6　溢洪道右岸陡坡生态袋绿化
（照片由河南省燕山水库建设管理局提供）

三、水土保持后评价

（一）目标评价

燕山水库为国家 19 项治淮骨干工程之一，国家水利建设重点工程，且承担供水任务，对区域生态环境影响重大。工程建设过程中，通过设计变更，在原方案设计基础上扩大了绿化范围，优化了植物措施配置。根据水土保持监测资料，项目建设区内扰动土地治理率达到99%，水土流失总治理度达到95.72%，土壤流失控制比达到 1.0，拦渣率达到98%，林草植被恢复率达到97.1%，林草覆盖率达到 31.6%，均超过了批复水土保持方案设计的防治目标。

图 4.21-7　溢洪道左岸绿化
（照片由河南省燕山水库建设管理局提供）

根据现场实地调研，燕山水库运行期间，各项水土保持措施防护效果明显，水土流失基本得到治理，项目建设区可恢复植被区域植被恢复良好，未出现明显的水土流失现象。

（二）过程评价

1. 水土保持设计评价

防洪排导工程：主体工程在下游坝坡坡脚设浆砌石排水沟；水土保持设计在弃渣场、生活及管理区、移民安置区、道路两侧、料场区、施工营地等区域，根据防洪排导的要求，有针对性地布设排水沟、排水管、排水涵，且在施工过程中根据地形、地质条件布设，与自然水系顺接，并布设消能防冲措施。

拦渣工程：工程建设实际使用弃渣场共 5 处，拦渣措施主要是施工期间用填土编织袋临时拦挡，基本满足施工期临时挡护需要。1 号、2 号、3 号渣场位于坝址下游，设计对该区域整治后与工程管理范围内其他区域统一进行植被建设；4 号、7 号渣场位于坝址上游淹没区内。

斜坡防护工程：在边坡稳定前提下，优先选用植物护坡形式。对于立地条件较差的开挖边坡，根据具体情况选用了植被混凝土喷护、生态袋护坡、三维网植草护坡等新型边坡防护措施。

土地整治工程：设计对工程征占地范围内需要复耕或恢复植被的扰动及裸露土地进行场地清理、平整、表土回覆等整治措施。

表土保护工程：设计对工程建设范围可剥离表土区域实施剥离措施，剥离的表土集中堆放并进行临时防护。

植被建设工程：设计对坝区工程管理范围、生活及管理区、移民安置区、永久道路两侧等区域进行植被建设，绿化树（草）种结合景观绿化标准，选用棣棠、紫薇、丁香、绛桃、金叶榆、石楠、金丝桃、花石榴、红瑞木、夹竹桃、大叶黄杨、箬竹、馒头柳、南天竹、红叶石楠、金叶女贞、小叶女贞、丰花月季、红花草、蓝花鸢尾、绿地植被（白三叶）等。

其他临时防护工程：在工程建设过程中，为防止土石溢撒或降雨汇流冲刷，设计在各施工场区根据需要布设挡水土埂、装土编织袋、临时排水沟等临时防护措施。

在燕山水库工程建设过程中，通过主体工程及水土保持设计变更，在不影响主体工程安全稳定的前提下，将部分混凝土或浆砌石硬化护坡调整为生态护坡和植物护坡，主要是溢洪道进水渠右岸顶部，以及尾水渠 90.00m 高程戗台以上土质边坡采用三维网、生态袋等生态环境保护措施和植物措施防护；输水洞引渠 117.50m 高程戗台以上，以及输水洞出口开挖边坡均采用植被混凝土喷护，使得工程建设区域的林草覆盖率和生态景观效果大幅提升，践行了生态文明发展理念，有力促进了坝址区生态环境的修复和发展。

2. 水土保持施工评价

燕山水库工程建设单位采用招投标的形式择优确定了水土保持措施施工单位和监理单位，以保障水土保持工程实施的规范性。施工单位严格按照设计方案，根据进度安排，与主体工程同步实施水土保持工程措施和临时措施，选择合适季节进行植被工程建设，并特别注重植物措施的养护，及时对未栽植成活的苗木进行补植，保证植被建设工程的施工质量。监理单位独立开展监理工作，对燕山水库水土保持工程进行全方位监督，严格贯彻水土保持监理制度，从根本上规范水土保持建设与管理工作的程序，有效控制水土保持设施建设的质量、进度和投资，对不断提高工程管理工作水平起到了很好的促进作用。

在水土保持工程管理方面，建设单位做到了思想认识到位、机构人员到位、管理措施到位、建设投资到位、规划设计到位、综合监理到位的"六到位"，确保了燕山水库工程水土保持措施"三同时"制度的有效落实。

燕山水库水土保持工程建设采用了植被混凝土喷护、三维网植草护坡、生态袋护坡等当时较为新颖的护坡形式，取得了较好的水土保持防护效果，给类似工程起到了一定的示范作用。

3. 水土保持运行评价

工程运行期间，燕山水库管理局负责对各项水土保持设施进行管理和维护，由一名副局长作为主管领导，管理局下设移民环保科负责具体工作，管理人员各司其职，从管理制度和程序上保证了运行期水土保持设施管护工作的开展。

工程运行期间，设置有专人负责绿化植被的洒水、施肥、除草等管护工作，确保植被成活率，不定期检查清理截（排）水沟道内淤积的泥沙，达到了绿化美化和保持水土的双重作用。

（三）效果评价

1. 植被恢复效果

通过现场调查了解，坝区工程管理范围内除建筑物、道路等硬化区域以外，基本都进行了植被绿化，未见有明显的裸露地。输水洞出口开挖边坡植被混凝土护坡、溢洪道尾水渠三维网植草护坡、溢洪道右岸陡坡生态袋护坡植物生长状况良好，起到了边坡防护且增加绿化面积的作用。大坝坝后、左坝头、溢洪道两岸区域实施了植物措施绿化，并配套建设了装饰、照明、灌溉、排水设施。运行期间，工程管理单位认真履行了植物养护管理工作，项目区植被景观效果良好。与建设期相比，坝区小气候明显改善，项目区域内的植物多样性和郁闭度等得到了良好的恢复和提升。同时，由于植被恢复措施大多选用的是华北地区景观绿化树种，采用乡土树种比例较低；项目区内植草面积比例较大，乔木树种也大多为中小型乔木，造成单位面积枯枝落叶层厚度较小。

燕山水库工程植被恢复效果评价指标见表4.21-3。

表4.21-3 燕山水库工程植被恢复效果评价指标

评 价 内 容	评 价 指 标	结 果
植被恢复效果	林草覆盖率	31.6%
	植物多样性指数	0.70
	乡土树种比例	0.40
	单位面积枯枝落叶层	0.8cm
	郁闭度	0.80

2. 水土保持效果

根据现场调查，工程实施的各项水土保持设施运行状况良好。工程建设期间，对景观绿化区域实施了土地整治、表土回覆、土壤改良等措施。对项目区内广场、道路、建筑物等不具备绿化条件的区域采取了混凝土、沥青混凝土、透水砖等方式进行硬化。地表硬化、绿化措施的实施，使得项目区内现状土壤侵蚀强度呈微度，基本不存在土壤侵蚀强度为轻度及以上的区域，建设区原有水土流失基本得到了治理，水土保持效果良好。

燕山水库工程水土保持效果评价指标见表4.21-4。

表4.21-4 燕山水库工程水土保持效果评价指标

评 价 内 容	评 价 指 标	结 果
水土保持效果	表土层厚度	50cm
	土壤有机质含量	3%
	地表硬化率	68.4%
	不同侵蚀强度面积比例	99%

3. 景观提升效果

燕山水库工程区植被建设按照景观绿化标准，采取草、灌、花、藤、乔立体种植的方式，并考虑花期的不同，选择诸如棣棠、紫薇、丁香、绛桃、月季、花石榴、夹竹桃、鸢尾等不同的苗木品种。考虑冬季绿化需求，并结合华北地区气候条件和养护成本控制要求，将常绿树种与落叶树种搭配种植。根据现场调查，燕山水库工程区域景观提升效果明显，具有良好的美景度。

燕山水库工程景观提升效果评价指标见表4.21-5。

表4.21-5 燕山水库工程景观提升效果评价指标

评 价 内 容	评 价 指 标	结 果
景观提升效果	美景度	8
	常绿、落叶树种比例	35%
	观赏植物季相多样性	0.7

4. 环境改善效果

植物是天然的清道夫，可以有效清除空气中的 NO_x、SO_2、甲醛、飘浮微粒及烟尘等有害物质。通过植被恢复、园林式绿化、养护管理等植物措施的实施，项目区内林草植被覆盖度大幅提高，植物在光合作用时释放负氧离子，使得工程区域环境质量明显改善。

燕山水库工程环境改善效果评价指标见表 4.21-6。

表 4.21-6　　燕山水库工程环境改善效果评价指标

评价内容	评价指标	结　果
环境改善效果	负氧离子浓度	20000 个/cm³
	SO_2 吸收量	0.4g/m²

5. 安全防护效果

通过调查了解，燕山水库工程运行多年来，在溢洪道进水渠、尾水渠，以及输水洞引渠、出口等区域建设实施的植物护坡、生态护坡均运行良好，未出现滑塌等安全事故。

工程建设共设置弃渣场 5 处，其中 1 号、2 号、3 号弃渣场位于坝址下游，4 号、7 号弃渣场位于坝址上游淹没区内。施工期拦渣措施主要是装土编织袋临时拦挡，基本满足施工期临时挡护需要。坝后 1 号、2 号、3 号弃渣场区域削坡整治后采取了植物措施防护，满足稳定要求。

燕山水库工程安全防护效果评价指标见表 4.21-7。

表 4.21-7　　燕山水库工程安全防护效果评价指标

评价内容	评价指标	结　果
安全防护效果	拦渣设施完好率	99%
	渣（料）场安全稳定运行情况	很稳定

6. 社会经济效果

燕山水库是省市两级重点规划的特色水利风景区，水库旅游区总体规划范围包括燕山水库管理局管辖内的所有水面、山区及其附着物，总规划面积约 120km²。近年来通过燕山水库的旅游开发，带动了叶县、方城两县经济的快速发展和转型。作为全国生产建设项目水土保持示范工程、国家水土保持生态文明工程，燕山水库吸引游客流量逐年增加，已成为向公众宣传水土保持、环境保护、生态文明的重要窗口。

燕山水库工程社会经济效果评价指标见表 4.21-8。

表 4.21-8　　燕山水库工程社会经济效果评价指标

评价内容	评价指标	结　果
社会经济效果	促进经济发展方式转变程度	较好
	居民水保意识提高程度	好

7. 水土保持效果综合评价

根据各项水土保持效果评价变量指标调查的结果，及其分别对应的权重值，计算燕山水库水土保持效果综合得分为 90.20 分，总体效果评价为好。

燕山水库工程水土保持效果评价见表 4.21-9。

表 4.21-9 燕山水库工程水土保持效果评价表

评价内容	评 价 指 标	结果	得分	权重
植被恢复效果	林草覆盖率	31.6%	95	0.0809
	植物多样性指数	0.70	0.95	0.0199
	乡土树种比例	0.40	50	0.0159
	单位面积枯枝落叶层	0.8cm	50	0.0073
	郁闭度	0.80	95	0.0822
水土保持效果	表土层厚度	50cm	80	0.0436
	土壤有机质含量	3%	90	0.1139
	地表硬化率	68.4%	95	0.0140
	不同侵蚀强度面积比例	99%	98	0.0347
景观提升效果	美景度	8	90	0.0196
	常绿、落叶树种比例	35%	65	0.0032
	观赏植物季相多样性	0.7	80	0.0079
环境改善效果	负氧离子浓度	20000 个/cm^3	77	0.0459
	SO_2 吸收量	0.4g/m^2	80	0.0919
安全防护效果	拦渣设施完好率	99%	98	0.0542
	渣（料）场安全稳定运行情况	很稳定	95	0.2711
社会经济效果	促进经济发展方式转变程度	较好	80	0.0188
	居民水保意识提高程度	好	95	0.0750
综合得分		90.20		

四、结论及建议

(一) 结论

燕山水库工程按照我国有关水土保持法律法规的要求，开展了卓有成效的水土保持工作，对防治责任范围内的水土流失进行了全面系统的治理，基本达到了施工期间控制水土流失、施工期后改善环境和生态的目的，营造了优美的坝区环境，较好地完成了该项目的水土保持工作。工程运行以来，各项防治措施的运行效果良好，弃渣得到了及时有效的防护，建设区植被得到了较好的恢复，水土流失得到了有效控制，生态环境得到了明显的改善。燕山水库建成以来，先后获得"河南十大美丽的湖""全国 AA 级风景区""全国生产建设项目水土保持示范工程""国家水土保持生态文明工程"等称号，对今后类似工程的建设具有较强的借鉴作用。

(二) 建议

(1) 对周边区域生态环境影响重大，以及具有旅游开发功能或潜力的水利建设项目，在水土保持方案编制及后续设计时，应在水土保持相关标准、规范要求的基础上尽可能地增加植被绿化面积，在满足主体工程设计需求的前提下，尽量将混凝土、浆砌石等硬质护坡替代为植物护坡、新型生态护坡或工程、植物相结合的综合护坡，提高工程区域林草覆盖率和生态景观效果，以满足当前生态文明建设的新要求和后期旅游开发的需要。同时，在植物措施配置时，应适当结合景观要求，选择观赏性较强的树（草）种，并设计相应的灌溉、排水等配套工程。

（2）植物措施配置应当尽量选择本地适生树（草）种，以提高植物成活率，降低养护成本；注意常绿树种、落叶树种的搭配，尽量营造冬季工程区绿化景观；注意植草、植树面积的比例，以及树种植株大小的搭配，营造更好的立体绿化景观效果。

案例22 汉江崔家营航电枢纽工程

一、项目及项目区概况

（一）项目概况

汉江崔家营航电枢纽工程位于汉江中游丹江口—钟祥河段、湖北省襄阳市下游17km处，是湖北省内汉江干流9级梯级开发中的第5级，上距丹江口水利枢纽134km，下距河口515km，是一个以航运为主，兼顾发电、灌溉、供水、旅游、水产养殖等综合开发功能的项目，工程建设能有效解决南水北调中线工程调水后对汉江襄阳市河段的不利影响。

枢纽工程正常蓄水位62.23m（黄海高程），相应库容2.45亿m³。枢纽开发方式为河床式，枢纽建筑物由船闸、电站厂房、泄水闸和拦河大坝组成。坝顶高程66.00m，坝高4～14m，坝轴线总长2150.2m；电站总装机容量88MW，装机6台，单机容量14.67MW，保证出力33.9MW，多年平均年发电量4.13亿kW·h；船闸建设规模为1000t级。工程占地419.66hm²。

工程等别为Ⅱ等，主要建筑物级别为2级，次要建筑物级别为3级，临时建筑物级别为4级。主要建筑物设计洪水标准采用50年一遇，相应洪水流量19600m³/s；校核洪水采用300年一遇，相应洪水流量25380m³/s。

枢纽开发方式为河床式，枢纽总布置自右至左分别为：右岸连接坝段（长89.5m）、船闸（44.0m）、泄水闸（长474.5m）、厂房（长167.55m）、门机检修平台（长40m）、土坝（长1358.85m），坝轴线总长2150.2m，坝顶高程66.00m。

整个枢纽工程均位于湖北省襄阳市境内，属长江流域范围。

项目建设阶段与工期分布如下：2005年12月工程开工；2008年12月船闸建成通航；2010年4月第一台机组发电；2010年7月6台机组全部发电及工程完工；2010年12月工程全部竣工。

资金来源：该项目是湖北省水运建设第一个世界银行贷款项目。项目总投资20.6141亿元，水土保持实际完成投资7006.08万元，主要由以下几部分组成：世界银行贷款1.0亿美元，交通运输部4.2亿元，湖北省水利厅1.8亿元，襄阳市政府0.5亿元，湖北华电襄阳发电有限公司1.5亿元，差额部分由湖北省交通运输厅筹措。

（二）项目区概况

坝址地貌属汉江河谷阶地平原，坝区河谷不对称，左岸平缓，阶地、漫滩发育，Ⅰ级阶地阶面高程64.00～68.00m，宽达数公里；右岸Ⅰ级阶地和山麓前缘呈陡坎直抵江边。汉江流域属东亚副热带季风气候区，多年平均年降水量878.4mm，平均年降水天数

113.7d，极端最高气温 42.5℃，极端最低气温－14℃，年平均气温 15.8℃，平均年无霜期 220～260d，年平均风速 2.7m/s。土壤类型以潮土、沼泽土为主，另有少量水稻土、砂壤土。项目区所在地自然环境良好，适宜农作物生长，大部分被当地百姓开垦为耕地，仅在滩边及堤外平台有一些人工林地，覆盖度较低，在 13％左右。坝区人工种植乔木多以水杉、意杨、樟树为主。

按全国土壤侵蚀类型区划分，项目区属于南方红壤区，容许土壤流失量 500t/(km² · a)。水土流失类型主要为水力侵蚀，水土流失形式以面蚀和沟蚀为主。根据《湖北省人民政府关于湖北省水土保持规划（2016—2030 年）的批复》（鄂政函〔2017〕97 号），项目区不涉及国家级及省级水土流失重点防治区。

二、水土保持目标、实施过程及效果

（一）水土保持目标

工程建设初期，工程提出"通过崔家营航电枢纽的建设，创新水土保持管理制度和方法，实施库区范围内的环境保护和水土流失治理，达到防止因工程建设造成的水土流失，减少入河入库泥沙，建设生态航电枢纽"的水土保持目标。

该工程批复的水土流失防治目标如下：扰动土地整治率 95％以上；水土流失治理度 95％以上；土壤流失控制比 1.2 以下；拦渣率 98％；林草植被恢复率 98％以上；林草覆盖率 25％。

（二）水土保持方案编报

2004 年 11 月湖北省水利水电勘测设计院编制完成了《汉江崔家营航电枢纽工程水土保持方案大纲》。

2005 年 1 月水利部水土保持监测中心在武汉主持召开了《汉江崔家营航电枢纽工程水土保持方案大纲》的专家技术评估会。

2005 年 3 月编制完成了《汉江崔家营航电枢纽工程水土保持方案报告书》（送审稿）。

2005 年 4 月 8 日水利部水土保持监测中心在北京主持召开了《汉江崔家营航电枢纽工程水土保持方案报告书》（送审稿）的专家评审会。

2005 年 5 月编制完成了《汉江崔家营航电枢纽工程水土保持方案报告书》（报批稿）。

2005 年 9 月 5 日获水利部《关于汉江崔家营航电枢纽工程水土保持方案的复函》（水保函〔2005〕343 号）。

（三）水土保持措施设计

该项目后续初步设计阶段，根据 2015 年 11 月完成的《汉江崔家营航电枢纽工程水土保持方案设计》，项目建设区水土流失防治将工程措施与植物措施相结合，做到"点、线、面"的结合，形成了完整的防治体系。根据不同施工区的特点，建立分区防治措施体系，在弃渣场等"点"状位置，以工程措施为主；在施工道路等"线"状位置，以工程措施为主，植物措施为辅，在整个施工区"面"上，土地整治和植物措施相结合，合理利用水土资源，改善生态环境。

崔家营航电枢纽设计的水土保持措施主要为防洪排导工程、拦渣工程、斜坡防护工程、土地整治工程、植被防护工程、临时防护工程、表土保护工程等，具体包括施工道路区路基边坡防护、排水，弃渣场区表土防护、弃渣拦挡、护坡及排水；土石料开采区表土防护、临时拦挡和截（排）水设施，其他施工场地区表土防护、排水、土地整治等。

（四）水土保持施工

项目工程实行项目工程责任制，湖北省汉江崔家营航电枢纽工程建设指挥部为项目法人，具体承担整个工程的建设和管理职责。工程建设指挥部在工程建设过程中建立健全了各项规章制度，制定和落实了项目法人制、招投标制、工程建设监理制等，并制定了严格的合同管理、财务管理、质量管理制度，建立了一整套适合工程的管理体系和实施细则，依据制度建设管理工程。在工程建设中，把水土保持工程纳入主体工程的建设和管理体系中。各项管理规章制度的制定和实施为《环境保护和水土保持管理办法》《绿色防护工程实施办法》和《工程质量管理办法》等奠定了水土保持工作坚实的基础。

工程水土保持措施施工单位采取招投标的形式确定，其中工程措施施工单位同主体工程一致，植物措施采取单独招投标确定。项目区的植被措施主要分为两种形式：一是园林景观式绿化，即景、草、乔、灌、花结合措施，主要分布在枢纽工程区、电站区、办公楼区、生活区、专家楼区、鱼培繁殖区；二是一般式绿化，即施工结束后对裸露地表通过植草种树进行地表植被恢复，主要分布在弃渣区、施工场地区、土料场区和浸没区。项目共分为 3 个合同段由 3 家单位进行施工。

根据该项目水土保持方案批复要求："建设单位在建设过程中，应委托具有相应资质的监测机构承担水土保持监测任务，并定期向水行政主管部门提交监测报告。"建设单位于 2005 年 12 月委托襄阳市水土保持监测管理站对该工程进行水土保持专项监测。

为做好崔家营航电枢纽工程水土保持工作，依据国家的有关规定和要求，工程建设指挥部率先推行了水土保持监理制度。经招标，由湖北省公路水运工程咨询监理有限公司承担该工程的水土保持监理工作。2005 年 12 月，水土保持监理部正式进场开展监理工作。

（五）水土保持验收

2011 年 7 月，建设单位启动了水土保持设施竣工验收准备工作。2012 年 9 月，水利部水土保持司在襄阳召开汉江崔家营航电枢纽工程水土保持设施竣工验收会，并通过了专项验收。

（六）水土保持效果

1. 项目建设与环境建设和谐统一，获"生产建设项目国家水土保持生态文明工程"称号

2012 年 1 月 11 日，工程建设管理处向湖北省人民政府郑重提交了《关于汉江崔家营航电枢纽工程申请"水土保持生态文明工程"的报告》，表明了建设单位对工程生态建设的信心。2015 年 5 月 12 日，崔家营创建国家水土保持生态文明工程通过水利部验收。2016 年 3 月 15 日，获"生产建设项目国家水土保持生态文明工程"称号。

2. 水土保持设施布局合理且讲究实效

实施的水土保持工程措施布局合理，设计标准相对较高，完成的质量和数量均符合设计标准，基本落实了水土保持方案中的各项水土保持措施，达到了开发建设项目水土保持方案技术规范的要求；水土保持工程质量管理体系健全，设计、施工和监理的质量责任明

确，管理严格；建设各方的紧密配合，地方水行政主管部门的支持和协作，使防治责任范围内的水土流失得到了有效的治理；项目区的生态环境较工程施工期明显改善；水土保持设施的管理维护责任明确，可以保证水土保持功能的持续有效发挥。

崔家营航电枢纽工程自竣工验收以来，水土保持设施已安全、有效运行 10 余年，枢纽区的绿化、截（排）水，弃渣场拦挡、排水，生活区的拦挡防护、绿化等措施较好地发挥了水土保持的功能。根据现场调查，实施的弃渣场挡渣、防洪排导、土地整治、植被建设等措施未出现拦挡措施失效，截（排）水不畅和植被覆盖不达标等情况。

3. 水土保持治理效果明显

水土保持实施效果 6 项指标均达到国家防治标准，达到方案既定目标值。扰动土地整治率 98%；水土流失总治理度 98%；拦渣率 98%；土壤流失控制比 0.8；林草植被恢复率 99%，林草覆盖率 44%。因此，项目工程水土保持措施的实施，既有效地减少了项目建设过程中的水土流失、保护了当地的水土资源，又为改善当地生态环境起到了重要的作用。

4. 对临时工程的占地、返还等管理工作做得较好

工程完工后及时进行场地平整，按当地村民委员会要求进行复耕或植被恢复工作，整理临时用地协议，及时对用地办理结案手续，并建立了完善的档案，作为日后用地责任划分最有力的凭证。

工程水土保持措施防治效果见图 4.22-1～图 4.22-5。

图 4.22-1 崔家营航电枢纽上游整体鸟瞰图
（照片由湖北省水利水电规划勘测设计院有限公司提供）

三、水土保持后评价

（一）目标评价

根据现场实地调研，崔家营航电枢纽工程运行期间，各项水土保持措施防护效果明显，水土流失基本得到治理，项目建设区可恢复植被区域植被恢复良好，水土保持功能逐步体现，未出现明显的水土流失现象。根据水土保持监测结果，水土保持方案阶段制定的 6 项防治目标均达到要求。

图 4.22 - 2　专家楼园林景观绿化（照片由湖北省水利水电规划勘测设计院有限公司提供）

图 4.22 - 3　谢家台浸没区硬化＋植草护坡
（照片由湖北省水利水电规划勘测
设计院有限公司提供）

图 4.22 - 4　凤凰滩弃渣场植被恢复工程现状
（照片由湖北省水利水电规划勘测
设计院有限公司提供）

对于林草覆盖率指标，崔家营航电枢纽工程坝区目标为 25%，库区及拆迁安置区未计列，根据崔家营航电枢纽工程调查分析，工程运行期间，坝区林草覆盖率可达 40% 以上。根据相关水利水电工程经验，各项目组成间林草覆盖率指标有较大的区别，如闸站等工程，多以硬化为主，可绿化范围较少，很难达到目标值，但堤防、水电站坝区、河道整治等由于边坡生态环境保护措施较多，则可轻易超过目标值。另外，如在平原区的水利工程，很多临时用地最后全部复耕，林草覆盖率最终也很难达标。

图 4.22 - 5　枢纽工程内边坡景观绿化
（照片由湖北省水利水电规划勘测
设计院有限公司提供）

所以在水土保持方案或验收评估中，经常对该指标未达标或者往下修订进行补充说明，比较随意。因此，建议修订《生产建设项目水土流失防治标准》（GB/T 50434—2018）时将此目标去掉，同时增加林草措施保存率指标，与林草植被恢复率相配合，主要针对可绿化部分的绿化效果进行评价。

对于土壤流失控制比，施工期的防治标准要求大多为 0.5～0.8，按 $500t/(km^2 \cdot a)$ 的容许值计算，施工期的评价土壤侵蚀模数一般为 625～1000t/$(km^2 \cdot a)$，根据监测资料来看，这个数值基本上是很难达到的，建议修订《生产建设项目水土流失防治标准》（GB/T 50434—2018）时将此目标进行调整。

崔家营航电枢纽工程在实际建设过程中，对涉及耕地和园地区域的表土进行了剥离保存，主要用于后期绿化覆土。表土作为宝贵的资源，尤其是目前国家对生态环境建设的不断重视，水土保持方案应大力提倡表土资源的保存和防护。

（二）过程评价

1. 水土保持设计评价

（1）防洪排导工程。方案对弃渣场布设截（排）水沟，由于当时《水土保持工程设计规范》（GB 51018—2014）未颁布，对于弃渣场的等级认定还未规范，方案主要根据地形情况有针对性地布设了截水沟、排水沟，断面主要参考主体工程排水断面，经复核，可达到 10 年一遇标准，满足现行规范的要求。且施工过程中，截（排）水沟根据地形、地质条件布设，与自然水系顺接，但缺少沉沙措施。

（2）拦渣工程。崔家营航电枢纽工程涉及 2 处弃渣场，根据现场调查，运行多年来，2 处弃渣场运行稳定，挡墙完整率达 90％以上，弃渣场挡墙采用浆砌石，达到了拦挡的效果。弃渣场边坡实施了土地整治和覆土绿化措施。

（3）斜坡防护工程。崔家营航电枢纽工程开挖边坡较多，在边坡稳定分析的基础上，采用削坡开级、坡脚及坡面防护等措施。施工期间，边坡在稳定基础上优先采取植物护坡措施。

（4）土地整治工程。根据现场调查，工程征占地范围内对需要复耕或恢复植被的扰动及裸露土地及时进行了场地清理、平整、表土回覆等整治措施。弃渣场边坡、平台在土地整治基础上进行了绿化。

（5）表土保护工程。根据现场调查，工程建设过程中，对可剥离的耕地区域实施了剥离措施，剥离的表土集中堆置在弃渣场附近并进行了防护，防止了水土流失。

（6）植被防护工程。项目区的植被措施主要分为两种形式：一是园林景观式绿化，即景、草、乔、灌、花结合措施，主要分布在枢纽工程区、电站区、办公楼区、生活区、专家楼区、鱼培繁殖区；二是一般式绿化，即施工结束后对裸露地表通过植树种草进行地表植被恢复，主要分布在弃渣区、施工场地区、土料场区和浸没区。园林景观式绿化采用了乔灌草结合立体恢复，包括香樟、石楠、广玉兰、栾树、合欢、柳树、梅花、红叶李、碧桃、橘子树、雪松、桂花等乔木；海桐球、八角金盘、火棘、大叶黄杨、红花檵木等灌木；杜鹃、丰花月季、美人蕉、鸢尾、小叶栀子花等花类；马尼拉、百喜草、狗牙根等草类。一般植被绿化区主要以树（草）结合为主，树种包括意杨及柳树，草种以狗牙根、红三叶为主。植物措施实施得当，树（草）种选择合理；植树种草已起到了防治水土流失的作用，同时也起到了美化景观的效果。

（7）临时防护工程。通过查阅相关资料，工程建设过程中，为防止土（石）撒落，在场地周围利用开挖土方筑土埂或袋装土拦挡；同时，施工期对堆放时间较长的表土进行临时撒播草籽保墒防护。但缺少临时排水和沉沙措施。

但是，根据后评价研究，崔家营航电枢纽工程实际实施的弃渣场绿化措施较批复绿化措施减少较多，主要集中在弃渣场平台。因当地农民复耕需求较大，植被措施难以实施，结合实际情况，弃渣场平台尽量植树种草或直接覆土复耕。同时建议对大型水利水电项目产生的弃渣，在综合利用基础上，应充分利用弃渣，提倡尽可能进行项目区景观塑造，提高项目区生态景观。此外，表土防护是《中华人民共和国水土保持法》的要求，应开展表土资源的调查、保护利用，实现表土资源的有效利用。

2. 水土保持施工评价

（1）在水土保持工程实施过程中，崔家营航电枢纽工程建设指挥部在做好水土保持"三同时"的同时，将水土保持工程措施的监理、施工、施工材料采购和供应等招标程序纳入了主体工程管理程序中。在依法实施招标、评标工作的基础上，公开、公平、公正选择优秀的监理单位、施工队伍和材料供应商。工程监理单位是具有丰富监理经验、监理业绩优良、监理信誉良好的专业咨询机构。施工单位都是具有相应资质、技术过硬、信誉良好、实力雄厚的大型企业，自身的质量保证体系非常完善，从而保障了水土保持措施的质量和效果。

（2）管理科学规范，制度建设创新。为适应工程建设项目管理改革的需要，项目结合工程建设的具体特点，实现项目程序化、标准化、规范化和科学化管理。明确管理职责，规范协调流程。在工程建设中，注重制度创新，坚持"以人为本"，引入先进的管理体系，严格按照《环境保护和水土保持管理办法》《绿色防护工程实施办法》和《工程质量管理办法》规范管理，在保证工程安全的同时，顾及项目区环境安全、群众生产生活的安全。水土保持工程与主体工程建设实现了"三同时"。积极引进水土保持专业监测队伍对工程建设施工过程进行管理和监测，认真对待水土保持监测单位提出的监测结果和整改意见。同时与地方水土保持行政管理部门加强联系，主动接受管理部门的监督检查。

（3）确保建设资金到位。在项目建设管理工作中，崔家营航电枢纽工程建设指挥部提出了水土保持专业项目由工程技术处（部）提出项目建设要求，由合同管理处（部）负责项目合同签订，由财务管理处（部）负责资金落实到位的总体思路，并严格按照《湖北省汉江崔家营航电枢纽项目招投标与采购管理办法》《湖北省汉江崔家营航电枢纽工程计量支付管理办法》《湖北省汉江崔家营航电枢纽工程建设指挥部财务管理办法》执行。通过规范基本建设程序，有效防范了经济腐败；通过签订项目承包合同，确保了建设项目进度和质量，并保证建设资金及时足额到位。在水土保持专项设施建设过程中，从未有过因投资不落实或是不到位而影响工程建设的情况发生。

3. 水土保持运行评价

崔家营航电枢纽工程运行期间，建设单位按照运行管理规定，加强对防治责任范围内的各项水土保持设施的管理维护。由建设单位下设的资产运营中心协调开展，水土保持具体工作由资产运营中心专人负责，崔家营航电枢纽工程管理处各部门依照建设单位内部制定的部门工作职责等管理制度，各司其职，从管理制度和程序上保证了运行期内水土保持设施管护工作的开展。

运行期间设置专人负责绿化植被的洒水、施肥、除草等管护，确保植被成活率，不定期检查清理截（排）水沟道内淤积的泥沙，达到了绿化美化和保持水土的双重作用。

(三) 效果评价

1. 植被恢复效果

通过现场调研了解，工程施工期间对占地范围内的裸露地表实施了植被恢复措施，包括香樟、石楠、广玉兰、栾树、合欢、柳树、梅花、红叶李、碧桃、橘子树、雪松、桂花等乔木；海桐球、八角金盘、火棘、大叶黄杨、红花檵木等灌木；杜鹃、丰花月季、美人蕉、鸢尾、小叶栀子花等花类；马尼拉、百喜草、狗牙根等草类。一般植被绿化区主要以树草结合为主，树种包括意杨及柳树，草种以狗牙根、红三叶为主。植物措施实施得当，树（草）种选择合理；植树种草已起到了防治水土流失的作用，同时项目区域内的植物多样性和郁闭度等得到了良好的恢复和提升。

崔家营航电枢纽工程植被恢复效果评价指标见表 4.22-1。

表 4.22-1　　　　　　崔家营航电枢纽工程植被恢复效果评价指标

评价内容	评价指标	结　　果
植被恢复效果	林草覆盖率	42%
	植物多样性指数	0.50
	乡土树种比例	0.70
	单位面积枯枝落叶层	1.4cm
	郁闭度	0.42

2. 水土保持效果

通过现场调研和评价，工程实施的工程措施、植物措施等运行状况良好，根据现场水土保持监测统计，工程施工期间土壤侵蚀量 4.01 万 t，通过各项水土保持措施的实施，至运行期项目区土壤侵蚀模数 497t/(km² · a)，使得项目区的原有水土流失基本得到治理，达到了固土保水的目的。绿化区表土层厚度 80～110cm，其他区域表土层厚度 40～70cm，平均表土层厚度约 55cm。工程迹地恢复和绿化多采用当地乡土和适生树种，经过运行期的进一步自然演替，区域内植物多样性和土壤有机质含量得以不同程度的改善和提升；经试验分析，土壤有机质含量约 2.0%。区域道路、建筑物等不具备绿化条件的区域采取混凝土、沥青混凝土、透水砖等方式进行硬化。地表硬化、迹地恢复和绿化措施的实施，使得区域内由于工程建设导致的裸露地表得以恢复，土地损失面积得以大幅减少。崔家营航电枢纽工程水土保持效果评价指标见表 4.22-2。

表 4.22-2　　　　　　崔家营航电枢纽工程水土保持效果评价指标

评价内容	评价指标	结　　果
水土保持效果	表土层厚度	55cm
	土壤有机质含量	2.0%
	地表硬化率	67.8%
	不同侵蚀强度面积比例	97.86%

3. 景观提升效果

工程在进行植被恢复的同时考虑后期绿化的景观效果，采取了乔灌草相结合的园林式立体绿化方式，苗木种类选用景观效果比较好的树（草）种，如香樟、石楠、广玉兰、栾树、合欢、柳树、梅花、红叶李、碧桃、橘子树、雪松、桂花等，常绿树种与落叶树种混合选用种植；同时根据各树种季相变化的特性，对各种植物的枝、叶、花、果、色彩、姿态等的不同观赏性状进行植物的群落搭配和点缀，使区域内一年四季均有景色可欣赏，以提高项目区域的可观赏性效果。崔家营航电枢纽工程景观提升效果评价指标见表 4.22 - 3。

表 4.22 - 3　　　　　　　　崔家营航电枢纽工程景观提升效果评价指标

评价内容	评价指标	结　果
美景提升效果	美景度	6.0
	常绿、落叶树种比例	65%
	观赏植物季相多样性	0.5

4. 环境改善效果

植物是天然的清道夫，可以有效清除空气中的 NO_x、SO_2、甲醛、飘浮微粒及烟尘等有害物质。通过植被恢复、园林式绿化、养护管理等植物措施的实施，项目区内林草植被覆盖情况得以大幅度改善，植物在光合作用时释放负氧离子，使周边环境中的负氧离子浓度达到约 1400 个/cm^3，使得区域内人们的生活环境得以改善。

崔家营航电枢纽工程环境改善效果评价指标见表 4.22 - 4。

表 4.22 - 4　　　　　　　　崔家营航电枢纽工程环境改善效果评价指标

评价内容	评价指标	结　果
环境改善效果	负氧离子浓度	1400 个/cm^3

5. 安全防护效果

通过调查了解，工程共设置弃渣场 2 处。工程施工时，根据各弃渣场的位置及特点分别实施了弃渣场的浆砌石挡墙及截（排）水沟等防洪排导工程，水下抛石护脚、混凝土预制六角块护坡、铅丝笼护坡、浆砌石框架护坡等工程护坡措施；后期实施了弃渣场的迹地恢复措施。经调查了解，工程运行以来，各弃渣场运行情况正常，未发生水土流失危害事故，弃渣场拦渣及截（排）水设施整体完好，运行正常，拦渣率达到了 95.34%；弃渣场整体稳定性良好。崔家营航电枢纽工程安全防护效果评价指标见表 4.22 - 5。

表 4.22 - 5　　　　　　　　崔家营航电枢纽工程安全防护效果评价指标

评价内容	评价指标	结　果
安全防护效果	拦渣设施完好率	95.34%
	渣（料）场安全稳定运行情况	稳定

6. 社会经济效果

崔家营航电枢纽工程的主要任务是航运，同时兼有发电、灌溉、旅游等综合利用效益。崔家营航电枢纽工程建成后，大坝以上 33km 航道由 300～500t 级提升到 1000t 级，渠化汉江支流唐白河航道 17.5km，促使襄阳段船舶运力、运量、港口吞吐量大幅提升，船舶运输成本平均降低 0.028 元/(t·km)，转移运量运输节约效益为 8986 万元，平均每年节省航道整治维护费用和港口疏浚及维护费 1000 万元。

崔家营航电枢纽替代火电站装机 89.78MW，正常年发电量 3.898 亿 kW·h，有效缓解了襄阳市供电紧张的状况，优化了供电系统的电能结构。

崔家营航电枢纽工程建成后减少了南水北调中线工程实施后对襄阳地区生产生活用水的不利影响，解决了唐东灌区 177 万亩农田常年灌溉用水问题；形成了 72km² 的生态水库，拓展了襄阳城市空间，提升了城市综合竞争力，促进了旅游业发展。

崔家营航电枢纽工程社会经济效果评价指标见表 4.22-6。

表 4.22-6　　　　　　崔家营航电枢纽工程社会经济效果评价指标统计

评价内容	评价指标	结　果
社会经济效果	促进经济发展方式转变程度	好
	居民水保意识提高程度	良好

7. 水土保持效果综合评价

水土保持效果综合评价采用模糊灰色综合评价法。根据层次分析法计算各项评价指标的权重，利用三角白化权函数进行灰色关联度分析，确定影响因素的权重系数，对权重进行修正。利用灰色聚类理论得出综合聚类系数矩阵，从而构造模糊隶属度矩阵。崔家营航电枢纽工程各指标隶属度分布情况评价指标见表 4.22-7。

表 4.22-7　　　　　　崔家营航电枢纽工程各指标隶属度分布情况

目标层	指标层	变 量 层	各 等 级 隶 属 度					权重
			好(V1)	良好(V2)	一般(V3)	较差(V4)	差(V5)	
崔家营航电枢纽水土保持后评价	植被恢复效果 U1	林草覆盖率 C11	0.240	0.680	0.080			0.067
		植物多样性指数 C12	0.244	0.756				0.035
		乡土树种比例 C13		0.667	0.333			0.081
		单位面积枯枝落叶层 C14		0.700	0.300			0.067
		郁闭度 C15		0.500	0.100	0.400		0.075
	水土保持效果 U2	表土层厚度 C21		0.714	0.286			0.060
		土壤有机质含量 C22		0.600	0.400			0.032
		地表硬化率 C23	0.125	0.746	0.129			0.091
		不同侵蚀强度面积比例 C24		0.500	0.500			0.053
	景观提升效果 U3	美景度 C31		0.750	0.250			0.056
		常绿、落叶树种比例 C32	0.100	0.740	0.160			0.073
		观赏植物季相多样性 C33			1.000			0.070
	环境改善效果 U4	负氧离子浓度 C41		0.600	0.400			0.065
	安全防护效果 U5	拦渣设施完好率 C51		0.700	0.250			0.044
		渣（料）场安全稳定运行情况 C52		0.685	0.315			0.102
	社会经济效果 U6	促进经济发展方式转变程度 C61			0.500	0.500		0.016
		居民水保意识提高程度 C62			0.430	0.570		0.013

利用模糊综合评价计算，崔家营航电枢纽工程模糊综合评价结果见表 4.22-8。

表 4.22-8　　　　　　　崔家营航电枢纽工程模糊综合评价结果一览表

评价对象	好（V1）	良好（V2）	一般（V3）	较差（V4）	差（V5）	综合得分
崔家营航电枢纽工程	0.047	0.626	0.364	0.098	0	80.04

根据最大隶属度原则，崔家营航电枢纽工程 V2 等级的隶属度最大，故其水土保持评价效果为良好，综合得分 80.04 分。

四、结论及建议

（一）结论

崔家营航电枢纽工程按照我国有关水土保持法律法规的要求，开展了卓有成效的水土保持工作，对防治责任范围内的水土流失进行了全面系统的治理，基本达到了施工期间控制水土流失、施工后期改善环境和生态的目的，营造了优美的坝区环境，较好地完成了项目的水土保持工作。工程运行以来，各项防治措施的运行效果良好，弃渣得到了及时有效的防护，施工区植被得到了较好的恢复，水土流失得到了有效的控制，生态环境得到了明显的改善。2015 年，崔家营航电枢纽工程获得"生产建设项目国家水土保持生态文明工程"荣誉称号，对今后工程建设具有较强的借鉴作用。

1. 管理科学规范，制度建设创新

为适应工程建设项目管理改革的需要，结合工程项目建设的具体特点，实现项目程序化、标准化、规范化和科学化管理。明确管理职责，规范协调流程。

在工程建设中，注重制度创新，坚持"以人为本"，引入先进的管理体系，严格按照《环境保护和水土保持管理办法》《绿色防护工程实施办法》和《工程质量管理办法》规范管理，在保证工程安全的同时，又顾及项目区环境安全、群众生产生活的安全。水土保持工程项目与主体工程建设实现了"三同时"。积极引进水土保持专业监测队伍对工程建设施工过程进行管理和监测，认真对待水土保持监测单位提出的监测结果和整改意见。同时与地方水土保持行政管理部门加强联系，主动接受管理部门的监督检查。

2. 水土保持工程与绿化美化相结合

崔家营航电枢纽工程将水土流失治理和改善生态环境相结合，不仅有效防治了水土流失，而且营造了坝区及生活区优美的环境，采用的水土保持工程防护标准是比较合适的，使水土保持工程与电站生态环境的改善、美丽乡村建设和谐建设相结合，创造现代工程和自然和谐相处的环境，值得其他工程借鉴。

（二）建议

（1）建议对大型水利水电项目产生的弃渣，在综合利用基础上，应充分利用弃渣，提倡尽可能进行项目区景观塑造，以提高项目区生态景观。

（2）建议加强弃渣场、取土场移交手续的规范管理。对施工完工后弃渣场、取土场在移交当地政府时，应有明确的移交手续，证明材料以及治理现状照片等。

（3）水土保持生态恢复是一项长期而艰巨的工程，单靠建设单位一次性投入是远远不够的，仍需要工程运营单位长期坚持不懈地管护和完善。对于水土保持设施日常维护资金应纳入工程运行成本，保障工程水土保持设施维护资金的来源。

案例 23　广西右江百色水利枢纽工程

一、项目及项目区概况

(一) 项目概况

百色水利枢纽工程位于郁江上游右江上，属珠江流域西江水系郁江综合利用规划中的第二梯级，是一座以防洪为主，兼顾发电、灌溉、航运、供水等综合利用效益的大型水利枢纽工程。枢纽建筑物主要由 130m 高的碾压混凝土大坝、地下厂房、2 座 30~50m 高的副坝和 1 座通航建筑物组成。坝址位于广西壮族自治区百色市上游 22km 的阳圩镇平圩上屯附近，库区位于东经 $106°0'\sim106°33'$、北纬 $23°40'\sim24°15'$ 之间。

百色水利枢纽工程坝址以上集雨面积 19600km²，多年平均流量 263m³/s，设计正常蓄水位 228.00m，死水位 203.00m，汛期限制水位 214.00m，防洪高水位 228.00m，总库容 56.6 亿 m³，防洪库容 16.4 亿 m³，调节库容 26.26 亿 m³，死库容 21.86 亿 m³。电站共安装 4 台机组，单机容量 135MW，总装机容量 540MW，多年平均年发电量 16.90 亿 kW·h。

百色水利枢纽工程水库正常蓄水位为 228.00m 时，库区淹没涉及广西和云南两省（自治区）的百色市、田林县、富宁县，计 12 个乡（镇）、42 个村（办）、169 个组（屯）和百色茶场，共计淹没耕地 60915 亩，迁移人口 29080 人，其中广西 19593 人，云南 9487 人。同时涉及改建二级公路 324 国道共 12.67km；改建三级公路 323 国道共 39.56km。另需改建库区其他道路、电力、通信、水利设施一批。

百色水利枢纽主体工程于 2001 年 10 月 11 日正式开工，2002 年 10 月 11 日顺利实现坝址右江截流导流，2005 年 8 月 26 日实现下闸蓄水。枢纽工程于 2006 年 12 月底竣工，工程概算总投资为 53.30 亿元。

该工程投资方和建设单位均为广西右江水利开发有限责任公司。

(二) 项目区概况

百色水利枢纽工程地处云贵高原的东南边缘，属中低山峡谷地形，库区内为中低山地形，河谷多为较开阔的 U 形谷，两岸山峰高程多为 600.00~1200.00m，库区组成谷坡的岩层以碎屑岩为主，地貌类型大致分为低山、丘陵、台地、河流阶地、岩溶地貌等。工程影响区内土壤类型复杂多变，成土母质主要是砂页岩、泥岩、石灰岩及玄武岩等；库区周边的主要耕作土壤为水稻土、红壤土、赤红壤、黄壤、石灰土。

工程的代表性植被为北热带常绿雨林和南亚热带季风常绿阔叶林，林草覆盖率为 60% 以上。现存植被主要是次生的灌丛、草丛及少量的次生丛林和人工经济林，植被类型有 3 大类 21 个植被群落。天然植物种类有麻栎、白栎林、仪花、荷木、柄翅果、青冈栎、马尾松、细叶云南松、中平树、灰毛浆果楝、红背山麻杆、龙须藤、丛生竹林等；人工植物种类有杉木、马尾松、八角、油茶、油桐、芒果、李果、板栗、竹类等。

百色水利枢纽工程所在地区地处低纬度，属亚热带季风气候区，年平均气温 16.7~22.1℃，极端最低气温为 -5℃，极端最高气温为 42.5℃，年降水量为 1200~1600mm。降水集中出现在 5—10 月，降水量占全年总降水量的 80% 以上，11 月至次年的 4 月总降水量一般不足全年总降水量的 20%。

百色水利枢纽工程位于我国西南土石山区，土壤侵蚀类型主要为水力侵蚀，容许土壤流失量为 $500t/(km^2 \cdot a)$。项目区平均侵蚀模数为 $2500t/(km^2 \cdot a)$，属轻度侵蚀地区。

二、水土保持目标、实施过程及效果

（一）水土保持目标

根据批复的百色水利枢纽工程水土保持方案报告，百色水利枢纽工程水土流失防治的 6 项目标为：扰动土地整治率达到 95%，水土流失总治理度达到 87%，土壤流失控制比达到 1.0，拦渣率达到 95%，林草植被恢复率达到 97%，林草覆盖率达到 22%。

（二）水土保持方案编报

广西右江水利开发有限责任公司十分重视水土保持工作，1998 年 10 月，建设单位委托广西壮族自治区水利水电勘测设计研究院编制了《百色水利枢纽工程水土保持方案报告书》。

广西壮族自治区水利电力勘测设计研究院于 1999 年 7 月编制了《百色水利枢纽工程水土保持初步设计编制大纲》，水利部水土保持司以"水保监便字〔1999〕第 47 号"文批复。根据批复意见和大纲工作内容，2000 年 12 月编制完成了《百色水利枢纽工程水土保持方案报告书（初步设计阶段）》。2001 年 7 月，水利部以"水保〔2001〕276 号"文批复该水保方案报告书，明确了水土流失防治责任范围、防治目标、水土流失防治分区及措施布置。

2003 年 6 月，广西壮族自治区水利水电勘测设计研究院正式开展枢纽工程施工图阶段水土保持设计工作。针对右Ⅳ号沟水土流失情况，2007 年 12 月，广西壮族自治区水利水电勘测设计研究院提出《百色水利枢纽右Ⅳ号沟综合治理工程初步设计报告》，广西右江水利开发有限责任公司以"桂右水移函〔2007〕37 号"文进行初步评审。

2008 年 7 月，根据施工现场的实际情况，对原水土保持方案进行了局部变更调整，形成了《右江百色水利枢纽水土保持设计变更报告（坝区部分）》。2008 年 7 月，广西壮族自治区水利厅以"桂水保函〔2008〕76 号"文对该水土保持设计变更报告予以批复。

（三）水土保持措施设计

根据批复的水土保持方案，百色水利枢纽工程的水土保持措施主要有拦渣工程、斜坡防护工程、土地整治工程和排水工程等；植物措施主要有植被恢复工程和绿化美化工程；施工临时工程主要有临时拦挡工程。水土保持措施防治体系见表 4.23-1。

表 4.23-1　　　　　百色水利枢纽工程水土保持措施防治体系

序号	防治分区	主要防治措施	备　注
1	主体工程建设区	喷混凝土	开挖坡面喷混凝土
		格状框条护坡	混凝土框格
		坡脚挡墙	坡脚浆砌石挡墙
		砌石护坡	坡脚浆砌石
		排水工程	坡顶截水沟、坡脚排水沟
		边坡道路植物措施护坡	湘草混种、恢复植被
		植物防护绿化	平整利用、绿化美化

续表

序号	防治分区	主要防治措施	备注
2	弃渣场区	尼龙编织袋装碎石防护	
		排水工程	排水沟、冲沟涵洞
		坡脚挡土工程	设置坡脚挡土墙
		坡面防护	钢筋孔笼护坡
			干砌石护坡
			植物或草皮护坡
		覆土整治	湘草混种、恢复植被
3	砂石料场区	开挖坡面防护	种草护坡、喷混凝土
		排水工程	截水沟、坡面马道排水沟
		土地整治	平整利用、恢复植被
		植物防护	恢复原地貌植被或复耕地

（四）水土保持施工

工程水土保持施工单位采取招投标的形式确定，主体工程设计单位为广西壮族自治区水利水电勘测设计研究院、中水珠江规划勘测设计有限公司；施工监理单位为广西桂能—湖南水电联合体、四川二滩国际工程咨询有限责任公司、广西桂能工程咨询有限公司；施工单位有闽江—黄河水电联合体、百色滇桂水电工程联合体、中国葛洲坝集团有限公司；质监部门为水利部水利工程质量监督总站百色水利枢纽项目站，水土保持监理单位为江河水利水电咨询中心。

（五）水土保持验收

2010 年 2 月，建设单位启动了枢纽区水土保持设施竣工验收准备工作。2011 年 2 月，水电站枢纽工程水土保持设施通过了水利部组织的专项验收（办水保函〔2010〕787 号）。

建设单位对水土保持设施的管理养护工作非常重视，由工程部及移民环境部具体牵头承办。试运期的管护由施工部门承担至竣工验收时，工程竣工后由枢纽管理中心负责。

（六）水土保持效果

百色水利枢纽（枢纽区）自试运行以来，水土保持设施已安全、有效运行超过 16 年，实施的主体工程建设区的绿化、截（排）水措施，弃渣场拦挡、排水、防洪工程，以及砂石料场区的护坡、绿化及截（排）水等措施较好地发挥了水土保持的功能。根据现场调查，实施的弃渣场挡渣、防洪排导、土地整治、植被防护等措施未出现拦挡措施失效、截（排）水不畅和植被覆盖不达标等情况。百色水利枢纽工程水土保持措施防治效果见图 4.23-1。

三、水土保持后评价

（一）目标评价

根据现场实地调研，百色水利枢纽运行期间，按照我国有关水土保持法律法规对环境保护的要求，开展了卓有成效的水土保持工作，对防治责任范围内的水土流失进行了全面

（a）百色水利枢纽（枢纽区）全貌

（b）百色水利枢纽主坝下游厂区绿化

（c）枢纽区左岸进场公路及绿化

（d）枢纽区右岸进场公路及绿化

（e）枢纽区左岸边坡防护

（f）枢纽区左岸道路排水及绿化

图 4.23-1　百色水利枢纽工程水土保持措施防治效果
（照片由广西壮族自治区水利电力勘测设计研究院有限责任公司提供）

系统的治理，基本达到了施工期间控制水土流失、施工后期改善环境和生态的目的，营造了优美的坝区环境，较好地完成了项目的水土保持工作。工程运行以来，各项防治措施的运行效果良好，弃渣得到了及时有效的防护，施工区植被得到了较好的恢复，未出现明显的水土流失现象，水土流失得到了有效的控制，生态环境有所改善。根据水土保持监测结果，水土保持方案阶段制定的 6 项防治目标均达到要求。

百色水利枢纽工程在实际建设过程中，没有对涉及耕地和园地区域的表土进行剥离防护。表土作为宝贵的资源，主要用于后期绿化覆土，随着国家对生态环境建设的不断重视，水土保持方案应大力提倡表土资源的保存和防护。

（二）过程评价

1. 水土保持设计评价

（1）防洪排导工程。因百色水利枢纽水土保持方案编制阶段工程主体工程基本完工，因此，水土保持方案中设计的措施即为工程实际实施措施。方案对弃渣场布设截（排）水沟，排水沟防洪标准采用 20～50 年一遇，并根据防洪排导的要求，有针对性地布设了截水沟、排水沟、排洪渠（沟）、涵洞。且施工过程中，截（排）水沟根据地形、地质条件布设，与自然水系顺接，并布设消能防冲措施。

（2）拦渣工程。百色水利枢纽涉及 9 处弃渣场，根据现场调查，运行 10 多年来，9 处弃渣场运行稳定，挡墙完整率达 90％以上，弃渣场挡墙采用干砌石或浆砌石形式，达到了拦挡的效果。弃渣场边坡实施了土地整治和覆土绿化措施。

（3）斜坡防护工程。百色水利枢纽开挖边坡较多，在边坡稳定分析的基础上，采用削坡开级、坡脚及坡面防护等措施。施工期间，边坡在稳定基础上优先采取植物护坡措施。

（4）土地整治工程。根据现场调查，工程征占地范围内对需要复耕或恢复植被的扰动及裸露土地及时进行了场地清理、平整、表土回覆等整治措施。弃渣场边坡、平台在土地整治基础上进行了绿化和复耕。

（5）植被防护工程。主体工程建设区涉及的单位工程较多，需采用植物措施治理的主要部位包括开挖边坡、填筑边坡、施工迹地、弃渣场及生活营地等。其中道路边坡以植树种草为主，施工迹地以植树种草为主，生活营地以草皮、花卉、灌木为主，弃渣场坡面以种草皮、撒播草籽为主，石料场以草灌混种恢复植被为主，大桥两端路段及空地以乔灌景观树木、草皮、花卉为主。

（6）临时防护工程。通过查阅相关资料，工程建设过程中，为防止土（石）撒落，在场地周围利用开挖出的块石进行围护；同时，在场地排水系统未完善之前，开挖土质排水沟排除场地积水。对于场地填方边坡，为防止地表径流冲刷，利用工地上废弃的草袋等进行覆盖。但缺少沉沙措施和雨水利用措施。

百色水利枢纽工程水土保持工程布置合理，工程等别、建筑物级别、洪水标准及地震设防烈度符合现行规范要求。

百色水利枢纽水土保持工程运用 10 多年来，弃渣场边坡、拦挡和排水等措施均有效运行，根据监测记录和现场调研结果，弃渣场的水土流失得到了有效治理，水土保持措施设计合理，水土保持效果明显。

道路区边坡设计、挂网护坡、排水等措施运行正常，设计标准合理。

通过对项目区植被调查，项目区设计、实施的水土保持林、经济林和景观生态林成活率、林草覆盖率均达到了设计水平。

通过百色水利枢纽工程水土保持设施的实施，工程建设造成的水土流失得到治理，降低了因工程建设所造成的水土流失危害，达到了水土保持方案编制的预期效果。经过治理，扰动土地的治理率达到 97.2％，水土流失总治理度达到 92％，拦渣率达到 96.75％，林草植被恢复率达到 97.03％，林草覆盖率达到 31.89％，土壤侵蚀模数控制在 500 t/(km^2·a) 以下。

综上所述，百色水利枢纽工程运用 10 多年来的监测资料表明，百色水利枢纽工程水土保持设计是成功的。

2. 水土保持施工评价

百色水利枢纽工程水土保持措施的施工，严格采用招投标的形式确定其施工单位，在水土保持质量管理方面，建设单位做到了思想认识到位、机构人员到位、管理措施到位、建设投资到位、规划设计到位、综合监理到位的"六到位"，确保了水土保持措施"三同时"制度的有效落实。

（1）施工管理评价。

1）积极宣传水土保持相关法律法规。广西右江水利开发有限责任公司充分认识到各参建单位人员水土保持专业素养参差不齐，水土保持法制意识淡薄等现实情况，通过会议、宣传、督促、管理等多种途径向工程参建各方传达贯彻国家水土保持法律法规和方针政策，不断提高和统一参建各方的思想认识，通过制定水土保持管理规章制度明确参建各方的水土保持工作责任和工作要求，规范了水土保持施工，做到了文明施工。

2）设立水土保持管理机构。百色水利枢纽在工程建设部内成立了环境与移民工程部，负责工程建设征地和环境保护、水土保持管理工作，确定了一名副总经理主抓水土保持设施的建设和管理，并落实专职人员，使得工程水土保持管理工作切实得到加强，岗位责任明确，部门分工清晰，工作程序规范，很快打开了水土保持管理工作的新局面。

在工程建设过程中，设立水土保持管理机构，各机构配备相应的水土保持专职人员后，水土保持管理工作成效和效率大幅提高。

3）严格水土保持管理。广西右江水利开发有限责任公司在不断完善水土保持设施建设的同时，制定了强有力的管理措施，严格执行质量管理制度，切实加强施工区的水土保持监督与水土保持监理工作，有效地防止了水土流失。工程运行期间，枢纽管理中心成立了专门的资源管理室进行管理，百色水利枢纽工程未发生重大水土流失事故。

4）确保建设投资到位。在项目建设管理工作中，广西右江水利开发有限责任公司提出了水土保持专业项目由广西右江水利开发有限责任公司提出项目建设要求，由环境与移民工程部负责项目组织立项，由计划经营部负责项目合同签订，由环境与移民工程部负责项目实施，由财务管理部负责资金落实到位的总体思路。通过规范基本建设程序，有效防范了经济腐败；通过签订项目承包合同，确保了建设项目进度和质量，并保证建设资金及时足额到位。在水土保持专项设施建设过程中，从未有过因投资不落实或是不到位而影响工程建设的情况发生。

5）国内首批推行的水土保持监理制度。为做好百色水利枢纽工程施工区水土保持工作，依据国家的有关规定和要求，广西右江水利开发有限责任公司在百色水利枢纽工程施工区率先推行了水土保持监理制度。经招标，由江河水利水电咨询中心承担百色水利枢纽工程施工区的水土保持监理工作。

在生产建设项目建设过程中推行水土保持监理制度，当时尚属国内领先。作为一项新生事物，监理的工作内容、方式及其与施工单位、工程监理的工作关系等方面存在许多问题有待不断探索、明确与完善。对此，广西右江水利开发有限责任公司环境与移民工程部与江河水利水电咨询中心进行了认真研究，明确了水土保持监理的工作职责及工作方式，并充分授权监理部在施工区行使监督监理职责。监理部有权对违反国家水土保持法律法规的行为进行处罚，并对承包商的水土保持工作出具考核意见。

广西右江水利开发有限责任公司则在主体工程项目招标过程中补充完善了"环境保护与水土保持"专用技术条款，为监理部开展工作提供了监理依据。

江河水利水电咨询中心在广西右江水利开发有限责任公司的大力支持下，对工程的水土流失状况进行全方位监督，对施工区水土保持工程设施建设、绿化等水土保持专项工程承担现场监理；对道路、承包商生活营地及施工中的弃土弃渣等方面的问题，直接向承包商下达监理指令；对承包商违反国家水土保持法律法规和公司规定的行为进行处罚，并对承包商的水土保持工作出具考核意见。

百色水利枢纽工程推进水土保持监理制度，从根本上规范了水土保持建设与管理工作的程序，对有效控制水土保持设施建设的质量、进度和投资，对不断提高管理工作水平都起到很好的促进作用。

（2）技术水平评价。

1）高科技含量、先进技术的运用。百色水利枢纽水土保持工程，无论是工程措施还是植物措施，都非常注重引进先进技术：在设计上聘请高水平的规划设计单位承担，把先进的治理、开发技术贯穿到工程设计中，如引进了国际先进的植物喷浆绿化技术，建设高强度的钢筋石笼防护工程、高边坡帷幕灌浆护坡、钢钎挂网护坡等，落实正规的施工企业参加水土保持工程的实施，保障设计思想的实现，使设计目标得到实地落实，从而提高了工作效率，实现了费省效宏的目标。

2）现代化的工程施工。百色水利枢纽施工面大、工期长，在施工布局和方法上，采用了高密集地下洞群系统，大大减少了建筑物和施工对地表的影响区域和影响时间，极大地减轻了工程建设可能造成的水土流失，施工中全部采用现代化机械设备，大量使用了PC400/PC2000反铲挖掘机，大型液压机，CATD7R推土机，D7R推土机，WA600装载机，15t、30t、5t自卸汽车远距离运渣，使工程的开挖、掘进、装载、运输效率得以提高，大大缩短了施工扰动面积和扰动时间，使裸露的地表得到快速平整、清理和覆盖，避免了施工期的大量水土流失，因此现代化的工程施工是百色水利枢纽工程减少和控制水土流失的有效方法。

百色水利枢纽工程是全世界瞩目的大型水利工程，新技术、新材料的运用和现代化的工程施工，是减少工程建设过程中水土流失的有效途径，把水土保持建设与绿化美化结合起来有效地防治了水土流失。2021年9月27日，工程荣获"第十八届中国土木工程詹天佑奖"，对今后工程建设具有较强的借鉴作用。

（3）水土流失治理模式。

1）工程措施、植物措施和临时措施相结合的综合治理模式。百色水利枢纽工程对项目区域设计实施了永久的工程措施、植物措施和施工过程中的临时措施，如对施工道路区采用山体混凝土护坡、削坡开级、挡墙砌护、浆砌石排水沟，削力池砌筑等工程措施，道路两侧行道林绿化措施，以及施工过程中的草袋土拦挡、洒水抑尘等临时措施。工程措施、植物措施和临时措施有机结合，确保了工程建设全过程中都有相应的水土保持防护措施，有效地减少了工程建设全阶段、全方位造成的水土流失。

2）水土保持、景观生态相结合的治理模式。百色水利枢纽将水土保持和园林景观设计有效地结合起来。在确保水土保持功能的前提下，融合园林景观设计，为游人提供了参观、学习和休憩的优美环境。

3）持续投入、不断完善，旅游和水土保持相互促进、相互哺育的治理模式。百色水利枢纽工程投入运营后，枢纽管理中心对已建成的水土保持设施进行实时监管，对存在设计缺陷的水土保持措施进行完善，并对枢纽出口区域进行园林景观树种、彩叶树种的更换种植，主要原因是随着人们的生活水平、审美观念的提高，原设计的绿化树种单一，不能完全满足景观要求，部分替换成景观树种，使得项目区更有视觉美感，景观效果更加完美。

百色水利枢纽管理中心在运行期间，从发电和旅游的利润中规划部分资金投入百色水利枢纽工程项目区的水土保持和绿化美化工程中，同时持续有效的水土保持措施使得百色水利枢纽越来越美，优美的生态环境又促进了旅游发展，形成了良性的、可持续的发展模式。

3. 水土保持运行评价

百色水利枢纽运行期间，建设单位按照运行管理规定，加强对防治责任范围内的各项水土保持设施的管理维护。由广西右江水利开发有限责任公司下设的枢纽管理中心协调开展，水土保持具体工作由资源管理室专人负责，广西右江水利开发有限责任公司各部门依照公司内部制定的部门工作职责等管理制度，各司其职，从管理制度和程序上保证了运行期内水土保持设施管护工作的开展。

运行期间设置专人负责绿化植株的洒水、施肥、除草等管护，确保植被成活率，不定期检查清理截（排）水沟道内淤积的泥沙，达到了绿化美化和保持水土的双重作用。

（1）水土保持管理制度及机构。广西右江水利开发有限责任公司作为百色水利枢纽工程的项目法人，全面负责工程项目的策划、决策、设计、建设、运营、资产增值等全过程的管理工作，履行业主职责。工程建设过程中，严格执行招投标制和工程监理制，充分发挥业主的管理职能，加大施工现场对监理及承包商的监督、检查力度，处理施工现场的施工、安全、质量、进度。根据实施工作进度，组织咨询专家和设计单位技术人员到施工现场，及时解决施工及设计问题，以及后期运营准备工作中的诸多问题。

水土保持工程业务由广西右江水利开发有限责任公司环境与移民工程部负责组织实施，其他部门协助管理。项目全面实行了项目法人责任制、招投标制和工程监理制。水土保持工程的建设与管理纳入工程的建设管理体系中，保证了该工程建设的顺利进行。

广西右江水利开发有限责任公司建立的质量管理制度主要包括《基本建设计划管理办法》《工程质量管理标准》《质监记录管理》《工程监理管理》《招投标管理办法》《合同管理标准》《基建物资合同管理》《质量监督站工作管理》《财务预算管理》《财务结算管理》等。同时，对监理单位和施工单位提出明确的质量要求，监理单位做到"事前控制、过程跟踪、事后检查"，对工程项目实施全方位、全过程监理；施工单位建立以项目经理为第一质量责任人的质量保证体系，对工程施工进行全面的质量管理。

（2）水土保持管理效果。百色水利枢纽工程实行建管合一，广西右江水利开发有限责任公司既负责工程建设，又负责工程投产后的运行管理，整个组织机构比较合理，职工队伍素质较高，人员配备合理，能满足工程运行管理需要。

（3）水土保持验收遗留问题处理。此次后评价研究重点仅在枢纽区，移民安置区、专项设施复建区没有列入此次评估范围。移民安置、专项设施复建由地方移民局负责实施，移民安置区、专项设施复建区水土保持设施完成后，应向省级水行政主管部门申请水土保持设施专项验收。

工程竣工后，进一步加强植物措施的养护，对林草及时进行抚育、补植、更新，巩固林草成活率和保存率，使其持续发挥效益。

（三）效果评价

百色水利枢纽（枢纽区）水土保持工程自 2011 年竣工验收以来，已经顺利运行多年，枢纽管理中心一如既往地重视水土保持工作，特别是对百色水利枢纽的绿化美化工作。研究以水土保持学、生态学、景观学等学科为理论依据，通过筛选指标、层次分析法计算权重，通过建立以水土保持、景观美学、环境、社会经济等项目指标为核心的评价指标体系，对百色水利枢纽工程水土保持效果进行系统的评价。

1. 构建评价指标体系

（1）评价指标的确定。以全面性、科学性、系统性、可行性和定性定量结合为原则选择评价指标，指标体系应考虑各指标之间的层次关系。评价指标体系分为 3 个层次，从上至下分别为目标层、约束层、标准层。其中目标层包含 1 个指标，即百色水利枢纽工程水土保持效果，约束层包含 4 个指标，分别为水土保持功能指标、景观美学功能指标、环境功能指标和社会经济功能指标。标准层包含 17 个指标。水土保持功能指标约束层包括水土流失总治理度、土壤流失控制比、林草覆盖率、涵养水源和保持土壤等 5 个标准层指标；景观美学功能指标约束层包括美景度、斑块多度密度、观赏植物季相多样性和常绿、落叶树种比例等 4 个标准层指标；环境功能指标约束层包括负氧离子浓度、降噪、降温增湿、SO_2 吸收量和乡土树种比例等 5 个标准层指标；社会经济功能指标包括促进区域发展方式转变程度、居民水保意识提高程度、林木管护费用 3 个标准层指标。详见表 4.23-2。

表 4.23-2　　　　　　　百色水利枢纽工程水土保持效果评价体系指标

目　标　层	约　束　层	标　准　层
百色水利枢纽工程水土保持效果	水土保持功能指标	水土流失总治理度
		拦渣率
		林草覆盖率
		涵养水源
		保持土壤
	景观美学功能指标	观赏植物季相多样性
		美景度
		常绿、落叶树种比例
		斑块多度密度
	环境功能指标	负氧离子浓度
		降噪
		降温增湿
		乡土树种比例
		SO_2 吸收量
	社会经济功能指标	促进区域发展方式转变程度
		居民水保意识提高程度
		林木管护费用

（2）权重计算。根据层次分析法原理，将植被建设评价指标中同类指标（U_i 与 U_j）进行两两比较后对其相对重要性打分，U_{ij} 取值含义见表 4.23 - 3，并采用层次分析法计算各个指标权重，计算结果见表 4.23 - 4。

表 4.23 - 3　　　　　　　　　　　　U_{ij} 取值含义

U_{ij} 的取值	含义	U_{ij} 的取值	含义
1	U_i 与 U_j 同样重要	9	U_i 与 U_j 极其重要
3	U_i 比 U_j 稍微重要	2、4、6、8	相邻判断 1~3、3~5、5~7、7~9 的中值
5	U_i 与 U_j 明显重要	$1/U_{ij}$	表示 i 比 j 的不重要程度
7	U_i 与 U_j 相当重要		

表 4.23 - 4　　　　　　百色水利枢纽工程水土保持效果评价体系指标权重

目标层	约束层	约束层权重	标准层	标准层权重	总权重
百色水利枢纽工程水土保持效果	水土保持功能指标	0.4312	水土流失总治理度	0.2081	0.0844
			拦渣率	0.1595	0.0686
			林草覆盖率	0.2600	0.1146
			涵养水源	0.1764	0.0786
			保持土壤	0.1960	0.0732
	景观美学功能指标	0.2643	观赏植物季相多样性	0.1886	0.0449
			美景度	0.3256	0.0844
			常绿、落叶树种比例	0.1755	0.0481
			斑块多度密度	0.3103	0.0800
	环境功能指标	0.161	负氧离子浓度	0.2367	0.0404
			降噪	0.1401	0.0213
			降温增湿	0.2728	0.0431
			乡土树种比例	0.1120	0.0303
			SO_2 吸收量	0.2384	0.0297
	社会经济功能指标	0.1435	促进区域发展方式转变程度	0.3811	0.0714
			居民水保意识提高程度	0.3576	0.0663
			林木管护费用	0.2613	0.0207

4 个约束层指标权重由高到低依次为水土保持功能指标、景观美学功能指标、环境功能指标、社会经济功能指标；其中水土保持功能指标最为重要，权重为 0.4312，景观美学功能指标其次，权重为 0.2643，社会经济功能指标权重和环境功能指标权重相当，分别为 0.1435 和 0.161。在水土保持功能指标中，与植物措施实施紧密的水土流失总治理度、林草覆盖率权重较重，涵养水源、保持土壤和拦渣率权重分布均匀。景观美学功能指标中美景度、斑块多度密度指标权重较重，其他指标权重分布均匀。社会经济功能指标、环境功能指标的各标准层权重分布相对均匀。这样的权重分布体现了通过实施百色水利枢纽工程水土保持综合治理工程，确保项目区水土流失得到治理，同时绿化、美化项目区，

改善区域小气候，增加人们绿色游憩空间、提供绿岗就业等目的。

2. 评价指标获取

研究确定评价指标值获取主要有三种途径，其中降噪、负氧离子浓度、降温增湿、SO_2 吸收量等指标通过野外调查测试获得；水土流失总治理度、林草覆盖率、涵养水源、保持土壤、拦渣率、观赏植物季相多样性、斑块多度密度、常绿、落叶树种比例、乡土树种比例、林木管护费用、促进区域发展方式转变程度等指标是通过查阅相关统计资料、分析研究获得；居民水保意识提高程度、美景度以调查问卷的方式获得。

样地布设：研究共布设 4 块 20m×30m 样地，根据百色水利枢纽（枢纽区）水土保持防治范围中标识分别为右岸辉绿岩青料场、闽黄施工营地Ⅰ区、左 1 号弃渣场、1 号施工生活营地，取每块样地四角和对角线交点作为测试点，同时取距样地 40m 以上的空地作为对照，在 8：00、12：00 和 16：00 调查降噪、负氧离子浓度、降温增湿、SO_2 吸收量等指标。

（1）降噪。采用噪声仪连续监测对照点和测试点噪声 5min 后噪声减少率。

$$V = (V_d - V_c)/V_d \qquad (4.23-1)$$

式中：V_d 为对照点噪声值；V_c 为测试点噪声值。

经过测试，降噪率测试值为 13.6%，见表 4.23-5。

表 4.23-5　　　百色水利枢纽工程水土保持效果评价降噪率测试统计总表

测 试 区	降噪率/%	测 试 区	降噪率/%
右岸辉绿岩青料场	17.3	1 号施工生活营地	12.5
闽黄施工营地Ⅰ区	10.4	平均值	13.6
左 1 号弃渣场	14.2		

（2）降温增湿。采用移动气象站连续监测对照点和测试点温度、湿度 5min 后取平均值得到测试点的温度 T_c、湿度 H_c 和对照点的温度 T_d、湿度 H_d，取 3 个时间点测试值的平均值作为评价指标。

$$\Delta T = T_d - T_c \qquad (4.23-2)$$

$$\Omega = \frac{H_c - H_d}{H_c} \qquad (4.23-3)$$

式中：Ω 为测试点的增湿率。

经过测试，增湿率平均值为 11.425%，降温平均值为 2.65℃，见表 4.23-6。

表 4.23-6　　　百色水利枢纽水土保持效果评价降温、增湿率测试统计总表

测 试 区	降温/℃	增湿率/%	测 试 区	降温/℃	增湿率/%
右岸辉绿岩青料场	3.5	13.4	1 号施工生活营地	2.1	9.7
闽黄施工营地Ⅰ区	2	10.1	平均值	2.65	11.425
左 1 号弃渣场	3	12.5			

（3）SO_2 吸收量。在测试点上分别采集乔、灌木树叶，送到实验室，按照《森林植物与森林枯枝落叶层全硅、铁、铝、钙、镁、钾、钠、磷、硫、锰、铜、锌的测定》（LY/T

1270—1999）测定叶片含硫量，计算叶片单位面积含硫量。经过测试，SO_2 吸收量测试值为落叶乔木值 $0.357 g/m^2$，常绿乔木 $0.260 g/m^2$，灌木 $0.223 g/m^2$，见表 4.23-7。

表 4.23-7　　　　百色水利枢纽工程水土保持效果评价 SO_2 吸收量测试统计总表

测试区	树种类型	含硫量/(g/m^2)	测试区	树种类型	含硫量/(g/m^2)
右岸辉绿岩青料场	落叶乔木	0.382	1号施工生活营地	落叶乔木	0.384
	常绿乔木	0.276		常绿乔木	0.305
	灌木	0.224		灌木	0.227
闽黄施工营地Ⅰ区	落叶乔木	0.322	平均值	落叶乔木	0.357
	常绿乔木	0.248		常绿乔木	0.260
	灌木	0.231		灌木	0.223
左1号弃渣场	落叶乔木	0.338			
	常绿乔木	0.209			
	灌木	0.208			

（4）负氧离子浓度。根据资料调查显示通过植被恢复、园林式绿化、养护管理等植物措施的实施，项目区内林草植被覆盖情况得以大幅度改善，植物在光合作用时释放负氧离子，使周边环境中的负氧离子浓度达到约 1500 个/cm^3。

（5）观赏树种季相多样性。参考《广西植物志（第二卷）》统计各造林树种分别属于春景植物、夏景植物、秋景植物和冬景植物的数量，用 Simpson 多样性指数计算观赏植物季相多样性。

$$\lambda = 1 - \sum p_i^2 \tag{4.23-4}$$

式中：p_i 为各类树种总量占造林树种总量之比。

百色水利枢纽工程造林树种近 35 种，为了简化计算工程量，研究观赏树种季相多样性指数计算选择主要代表树种进行。经计算观赏植物季相多样性 λ 为 0.60。

（6）乡土树种比例。根据枢纽管理中心人员提供资料所用植物均为乡土树种，因此乡土树种比例为 1.00。

（7）常绿、落叶树种比例。所有造林树种中常绿树种数量与落叶树种数量之比。经计算常绿、落叶树种比例为 2∶7。

（8）斑块多度密度指数（PRD）。斑块多度密度指数（PRD）是指单位面积上的斑块个数，反映景观的破碎化程度，同时也反映景观空间异质性程度。其表达式为

$$PRD = m/A \tag{4.23-5}$$

式中：m 为斑块总数量，个；A 为总面积，hm^2。

PRD 值越大，则破碎化程度越高，空间异质性程度越大。

百色水利枢纽工程风景林主要分布于工程占压区的坝址公园内，因此，研究以坝后公园景观分布来统计斑块多度密度指数。经计算 $PRD = 0.40$，说明坝后公园景观破碎化程度适中，空间异质性程度适中，景观布局较为合理。

（9）美景度。采取在百色水利枢纽工作中心现场向日常工作人员调查的方法，将美景度最高赋值为 10，由日常工作人员为百色水利枢纽植被建设美景度打分，工作人员

30 人，其中打分在 9～10 分的有 20 人，7～8 分的有 7 人，6 分的有 3 人。经过平均计算，美景度最终得分 8.57。

（10）促进区域发展方式转变程度、居民水保意识提高程度。百色水利枢纽（枢纽区），位于百色市右江区阳圩镇。根据百色水利枢纽工程（枢纽区）水土保持设施验收技术评估报告中的抽样民意调查资料显示，所调查的对象主要是农民，被调查者中老年人 6 人、中年人 40 人、青年人 20 人。其中男性 38 人，女性 28 人。调查结果显示：被调查者 66 人中，除部分人对弃土弃渣管理和土地恢复情况不了解"说不清"外，80.3％的人认为工程的林草植被建设做得好，有 78.8％的人认为工程的水土保持设施对当地的生态环境产生良好的影响，有 81.8％的人认为工程的建设带动了当地经济的发展，给当地群体带来了经济实惠。有 69.7％的人认为工程建设过程中采取了有效拦挡，有 80.3％的人认为工程建成后对所扰动的土地恢复较好。总的来说，被访问者对植被建设工程评价较高。被调查者多数以质朴的语言肯定了广西右江水利开发有限责任公司在水土保持工作方面的企业形象。比较一致的看法是工程的建设对当地经济有带动和拉动作用，对当地老百姓的经济收入增加有好处。

（11）林木管护费用。根据网络资料调查，林木养护管理补助标准约为 9.75 元/(m^2·a)。

（12）水土保持功能指标，包括水土流失总治理度、林草覆盖率、涵养水源、保持土壤和拦渣率，该指标采取查询水土保持竣工验收资料和现场复核的方法获得。

1）水土流失总治理度。百色水利枢纽工程水土流失治理达标面积为 140.77hm²，项目区水土流失面积 152.96hm²，水土流失总治理度为 92.0％；绿化面积为 140.77hm²，林草覆盖率为 31.89％。

2）涵养水源。植被水源涵养总量的确定，使用较多的为水量平衡法，原理为绿地年平均降水量等于年涵养水源总量和绿地年平均蒸发量之和，研究采用水量平衡法测算绿地涵养水源的物质量，根据我国对森林蒸散量的研究，全国平均蒸散量为 56％，假设百色水利枢纽绿化区域的降水 65％通过蒸散消耗掉，据统计资料，百色水利枢纽工程项目区年平均降水量 1070.6mm，百色水利枢纽工程绿化面积 140.77hm²，则一年中植被截留的水量为 1070.6mm×35％×140.77hm²×11＝580227.1937m³，自水土保持工程竣工至今绿化工程涵养水源量为 58.02 万 m³。

3）保持土壤。研究估算水土保持措施保持土壤功能效益采取前后对比法，对工程建设前后的土壤侵蚀模数进行对比分析，即保持土壤量＝（工程建设前土壤侵蚀模数－治理后土壤侵蚀模数）×项目区面积×评估年数，根据监测资料，项目区处于山地丘陵区，工程建设前项目区土地利用现状主要以林地、园地和荒草地为主，平均土壤侵蚀模数为 878t/(km^2·a)。据监测总结报告，经过完善各施工区水土保持措施及自然恢复，枢纽工程建设区（不含水库淹没区和移民安置区）平均土壤侵蚀模数低于 500 t/(km^2·a)；因此百色水利枢纽工程水土保持工程保持土壤量：(878－500)t/(km^2·a)×441.49hm²÷100×16a＝2.67 万 t。

4）拦渣率。根据百色水利枢纽工程（枢纽区）水土保持设施验收技术评估报告，拦渣率为 96.8％。

3. 确定评价标准值

部分指标以其能达到的最大值或自身最优值（期）作为标准，如造林树种多样性、观赏植物季相多样性、斑块多度密度、美景度。通过调查问卷所得指标均以该指标的最高程度作为标准，如促进区域发展方式转变程度、居民水保意识提高程度。

4. 评价结果与分析

采用建立起来的评价体系，对百色水利枢纽工程水土保持工程实施效果进行评价（表4.23-8）。由评价结果可以看出，评价总分为 79.61 分，总体上处于良好水平。

表 4.23-8　　　　　　　　百色水利枢纽工程水土保持效果评价结果

目标层	标准层	标准层权重	总权重	调查值	标准值	得分	权重得分
百色水利枢纽工程水土保持效果	水土流失总治理度	0.2081	0.0844	92%	95%	96.84	8.17
	拦渣率	0.1595	0.0686	96.6%	95%	100.00	6.86
	林草覆盖率	0.2600	0.1146	31.89%	25%	100.00	11.46
	涵养水源	0.1764	0.0786	52.9	100	52.90	4.16
	保持土壤	0.1960	0.0732	0.02	1	2.00	0.15
	观赏植物季相多样性	0.1886	0.0449	0.6	1	60.00	2.69
	美景度	0.3256	0.0844	4.28	5	85.67	7.23
	常绿、落叶树种比例	0.1755	0.0481	2/7	3/7	70.00	3.37
	斑块多度密度	0.3103	0.0800	0.85	1	85.00	6.80
	负氧离子浓度	0.2367	0.0404	1500	1000	100.00	4.04
	降噪	0.1401	0.0213	13.60%	13.26%	100.00	2.13
	降温	0.2728	0.0431	2.65	3	88.33	3.80
	增湿			11.43%	13%	87.88	0.00
	乡土树种比例	0.1120	0.0303	1.00	0.70	100.00	3.03
	SO₂ 吸收量	0.2384	0.0297			88.91	2.64
	落叶乔木			0.357	0.445	80.11	0.00
	常绿乔木			0.260	0.263	98.67	0.00
	灌木			0.223	0.253	87.94	0.00
	促进区域发展方式转变程度	0.3811	0.0714	80	100	80.00	5.71
	居民水保意识提高程度	0.3576	0.0663	80	100	80.00	5.30
	林木管护费用	0.2613	0.0207	9.75	9	100.00	2.07
综合得分			良好				79.61

表 4.23-8 中部分水土保持功能指标略高于水土保持设施竣工验收时的监测值，主要是植物措施全面实施后，充分发挥了相应的水土保持功能。表中除涵养水源（52.90）、保持土壤（2.00）标准指标外，其他指标均达到了良好水准。涵养水源得分较低原因主要是区域降水量较多，而工程整体绿化面积比例与标准比例相差较大，其指标值会有所偏差；保持土壤得分较低，原因主要是施工期间土壤侵蚀模数变化幅度较小，说明施工期间临时防护措施较好。

四、结论及建议

（一）结论

百色水利枢纽工程按照我国有关水土保持法律法规的相关要求，开展了卓有成效的水土保持工作，对防治责任范围内的水土流失进行了全面系统的治理，基本达到了施工期间控制水土流失、施工后期改善环境和生态的目的，营造了优美的坝区环境，较好地完成了项目的水土保持工作。工程运行以来，各项防治措施的运行效果良好，弃渣得到了及时有效的防护，施工区植被得到了较好的恢复，水土流失得到了有效的控制，生态环境得到了明显的改善。2021年9月27日，工程荣获"第十八届中国土木工程詹天佑奖"，对今后工程建设具有较强的借鉴作用。

（二）主要经验教训

1. 宏观规划设计和功能分区的重要性

百色水利枢纽工程的水土保持效果，充分体现了宏观规划设计和功能分区的重要性，也就是各个水土保持分区后期功能定位的重要性，水库工程水土保持植被建设工程，特别是永久占地区的植被建设工程要提高标准，并根据功能分区，种植水土保持林和风景林，同时要充分考虑季相树种，乡土树种和常绿与落叶树种比例的配置。

2. 对工程管理区内未扰动土地采取合理的水土保持措施

在工程管理区用地范围内，以百色水利枢纽工程大坝左右坝肩以上的山坡、东山等为主的工程未扰动区域，地形多为山地丘陵，占地类型为疏林地，为了减少该区域的水土流失，建设单位对此类未扰动区域进行了造林绿化，绿化整地方式为水平阶整地，绿化苗木以乡土树种为主，适当的点缀彩叶植物。此项措施，增加了该区域涵养水源和减少水土流失功能。同时，也提高了项目区的林草覆盖率和景观效果，值得借鉴推广。

3. 引进先进的管理思想，并落实于相应的管理制度和管理组织当中

百色水利枢纽结合工程项目建设的具体特点，实现项目程序化、标准化、规范化和科学化管理。明确管理职责，规范协调流程。

在工程建设中，注重制度创新，坚持"以人为本"，引入先进的管理体系，严格按照《环境保护和水土保持管理办法》《绿色防护工程实施办法》和《工程质量管理办法》规范管理，在保证工程安全同时，兼顾项目区环境安全、群众生产生活安全。水土保持工程项目与主体工程建设实现了"三同时"。积极引进水土保持专业监测队伍对工程建设过程进行监测，认真对待水土保持监测单位提出的监测结果和整改意见。同时与地方水土保持行政管理部门加强联系，主动接受管理部门的监督检查。

4. 项目建设要采用先进的施工工艺和方法

百色水利枢纽水土保持工程，引进了国际先进的植物喷浆绿化技术，建设高强度的钢筋石笼防护工程、高边坡帷幕灌浆护坡、钢钎挂网护坡等，另外工程施工面大、工期长，在施工布局和方法上，采用了高密集地下洞群系统，大大减少了建筑物和施工对地表的影响区域和影响时间，极大地减轻了工程建设可能造成的水土流失。施工中全部采用现代化机械设备，大量使用了PC400/PC2000反铲挖掘机，大型液压机，CATD7R推土机，D7R推土机，WA600装载机，15t、30t、45t自卸汽车远距离运渣，使工程的开挖、掘进、装载、运输效率得以提高，大大缩短了施工扰动面积和扰动时间，使裸露的地表得到快速的平整、清理和覆盖，避免了施工期大量的水土流失，因此现代化的工程施工是百色水利枢纽工程减少和控制水土流失的有效方法。

百色水利枢纽工程采用先进的施工工艺和方法，有效地减少了工程建设期间的水土流失，值得借鉴推广。

（三）建议

1.应重视水土保持方案编制和水土保持设计工作

大型水利枢纽工程建设规模大，扰动土地面积大，必须重视水土保持方案编制和水土保持设计工作，对施工过程中可能造成的水土流失区域及其危害进行预测，并采取针对性的防治措施。

2.应对项目区内表土资源进行综合利用

根据收集到的资料，工程建设过程中未对项目扰动土地面积内的表土进行规划，表土作为重要的资源，应规划剥离并集中堆放，剥离的表土可以作为后期绿化用土。此项措施，可以为坝区绿化美化提供条件，也可以避免因取土造成新的土地扰动和水土流失。在今后编制相关水土保持方案时，应重视表土资源的剥离、保护利用，在水土保持方案报告书中进行相关内容的编制，并大力推广重视。

3.应重视水土保持监测工作

项目没有开展水土保持监测工作，不能掌握施工过程造成的水土流失情况及其危害，在今后工程建设时应及时开展水土保持监测工作，掌握工程建设过程中的水土流失变化情况，采取有针对性的补救措施，防止水土流失危害进一步发展。

4.水土流失防治应与文明施工相结合

在类似的其他工程施工中，经常出现随意乱倒弃渣、乱挖乱填现象，造成的水土流失对周边环境破坏很大。在今后工程施工时，应采用合同手段对承包商的施工行为加以控制，保证文明、规范施工，控制施工过程的水土流失。

5.水土保持工程应与绿化美化相结合

项目把水土流失治理和改善生态环境相结合，不仅有效防治了水土流失，而且营造了坝区优美的环境，采用的水土保持工程防护标准是比较合适的，值得其他工程借鉴。很多工程提出的防护标准比较低，难以达到根治水土流失、改善环境的目的，也经常引起水土保持投资的大幅变化。在今后工程设计阶段，应提高水土保持工程防护标准，将水土保持工程与坝区生态环境的改善、社会主义新农村和谐建设相结合，创造现代工程和自然和谐相处的环境。

6.加大水库上游水土保持生态林建设力度

由于独特的地质条件，库区水土流失比较严重，增加了水库运行压力。水库上游水土保持生态林的建设对减少水土流失、入库泥沙起到了非常明显的作用，但仍应建立有效的监督管理机制，继续加大水库上游水土保持生态林建设力度，减少入库泥沙，增加水库寿命。

7.开展旅游和水土保持相互促进、相互哺育的治理模式

百色水利枢纽在投入运营后，枢纽管理中心对已建成的水土保持设施进行实时监管，对存在设计缺陷的水土保持进行完善，设计了多处景观绿化，使得项目区更有视觉美感，

景观效果更加完美。可以考虑与地区旅游规划相联系，在开放旅游后从发电和旅游的利润中规划部分资金投入百色水利枢纽工程项目区的水土保持和绿化美化工程中，同时持续有效的水土保持措施也会使得百色水利枢纽越来越美，优美的生态环境又可以促进旅游发展，形成良性的、可持续的发展模式。

案例 24　武都引水灌区一期工程

一、项目及项目区概况

（一）项目概况

武都引水工程是四川省"西水东调"总体规划中的一项"以农业灌溉为主，兼顾发电、防洪、旅游、城乡供水等综合利用"的大型骨干水利工程，被国务院列入《九十年代中国农业发展纲要》，曾被赞誉为"第二都江堰"。

武都引水工程分两期建设，其中武都引水第一期工程（以下简称"武引一期工程"）建设涪梓灌区，主要包括取水枢纽、总干渠（长 37.56km）、石龙咀电站（装机容量17.6MW）、沉抗水库、涪梓干渠（长 68.11km）及其灌区渠系工程。灌区范围包括绵阳市的江油市、游仙区、梓潼县、三台县、盐亭县和遂宁市的射洪县，灌溉农田 126.98 万亩。武引一期工程于 1988 年复工建设，至 2000 年年底基本建成，2001 年通过国家验收，完成投资 20 亿元。

1988 年 4 月，四川省水电厅组建"四川省水利电力厅武都引水工程建设局"；同年9 月，组建"绵阳市武都引水工程管理局"，具体实施工程建设和管理职能。1994 年武都引水工程建设局和管理局实施两块牌子一套班子，作为武都引水工程项目建设的业主单位和建成后的管理单位。

（二）项目区概况

工程区位于四川盆地西北边缘，北有秦岭山脉为屏障，西北寒流不易侵入，气候温和，多年平均气温 16.3℃，极端最高气温 37℃，极端最低气温−7.3℃。多年平均年日照时数 1298.1h，年无霜期 276d，实测最大风速 16.3m/s，多年平均年降水量 968.3mm，多年平均年蒸发量 1098.1mm，降水年内分布极为不均，7—9 月占全年降水量的 62.2%，而农业用水量较大的 4—6 月降水量只有 266mm，仅占全年降水量的 27.5%。

工程区地势自西北向东南倾斜，涪江、潼江、西河将整个灌区分割为两个狭长地带，按相对高差大体可分为深丘、浅丘两大部分。工程区沿渠线主要出露中生界三叠系、侏罗系和白垩系下统以及新生界第四系松散地层。该区大地构造属于绵阳环状构造，主要构造形迹为一系列背斜、向斜及鼻状构造，除褶皱外无大的断裂，区域地质构造简单，地震基本烈度为 Ⅳ 度，区域稳定性好。

该区地貌形态属浅切割低山—丘陵区，具构造剥蚀和侵蚀堆积地貌景观，多为不规则条形山脊、圆顶山包和侵蚀洼地相间的地貌形态。

灌区内成土母质主要为侏罗系、白垩系砂岩、泥岩风化形成的坡残积母质，其次为第四纪冲积母质。在地形、气候、水文、植被及人类活动的共同作用下，形成了各种土壤类型。灌区土壤共有 15 个土类，水稻土、潮土、冲积土、紫色土、黑色石灰岩土和黄壤

6 个土类适宜发展农业和林业，灌区内水稻土分布最广，是发展种植业的基础。土壤 pH 值多为 5.5～7.5，呈微酸性—中性—微碱性，有机质含量为 0.8%～1.5%，养分含量比较全面，适宜多种农作物生长。土层厚度随所处位置而异，一般山坡、岭脊较薄，河谷洼地较厚。

灌区自然植被的地理分区属四川省亚热带常绿阔叶林区，四川盆地及川西南山地常绿阔叶林带，由于人类活动的影响，目前天然林已基本不存在。森林植被多为 20 世纪 70 年代以后人工栽培形成，林草覆盖率为 40% 左右。干渠沿线栽培植物及农田杂草较为丰富，栽培植物主要体现在十字花科、芸香科、蔷薇科、茄科与禾本科的常见农作物，包括水稻、小麦、玉米、油菜及多种瓜果蔬菜；农田杂草主要为毛茛科、十字花科、禾本科与莎草科等常见类型。

工程区水土流失类型主要为水力侵蚀。根据水利部办公厅关于印发《全国水土保持规划国家级水土流失重点预防区和重点治理区复核划分成果》的通知（办水保〔2013〕188 号）和四川省水利厅关于印发《四川省省级水土流失重点预防区和重点治理区复核划分成果》的通知（川水函〔2017〕482 号），工程涉及嘉陵江及沱江中下游国家级水土流失重点治理区和嘉陵江下游省级水土流失重点治理区。按照《土壤侵蚀分类分级标准》（SL 190—2007）中关于全国土壤侵蚀类型区的划分，该区属西南土石山区，容许土壤流失量 500t/(km² · a)。

二、水土保持目标、实施过程及效果

（一）水土保持目标

从水土保持发展历程来看，1991 年颁布实施《中华人民共和国水土保持法》（1991 年主席令第 49 号），1993 年发布《中华人民共和国水土保持法实施条例》（国务院令 120 号），1995 年发布《开发建设项目水土保持方案编报审批管理规定》（水利部令第 5 号），1998 年发布实施《开发建设项目水土保持方案技术规范》（SL 204—98）。武都引水工程经历了"三上两下"，20 世纪 50 年代规划设计，1958 年开工，1960 年因压缩基建而停工，1978 年复工，1980 年因国民经济调整而再次停工，武都引水一期工程于 1988 年再度复工建设，至 2000 年全面建成。由于历史原因，当时国家经济条件较差、工程建设条件艰难，水土保持相关法律法规尚不健全，导致工程建设过程中主要关注主体工程，对水土保持工作重视不够，在工程建设过程中未提出明确的水土保持目标。

（二）水土保持方案编制

1995 年水利部发布《开发建设项目水土保持方案编报审批管理规定》（水利部令第 5 号）规定："凡从事有可能造成水土流失的开发建设单位和个人，必须在项目可行性研究阶段编报水土保持方案"当时，工程已开工建设数年，按照新项目新办法、老项目老办法的思路，未编报水土保持方案报告。

（三）水土保持措施设计、实施过程及效果

受限于经济社会发展水平，当年建设武都引水一期工程时对水土保持工作要求不高，相关的法律、法规也不健全，规范、标准也尚未颁布，致使在工程设计中有关水土保持工程设计深度不够、数量不足。通过现场踏勘、问询工程参与人员、查阅现有资料，在项目设计、实施、运行过程中，涉及水土保持的项目主要包括如下内容：

（1）施工道路首先利用已有道路扩宽路基、整修路面，以满足机械化施工要求；没有道路基础的区段，根据施工需要新建施工道路，施工结束后予以保留，满足当地居民出行及后期管理需要，部分管护道路内侧设置了截（排）水沟，具有良好的水土保持效益，属于水土保持措施。

（2）施工工区按照"相对集中、利于生产"的原则沿渠线分段、集中布设，部分施工工区在施工结束后改造利用为管理站，减少了工程建设新增用地。

（3）设计及工程实施过程中，一般在隧洞进出口设置渣场集中堆放弃渣；明渠段弃渣一般沿渠线外堤就近堆放于荒坡、荒沟和地势低洼处。依据现有资料及现场踏勘结果，仅少部分容量较大渣场设置了挡护措施，其余弃渣堆放时未设置渣场拦挡及排水等设施。

（4）通过回访当年参与工程建设的人员，当年在开挖施工时根据主体工程需要，设置了部分截（排）水设施，起到了保持水土的效果，属于水土保持措施。

（5）随着国家经济的快速发展，人民群众对环境要求越来越高，武都引水一期工程近年来对囤蓄沉抗水库管理范围进行了绿化、景观升级改造，以改善环境、满足群众要求，进一步减少了水土流失。

（6）在取水枢纽管理站、石龙咀电站厂区按照景观等级标准，采用栽植乔木、灌木、植草的方式进行绿化，固土保水效果显著。

（7）工程区天然及人工绿化。武都引水一期工程地处四川省亚热带常绿阔叶林区、四川盆地及川西南山地常绿阔叶林带，本身植物资源丰富加之项目区雨热情况适宜植被生长。大多数乡土乔灌草种子从母株处随风传播，至裸露扰动地表生长；同时附近居民自发栽植乔木、灌木。目前，工程建设扰动的裸露地表已完全被植物覆盖，基本无新增水土流失，土壤侵蚀强度可达微度，水土保持效果良好。

通过查阅资料，当年建设时开挖、回填坡面未采取植物措施，大部分弃渣场布置在低凹的洼地，为填凹型渣场，弃渣堆放后基本与周边地势齐平，施工时未采取拦挡措施、截（排）水措施，根据现有资料可推断出当年在建设过程中，在渠线开挖面、回填坡面、弃渣场等部位应该存在着不同程度的水土流失。

根据现场调查，在工程建设后期及运行期间，经天然及人工绿化，工程建设开挖坡面、回填坡面、渣场坡面目前已基本被乔木、灌木、草种覆盖，渣场顶面依据土地适宜性及周边环境，已由当地居民复垦为耕地或林地。自武都引水一期工程建成投入运行以来，实施的渣场拦挡措施、截（排）水措施、绿化措施、复耕措施较好地发挥了水土保持功能，减少了水土流失。工程水土保持措施防治效果见图 4.24-1。

三、水土保持后评价

（一）目标评价

根据现场实地调查，武都引水一期工程运行以来，已实施的各项水土保持措施防护效果得到体现，结合项目区植被自然恢复的情况下，现阶段水土流失基本得到控制，项目建设区可恢复植被区域植被恢复良好，水土保持功能得到体现，项目区无明显水土流失现象发生。

（a）取水枢纽边坡

（b）取水枢纽管理站绿化

（c）石龙咀电站厂区边坡绿化及排水沟

（d）总干渠堤后渣场

（e）堤后施工工区

（f）涪梓干渠两岸植被

（g）沉抗水库大坝下游边坡及坝后绿化

（h）沉抗水库上坝公路边坡绿化

图 4.24-1　工程水土保持措施防治效果（照片由杨永恒提供）

受限于经济社会发展水平，当年建设武都引水一期工程时，水土保持相关的法律、法规还不健全，规范、标准也尚未颁布，工程施工过程中未进行水土保持监测及监理，也未提出水土保持防治目标。工程涉及国家级和省级水土流失重点治理区。依据《生产建设项目水土流失防治标准》（GB/T 50434—2018），综合考虑工程所处地理位置、水系、河道和水资源，按现有标准要求，项目总体上应执行西南紫色土区水土流失防治一级标准。具体指标及现状达标情况见表 4.24-1。

表 4.24-1　　武都引水一期工程水土流失防治目标值及现状达标情况

防治指标	一级标准防治目标	项目区目前达到指标	结果
水土流失治理度	97%	—	—
土壤流失控制比	0.85	≥1	达标
渣土防护率	92%	—	—
表土保护率	92%	—	—
林草植被恢复率	97%	99%	达标
林草覆盖率	23%	≥35%	达标

注　武都引水一期工程施工中未编制水土保持方案，加之建设年限已久，收集工程施工数据困难，因此以上 6 项指标均以工程现状进行估算（渣土防护率因工程大部分弃渣场未设置拦挡措施，水土流失主要发生在工程建设期，当年未监测水土流失量，无法估算；未查到施工时关于表土保护的相关设计、施工内容，表土保护率无法计算）。

可见，依据现状情况，武都引水一期工程可测算的指标均满足现行的西南紫色土区水土流失防治一级标准。

（二）过程评价

通过调阅现有资料，未发现当年施工过程中对水土保持工作的专门记载。通过询问当年业主方管理人员，当年施工过程中未设立专门的水土保持机构，涉及的水土保持工作包含在主体工程中一并实施。

（三）效果评价

1. 植被恢复效果

沉抗水库是武都引水一期工程的一个囤蓄水库，目前水库周边已打造成为仙海水利风景区，成为绵阳市周边一个重要旅游景点。沉抗水库作为一个点型项目，结合旅游景区景观提升需要，在大坝下游坡面种植草皮，在大坝下游及库周栽植黄桷树、大叶女贞、悬铃木、广玉兰、桤木、天竺桂、红花檵木、小叶女贞、黄杨球、金边吊兰、麦冬、马尼拉草等当地适生的乡土树种和具有一定景观效果的园林树种和草种。景区周边植被生长状况良好，项目区域内的植物多样性和郁闭度等得到了良好的恢复和提升。

从渠系工程来看，工程建设开挖、回填坡面、料场开挖坡面、弃渣场、施工生产生活区、施工道路等的绿化人为因素较少，更多的是借助风力、动物等因素的天然绿化恢复。经过近 20 年的运行，渠系工程项目区植被恢复情况良好，因建设扰动破坏而裸露的地表基本被植被覆盖，与周边未受扰动区域基本融为一体，植物多样性及郁闭度等指标得到了良好的恢复。根据现场踏勘情况，自然恢复的植被主要为灌木及草本植物，以刺槐、夹竹桃、各式蒿类、牛筋草、白茅、麦冬及狗牙根等乡土植物为主，总干渠渠首段也有人工种植的成排水杉，长势良好。

武都引水一期工程植被恢复效果评价指标见表4.24-2。

表4.24-2 武都引水一期工程植被恢复效果评价指标

评价内容	评价指标	囤蓄水库点型工程区	渠系线型工程区
植被恢复效果	林草覆盖率	75%（不含水库水面）	35%
	植物多样性指数	0.55	0.35
	乡土树种比例	0.60	0.90
	单位面积枯枝落叶层	1.8cm	1.4cm
	郁闭度	0.65	0.42

2. 水土保持效果

因历史原因，武都引水一期工程未开展水土保持方案编制、水土保持监测及监理等工作，无法统计工程施工期间土壤侵蚀模数、土壤侵蚀量等数据；运行期间经过植被恢复及土地复耕，截至2023年年底，项目区土壤侵蚀强度可达微度，即土壤侵蚀模数小于等于500t/(km^2·a)，达到西南土石山区容许土壤流失量的要求，使得项目建设区的原有水土流失基本得到治理，达到了固土保水的目的。经调查，武都引水一期工程囤蓄水库点型工程区表土层厚度30～80cm，渠系线型工程区表土层平均厚度达30cm左右；复耕区域表土层厚度50～100cm。工程迹地恢复植被以当地乡土和适生树（草）种为主。经过植物自然演替，工程建设导致的裸露面基本被植被覆盖，水土流失轻微，小气候得到了明显改善，项目区内的植物多样性和土壤有机质含量也得到了不同程度的改善和提升。经试验分析，植被覆盖区域土壤有机质含量约1.9%；复耕区域土壤有机质含量约2.6%。

武都引水一期工程水土保持效果评价指标见表4.24-3。

表4.24-3 武都引水一期工程水土保持效果评价指标

评价内容	评价指标	植被覆盖区域		复耕区域
		囤蓄水库点型工程区	渠系线型工程区	
水土保持效果	表土层厚度	30～80cm	30cm	50～100cm
	土壤有机质含量	1.9%		2.6%
	地表硬化率	20%	45%	
	不同侵蚀强度面积比例	10%	15%	95%

3. 景观提升效果

武都引水一期工程景观提升效果主要体现在沉抗水库点型工程区内。该区域已被打造成绵阳市附近重要的仙海水利风景区。区域内结合风景区建设，采取了一系列园林景观绿化措施，包括：大坝下游边坡采取草皮护坡；库周及大坝下游区域采取乔灌草相结合的综合立体绿化方式，苗木种类选取具有较强景观效果的黄桷树、大叶女贞、悬铃木、广玉兰、天竺桂、红花檵木、小叶女贞、黄杨球、金边吊兰等，常绿树种与落叶树种混合选用种植（约8∶2）；同时根据树种季相变化的特性，各种植物的枝、叶、花、果、色彩、姿态等的不同观赏性状进行植物的群落搭配和点缀，使区域内一年四季均有景色可欣赏，以提高项目区域的可观赏性效果。从目前情况来看，沉抗水库周边景色秀丽，满足了景观、游憩、水土保持和生态保护等多种功能要求，达到了《水利水电工程水土保持技术规范》（SL 575—2012）要求的水库等点型工程永久占地区植被恢复与建设一级标准。

武都引水一期工程沉抗水库景观提升效果评价指标见表 4.24 - 4。

表 4.24 - 4　　　武都引水一期工程沉抗水库景观提升效果评价指标

评价内容	评价指标	结果
景观提升效果	美景度	8.5
	常绿、落叶树种比例	90%
	观赏植物季相多样性	0.6

灌区渠系沿线以自然恢复绿化为主，绿化乔木及灌草种类与附近周边现有植被种类较为一致，乔木、灌木零星点缀，杂乱无章，郁闭度差别较大；草本植物稀疏不一，覆盖度差别大。自然绿化景观效果差，不能满足人民群众对美好景观的需求。

4. 环境改善效果

植物是天然的空调，对绿地周边的小气候有较大的影响，可以有效减少项目建设及新增硬化地面带来的影响，调节气温，降低温度变化幅度。植物也是湿度的调节器，可以增加空气湿度，创造比较凉爽、舒适的气候环境。植物也是天然的清道夫，可以有效清除空气中的 NO_x、SO_2、甲醛、漂浮微粒及烟尘等有害物质。通过植被恢复绿化、养护管理等植物措施的实施，项目区内林草植被覆盖情况相比施工时得以大幅度改善，植物在光合作用时释放负氧离子，使得项目区内及周边居民的生活环境得以改善。

武都引水一期工程环境改善效果评价指标见表 4.24 - 5。

表 4.24 - 5　　　武都引水一期工程环境改善效果评价指标

评价内容	评价指标	数　值	
		囤蓄水库点型工程区	渠系线型工程区
环境改善效果	负氧离子浓度	65000 个/cm^3	8000 个/cm^3
	SO_2 吸收量	0.3g/m^2	0.2g/m^2

5. 安全防护效果

通过现场实地调查及查阅相关资料，武都引水一期工程在施工过程中，在隧洞进出口设置渣场集中堆放弃渣，明渠段弃渣沿渠线外堤就近堆放于荒坡、荒沟和地势低洼处。除了少部分堆渣量较大的渣场设置了挡护措施，大部分弃渣堆放前并未设置渣场拦挡及排水等设施，同时也未专门对渣场坡面、顶面采取工程或者植物措施。因此根据经验可推断出，武都引水一期工程因施工产生的弃渣在未采取挡护、截（排）水等工程措施、植被恢复措施情况下，水土流失应比较严重；随着运行期周边植被的迁移、演替及周边居民的农业改造，弃渣场水土流失情况逐年减少，最终水土流失强度为微度。经过调查，武都引水一期工程已实施的弃渣场挡护措施整体较为完好。各弃渣场虽然在早期发生过较为严重的水土流失情况，但未发生较大的水土流失纠纷及危害事故。目前各渣场植被恢复较好或被农业生产综合利用。

武都引水一期工程安全防护效果评价指标见表 4.24－6。

表 4.24－6　　　　武都引水一期工程安全防护效果评价指标一览表

评价内容	评价指标	结果	备　注
安全防护效果	拦渣设施完好率	85%	因历史原因，大部分弃渣场未实施拦挡、截（排）水及恢复措施，弃渣堆放过程中水土流失情况应经历了强—中—低—微的过程，经现场调查，弃渣场运行情况比较稳定
	渣（料）场安全稳定运行情况	稳定	

6. 社会经济效果

武都引水一期工程建成后，在工农业供水、发电、旅游等方面发挥了显著经济效益和社会效益。

在农业供水方面，武都引水一期工程惠及江油、游仙、梓潼、三台、盐亭及遂宁市的射洪县 6 个县（市、区）127 万亩灌溉面积。工程投入运行以来，为灌区近 100 个镇乡、900 多个行政村提供农业生产及人畜用水逾 500 亿 m^3，实现农业增加值达 30 亿元，累计增加国内生产总值 54 亿元，累计增加农民纯收入 14 亿元。武都引水一期工程的建设完成，水资源供给得到保证，使得水稻制种、优质水稻大面积推广种植、水产品养殖、水果种植和小家禽饲养等成为可能，改变了当地农业生产结构单一、产量低、农民收入低的状况，部分农户摘掉了贫困帽子。中国国际工程咨询有限公司后评价局专家组采用国际公认标准和评价方法，深入武都引水灌区、相邻非灌区和农户进行各种有无对比和调查研究后，提交的《四川武都引水一期工程项目后评价报告》认为：工程每供 1 m^3 水的农业增加值为 1.50 元，GDP 增加值为 2.70 元，农民纯收入增加 0.70 元；每度电的社会增加值为 2.00 元；工程的年总效益达 4.42 亿元。

在抗旱引水方面，工程灌区是多年的干旱地区，冬、春旱灾频繁发生，人民的生产和生活用水缺乏，阻碍经济的发展；而在夏季的 7—9 月降雨集中，易发生季节性涝灾，造成农业减产和水土流失，农民收入下降，贫困人口增加。工程建成后，库容 0.98 亿 m^3 的沉抗水库，形成宽阔平静的湖面，大大消减了沿岸工农业生产、群众生活所造成的面源有机污染，枯水期水库调节可明显改善中下游河水的水质，保护江河水资源，减轻和防止水污染；同时增加了蓄水量，起到了抗旱防涝的作用。同时，武都引水一期工程的建成，使一些长期受饮水困难影响的地区得到了比较充足的水源，解决了饮用水的问题。

在水力发电方面，装机容量 1.76 万 kW 的石龙咀电站可缓解当地电力供需矛盾和电力系统调峰容量不足的问题，累计发电量 22 亿 kW·h，实现收入 5.1 亿元。

在旅游开发方面，工程建设的沉抗水库，已打造成仙海水利风景区，成为绵阳重要的旅游目的地。

武都引水一期工程尤其是囤蓄沉抗水库打造的仙海水利风景区，使人们感受到水土保持及环境保护带来的舒适度，使人们切身体会到绿水青山就是金山银山，增强了人们水土保持、环境保护的意识，引导其在生产生活过程中自觉科学地采取有效措施进行水土流失防治和环境保护，利用水土保持知识进行科学生产，使当地生态环境向更好的方向发展。

武都引水一期工程社会经济效果评价指标见表 4.24－7。

表 4.24 - 7　　　　　武都引水一期工程社会经济效果评价指标统计表

评价内容	评价指标	结果
社会经济效果	促进经济发展方式转变程度	80
	居民水保意识提高程度	85

7. 水土保持效果综合评价

根据后评价总体评价指标体系，结合调查的结果，各指标实现程度判断标准根据专家打分法进行确定。

武都引水一期工程各指标评价情况见表 4.24 - 8。

表 4.24 - 8　　　　　　　武都引水一期工程各指标评价情况

目标层	指标层	变量层	总体评价（打"√"）				
			好	良好	一般	较差	差
效果评价	植被恢复效果	林草覆盖率	√				
		植物多样性指数		√			
		乡土树种比例		√			
		单位面积枯枝落叶层		√			
		郁闭度		√			
	水土保持效果	表土层厚度			√		
		土壤有机质含量			√		
		地表硬化率	√				
		不同侵蚀强度面积比例		√			
	景观提升效果	美景度		√			
		常绿、落叶树种比例	√				
		观赏植物季相多样性		√			
	环境改善效果	负氧离子浓度		√			
		SO₂ 吸收量			√		
	安全防护效果	拦渣设施完好率			√		
		渣场安全稳定运行情况		√			
	社会经济效果	促进经济发展方式转变程度		√			
		居民水保意识提高程度		√			

经列表分析，武都引水一期工程评价等级为"好""良好""一般"的分别为 3 项、11 项、4 项，经综合评定，工程水土保持后评价等级为良好。

四、结论及建议

（一）结论

武都引水一期工程于 1988 年复工建设，至 2000 年全面建成。在当时条件下，对水土保持工作关注度不足，在设计中重主体、轻水土保持，施工过程中存在随意丢弃开挖料的现象，工程建设期间水土流失较严重。经过 20 余年的运行，在风力、水力、人为等因素共同作用下，加上适合植被生长的雨热气候条件，项目区植被恢复较好，水土流失强度可达轻度至微度，基本无水土流失现象继续发生。

（二）建议

武都引水一期工程作为 20 世纪 90 年代以来第一个完工的大型水利灌区项目，其水土保持工作给灌区工程建设提供了不少可供借鉴的经验和值得避免的教训。

（1）从武都引水一期工程整个建设、运行过程来看，水土流失主要发生在施工期和投入运行初期，建议在今后的水土保持工作中加强事中监管，抓住施工期这个水土流失的主要时间段。

（2）大型水利灌区项目工程渠线长、建设周期久、施工工作面广，水土保持工作应该坚持"三同时"制度，水土保持工作应与主体工程建设同步施工，坚持主体工程施工到哪里，水土保持工作就跟进到哪里，不能在主体工程即将完工时为满足验收要求而补做水土保持措施。

（3）弃渣场集中堆放时必须强调"先拦后弃"，坚持堆放弃渣前在渣脚修建拦挡工程，以避免堆放时弃渣滚落至设计范围之外，造成周边土壤、水体和环境污染。

（4）随着我国进入发展新阶段，人民生活水平不断提高，人民群众热切期盼天更蓝、山更绿、水更清、环境更优美。党中央也把生态文明建设纳入中国特色社会主义事业"五位一体"总体布局。在今后的水利建设中，要践行绿色发展理念，实施生态水利建设，在水土保持设计中，在满足蓄水固土功能需求的前提下，考虑人民群众对美好环境的需求，适度超前地加强水利工程绿化、景观设计。

案例 25　西安市辋川河引水李家河水库工程

一、项目及项目区概况

（一）项目概况

西安市辋川河引水李家河水库工程（以下简称"李家河水库工程"）位于蓝田县境内，是西安市浐河以东地区的骨干水源工程，水库枢纽位于灞河一级支流辋川河中游河段、西安市东南约 68km 的蓝田县玉川乡李家河村上游 0.5km 处。

该工程任务主要以西安市城东区城镇供水为主，兼有防洪、发电功能。工程城镇供水范围包括西安市纺织城组团、洪庆组团、阎良区、蓝田县城及白鹿塬的狄寨、安村、孟村、炮里乡及前卫镇等。

该工程属Ⅲ等中型工程，永久性主要建筑物拦河大坝、泄水建筑物、引水建筑物、生态供水管道和输水渠道按 3 级设计，次要建筑物按 4 级设计，电站厂房及临时建筑物按 5 级设计。大坝枢纽的防洪标准为 50 年一遇洪水设计，500 年一遇洪水校核。输水渠道和电站厂房防洪标准为 30 年一遇洪水设计，50 年一遇洪水校核。

工程由水库枢纽和输水工程两大部分组成。水库枢纽主要由挡水建筑物、泄水与引水建筑物及坝后电站等组成。挡水建筑物为碾压混凝土拱坝，大坝正常蓄水位 880.00m，总库容 5690 万 m^3，调节库容 4400 万 m^3，最大坝高 98.50m，供水设计流量 3.2m^3/s，多年平均年供水量 5600 万 m³。引水洞布置于右岸，隧洞断面为圆形，成洞直径 2.5m；电站装机容量 4800kW，多年平均年发电量 1561.5kW·h；输水渠道工程采用无压自流引水，主要包括总干渠、南支线、北干线三部分，其中，新建总干渠 7.277km，改建干渠 13.286km；新建南支线 19.9km；新建北干线 30.122km。

工程于 2010 年 4 月开工建设，2016 年 6 月完工，总工期 75 个月，总投资 22.78 亿元。

工程建设单位为西安市辋川河引水李家河水库工程建设管理处，运营单位为西安水务集团有限公司。

(二) 项目区概况

李家河水库工程地处渭河盆地东南部秦岭北麓低中山区。区域地势南高北低，海拔高程 900.00～2200.00m。地貌单元分为秦岭山区、丘陵沟壑区、黄土塬区、河谷川道区，以辋峪口为界，辋峪口以南为中低山区、丘陵沟壑区地貌；辋峪口以北为黄土堆积地貌，主要为蓝田盆地和白鹿原黄土塬。供水渠道总干渠李家河坝址至黄土岭段地形总体上是南高北低，地貌单元为秦岭中低山区；供水渠道南北干渠段地形总体呈南高北低，地貌单元为黄土塬。

项目区属暖温带半湿润大陆性季风气候，多年平均气温 13.1℃，多年平均年降水量 724.5mm，多年平均年蒸发量 898mm，多年平均风速 1.5m/s；主要土壤类型为棕壤、褐土、黄土和老黄土；植被类型属暖温带落叶、阔叶林区域，松栎类型；林地基本上是阔叶、针叶混交林；主要栽植的树种为油松、华山松、刺槐、山杨、柳树。经济林有漆树、栗树、核桃、杏树、桃树等；主要草类植物有白茅草、燕麦、白蒿等，林草覆盖率约 70%。

按全国土壤侵蚀类型区划分，项目区属于西北黄土高原区，容许土壤流失量为 1000t/(km²·a)。水土流失类型主要为水力侵蚀，水土流失形式以溅蚀、面蚀和沟蚀为主。根据《全国水土保持规划（2015—2030 年）》及《陕西省水土保持规划（2016—2030 年）》（陕水发〔2016〕35 号），项目区属于陕西省秦岭北麓低山、台塬水土流失重点治理区及秦岭山地水土流失重点预防区。

二、水土保持目标、实施过程及效果

(一) 水土保持目标

工程建设初期，建设单位提出了打造"生态文明工程"的建设目标。通过李家河水库的建设，创新水土保持管理制度和方法，实施库区及管线沿线范围内的环境保护和水土流失治理，达到有效控制因工程建设造成的水土流失，使项目区生态环境得到显著提升。

李家河水库工程为建设类项目，水土流失防治等级执行一级标准，水土保持方案确定的水土流失防治目标见表 4.25－1。

表 4.25－1　　　　　李家河水库工程水土保持防治目标情况表

序号	防治指标	防治目标值	序号	防治指标	防治目标值
1	扰动土地整治率	95%	4	拦渣率	90%
2	水土流失总治理度	96%	5	林草植被恢复率	98%
3	土壤流失控制比	0.7	6	林草覆盖率	26%

（二）水土保持方案编制

2008 年 5 月，西安市辋川河引水李家河水库工程建设管理处委托陕西华正水土保持生态建设设计监理有限公司编制了《西安市辋川河引水李家河水库工程水土保持方案报告书》，2008 年 10 月陕西省水土保持局以"陕水保函〔2008〕129 号"文对李家河水库工程水土保持方案报告书予以批复。

工程水土流失防治责任范围面积 391.677hm²，其中项目建设区 347.26hm²，直接影响区 44.417hm²。工程建设损坏水土保持设施面积 238.1hm²。在预测时段内工程占地及影响区域水土流失量将达到 8.86 万 t，新增水土流失量 7.96 万 t。

根据水土流失预测结果与分区防治原则，将防治责任范围分为水库枢纽建设及水库淹没区、供水管道及管理站区、上坝路场内道路区、施工生产生活区、弃渣场区、取土取料场区 6 个防治分区进行防治。水土流失防治措施形成以工程措施为主，植物措施为辅，永久措施与临时措施相结合的一个完整、系统的防治体系，基本控制了水土流失。植物措施主要有：水库枢纽建设及水库淹没区的边坡绿化；上坝路场内道路区道路边坡绿化；施工生产生活设施及枢纽管理站的场地绿化美化；弃渣场区生物种植带护坡；取土取料场区复垦种草；供水管道及管理站区的复垦种草等。

方案中水土保持工程投资 2232.16 万元，其中，工程措施 1557.60 万元，植物措施 35.27 万元，临时措施 51.23 万元，独立费用 396.19 万元（其中监理费 102 万元、监测费 96 万元、水保设施专项验收费 26 万元），基本预备费 122.42 万元，水土保持补偿费 69.45 万元。

（三）水土保持措施设计

根据批复的水土保持方案，李家河水库工程设计的水土保持措施主要为拦渣工程、斜坡防护工程、土地整治工程、防洪排导工程、表土保护工程、植被建设工程等。水土保持方案确定的措施主要包括枢纽工程区边坡种草绿化，弃渣场区拦挡、护坡及排水，枢纽管理站挡墙及边坡防护，上坝道路区挡墙、排水沟及挂网护坡，取料场复垦和种植覆土以及各施工区的土地整治、植草绿化、植被护坡、迹地植被恢复及周边绿化等。李家河水库工程水土保持措施设计情况见表 4.25-2。

表 4.25-2　　　　李家河水库工程水土保持措施设计情况一览表

措施类型	区 域	设计措施实施区域	主 要 措 施
拦渣工程	弃渣场区	方案设计的 3 个弃渣场	浆砌石挡墙、坡脚浆砌石挡护
斜坡防护工程	枢纽管理站厂区、电站厂房、上坝道路	枢纽管理站厂区沿河道边沿、电站厂房后边坡、上坝道路坡面	工程护坡包括厂区内修筑钢筋混凝土挡墙，电站厂房后边坡喷混凝土，上坝道路护坡工程采用混凝土和浆砌石护坡，左岸上坝道路挂伪装网和柔性网，植物护坡采用攀缘植物挂网防护
土地整治工程	北干渠管线施工营地、弃渣场、北干渠支渠管沟	北干渠管线施工营地、弃渣场、北干渠支渠管沟等周边区域	土地复垦、表土平整等工作
防洪排导工程	上坝道路、弃渣场	上坝道路一侧设置矩形排水沟	上坝道路采用混凝土排水沟，矩形断面为 30cm×50cm；弃渣场采用浆砌石排水沟，断面为 80cm×50cm

措施类型	区 域	设计措施实施区域	主 要 措 施
植被建设工程	各施工区	主要分布在弃渣场渣顶、边坡，上坝道路两侧，枢纽管理站景观绿化，取料场、施工生产生活区、渠道及压力管线等区域	对弃土场、取料场、施工生产生活区等施工区域采用复垦、植草以及种植白皮松等；上坝道路边坡采用挂伪装网配合攀缘植物绿化，攀缘植物选择爬山虎、葛藤和常春藤等；管理站厂区栽植的乔木有白皮松、大叶女贞、玉兰、樱花、核桃树等15个品种，花灌木有玫瑰、红叶石楠、月季、龙柏等9个品种，草种选择紫花苜蓿
表土保护工程	各施工区	对可剥离的区域实施剥离措施	表土剥离，剥离厚度20～30cm

（四）水土保持施工

1. 水土保持管理

工程在建设过程中，较全面地实行了项目法人责任制、招投标制、建设监理制和合同管理制。对工程质量建立了"项目法人负责、监理单位控制、施工单位保证、政府职能部门监督"的管理体制，水土保持工程管理较规范。

工程在建设中严格执行《中华人民共和国合同法》《中华人民共和国招投标法》等有关法律法规。贯彻落实了国家《建设工程质量管理条例》《建设工程勘察设计管理条例》和《工程建设标准强制性条文》及《国务院关于特大安全事故行政责任追究的规定》。工程建设委托具有丰富水利工程建设监理经验的监理公司——陕西大安工程建设监理有限责任公司对工程进行全过程监理，在工程开工前办理工程质量监督手续，确保全部工程质量处于受控状态，水土保持工程也处于受控状态。

建设单位为加强工程质量管理，提高工程施工质量，实现"百年大计，质量第一"的总体目标，制定了一系列工程质量管理制度和措施，如《工程建设管理大纲》《工程质量管理办法》《工程达标投产管理程序与实施细则》《中间验收及质量监督程序》《施工工艺要求》《质量评比办法》等标准。

2. 水土保持监测

2011年8月，建设单位委托陕西省水土保持生态环境监测中心开展该项目的水土保持监测工作。

接受任务后，监测单位成立了项目组，按照相关法律、法规及技术标准、规范，编制了《西安市辋川河引水李家河水库工程水土保持监测实施方案》，明确了监测内容和各个监测点工作要求。于2011年8月至2016年6月开展了工程水土保持监测，采用资料收集、调查与分析、现场量测、地面观测等方法，对工程水土流失防治责任范围、挖填土石方量、水土流失防治措施实施情况及效果、土壤流失量等内容进行了监测，取得了扰动土地面积及整治情况，土壤流失情况及临时堆放情况，水土保持措施实施情况和植被恢复等资料。在对资料进行整理、分析的基础上，及时编报了工程2011—2016年度水土保持监测阶段报告，2016年7月编制完成了《西安市辋川河引水李家河水库工程水土保持监测总结报告》。

经监测，工程水土流失防治责任范围 324.68hm²，其中，永久占地面积 253.88hm²，临时占地面积 70.8hm²；建设期挖方 183.59 万 m³，填方 107.58 万 m³，调配利用 3.11 万 m³，弃方 72.9 万 m³。

监测结果表明，建设期共造成水土流失量 0.95 万 t，主要为水力侵蚀。

项目建成后 6 项防治指标分别为：扰动土地整治率 99%，水土流失总治理度 96%，土壤流失控制比 0.71，拦渣率 99%，林草植被恢复率 99%，林草覆盖率 26%，各项指标均达到或超过水土保持方案设计目标值。

3. 水土保持监理

2011 年 9 月，建设单位通过招标确定由陕西华正生态建设设计监理有限公司承担工程水土保持监理工作，并于 2012 年 3 月签订了监理合同，根据合同约定，陕西华正生态建设设计监理有限公司组建了李家河水库工程水土保持工程监理部，配备了总监理工程师、监理工程师、监理员等相关人员，编制了李家河水库水土保持工程监理大纲及实施计划，于 2012 年 4 月进驻现场开展监理工作。

（五）水土保持验收

2016 年 9 月，建设单位委托陕西省水土保持勘测规划研究所承担工程水土保持设施验收的技术评估工作。接受任务后，评估单位立即成立了由水土保持、植物、生态环境、财务等组成的专业评估组，赴现场进行实地查勘、收集和整理相关设计及竣工等资料，详查水土保持工程措施和植物措施的实施情况和实施效果，并进行了公众调查。

评估组多次前往现场，听取建设单位、监理单位、监测单位及施工单位对工程建设情况的介绍，并与各参建单位座谈后，分综合、工程、植物和经济财务四个专业评估组，审阅了工程档案资料，认真、仔细核实了各项措施的工程量和质量，对工程水土流失防治责任范围内的水土流失现状、水土保持措施的功能及效果进行了评估，并分别提出了综合组、工程措施组、植物措施组、经济财务组四个评估小组的评估意见，在综合各专业组评估意见的基础上，根据《开发建设项目水土保持设施验收技术规程》（GB/T 22490—2008）的要求，于 2016 年 12 月编制完成了《西安市辋川河引水李家河水库工程水土保持设施验收技术评估报告》。

2016 年 12 月 15 日，陕西省水土保持局组织专家对项目水土保持设施进行了竣工验收。验收组认为：建设单位能够高度重视工程建设中的水土保持工作，切实履行水土保持法律法规义务，采取了工程、植物和临时防护措施，对工程建设中的水土流失进行了有效综合防治，建成的水土保持设施质量合格，管护责任落实，运行正常，符合水土保持设施竣工验收要求，同意该工程水土保持设施通过竣工验收，并以"陕水保监函〔2016〕337 号"文对西安市辋川河引水李家河水库工程水土保持设施验收进行了批复。

（六）水土保持效果

工程自竣工验收以来，水土保持设施安全、有效运行近 7 年，实施的拦挡、截（排）水、植被恢复、复耕等措施均较好地发挥了水土保持功能。根据现场调查，个别渣场的排水工程出现少量损坏现象，石料场高陡边坡无法实施护坡措施。

工程水土保持措施防治效果见图 4.25-1。

（a）上坝道路排水及边坡防护 　　　　　（b）管理站绿化

（c）龙王沟料场绿化 　　　　　（d）渗金庙渣场全貌

（e）黄土岭渣场拦挡 　　　　　（f）输水管线恢复

图 4.25 - 1　工程绿化措施效果（照片由宁勇华提供）

三、水土保持后评价

（一）目标评价

1. 水土流失控制目标

通过水土保持综合治理，使项目区新增水土流失和原有水土流失得到有效控制和治理，工程施工过程中产生弃渣总量的 95％以上得到有效拦挡和利用，土壤流失控制比 0.71，水土流失总治理程度达到 96％。

2. 生态环境改善目标

通过水土保持措施，使施工区、裸露地块全部进行有效防治，扰动土地整治率达到

95％以上，林草植被恢复率达到98％以上，林草覆盖率达到26％，使防治范围内水土资源得到充分合理的利用，生态环境显著改善。

3. 保护目标

通过对施工人员进行法律法规的宣传，使其在施工期间自觉地保护周围生态环境，制止不文明施工及随意破坏生态环境的行为。

（二）过程评价

1. 水土保持设计评价

（1）防洪排导工程。设计对左右坝肩、上坝道路两侧均设置有混凝土排水沟，防治水流对坡面的冲刷；方案对弃渣场布设截（排）水沟。根据防洪排导的要求，有针对性地布设了截水沟、排水沟、排洪渠（沟），且施工过程中，截（排）水沟根据地形、地质条件布设，与自然水系顺接。结合现场调查，防洪排导工程达到水土保持的要求。

（2）拦渣工程。工程涉及3处弃渣场，分别为董家崖弃渣场、渗金庙弃渣场和黄土岭弃渣场。根据现场调查，运行多年以来，3处弃渣场运行稳定，挡墙完整率达90％以上，弃渣场挡墙均采用浆砌石型式，达到了拦挡的效果。弃渣场边坡实施了土地整治和覆土绿化措施，其中渗金庙和黄土岭弃渣场平台覆土后作为耕地归还当地村民进行复耕，董家崖弃渣场被当地政府作为办公新址进行综合利用。根据现场调查，弃渣场挡墙均良好，处于正常使用状态，能够达到防治水土流失的要求，起到拦渣的目的。

（3）斜坡防护工程。工程施工过程中电站厂房及管理站后边坡、左右坝肩边坡、上坝道路开挖形成的裸露边坡，均属于高陡边坡。在边坡稳定分析的基础上，采用价格较为低廉的攀缘植物结合伪装网绿化，并对局部边坡不稳定、易造成滑坡、坍塌等地质灾害的地段采用挂柔性网防护。在坡脚和坡顶栽植攀缘植物，上攀下挂，通过初期的绿色伪装网和后期长成的攀缘植物共同形成绿色景观。根据现场调查，攀缘植物栽植初期，在高陡边坡上成长缓慢，此时可依靠绿色伪装网形成绿色景观效应，伪装网不仅可为攀缘植物提供附着，并有一定的保墒作用，也可有效防止雨滴溅蚀坡面引起水土流失，起到保护水土的目的，在1～2年后，攀缘植物攀附边坡和伪装网生长，形成植物护坡，起到水土保持的作用。

（4）土地整治工程。根据现场调查，工程征占地范围内对需要复耕或恢复植被的扰动及裸露土地及时进行了场地清理、平整、表土回覆等整治措施。弃渣场边坡、平台在土地整治基础上进行了绿化或复耕。

（5）植被建设工程。对枢纽工程边坡整平翻耕并种草，草种选择三叶草、紫花苜蓿；对渠道建设区，暗涵或管道顶部覆土种草，草种选择紫花苜蓿、白莲蒿、野胡萝卜；对弃渣场区采用坡面绿化，草种选用狗尾草、小蓬草、兔针草、莴苣等，乔木有白皮松、华山松、刺槐、杨树等。对上坝道路两侧、左右坝肩等高陡边坡采用攀缘植物结合伪装网，植物选择雪松、白皮松、樱花、女贞、黄杨、爬山虎、葛藤、常春藤等，管理站绿化品种有雪松、白皮松、广玉兰、樱花、银杏、红枫、紫薇、碧桃、紫荆、红叶小檗、大叶黄杨、石楠球、玫瑰、月季、三叶草。根据现场调查，除弃渣场坡面外各区域植物均生长良好。弃渣场坡面植物由于受坡度、土壤、气候影响，植物不耐干旱，因此生长不良，植被恢复没有达到预期目标，可根据建议多选择一些耐旱、耐光灌木或草本种植。

（6）临时防护工程。工程建设过程中，为防止土（石）撒落，在施工场地材料堆放区设计砂浆砌筑砖墙墩并配置铁皮护栏进行临时防护。临时堆土采用编织袋装土拦挡和苫盖措施；同时，在场地排水系统未完善之前，开挖临时排水沟排除场地积水，并设置沉沙池。根据现场调查，临时防护工程均达到了水土保持的目的。

（7）表土保护工程。根据现场调查，工程建设过程中，对可剥离的耕地区域实施了剥离措施，剥离的表土集中堆置在弃渣场附近并进行临时防护，以防止水土流失。

根据后评价，水土保持措施效果达到预期目标，未来不会造成新的水土流失。

2. 水土保持施工评价

（1）采购招标。工程在建设中严格执行《中华人民共和国合同法》《中华人民共和国招投标法》等有关法律、法规，并将水土保持工程纳入主体工程建设管理体系一并招标；为规范招投标行为，维护自身合法权益，本着公开、公正、公平和诚实信用的原则制定了详尽的招标管理办法。该办法主要体现了国家关于招标的管理规定，招标在招标领导小组组织下进行，并且受招标工作监督小组监督，从源头上保证投标单位的能力，有利于后期的工程管理。

（2）施工准备。建设单位把工程水土保持方案中各类防治措施作为项目建设的一项重要内容来落实，在项目施工前，做到主管领导、主管部门、主管人员三落实。在水土保持各项措施施工前，资金和材料落实到位，施工道路及水电到位。

（3）工程合同管理。合同是维护和巩固建设秩序，保证工程建设的有效实现，加强合同双方当事人之间合作，具有法律效力的文件。该项目中，建设单位与承建单位签订了建设合同，全程实行合同制管理。建设合同一般包括设计合同、施工合同和监理委托合同。

建立合同管理的宗旨是以事实为依据，以合同条款及法律为准则，促进各方履行合同义务，参与合同管理协调及工作。具体管理涉及以下内容：

1）施工设备及人员管理。根据合同规定，严格检查各施工单位施工人员组织情况及施工设备进场到位情况。经监理公司、监理部、总监理工程师、监理工程师复查，满足水土保持工程施工要求。

2）工程变更管理。水土保持工程变更管理工作，严格按照《工程变更管理办法》执行。工程必须进行变更设计时，首先，由业主、监理、设计、施工四方代表共同进行现场会审，共同提出工程变更建议书，确定变更方案，并经监理单位、业主审批、设计单位变更设计，监理机构核查签发变更设计图，下达承包人施工。其次，填写《工程变更单》并确认签证认可。最后由施工单位按《工程变更单》的方案填报工程变更申请，按各级权限逐级审批。

整个施工期间各方都能较好地执行合同约定的内容，认真履行各自的权利、义务和职责。

（4）进度管理。工程水土保持措施进度安排与主体工程进度相协调，基本做到了"三同时"。所采取的措施和方法主要有以下几个方面：

1）保证措施。为了有效实施工程进度的控制，应完善各项制度和措施。

A. 在技术措施方面：建立施工作业计划体系，向建设单位和施工单位推荐先进、科学、经济、合理的技术方法和手段，以加快工程进度。

B. 在经济措施方面：按合同规定的期限给施工单位进行项目检验，计量并确认签发支付证书，督促建设单位按时支付，发生延误工程计划时，对其造成原因方按合同进行处理，对提前完成计划者给予表彰或奖励。

C. 在合同措施方面：按合同要求及时协调有关各方的进度，以确保项目进度的要求。确认项目实施进度计划，复核施工单位提交的施工进度计划及施工方案。监督施工单位严格按照合同规定的计划进度组织实施。

2）具体做法。复核施工单位提交的植物措施及水土保持工程措施的施工进度计划是否合理；协助建设单位制定由业主提供苗木、种子的用量及时间和编制有关材料、设备的采购计划；复核施工单位提供的施工进度报告，复核的要点是计划进度与实际进度之间的差异、形象进度、实物工程量与工作量指标完成情况的一致性。当实际进度与计划进度出现差异时，督促施工单位采取相应的补救措施，促使工程顺利完工。

在水土保持工程建设过程中，通过认真完成以上内容，促进整个项目的工程进度基本与计划进度一致。

（5）资金管理。根据陕西省水土保持局批复的工程水土保持方案，水土保持工程估算总投资 2232.16 万元，实际完成水土保持投资 5102.47 万元。工程建设期总投资 227750 万元，其中土建投资 99375 万元；建设资金来自财政资金和银行贷款。水土保持工程建设资金在工程建设总投资中列支，纳入主体建设管理体系。

工程在建设过程中，对于资金的支出制定了严格的管理制度，实现专款专用、不拖欠、无监理认证的工程量不予支付。在管理过程中主要采取以下制度，来保证水土保持工程得到真正意义上的落实。

1）招投标制度。在工程建设管理过程中，严格执行工程招投标制，并将水土保持工程纳入主体工程建设管理体系一并招标；为规范招投标行为，维护自身合法权益，本着公开、公正、公平和诚实信用的原则制定详尽的"招标管理办法"。

2）财务资金专项制度。为加强财务和资金管理、控制和监督，保障建设资金合理有序的使用和工程措施的顺利完成，西安市辋川河引水李家河水库工程建设管理处严格遵守国家法律法规，制定了相关的内部管理制度，规定各工作岗位的责任范围。

3）工程价款的支付和结算。绿化工程在初期按工作量预付给承包人工程款项的30%，工程完工 3 个月后，根据初验效果，植物栽植成活率达到规范和合同要求，支付工程款项的 30%，其余款项在达到合同要求管护期限后，进行工程交工验收，植物栽植成活率符合合同规定后支付，如果有补植，扣留质保金，补植完成 3 个月后，根据补植的成活率情况支付质保金。

（6）工程质量管理。工程在建设过程中，较全面地实行了项目法人责任制、招投标制、建设监理制和合同管理制。对工程质量建立了"项目法人负责、监理单位控制、施工单位保证、政府职能部门监督"的管理体制，水土保持工程管理较规范。

工程在建设中严格执行《中华人民共和国合同法》《中华人民共和国招投标法》等有关法律、法规。贯彻国家《建设工程质量管理条例》《建设工程勘察设计管理条例》和《工程建设标准强制性条文》以及《国务院关于特大安全事故行政责任追究的规定》。主体工程建设委托陕西大安工程建设监理有限责任公司对工程进行全过程监理，在工程开工前办理工程质量监督手续，确保全部工程质量处于受控状态。因此，整个水土保持工程措施基本处于受控状态。

（7）水土保持监理。为了贯彻落实水土保持等有关法律、法规，协调生产建设项目与环境的关系，体现预防为主的水土保持工作方针，最大限度地减少项目建设对水土保持带来的负面影响，根据已批复的水土保持方案，对该项目所涉及的水土保持工程进行全面监理。监理工程师对水土保持建设全过程进行质量控制，严格控制工程施工进度和项目投资；按照工程承包合同、合同法对工程建设进行管理；监理部设置办公室专门负责业主、承包商、监理单位的文件往来，施工过程中各种信息的采集、整编和管理工作，并及时将信息反馈给业主及施工单位。

监理工程师对水土保持工程建设全过程进行质量控制，包括前期质量监控、施工过程的质量监控和后期的质量控制。

1）前期质量监控。前期质量监控不限于施工前，而是延伸到施工全过程中。对设计单位提供的图纸、设计要求、技术标准等必须经监理部审核签发承包，未经监理部审核的施工图纸，不得作为施工依据。

2）施工过程的质量监控。检查承包方建立和完善工序质量控制，严格执行"三检制"和监理工程师签字验收；对各项施工作业进行监督和检查，发现违规行为及时纠正；参与单位工程、分部工程和隐蔽工程的检查和验收，严格执行国家行业标准。

3）后期的质量控制。对已完成的单位工程、分部工程按质量标准进行验收，组织和参与工程的竣工验收；审查承包方提供的质量检查报告及有关的技术文件；审查承包方提供的竣工图纸；审核承包方对工程施工的质量缺陷处理措施，并督促、检查质量缺陷处理过程。

（8）水土保持监测。为了及时、准确掌握生产建设项目的水土流失状况和防治效果，落实水土保持方案，优化水土流失防治措施，及时发现重大水土流失危害隐患以便提出防治对策建议，项目水土保持监测工作与主体工程同步开展。

该项目在施工准备期和施工运行期采用地面观测、调查监测、资料收集和定位监测等方法对取料场、弃土场等各分区的扰动土地情况进行监测。根据监测项目需要，有针对性地布设临时或固定水土流失监测点，进行定期定位观测。在秦岭中低山区、黄土塬区共设固定监测点 7 个，其中水蚀固定监测点 6 个，重力侵蚀固定监测点 1 个，临时监测点 50 个，共计 57 个监测点。

监测结果表明，建设期共造成土壤侵蚀 0.95 万 t，主要为水力侵蚀。整个监测过程方法可行，成果可行，各监测点位均具有代表性。

（9）新技术、新材料及新工艺的应用。在管理站后边坡、上坝道路、左右坝肩等裸露边坡采用绿色伪装网覆盖，在坡脚和坡顶栽植攀缘植物，上攀下挂，通过初期的绿色伪装网和后期长成的攀缘植物共同形成绿色景观。

该方案有如下优点：

1）项目边坡为强风化边坡，将绿色伪装网通过锚杆固定在边坡上，选择 PVC 材质的伪装网对边坡进行覆盖，相对钢丝网来说重量较轻，所需的锚杆数量较少，易于施工，减轻工程区强风化高陡边坡在施工中造成的水土流失。

2）攀缘植物栽植初期，在高陡边坡上成长缓慢，此时可依靠绿色伪装网形成绿色景观效应，在1～2年后，攀缘植物攀附边坡和伪装网生长，形成植物护坡。伪装网覆盖不仅可为攀缘植物提供附着，并有一定的保墒作用，可有效防止雨滴溅蚀在坡面上引起水土流失。

3）绿色伪装网尺寸可根据实际边坡高度和边界宽度调整，在各伪装网边界处可采用缝合绳进行缝合，使边坡形成一体的绿色景观。

4）该方案在施工前期及秋、冬季节可以形成并保持绿色景观效应，后期维护较简单，规避了高陡边坡、降雨量不足、后期维护不足等情况下，植物不易成活的风险。

该方案的不足之处在于PVC材质的伪装网易老化、日晒后易断裂、破损，需选用质量合格的覆盖网材料。该方案从长期来讲，仍然是依靠攀缘植物形成的绿色景观，因此后期应注意对上攀下挂的攀缘植物进行管理维护。

3. 水土保持运行评价

在工程的运行过程中，运行管护单位建立了一系列的规章制度和管护措施，实行水土保持工程管理、维修、养护目标责任制，各部门各司其职，分工明确，各区域的管护落实到人，奖罚分明，从而为水土保持措施早日发挥其功能奠定了基础。

从运行情况来看，工程措施运行正常，项目周围的环境有所改善，防护效果明显。运行期管理维护责任的落实，可以保证水土保持设施的正常运行，并发挥作用。

经过一段时间运行，水土保持工程措施质量很好，运行正常，未出现影响安全稳定的问题，工程维护及时到位，外观优美、效果显著。

（三）效果评价

1. 植被恢复效果

通过现场调研了解，工程施工期间对占地范围内的裸露地表实施了栽植乔灌木、撒播灌草籽、铺植草皮等方式进行绿化或恢复植被，选用的树（草）种以华山松、刺槐、野胡萝卜、马兰、胡枝子、艾、白莲蒿等当地适生的乡土树（草）种为主；运行期间，通过实施养护管理和植被的进一步自然演替，项目区林草植被恢复措施营造的苗木植被生长状况良好，与建设期间相比，项目区域内的植物多样性和郁闭度等得到了良好的恢复和提升。

项目植被可恢复面积84.59hm²，植被实际恢复面积83.72hm²，林草植被恢复率达到99%。

李家河水库工程植被恢复效果评价指标见表4.25-3。

表 4.25-3　　　　　　　　李家河水库工程植被恢复效果评价指标表

评价内容	评价指标	结　　果
植被恢复效果	林草植被恢复率	99%
	植物多样性指数	0.35
	乡土树种比例	0.60
	单位面积枯枝落叶层	1.2cm
	郁闭度	0.40

2. 水土保持效果

通过现场调研和评价，李家河水库工程实施的工程措施、植物措施等运行状况良好，根据现场水土保持监测统计，工程施工期间土壤侵蚀量 0.96 万 t，主要为水力侵蚀，项目区平均土壤侵蚀模数 1577t/(km² · a)；通过各项水土保持措施的实施，至运行期项目区土壤侵蚀模数 1063t/(km² · a)，使得项目建设区的原有水土流失基本得到治理，达到了固土保水的目的。李家河水库工程枢纽绿化区表土层厚度 60～100cm，其他区域表土层厚度 50～80cm，平均表土层厚度约 60cm。工程迹地恢复和绿化多采用当地乡土和适生树种，经过运行期的进一步自然演替，使得项目区域内的植物多样性和土壤有机质含量得以不同程度的改善和提升；经试验分析，土壤有机质含量约 2.0%。项目区道路、建筑物等不具备绿化条件的区域采取混凝土、沥青混凝土、透水砖等方式进行硬化。地表硬化、迹地恢复和绿化措施的实施，使得项目区内由于工程建设导致的裸露地表得以恢复，水土流失大幅减少。李家河水库工程水土保持效果评价指标见表 4.25 - 4。

表 4.25 - 4　　　　　李家河水库工程水土保持效果评价指标表

评价内容	评价指标	结　果
水土保持效果	表土层厚度	60cm
	土壤有机质含量	2.0%
	地表硬化率	75%
	不同侵蚀强度面积比例	65%

3. 景观提升效果

管理站在进行植被恢复的同时考虑后期绿化的景观效果，采取了乔、灌、草、花卉相结合的园林式立体绿化方式，管理站占地面积 2.79hm²。按乔木 20%，灌木 30%，草 40%，花卉 10% 的比例进行设计。

管理站苗木种类选择时选用景观效果比较好的树（草）种，如广玉兰、金桂花、雪松、大叶女贞、紫叶李、紫薇、樱花、月季、小叶女贞、三叶草等，根据各树种季相变化的特性，各种植物的枝、叶、花、果、色彩、姿态等的不同观赏性进行植物的群落搭配和点缀，使区域内一年四季均有景色可欣赏，提高项目区域的可观赏性效果。上坝道路选用白皮松、爬山虎、常春藤等结合伪装网防护措施。李家河水库工程景观提升效果评价指标见表 4.25 - 5。

表 4.25 - 5　　　　　李家河水库工程景观提升效果评价指标表

评价内容	评价指标	结　果
景观提升效果	美景度	6
	常绿、落叶树种比例	70%
	观赏植物季相多样性	0.5

4. 环境改善效果

植物是天然的清道夫，可以有效清除空气中的 NO_x、SO_2、甲醛、飘浮微粒及烟尘等有害物质。通过植被恢复、园林式绿化、养护管理等植物措施的实施，项目区内林草植被覆盖情况得以大幅度改善，植物在光合作用时释放负氧离子，使周边环境中的负氧离子浓度达到约 1300 个/cm³，使得区域内人们的生活环境得以改善。

5. 安全防护效果

通过调查了解，工程共设置弃渣场 3 处，根据各弃渣场位置及特点分别实施了浆砌石挡墙、截（排）水沟、浆砌石护坡等措施；后期实施了弃渣场的迹地恢复措施。工程运行以来，各弃渣场运行情况正常，未发生水土流失危害事故，弃渣场拦渣及截（排）水设施整体完好，运行正常，拦渣率达到了 99%；弃渣场整体稳定性良好。李家河水库工程安全防护效果评价指标见表 4.25-6。

表 4.25-6　　　　　　李家河水库工程安全防护效果评价指标表

评价内容	评价指标	结　果
安全防护效果	拦渣设施完好率	99%
	渣（料）场安全稳定运行情况	稳定

6. 社会经济效果

（1）经济效益。工程的兴建对国民经济的贡献显著，经济效益巨大。工程的工业年供水量为 3121 万 m³，供水年效益为 23832 万元；生活年供水量为 3972 万 m³，供水年效益为 14932 万元。工程总装机容量 4.8MW，平均年发电量 1723 万 kW·h，实际年售电量为 1522 万 kW·h，电站年收益约 761 万元。项目综合效益约 4 亿元/a。

工程施工后期，对临时占用的土地适宜恢复成耕地的区域如渗金庙和黄土岭渣场实施了复耕，将土地归还给当地居民，使当地居民的经济收入影响降到最低。董家崖弃渣场作为当地镇政府新址进行综合利用。

（2）社会效益。水土保持方案实施后，工程范围内形成工程与植物措施相结合的综合防治体系，对建设过程中人为造成的水土流失进行了有效的控制和治理；建设中造成的裸露地表基本恢复植被，能有效固结土壤、涵养水分、稳定边坡、减少径流和侵蚀量；工程用地范围内种草植树绿化，营造优美的视觉景观，树立了水利行业良好的社会形象。

新增水土流失得到有效控制，项目区内原有的水土流失得到基本治理，水库建成后，泄入下游河道的泥沙量显著减少，而且起到了防洪的作用，确保了下游工农业生产设施和人民群众生命财产安全，带来了良好的社会、经济和环境效益。

工程建设过程中各项水土保持措施的实施，在有效防治工程建设引起的水土流失、给当地居民带来直接经济效益的同时，将水土保持理念及意识在当地居民中树立了起来，使得当地居民在一定程度上认识到水土保持工作与人们的生活息息相关，提高了当地居民对水土保持、水土流失治理等的意识强度，在其生产生活过程中自觉科学地采取有效措施进行水土流失防治和保护环境，利用水土保持知识进行科学生产，引导当地生态环境进一步向更好的方向发展。

李家河水库工程社会经济效果评价指标见表 4.25-7。

7. 水土保持效果综合评价

水土保持效果综合评价采用层次分析法（AHP），结合项目实际情况和秦岭北麓地区特殊的自然环境情况，建立后评价指标体系，利用数学方法综合计算各层次因素相对重要性的权重值，通过多级模糊综合评价模型进行处理，得出评价结论。

表 4.25 - 7　　　　　　　　李家河水库工程社会经济效果评价指标表

评价内容	评价指标	结　果
社会经济效果	促进经济发展方式转变程度	好
	居民水保意识提高程度	良好

通过查表确定计算权重，根据层次分析法计算工程各指标实际值对于每个等级的隶属度。

李家河水库工程各指标隶属度分布情况见表 4.25 - 8。

表 4.25 - 8　　　　　　　李家河水库工程各指标隶属度分布情况表

指标层 U	变 量 层 C	权重	各 等 级 隶 属 度				
			好（V1）	良好（V2）	一般（V3）	较差（V4）	差（V5）
植被恢复效果 U1 （0.2062）	林草覆盖率 C11	0.0809	0.07	0.93	0	0	0
	植物多样性指数 C12	0.0199	0.3863	0.6137	0	0	0
	乡土树种比例 C13	0.0159	0.28	0.72	0	0	0
	单位面积枯枝落叶层 C14	0.0073	0	0.65	0.35	0	0
	郁闭度 C15	0.0822	0	0.6028	0.3972	0	0
水土保持效果 U2 （0.2062）	表土层厚度 C21	0.0436	0	0.8155	0.1845	0	0
	土壤有机质含量 C22	0.1139	0	0.65	0.35	0	0
	地表硬化率 C23	0.0140	0.07	0.93	0	0	0
	不同侵蚀强度面积比例 C24	0.0347	0.7191	0.2809	0	0	0
景观提升效果 U3 （0.0307）	美景度 C31	0.0196	0	0.70	0.30	0	0
	常绿、落叶树种比例 C32	0.0032	0.7	0.30	0	0	0
	观赏植物季相多样性 C33	0.0079	0	0.23	0.77	0	0
环境改善效果 U4 （0.1378）	负氧离子浓度 C41	0.0459	0	0	0.5782	0.4218	
	SO$_2$ 吸收量 C42	0.0919	0	0	1	0	0
安全防护效果 U5 （0.3253）	拦渣设施完好率 C51	0.0542	0.7122	0.2878	0	0	0
	渣（料）场安全稳定运行情况 C52	0.2711	0.1558	0.8442	0	0	0
社会经济效益 U6 （0.0939）	促进经济发展方式转变程度 C61	0.0188	0.35	0.65	0	0	0
	居民水保意识提高程度 C62	0.07518	0	0.8562	0.1438	0	0

经 AHP 层次分析软件计算，李家河水库工程模糊综合评判结果见表 4.25 - 9。

表 4.25 - 9　　　　　　　李家河水库工程模糊综合评判结果表

评价对象	好（V1）	良好（V2）	一般（V3）	较差（V4）	差（V5）	综合得分
李家河水库工程	0.1334	0.6230	0.2243	0.0193	0	83.71

根据最大隶属度原则，工程 V2 等级的隶属度最大，故其水土保持评价效果为良好，综合得分为 83.71 分。

四、结论及建议

(一) 结论

工程按照我国有关水土保持法律法规的要求，开展了卓有成效的水土保持工作，对防治责任范围内的水土流失进行了全面系统的治理，基本达到了施工期间控制水土流失、施工后期改善环境和生态的目的，营造了优美的坝区环境，较好地完成了项目的水土保持工作。工程运行以来，各项防治措施的运行效果良好，弃渣得到了及时有效的防护，施工区植被得到了较好的恢复，水土流失得到了有效的控制，生态环境得到了明显的改善。2016 年工程被评为机遇抓得好、组织协调好、进度控制好、建设管理好、工程质量好的"五好工程"。

1. 创新工程建设管理体系

将水土保持建设与工程管理集成为一套科学的管理体系，工程建设中，依法履行水土流失防治义务，将水土保持措施纳入主体工程设计，落实了各项水土保持投资，实现了水土保持工程和主体工程的同步推进，有效控制了水土流失。从工程建设实际出发，充分调动参建各方的积极性，制定了相关管理制度和考核办法，将水土保持工程管理纳入工程建设和运行管理体系，保证了水土流失防治措施的落实和生态建设目标的实现。

2. 积极探索高陡边坡绿化措施

工程前期共进行了攀缘植物结合伪装网、浆砌片石骨架植草护坡、生物种植袋护坡、挂网喷混植生、高次团粒喷播技术、植物种植槽共 6 种技术方案的比选。经请教有关专家，并对边坡绿化方式进行咨询讨论，针对工程高陡、易风化边坡的实际情况，对工程方案进行了优化，结合攀缘植物实施伪装网，在工程实施前两年、攀缘植物未长成前，以绿色伪装网防护景观，工程实施一两年后，攀缘植物长出，伪装网老化，揭去伪装网。目前，左右岸上坝道路高陡裸露边坡绿化效果较好，值得其他工程推广借鉴。

3. 水土保持工程与绿化美化相结合

工程将水土流失治理和改善生态环境相结合，不仅有效防治了水土流失，而且营造了枢纽区优美的环境，采用的水土保持工程防护标准和绿化标准较高，将水土保持工程与坝区生态环境的改善、美丽乡村和谐建设相结合，创造现代工程和自然和谐相处的环境，值得其他工程借鉴。

4. 水土流失防治与文明施工相结合

施工期间，建设单位制定了文明施工管理制度与奖惩措施，各施工单位均提出了合理的施工组织方案，制定了文明施工管理体系与措施，定期开展文明施工评比活动，避免了随意乱倒弃渣、乱挖乱填现象的发生，有效控制了施工期间的水土流失。

(二) 建议

1. 及时开展水土保持设计工作

工程为点线结合类型，建设规模大，扰动土地面积大，可行性研究阶段及时编报水土保持方案，明确了本阶段水土流失防治的具体措施，但随着主体设计深度增加及优化设计的调整，水土保持设计工作应及时开展，并采取有针对性和可操作性的防治措施。

2. 高度重视项目区表土资源的综合利用

根据水土保持方案要求，施工单位基本能对各自施工区域的表土进行剥离，并集中堆放，作为后期绿化用土，既为工程区绿化美化提供了必要条件，又可避免取土造成新的扰动和水土流失。

3. 继续加大水库上游水土保持生态林建设力度

由于独特的地质条件，库区水土流失较为严重，增加了水库运行压力。水土保持生态林的建设对减少水土流失、入库泥沙都起到了非常明显的作用，但问题依然存在，应建立有效的监督管理机制，继续加大水库上游水土保持生态林建设力度，减少入库泥沙，增加水库寿命。

案例 26　甘肃省河西走廊（疏勒河）项目

一、项目及项目区概况

（一）项目概况

甘肃省河西走廊（疏勒河）项目（以下简称"疏勒河项目"）位于甘肃省河西走廊西端，涉及玉门、瓜州两市（县）。疏勒河干流全长 670km，流域面积 4.13 万 km²，多年平均年径流量 10.31 亿 m³，其中昌马峡以上祁连山区干流长 346km，流域面积 1.33 万 km²，昌马峡至双塔水库中游地区干流长 129km，面积 1.2 万 km²；双塔水库至哈拉湖下游地区长 195km，面积 1.6 万 km²。项目区包括疏勒河流域的昌马灌区、双塔灌区和花海灌区。

工程建设包括水利工程、农业开发及配套工程、畜牧业及移民安置。项目建设过程中，根据水资源可持续利用，流域经济、社会、生态和谐发展的要求，甘肃省政府以"甘政函〔2004〕60 号"文予以批准，对项目中期进行了优化调整并征得世界银行同意。

（1）水利工程。在疏勒河上游新建库容 1.94 亿 m³ 的昌马水库枢纽工程，与下游已建成的库容 2.4 亿 m³ 的双塔水库和库容为 0.34 亿 m³ 的赤金峡水库联合调度运行；新建和改扩建干渠 228.73km、支干渠 99.35km、支渠 368.74km、排水干支沟 117.71km；新建水电站 2 座，总装机容量 2.025 万 kW。

（2）农业开发及配套工程。新增灌溉面积 69.02 万亩；新建交通干道 416.8km、乡村道路 175.47km、村级农村道路 342.23km。建设灌区周边防护林网、农田防护林网、农村防护林网、渠道防护林网 2.30 万亩；风沙口治理等生态体系林 2.50 万亩；建设经济林、速生用材林等生产林 0.66 万亩。

（3）畜牧业。新建牧草种子繁育基地 1 处，灌区内人工种植草皮 0.53 万亩。

（4）移民安置。移民 7.5 万人，新建移民乡场 6 个。

甘肃省河西走廊（疏勒河）农业灌溉暨移民安置综合开发建设管理局（后改为甘肃省疏勒河流域水资源管理局，以下简称"疏勒河管理局"），负责项目建设管理及运行管理工作。

1996 年 3 月，国家计划委员会以"计农经〔1996〕980 号"文批准了《中国甘肃省河西走廊（疏勒河）农业灌溉暨移民安置综合开发可行性研究报告》以代替立项审批报告；1996 年 5 月，项目正式开工建设；2007 年 6 月，通过世界银行的竣工验收；2008 年12 月，项目建设全部完成。

（二）项目区概况

项目区位于河西走廊西段，属甘肃省内陆河之一的疏勒河流域，其地形可分为南部祁连山地褶皱带、北部的马鬃山断块带、中部的河西走廊拗陷带三个地貌单元。

项目区大部分为疏勒河中下游冲积洪积形成的绿洲、风蚀荒地与戈壁交织的平原地形地貌，地形开阔平坦，地势南高北低，海拔1120～1500m，沿戈壁边缘的细土物质受风力和洪水侵蚀，风蚀地貌较为发育、地形破碎，花海灌区南部属石油河的峡谷及山前低山丘陵地貌。

疏勒河流域位于新疆荒漠、青藏高原和蒙古高原的过渡地带，区域生态复杂，植被多样，主要分为以下几种类型。

1. 森林植被

乔木主要有胡杨林，分布在疏勒河下游的雁脖子湖、望杆子及断弦子。以青石咀尔及安西桥子至青山子两片面积最大，主要依靠吸取地下水存活。灌木主要有红（柽）柳，在西湖乡、踏实城北沿黄水沟至兔葫芦一带以及桥子南、戈壁冲积扇与草甸交界处有大面积分布。此外还有毛柳、白柳等也是平原区的主要灌木。

2. 农业绿洲植被

农业绿洲植被由耕地中的防护林（杨、榆、沙枣等），农作物（小麦、玉米、胡麻、蚕豆、糜谷、棉花、瓜类）及田间杂草组成，由于灌溉农业的迅速发展，农业绿洲植被已成为走廊区重要的植被系统。

3. 沼泽植被

沼泽植被呈小面积分布在泉眼周围，以芦草、苔草、早熟禾、牛毛草、蒲草、灯芯草为主，西部盐生沼泽以盐角草、沼针蔺、海韭为主，覆盖度70%～90%。

4. 草甸植被

草甸植被在流域内广泛分布，为主要放牧区，分两个亚型。

（1）盐生草甸亚型。以芦草、冰草、芨芨草为主，由于伴生植物不同，还可进一步划分为两种。

1）盐生沼泽化草甸。盐生沼泽化草甸分布在潜水溢出区的洼地，地面季节性积水，将沼泽植被包围其中，主要以芦草、冰草为主，伴生苔草、三棱草、早熟禾，盐渍区还生长有盐爪爪，覆盖度70%～80%。

2）盐生典型草甸。盐生典型草甸分布在潜水溢出区外围，地势部位较高，地下水位0.50～1.00m，以芦草、冰草、芨芨草为主，伴生甘草、罗布麻、骆驼刺、苦豆子等，西部还生长有小面积的天然胡杨林，覆盖度一般在40%以上，最高达80%。

（2）荒漠化草生草甸亚型。以骆驼刺、苏枸杞、野枸杞、罗布麻、芦草为主，常混生冰草、芨芨草、苦豆子、野茴香、胖姑娘、红柳等。其组成结构以旱生耐盐半灌木植物为主，覆盖度20%～40%。

5. 荒漠植被

荒漠植被广泛分布于南、北戈壁前缘和下游地区，有以下四个亚型。

（1）盐生荒漠亚型。盐生荒漠亚型生长有稀疏草株红柳丛、苏枸杞、碱柴等半灌木，间或生长有骆驼刺、盐爪爪，覆盖度小于5%。盐碱特重地段无植物生长，只有红柳、苏枸杞残体，无牧用价值。

（2）土质荒漠亚型。土质荒漠亚型分布于侵蚀荒漠地带，零星生长有单株白刺、红砂柴、花棒、蒿类、沙拐枣、羊肚子等，局部有麻黄、碱蓬，覆盖度小于20%，固定沙丘区高达50%～80%，无牧用价值。

（3）半固定和固定沙丘区亚型。半固定和固定沙丘区亚型沙丘区以红柳、白刺为主，局部有芦草、麻黄，丘间平地散生有芦草、红砂、灰蓬、骆驼刺，一般覆盖度小于20%，固定沙丘区覆盖度高达50%～80%。

（4）砾质荒漠亚型。砾质荒漠亚型分布于戈壁地带，零星生长有单株麻黄、白刺、红砂柴、小叶锦鸡儿、角果碱蓬等，覆盖度低于2%。

项目区水土流失以风蚀为主，水蚀微弱，水蚀主要分布在疏勒河、石油河两侧阶地及昌马峡谷区，属微度到轻度侵蚀；风力侵蚀主要分布在疏勒河中下游冲洪积形成的绿洲、风蚀荒地、戈壁交织的平原地带，占项目区面积的90%以上。据甘肃省土壤侵蚀强度分级图进行划分，项目区风力侵蚀强度由轻度到剧烈均有分布，大部分为中度以上。

二、水土保持目标、实施过程及效果

（一）水土保持目标

该项目水土保持方案编制较早，批复的水土保持方案确定的防治目标如下：

（1）项目区进行封沙育林、封滩育林、营造水土保持薪炭林、护岸林、周边防护林，使原有水土流失得到有效治理。

（2）对生产建设过程中形成的扰动土地面积和弃渣，采取工程措施和生物措施。宜林宜草裸露地的林草植被恢复率达到70%以上，弃渣采取平整压实及防护，部分采取防护，使风蚀量减少70%。

（3）项目建成运营后，项目区绿化覆盖率由4.42%提高到11.5%，生态环境明显改善。

（二）水土保持方案编报

1997年2月，根据《中华人民共和国水土保持法》《中华人民共和国水土保持法实施条例》《开发建设项目水土保持方案管理办法》等有关法律法规要求，由铁道部第一勘测设计院和甘肃省水土保持科学研究所共同开展该项目水土保持方案的编制工作，编制完成《河西走廊（疏勒河）农业灌溉暨移民安置综合开发项目水土保持方案编制工作大纲》。

1998年11月，水利部黄河水利委员会上中游管理局以"黄保监督〔1998〕6号"文对《疏勒河项目水土保持方案工作大纲》进行了批复。

2000年4月，甘肃省水利水电勘测设计研究院完成《甘肃省河西走廊疏勒河项目水土保持方案》。

2002年5月水利部以"水保〔2002〕198号"文对《甘肃省河西走廊疏勒河项目水土保持方案》进行了批复。

（三）水土保持措施设计

1. 水土流失防治分区

根据批复的水土保持方案，项目水土流失防治分区分为昌马水库枢纽区、昌马灌区、双塔灌区、花海灌区。

水土保持工程在初步设计及实施过程中，甘肃省水利水电勘测设计研究院根据项目区的实际情况，对原水土保持方案中的部分措施进行了变更设计，主要的变更内容如下：

（1）昌马灌区七墩滩风沙口采取草方格沙障治沙措施。

（2）昌马水库弃渣整治优化设计，增加混凝土挡墙设计，浆砌石护坡优化为混凝土预制块护坡衬砌防护。

（3）项目区弃渣场、取料场、施工道路及临建设施多为临时占地，在工程结束后实施土地整治，采取自然恢复植被措施。

2. 水土保持措施

（1）工程措施。

1）主体已有措施。已有措施为昌马水库取料场整治及各灌区渠道弃渣整治等。

2）方案新增措施。新增措施主要为昌马水库弃渣场混凝土挡墙及浆砌石护坡拦挡措施、昌马灌区草方格沙障、各灌区内弃渣场、取料场及临时施工用地土地整治等措施。

经统计，共完成水土保持工程措施工程量为：弃渣场整治 238.49 万 m^3，料场整治 3497.85 亩，临时施工用地整治 1453.95 亩，草方格沙障 7012.05 亩，昌马水库弃渣场混凝土挡墙 412.5m^3 和工程护坡 2970m^2，见表 4.26-1。

表 4.26-1　　　　　　　疏勒河项目水土保持工程措施统计表

序号	工程措施	防治分区				合计
		昌马水库枢纽区	昌马灌区	双塔灌区	花海灌区	
1	混凝土挡墙/m^3	412.5				412.5
2	预制混凝土护坡/m^2	2970				2970
3	草方格沙障/亩		7012.05			7012.05
4	临时施工用地整治/亩		590.7	322.8	540.45	1453.95
5	料场整治/亩	1905	1156.95	328.2	107.7	3497.85
6	弃渣整治/万 m^3	14.79	122	77	24.7	238.49

（2）植物措施。

1）主体已有措施。已有措施为灌区及公路周边防护林、干渠及支渠防护林、农田防护林、经济林、畜牧业种草、风沙口治理、速生用材林等。

2）方案新增措施。新增措施为农村道路防护林、排水支沟防护林、移民村村镇绿化及水管所绿化等。

经统计，共计完成各类植物措施面积 62202.30 亩，其中昌马水库枢纽区 72 亩，昌马灌区 30086.10 亩，双塔灌区 25484.70 亩，花海灌区 6559.50 亩，见表 4.26-2。

（四）水土保持施工

工程施工由甘肃省水利水电工程局有限责任公司、甘肃省水利水电工程局物资公司、甘肃农垦建筑网架工程有限公司、铁道部第十八工程局等单位施工。

表 4.26 - 2 疏勒河项目水土保持植物措施统计表

类型	植物措施类型	防治分区/亩				
		昌马水库	昌马灌区	双塔灌区	花海灌区	合计
主体已列	灌区周边防护林		1000.05	521.40	418.95	1940.40
	灌区公路周边防护林		144.00	27.30	38.55	209.85
	干渠工程防护林		107.70	74.70	43.20	225.60
	支干、支渠防护林		610.50	283.80	86.40	980.70
	农田防护林		8961.45	6922.80	1548.00	17432.25
	经济林		708.00	1224.00	2186.40	4118.40
	畜牧业种草		3799.95	499.95	1000.05	5299.95
	风沙口治理		10000.05	15000.00	0.00	25000.05
	速生用材林		1774.95	57.00	687.00	2518.95
	小　计		27106.65	24610.95	6008.55	57726.15
水保新增	农村道路植物防治措施		338.55	234.60	91.50	664.65
	排水干沟防治措施		274.35	49.80	75.45	399.60
	移民村防治措施		707.55	168.30	274.05	1149.90
	水管所绿化	72.00	1659.00	421.05	109.95	2262.00
	小　计	72.00	2979.45	873.75	550.95	4476.15
合　计		72.00	30086.10	25484.70	6559.50	62202.30

为了确保项目的建设质量，加强工程建设过程中的水土保持工作，建设单位实行项目法人责任制、招投标制、工程监理制、合同管理制的原则，水土保持工程作为建设项目的工程之一，纳入水利工程项目招标投标、工程监理和合同管理中，明确各施工单位和监理、管理单位的水土保持职责。同时，通过多种形式积极开展水土保持宣传教育，加大水土保持法的宣传力度，提高施工单位和各级管理人员及灌区移民的水土保持意识。

建设管理单位委托甘肃省水土保持监测总站、甘肃省水土保持工程咨询监理公司承担项目水土保持监测工作。

项目水土保持监理工作，由主体监理一并承担，先后有 25 家监理单位参与工程的监理工作，其中甲级资质监理单位有 2 家，乙级资质监理单位有 23 家。

在项目建设管理工作中，与先进的国际管理模式接轨，按世界银行的 FIDIC 条款、《国际复兴开发银行贷款和国际开发协会信贷采购指南》、我国现行的有关法规和《水利工程建设项目施工招标投标管理规定》（水建〔1995〕130 号）的要求，实行统一管理、统一规划、统一设计、统一招标、统一支付的原则推进各项工作。

建设单位内部分工明确，由工程建设处、移民安置处负责水土保持工程措施的实施，农经开发处负责水土保持植物措施的实施，监测评价处负责水土保持工程监测方案的实施。

（五）水土保持设施验收

2011 年 7 月，水利部在甘肃省玉门市主持召开了项目水土保持设施竣工验收会议。

会议认为，建设单位依法编报了水土保持方案，落实了水土保持方案确定的各项防治措施，完成了水利部批复的防治任务，建成的水土保持设施质量总体合格；工程建设期间，组织开展了水土保持监测工作，较好地控制和减少了工程建设中的水土流失，水土流失防治指标达到了水土保持防治二级标准的目标值，运行期间的管理维护责任落实，符合水土保持设施竣工验收的条件，同意该工程水土保持设施通过竣工验收。

在工程建设过程中，建设单位落实了水土保持方案确定的各项防治措施，实施了护坡工程、拦挡工程、土地整治及植被建设等。工程水土保持措施设计符合当地实际，工程布局合理，建成的各项设施外观整齐，施工质量达到了规定标准，运行正常，发挥了较好的水土保持功能，未发现工程质量缺陷问题。

工程扰动土地整治率 95.52%，水土流失总治理度 95.41%，水土流失控制比 0.75，拦渣率 91.86%，林草植被恢复率 92.87%，林草植被覆盖率 12.26%，水土流失防治效果达到了国家规定的要求。

（六）水土保持效果

疏勒河项目自竣工验收以来，水土保持设施已安全、有效运行 15 年，实施的管理所、移民村、道路及渠道两侧的绿化，弃渣场拦挡、护坡工程、土地整治等措施较好地发挥了水土保持功能。根据现场调查，实施的弃渣场挡渣、护坡、土地整治、植被建设等措施未出现拦挡措施失效、植被覆盖不达标等情况。疏勒河项目水土保持措施防治效果见图 4.26-1。

三、水土保持后评价

（一）目标评价

在项目区生态条件十分脆弱的条件下，当年风沙弥漫的不毛之地，经过各参建单位多年的共同建设，各项水土保持措施防护效果显著，生态环境明显改善，项目区的浮尘天气逐渐减少，水土流失得到有效控制。项目建设区可恢复植被区域植被恢复良好，水土保持措施功能不仅体现在防治水土流失上，还延伸到生态维护、土壤改良以及景观提升等方面，除极大地改善了区域、灌溉、防洪状况外，还改善了流域绿色走廊的生态平衡，对地区经济的发展和生活水平的提高具有重要的作用。

水土保持设施布局合理，完成的质量和数量均符合设计标准，水土保持措施实施后，项目区平均扰动土地整治率 95.54%，水土流失总治理度 95.41%，拦渣率 91.86%，土壤流失控制比 0.75，林草恢复率 92.87%，林草覆盖率 12.26%，实现了保护主体工程安全，控制水土流失，恢复和改善生态环境的设计目标。

（二）过程评价

1. 水土保持设计评价

根据对项目区各项水土保持措施的现场调查，情况分析评价如下：

（1）斜坡防护工程。弃渣场边坡采用混凝土预制块工程护坡，运行 15 年来，弃渣场运行稳定，护坡工程完整率达 90% 以上，达到了抗洪防蚀的效果。

（2）拦渣工程。运行 15 年来，弃渣场运行稳定，挡墙完整率达 90% 以上，堆渣坡脚采用混凝土挡墙形式，达到了拦挡的效果。

（3）土地整治工程。工程征占地范围内对需要复耕或恢复植被的扰动及裸露土地及时

（a）风沙口治理　　　　　　　　　　（b）疏勒河下游湿地

（c）渠旁林　　　　　　　　　　（d）路旁林

（e）农田防护林　　　　　　　　　　（f）管理所绿化

图 4.26-1　疏勒河项目水土保持措施防治效果（照片由甘肃省疏勒河流域水资源利用中心提供）

进行了场地清理、平整等土地整治措施。

（4）防风固沙工程。昌马灌区七墩滩风沙口采取了草方格沙障治沙措施，运行 15 年来，防风固沙效果显著。

（5）植被建设工程。采取灌区农村道路防护林、施工及管护道路防护林、排水干支沟防护林、施工临时用地植被恢复、移民村村镇绿化、水管所等管理区绿化林草措施。绿化树（草）种选择新疆杨、二白杨、三倍体毛白杨、俄罗斯杨、新疆天演速生杨、胡杨、云杉、马尾松、樟子松、侧柏、国槐、沙枣、旱柳、金丝柳、小叶柳、甘蒙柽柳、龙爪柳、连翘、枣树、苹果、杏子、花卉、紫花苜蓿等。管理区采用乔、灌、草、花卉相结合的措施，其比例为 50：30：15：5，其他区域采用乔、灌结合绿化，造林密度乔木 1.5m×1.5m，灌木 1m×1.5m。

根据对现有的水土保持措施设计评价进行研究，项目区弃渣场、取料场、施工道路及临建设施实际实施的绿化措施面积较水土保持方案批复的绿化措施减少，灌溉管理所、站（段）实施的绿化措施面积较水土保持方案批复的绿化措施增加，主要因为气候干旱、降水少、植被稀疏、植物措施受灌溉水资源影响，措施实施难度大、成活率低。

（6）对水土保持设计建议：

1）对大型水利水电项目产生的弃渣，在综合利用基础上，应充分利用弃渣，提倡尽可能进行项目区景观塑造，提高项目区生态景观。

2）应结合水资源情况，合理确定北方风沙区林草植被恢复率和林草覆盖率。

2. 水土保持施工评价

建设单位水土保持措施的施工，严格采用招投标的形式确定其施工单位，从而保障了水土保持措施的质量和效果。

（1）积极宣传水土保持相关法律法规。建设单位充分认识到各参建单位人员水土保持专业素养参差不齐，水土保持法制意识淡薄等现实情况，通过会议、宣传、督促、管理等多种途径向工程参建各方传达贯彻国家水土保持法律法规和方针政策，不断提高和统一参建各方的思想认识，通过制定水土保持管理规章制度明确参建各方的水土保持工作责任和工作要求，规范了水土保持施工，做到了文明施工。

（2）设立水土保持管理机构。疏勒河管理局落实责任到各管理处、管理所（段），内部分工明确，由工程建设处、移民安置处负责水土保持工程措施的实施，农经开发处负责水土保持植物措施的实施，监测评价处负责水土保持工程监测方案的实施。

（3）严格水土保持管理。为了确保疏勒河项目的建设质量，加强工程建设过程中的水土保持工作，疏勒河管理局实行项目法人责任制、招投标制、工程监理制、合同管理制的原则，水土保持工程作为建设项目的工程之一，纳入水利工程项目招标、工程监理和合同管理中，明确各施工单位和监理、管理单位的水土保持职责。同时，通过多种形式积极开展水土保持宣传教育，加大水土保持法的宣传力度，提高施工单位和各级管理人员及灌区移民的水土保持意识。

3. 水土保持运行评价

疏勒河项目运行期间，建设管理单位按照运行管理规定，加强对防治责任范围内的各项水土保持设施的管理维护。由疏勒河管理局及其下设各管理处、管理所（段）及农场负责管理、维护，并制定部门工作职责及管理制度，各司其职，做到组织落实、制度落实、任务落实、经费落实，保证水土保持设施的正常运行和水土保持效益的持续发挥。

运行期间设置专人负责绿化植株的洒水、施肥、除草等管护，确保植被成活率，达到绿化美化和保持水土的双重作用。

从目前运行情况看，工程措施运行正常，林草长势较好，项目周围的环境得到改善，临时用地植被恢复效果良好，防护效果明显。

（三）效果评价

1. 植被恢复效果

通过现场调研，工程施工期间对占地范围内的裸露地表实施了栽植乔灌木、撒播灌草籽、铺植草皮等方式进行绿化或恢复植被，达到防治水土流失和改善生态环境的目的，选用的树（草）种以新疆杨、二白杨、三倍体毛白杨、俄罗斯杨、新疆天演速生杨、胡杨、云杉、马尾松、樟子松、侧柏、国槐、沙枣、旱柳、金丝柳、小叶柳、甘蒙怪柳、龙爪柳、连翘、枣树、苹果、杏子、花卉、紫花苜蓿等，均以当地耐旱性、适生性、成活性好的乡土树（草）种为主。运行期间，通过实施养护管理措施和植被的进一步自然演替，项目区实施的林草植被恢复措施营造的苗木植被生长状况良好，与建设期间相比，库区、灌区小气候特征明显，项目区域内的植物多样性和郁闭度等得到了良好的恢复和提升。

疏勒河项目植被恢复效果评价指标见表4.26-3。

表 4.26-3 疏勒河项目植被恢复效果评价指标

评价内容	评价指标	结　果
植被恢复效果	林草覆盖率	12.26%
	植物多样性指数	0.15
	乡土树种比例	0.85
	单位面积枯枝落叶层	1.0cm
	郁闭度	0.50

2. 水土保持效果

通过现场调研和评价，项目实施的工程措施、植物措施等运行状况良好，根据水土保持监测成果，项目区平均土壤侵蚀模数 $2800t/(km^2 \cdot a)$，属中度侵蚀。通过各项水土保持措施的实施，至运行期项目区土壤侵蚀模数 $1327t/(km^2 \cdot a)$，使得项目建设区的原有水土流失基本得到治理，达到了固土保水的目的。工程施工迹地恢复和绿化多采用当地乡土树种和适生树种，迅速提高了施工迹地和绿化区域的林草覆盖率。施工迹地和绿化区域快速郁闭，并在一定程度上改良了土壤，对林下的植物起到遮阴降温的作用，为先锋树（草）种的生长提供了养分、改善干热小气候等有利的条件，随着各物种的进入，生物多样性得到了大幅提高。通过植物措施的实施，极大地提高了施工迹地和绿化区域的林草覆盖度和植物多样性，同时还有效改善了土壤的养分情况，对于前期防治水土流失起到关键作用。经过运行期的进一步自然演替，库区、灌区小气候特征明显，使得项目区域内的植物多样性和土壤有机质含量得以不同程度的改善和提升；经试验分析，土壤有机质含量约6.0%。项目区道路、建筑物等不具备绿化条件的区域采取混凝土、沥青混凝土、透水砖等方式进行硬化。地表硬化、迹地自然恢复和绿化措施的实施，使得项目区内由于工程建设导致的裸露地表得以恢复，水土流失面积得以大幅减少。

疏勒河项目水土保持效果评价指标见表4.26-4。

表 4.26 - 4　　　　　　　　　疏勒河项目水土保持效果评价指标

评 价 内 容	评 价 指 标	结　果
水土保持效果	表土层厚度	50cm
	土壤有机质含量	6.0%
	地表硬化率	3.22%
	自然恢复率	48.39%
	不同侵蚀强度面积比例	61.33%

3. 景观提升效果

管理区在进行植被恢复的同时考虑后期绿化的景观效果，根据工程实际情况，结合水土保持工程，采取了乔、灌、草、花卉相结合的园林式立体绿化方式，苗木种类选择时选用景观效果比较好的树（草）种，如新疆杨、二白杨、三倍体毛白杨、俄罗斯杨、新疆天演速生杨、胡杨、云杉、马尾松、樟子松、侧柏、国槐、沙枣、旱柳、金丝柳、小叶柳、甘蒙柽柳、龙爪柳、连翘、枣树、苹果、杏子、花卉等；同时根据各树种季相变化的特性，各种植物的枝、叶、花、果、色彩、姿态等的不同观赏性状进行植物的群落搭配和点缀，使区域内一年四季均有景色可欣赏，以提高项目区域的可观赏性效果，既起到了绿化美化的作用，也改善了生态环境。现阶段项目区已呈现出规划整齐、干净整洁、绿草茵茵、绿树成林、环境优美、鲜花盛开的景象。

疏勒河项目景观提升效果评价指标见表 4.26 - 5。

表 4.26 - 5　　　　　　　　　疏勒河项目景观提升效果评价指标

评 价 内 容	评 价 指 标	结　果
景观提升效果	美景度	5
	常绿、落叶树种比例	18%
	观赏植物季相多样性	0.42

4. 环境改善效果

植物是天然的清道夫，可以有效清除空气中的 NO_x、SO_2、甲醛、飘浮微粒及烟尘等有害物质。通过植被恢复、园林式绿化、养护管理等植物措施的实施，项目区内林草植被覆盖情况得以大幅度改善，植物在光合作用时释放负氧离子，使周边环境中的负氧离子浓度达到约 1500 个/cm^3，使得区域内人们的生活环境得以改善。

疏勒河项目环境改善效果评价指标见表 4.26 - 6。

表 4.26 - 6　　　　　　　　　疏勒河项目环境改善效果评价指标

评 价 内 容	评 价 指 标	结　果
环境改善效果	负氧离子浓度	1500 个/cm^3
	SO_2 吸收量	0.25g/m^2

5. 安全防护效果

通过调查了解，疏勒河项目施工时，根据各弃渣场的位置及特点分别实施了弃渣场混凝土挡墙、混凝土预制块工程护坡等措施；后期实施了弃渣平整措施。工程运行以来，各弃渣场运行情况正常，未发生水土流失危害事故，弃渣场拦渣及护坡工程整体完好，运行正常，拦渣率达到了 91% 以上；弃渣场整体稳定性良好。

疏勒河项目安全防护效果评价指标见表 4.26-7。

表 4.26-7　　　　　　　　　　疏勒河项目安全防护效果评价指标

评价内容	评价指标	结　果
安全防护效果	拦渣设施完好率	98%
	渣场安全稳定运行情况	稳定

6. 社会经济效果

项目主要目的是兴河西之利，济中部之贫，充分利用疏勒河较为丰富的水资源和广袤的土地资源，以及光照时间充足等有利条件，发展灌溉农业，解决中南部 11 个贫困县 7.5 万移民的温饱问题，提高甘肃省粮食和经济作物的产量，保护并恢复已恶化的生态环境。

项目灌区周边防护林、道路两侧防护林、农田周围防护林、经济林、畜牧业种草、速生用材林等的建设，不仅起到了防止灌区周边土壤沙化、防风固沙、降低风速，改善局部气候小环境的作用，也改善了灌区农业生产条件，增加了灌区及当地人民群众的经济来源，经济效益显著。

工程建设过程中各项水土保持措施的实施，在有效防治工程建设引起的水土流失、给当地居民带来直接经济效益的同时，将水土保持理念及意识在当地居民中树立了起来，使得当地居民在一定程度上认识到水土保持工作与人们的生活息息相关，提高了当地居民对水土保持、水土流失治理、保护环境等的意识强度，在其生产生活过程中自觉科学地采取有效措施进行水土流失防治，利用水土保持知识进行科学生产，引导当地生态环境进一步向更好的方向发展。

疏勒河项目社会经济效果评价指标见表 4.26-8。

表 4.26-8　　　　　　　　　　疏勒河项目社会经济效果评价指标

评价内容	评价指标	结　果
社会经济效果	促进经济发展方式转变程度	好
	居民水保意识提高程度	良好

7. 水土保持效果综合评价

采用模糊综合评判法综合确定水土保持实施效果。疏勒河项目各指标隶属度分布情况见表 4.26-9。

经分析计算，疏勒河项目模糊综合评判结果见表 4.26-10。

根据最大隶属度原则，项目良好（V2）的隶属度最大，故其水土保持评价效果为良好。

表 4.26 - 9　　　　　　　　疏勒河项目各指标隶属度分布情况一览表

指标层 U	变 量 层 C	权重	各 等 级 隶 属 度				
			好（V1）	良好（V2）	一般（V3）	较差（V4）	差（V5）
植被恢复 U1	林草覆盖率	0.0809			0.6232	0.3768	
	植物多样性指数	0.0199			0.1667	0.8333	
	乡土树种比例	0.0159	0.9	0.1			
	单位面积枯枝落叶层	0.0073		0.1	0.5	0.4	
	郁闭度	0.0822	0.1667	0.8333			
水土保持效果 U2	表土层厚度	0.0436		0.8658	0.1342		
	土壤有机质含量	0.1139	0.6	0.6			
	地表硬化率	0.014	0.9	0.1			
	不同侵蚀强度面积比例	0.0347			0.8658	0.1342	
景观提升效果 U3	美景度	0.0196			1		
	常绿、落叶树种比例	0.0032				1	
	观赏植物季多样性	0.0079		0.35	0.65		
环境改善效果 U4	负氧离子浓度	0.0459			0.6689	0.3311	
	SO₂ 吸收量	0.0919		0.35	0.65		
安全防护效果 U5	拦渣设施完好率	0.0542	0.9727	0.0273			
	渣（料）场安全稳定运行情况	0.2711	0.1667	0.8333			
社会经济效果 U6	促进经济发展方式转变程度	0.0188	0.8	0.2			
	居民水保意识提高程度	0.0751		0.8333	0.1667		

表 4.26 - 10　　　　　　　　疏勒河项目模糊综合评判结果

评价对象	好（V1）	良好（V2）	一般（V3）	较差（V4）	差（V5）
疏勒河项目	0.2219	0.5070	0.2210	0.0730	

四、结论及建议

（一）结论

疏勒河项目按照我国有关水土保持法律法规的要求，开展了卓有成效的水土保持工作，对防治责任范围内的水土流失进行了全面系统的治理，基本达到了施工期间控制水土流失、施工后期改善环境和生态的目的，营造了优美的水库、灌区环境，较好地完成了项目水土保持工作。工程运行以来，各项防治措施的运行效果良好，弃渣得到了及时有效的防护，施工区植被得到了较好的恢复，水土流失得到了有效的控制，生态环境得到了明显的改善。

1. 水土保持工程与绿化美化相结合

项目将水土流失治理和改善生态环境相结合，不仅有效防治水土流失，而且营造了灌区和移民村优美的环境，采用的水土保持工程防护标准是比较合适的，使水土保持工程与灌区生态环境的改善、美丽乡村建设和谐建设相结合，创造现代工程和自然和谐相处的环境，值得北方风沙区其他工程借鉴。

2. 风沙区水土流失治理成效显著

对于项目区建设过程中产生的水土流失问题，通过实施土地整治、砾石压盖、弃渣整治、草方格沙障等工程措施，防护林、防沙林、护渠林、护路林、护库林、经济林等植物措施，治理效果显著，治理经验值得总结并推广使用。

（二）建议

（1）注重水库上游水土保持林和灌区周边防风固沙林的建设。疏勒河项目位于北方风沙区，风力侵蚀严重，导致库区入库泥沙较多，增加了水库的运行压力，灌区周边土壤沙化。因此建议增加库区上游水土保持林和灌区周边防风固沙林的建设，持续发挥其拦沙减沙的功能，减少入库泥沙，延长工程运行寿命，防止灌区周边土壤沙化，防风固沙，降低风速，改善局部小气候。

（2）水土保持工程采取设计咨询全生命周期服务模式。注重水土保持设计的完整性、实用性、可行性，建议水土保持各阶段的设计咨询工作由同一单位完成，同时在施工图阶段应广泛征求建设单位、监理单位、施工单位、地方政府等多方意见，并将意见融进设计中，形成设计咨询全生命周期的服务模式。

（3）建议修订《生产建设项目水土保持技术标准》（GB 50433—2018）时，风沙区应考虑排水设施的除沙要求，以保证工程正常运行。

案例 27　青海省石头峡水电站工程

一、项目及项目区概况

（一）项目概况

青海省石头峡水电站工程是大通河流域水利水电规划的 13 个梯级电站中的第 5 座梯级水电站，是对"引大济湟"工程起调蓄作用的龙头水库，是集发电、供水、防洪为一体的综合水利水电工程。

青海省石头峡水电站工程由首部枢纽、引水系统、发电枢纽等组成。首部枢纽为石头峡水库工程，钢筋混凝土面板堆石坝，最大坝高 114.5m，水库总库容 9.85 亿 m^3，工程等别为 II 等大（2）型工程；引水系统为引水隧洞，全长 1312.85m，进水口—调压井段为压力引水隧洞，采用钢筋混凝土衬砌；调压井—厂房段为高压管道，采用一管三机；发电枢纽为发电厂房，设计发电流量 102.35m^3/s，装机容量 9 万 kW，多年平均年发电量3.516 亿 kW·h，年利用小时数 3907h。

工程总投资 12.45 亿元，工程于 2008 年 7 月开工，2018 年 6 月完工，工期 119 个月。

（二）项目区概况

工程所在区域属于高山河谷地貌，河谷较开阔，一般宽度为 1.1～2.2km，河谷中高程一般为 3025.00～3090.00m，河流比降一般为 4‰～6‰。由于河谷宽阔，河流分散，支沟发育，部分河段有河心滩。河谷形态多呈不规则 U 形，河流两岸地形起伏大，大多数河段两岸岸坡发育不对称。气候类型属高原大陆性半干旱气候，多年平均气温 0.48℃，多年平均最高气温 9.2℃，多年平均最低气温 −6.6℃，多年平均年无霜期 51d，多年平均年降水量 525.0mm，多年平均年蒸发量 1137.4mm，历年最大冻土层深度大于 200cm。

项目区内土壤主要以高山灌丛草甸土（亚类）为主，高山灌丛草甸土剖面平均厚度 40～60cm，坡度越陡土层越薄，剖面 0～26cm 为砂壤土，暗褐色，小粒状松散；剖面 26～52cm 为轻壤土，暗褐色，小粒状结构；剖面 52cm 以下，灰褐色，轻壤土，有锈纹、锈斑。项目区地处高寒草甸带，植被以小蒿草、矮蒿草占绝对优势，有披碱草、针茅、风毛菊等杂类草。在地下水溢出地段有苔草沼泽化草甸。山地阳坡是蒿草草甸和圆柏疏丛，阴坡有云杉、山柳、锦鸡儿、金腊梅灌丛，南部还有杜鹃灌丛。在高寒草甸上出产大黄、贝母、冬虫夏草等名贵药材，在谷底有一年一熟的青稞等，林草覆盖率为 25%～60%。

根据全国土壤侵蚀类型区划分，项目区属于青藏高原区，容许土壤流失量 1000 t/(km²·a)。水土流失类型主要为水力侵蚀，水土流失形式以面蚀和沟蚀为主。根据《全国水土保持规划（2015—2030 年）》，项目区属于祁连山-黑河国家级水土流失重点预防区。

二、水土保持目标、实施过程及效果

（一）水土保持目标

工程水土保持方案编制依据《开发建设项目水土流失防治标准》（GB 50434—2008），水土流失防治等级执行一级标准，防治目标见表 4.27-1。

表 4.27-1　　　　　石头峡水电站工程水土保持防治目标情况表

措 施 指 标	防治目标	措 施 指 标	防治目标
扰动土地整治率	98%	拦渣率	97%
水土流失总治理度	97%	林草植被恢复率	97%
土壤流失控制比	1.0	林草覆盖率	39%

（二）水土保持方案编报

2008 年 4 月，受青海省水利水电（集团）有限责任公司委托，青海省水利水电勘测设计研究院编制完成了《青海省门源县石头峡水电站水土保持方案报告书》（送审稿）。2008 年 5 月，通过青海省水土保持局组织的技术评审；根据评审意见，修改完成《青海省门源县石头峡水电站水土保持方案》（报批稿）。2008 年 5 月 20 日，青海省水土保持局以"青水保〔2008〕52 号"文对该水土保持方案报告书予以批复。

（三）水土保持措施设计

根据批复的水土保持方案，工程主要水土保持措施为表土保护工程、防洪排导工程、拦渣工程、斜坡防护工程、土地整治工程、临时防护工程和植被建设工程等。表土保护工程包括各防治区的表土剥离措施；防洪排导工程主要包括生态放水洞出口边坡、厂房周边、道路边沟、大坝及生活管理区、2 个弃渣场内侧坡脚截（排）水沟工程；拦渣工程主要包括 1 号弃渣场干砌石拦渣墙和 2 号弃渣场格宾石笼拦渣墙；斜坡防护工程包括各个防治区开挖回填边坡采取的拱形骨架综合护坡、植物护坡和挂网喷混凝土护坡；土地整治工程包括各个防治区的土地平整及覆土措施；临时防护工程包括各个防治区的临时拦挡、排水和苫盖措施；植被建设工程包括各个防治区栽植乔木、撒播草籽。为更好地落实各项水土保持措施，建设单位委托青海省水利水电勘测设计研究院开展水土保持工程施工图设计，编制了《青海省门源县石头峡水电站工程水土保持工程设计》及《青海省门源县石头峡水电站水土保持工程图集》。

石头峡水电站工程水土保持措施设计情况见表 4.27-2。

表 4.27-2　　　　　　石头峡水电站工程水土保持措施设计情况

措施类型	区　　域	设计措施实施区域	主要措施及标准
防洪排导工程	发电引水工程区、发电工程区、道路区、大坝及生活管理区、弃渣场区	生态放水洞出口边坡、厂房周边、道路边沟、大坝及生活管理区、2个弃渣场内侧坡脚	截（排）水沟、截洪沟。采用20年一遇标准
拦渣工程	弃渣场区	2个弃渣场	干砌石拦渣墙、格宾石笼拦渣墙。5级建筑物
斜坡防护工程	发电厂房、生活管理区	开挖回填边坡	拱形骨架综合护坡、植物护坡。3级防护
	溢洪道	开挖边坡	挂网喷混凝土护坡。3级防护
	施工道路区	道路开挖、回填边坡	植物护坡。3级防护
表土保护工程	各防治区	对可剥离的区域实施剥离措施	表土剥离，剥离厚度20～30cm
土地整治工程	各防治区	主要为大坝、发电引水工程、发电工程扰动区域、施工生产生活区全面积、施工道路区开挖回填边坡、料场开采区域、电站及大坝生活管理区非硬化区域	覆土、平整、边坡修整
植被建设工程	各防治区	主要为溢洪道出口边坡、发电引水工程临时占地、发电工程场内绿化区域、施工生活区全面积、施工道路开挖回填边坡、电站生活管理区绿化区域、料场开采区域、弃渣场顶部及边坡、对外交通桥引道两侧及回填边坡	乔木树种青杨、新疆杨、青海云杉，草种披碱草、星星草、冷地早熟禾、中华羊茅
临时防护工程	各防治区	主要为各个防治区剥离表土和开挖土临时堆放区域	草袋拦挡、临时苫盖、临时排水土沟

（四）水土保持施工

通过工程招投标选定 2 家施工单位为主体工程施工单位，水土保持工程由主体施工单位代为施工。为了有效控制施工质量，建设单位成立了青海引大济湟水电建设有限责任公司具体管理该项目，成立了项目建设领导小组，各职能部门负责项目的决策、设计、建设、运营等全过程管理工作。

工程建设过程中，为了保障水土保持工作的正常运行，加强水土保持工程管理，提高水土保持工程施工质量，实现工程总体目标，建设单位制定了工程《水土保持管理方案》《水土保持管理办法》等规章制度，形成了施工、监理、设计、建设管理单位密切配合的合作关系，并在工程建设过程中逐步完善，水土保持工作作为基本内容纳入主体工程管理中。

2017年3月16日，青海引大济湟水电建设有限责任公司与陕西黄河生态工程有限公司签订了青海省石头峡水电站工程水土保持监测合同，开展项目水土保持监测工作。

项目水土保持监理工作由黄河勘测规划设计研究院有限公司承担，并依据批复的水土保持方案报告书及其批复文件、水土保持工程监理相关技术规范等，制定了水土保持监理规划和监理实施细则。

（五）水土保持验收

2020年9月，青海省水利水电（集团）有限责任公司开展青海省石头峡水电站工程水土保持设施竣工验收准备工作，委托西峰黄河水土保持规划设计院开展验收报告编制工作。2020年10月，青海省石头峡水电站工程水土保持设施通过了自主验收。

（六）水土保持效果

根据现场调查，青海省石头峡水电站工程自竣工验收以来，各项水土保持设施保存及运行较为完好，边坡防护设施稳定，排水工程畅通，植物措施已开始发挥蓄水保土效益，起到了防治水土流失的作用。随着植被覆盖度的进一步提高，措施作用越来越明显，有效维护了生态环境。青海省石头峡水电站工程水土保持措施防治效果见图 4.27-1 和图 4.27-2。

图 4.27-1 石头峡水库工程全貌（照片由张小平 徐世芳提供）

三、水土保持后评价

（一）目标评价

根据《石头峡水电站水土保持设施验收报告》，并结合现场踏勘，各项水土保持措施发挥了其应有的水土保持功能，未出现明显水土流失现象；根据监测结果，6项防治

（a）大坝管理区排水及绿化

（b）大坝施工区复耕

（c）发电厂房及管理区截洪沟

（d）弃渣场拦挡及绿化

图 4.27 - 2　石头峡水电站工程水土保持措施防治效果（照片由张小平　徐世芳提供）

指标均能达到水土保持方案确定的防治目标。但结合工程现场实际，水土保持后评价认为对《生产建设项目水土流失防治标准》（GB/T 50434—2018）个别指标需细化和补充。

关于林草植被恢复率和林草覆盖率，计算面积为投影面积，而对于众多大中型水利水电工程实际施工过程中，存在大量的高陡边坡，边坡越陡投影面积越小，因此对于林草植被恢复率和林草覆盖率影响越小，虽然指标能够达到，但是实际坡面面积远大于投影面积，不能反映实际生态问题，建议计算林草植被恢复率和林草覆盖率涉及边坡时，按坡面面积计算。在青藏高原地区对于表土层厚度小于 10cm 或土壤质地为壤土、砂质壤土、砂质黏土以外的其他土壤或盐碱含量高的土壤的草原区域，应当只剥离草皮不剥离表土，故在以上区域用草皮保护率指标替代表土保护率指标。

（二）过程评价

1. 措施评价

（1）防洪排导工程。因石头峡水电站最终水土保持施工图是在每一个防治分区施工前逐步完成的，故工程所设的截（排）水工程是符合工程实际，满足防洪排导要求的，设计标准为 20 年一遇，从后期调查情况来看，生态放水洞出口边坡截水沟有效防止了边坡汇流，保证了边坡稳定；发电厂房，生活管理区周边截洪沟有效拦截了坡面汇水，保证了发电厂房及生活管理区安全运行。

（2）拦渣工程。工程在 2 处弃渣场分别设置了干砌石拦渣墙和浆砌石拦渣墙，根据现场调查，拦渣墙外观质量合格，无变形，墙后无弃渣散溢，拦渣效果较好。

（3）斜坡防护工程。工程建设产生的边坡主要为溢洪道开挖边坡，施工道路开挖边坡，发电厂房和生活管理区场地平整形成的开挖回填边坡，弃渣场堆渣边坡，采取的边坡防护措施以生态护坡为主。根据现场调查，坡度较缓的边坡纯生态护坡和采取拱形骨架综合生态护坡的边坡植被恢复效果明显比坡度较陡的纯生态护坡好。

（4）土地整治工程。根据现场调查，工程占地范围内的料场、施工工区等场地及时进行了建筑垃圾清理，土地平整、覆土，并采取了植被恢复措施。

（5）表土保护工程。工程建设前，对场地表土进行了剥离，剥离表土堆放于各个防治分区空地，并采取临时苫盖和拦挡措施，有效地保护了表土资源，但工程所处地区土层薄，剥离表土在很大程度上难于满足工程绿化覆土需要。

（6）植被建设工程。施工营地，料场，弃渣场渣顶及边坡采取植被恢复措施，发电厂房生活管理绿化区域采取了绿化措施。绿化树（草）种有青海云杉、油松、青杨、新疆杨、披碱草、早熟禾、中华羊茅和星星草等。

（7）临时防护工程。通过查阅资料，工程对于临时性开挖土，剥离表土采取临时拦挡、苫盖和临时排水措施，但缺少临时沉沙措施。

根据过程评价，1号弃渣场堆渣边坡坡比为1∶1，2号弃渣场堆渣边坡坡比为1∶2，在相同的自然条件下，2号弃渣场缓边坡林草覆盖率明显高于1号弃渣场陡边坡；工程地处青藏高原区，土层薄，表土剥离困难，很难满足工程植被恢复需要。因此，需根据不同地区的特点，在保证弃渣边坡稳定基础上考虑适合植被生长的边坡坡比；对于困难立地区域（坡度大于45°，表土层小于10cm）提出土壤改良技术，并鼓励积极采取土壤改良措施和灌溉措施，补齐青藏高原地区表土不足的短板。

2. 水土保持管理评价

（1）设立水土保持工作领导机构。为了有效控制施工质量，青海省水利水电（集团）有限责任公司成立了青海引大济湟水电建设有限责任公司具体管理该项目，成立了项目建设领导小组，各职能部门负责项目的决策、设计、建设、运营等全过程管理工作。工程建设过程中，建设单位将水土保持相关的工作纳入主体工程建设计划中，工程建设期间，建设单位多次组织施工单位的主要人员进行了水土保持法律法规教育的学习，并要求各施工单位以召开文明施工专题会议的形式，加强施工过程中对施工人员水土保持意识的宣传教育，使施工单位切实做到文明施工，做好工程水土保持工作。

（2）设立水土保持管理机构。建设单位为使工程建设与水土保持措施同步进行，根据水土保持方案报告书批复，要求设计单位将水土保持措施纳入主体工程设计之中，各防治区在主体设计中一并对水土保持措施进行设计，使水土保持措施落实到每一环节。在施工过程中，由建设单位安排水土保持管理人员负责水土保持工程的建设管理，监督工程建设期间水土保持措施的落实，及时协调和解决工程施工过程中发生的水土保持相关问题，促进各项水土保持措施的顺利实施，保证工程建设各个阶段满足水土保持规范要求。

（3）制定水土保持规章制度。工程建设过程中，为了保障水土保持工作的正常运行，加强水土保持工程管理，提高水土保持工程施工质量，实现工程总体目标，建设单位制定了工程《水土保持管理方案》《水土保持管理办法》等规章制度，形成了施工、监理、设计、建设管理单位密切配合的合作关系，并在工程建设过程中逐步完善，水土保持工作作为基本内容纳入主体工程管理中，工程建设过程中未发生过重大水土流失事件。

（4）建设单位在水土保持方案批复后，委托陕西黄河生态工程有限公司负责项目施工期水土流失动态监测工作。监测单位按照水利部相关要求完成 15 期季度报表，3 期年度报告等阶段监测成果，季度报表和年度报告等阶段监测成果按季度和年度及时提交了建设单位，并报送青海省水土保持局。2020 年 9 月，监测单位提交了《青海省门源县石头峡水电站工程水土保持监测总结报告》。

（5）水土保持监理由施工监理黄河勘测规划设计研究院有限公司兼任。监理单位在监理工作中以质量控制为核心，水土保持监理工作方式以巡视为主，旁站为辅，并辅以必要的仪器检测。监理工作中对开工申请、工序质量、中间交工等采取严格检查的方法进行监督与控制；对于重要部位、关键工序、隐蔽工程等，实施全过程、全方位、旁站监理制度，要求旁站人在施工现场必须坚守岗位，尽职尽责，对施工质量进行全面监控，检查承包人的各种施工原始记录并确认，记录好质量监理日志和台账。巡视过程中若发现问题，监理工程师即要求承包人限期整改；整改过程中，监理工程师及时跟踪、检查。工程完工后，监理单位于 2020 年 9 月提交了《青海省门源县石头峡水电站工程水土保持监理总结报告》。

3. 水土保持运行评价

工程投运后，由青海雪玉水电有限责任公司引大济湟发电分公司负责巡查、运行管理、维护、维修工作。青海雪玉水电有限责任公司建立了管理维护制度，明确责任单位和责任人，定期检查水土保持设施，对工程措施进行管护，发现问题及时维护；对植物措施及时进行补植、补种和养护，保证林草措施正常生长，长期有效地发挥水土保持设施的蓄水保土效果。

从目前工程运行情况看，水土保持设施管理维护责任得到了落实，可以保证水土保持设施的正常运行。水土保持设施的管理维护责任明确，能够保证工程沿线各项防护措施长期有效发挥水土保持作用。

（三）效果评价

1. 植被恢复效果

通过现场调研及资料收集，工程施工期间对占地范围内的裸露地表采取了栽植乔灌、撒播草籽的方式进行景观绿化或恢复植被。电站生活管理区、永久道路区等永久征地区域景观绿化树（草）种选择青海云杉、油松、青杨、新疆杨、披碱草、早熟禾、中华羊茅和星星草等。各施工区、边坡、临时道路、弃渣场、料场等临时占地区域植被恢复树（草）种选用青杨、披碱草、早熟禾、星星草、中华羊茅等。

运行期间，通过实施养护管理和植被的进一步自然演替，项目区实施的绿化植被生长状况基本良好，与建设期间相比，项目区域内的林草植被覆盖度和郁闭度等得到了良好的恢复和提升。

石头峡水电站工程植被恢复效果评价指标见表 4.27-3。

表 4.27-3　　　　　　　石头峡水电站工程植被恢复效果评价指标

评价内容	评价指标	结　果
植被恢复效果	林草覆盖率	45.22%
	植物多样性指数	0.09
	乡土树种比例	1.00
	郁闭度	0.51

2. 水土保持效果

通过现场调研和评价，石头峡水电站实施的工程措施、植物措施等运行状况良好，根据水土保持监测统计，工程施工期间土壤侵蚀量 10901.57t，扰动后侵蚀模数分别为：主体工程区 2980t/(km² · a)、施工生产生活区 2900t/(km² · a)、临时施工道路区 3100 t/(km² · a)、取料场区 3250t/(km² · a)、弃渣场区 3300t/(km² · a)、电站生活管理区 3000t/(km² · a)；通过各项水土保持措施的实施，至运行期项目区土壤侵蚀模数 1000 t/(km² · a)，使得项目建设区的原有水土流失基本得到治理，达到了固土保水的目的。石头峡水电站绿化表土层厚度 15cm，植被恢复区域表土层厚度 5~10cm，平均表土层厚度约 10cm。工程迹地恢复和绿化均采用当地乡土树种，经过运行期的进一步自然演替，植被恢复区林分稳定，使得项目区树（草）种种数和土壤有机质含量得以不同程度的改善和提升。经分析，土壤有机质含量约 5.6%。

工程管理范围内道路、建构筑物等不具备绿化条件的区域采取混凝土、沥青混凝土、水泥浇筑等方式进行硬化。地表硬化、迹地恢复和绿化措施的实施，使得项目区内由于工程建设导致的裸露地表得以恢复，水土流失面积得以大幅减少。

石头峡水电站工程水土保持效果评价指标见表 4.27-4。

表 4.27-4　　　　　　　石头峡水电站工程水土保持效果评价指标

评价内容	评价指标	结　果
水土保持效果	表土层厚度	10cm
	土壤有机质含量	5.6%
	地表硬化率①	41.77%
	不同侵蚀强度面积比例①	98.25%

①　表示征占地面积不含水库淹没区。

3. 景观提升效果

工程管理范围内仅生活管理区周边空闲地和永久道路区行道树进行了景观绿化，但受自然地理条件限制，苗木种类选择和树种季相变化单一。管理区绿化选用青海云杉，行道树选用青海云杉和新疆杨，根据新疆杨季相变化的特性和青海云杉常绿的特质，可以提高项目区域的可观赏性效果。

石头峡水电站工程景观提升效果评价指标见表 4.27-5。

4. 安全防护效果

通过调查了解，工程共设置弃渣场 2 处，根据各弃渣场的位置及特点分别实施了弃渣场的拦挡措施、排水措施（坡脚排水沟）等工程措施；后期实施了弃渣场的迹地恢复措施。

表 4.27-5 石头峡水电站工程景观提升效果评价指标

评价内容	评价指标	结 果
景观提升效果	常绿、落叶树种比例	100%
	观赏植物季相多样性	0.5

经调查了解，工程运行以来，各弃渣场运行情况正常，未发生水土流失危害事故，弃渣场拦渣及截（排）水设施整体完好，运行正常，拦渣设施完好率达到了98%；根据《石头峡水电站工程弃渣场稳定性评估》结论，建设单位依据水土保持相关法律法规、规范标准，对弃渣场采取了工程措施和植物措施综合防护体系，其中工程措施采取了挡墙防护，植物措施采取了撒播草籽，相应的设计标准符合水土保持相关规范要求，弃渣场整体稳定性较好。要求做好弃渣场后缘截（排）水沟防渗措施；在渣场坡脚3～5m范围内修建拦渣墙，进一步保证拦渣率；1号弃渣场弃渣边坡林草覆盖率较低，需进一步补植；运行过程中加强弃渣场前缘稳定性监测。

石头峡水电站工程安全防护效果评价指标见表4.27-6。

表 4.27-6 石头峡水电站工程安全防护效果评价指标

评价内容	评价指标	结 果
安全防护效果	拦渣设施完好率	98%
	渣（料）场安全稳定运行情况	稳定

5. 生产力提升效果

人工林草地生产力的提高不仅在保持水土、改良土壤以及保持生态平衡方面具有重要的作用，还能提高饲草质量，促进畜牧业的健康发展。通过现场调查和评价，工程施工结束后针对裸露地表全面恢复植被，弃渣场及两处施工工区等全面恢复为人工草地，砂石料场及一处施工生产生活区全面恢复为林地，植被生长状况良好，种植的披碱草、早熟禾等均为当地优质牧草资源，青杨、青海云杉、旱柳等均为当地适生的水土保持先锋树种。经采样测定和计算，石头峡水电站平均草地生物量为260g/m^2，林地生物量为27.79kg/m^2。

石头峡水电站工程生产力提升效果评价指标见表4.27-7。

表 4.27-7 石头峡水电站工程生产力提升效果评价指标

评价内容	评价指标	结 果
生产力提升效果	草地生物量	260g/m^2
	林地生物量	27.79kg/m^2

6. 社会经济效果

工程是大通河流域水利水电规划的13个梯级电站中的第5座梯级水电站，是对引大济湟工程起调蓄作用的龙头水库，工程区后续生态恢复问题也是各方关注的问题。通过现场调查，因工程建设造成的裸露地表全部采取了植被恢复措施，经过几年的自然恢复，项目区林地郁闭度达到0.40～0.50，人工草地覆盖度均达到50%以上。通过水土保持措施综合治理使项目区治理程度明显提高、林草措施面积增大、土壤有机质含量增加、土地生产力逐步提高、土壤侵蚀大幅减弱，有效遏制了土地退化，使工程区的生态环境得到明显改善，生态安全得到有力保障，从而为实现人与自然和谐发展奠定了基础。经公众满意度调查，工程区群众针对项目建设过程中对环境影响后的治理、对弃土弃渣管理等方面均有较好的反响，工程建设对提高周边居民水保意识也有非常积极的作用。因此，该项目水土保持工作具有很好的生态、经济和社会效益。

石头峡水电站工程社会经济效果评价指标见表4.27-8。

表 4.27-8　　　　　　石头峡水电站工程社会经济效果评价指标

评价内容	评价指标	结　果
社会经济效果	促进经济发展方式转变程度	好
	居民水保意识提高程度	良好

7. 水土保持效果综合评价

通过查表确定计算权重，根据层次分析法计算石头峡水电站工程各指标实际值对于每个等级的隶属度。

石头峡水电站工程各指标隶属度分布情况见表4.27-9。

表 4.27-9　　　　　　石头峡水电站工程各指标隶属度分布情况

指标层 U	变 量 层 C	权重	各 等 级 隶 属 度				
			好 (V1)	良好 (V2)	一般 (V3)	较差 (V4)	差 (V5)
植被恢复效果 U1	林草覆盖率 C11	0.0882	0.1053	0.7217	0.1730		
	植物多样性指数 C12	0.0199		0.1412	0.7541	0.1047	
	乡土树种比例 C13	0.0159	1.0000				
	郁闭度 C14	0.0822		0.2895	0.7105		
水土保持效果 U2	表土层厚度 C21	0.0436			0.5428	0.4572	
	土壤有机质含量 C22	0.0798	0.0842	0.2269	0.6889		
	地表硬化率 C23	0.0140			1.0000		
	不同侵蚀强度面积比例 C24	0.0347	0.6164	0.3836			
景观提升效果 U3	常绿、落叶树种比例 C31	0.0434			1.0000		
	观赏植物季相多样性 C32	0.0507				0.5000	0.5000
生产力提升效果 U4	生物量 C41	0.1484			0.5380	0.4620	
安全防护效果 U5	拦渣设施完好率 C51	0.0542	0.5000	0.5000			
	渣（料）场安全稳定运行情况 C52	0.2711	0.6667	0.3333			
社会经济效果 U6	促进经济发展方式转变程度 C61	0.0188		0.6000	0.4000		
	居民水保意识提高程度 C62	0.0351		0.8000	0.2000		

经分析计算，石头峡水电站工程模糊综合评判结果见表4.27-10。

根据最大隶属度原则，工程V2等级的隶属度最大，故其水土保持评价效果为良好，综合得分83.91分。

表 4.27-10　　　　　　　　石头峡水电站工程模糊综合评判结果

评价对象	好（V1）	良好（V2）	一般（V3）	较差（V4）	差（V5）
石头峡水电站	0.2611	0.4157	0.2758	0.0474	0
综合得分			83.91		

四、结论及建议

（一）结论

青海引大济湟水电建设有限责任公司在项目建设过程中对水土保持工作非常重视，开展了水土保持可行性研究到施工图全阶段设计，对拦挡工程、引水工程、发电工程、导流工程、施工道路、施工生产生活区、取料场、弃渣场、电站生活管理区等防治分区采取了相应的工程措施防护、植被恢复措施和施工期间的临时防护措施，项目建设区的水土保持工程质量基本合格，防治责任范围内的水土流失得到有效治理，项目建设区生态环境较工程施工期得到了改善，总体上发挥了保持水土、改善生态环境的作用。总体评价出的优点、缺点可供其他类似项目借鉴。

（二）建议

（1）建议修订《生产建设项目水土流失防治标准》（GB/T 50434—2018）时，计算林草植被恢复率和林草覆盖率，计算基础数据采用坡面面积；对于表土层厚度小于 10cm 或土壤质地为壤土、砂质壤土、砂质黏土以外的其他土壤或盐碱含量高的土壤的草原区域，应当只剥离草皮不剥离表土，故在以上区域需将表土保护率改为草皮保护率。

（2）建议修订《生产建设项目水土保持技术标准》（GB 50433—2018）时，对于立地条件较差区域（坡度大于 45°、表土层小于 10cm）提出土壤改良技术标准和灌溉的相关要求。

案例 28　新疆乌鲁瓦提水利枢纽工程

一、项目及项目区概况

（一）项目概况

新疆乌鲁瓦提水利枢纽工程位于新疆和田河西支流喀拉喀什河中游河段出山口处，距和田市 70km，距墨玉县 56km，距乌鲁木齐 2080km。

新疆乌鲁瓦提水利枢纽工程为大（2）型水利枢纽工程，大坝、泄洪冲沙洞、溢洪道等主要建筑物按 2 级建筑物设计，厂房、发电引水洞、冲沙洞按 3 级建筑物设计，临时建筑物按 4 级建筑物设计。工程地震设防烈度为 7 度，水库设计洪水为 100 年一遇，校核洪水为 2000 年一遇加 15% 的安全保证值。水库主坝高 133m，坝顶宽 10m，坝顶高程 1967.00m，正常蓄水位 1962.00m，校核洪水位 1963.29m。水库总库容 3.336 亿 m³，为不完全年调节水库。乌鲁瓦提水利枢纽工程由拦河混凝土面板堆石坝、溢洪道、右岸导流泄洪冲沙洞、左岸发电引水隧洞、地面式厂房和开关站等建筑物组成。

新疆乌鲁瓦提水利枢纽工程是和田河流域控制性骨干工程，具有灌溉、发电、防洪和改善生态环境等综合效益。电站总装机容量 60MW，保证出力 16.5MW，多年平均年发电量 1.97 亿 kW·h。工程实际完成总投资 125028 万元。主体工程于 1995 年 10 月正式开工建设，于 2002 年 9 月完工。工程建设单位为新疆乌鲁瓦提水利枢纽工程建设管理局（以下简称"乌鲁瓦提建管局"）。

工程曾经获得国家科技进步二等奖、国家第十届优秀工程设计金奖、国家第九届优秀工程勘察银奖、中国建筑工程鲁班奖、中国水利工程优质（大禹）奖、第十届中国土木工程詹天佑奖、百年百项杰出土木工程等奖项及荣誉称号，在全国具有较高的知名度和影响力。

（二）项目区概况

工程位于喀拉喀什河中游河段出山口处，该区属中低山丘陵区，总地势南高北低，呈阶梯递降状，山势高耸，海拔 2000～2800m，两岸山体雄厚，无低于库水位的邻谷。项目区气候类型为极度干燥的大陆荒漠性气候，降水稀少，蒸发强烈，气温日较差大，多年平均气温 11.07℃，多年平均年降水量 78.8mm；多年平均年蒸发量 2602mm；多年平均风速 2.1m/s，项目区及周边区域多浮尘天气，和田河中游平原区年平均浮沉日为 202.4d，多发生于春、夏两季。项目区土壤类型主要为风沙土，较干燥，土壤有机质含量低。项目区植被类型属干旱荒漠型植被，山坡岩石裸露，基本无植被覆盖，仅河谷沿河床局部有少量柽柳、骆驼刺及一些杂草分布，且稀疏矮小，总体植被盖度小于 3％。

和田河中游平原区年平均浮沉日为 202.4d，最多为 260d，最少 150d。流域内降水稀少，但偶尔也出现局部强度较大的暴雨，多发生在低山及山前丘陵区。局部暴雨常引起山洪暴发，给工农业带来灾害，有时山洪沟和集流区因暴雨形成泥石流。

项目区属典型的大陆荒漠性气候，水土流失类型主要为风力侵蚀和水力侵蚀两种类型。风力侵蚀强度属中度风力侵蚀，水力侵蚀是项目区仅次于风力侵蚀的土壤侵蚀类型，侵蚀强度总体属于轻度水力侵蚀。综合风力侵蚀和水力侵蚀的因素，项目区年平均原地貌土壤侵蚀模数约为 4000t/(km^2·a)。

在《全国水土保持区划（试行）》中，项目区所在的和田县被划分为国家级水土流失重点预防区。

二、水土保持目标、实施过程及效果

（一）水土保持目标

工程水土保持方案编制时间较早，当时的水土保持方案编制技术规范没有要求在方案中对水土流失防治标准的六项指标进行量化和分析。2012 年开展工程水土保持验收工作时，水土保持验收评估单位对工程的水土流失防治目标进行了补充说明，确定项目的水土流失防治等级应执行建设类项目的二级标准，并根据项目区自然环境及水土流失现状，对防治目标中的水土流失总治理度、土壤流失控制比、林草植被恢复率和林草覆盖率进行了调整。最终确定的水土流失防治目标见表 4.28－1。

表 4.28－1　　　　　乌鲁瓦提水利枢纽工程水土流失防治目标表

序号	防治措施	防治目标值	序号	防治措施	防治目标值
1	扰动土地整治率	95％	4	拦渣率	95％
2	水土流失总治理度	80％	5	林草植被恢复率	90％
3	土壤流失控制比	0.8	6	林草覆盖率	15％

（二）水土保持方案编报

2000 年，乌鲁瓦提建管局委托水利部新疆维吾尔自治区水利水电勘测设计研究院（以下简称"新疆院"）承担项目水土保持方案编制工作。2000 年 6 月，新疆院编制了《新疆乌鲁瓦提水利枢纽工程水土保持方案大纲（初步设计阶段）》。2001 年 8 月，水利部以"水保函〔2001〕34 号"文批复该大纲。2002 年 5 月，新疆院编制完成了《新疆乌鲁瓦提水利枢纽工程水土保持方案报告书（初步设计阶段）》（报批稿）。2002 年 9 月，水利部以"水保函〔2002〕356 号"文批复了该方案报告书。

水土保持方案批复后，建设单位按批复内容逐步实施了部分水土保持措施。随着下游波波娜水电站开工建设，由于其淹没、施工征用了部分工程土地，造成乌鲁瓦提水利枢纽工程水土流失防治责任范围发生变化，水土保持方案中提出的部分水土保持措施已无法实施。在此情况下，乌鲁瓦提建管局于 2011 年委托新疆院编制了《新疆乌鲁瓦提水利枢纽工程水土保持设计变更报告》，并报送水规总院审查。2011 年 8 月，水规总院以《关于印发新疆乌鲁瓦提水利枢纽工程水土保持设计变更报告审查意见的函》（水总环移〔2011〕798 号）对该报告形成了审查意见。

（三）水土保持措施设计

根据批复的水土保持方案和水土保持设计变更报告，新疆乌鲁瓦提水利枢纽工程水土流失防治分区划分为水库淹没区、枢纽区、管理区、料场区、弃渣场区、施工临建设施区、道路区、和田基地区等 8 个二级分区。设计的水土保持措施包括防洪排导工程、拦渣工程、斜坡防护工程、土地整治工程、植被建设工程等。

（1）防洪排导工程：主要包括枢纽区右坝肩台地天然沟道修建浆砌石排水沟；施工临建设施区拌和楼旁天然沟道修建浆砌石排水沟。

（2）挡渣工程：主要包括枢纽区防止松散岩体和风化层部位滑塌的浆砌石挡墙；工程管理区各平台之间的浆砌石挡墙；1 号公路所经洪沟的浆砌石拦渣堤，以及沿线 2 处滑塌体的浆砌石挡墙。

（3）斜坡防护工程：主要包括枢纽区内局部松散的岩体和风化层采取浆砌石护坡防护；1 号公路和坝区公路高边坡的浆砌石护坡。

（4）土地整治工程：包括枢纽区各绿化区域覆土后进行土地整治措施；料场、弃渣场和施工临建设施区施工结束后的覆土及土地整治措施；工程管理区、和田生活基地和道路区两侧的绿化区覆土后进行土地整治措施。

（5）植被建设工程：包括枢纽区左、右坝肩台地，冲沙洞出口区，溢洪道坡台地，电站厂房区等区域种植乔木和草坪等植物措施；料场区和弃渣场区种植乔木；工程管理区、和田生活基地和道路区两侧种植乔木、灌木和草坪等植物措施。

乌鲁瓦提水利枢纽工程水土保持措施设计情况见表 4.28 - 2。

表 4.28 - 2　　　　　乌鲁瓦提水利枢纽工程水土保持措施设计情况

措施类型	二级分区	三级分区	主要措施及标准
防洪排导工程	枢纽区	右坝肩台地区	矩形浆砌石排水沟
	施工临建设施区	拌和楼区	浆砌石排洪沟

续表

措施类型	二级分区	三级分区	主要措施及标准
挡渣工程	枢纽区	左坝肩台地区	浆砌石挡墙
		冲沙洞出口区	浆砌石拦渣坝、浆砌石挡墙
		溢洪道坡台地	浆砌石挡墙
	工程管理区	工程管理区	浆砌石挡墙
	道路建设区	1号公路	浆砌石拦渣堤、浆砌石挡墙
斜坡防护工程	枢纽区	左坝肩台地	浆砌石护坡
		溢洪道坡台地	浆砌石护坡
		冲沙洞出口区	浆砌石护坡
	道路建设区	溢洪道出口	浆砌石护坡
		1号公路	浆砌石护坡
		坝区公路	浆砌石网格护坡
土地整治工程	枢纽区	左坝肩台地区	覆土后进行土地整治
		冲沙洞出口区	覆土后进行土地整治
		右坝肩台地区	覆土后进行土地整治
		溢洪道坡台地	覆土后进行土地整治
		电站厂房区	覆土后进行土地整治
	工程管理区	工程管理区	覆土后进行土地整治
	料场区	左岸河滩料场	覆土后进行土地整治
		右岸河滩料场	覆土后进行土地整治
	弃渣场区	下游右岸渣场区	土地整治
	施工临建设施区	拌和楼区	覆土后进行土地整治
		施工临时住宅区	覆土后进行土地整治
		筛分场区	覆土后进行土地整治
		西台地临建区	土地平整
	道路建设区	1号公路	覆土后进行土地整治
		坝区公路	覆土后进行土地整治
		下游左岸沿河公路	覆土后进行土地整治
	和田生活基地		土地平整
植物建设工程	枢纽区	右坝肩台地区	种植乔木、种植草坪、撒播草籽
		左坝肩台地区	种植乔木、种植草坪
		冲沙洞出口区	种植乔木、种植草坪
		溢洪道坡台地	撒播草籽、种植灌木
		电站厂房区	种植乔木、撒播草籽
	工程管理区	工程管理区	种植乔木、种植草坪
	料场区	左岸河滩料场	种植乔木
		右岸河滩料场	种植乔木

续表

措施类型	二级分区	三级分区	主要措施及标准
植物建设工程	弃渣场区	下游右岸渣场区	种植乔木
	施工临建设施区	拌和楼区	种植乔木、种植灌木
		施工临时住宅区	种植乔木、种植灌木
		筛分场区	种植乔木
		西台地临建区	种植乔木
	道路建设区	1号公路	种植乔木、种植草坪
		下游左岸沿河公路	种植乔木
	和田生活基地		种植乔木、种植草坪

（四）水土保持施工

新疆乌鲁瓦提水利枢纽工程项目建设实行项目法人责任制、工程招标制、建设监理制和合同管理制，各项工作严格按规程、规范和制度进行管理。

建设单位采用公开招标的方式，选取了和田地区银河实业公司、乌鲁木齐市金东方园林工程有限公司、新疆水利水电工程建设承包公司、新疆绿地王生态绿化有限公司、乌鲁木齐博汇园林绿化有限公司、浙江昆仑园林工程有限公司等承担水土保持工程施工。

乌鲁瓦提建管局在工程建设过程中组织设计、监理、施工等参建单位，认真履行各自职责，按照工程建设的要求全面搞好安全、质量、进度和投资控制，同时搞好工程建设各环节的协调，及时足额拨付移民资金，保证工程建设顺利进行。乌鲁瓦提建管局下设办公室、工程技术科、质量安全科、计划合同科、环境移民科、财务科等六个部门，水土保持工作由工程技术科具体负责，牵头成立了建管、设计、监理、施工及有关单位参加的新疆乌鲁瓦提水利枢纽工程水土保持工作领导小组，各参建单位也分别成立了水土保持领导机构，并指定专人负责水土保持工作。

水土保持工程措施监理单位为新疆水利水电工程建设监理中心，监理单位具有相应资质和经验，对主体工程的施工建设及水土保持工程的质量、进度、投资按照业主的授权及合同规定，实施全过程的监理职责。监理单位按技术规范、施工图纸及批准的施工方法和工艺施工，对施工过程中的实际资源配备、工作情况和质量问题等进行核查，并进行详细记录。

乌鲁瓦提建管局依据《中华人民共和国水土保持法》、《水土保持监测技术规程》（SL 277—2002）、《开发建设项目水土保持设施验收技术规程》（GB/T 22490—2008）、水利部《关于规范生产建设项目水土保持监测工作的意见》（水保〔2009〕187号）、《新疆乌鲁瓦提水利枢纽工程水土保持方案报告书》和《新疆乌鲁瓦提水利枢纽工程水土保持设计变更报告》等，与新疆水土保持生态环境监测总站签订了《新疆乌鲁瓦提水利枢纽工程水土保持监测技术服务合同》。

新疆水土保持生态环境监测总站组建了该项目的监测机构，对该工程现场进行了实地踏勘，收集了大量资料，拍摄了许多现场影像资料。鉴于乌鲁瓦提水利枢纽工程在2000年主体工程已经基本完工，项目施工期间没有开展水土保持监测工作，也没有积累有关方面的监测数据。根据项目的特殊情况，后续对其防治责任范围内的水土保持监测，只依据现场踏勘、查阅工程建设资料、拍摄的影像资料以及项目区的高分辨率卫星影像资料等做效果监测评价。

（五）水土保持验收

2011 年 5 月 7 日，由乌鲁瓦提建管局组织召开了水土保持验收工作会议，评估组认为：对照水土保持方案，工程基本按照水土保持方案进行施工，注重临时弃渣的整治、施工生产生活区场地恢复，植被绿化、排水设施等与水土保持更为密切的工程。水利部于2012 年 1 月 6 日在新疆维吾尔自治区和田市组织召开了新疆乌鲁瓦提水利枢纽工程水土保持设施竣工验收会议。验收组认为：建设单位重视水土保持工作，依法编报了水土保持方案及水土保持设计变更报告，落实了设计的水土保持措施，建成的水土保持设施质量合格，有效地控制和减少了工程建设中的水土流失。工程建设期间，建设单位优化了设计和施工工艺，开展了水土保持监理、监测工作，水土流失防治指标达到了水土保持方案确定的目标值；运行期间的管理维护责任落实，符合水土保持设施竣工验收的条件，同意通过水土保持设施竣工验收。

（六）水土保持效果

新疆乌鲁瓦提水利枢纽工程通过实施落实水土保持方案及设计变更中的水土保持措施，形成了较为完备的水土流失防治体系。

项目建设区的水土流失和弃渣得到了有效治理，扰动的地表得到恢复和改善，原有的土壤侵蚀也得到了一定程度的控制。各项水土流失防护措施有效地拦截了工程建设过程中的土壤流失量、减轻了地表径流的冲刷，使土壤侵蚀强度降低，项目防治责任范围内的水土保持能力不断增强，工程建设过程中可能造成的水土流失得到了有效控制。根据现场调查，实施的弃渣场挡渣、防洪排导、土地整治、植被建设等措施未出现拦挡措施失效，截（排）水不畅和植被覆盖不达标等情况。乌鲁瓦提水利枢纽工程水土保持措施防治效果见图 4.28-1。

三、水土保持后评价

（一）目标评价

根据现场实地调研，通过项目的水土保持建设，经过各参建单位多年的共同建设，生态环境明显改善，项目区的浮尘天气逐渐减少，水土流失得到有效控制。项目建设区可恢复植被区域植被恢复良好，水土保持功能逐步体现，未出现明显的水土流失现象。根据水土保持监测结果，水土保持方案阶段制定的 6 项防治目标均达到要求。

1. 工程效益显著

工程建成后，在和田河向塔里木河多年平均年供水量 10.57 亿 m^3、改善下游生态环境的前提下，改善灌溉面积 113 万亩，扩大灌溉面积 69 万亩；电站总装机容量 60MW，保证出力 16.5MW，多年平均年发电量 1.97 亿 kW·h；通过水库调节，将喀拉喀什河常遇洪水的洪峰流量削减到 500m^3/s，将 50 年一遇洪水的洪峰流量削减至下游河道安全泄量 890m^3/s。

乌鲁瓦提景区依托着壮观的工程设施、峡谷水库及独特的昆仑风貌，现在已成为和田地区家喻户晓的旅游景区，获得国家和新疆维吾尔自治区各种荣誉 46 项，不仅扩大了乌

（a）溢洪道坡台地绿化措施效果

（b）道路两侧绿化措施防治效果

（c）河道右岸渣场植物措施效果

（d）工程管理区绿化措施效果

（e）右坝肩排水沟防治效果

（f）道路排水沟防治效果

图 4.28-1　乌鲁瓦提水利枢纽工程水土保持措施防治效果
（照片由新疆水利水电勘测设计研究院有限责任公司提供）

鲁瓦提水利枢纽在和田地区的影响，而且也将乌鲁瓦提水利枢纽的建设精神宣传到了全疆，甚至在全国水利行业，是新疆水利建设的典型代表，为新疆水利建设起到了积极的示范作用，是造福和田各族人民的幸福工程，除极大地改善了和田发电、灌溉、防洪状况外，还改善了和田河流域绿色走廊的生态平衡，对维护社会稳定、民族团结及和田地区经济的发展及提高生活水平具有重要的作用。

2. 先进的施工工艺和现代管理制度相结合，严格执行"三同时"制度

主体工程根据工程建设的实际情况，不断优化施工布置、工序和方法，严格控制施工扰动面积。施工中尽可能全部采用现代化机械设备，使工程的开挖、掘进、装载、运输效

率提高，大大缩短了地面扰动和弃土弃渣临时堆存时间，使裸露地面以最快速度进行平整、清理、覆土和植被恢复，有效控制了施工期的水土流失。同时严格执行"三同时"制度，采取了有效的水土保持防治措施。建设期间尽可能做到土石方平衡，工程建设中基本完成了水土流失防治任务，其他防治区也得到综合治理。经治理，项目区的生态环境得到了明显的改善，水土流失也得到了较好的控制。

3. 水土保持建设与工程管理相结合，形成科学管理体系

在工程建设过程中，参建各方共同努力，始终把水土保持工作作为一件大事来抓，以"一流的工程质量，一流的形象面貌，一流的建设速度，一流的干部队伍，一流的管理水平"为目标。由监理工程师责令承包商改正，加快了设计问题的处理速度，加大了现场控制力度，取得了良好效果；监理单位建立了水土保持工程质量、进度和投资的各项监控措施；承包商建立健全了强有力的水土保持工作体系和具体的水土保持措施，建立了工程施工的检验和验收程序等办法，建立了工程质量责任制、质量情况报告制，为保证水土保持工程的质量奠定了基础。

4. 水土流失防治措施得以有效实施

工程建设中基本完成了水土流失防治任务，防治区内工程措施、植物措施质量较高、效果好，基本达到了绿化、美化相结合的效果。经治理，项目区的生态环境得到了明显的改善，水土流失也得到了较好的控制。各项防治措施的运行效果良好。各项工程措施、植物措施、管理措施质量高，效果好，主体防治区内进行了土地平整、绿化等措施，其他临时占地也得到综合治理并归还地方管理。经过治理，项目区的生态环境得到了明显的改善，周边水土流失也得到了较好的控制。

（二）过程评价

1. 水土保持设计评价

乌鲁瓦提水利枢纽工程水土保持设计能从实际出发，根据项目区水土流失现状、自然环境特点，结合工程布局及建（构）筑物的造型、色调，因地制宜地布设水土保持措施，水土保持与土地复垦、环境绿化美化相结合，合理利用土地资源。在工程建设区采取拦渣、护坡、土地整治及植物绿化等措施，使原有及新增的水土流失基本得到治理，生态环境得到明显改善。

（1）防洪排导工程。

1）右坝肩浆砌石排水沟。根据水土保持方案设计，枢纽区右坝肩台地有一处天然沟道，设计沿沟道修建浆砌石排水沟，将汇水排至库区，排水沟设计标准为 20 年一遇。从措施实施情况来看，沿右坝肩山体坡脚处均修建有浆砌石排水沟，并通过中部的一条排水沟顺接至库区，形成了一套完整的排水系统。从现场调查及咨询建设单位的实施效果来看，排水沟有效地保护了下游的右坝肩绿化区不受汇水冲蚀，减轻了水土流失，排水沟断面尺寸能够满足过洪需求。总体看来，水土保持方案设计的该项措施合理有效。

2）施工临建设施区排水沟。拌和楼旁 1 号与 2 号路交会处有一条洪沟，为防止山洪冲刷两岸造成水土流失，水土保持方案设计对洪沟采用浆砌石衬砌。从实施情况来看，洪沟上游沟口底部采取了浆砌石衬砌，沟口至下游接河道段沿原自然沟道修筑了浆砌石排水沟，排水沟与河道顺接段采用分级消能防冲措施，有效地避免了洪水对沟道的冲刷，减少

洪水冲蚀产生的水土流失。总体看来，水土保持方案设计的该项措施合理有效。

（2）挡渣工程。水土保持方案设计的挡渣工程主要包括枢纽区防止松散岩体和风化层部位滑塌的浆砌石挡墙；工程管理区各平台之间的浆砌石挡墙；1号公路所经洪沟的浆砌石拦渣堤，以及沿线2处滑塌体的浆砌石挡墙。根据现场调查情况，挡渣工程的完好率达到99%，有效地防止了松散岩体滑塌，避免了水土流失，保障了主体工程的安全运行，同时为挡渣工程上游实施覆土、植物措施等提供了稳定基础。总体来看该项措施设计合理，实施后达到了设计防护目标，并能够与土地整治、植被恢复措施相协调。

（3）斜坡防护工程。斜坡防护工程主要包括对枢纽区局部松散的边坡采取防护措施；1号公路和坝区公路高边坡的浆砌石护坡。根据现场调查，护坡工程的完好率达到99%，与浆砌石挡墙配套实施，形成完整的防护体系，有效地防止了松散岩体滑塌，避免了水土流失，保障了主体工程的安全运行。

（4）土地整治工程。土地整治工程包括枢纽区中各绿化区域覆土后进行土地整治措施；料场、弃渣场和施工临建设施区施工结束后的覆土及土地整治措施；工程管理区、和田生活基地和道路区两侧的绿化区覆土后进行土地整治措施。根据现场调查，项目区和绿化区均实施了覆土和土地整治措施，覆土厚度30～120cm，平均表土厚度62cm，覆土后进行了土地整治，改善了项目区的土壤环境，为实施植物措施创造了基础条件。

（5）植被建设工程。植被建设工程包括枢纽区左、右坝肩台地，冲沙洞出口区，溢洪道坡台地，电站厂房区等区域种植乔木、种植草坪的植物措施；料场区和弃渣场区种植乔木、种植灌木；工程管理区、和田生活基地和道路区两侧种植乔木、种植灌木和种植草坪的植物措施。根据现场调查，种植的主要树种为新疆杨、法国梧桐、合欢树、圆柏、侧柏、沙枣树、垂柳、馒头柳、柽柳、沙拐枣、核桃树、苹果树、桃树、杏树、梨树等，同时撒播草籽种植草坪和花草等植物措施，主要为三叶草、紫花苜蓿、早熟禾、黑麦草、丁香、珍珠梅、玫瑰花等，在挡土墙、围栏等底部种植爬山虎等攀岩植物进行绿化美化，起到了降低风速、蓄水保土、防风固沙作用，改善了项目区的生态环境，减少了项目区水土流失，调节了局地小气候，浮尘天气明显减少，空气湿度和负氧离子浓度显著增加，提高了员工生活质量，营造了一个和谐、优美、舒适的生产生活环境，群众的幸福指数和满意度大为提高。

2. 水土保持施工评价

乌鲁瓦提建管局作为乌鲁瓦提水利枢纽工程的项目法人，负责工程项目的策划、决策、设计、建设、运营、还贷、资产增值等全过程的管理工作。随着工程建设进展和对项目法人责任制、招投标制、建设监理制为核心的建设管理体制及对发包方、承包方、工程监理三方关系的正确认识，项目法人进一步理顺了建设管理体制，始终坚持以合同管理为依据、以制度管理为手段、以质量管理为核心、以"三个安全"为目的开展工作。建立健全各项规章制度，注重质量与安全，加强合同与财务管理，认真履行项目法人职责，积极推行"建设监理制"和"招投标制"，与国际工程管理实现了全方位的接轨，水土保持工程的建设与管理亦纳入了主体工程的建设管理体系中。

乌鲁瓦提水利枢纽工程水土保持工程由和田地区银河实业公司、乌鲁木齐市金东方园林工程有限公司、新疆水利水电工程建设承包公司、新疆绿地王生态绿化有限公司、乌鲁木齐博汇园林绿化有限公司、浙江昆仑园林工程有限公司等完成。

新疆水利水电工程建设监理中心根据业主的授权和合同规定对承包商实施全过程监理，抽调监理经验丰富的各专业技术骨干组成项目监理部，严格按照质量控制、进度控制、投资控制、合同管理、信息管理、组织协调的监理工作程序，实施监理，对水土保持方案的实施实行全过程、全方位控制。在施工前，建设单位严格按照"施工图审核制度"的程序，组织监理、设计、施工等单位有关专业技术人员对施工图进行了认真的会审，做到了未经会审的图纸，施工中不得使用。在施工过程中，严格遵守工艺规范与作业指导书，严格执行质量标准，严格把好质量检查、验收关，对发现的施工、设备、材料等问题及时与监理工程师、施工单位有关人员协商处理解决办法。由于发现及时，施工中出现的问题都得到了有效的改进和控制。

3. 水土保持运行评价

在水库建设及运行期均成立了水土保持管理机构，并结合工程实际，配备专职人员，具体负责水土保持工作，制定了有关管理规定和处罚措施，做到分工明确，责任到人。具体管理措施如下：

（1）档案管理。由专人负责水土保持工作的档案管理工作。对各种资料、文本，包括水土保持方案及批复、初设文件及批复，以及其他基础资料，均进行了归档保存。

（2）巡查纪录。由专人负责对各项水土保持设施进行定期巡查，巡查内容包括水工保护设施的完好程度、植物措施成活状况，并做好巡查记录，记录与水土保持工作有关的事项。发现特殊情况及时上报处理。定期对水土保持设施运行情况进行总结，以便吸取经验和教训，并将总结资料作为档案文件予以保存。

（3）及时维修。如发现水土保持设施遭到破坏，及时进行维护、加固和改造，以确保水库灌区安全，控制水土流失。

（三）效果评价

1. 植被恢复效果

通过现场调研了解，乌鲁瓦提建管局对项目区主体工程建设区进行了景观绿化，对弃渣场和施工临时用地采取了植物恢复措施。截至 2015 年枢纽区的绿化面积达到了167.8 万 m^2，绿化覆盖率达到了 96% 以上。共计有树木 217530 棵，灌木 123128 棵，草坪种植面积 667859m^2。2016 年在原有绿化的基础上，补种树木 9000 余棵，贴栽草坪 103m^2；2017 年新增绿化面积 54914m^2，新增树木 1590 棵，2018 年新增绿化面积10120m^2，新增树木 707 棵。由于排水工程等工程措施、水土保持植物措施及主体工程中具有水土保持功能的设施运行效果良好，防治责任范围内的水土流失量已经控制在容许流失量以下，林草覆盖率有较大提高，且质量明显提高，生态环境得到了保护和改善。

乌鲁瓦提水利枢纽工程植被恢复效果评价指标见表 4.28-3。

由于灌溉设施较为完善，枢纽区建成 22 年以来大面积更换过一次草种，目前大面积的苜蓿进行就地扩繁。草坪中存在其他非播种的植物，主要有蒲公英、野苜蓿、野生禾本科、芦苇等植物。

表 4.28-3　　　　　　　　乌鲁瓦提水利枢纽工程植被恢复效果评价指标

评价内容	评价指标	结　　果
植被恢复效果	林草覆盖率	44.74%
	植物多样性指数	0.34
	乡土树种比例	0.72
	单位面积枯枝落叶层	1.3cm
	郁闭度	0.55

枢纽区绿化管道采用压力钢管管道供水和泵站提水管道输水两种方式，田间灌溉采用低压管道管灌＋小畦灌、喷灌、微喷等形式进行浇灌。管道输水基本没有沿程输水损失，平均定额为 $380\sim460\mathrm{m}^3/(亩\cdot a)$。

2. 水土保持效果

水土保持基础效益为保水保土效益。通过现场调研和评价，项目实施的工程措施、植物措施等运行状况良好，水土保持方案实施后，项目建设区内水土流失得到基本治理。

（1）水土保持保土效益。根据工程水土保持监测统计，在采取水土保持措施后，施工期内的土壤流失量为 3785.73t，减少土壤流失量 6314.22t。在运行初期，除建筑物和硬化地面以外，基本被植物措施所覆盖，各防治分区的土壤侵蚀模数由建设期扰动后的 $3000\sim5200\mathrm{t}/(\mathrm{km}^2\cdot a)$ 下降到 $200\sim2800\mathrm{t}/(\mathrm{km}^2\cdot a)$。运行初期 1 年内工程区土壤流失量为 672.28t，较建设期减少水土流失量 8702.41t。在工程建成后，运行期项目区内土壤侵蚀模数下降至 $200\sim1500\mathrm{t}/(\mathrm{km}^2\cdot a)$，项目区土壤流失量明显减少，保土效益显著，年保土量可达 3100t。

（2）对项目区地表土壤的改善。工程管理区、和田生活基地和道路区两侧的绿化区覆土后进行土地整治措施。根据现场调查，项目区绿化区均实施了覆土和土地整治措施，覆土厚度为 $30\sim120\mathrm{cm}$，平均表土厚度 62cm，土壤有机质含量 1.9%。

乌鲁瓦提水利枢纽工程水土保持效果评价指标见表 4.28-4。

表 4.28-4　　　　　　　乌鲁瓦提水利枢纽工程水土保持效果评价指标

评价内容	评价指标	结　　果
水土保持效果	表土层厚度	62cm
	土壤有机质含量	1.9%
	地表硬化率	20.64%
	不同侵蚀强度面积比例	98%

3. 景观提升效果

乌鲁瓦提水利枢纽工程在进行植被恢复的同时考虑后期绿化的景观效果，种植了各类乔木、灌木、草坪、苗圃等，根据工程实际情况，结合水土保持工程，修建了景点设施，包括水池、浮雕、画廊、观景亭、花房、小圆亭等，起到了绿化美化的作用，改善了生态环境。现在项目区已是规划整齐、干净整洁、绿草茵茵、绿树成林、环境优美、鲜花盛开的景象，乌鲁瓦提风景区 2004 年被新疆维吾尔自治区旅游局命名为"自治区旅游定点单位",2005 年 8 月被评为国家级水利风景区,2007 年创建为国家 AAA 级旅游景区,2011 年被评定为 AAAA 级国家旅游景区。如今的乌鲁瓦提景区被誉为"昆仑第一坝""塞外小江南",形成了"看昆仑伟岸,赏绿水美景,寻古道幽情,探奇险漂流,攀绝岩揽胜"的旅游佳境。

通过在景区内对游客进行问卷调查的方式,由游客对项目区植被建设美景度打分,以确定群众对工程建设征占地范围内景观美丽程度的认可程度。根据打分情况经过平均计算获得美景度分值为 6.9。

乌鲁瓦提水利枢纽工程景观提升效果评价指标见表 4.28 - 5。

表 4.28 - 5   乌鲁瓦提水利枢纽工程景观提升效果评价指标

评价内容	评价指标	结　果
景观提升效果	美景度	6.9
	常绿、落叶树种比例	60%
	观赏植物季相多样性	0.3

4. 环境改善效果

从乌鲁瓦提站和和田站同期同类实测值多年平均变化率可以得出:水库修建后,水域和植被面积扩大对局域小气候影响较大;符合温度降低→蒸发量减少,水域面积和植被面积增加→降水增加的规律。由于缺乏毗邻流域站的相关资料无法定量比较同边界环境条件下,水域和植被对温度、降水、蒸发等影响的具体量化指标。

植物是天然的清道夫,可以有效清除空气中的 NO_x、SO_2、甲醛、飘浮微粒及烟尘等有害物质。通过植被恢复、园林式绿化、养护管理等植物措施的实施,项目区内林草植被覆盖情况得以大幅度改善,植物在光合作用时释放负氧离子,使周边环境中的负氧离子浓度达到约 1500 个/cm^3,使得区域内人们的生活环境得以改善。

乌鲁瓦提水利枢纽工程环境改善效果评价指标见表 4.28 - 6。

表 4.28 - 6   乌鲁瓦提水利枢纽工程环境改善效果评价指标

评价内容	评价指标	结　果
环境改善效果	负氧离子浓度	1500 个/cm^3

5. 安全防护效果

(1) 拦渣设施完好率。弃渣场位于大坝下游右岸距坝址直线距离 6km 处的阶地上,占地面积 8.31hm^2,平均堆渣高约 2.9m。由于弃渣场堆高较低,经对弃渣场边坡进行稳定分析后,采用放缓边坡的方式与原地面相接,边坡比为 1∶1.5～1∶3,未设置永久拦渣措施,根据现场调查,弃渣边坡稳定,未出现滑塌现象。

(2) 渣(料)场安全稳定运行情况。根据现场调查,弃渣场已由种植乔木恢复为林地,弃渣边坡已自然恢复植被,与原地貌景观相协调,未出现弃渣滑塌、坡面侵蚀沟等现象。料场在施工结束后将弃料回填,并对开采边坡进行了削坡,土地平整后种植乔木,目前已恢复为林地,边坡稳定。

乌鲁瓦提水利枢纽工程安全防护效果评价指标见表 4.28 - 7。

表 4.28-7　　　　　乌鲁瓦提水利枢纽工程安全防护效果评价指标

评价内容	评价指标	结　果
安全防护效果	拦渣设施完好率	99%
	渣（料）场安全稳定运行情况	稳定

6. 社会经济效果

项目水土保持措施实施后，经过多年水土保持建设和经济林建设，广大干部群众的精心培育和管护，经济林已进入盛果期。同时由于项目区良好的生态环境，带动了和田地区的旅游产业。每年来此参观和游玩的游客都呈现不断上升的趋势，游客人数都在 10 万人左右，因此也给项目区每年带来 400 万元左右的经济收入，还拉动了和田地区的旅游产业，呈现出蓬勃发展的良好态势，体现出较好的经济效益。

乌鲁瓦提水利枢纽工程的建成，不仅解决了和田地区喀拉喀什河下游农业灌溉春旱矛盾，而且减轻了和田地区夏季的防洪压力，为此每年节省了数百万元的防洪资金，解除了对下游河道及两岸农田构成的严重威胁，减少了水土流失，缓解了下游水利工程的泥沙淤积程度，提高了下游水利工程的使用效率，并为下游波波娜水电站的建设提供了有利的条件，为和田地区的各项经济建设提供了电力保障，为和田地区作出了巨大社会贡献，社会效益显著。

乌鲁瓦提水利枢纽工程社会经济效果评价指标见表 4.28-8。

表 4.28-8　　　　　乌鲁瓦提水利枢纽工程社会经济效果评价指标

评价内容	评价指标	结　果
社会经济效果	促进经济发展方式转变程度	好
	居民水保意识提高程度	好

7. 水土保持效果综合评价

通过查表确定计算权重，根据层次分析法计算乌鲁瓦提水利枢纽工程各指标实际值对于每个等级的隶属度。

乌鲁瓦提水利枢纽工程各指标隶属度分布情况见表 4.28-9。

表 4.28-9　　　　　乌鲁瓦提水利枢纽工程各指标隶属度分布情况

指标层 U	变 量 层 C	权重	各 等 级 隶 属 度				
			好 (V1)	良好 (V2)	一般 (V3)	较差 (V4)	差 (V5)
植被恢复 效果 U1	林草覆盖率 C11	0.0809	0.3145	0.6854			
	植物多样性指数 C12	0.0199		1			
	乡土树种比例 C13	0.0159	0.55	0.33	0.12		
	单位面积枯枝落叶层 C14	0.0073		0.67	0.33		
	郁闭度 C15	0.0822	0.16	0.66	0.18		
水土保持 效果 U2	表土层厚度 C21	0.0436	0.2125	0.5712	0.2163		
	土壤有机质含量 C22	0.1139	0.1635	0.3545	0.4820		

续表

指标层 U	变量层 C	权重	各等级隶属度				
			好 （V1）	良好 （V2）	一般 （V3）	较差 （V4）	差 （V5）
水土保持 效果 U2	地表硬化率 C23	0.0140	1				
	不同侵蚀强度面积比例 C24	0.0347	1				
景观提升 效果 U3	美景度 C31	0.0196	0.45	0.52	0.03		
	常绿、落叶树种比例 C32	0.0032	1				
	观赏植物季相多样性 C33	0.0079				1	
环境改善 效果 U4	负氧离子浓度 C41	0.0459			1		
	SO_2 吸收量 C42	0.0919					1
安全防护 效果 U5	拦渣设施完好率 C51	0.0542	1				
	渣（料）场安全稳定运行情况 C52	0.2711	1				
社会经济 效果 U6	促进经济发展方式转变程度 C61	0.0188	1				
	居民水保意识提高程度 C62	0.0751	1				

经分析计算，乌鲁瓦提水利枢纽工程模糊综合评判结果见表 4.28-10。

表 4.28-10　　　　乌鲁瓦提水利枢纽工程模糊综合评判结果

评价对象	好（V1）	良好（V2）	一般（V3）	较差（V4）	差（V5）	综合得分
乌鲁瓦提水利枢纽工程	0.5551	0.2152	0.1299	0.0079	0.0919	83.53

根据最大隶属度原则，乌鲁瓦提水利枢纽工程 V1 等级的隶属度最大，故其水土保持评价效果为好，综合得分 83.53 分。

四、结论及建议

（一）结论

新疆乌鲁瓦提水利枢纽工程已全面落实了水土保持方案中的各项任务，不仅较好地控制了因工程建设可能引起的水土流失，还对原有的水土流失进行了有效的治理，大大提高了项目区的林草植被覆盖度，改善了生态环境。

1. 依法编报方案、着重后续设计是贯彻落实水土保持"三同时"制度的基础

依据国家关于建设项目水土保持方案编制方面的有关要求、规范，根据实际情况，不断调整优化水土保持设计，编制了水土保持方案，并按照基本建设程序落实各项防治资金，保障了水土保持工作的顺利进行。同时，依据水土保持方案开展后续设计，做到了主体设计优化与水土保持优化相结合，临时防护与永久防护相结合，工程措施与植物措施相结合，完整有效地防治因建设活动造成的水土流失，防治目标全面实现。

2. 领导重视，强化组织管理是水土保持工程实施的关键

新疆乌鲁瓦提水利枢纽工程是大（2）型工程，工程建设中对水土保持工作给予了足够的重视，要求按水土保持法律法规的规定进行施工，把对周围环境的破坏降到最低程度。领导的重视及强化的组织管理是工程水土保持项目顺利有效实施的关键。

3. 现代化的施工工艺，是减少和控制水土流失的有效方法

主体工程根据工程建设的实际情况，不断优化施工布置、工序和方法，严格控制施工扰动面积。施工中尽可能全部采用现代化机械设备，使工程的开挖、掘进、装载、运输效率提高，大大缩短了地面扰动和弃土弃渣临时堆存时间，使裸露地面以最快速度进行平整、清理、覆土和植被恢复，有效控制了施工期的水土流失。

4. 体现以人为本，人与自然的和谐、工程与周围自然环境和谐的理念

水利工程设计理念日臻成熟，在工程设计中体现以人为本，人与自然的和谐、工程与周围自然环境的和谐等。近几年随着水土保持技术的发展，大量生态新材料的运用和新技术的推广使水土流失防治工作更全面，更注重环境效益，创造了现代工程和自然和谐相处的环境，值得其他工程借鉴。

（二）建议

（1）乌鲁瓦提水利枢纽工程在 1995 年 10 月主体工程正式开始建设，2000 年 3 月，大坝土石方填筑到坝顶高程，主体工程基本完工。由于工程建设时间早，限于当时水土保持的法律法规还不完善等历史原因，没有积累有关水土保持方面的监测数据。建议相关主管部门重视加强监测方面的工作。

（2）需要今后一如既往地做好水土保持工作，维护和管理好水土保持设施，发挥水土保持设施在保水保土、经济效益、生态效益和社会效益方面的作用，再创佳绩。

案例 29　糯扎渡水电站工程

一、项目及项目区概况

（一）项目概况

糯扎渡水电站位于西南某流域，工程开发任务以发电为主，兼顾下游防洪、灌溉、养殖和旅游等综合利用效益，属于I等大（1）型工程，永久性主要水工建筑物为一级建筑物。水库具有多年调节性能，水库库容 237.03 亿 m^3，正常蓄水位以下库容为 217.49 亿 m^3，调节库容 113 亿 m^3，水库正常蓄水位 812.00m，死水位 765.00m，校核洪水位 817.99m。电站装机 5850MW，保证出力 2406MW，多年平均年发电量 239.12 亿 kW·h。

糯扎渡水电站于 2004 年 4 月开始筹建工程施工，2012 年 8 月开始陆续投产发电。2015 年 8 月底，主体工程完工，结算总投资 429.16 亿元，其中土建投资 125.79 亿元。

建设单位为华能糯扎渡水电工程建设管理局（以下简称"糯扎渡建管局"）负责对糯扎渡水电站工程实施全面建设和管理。

（二）项目区概况

糯扎渡水电站工程坝址所在区属滇西纵谷山原区之永平—思茅中山峡谷亚区地貌范畴，山脉水系明显受地质构造控制。总体地势西北高东南低，高程一般为 1500.00～2000.00m，最大高差达 2899m。区内山体切割强烈，水系发育，高程 1200.00m 以下为 V 形峡谷。

糯扎渡水电站工程坝址区位于海拔 1000m 以下的低热河谷区，属北热带气候，终年无冬无霜，光热条件充足，年平均气温在 20℃以上。坝址区气候炎热，夏季长达 200d 以

上，雾日在 100d 左右，年日照时数在 1700～2000h，年降雨量较少，一般在 1100mm 以下，作物全年可以生长，主要土壤类型为硅铝土纲的砖红壤、赤红壤、红壤和黄壤。区内主要植被类型有河岸季雨林和季节雨林、热性竹林、半常绿季雨林、季风常绿阔叶林、暖热性针叶林中的思茅松林以及干热河谷稀树灌木草丛等，林草覆盖率 86.20%。

按全国土壤侵蚀类型区划分，项目区属于西南土石山区，容许土壤流失量 500t/(km² · a)。水土流失类型主要为水力侵蚀，水土流失形式以面蚀和沟蚀为主。根据《云南省人民政府关于划分水土流失重点防治区的公告》（云政发〔1999〕51 号），工程区属水土流失重点预防保护区和重点治理区。

二、水土保持目标、实施过程及效果

（一）水土保持目标

工程建设初期，工程水土保持方案实施后应达到的总体目标：在工程水土流失防治责任区范围内，通过水土保持工程、植物和管理措施，有效控制因工程建设导致的新增水土流失，确保主体工程安全，保护和改善当地的生态环境。

糯扎渡水电站水土保持方案编制依据《开发建设项目水土保持方案技术规范》（SL 204—98），根据建设项目水土流失防治的要求，结合工程特点，确定 6 个具体防治目标如下：

（1）项目施工区通过各种水土保持工程措施、生物措施及施工期临时水土保持措施的有效实施，使工程区水土流失治理度达到 90% 以上，并使因工程建设造成的扰动土地治理率达到 95% 以上。

（2）通过实施水土保持方案，有效治理了电站施工水土流失，使土壤流失控制比不小于 2.0；施工结束后，经过一段时间的植被恢复，使施工区的土壤侵蚀模数小于或等于 900t/(km² · a)。

（3）采取工程、植物及临时拦挡措施，积极治理项目施工区内的弃渣场、土石料场，不遗留滑坡、崩塌等隐患，使工程弃渣基本得到有效拦截，显著减少了进入河道的泥沙，拦渣率达到 95% 以上。

（4）对电站施工区因工程开挖等形成的裸露面尽可能进行植被恢复，使整个项目施工区植被恢复系数达 0.90 以上，林草覆盖率达到 50% 以上。

（5）结合水库失稳区处理措施规划设计，在宜林宜草的库岸失稳地段，规划设计乔灌草结合的生物防治措施，提高水库周边林草覆盖度。

（6）移民安置区新增水土流失量得到有效控制（土壤侵蚀模数不大于当地农业耕作区平均水平），并积极治理原有水土流失。

（二）水土保持方案编报

2002 年 5 月，水利部水土保持司以"水保监便字〔2002〕第 21 号"对糯扎渡水电站水土保持方案大纲予以批复。根据大纲及水利部的批复意见，结合水电站工程特点，中国电建集团昆明勘测设计研究院（以下简称"昆明院"）2003 年 8 月编制完成《糯扎渡水电站工程水土保持方案报告书》（送审稿）。2003 年 9 月，该报告通过水电水利规划设计总院在云南省昆明市主持召开的技术审查会的评审。2003 年 12 月，昆明院编制完成了《糯扎渡水电站工程水土保持方案》（报批稿）。水利部于 2004 年 11 月以《关于糯扎渡水电站工程水土保持方案的复函》（水保函〔2004〕217号）批复了《糯扎渡水电站工程水土保持方案》。

2010年10月，建设单位委托昆明院开展糯扎渡水电站水土保持方案复核工作，经收集主体及近年来水土保持专项设计资料，形成了《糯扎渡水电站工程水土保持方案复核报告》。2010年10月，水电水利规划设计总院在北京组织有关专家对照原批复的水土保持方案和现行有关标准的要求审议了《糯扎渡水电站工程水土保持方案复核报告》，并以《关于确认糯扎渡水电站水土保持方案的复函》（办水保函〔2010〕809号）批复了《糯扎渡水电站工程水土保持方案复核报告》。

（三）水土保持措施设计

工程建设期间，国家林业局昆明勘察设计院于2006年6月完成了《糯扎渡水电站施工项目区园林绿化总体规划方案》，主要包括业主营地、右岸坝顶公路、左岸坝顶平台观景广场、进场入口景观、砂石料加工系统等区域的园林绿化设计内容。

昆明院先后编制完成了农场土料场、尾水出口及边坡、勘界河弃渣场、火烧寨沟弃渣场、白莫箐石料场等区域的水土保持工程及植物措施设计工程。

糯扎渡水电站设计的水土保持措施体系在工程建设前期以工程措施为主，植物措施为辅，采取防洪挡渣工程、排水工程、挡土墙工程、场地整治工程、护坡工程、植树、种草及复耕等措施进行综合治理，快速有效地防治了水土流失。根据各分区施工作业特点及受影响程度布设相应的防治措施。在弃渣场"点"状区域，首先采取如排水洞、拦渣坝、截（排）水沟和护坡等工程措施，然后施以渣面渣坡覆土整治并进行植物绿化，通过建立综合的防治措施体系使弃渣场的水土流失得到有效控制；在土石料场"点"状区域，开采前在场地周边实施截（排）水工程，开采结束后实施场地排水和场地土地整治、恢复植被；在场内外施工公路等"线"状区域，以路基挡墙、上下边坡防护、排水等工程措施为主，以植物措施为辅，使公路沿线的水土流失得到有效控制；在施工生产场地区，施工结束后，以土地整治工程与绿化工程相结合，恢复景观与植被，并达到保持水土的目的。在枢纽区、电厂、溢洪道周边等永久工程施工作业"面"上，以土地整治工程和园林式绿化相结合，极大地恢复和改善了施工区生态环境。糯扎渡水电站水土流失防治措施体系见图4.29-1。

（四）水土保持施工

糯扎渡水电站工程水土保持措施施工单位采取招投标的形式确定，其中工程措施施工单位同主体工程一致，植物措施采取单独招投标确定，共6家绿化施工单位。为了确保糯扎渡水电工程的建设质量，加强工程建设过程中的水土保持工作，糯扎渡建管局专门成立了安全质量环保部，负责糯扎渡水电站水土保持和环境保护管理工作。

2006年12月，建设单位委托长江水利委员会长江流域水土保持监测中心站承担项目建设的水土流失全面动态监测。2010年3月，委托中国水电顾问集团华东勘测设计研究院（后更名为中国电建集团华东勘测设计研究院有限公司）承担工程建设期水土保持监理工作。

（五）水土保持验收

2012年5月，建设单位启动了糯扎渡水电站水土保持设施验收技术评估准备工作。

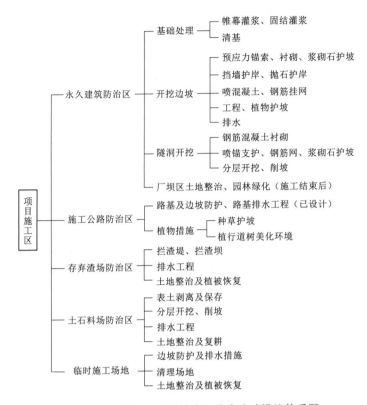

图 4.29-1　糯扎渡水电站水土流失防治措施体系图

2015 年 6 月，编制完成了《糯扎渡水电站工程水土保持设施验收技术评估报告》。2016 年 1 月，糯扎渡水电站工程水土保持设施通过了水利部组织的专项验收（以"水保函〔2016〕24 号"文），后续由糯扎渡建管局负责管理维护。

（六）水土保持效果

糯扎渡水电站自竣工验收以来，水土保持设施已安全、有效运行 3 年，实施的枢纽区的绿化、截（排）水措施，弃渣场拦挡、排水、防洪工程等措施较好地发挥了水土保持的功能。根据现场调查，实施的弃渣场挡渣、防洪排导、土地整治、植被建设等措施未出现拦挡措施失效，截（排）水不畅和植被覆盖不达标等情况。

三、水土保持后评价

（一）目标评价

根据现场实地调研，糯扎渡水电站运行期间，各项水土保持措施防护效果得到明显体现，水土流失基本得到治理，项目建设区可恢复植被区域植被恢复良好，水土保持功能逐步体现，未出现明显的水土流失现象。根据水土保持监测结果，水土保持方案阶段制定的 6 项防治目标均达到要求。

（二）过程评价

1. 水土保持设计评价

（1）防洪排导工程。因糯扎渡水电站水土保持方案编制阶段工程主体工程基本完工，因此，水土保持方案中设计的措施即为工程实际实施措施。方案对弃渣场布设截（排）水沟，排水沟防洪标准采用20～50年一遇，并根据防洪排导的要求，有针对性地布设了截（排）水沟、排洪渠（沟）、涵洞。且施工过程中，截（排）水沟根据地形、地质条件布设，与自然水系顺接，并布设消能防冲措施。

（2）拦渣工程。糯扎渡水电站涉及8处弃渣场，根据现场调查，运行3年多来，8处弃渣场运行稳定，挡墙完整率达90％以上，弃渣场挡墙采用干砌石或浆砌石形式，达到了拦挡的效果。弃渣场边坡实施了土地整治和覆土绿化措施。

（3）斜坡防护工程。糯扎渡水电站开挖边坡较多，在边坡稳定分析的基础上，采用削坡开级、坡脚及坡面防护等措施。施工期间，边坡在稳定基础上优先采取植物护坡措施。

（4）土地整治工程。根据现场调查，工程征占地范围内对需要复耕或恢复植被的扰动及裸露土地及时采取场地清理、平整、表土回覆等整治措施。弃渣场边坡、平台在土地整治基础上进行了绿化和复耕。

（5）表土保护工程。根据现场调查，工程建设过程中，对可剥离的耕地区域实施了剥离措施，剥离的表土集中堆置在弃渣场附近并进行了防护，防止了水土流失。

（6）植被建设工程。枢纽及移民安置区范围内对工程扰动后的裸露土地、营地及办公场所周边采取了植物措施或工程与植物相结合的措施。对永久设施周边按组团绿化或四旁绿化等方案布置，绿化树（草）种选择羊蹄甲、大叶榕、速生桉、八月桂、爬山虎和马尼拉草等；对于施工生产场地选择马尼拉草、速生桉、羊蹄甲和爬山虎等。乔、灌和草种植面积按3：4：3的比例配置。

（7）临时防护工程。通过查阅相关资料，工程建设过程中，为防止土（石）撒落，在场地周围利用开挖出的块石围护；同时，在场地排水系统未完善之前，开挖土质排水沟排除场地积水。对于场地填方边坡，为防止地表径流冲刷，利用工地上废弃的草袋等进行覆盖。

根据后评价研究，糯扎渡水电站枢纽区实际实施的弃渣场绿化措施较批复绿化措施减少较多，主要原因为弃渣场平台覆土作为耕地。移民安置区实施的绿化措施较设计的措施增加，主要原因为安置区绿化面积及标准提高。

2. 水土保持施工评价

糯扎渡水电站水土保持措施的施工，严格采用招投标的形式确定其施工单位，从而保障了水土保持措施的质量和效果。在水土保持质量管理方面，建设单位做到了思想认识到位、机构人员到位、管理措施到位、建设投资到位、规划设计到位、综合监理到位的"六到位"，确保了水土保持措施"三同时"制度的有效落实。

（1）积极宣传水土保持相关法律法规。糯扎渡建管局充分认识到各参建单位人员水土保持专业素养参差不齐，水土保持法制意识淡薄等现实情况，通过会议、宣传、督促、管理等多种途径向工程参建各方传达贯彻国家水土保持法律法规和方针政策，不断提高和统一参建各方的思想认识，通过制定水土保持管理规章制度明确参建各方的水土保持工作责任和工作要求，规范了水土保持施工，做到了文明施工。

（2）设立水土保持管理机构。2002年8月，糯扎渡建管局在工程建设部内成立了移民环保部，负责工程建设征地、环境保护、水土保持管理工作，使得工程水土保持管理工作切实得到加强，岗位责任明确，部门分工清晰，工作程序规范，很快打开了水土保持管理工作的新局面，水土保持管理工作成效和效率大幅提高。

（3）严格水土保持管理。糯扎渡建管局在不断完善水土保持设施建设的同时，制定了强有力的管理措施，严格按照《中国大唐集团公司环境保护管理办法》和《糯扎渡工程文明施工管理办法》，切实加强施工区的水土保持监督与水土保持监理工作，有效地防止了水土流失。工程运行以来，糯扎渡水电站从未发生过重大水土流失。

（4）确保建设投资到位。在项目建设管理工作中，糯扎渡建管局提出了水土保持专业项目由工程建设部提出项目建设要求，由移民环保部负责项目组织立项，由计划经营部负责项目合同签订，由移民环保部负责项目实施，由财务管理部负责资金落实到位的总体思路。通过规范基本建设程序，有效防范了经济腐败；通过签订项目承包合同，确保了建设项目的进度和质量，并保证建设资金及时足额到位。在水土保持专项设施建设过程中，从未有过因投资不落实或是不到位而影响工程建设的情况发生。

（5）推行水土保持监理制度。为做好糯扎渡水电站施工区水土保持工作，依据国家的有关规定和要求，糯扎渡公司在糯扎渡水电站施工区率先推行了水土保持监理制度。在水电工程建设过程中推行水土保持监理制度，当时尚属国内领先。作为一项新生事物，在监理的工作内容、方式及其与施工单位、工程监理的工作关系等方面存在许多问题有待不断探索、明确与完善。对此，糯扎渡建管局与监理部进行了认真研究，明确了水土保持监理的工作职责及工作方式，并向各参建单位下发了《关于明确施工区环保水保综合监理工作内容的函》，充分授权监理部在施工区行使监督监理职责。监理部有权对违反国家水土保持法律法规的行为进行处罚，并对承包商的水土保持工作出具考核意见。

糯扎渡建管局则在主体工程项目招标过程中补充完善了"环境保护与水土保持"专用技术条款，为监理部开展工作提供了监理依据。糯扎渡水电站施工区水土保持监理部在糯扎渡建管局的大力支持下，独立开展监理工作，对糯扎渡工程的水土流失状况进行全方位监督，对施工区水土保持工程设施建设、绿化等水土保持专项工程承担现场监理；对道路、承包商生活营地及施工中的弃土弃渣等方面的问题，直接向承包商下达监理指令；对承包商违反国家水土保持法律法规和公司规定的行为进行处罚，并对承包商的水土保持工作出具考核意见。

糯扎渡水电站工程推进了水土保持监理制度，从根本上规范了水土保持建设与管理工作的程序，对有效控制水土保持设施建设的质量、进度和投资，对不断提高管理工作水平都起到很好的促进作用。

3. 水土保持运行评价

糯扎渡水电站运行期间，建设单位按照运行管理规定，加强对防治责任范围内的各项水土保持设施的管理维护。由糯扎渡建管局下设的移民环保部协调开展，水土保持具体工作由移民环保部专人负责，糯扎渡建管局各部门依照糯扎渡建管局内部制定的部门工作职责等管理制度，各司其职，从管理制度和程序上保证了运行期内水土保持设施管护工作的开展。

运行期间安排专人负责绿化植株的洒水、施肥、除草等管护，确保植被成活率，不定期检查清理截（排）水沟道内淤积的泥沙，达到了绿化美化和保持水土的双重作用。

（三）效果评价

1. 植被恢复效果

通过现场调研，工程施工期间对占地范围内的裸露地表以栽植乔灌木、撒播灌草籽、铺植草皮等方式进行绿化或恢复植被，选用的树（草）种以当地适生的乡土和适生树（草）种为主；运行期间，通过养护管理和植被的进一步自然演替，项目区实施的林草植被恢复措施营造的苗木植被生长状况良好，与建设期间相比，电站区小气候特征明显，项目区域内的植物多样性和郁闭度等得到了良好的恢复和提升。

糯扎渡水电站工程植被恢复效果评价指标见表4.29-1。

表 4.29-1　　　　　　　　糯扎渡水电站工程植被恢复效果评价指标

评价内容	评价指标	结　果
植被恢复效果	林草覆盖率	22.9%
	植物多样性指数	0.45
	乡土树种比例	0.70
	单位面积枯枝落叶层	1.6cm
	郁闭度	0.45

2. 水土保持效果

通过现场调研和评价，糯扎渡水电站实施的工程措施、植物措施等运行状况良好，根据现场水土保持监测统计，工程施工期间土壤侵蚀量6.68万t，项目区平均土壤侵蚀模数1650t/(km²·a)；通过各项水土保持措施的实施，至运行期项目区土壤侵蚀模数488t/(km²·a)，使得项目建设区的原有水土流失基本得到治理，达到了固土保水的目的。糯扎渡水电站工程绿化区表土层厚度80~120cm，其他区域表土层厚度30~80cm，平均表土层厚度约60cm。工程迹地恢复和绿化多采用当地乡土树种和适生树种，经过运行期的进一步自然演替，电站区小气候特征明显，使得项目区域内的植物多样性和土壤有机质含量得以不同程度的改善和提升；经试验分析，土壤有机质含量约2.1%。糯扎渡水电站工程水土保持效果评价指标见表4.29-2。

表 4.29-2　　　　　　　　糯扎渡水电站工程水土保持效果评价指标

评价内容	评价指标	结　果
水土保持效果	表土层厚度	60cm
	土壤有机质含量	2.1%
	地表硬化率	77.1%
	不同侵蚀强度面积比例	99.08%

3. 景观提升效果

糯扎渡水电站枢纽区在进行植被恢复的同时考虑后期绿化的景观效果，采取了乔灌草相结合的园林式立体绿化方式，苗木种类选择时选用景观效果比较好的树（草）种，如广玉兰、香樟、海桐球、迎春花、马尼拉草等，同时根据各树种季相变化的特性，各种植物的枝、叶、花、果、色彩、姿态等的不同观赏性状进行植物的群落搭配和点缀，使区域内一年四季均有景色可欣赏，以提高项目区域的可观赏性。

糯扎渡水电站工程景观提升效果评价指标见表 4.29 - 3。

表 4.29 - 3　　　　　　　　糯扎渡水电站工程景观提升效果评价指标

评价内容	评 价 指 标	结　果
景观提升效果	美景度	7
	常绿、落叶树种比例	70%
	观赏植物季相多样性	0.5

4. 环境改善效果

植物是天然的清道夫，可以有效清除空气中的 NO_x、SO_2、甲醛、飘浮微粒及烟尘等有害物质。通过植被恢复、园林式绿化、养护管理等植物措施的实施，项目区内林草植被覆盖情况得以大幅度改善，植物在光合作用时释放负氧离子，使周边环境中的负氧离子浓度达到约 1500 个/cm^3，使得区域内人们的生活环境得以改善。

糯扎渡水电站工程环境改善效果评价指标见表 4.29 - 4。

表 4.29 - 4　　　　　　　　糯扎渡水电站工程环境改善效果评价指标

评价内容	评 价 指 标	结　果
环境改善效果	负氧离子浓度	1500 个/cm^3

5. 安全防护效果

通过调查了解，糯扎渡水电站工程共设置弃渣场 8 处。工程施工时，根据各弃渣场的位置及特点分别实施了浆砌石挡墙、截（排）水沟及排水涵洞等工程措施；后期实施了弃渣场的迹地恢复措施。

经调查了解，工程运行以来，各弃渣场运行情况正常，未发生水土流失危害事故，弃渣场拦渣及截（排）水设施整体完好，运行正常，拦渣率达到了 99%；弃渣场整体稳定性良好。

糯扎渡水电站工程安全防护效果评价指标见表 4.29 - 5。

表 4.29 - 5　　　　　　　　糯扎渡水电站工程安全防护效果评价指标

评价内容	评 价 指 标	结　果
安全防护效果	拦渣设施完好率	99%
	渣（料）场安全稳定运行情况	稳定

6. 社会经济效果

施工后期，对临时占用的土地适宜恢复成耕地的区域实施了复耕等土地复垦措施，有效地增加了当地耕地数量，在一定程度上增加了当地农民的经济收入；同时，工程建成后形成的水库景观符合当地旅游开发规划，通过旅游开发带动了水库周边的旅游市场，增加了电站及当地人民群众的经济来源，经济效益显著。

糯扎渡水电工程投产后，可以减少燃料消耗折合标准煤约 560 万 t/a，减少 CO_2、SO_2 等大气污染物质的排放。同时糯扎渡水库将形成约 360km^2 宽阔平静的湖面，大大削减了沿岸工农业生产、群众生活所造成的面源有机污染，枯水期水库调节可明显改善中下游河水的水质，保护江河水资源，减轻和防止水污染。红水河是典型的多泥沙河流，糯扎渡坝址多年平均年输沙量达 5240 万 t，经水库削减沉积，多年平均年出库沙量降至 1500 万 t，每年减少输沙量 3740t，可显著减少所在地区的水土流失。

工程建设过程中各项水土保持措施的实施，在有效防治工程建设引起的水土流失、给当地居民带来直接经济效益的同时，将水土保持理念及意识在当地居民中树立了起来，使得当地居民在一定程度上认识到水土保持工作与人们的生活息息相关，提高了当地居民对水土保持、水土流失治理等的意识强度，在其生产生活过程中自觉科学地采取有效措施进行水土流失防治和保护环境，利用水土保持知识进行科学生产，引导当地生态环境进一步向更好的方向发展。

糯扎渡水电站工程社会经济效果评价指标见表 4.29-6。

表 4.29-6　　　　　　　　　　糯扎渡水电站工程社会经济效果评价指标

评价内容	评价指标	结　果
社会经济效果	促进经济发展方式转变程度	好
	居民水保意识提高程度	良好

7. 水土保持效果综合评价

通过查表确定计算权重，根据层次分析法计算糯扎渡水电站工程各指标实际值对于每个等级的隶属度。糯扎渡水电站工程各指标隶属度分布情况见表 4.29-7。

表 4.29-7　　　　　　　　　　糯扎渡水电站工程各指标隶属度分布情况

指标层 U	变 量 层 C	权重	各 等 级 隶 属 度				
			好 (V1)	良好 (V2)	一般 (V3)	较差 (V4)	差 (V5)
植被恢复效果 U1	林草覆盖率 C11	0.0809	0.08	0.92	0	0	0
	植物多样性指数 C12	0.0199	0.3333	0.6667	0	0	0
	乡土树种比例 C13	0.0159	0.25	0.75	0	0	0
	单位面积枯枝落叶层 C14	0.0073	0	0.7	0.3	0	0
	郁闭度 C15	0.0822	0	0.6667	0.3333	0	0
水土保持效果 U2	表土层厚度 C21	0.0436	0	0.8333	0.1667	0	0
	土壤有机质含量 C22	0.1139	0	0.6	0.4	0	0
	地表硬化率 C23	0.0140	0.08	0.92	0	0	0
景观提升效果 U3	美景度 C31	0.0196	0	1	0	0	0
	常绿、落叶树种比例 C32	0.0032	0.75	0.25	0	0	0
	观赏植物季相多样性 C33	0.0079	0	0.25	0.75	0	0
环境改善效果 U4	负氧离子浓度 C41	0.0459	0	0	0.5556	0.4444	0
安全防护效果 U5	拦渣设施完好率 C51	0.0542	0.8077	0.1923	0	0	0
	渣（料）场安全稳定运行情况 C52	0.2711	0.1667	0.8333	0	0	0

指标层 U	变 量 层 C	权重	各 等 级 隶 属 度				
			好 （V1）	良好 （V2）	一般 （V3）	较差 （V4）	差 （V5）
社会经济 效果 U6	促进经济发展方式转变程度 C61	0.01878	0.5	0.5	0	0	0
	居民水保意识提高程度 C62	0.07512	0	0.8333	0.1667	0	0

经分析计算，糯扎渡水电站工程模糊综合评判结果见表 4.29-8。

表 4.29-8　　　　　　　　糯扎渡水电站工程模糊综合评判结果

评价对象	好（V1）	良好（V2）	一般（V3）	较差（V4）	差（V5）	综合得分
糯扎渡水电站	0.1441	0.6173	0.2183	0.0204	0	83.86

根据最大隶属度原则，糯扎渡水电站工程 V2 等级的隶属度最大，故其水土保持评价效果为良好，综合得分 83.86 分。

四、结论及建议

（一）结论

糯扎渡水电站工程按照我国有关水土保持法律法规的要求，开展了卓有成效的水土保持工作，对防治责任范围内的水土流失进行了全面系统的治理，基本达到了施工期间控制水土流失、施工后期改善环境和生态的目的，营造了优美的坝区环境，较好地完成了项目的水土保持工作。工程运行以来，各项防治措施的运行效果良好，弃渣得到了及时有效的防护，施工区植被得到了较好的恢复，水土流失得到了有效的控制，生态环境得到了明显的改善。2015 年，糯扎渡水电站工程获得"国家水土保持生态文明工程"荣誉称号，对今后工程建设具有较强的借鉴作用。

1. 创新工程建设管理体系

将水土保持建设与工程管理工作集成为一套科学的管理体系，工程建设中，依法履行水土流失防治义务，将水土保持措施纳入主体工程设计，落实了各项水土保持投资，实现了水土保持工程和主体工程的同步推进，有效控制了水土流失。从工程建设实际出发，充分调动参建各方的积极性，制定了相关管理制度和考核办法，将水土保持工程管理纳入工程建设和运行管理体系，保证了水土流失防治措施的落实和生态建设目标的实现。

实现"绿色糯扎渡"为目标的"六到位"管理新模式。设立水土保持管理机构，负责糯扎渡水电站水土保持管理工作，并在工作中形成了以实现"绿色糯扎渡"为目标的"六到位"管理新模式。

2. 推行水土保持监理制度

依据国家的有关规定和要求，糯扎渡建管局在糯扎渡水电站施工区率先推行了水土保持监理制度，在水土保持监理的工作职责及工作方式等方面做出了有效探索。

3. 水土保持工程与绿化美化相结合

糯扎渡水电站工程将水土流失治理和改善生态环境相结合，不仅有效防治了水土流失，而且营造了枢纽区和移民安置区优美的环境，采用的水土保持工程防护标准是比较合适的，将水土保持工程与电站生态环境的改善、美丽乡村建设相结合，创造现代工程和自然和谐相处的环境，值得其他工程借鉴。

（二）建议

（1）建议修订《生产建设项目水土流失防治标准》（GB/T 50434—2018）时，可对大型水利水电项目分枢纽区和移民安置区分别制定相应的标准。

（2）建议修订《生产建设项目水土保持技术标准》（GB 50433—2018）时，应结合当前生态环境建设的新要求，弃渣场平台尽可能恢复为耕地。提高绿化标准，对枢纽区和移民安置区建设更高标准项目区绿化防护措施。同时建议对大型水利水电项目产生的弃渣，开展弃渣减量化和资源化论证，提倡尽可能进行项目区景观塑造，提高项目区生态景观。

案例30 直孔水电站

一、项目及项目区概况

（一）项目概况

直孔水电站位于西藏自治区拉萨河中、下游交界处，电站枢纽及水库淹没区均位于拉萨市墨竹工卡县境内，直孔水电站属Ⅱ等工程，主要任务是发电，同时兼有灌溉及下游防洪等综合效益。

直孔水电站水库总库容 2.24 亿 m^3，调节库容 1.07 亿 m^3，具有季调节能力。电站装机容量 100MW，多年平均年发电量 4.11 亿 kW·h。电站为堤坝式开发，工程枢纽由黏土心墙土石坝、混凝土溢流坝、右岸引水隧洞及地面厂房等组成，最大坝高 47.6m。工程总投资 13.37 亿元，工程于 2003 年 5 月开工建设，于 2007 年 9 月 30 日完工，施工总工期 52 个月。工程建设单位为国网西藏电力有限公司。

（二）项目区概况

直孔水电站河道坡度较缓，两岸阶地发育，河谷较宽。工程区属高原温带半干旱气候区，年平均气温 8℃左右，多年平均年降水量在 400mm 左右，降水集中在 6—9 月，多年平均年蒸发量 2310.3mm，多年平均风速 2.5m/s。土壤类型主要有亚高山草甸土、山地灌丛草甸土、灌丛草原土、潮土等，坝址以上广泛分布耕作亚高山草甸土；坝址以下耕作灌丛草原土分布较广。植被属西藏南部山地灌丛草原区，河谷地带天然林木稀少，由沙生槐、小角柱花、三刺草、白草、固沙草、劲直黄芪等组成的灌丛草原是河谷中的优势植被类型，下游宽阔河谷、阶地处为大片农田农耕区，植被覆盖度 20%～40%。

根据《西藏自治区人民政府关于划分水土流失重点防治区的公告》，直孔水电站地处自治区水土流失重点治理区范围内，工程区土壤侵蚀以水力侵蚀为主，兼有轻度风力侵蚀，水土保持工作以治理水土流失，改善和恢复生产条件和生态环境为主。

二、水土保持目标、实施过程及效果

（一）水土保持目标

直孔水电站水土保持方案编制阶段确定了工程水土保持总体目标：预防和治理防治责任范围内的新增水土流失，促进工程安全与工程区生态环境建设。

（1）在保障工程施工及运行安全的前提下，采取工程与生物措施综合防护、临时与永久措施相结合的措施，控制或减少因工程建设可能造成的水土流失。

（2）合理规划渣场，遵循"先拦后弃"的原则采取挡渣墙、浆砌石护坡以及临时性护面等工程防护措施，有效防治弃渣流失，使拦渣率达95％以上。

（3）改善项目区内生态环境，在控制水土流失的基础上，提高林草覆盖率，防治责任范围内生物措施实施面积应达90％以上，保护和改善区域生态环境。

（4）对工程占用的耕地和草地，通过进行相应的土地整治、灌溉与保护等措施，恢复原有的耕作和畜牧功能，通过人工草场的建设，缓解原有天然草地的载畜压力，实现区域经济的可持续发展。

（二）水土保持方案编报

根据《中华人民共和国水土保持法》的有关规定，2001年6月，国网西藏电力有限公司委托国家电力公司成都勘测设计研究院启动了直孔水电站工程的水土保持方案编制工作，水利部水土保持监测中心对大纲进行了审查。2001年10月，编制完成了《西藏拉萨河直孔水电站水土保持方案报告书》（送审稿），水电水利规划设计总院在北京主持召开了方案报告书预审会，会后经修改完善，于2001年11月编制完成了《西藏拉萨河直孔水电站水土保持方案报告书》（报批稿）。水利部于2002年1月以"水函〔2002〕3号"文对《西藏拉萨河直孔水电站水土保持方案报告书》予以批复。

（三）水土保持措施设计

根据批复的水土保持方案，直孔水电站设计的水土保持措施主要有拦渣工程、斜坡防护工程、土地整治工程、防洪排导工程、植被建设工程和临时防护工程。水土保持方案确定的措施主要包括弃渣场拦挡、护坡及排水，枢纽区开挖边坡防护、排水及临时防护；料场开采边坡防护、排水及施工过程的临时防护；施工道路开挖边坡防护、排水；施工生产生活区排水设施；以及各防治区土地整治、行道树绿化、植被护坡、施工迹地植被恢复等。直孔水电站水土保持措施设计情况见表4.30-1。

表 4.30-1　　　　　　　　　直孔水电站水土保持措施设计情况

措施类型	区　域	设计措施实施区域	主要措施及标准
拦渣工程	渣场	方案设计的1个渣场	浆砌石挡墙
			浆砌石护坡
			截水沟
斜坡防护工程	枢纽工程区	坝肩、厂房边坡、引水建筑物	坝肩开挖坡面喷锚支护、喷混支护；厂房后边坡清理、喷锚支护
	施工公路	填方路段	浆砌石护坡
		挖方路段	浆砌石护坡、喷混支护
		临水路段	铅丝石笼及钢筋石笼护脚
	移民安置区	专项设施区	护坡设计
土地整治工程	渣场	方案设计的1个渣场	
	料场	土石料场	覆土、整地
	施工生产生活区		场地平整、覆土、边坡防护
	移民安置区		开垦草场
			开垦耕地

续表

措施类型	区 域	设计措施实施区域	主要措施及标准
防洪排导工程	枢纽工程区	坝肩、厂房	坝肩、厂房开挖面采取顶面排水措施
	料场	土料场、砂石料场	设置截（排）水沟
	施工公路		坡顶设置截水沟、坡脚设置排水沟
	施工生产生活区		设置截（排）水沟
植被建设工程	渣场		复耕
	料场		造林、种植饲草
	施工公路	边坡	灌草绿化
		两侧	行道树
		临时公路	造林
	施工生产生活区		复耕、造林、种植饲草
	移民安置区		草场开垦
			田间防护林、四旁绿化
		公路	防护林
	水库影响区	塌岸及浸没区	库岸防护林
临时防护工程	枢纽工程区	坝肩、引水建筑物施工围堰	坝肩开挖面外侧设置草垫临时性风蚀防护；施工围堰采取铅丝石笼护坡、铅丝石笼护底、干砌石护坡、干砌石护墙
	料场	石料场	草垫覆盖
		土料场	草垫覆盖、临时截（排）水沟
		砂石料场	草垫覆盖、临时截（排）水沟、造林、种草

（四）水土保持施工

直孔水电站水土保持工程与主体工程同时开工，自 2003 年 5 月起至 2007 年 9 月施工结束，主要实施了渣场挡护、排水、土地整治、绿化工程，碎石土料场边坡防护、排水、土地整治、绿化工程，厂内外公路排水、边坡防护、土地整治、绿化工程，施工临时占地土地整治、临时排水、绿化工程，厂房半岛绿化工程。

（五）水土保持验收

2007 年 9 月，建设单位启动了直孔水电站工程水土保持设施验收的技术评估工作。2007 年 12 月 27 日，在北京召开了西藏拉萨河直孔水电站水土保持设施竣工验收会议，水利部以"办水保函〔2008〕11 号"文同意通过竣工验收，正式投入运行。

验收主要结论为：西藏拉萨河直孔水电站水土保持设施基本达到了水土保持法律法规及技术规范、标准的要求，工程质量总体合格，运行期间的管理维护责任得到较好落实，总体上发挥了保持水土、改善生态环境的作用，同意该工程通过竣工验收，投入运行。

（六）水土保持效果

直孔水电站水土保持工程自 2008 年竣工验收以来，已经安全运行多年。枢纽区绿化、截（排）水等措施，渣场拦挡、排水、绿化等措施，料场护坡、排水、绿化等措施，移民安置区绿化措施等均较好地发挥了水土保持功能，防洪排导、弃渣拦挡、土地整治、植被等水土保持设施完好，无排水不畅、拦挡失效、植被覆盖不达标等情况，水土保持措施防治效果良好。详见图 4.30－1～图 4.30－3。

图 4.30－1　直孔水电站坝址概貌（照片由中国电建集团成都勘测设计研究院有限公司提供）

（a）坝顶公路排水沟

（b）进厂公路边沟

图 4.30－2　工程排水沟效果（照片由中国电建集团成都勘测设计研究院有限公司提供）

三、水土保持后评价

（一）目标评价

根据现场实地调研，直孔水电站运行期间，各项水土保持措施防护效果得到明显体现，水土流失基本得到治理，项目建设区可恢复植被区域植被恢复良好，水土保持功能逐步体现，未出现明显的水土流失现象。根据试运行期水土保持监测结果，水土保持方案阶段制定的防治目标均已达到要求，对照《开发建设项目水土流失防治标准》（GB 50434—2008），直孔水电站应执行水土流失防治二级标准，除土壤流失控制比和林草植被

（a）枢纽区厂房半岛绿化效果　　　　　　　　　（b）厂区绿化效果

（c）进厂公路边坡防护及绿化效果　　　　　　　（d）CI标下游渣场恢复效果

（e）坝下施工场地植被恢复效果　　　　　　　　（f）移民安置区植被恢复效果

图 4.30-3　工程绿化措施效果（照片由中国电建集团成都勘测设计研究院有限公司提供）

恢复率略低于标准外，其他 4 项指标均达标。水土保持验收达到了水土保持方案要求的目标，从验收角度来看是合理的。目前直孔水电站已运行 10 余年，其水土流失及水土保持设施已基本稳定，水土保持效果趋于更好。

（二）过程评价

1. 水土保持设计过程评价

（1）拦渣工程。根据现场调查，直孔水电站布设了 4 个渣场，总弃渣量 156.95 万 m^3，采取了浆砌石挡墙、干砌石挡墙等拦挡措施，其中尾水库渣场与厂房下游右岸防洪堤结合，采用重力式挡墙和浆砌石护坡，CI标下游渣场归还当地政府后，干砌石挡墙被周边老百姓拆除，后经修复完善了拦挡效果。各渣场渣体现已稳定，且经覆土、土地整治、草皮移植等措施后，植被状况良好。

（2）表土保护工程。根据资料整理，工程建设过程中，在各防治区实施植物措施前，对水库淹没区内可剥离的表层土（草皮）实施剥离，剥离厚度 30cm，直接运至各绿化区域进行表土覆盖或草皮回铺，临时堆存期间采取覆盖等临时防护措施，避免了前期剥离表土松散堆积体长时间堆放造成水土流失，同时也提高了移植草皮的成活率。

（3）防洪排导工程。直孔水电站对弃渣场布设了排水沟、沉沙池，坝顶及进厂公路设置截（排）水沟和暗涵，料场设置马道截（排）水沟，排水沟均为浆砌块石结构，截（排）水沟根据地形地质条件、工程布置合理布设，并与工程周边排水沟、河流等相连接，形成完善的排水体系。

（4）斜坡防护工程。直孔水电站土石坝坡、进水口边坡、联结坝段边坡、地面厂房后边坡、料场开挖边坡、进厂道路边坡等均采取了斜坡防护工程，主要形式有削坡、浆砌石护坡、混凝土框格梁干砌石、挂网喷混凝土、不锈钢丝网防护、设置马道和浆砌石挡墙等工程措施，在保证边坡稳定的同时，为植物护坡创造了条件。

（5）土地整治工程。直孔水电站对坝区、厂区、厂房半岛、渣场、料场、进厂公路两侧、施工临时用地等可以进行植被恢复的区域进行了土地整治，包括场地清理、土地平整、覆土等措施，为植被建设工程创造了立地条件。

（6）植被建设工程。直孔水电站坝区、厂房边坡、厂房半岛、厂区空地、渣场、料场框格边坡、厂内外公路两侧及框格梁边坡、施工临时用地、移民安置区房前屋后、农田渠道、公路两侧等区域，结合工程措施以及土地整治措施，采取植物措施进行植被恢复，根据西藏海拔高、降水量小、蒸发量大、气温低、温差大等气候条件特征，以植草、移植库区草皮为主，少量栽植乔灌木的方案进行植被建设，乔灌木树种主要为柏树、藏青杨、云松、金丝柳等，草种选择白草、固沙草、披碱草等，符合"因地制宜、适地适树"选择植物措施的原则。但因工程位于高海拔高寒地区，降水量小，蒸发量大，乔灌木生长耗水量较大，工程设计的配套灌溉设施不足，导致部分区域（料场）栽植的灌木成活率较低。

（7）临时防护工程。通过查阅施工过程相关资料，施工过程中，坝肩开挖、料场开采时，为防止临时堆土风蚀及土石散落，采用草袋进行临时覆盖；在场地排水系统未完善前，开挖土质排水沟排除场地积水；对部分开挖待移植的草皮采取了临时覆盖措施。但工程总体临时防护工程相对较少，施工过程中的水土流失防治措施相对不足。

综上，直孔水电站水土保持工程布置合理，工程等别、建筑物级别、洪水标准等符合规范要求，根据水土保持监测资料以及实际运行效果，直孔水电站水土保持设计合理合规，并充分利用厂址河心岛天然的地形优势采取植物措施进行景观绿化，基本符合项目所在的高寒高海拔地区特点。因方案设计较早，尤其高寒高海拔区域水土保持措施设计经验不足，工程设计的配套灌溉设施欠缺，导致需水量较大的高大灌木成活率较低。

2. 水土保持施工过程评价

直孔水电站于 2003 年开工建设，施工时间较早，水土保持措施中厂房半岛绿化、渣场和料场的水土保持措施施工采用单独招投标的形式确定施工单位，其余水土保持工程措施施工纳入主体施工招标文件一同实施招标，植物措施委托有经验的专业队伍进行施工。

水土保持措施的实施与主体工程同期进行，同时投产运行，符合水土保持"三同时"原则。

（1）积极宣传水土保持相关法律法规。建设单位国网西藏电力有限公司充分认识到各参建单位人员水土保持专业素养参差不齐，水土保持法制意识淡薄等现实情况，通过会议、宣传、督促、管理等多种途径向工程参建各方传达贯彻国家水土保持法律法规和方针政策，积极与西藏自治区水土保持部门沟通协调，取得专业指导，并组织参建单位到青藏铁路沿线考察，不断提高和统一参建各方的思想认识，通过制定水土保持管理规章制度明确参建各方的水土保持工作责任和工作要求，规范了水土保持施工，做到了文明施工。

（2）明确水土保持管理方案。建设单位在直孔水电站建设之初就明确了以"项目法人责任制，招投标制，建设监理制，合同管理制，质量终身负责制"为主体框架的建设管理体制。建设单位组建了指挥部，其中工程处负责工程管理，含环境保护、水土保持管理工作，未单独设置水土保持管理机构。

根据现场施工特点，因地制宜，制定了《直孔水电站环境保护管理办法》《直孔水电站环境保护考核细则》，以及可操作性较强的《直孔水电站施工期环保处理方案》，建立健全了管理体制及环保、水保控制和恢复方案，并与各参建单位签订了《环境保护责任书》，确定了"让青山永驻，让碧水长流"的环保、水保工作主题。

（3）严格水土保持管理。施工过程中，项目指挥部对各单位的环保、水保执行情况实施"三严"（严格管理、严格监督、严格把关）控制，每月由指挥部和监理部联合检查、考评，对各工区的环保、水保执行情况进行不定期抽查和定期检查，加大考核处罚力度。通过这些措施，逐步使所有参建人员自觉树立了水土保持的意识。截至竣工，直孔水电站未发生过重大水土流失事件。

（4）确保建设投资到位。在项目建设管理工作中，国网西藏电力有限公司提出了水土保持专业项目由工程处负责提出要求并组织立项，由计划处负责项目合同签订，由工程处负责项目实施，由财务处负责资金落实到位的总体思路。通过规范基本建设程序，有效防范了经济腐败；通过签订项目承包合同，确保了建设项目的进度和质量，并保证建设资金及时足额到位。在水土保持专项设施建设过程中，未有因投资不落实或是不到位而影响工程建设的情况发生。

（5）执行水土保持监测制度。因未按照水土保持方案报告书拟定的计划在建设初期开展水土保持监测工作，所以建设单位于2006年委托西藏自治区水利技术服务总站进入现场补充开展水土保持监测工作。通过施工期、运行期对项目区域进行水土保持监测，实时掌握了直孔水电站施工建设水土流失部位、水土流失影响因子、水土流失量以及水土保持效果等情况，为项目的水土保持工作提供了数据支撑，编制的《西藏自治区拉萨河直孔水电站工程水土保持监测报告》报送当地水土保持行政主管部门，便于当地水土保持行政主管部门掌握项目建设的水土流失情况和水土保持管理工作。

3. 水土保持运行过程评价

直孔水电站于2007年12月27日通过水利部组织的验收，验收阶段的遗留问题包括：完成大坝下游部分防洪堤工程建设；完善碎石土料场植物措施及移民安置区的水土保持措施；加大水土保持设施的管护力度。在后续的完善工作中，建设单位已及时布设大坝下游左侧防洪堤，并对右侧防洪堤存在的掏空部位进行了修护；针对碎石土料场种植的灌木成活率低的情况，补植当地适宜的草种，对恢复碎石土料场施工迹地有一定的效果；移民安置区已移交当地政府，从现场情况来看，水土保持效果良好。

直孔水电站运行期间，建设单位按照运行管理规定，加强对防治责任范围内的各项水土保持设施的管理维护。国网西藏电力有限公司依照内部制定的部门工作职责、岗位责任等管理制度各司其职，并从电站年收益中划出一定比例的经费，用于水土保持设施维护，从而保证了水土保持设施的有效管护，从管理制度、程序以及资金上保证了运行期内水土保持设施管护工作的开展。

运行期间建设单位安排专人负责绿化植株的洒水、施肥、除草等管护，确保植被成活率，不定期检查清理截（排）水沟道内淤积的泥沙，达到了绿化美化和保持水土的双重作用。

（三）效果评价

1. 植被恢复效果

经现场调查了解，直孔水电站水土流失防治责任范围内采取的植物措施以乔草结合、灌草结合以及移植草皮为主，乔木栽植部位主要在场内外公路行道树、半岛绿化区域、办公生活区、渣场区以及移民安置区，乔木树种以藏川杨、云杉、侧柏、金丝柳为主；灌木栽植部位主要为料场边坡框格梁内、移民安置区等区域，灌木树种主要为小叶荆；草皮移植部位集中在渣场区和办公生活区，乔木及灌木林下撒播种草，草种以固沙草、猫尾草、草地早熟禾为主。

经过 10 余年的自然演替和植被修复，项目区实施的林草植被恢复措施已见成效，栽植的苗木植被生长状况较好，地被植物已自然恢复，与建设期间相比，项目区域内的林草覆盖率和郁闭度都得到了恢复和提升。植被恢复选择当地适生草种及后期的养护与补植，是后期植被恢复效果不错的重要因素。

直孔水电站植被恢复效果评价指标见表 4.30 - 2。

表 4.30 - 2 直孔水电站植被恢复效果评价指标

评价内容	评价指标	结　果
植被恢复效果	林草覆盖率	42.7%
	乡土树种比例	0.60
	郁闭度	0.54

2. 水土保持效果

通过现场调查和评价，直孔水电站实施的工程措施、植物措施等运行状况良好，根据现场水土保持监测统计，工程施工期间土壤侵蚀量 1.72 万 t，项目区平均土壤侵蚀模数 $3865t/(km^2 \cdot a)$；通过各项水土保持措施的实施，至运行期项目区土壤侵蚀模数 $780t/(km^2 \cdot a)$，使得项目建设区的原有水土流失基本得到治理，达到了固土保水的目的。直孔水电站工程区域绿化区表土层厚度为 20～50cm，平均表土层厚度 30cm。工程迹地恢复和绿化多采用当地乡土和适生树种，经过运行期的进一步自然演变，使得土壤质量得以不同程度的改善。项目区不具备绿化条件的区域采取了硬化的方式，使得项目区内裸露的地表面积得以减少。

直孔水电站水土保持效果评价指标见表 4.30-3。

表 4.30-3　　　　　　　　直孔水电站水土保持效果评价指标

评价内容	评价指标	结　果
水土保持效果	表土层厚度	30cm
	地表硬化率	26.78%
	不同侵蚀强度面积比例	98.8%

3. 景观提升效果

直孔水电站枢纽区在进行植被恢复的同时考虑后期绿化的景观效果，采取了乔灌草相结合的园林式立体绿化方式，苗木种类选择时选用景观效果比较好的树（草）种，如藏川杨、云杉、侧柏、金丝柳和小叶荆，固沙草、猫尾草、草地早熟禾等；常绿树种与落叶树种混合选用种植（约 30∶1）。

直孔水电站景观提升效果评价指标见表 4.30-4。

表 4.30-4　　　　　　　　直孔水电站景观提升效果评价指标

评价内容	评价指标	结　果
景观提升效果	美景度	7
	常绿、落叶树种比例	96.78%

4. 环境改善效果

植物是天然的清道夫，可以有效清除空气中的甲醛、漂浮微粒及烟尘等有害物质。通过植被恢复、绿化、养护管理等植物措施的实施，项目区内林草植被覆盖情况得以大幅度改善，植物在光合作用时释放负氧离子，使周边环境中的负氧离子浓度达到约 2000 个/cm³，使得区域内人们的生活环境得以改善。

直孔水电站环境改善效果评价指标见表 4.30-5。

表 4.30-5　　　　　　　　直孔水电站环境改善效果评价指标

评价内容	评价指标	结　果
环境改善效果	负氧离子浓度	2000 个/cm³

5. 安全防护效果

经过现场调查，直孔水电站工程共设置弃渣场 4 处。工程施工时，根据各弃渣场的位置及特点分别实施了弃渣场的挡墙、排水沟及沉沙池等防洪排导工程；后期实施了弃渣场的迹地恢复措施。

工程运行以来，各弃渣场运行情况正常，未发生水土流失危害事故，弃渣场拦渣及排水设施整体完好，运行正常，拦渣率达到了 99.1%；弃渣场整体稳定性良好。

直孔水电站安全防护效果评价指标见表 4.30-6。

表 4.30－6　　　　　　　　　　　　直孔水电站安全防护效果评价指标

评价内容	评价指标	结　果
安全防护效果	挡渣设施完好率	99.1%
	渣（料）场安全稳定运行情况	稳定

6.社会经济效果

直孔水电站建成后，藏中电网将形成以直孔水电站和羊湖抽水蓄能电站为骨干支撑电源的总体布局，对优化西藏自治区电网运行条件，缓解西藏中部地区电网用电供需矛盾将发挥重要作用，将为青藏铁路运营提供可靠的电源，还可提高拉萨河的防洪和灌溉能力，发挥保护环境、提高农牧业生产水平等综合效益，对促进西藏经济和社会的全面发展具有十分重要的意义。

工程建设过程中各项水土保持措施的实施，在有效防治工程建设引起的水土流失、给当地居民带来直接经济效益的同时，将水土保持理念及意识在当地居民中树立了起来，使得当地居民在一定程度上认识到水土保持工作与人们的生活息息相关，提高了当地居民对水土保持、水土流失治理等的意识强度，在其生产生活过程中自觉科学地采取有效措施进行水土流失防治和环境保护，利用水土保持知识进行科学生产，引导当地生态环境进一步向更好的方向发展。

直孔水电站社会经济效果评价指标见表4.30－7。

表 4.30－7　　　　　　　　　　　　直孔水电站社会经济效果评价指标

评价内容	评价指标	结　果
社会经济效果	促进经济发展方式转变程度	好
	居民水保意识提高程度	较好

7.水土保持效果综合评价

通过查表确定计算权重，根据层次分析法计算直孔水电站各指标实际值对于每个等级的隶属度。

直孔水电站各指标隶属分布情况见表4.30－8。

表 4.30－8　　　　　　　　　　　　直孔水电站各指标隶属分布情况

指标层 U	变 量 层 C	权重	各 等 级 隶 属 度				
			好 (V1)	较好 (V2)	一般 (V3)	较差 (V4)	差 (V5)
植被恢复效果 U1	林草覆盖率 C11	0.0858	0.5556	0.4444	0	0	0
	乡土树种比例 C12	0.0260	0.25	0.75	0	0	0
	郁闭度 C13	0.0944	0	0.8333	0.1667	0	0
水土保持效果 U2	表土层厚度 C21	0.0914	0	0	0.6667	0.3333	0
	地表硬化率 C22	0.0349	0.6667	0.3333	0	0	0
	不同侵蚀强度面积比例 C23	0.0799	0.75	0.25	0	0	0

续表

指标层 U	变 量 层 C	权重	各 等 级 隶 属 度				
			好 (V1)	较好 (V2)	一般 (V3)	较差 (V4)	差 (V5)
景观提升 效果 U3	美景度 C31	0.0205	0	1	0	0	0
	常绿、落叶树种比例 C32	0.0102	0.75	0.25	0	0	0
环境改善 效果 U4	负氧离子浓度 C41	0.1378	0	0	0.6667	0.3333	0
安全防护 效果 U5	拦渣设施完好率 C51	0.0542	0.1667	0.8333	0	0	0
	渣（料）场安全稳定运行情况 C52	0.2711	0.1667	0.8333	0	0	0
社会经济 效果 U6	促进经济发展方式转变程度 C61	0.0188	0.5	0.5	0	0	0
	居民水保意识提高程度 C62	0.0751	0	0.8333	0.1667	0	0

经分析计算，直孔水电站模糊综合评判结果见表 4.30-9。

表 4.30-9　　　　　　　直孔水电站模糊综合评判结果

评价对象	好（V1）	较好（V2）	一般（V3）	较差（V4）	差（V5）
直孔水电站	0.2086	0.5340	0.1811	0.0764	0

根据最大隶属度原则，直孔水电站 V2 等级的隶属度最大，故其水土保持评价效果为较好。

四、结论及建议

（一）结论

直孔水电站按照我国有关水土保持法律法规的要求，开展了卓有成效的水土保持工作，对防治责任范围内的水土流失进行了全面系统的治理，基本达到了施工期间控制水土流失、施工后期改善环境和生态的目的，营造了优美的环境，较好地完成了项目的水土保持工作。工程运行以来，各项防治措施的运行效果良好，弃渣得到了及时有效的防护，施工区植被得到了较好的恢复，水土流失得到了有效的控制，生态环境得到了明显的改善。

（二）建议

应该重视水土保持方案（弃渣场补充）报告书的编报，该项目施工期间在水土保持方案设计外新增 3 处渣场，在今后的工程建设过程中应当根据《水利部办公厅关于印发〈水利部生产建设项目水土保持方案变更管理规定（试行）〉的通知》（办水保〔2016〕65 号）进行编报。

案例 31　董箐水电站

一、项目及项目区概况

（一）项目概况

北盘江董箐水电站工程位于贵州省贞丰县与镇宁县交界的北盘江干流下游河段上，是北盘江干流茅口以下河段规划的第 3 个梯级电站，属Ⅱ等大（2）型工程，开发任务为

"以发电为主，航运次之"。

董箐水电站坝址以上流域面积 19693km²，多年平均年径流量 124.99 亿 m³。水库正常蓄水位 490.00m，相应库容 8.8 亿 m³，死库容 7.386 亿 m³，正常蓄水位相应水库面积 22.491km²，回水长度 36.56km。工程装机容量 880MW（4×220MW），保证出力 172MW，多年平均年发电量 30.26 亿 kW·h。董箐水电站工程于 2006 年 11 月正式开工建设，2010 年 6 月 4 台机组投入试运行。工程总投资 62.78 亿元。工程建设单位为贵州北盘江水电开发有限公司（后更名为贵州黔源电力股份有限公司）。

（二）项目区概况

项目区地貌以低山丘陵和河谷地貌为主，气候属亚热带常绿阔叶林带，水热条件优越，特别是该地区正处于亚热带东部湿润气候区向西部半湿润区过渡的地带，加之地势高差悬殊，气候类型多样，地质构造复杂，植物种类较为丰富，以每科含 2～50 种的小型科分布为主。植物区系地理分布复杂，以热带—亚热带性质的成分稍占优势。但由于人类活动的不断干扰，原生植被仅有少量残存，植被主要为次生植被。项目区施工扰动区域的自然植被主要是以楹树、榕树和木棉等为主的河谷季雨林及以麻栎为主的落叶阔叶林，人工植被以甘蔗、玉米、芭蕉和油桐为主，林草覆盖率为 42.10%。项目区土壤受地理位置、地质母岩、气候、生物等成土条件的影响，发育形成多种类型，库区、库周主要土壤类型有黄壤、红壤、石灰土、紫色土、水稻土等，同时在库区、库周局部海拔 1450m 以上的山地有少量黄棕壤分布。

按全国土壤侵蚀类型区划分，项目属于西南土石山区，容许土壤流失量为 500 t/(km²·a)。项目建设过程中，根据《水利部关于划分国家级水土流失重点防治区的公告》（水利部公告，2006 年第 2 号）董箐水电站属于珠江南北盘江重点治理区。根据《贵州省人民政府关于划分水土流失重点防治区的公告》（黔府发〔1998〕52 号），董箐水电站属于省级水土流失重点治理区。

二、水土保持目标、实施过程及效果

（一）水土保持目标

董箐水电站是国家西电东送战略的重要骨干工程，其开发任务为"以发电为主，航运次之"，为更好地完成工程任务同时兼顾生态环境保护，项目建设初期便确定了以下水土保持目标：

（1）施工过程中，对施工方法提出要求，使之尽可能减少占用地表扰动和损毁植被面积。

（2）弃土、弃石和弃渣除在工程中加以利用外，弃入指定堆放地点，并完善堆放地点（弃渣场）的水土保持措施。

（3）工程扰动面尽可能恢复植被。

（4）对施工区开展水土流失监理监测工作，随时提出水土保持要求以减少可能产生的水土流失。

（5）水土保持工作量化的指标为：①扰动土地治理率达到 95% 以上；②水土流失治理程度 95% 以上；③土壤流失控制比小于 1.5；④拦渣率 98% 以上；⑤林草植被恢复率 95% 以上；⑥林草覆盖率 35% 以上。

（二）水土保持方案编报

根据水土保持相关法律、法规的要求，贵州北盘江水电开发有限公司于 2005 年 8 月委托中国水电顾问集团贵阳勘测设计研究院（现更名为中国电建集团贵阳勘测设计研究院有限公司）（以下简称"贵阳院"）编写《北盘江董箐水电站工程水土保持方案报告书》，同年 8 月，完成《北盘江董箐水电站水土保持方案大纲》，中国水电顾问集团组织专家对该大纲进行了技术咨询。2006 年 2 月，贵阳院完成了《北盘江董箐水电站水土保持方案报告书》（送审稿）。

经水利部水土保持司同意，水电水利规划设计总院于 2006 年 3 月在贵州省贵阳市组织召开了《北盘江董箐水电站工程水土保持方案报告书》评审会。2006 年 9 月，《北盘江董箐水电站工程水土保持方案报告书》通过审查，2006 年 10 月 11 日，水利部以"水保函〔2006〕455 号"文对其进行批复。

（三）水土保持措施设计

工程建设期间，建设单位继续委托贵阳院开展水土保持专项设计。根据批复的水土保持方案，董箐水电站的水土保持措施主要为防洪排导工程、拦渣工程、斜坡防护工程、表土保护工程、土地整治工程以及植被建设工程，具体的水土保持措施设计情况见表 4.31-1。

表 4.31-1　　　　董箐水电站水土保持措施设计情况一览表

措施类型	区域	设计措施实施区域	主要措施及标准
防洪排导工程	枢纽工程区	枢纽区边坡	浆砌石排水沟。采用 20 年一遇标准
	施工辅助设施及生活营地区	各营地、施工工厂、砂石料加工系统、施工生活区	浆砌石排水沟。采用 20 年一遇标准
	场内交通运输系统区	右岸进场公路、右岸 1～4 号公路、左岸 1～3 号公路	浆砌石排水沟。采用 20 年一遇标准
	弃渣场区	坝坪沟渣场、阴河渣场	浆砌石排水沟、排水箱涵。防洪设计标准坝坪沟弃渣场按 50 年一遇、阴河弃渣场按 30 年一遇
	移民及专项措施迁（改）建区	移民及专项措施迁（改）建区	截水沟。采用 20 年一遇标准
拦渣工程	弃渣场区	坝坪沟渣场、阴河渣场	浆砌石挡墙。防洪设计标准坝坪沟弃渣场按 50 年一遇、阴河弃渣场按 30 年一遇
斜坡防护工程	枢纽区	坝址左右岸	混凝土挡墙、削坡、干砌石护坡、钢筋混凝土衬砌、锚喷支护、锚杆挂网喷混凝土边坡支护。1 级
	施工辅助设施及生活营地区	各营地、施工工厂、砂石料加工系统、施工生活区	削坡、浆砌石挡墙。5 级
	场内交通运输系统区	右岸进场公路、右岸 1～4 号公路、左岸 1～3 号公路	混凝土挡墙、多种生态护坡。5 级
	弃渣场区	坝坪沟渣场、阴河渣场	浆砌石网格护坡。4 级
	移民及专项措施迁（改）建区	移民及专项措施迁（改）建区	浆砌石挡墙、混凝土框格护坡。5 级

续表

措施类型	区 域	设计措施实施区域	主要措施及标准
表土保护工程	各施工区	对可剥离表土的施工区域实施表土剥离	表土剥离，平均厚度为 30cm
土地整治工程	施工辅助设施及生活营地区、料场区、弃渣场区	后期进行植被恢复和复耕的扰动区域	整平、覆土
植被建设工程	各施工区	主要分布在边坡、道路两侧、弃渣场顶部、移民安置区等	狗牙根、火棘、小冠花混播，小叶榕、棕树和桉树混交，猪屎豆和黄花槐混交等多种植物组合

（四）水土保持施工

工程水土保持措施施工单位采取招投标的形式确定，其中水土保持工程措施施工由湖南中大建筑有限公司、重庆市旭光建筑工程有限公司两家单位负责实施；水土保持植物措施施工由贵州绿之梦生态园林工程有限公司、三峡大学宜昌绿野环保工程有限责任公司、贵阳新景苑园林工程有限公司等单位负责实施。项目工程措施建设组织管理体系见表 4.31-2。

表 4.31-2　　　　　　　项目工程措施建设组织管理体系表

单位类别	单 位 名 称	工作范围及内容
施工单位	中国水利水电第六工程局有限公司、中国水利水电第九工程局有限公司、中国水利水电第十一工程局有限公司、中国水利水电第十二工程局有限公司以及中国武警水电部队第一总队、中国武警水电部队第二总队	主体土建工程施工
	湖南中大建筑有限公司、重庆市旭光建筑工程有限公司	水土保持工程措施施工
	贵州绿之梦生态园林工程有限公司、三峡大学宜昌绿野环保工程有限责任公司、贵阳新景苑园林工程有限公司	水土保持植物措施施工
水土保持监测单位	贵州省水土保持技术咨询研究中心	水土保持监测工作
水土保持监理单位	贵州华水建设项目管理有限公司	水土保持监理工作

根据水利部"水函〔2002〕36 号"要求："建设单位在建设过程中，应委托具有相应资质的监测机构承担水土保持监测任务，并定期向水行政主管部门提交监测报告，"建设单位在开工前委托有相应资质的贵州省水土保持技术咨询研究中心开展工程水土保持专项监测工作。

为做好董箐水电站施工区的水土保持工作，根据《水土保持生态建设工程监理管理暂行办法》（水建管〔2003〕79 号）、《关于加强大中型开发建设项目水土保持监理工作的通知》（水保〔2003〕89 号）等有关文件精神，建设单位在开工前委托了有相应资质的贵州华水建设项目管理有限公司开展水土保持监理工作。

（五）水土保持设施验收

2013 年 11 月，水利部在贵州省黔西南布依族苗族自治州兴义市主持召开了北盘江董箐水电站工程水土保持设施竣工验收会议。验收组认为：建设单位依法编报了水土保持方案，实施了水土保持方案确定的各项防治措施，完成了水利部批复的防治任务，建成的水土保持设施质量总体合格；工程建设期间，建设单位优化了施工工艺，开展了水土保持监理、监测工作，较好地控制和减少了工程建设中的水土流失，水土流失防治指标达到了水土保持方案确定的目标值，运行期间的管理维护责任落实，符合水土保持设施竣工验收的条件，同意该工程水土保持设施通过竣工验收。

（六）水土保持效果

董箐水电站自竣工验收以来，水土保持设施已安全有效运行 11 年有余。实施的枢纽区的绿化、截（排）水工程，弃渣场的拦挡、排水、绿化等措施较好地发挥了水土保持的功能。根据现场调查，实施的拦挡工程、防洪排导工程、土地整治工程、植被恢复工程等措施未出现措施失效，截（排）水不畅和植被覆盖不达标的情况。渣场在植被恢复后，综合利用弃渣场的地形地貌、土地资源和当地得天独厚的气候条件，种植火龙果和百香果等亚热带经济植物，并向周边种植户进行示范和推广。目前项目区良田镇周边大面积种植了火龙果、百香果等经济植物，年经济收益良好，对当地发展现代山地高效农业，增加农民收入起到了更大的促进作用。

工程水土保持措施防治效果见图 4.31 - 1。

三、水土保持后评价

（一）目标评价

经过现场实地调研，董箐水电站运行期间，各项水土保持措施防护效果明显，水土流失基本得到治理，项目建设区可恢复植被区域植被恢复良好，水土保持措施的功能不单单体现在防治水土流失上，还延伸到生态维护、土壤改良以及景观提升等方面。根据《开发建设项目水土流失防治标准》（GB 50434—2008）的要求，项目的扰动土地整治率、拦渣率、林草覆盖率、林草植被恢复率等 6 项指标完成情况如下。

（1）扰动土地整治率。项目建设区共扰动土地面积 698.96hm²，扰动土地整治面积为 315.61hm²，水域面积 382.38hm²，扰动土地整治率为 99.86%，大于水土保持方案批复的目标值（95%）和《开发建设项目水土流失防治标准》（GB 50434—2008）的一级标准值（95%），达标。

（2）水土流失总治理度。项目建设区扰动地表区域造成水土流失面积 125.57hm²，该区域内水土保持措施防治面积 124.6hm²，水土流失总治理度为 99.23%，大于水土保持方案批复的目标值（95%）和《开发建设项目水土流失防治标准》（GB 50434—2008）的一级标准值（97%），达标。

（3）土壤流失控制比。项目建设区容许土壤侵蚀模数 500t/(km²·a)。治理后项目建设区土壤侵蚀模数 184.74t/(km²·a)，土壤流失控制比为 2.71，优于水土保持方案批复的目标值和《开发建设项目水土流失防治标准》（GB 50434—2008）的一级标准值（1），达标。

（4）拦渣率。项目建设共弃渣约 1227.5 万 m³（含部分回填利用量），有效拦挡弃渣 1220 万 m³，拦渣率为 99.39%，大于水土保持方案批复的目标值（98%），高于水土保持方案批复的目标值（90%）和《开发建设项目水土流失防治标准》（GB 50434—2008）的一级标准值（95%），达标。

（5）林草植被恢复率。项目建设区可恢复林草植被面积 99.84hm²，实际恢复的林草

（a）坝坪沟渣场现状（植被恢复后进行农林开发）

（b）阴河渣场顶部植被恢复

（c）董箐石料场植被恢复

（d）交通道路两侧植被恢复

（e）办公生活区绿化

图 4.31-1　工程水土保持措施防治效果（照片由中国电建集团贵阳勘测设计研究院有限公司提供）

植被面积为 98.87hm²，林草植被恢复率为 99.03%，大于水土保持方案批复的目标值（95%）和《开发建设项目水土流失防治标准》（GB 50434—2008）的一级标准值（97%），达标。

（6）林草覆盖率。项目建设区林草总面积为 168.02hm²（包括原有植被面积

69.15hm²），项目建设区防治责任范围面积 770.11hm²（含花江大桥及花江铁索桥），林草覆盖率为 21.82%，低于水土保持方案批复的目标值（35%）和《开发建设项目水土流失防治标准》（GB 50434—2008）的一级标准值（27%）。林草覆盖率过低的原因主要为项目建设扰动地表区域中，有 382.38hm² 的土地位于正常蓄水位高程以下，处于水库正常蓄水淹没区，不能实施植物措施。在扣除水域面积后，林草覆盖率为 43.33%，大于水土保持方案批复的目标值（35%）和《开发建设项目水土流失防治标准》（GB 50434—2008）的一级标准值（27%），达标。

（二）过程评价

1. 水土保持设计评价

（1）防洪排导工程。设计中，考虑到坝坪沟弃渣场和阴河弃渣场下游均无重大敏感目标，防洪设计标准坝坪沟弃渣场为 50 年一遇、阴河弃渣场为 30 年一遇；施工辅助设施及生活营地区、场内交通运输系统区、移民及专项措施迁（改）建区等区域采取 20 年一遇的防洪设计标准。在施工过程中，截（排）水沟根据地形、地质条件布设，与自然水系顺接，并布设消能防冲措施。

（2）拦渣工程。工程涉及 2 处弃渣场，分别为左岸的坝坪沟渣场和右岸的阴河渣场。根据工程报批的水土保持方案，弃渣总量为 1098.74 万 m³，折合松方为 1648.11 万 m³，其中坝坪沟渣场容量为 1050 万 m³，阴河渣场容量为 700 万 m³。项目在建设过程中，经优化后减少了部分土石方开挖量。最终弃渣中，坝坪沟弃渣场堆放弃渣约 900 万 m³，阴河弃渣场堆放弃渣约 230 万 m³，另有约 97.5 万 m³ 渣料被利用到洗鸭沟施工营地和巧雍沟施工营地进行场地平整和填筑，对弃渣进行了综合利用，解决了施工布置难的问题。经现场调查，运行 11 年来，2 处弃渣场运行稳定，挡渣墙完整度达到 90% 以上，挡墙采用浆砌石的形式，达到了拦挡的效果。

（3）斜坡防护工程。在边坡稳定的基础上，采用削坡开级、浆砌石护坡、干砌石护坡、生态护坡等多种斜坡防护工程。

（4）表土保护工程。工程建设中对可剥离表土的区域进行了表土剥离，集中堆放在弃渣场区并进行集中防护，待植被恢复前将表土运至各植被恢复区进行表土回覆。

（5）土地整治工程。根据现场调查，工程征占地范围内对需要复耕或恢复植被的扰动及裸露土地及时采取了场地清理、平整、表土回覆等整治措施。弃渣场边坡、平台在土地整治基础上进行了覆土和绿化，为后期综合农林开发创造了条件。

（6）植被建设工程。工程区植物措施以水土保持方案设计为基础，鉴于部分树（草）种不适应施工扰动后的立地条件，根据施工结束后各区域立地条件和项目区高温干旱的特殊气候及植物的生理学特性，在施工阶段增加了香根草、猪屎豆、小冠花、小叶榕、棕树、桉树、黄花槐等植物种，设计了狗牙根、火棘、小冠花混播，小叶榕、棕树和桉树混交，猪屎豆和黄花槐混交等植物组合。为保证施工迹地能又快又好恢复植被，提前将各个组合在施工现场试种，以确定最适合的树（草）种搭配。通过种植试验，选取了成活率较高的黄花槐、车桑子、棕树、香樟、香根草、猪屎豆、狗牙根等树（草）种，并进行合理搭配。最终植被恢复良好，不仅林草植被恢复率和林草覆盖率达到了预期指标，同时还提高了植物多样性，改良了土壤。

2. 水土保持施工评价

工程水土保持施工严格采取招投标的形式确定施工单位，招标确定的施工单位专业性强，保证了水土保持措施的质量和效果。

在水土保持质量管理方面，建设单位从宣贯法律法规、建立健全管理机构和保障投资到位三方面进行了管理。

(1) 积极宣传水土保持相关法律法规。贵州北盘江水电开发有限公司充分认识到各参建单位人员水土保持专业素养参差不齐，水土保持法制意识淡薄等现实情况，通过会议、宣传、督促、管理等多种途径向工程参建各方传达贯彻国家水土保持法律法规和方针政策，不断提高和统一参建各方的思想认识，通过制定水土保持管理规章制度明确参建各方的水土保持工作责任和工作要求，规范了水土保持施工，做到了文明施工。

(2) 设立水土保持管理机构。为加强对环境保护和水土保持工作的领导，规范水土保持工作，贵州北盘江水电开发有限公司以"董箐环〔2018〕5号"文成立了董箐水电站环保、水保领导小组（董箐水电站项目安全环保部），一并负责董箐水电站水土保持和环境保护管理工作，并在工作中不断摸索、完善，加强领导，业主主导，积极协调，强化管理。严格执行"三同时"制度，确保水土保持设施与主体工程同时设计、同时施工、同时投产使用。

(3) 确保建设投资到位。贵州北盘江水电开发有限公司为了规范财务行为，加强财务管理，规范资金的筹措和使用，制定了《贵州北盘江水电开发有限公司基建财务管理办法》《贵州北盘江水电开发有限公司财务管理制度》《贵州北盘江水电开发有限公司会计管理制度》《贵州北盘江水电开发有限公司会计档案管理制度》《贵州北盘江水电开发有限公司现金管理办法》《贵州北盘江水电开发有限公司银行账户、票据管理办法（试行）》等多项严格的规章制度，保证了水土保持专项资金的到位及时、合理、有序，为水土保持措施的顺利实施提供了有力的资金保证。

3. 水土保持运行评价

董箐水电站运行期间，建设单位按照运行管理规定，加强对防治责任范围内的各项水土保持设施的管理维护，由贵州北盘江水电开发有限公司下设的董箐水电站环保、水保领导小组（董箐水电站项目安全环保部）协调开展，水土保持具体工作由安全环保部专人负责，公司各部门依照公司内部制定的部门工作职责等管理制度，各司其职，从管理制度和程序上保证了运行期内水土保持设施管护工作的开展。运行期间安排专人负责绿化植株的洒水、施肥、除草等管护，确保植被成活率，不定期检查清理截（排）水沟道内淤积的泥沙，达到了绿化美化和保持水土的双重作用。

（三）效果评价

1. 植被恢复效果

在实施过程中，由于施工扰动后的立地条件与自然情况下立地条件差异较大，加之处于北盘江干热河谷，气候干热，出现植物成活率较低的情况。因此，在水土保持措施实施阶段对原水土保持方案提出的植物措施进行了优化，在施工阶段增加了香根草、猪屎豆、小冠花、小叶榕、棕树、桉树、黄花槐等植物种，设计了狗牙根、火棘、小冠花混播，小叶榕、棕树和桉树混交，猪屎豆和黄花槐混交等植物组合。

董箐水电站植被恢复效果评价指标见表 4.31-3。

表 4.31-3　　　　　　　　董箐水电站植被恢复效果评价指标

评价内容	评价指标	结　果
植被恢复	林草植被恢复率	42.5%
	植物多样性指数	0.50
	乡土树种比例	0.65
	单位面积枯枝落叶层	1.8cm
	郁闭度	0.50

2. 水土保持效果

根据现场水土保持监测统计，平均土壤侵蚀模数 3204t/(km²·a)，属中度侵蚀。通过水土保持措施的实施，治理后项目建设区土壤侵蚀模数 184.74t/(km²·a)，项目区原有水土流失基本得到治理。工程弃渣场、料场、交通道路区域覆表土厚度为 30～50cm，办公生活区覆表土厚度为 50～70cm，项目区平均表土层厚度约 55cm。工程迹地恢复和绿化造景的植物选择遵循"乡土树种优先"的原则，后续设计采用猪屎豆和黄花槐混交、火棘和车桑子混播、丛植香根草等方式，迅速提高了施工迹地的林草覆盖率。施工迹地快速郁闭，并在一定程度上改良了土壤，对林下的植物起到遮阴降温的作用，为先锋树（草）种的生长提供了养分，改善了干热小气候等，随着各物种的进入，生物多样性得到了大幅提高。通过植物措施的实施，极大地提高了施工迹地的林草覆盖度和植物多样性，同时还有效改善了土壤的养分情况，对于前期防治水土流失起到关键作用。经试验分析，项目区土壤有机质含量约为 2.8%。项目区道路、建筑物等不具备绿化恢复条件的区域进行了地表硬化。扰动区域植被恢复和地表硬化措施的实施，使项目区土地损失面积大幅减少。

董箐水电站水土保持效果评价指标见表 4.31-4。

表 4.31-4　　　　　　　　董箐水电站水土保持效果评价指标

评价内容	评价指标	结　果
水土保持效果	表土层厚度	55cm
	土壤有机质含量	2.8%
	地表硬化率	78.5%
	不同侵蚀强度面积比例	98.76%

3. 景观提升效果

工程办公生活区在植被恢复时选用迎春、三角梅、海桐球、琴丝竹、紫薇、樱花、红枫、铁树、楠竹、南天竹、小叶榕、马尼拉草等多种植物搭配，营造园林式景观，树种选择时充分考虑季相变化的特征，使区域内一年四季均有景色可欣赏，提升了项目区的可观赏性。经现场调查，董箐水电站景观提升效果评价指标见表 4.31-5。

4. 环境改善效果

工程实施水土保持林草措施后，林草覆盖大幅提升，项目区负氧离子含量约为 1800 个/cm³，SO_2 吸收量约 0.27g/m²。

表 4.31-5   董箐水电站景观提升效果评价指标

评价内容	评价指标	结　　果
景观提升效果	美景度	7
	常绿、落叶树种比例	70%
	观赏植物季相多样性	0.6

董箐水电站环境改善效果评价指标见表 4.31-6。

表 4.31-6   董箐水电站环境改善效果评价指标

评价内容	评价指标	结　　果
环境改善效果	负氧离子浓度	1800 个/cm³
	SO_2 吸收量	0.27g/m²

5. 安全防护效果

工程共设置两处弃渣场，施工过程中落实了截（排）水沟、排水箱涵等防洪排导工程，浆砌石挡墙等拦渣工程，以及框格护坡、生态护坡等斜坡防护工程，后期实施了弃渣场平台和坡面的植被恢复，现在当地政府充分利用经过水土保持措施改良后的土地发展农林经济。自工程运行以来，弃渣场稳定性良好，未发生水土流失危害事故，防洪排导工程、拦渣工程和斜坡防护工程运行良好，拦渣设施完好率达到 98% 以上。

董箐水电站安全防护效果评价指标见表 4.31-7。

表 4.31-7   董箐水电站安全防护效果评价指标

评价内容	评价指标	结　　果
安全防护效果	拦渣设施完好率	98%
	渣（料）场安全稳定运行情况	稳定

6. 社会经济效果

通过洗鸭沟营地的弃渣综合利用，原方案道路缩减 630m，节省工程投资约 300 万元，降低了项目的建设成本，提高了收益率；利用坝坪沟渣场整治形成的平地、坡地，再进行改造、利用，种植火龙果、百香果等亚热带经济植物，年经济收益良好。

通过设计方案的实施，项目区的生态环境得到了显著的改善，水土流失得到了有效的控制。坝坪沟渣场在综合治理完成后，发展成火龙果、百香果等亚热带经济林的种植基地，为当地农户创造了就业机会，带动了当地经济发展和扶贫工作，产生良好的社会效益。

董箐水电站社会经济效果评价指标见表 4.31-8。

表 4.31-8   董箐水电站社会经济效果评价指标

评价内容	评价指标	结　　果
社会经济效果	促进经济发展方式转变程度	好
	居民水保意识提高程度	良好

7. 水土保持效果综合评价

根据层次分析法计算董箐水电站各指标实际值对于每个等级的隶属度。董箐水电站各指标隶属度分布情况见表 4.31-9。

表 4.31-9　　　　　董箐水电站各指标隶属度分布情况

指标层 U	变量层 C	权重	各等级隶属度				
			好 (V1)	良好 (V2)	一般 (V3)	较差 (V4)	差 (V5)
植被恢复 U1	林草植被恢复率 C11	0.0809	0.9375	0.0625			
	植物多样性指数 C12	0.0199	0.1667	0.8333			
	乡土树种比例 C13	0.0159		0.75	0.25		
	单位面积枯枝落叶层 C14	0.0073	0.1	0.9			
	郁闭度 C15	0.0822		0.8333	0.1667		
水土保持效果 U2	表土层厚度 C21	0.0436		0.6667	0.3333		
	土壤有机质含量 C22	0.1139	0.3	0.7			
	地表硬化率 C23	0.0140		0.8	0.2		
	不同侵蚀强度面积比例 C24	0.0347	0.7146	0.2854			
景观提升效果 U3	美景度 C31	0.0196		1			
	常绿、落叶树种比例 C32	0.0032	0.75	0.25			
	观赏植物季相多样性 C33	0.0079		0.55	0.45		
环境改善效果 U4	负氧离子浓度 C41	0.0459			0.5889	0.4111	
	SO₂ 吸收量 C42	0.0919		0.35	0.65		
安全防护效果 U5	拦渣设施完好率 C51	0.0542	0.7727	0.2273			
	渣（料）场安全稳定运行情况 C52	0.2711	0.1667	0.8333			
社会经济效果 U6	促进经济发展方式转变程度 C61	0.0188	0.5	0.5			
	居民水保意识提高程度 C62	0.0751		0.8333	0.1667		

经分析计算，董箐水电站模糊综合评判结果见表 4.31-10。

表 4.31-10　　　　　董箐水电站模糊综合评判结果

评价对象	好（V1）	良好（V2）	一般（V3）	较差（V4）	差（V5）
董箐水电站	0.2377	0.6057	0.1378	0.0189	0

根据最大隶属度原则，董箐水电站"良好（V2）"的隶属度最大，故其水土保持评价效果为良好。

四、结论及建议

（一）结论

1. 设计咨询全生命周期服务模式

项目主体工程各阶段设计、水土保持方案报告书、土地复垦方案报告书、相关水土保持和土地复垦后续设计等设计咨询工作均为贵阳院完成，在各阶段设计中，特别是在施工图后续设计中，广泛征求了建设单位、监理单位、施工单位、地方政府等多方意见，并将意见融入设计，形成了设计咨询全生命周期的服务模式。此模式得到了建设单位、地方主管部门等多方面的好评。

2．弃渣的综合利用

根据洗鸭沟的地形特点，综合利用开挖渣料回填形成平台，解决了施工营地沿山脊布置困难的问题、减少道路长度，同时减少了公路、施工企业和营地建设对地表和植被的扰动破坏面积。通过设计回访，洗鸭沟回填区稳定性良好，右岸1号永久公路未出现不均匀沉降和塌陷现象。

3．利用改良后的弃渣场土地发展农林经济

利用坝坪沟渣场的地形地貌、土地资源和当地得天独厚的气候条件，研究种植火龙果和百香果等亚热带经济植物，并向周边种植户进行示范和推广。目前良田镇等周边地区种植户已掌握火龙果和百香果的种植技术，并大面积种植了火龙果、百香果等经济植物，年经济收益良好。另外，坝坪沟渣场种植基地还在进行金菠萝等亚热带经济果林的研究种植，一旦技术成熟，达到推广的条件，经济果林的多样化种植，将对当地发展现代山地高效农业，增加农民收入起到更大的促进作用。

（二）建议

1．注重保护表土资源

表土位于土壤剖面的最上层，是土壤的精华所在，熟化程度高、有机物质和微生物丰富，是土壤多样性和土壤种子库的重要载体，一般来讲，30cm 厚的表土就能提供植物营养生长和生殖生长的基本养分与元素。同时研究表明，形成 1cm 厚度的表土需要 100～400 年，表土的形成是人类劳动和自然风化经过成百上千年形成的产物，是极其宝贵的难以再生资源。在工程建设过程中需重视表土剥离与保护工作，并采取必要的防护措施和后期表土利用的规划设计。

2．注重水土保持方案和水土保持设计

工程建设情况特殊，要赶在下游红水河龙滩水电站蓄水前完工建成，因此编报水土保持方案时已经造成了一定的地表扰动。虽然工程后期各项措施到位、恢复较好，但施工前期还是造成了一定程度的水土流失，因此必须重视水土保持方案编报和水土保持设计工作。

3．继续加大水库上游水土保持林和水源涵养林的建设

工程完工时间较早，建议结合新时期生态文明建设需要持续加强生态修复与水土保持工作。同时考虑到北盘江流域水土流失较为严重，导致库区入库泥沙较多，增加了水库的运行压力。因此建议继续加大上游水土保持林和水源涵养林的建设，持续发挥其拦沙减沙的功能，减少入库泥沙，延长工程运行寿命。

案例32　琅琊山抽水蓄能电站

一、项目及项目区概况

（一）项目概况

琅琊山抽水蓄能电站位于安徽省滁州市西南郊琅琊山北侧，工程为Ⅱ等大（2）型工

程，电站总装机容量 600MW，安装 4 台 150MW 单级立轴混流可逆式水泵水轮机和电动发电机组。上水库正常蓄水位 171.80m；下水库利用已有的城西水库，正常蓄水位 29.00m。电站主要建筑物有上水库主坝、副坝、水道、地下厂房、尾水明渠及下水库等，上水库主坝为钢筋混凝土面板堆石坝，最大坝高 64m。电站多年平均年发电量 8.56 亿 kW·h，多年平均年抽水耗电量 11.72 亿 kW·h，建成以后以两回 220kV 线路接入 500kV 滁州变电所，与华东及安徽主网架相连，在系统中担负调峰填谷、调频调相和紧急事故备用等任务。

工程总投资 232496 万元。工程于 2002 年 12 月开工建设；2006 年 9 月，电站首台发电机组开始运行；2007 年 9 月，机组全部投入商业运行。工程建设单位为华东琅琊山抽水蓄能有限责任公司。

（二）项目区概况

琅琊山抽水蓄能电站项目区地形地貌类型属于低山丘陵区，属亚热带向暖温带过渡区域，多年平均气温 15.3℃，上、下水库多年平均年降水量分别为 1104mm 和 1047mm，多年平均风速 2.5m/s，多年平均年蒸发量 894mm。主要土壤类型为粗骨土、黄棕壤和紫色土。植被类型以落叶阔叶林为主，辅以部分常绿阔叶林，主要树种有山合欢、柘树、云实、黄连木、化香和一叶荻等，零星分布油桐、杜梨、盐肤木、华北枸子、桑、八角枫等，针叶树以黑松和侧柏为主，主要草本植物种类有狼尾草、白茅、黄背草、野古草等，林草覆盖率 50%。

项目区地处南方红壤低山丘陵区，水土流失程度较轻，水土流失成因主要是水力侵蚀，侵蚀形式主要有面蚀、片蚀、沟蚀等。根据《安徽省人民政府关于划分全省水土流失重点防治区加强水土保持工作的通知》（皖政〔1999〕53 号），项目区涉及的滁州市属于安徽省水土流失重点治理区。

二、水土保持目标、实施过程及效果

（一）水土保持目标

工程建设初期，工程提出"通过琅琊山抽水蓄能电站的建设，防治因电站主体工程及其配套设施建设引发的新增水土流失，改善项目区生态环境，减少原生水土流失，为工程管理和促进当地经济发展创造良好条件"的水土保持目标。

琅琊山抽水蓄能电站水土保持方案结合工程区地形地貌、降雨量、工程实际情况等，提出工程 6 项控制性量化指标见表 4.32-1。

表 4.32-1　　　　　　琅琊山抽水蓄能电站水土保持防治目标表

防治指标	防治目标值	防治指标	防治目标值
扰动土地整治率	95%	拦渣率	95%
水土流失总治理度	87%	林草植被恢复率	97%
土壤流失控制比	1.0	林草覆盖率	22%

（二）水土保持方案编报

2000 年 1 月底，编制完成了《琅琊山抽水蓄能电站水土保持方案大纲》，并于同年 3 月审查通过。2000 年 7 月，由水电水利规划设计总院主持，在北京召开了《琅琊山抽水蓄能电站可行性研究阶段水土保持方案报告书》预审会，会后根据意见对报告进行了修改补充，于 2000 年 7 月编制完成了《琅琊山抽水蓄能电站可行性研究阶段水土保持方案报告书》（报批稿）。

2000 年 9 月，水利部以"水保〔2000〕387 号"文对工程水土保持方案予以批复。根据批复意见，工程水土流失防治责任范围为 236.07hm^2，水土保持工程静态总投资为 1306.63 万元。

（三）水土保持措施设计

在电站建设过程中，建设单位委托中国水电顾问集团北京勘测设计研究院（现更名为中国电建集团北京勘测设计研究院有限公司）、滁州市园林花卉研究所、湖北水总水利水电建设股份有限公司等单位按照水土保持方案的要求对工程水土保持措施进行了设计。水土保持措施主要为防洪排导工程、拦渣工程、斜坡防护工程、土地整治工程、植被建设工程、临时防护工程、表土保护工程等。

1. 主体工程区

主体工程区整治工程包括洞室区整治及排水工程、管理区边坡防护工程、管理区景观工程。施工内容包括对交通洞、施工支洞等洞口外支护，GIS 开关站边坡防护、值班房后平台边坡防护，导流明渠废弃段边坡防护及办公楼区花坛工程等。

2. 渣场区

渣场区包括 1 号渣场、3 号渣场和 4 号渣场。

（1）1 号渣场位于上水库坝后，弃渣后形成 3 级平台。防护工程包括浆砌石片石边沟、浆砌石拦渣坝、干砌石护坡、浆砌石护坡、渣场土石平整。依据渣场地形地貌及所处位置，设计在渣场各级平台顶面覆种植土，栽植意杨、蜀桧、高杆女贞、木槿等绿化美化树种。

（2）3 号渣场防护工程面积大，护坡面宽，高差较大，排水沟道长，浆砌石挡墙较高，工程方案包括 3 个平台的修坡，仓库场地石渣回填，干砌石护坡，浆砌石挡墙砌筑，浆砌石排水沟砌筑及其排水系统沉淀池砌筑。植物措施方面，回填种植土，对 3 号渣场原规划树种进行了调整，增加了常绿树种（如雪松、黑松、香樟等）的比例，减少了果木树（如大枣、板栗、杏、柿等）的栽植，调整后的常绿树种比例在 55% 以上。同时，在 3 号渣场布设灌溉系统工程，满足 3 号渣场植被养护需要。

（3）4 号渣场根据蒋家洼防洪的要求，对蒋家洼沟截水堰前进口段进行调整，原设计的拦渣坝沿原走线延伸，为避免 4 号渣场及采石场石渣进入导流明渠，在蒋家洼截水堰进口段新增与原走线垂直的拦渣坝，使新增拦渣坝与原设计拦渣坝形成一个集石坑，土质边坡采用干砌石护坡。植物措施方面，回填种植土，在挡土墙上方围梗外斜坡栽植雪松，使之形成一道绿色屏障。在泄洪沟围梗内侧斜坡及部分地势较高的石砾地块栽植高杆女贞，形成一排绿色长廊。在中间围梗两侧斜坡栽植适应性强耐干旱的三角枫，其余低洼地栽植速生树种意杨。

3. 料场区

上水库石料场开采面大部分位于上水库正常蓄水位（171.80m）以下，主要防治措施为施工期间严格按照设计开采工艺和开采范围进行作业，施工完毕后对开采平台进行清理。

蒋家洼采石场整治措施包括将黄草洼（施工期钢管加工厂）区、4号渣场和蒋家洼采石场区域部分渣体进行回填平整，回填种植土，种植三角枫、桂元木等。对于蒋家洼采石场陡壁，采用岩石边坡 TBS 植被护坡绿化技术，在采石场外围顶面设置浆砌石梯形断面截水沟，坡脚设置挡墙及浆砌石方形断面排水沟，通过排水沟将水引入 4 号渣场排水沟。

4. 施工公路区

对挖方及半挖半填区段，路面以上设置挡土墙或采用护坡工程，路面以下设置挡渣墙和护坡工程；对填方区段采用挡渣墙及护坡工程等形式治理。挡渣墙、挡土墙依据公路的等级、坡面规模、地质情况选用浆砌石、铅丝石笼等形式。护坡工程相应地采用削坡开级、浆砌石全面护坡、浆砌石网格护坡、混凝土网格护坡、干砌石护坡、土工织物护坡等工程防护形式。公路两侧设置浆砌石截（排）水沟，通过渣场上游的公路相应地扩大排水沟渠的过水断面，增大过水能力。

根据公路两侧的立地条件，对半填半挖区段，采取种植土回填，山崖侧栽植攀缘植物，道路两侧栽植乔灌木；对填方区段道路两侧搭配栽植乔灌木等植被。

5. 施工营（场）地区

工程施工营（场）地使用结束后，要及时拆除地面建筑物，清除建筑垃圾，进行土地平整及覆土，为营造植物措施做好准备条件。按照"适地适树"的原则，结合施工营（场）地各区域的立体条件、植被特点及苗木来源等，设计种植适宜的乔灌木进行植被恢复及绿化。

6. 绿化美化区

工程绿化美化区域水土保持措施设计思路是在防治水土流失、改善生态环境的前提下，以植物措施为主，结合园林艺术的特点，遵循"适地适树、适地适草"的原则，开展"绿化、美化、园林化"建设，加强景观美化的含量，为企业创造一流的环境，为职工创造多视点、多视角，集观赏、游览、休闲为一体的空间。

上水库区域结合上水库周边地形地貌，在主坝、副坝坝顶及周边区域种植具有园林景观效果的树种，并按照不同植物特性，种植成不同的形状及色块，在周边种植花篱及植物球，形成"点、线、面"多层次的景观效果。在环库公路侧挡墙内种植藤本植物，在上水库合适位置设置观景台及草坪砖停车场。

下水库周边区域及管理区进行园林式绿化，种植各类观赏树种及草坪，布设花坛，美化环境。在绿化基础上，适当点缀长廊、水池等园林小品美化环境。

7. 移民安置区

工程移民搬迁人口较少，移民搬迁过程中要注意排洪，周边设置截（排）水沟，防止水土流失；建筑弃渣及临时弃渣堆放应存放在指定地点，并做好施工期临时水土流失防治措施。

琅琊山抽水蓄能电站水土保持措施设计情况见表 4.32 - 2。

（四）水土保持施工

工程的建设单位为华东琅琊山抽水蓄能有限责任公司，水土保持工程设计单位为中国水电顾问集团北京勘测设计研究院。工程水土保持措施施工单位分别为滁州市园林花卉研究所、安徽电力建设第二工程公司、湖北水总水利水电建设股份责任公司、江苏南通二建集团有限公司、安徽巾帼物业管理有限公司等。

表 4.32 - 2　　　　　　　琅琊山抽水蓄能电站水土保持措施设计情况

措施类型	区　域	设计措施实施区域	主要措施及标准
防洪排导工程	渣场区、主体工程区、料场区、施工公路区、施工营（场）地区	1号渣场、3号渣场、4号渣场、上水库采石场、蒋家洼左岸石料场、枢纽边坡、公路边坡	浆砌石截水沟、浆砌石排水沟、浆砌石挡墙、碎石排水层。采用20～50年一遇标准
拦渣工程	弃渣场区	1号渣场、3号渣场和4号渣场	浆砌石拦渣坝、干砌石护坡。采用20～50年一遇标准
斜坡防护工程	主体工程区	包括对交通洞、施工支洞等洞口外支护，GIS开关站边坡防护、值班房后平台边坡防护、导流明渠废弃段边坡防护	浆砌片石护坡、锚杆等
土地整治工程	渣场区、料场区、施工公路区、施工营（场）地区、绿化美化区	1号渣场、3号渣场和4号渣场、土料冲填场、蒋家洼左岸石料场、施工道路、施工营（场）地、管理区、上下水库区	土地平整及覆土
植被建设工程	渣场区、料场区、施工公路区、施工营（场）地区、绿化美化区	1号渣场、3号渣场、4号渣场、土料冲填场、蒋家洼左岸石料场、施工道路、施工营（场）地、管理区、上下水库区	在环库公路侧挡墙内种植藤本植物，在上水库合适位置设置观景台及草坪砖停车场。下水库周边区域及管理区进行园林式绿化，种植各类观赏树种及草坪，布设花坛，美化环境。在绿化基础上，适当点缀长廊、水池等园林小品美化环境；其他区域种植适宜的乔灌木进行植被恢复及绿化
临时防护工程	各施工区	主要分布在临时开挖、堆料（土）、施工营（场）地周边等区域	采取临时覆盖、拦挡、排水等防护措施

工程于 2002 年 12 月开工建设，根据项目建设单位与安徽省水土保持监测总站签订的《琅琊山抽水蓄能电站工程水土保持监测协议书》和琅琊山抽水蓄能电站工程水土保持监测工作大纲要求，安徽省水土保持监测总站（水保监资证甲字第 022 号）水土保持监测工作组于 2004 年 11 月首次进场工作。

水土保持监理单位为中国水电顾问集团华东勘测设计研究院（现更名为中国电建集团华东勘测设计研究院有限公司）（以下简称"华东院"）和南京风景园林工程监理有限公司，华东院负责同水土保持工程相关的土建工程的监理工作，即渣场区、料场防治区、部分道路防治区、部分美化绿化区的土建施工监理；南京风景园林工程监理有限公司承担绿化工程的监理任务。

（五）水土保持验收

2011 年 9 月，琅琊山抽水蓄能电站水土保持设施通过了水利部组织的专项验收（办水保函〔2012〕184 号）。

琅琊山抽水蓄能电站水土保持设施管理维护分成两阶段实施。第一阶段为水土保持设施交工验收后的质保期内，工程措施和植物措施的质保期均为 1 年，由相应的施工单位负责管理维护；第二阶段为质保期结束后，水土保持设施正式移交建设单位管理维护，后续全部由华东琅琊山抽水蓄能有限责任公司负责管理维护。

（六）水土保持效果

琅琊山抽水蓄能电站自竣工验收以来，水土保持设施已安全、有效运行长达 7 年，实施的主体工程区的绿化美化措施、截（排）水措施，弃渣场拦挡、排水、防洪工程，施工营（场）地区的拦挡防护、植被恢复措施较好地发挥了水土保持的功能。根据现场调查，实施的弃渣场挡渣、防洪排导、土地整治、植被恢复等措施未出现拦挡措施失效、截（排）水不畅和植被覆盖不达标等情况。琅琊山抽水蓄能电站水土保持措施防治效果见图 4.32-1。

（a）3号渣场绿化　　　　　　　　　　　　（b）道路边坡绿化

（c）营地绿化　　　　　　　　　　　　（d）石料场高陡边坡绿化

图 4.32-1　琅琊山抽水蓄能电站水土保持措施防治效果图
（照片由中国电建集团北京勘测设计研究院有限公司　华东琅琊山抽水蓄能有限责任公司提供）

三、水土保持后评价

（一）目标评价

琅琊山抽水蓄能电站工程水土保持方案实施情况较好，在水土保持工程建设过程中，认真履行项目法人责任，严格执行工程建设管理制度，精心规划，明确目标，落实责任，创新管理，强化监督，使水土保持工作取得了良好的成效。

首先，在工程建设过程中，对弃渣进行了拦挡。由于施工过程中严格把关，拦渣效果好，拦渣率为 99.5%，弃渣流失得到了有效控制；其次，根据主体施工进度，对弃渣场、施工场地等区域进行了土地整治，并采取水土保持综合治理措施，扰动土地整治率为

98.6％，林草覆盖率为 46.2％，林草植被恢复率为 97.1％；第三，通过水土保持方案的实施，水土流失总治理度为 97.1％，土壤流失控制比为 2.5，新增水土流失得到有效控制，保护和改善了项目区的生态环境。

工程水土保持方案的实施，明显改善了项目区及周边的生态环境，达到了水土保持防治目标。

（二）过程评价

1. 水土保持设计评价

（1）防洪排导工程。对料场、渣场等设置了截水沟、排水沟、排水渠等通畅的排水系统。

（2）拦渣工程。工程设置 3 个弃渣场，通过采取浆砌石及干砌石护坡、石方及渣体开挖、土石方回填等水土保持综合治理措施，在施工期有效地防止了弃渣流失。

（3）土地整治工程。对工程征占地范围内需要恢复植被的扰动及裸露土地及时采取了场地清理、平整、表土回覆等整治措施。

（4）边坡防护工程。对洞室区、管理区边坡、公路区边坡采取恢复、防护等措施。

（5）植被建设工程。工程对具备绿化条件的区域进行植被建设，选择了适宜当地生长的树种、草种，采用了多种栽植、草灌结合、乔灌结合的方式，在发挥水土保持效果的同时，提高了美化环境的效果。

（6）临时防护工程。工程建设过程中，建设临时拦挡、排水及临时绿化等措施。

2. 水土保持施工评价

在工程建设之初，建设单位就把水土保持生态环境建设与工程建设同步作为工程建设的重要指导思想，将水土保持工程管理纳入了整个工程建设管理体系，实行统一管理，水土保持作为工程建设的重要组成部分，受到了高度重视。建设单位成立水土保持工作领导小组，领导小组下设办公室，常设在工程管理部，监理、设计和施工单位按照环境管理体系和职业安全健康管理体系的规定要求，配备了具备相关资质的专业人员开展工作，保证了水土保持工作正常、有效开展。为了加强水土保持工作，建设单位利用业主协调例会、监理例会以及专项检查、考核等机会，广泛宣传有关建设项目水土保持的法律法规、相关知识和有关要求，不断提高广大参建员工的水土保持意识、素质和能力，确保各项水土保持工作和措施的贯彻落实。

（1）质量管理。在琅琊山抽水蓄能电站工程建设中，建立了以业主单位为首的质量管理体系。建设单位对工程质量总负责，经理为质量工作责任人，总工程师主管质量工作，工程管理部负责具体的质量工作。工程管理部的各项目专责负责各个标段的质量管理的日常工作。还聘请天荒坪水电技术咨询服务部和中国水利水电第十一工程局有限公司的专家长期承担技术咨询。对于监理单位、设计单位和施工单位，建设单位要求其建立相应的质量保证体系，以总监理工程师、设计总工程师和项目经理为第一责任人，并要求施工单位成立独立的质检部门。在施工单位的分包管理方面，编制了《工程分包管理规定》，并组织监理对参建单位的分包情况进行了大规模的摸底，结合施工现场的质量情况，对不合格分包队伍坚决予以清场，确保工程质量。

（2）投资管理。在投资控制方面，建设单位在财务管理上采取了有效的措施，积极筹措建设资金，建立了以合同管理为基础的水土保持价款结算支付程序，明确了支付过程中监理单位、建设单位及公司各职能部门的责任、每个支付环节的审核内容、审核依据、时间要求等，从而确保将项目价款及时支付给施工单位、设计单位和监理单位。严格的财务管理制度，保证了琅琊山抽水蓄能电站水土保持工程资金的专款专用，只要施工单位依据合同完成了规定的工程项目，相应的费用都会及时支付。

（3）合同管理。在合同管理方面，分为招标阶段合同管理和实施阶段合同管理两个阶段。在招标阶段，建设单位按"准备招标文件→确定标底→发出招标邀请函→接受投标书→评标授标→签订施工合同"进行合同管理的过程控制。在实施阶段，监理工程师协助建设单位通过合同管理文件、合同目标对水土保持工程的投资、进度、质量进行控制，并对工程变更的确认、计量、支付等进行控制。对于合同纠纷，以事实为依据，以合同为准绳，分清责任，慎重处理。同时防患于未然，严格对施工单位进行监督检查，对工程建设中出现的问题，采取积极的应变措施，解决工程建设过程中出现的和可能出现的问题。

（4）规章制度。琅琊山抽水蓄能电站在工程建设中全面实行项目法人责任制、合同管理制、招投标制、工程建设监理制和资本金制度。在建设过程中，制定了一系列有关质量控制和投资控制的规章、制度和办法，主要包括：①琅琊山抽水蓄能电站枢纽工程质量考核管理办法；②琅琊山抽水蓄能电站质量管理办法；③琅琊山抽水蓄能电站建设安全健康与环境管理总体措施规划；④琅琊山抽水蓄能电站建设工程安全健康与环境管理实施细则。

3. 水土保持运行评价

琅琊山抽水蓄能电站水土保持设施的移交、使用和管理维修养护责任、办法与主体工程基本相同。水土保持工程措施完工后，由验收小组对工程的完成情况及质量进行全面检查和评定，经验收合格后，该工程正式移交建设单位。

从目前运行情况看，建设单位较好地落实了有关水土保持的管理责任，取得了明显的效果，水土保持设施运行正常。

各项水土保持工程设施建设完成后，属于临时用地植被恢复或经整治复耕后及时移交滁州市人民政府。

建设单位高度重视对永久征地责任范围内的水土保持设施及植物措施的管护，生产技术部负责水土保持工程设施的维修，办公室负责植物措施的养护。自 2008 年起，电站每年均投入约数百万元资金用于植物措施养护和水土保持设施的维修。

（三）效果评价

1. 植被恢复效果

通过现场调研了解，植物措施主要完成的内容包括渣场区的土地整治及绿化、料场（蒋家洼采石场）绿化、施工公路两侧绿化、施工营（场）地绿化及观景台工程、上水库坝顶及枢纽周边区域绿化以及下水库食堂及办公楼绿化美化。

工程选择了适宜当地生长的树种、草种（乡土树种比例达 0.70），采用了多种栽植、草灌结合、乔灌结合的方式，在发挥水土保持效果的同时，提高了美化环境的效果。

项目区植物措施工程得到较好完成，植被建设指标得到实现，林草植被恢复率达到97.1%，林草覆盖率为 46.2%，植物措施质量达到了要求。

琅琊山抽水蓄能电站植被恢复效果评价指标见表 4.32-3。

表 4.32-3　　　　　琅琊山抽水蓄能电站植被恢复效果评价指标

评价内容	评价指标	结　果
植被恢复效果	林草覆盖率	46.2%
	植物多样性指数	0.40
	乡土树种比例	0.70
	单位面积枯枝落叶层	1.5cm
	郁闭度	0.49

2. 水土保持效果

通过调查监测，建设期土壤侵蚀模数（区域平均值）2390t/（km² · a），运行期项目区平均土壤侵蚀模数已降到 200t/（km² · a），远小于项目区的背景值和容许土壤流失量。琅琊山抽水蓄能电站表土层平均厚度约 60cm，土壤有机质含量约 2.9%。项目区道路、永久建筑物等不具备绿化条件的区域采取混凝土、透水砖等方式进行硬化，地表硬化和植物措施绿化的实施，使项目区的裸露地表得以恢复。

琅琊山抽水蓄能电站水土保持效果评价指标见表 4.32-4。

表 4.32-4　　　　　琅琊山抽水蓄能电站水土保持效果评价指标

评价内容	评价指标	结　果
水土保持效果	表土层厚度	60cm
	土壤有机质含量	2.9%
	地表硬化率	74.6%
	不同侵蚀强度面积比例	98.96%

3. 景观提升效果

琅琊山抽水蓄能电站在防治水土流失、改善生态环境的前提下，旨在加强景观美化的含量，开展"绿化、美化、园林化"建设，为电站工作人员创造一个良好的工作环境，特别是上水库主（副）坝周边、上水库南岸和下水库出口明渠左右岸等电站建成后将在库区整体景观中处于重要地位。还对上水库环库公路、1 号公路两侧山崖及观景台下方边坡、5 号和 6 号公路两侧山崖等部位进行了绿化美化。

在上水库坝顶、1 号公路及办公楼食堂周边设置了观景台、花坛等景观园林小品工程，并在办公楼食堂及 3 号渣场设置了两套灌溉系统，配合高标准园林景观树种的需要。

植物是绿化美化的主体，是生态型园林系统中最基础的构景因素，通过植树种草为基础的绿化美化建设，不仅能起到改善小气候、净化空气、保持水土等作用，还能满足园林造景的要求。通过合理配置不仅能体现植物的形态美、色彩美和季相美，还能通过艺术处理与加工，把园林植物的自然美与人工美巧妙结合在一起，创造具有电站特点的园林绿地景观。对批复的水土保持方案中绿化美化区的植物措施树（草）种进行了调整，提高了景观美化树种比重，根据景观视觉需要增加了绿篱色块、草坪。

通过电站上水库、观景台、洞室口部区域、厂房区域、办公楼食堂区域、各渣场区域、公路区域、仓库及专家楼等区域的绿化美化，为电站建设者、运行管理人员以及当地居民提供了一个娱乐休闲的场所。通过数年的精心恢复，琅琊山抽水蓄能电站已成为滁州市一道亮丽的风景，呈现出一派和谐的自然景象。2010 年 3 月，华东琅琊山抽水蓄能有限责任公司被滁州市人民政府授予"园林式单位"称号。

琅琊山抽水蓄能电站景观提升效果评价指标见表 4.32 - 5。

表 4.32 - 5 琅琊山抽水蓄能电站景观提升效果评价指标

评价内容	评价指标	结 果
景观提升效果	美景度	9
	常绿、落叶树种比例	70%
	观赏植物季相多样性	0.55

4. 环境改善效果

空气中负氧离子浓度是空气质量好坏的标志之一，被誉为"空气维生素"的负氧离子有利于人体的身心健康。

植物可有效地清除空气中的 SO_2、漂浮微粒及烟尘等有害物质。通过植被建设，项目区内林草植被覆盖情况得以大幅度改善，植物释放负氧离子，使周边环境中的负氧离子浓度达到约 1500 个/cm^3，使区域内人们的生活环境得以改善。

琅琊山抽水蓄能电站环境改善效果评价指标见表 4.32 - 6。

表 4.32 - 6 琅琊山抽水蓄能电站环境改善效果评价指标

评价内容	评价指标	结 果
环境改善效果	负氧离子浓度	1500 个/cm^3

5. 安全防护效果

工程实际使用 3 个弃渣场（1 号渣场、3 号渣场、4 号渣场），最终实际弃渣 258.5 万 m^3。琅琊山抽水蓄能电站工程重视水土保持工作，通过采取浆砌石及干砌石护坡、石方及渣体开挖、土石方回填、浆砌石排水沟、土地整治工程等水土保持综合治理措施，在施工期有效地防止了弃渣流失。根据安徽省水土保持监测总站对弃土弃渣的动态监测结果，拦渣率为 99.5%。

工程运行以来，各弃渣场运行情况正常，未发生水土流失危害事故，弃渣场拦挡及排水设施良好，运行正常，弃渣场整体稳定性良好。

琅琊山抽水蓄能电站安全防护效果评价指标见表 4.32 - 7。

表 4.32 - 7 琅琊山抽水蓄能电站安全防护效果评价指标

评价内容	评价指标	结 果
安全防护效果	拦渣设施完好率	99%
	渣（料）场安全稳定运行情况	稳定

6. 社会经济效果

琅琊山抽水蓄能电站总装机容量 600MW，平均年发电量 8.56 亿 kW·h，在 2008 年冰雪灾害、奥运会、2009 年国庆 60 周年和 2010 年世界博览会开幕式期间，电站均圆满完成了保电任务，获得了华东电网有限公司和国网安徽省电力有限公司的高度评价。

琅琊山抽水蓄能电站高度重视对永久征地责任范围内的水土保持设施及植物措施的管护，自 2008 年起，电站每年均投入约数百万元资金用于植物措施养护和水土保持设施的维修。因此，工程建设过程中各项水土保持措施的实施完成，在有效防治工程建设引起的水土流失、给当地居民带来直接经济效益的同时，将水土保持理念树立了起来，提高了当地居民对水土保持、水土流失治理的意识强度，引导当地生态环境进一步向更好的方向发展。

琅琊山抽水蓄能电站社会经济效果评价指标见表 4.32-8。

表 4.32-8　　　　　　琅琊山抽水蓄能电站社会经济效果评价指标表

评价内容	评价指标	结　果
社会经济效果	促进经济发展方式转变程度	好
	居民水保意识提高程度	良好

7. 水土保持效果综合评价

通过查表确定计算权重，根据层次分析法计算琅琊山抽水蓄能电站各指标实际值对于每个等级的隶属度。

琅琊山抽水蓄能电站工程各指标隶属度分布情况见表 4.32-9。

表 4.32-9　　　　　　琅琊山抽水蓄能电站各指标隶属度分布情况

指标层 U	变量层 C	权重	各 等 级 隶 属 度				
			好（V1）	良好（V2）	一般（V3）	较差（V4）	差（V5）
植被恢复效果 U1	林草覆盖率 C11	0.0809	0.9473	0.0527	0	0	0
	植物多样性指数 C12	0.0199	0	0.8333	0.1667	0	0
	乡土树种比例 C13	0.0159	0	1.0	0	0	0
	单位面积枯枝落叶层 C14	0.0073	0	0.5000	0.5000	0	0
	郁闭度 C15	0.0822	0	0.8000	0.2000	0	0
水土保持效果 U2	表土层厚度 C21	0.0436	0	0.8333	0.1667	0	0
	土壤有机质含量 C22	0.1139	0.4000	0.6000	0	0	0
	地表硬化率 C23	0.0140	0.5690	0.4310	0	0	0
	不同侵蚀强度面积比例 C24	0.0347	0.7210	0.2790	0	0	0
景观提升效果 U3	美景度 C31	0.0196	0.7500	0.2500	0	0	0
	常绿、落叶树种比例 C32	0.0032	0.7500	0.2500	0	0	0
	观赏植物季相多样性 C33	0.0079	0	0.2500	0.7500	0	0
环境改善效果 U4	负氧离子浓度 C41	0.0459	0	0	0.5556	0.4444	0
安全防护效果 U5	拦渣设施完好率 C51	0.0542	0.8077	0.1923	0	0	0
	渣（料）场安全稳定运行情况 C52	0.2711	0.1667	0.8333	0	0	0

指标层 U	变量层 C	权重	各等级隶属度				
			好 (V1)	良好 (V2)	一般 (V3)	较差 (V4)	差 (V5)
社会经济 效果 U6	促进经济发展方式转变程度 C61	0.01878	0.5000	0.5000	0	0	0
	居民水保意识提高程度 C62	0.07512	0	0.8333	0.1667	0	0

经分析计算，琅琊山抽水蓄能电站模糊综合评判结果见表 4.32－10。

表 4.32－10 　　　　　　琅琊山抽水蓄能电站模糊综合评判结果

评价对象	好（V1）	良好（V2）	一般（V3）	较差（V4）	差（V5）	综合得分
琅琊山抽水蓄能电站	0.2706	0.5425	0.1665	0.0204		85.64

根据最大隶属度原则，该项目 V2 等级的隶属度最大，故其水土保持评价效果为良好，综合得分为 85.64 分。

四、结论及建议

（一）结论

琅琊山抽水蓄能电站按照国家法律法规和地方、流域、行业的有关规定及要求，落实水土保持方案的各项措施，实施了渣场治理、主体工程绿化美化等水土保持措施，对工程施工造成的土地扰动和产生的弃渣进行了全面治理。

水土保持工程监理单位对各项水土保持措施进行了全过程监理，建设过程中较好地执行了各项水土保护规章制度，对水土保持报告书和批复提出的各项要求已在工程施工和试运行期间得到落实，工程的各项水土流失防治措施和水土防护措施基本有效。通过数年的精心恢复，琅琊山抽水蓄能电站已成为滁州市一道亮丽的风景。

工程重视水土保持设计与绿化美化相结合，水土保持措施设计思路是在防治水土流失、改善生态环境的前提下，以植物措施为主，结合园林艺术的特点，遵循"适地适树、适地适草"的原则，开展"绿化、美化、园林化"建设，加强景观美化的含量，为企业创造一流的环境，为职工创造多视点、多视角，集观赏、游览、休闲为一体的空间。

琅琊山抽水蓄能电站工程的成功经验主要包括：

（1）对蒋家洼石料场采取三峡大学专利 TBS 植被混凝土护坡绿化技术，喷护面积共计 1.28 万 m^2。在高陡边坡顶面设置浆砌石截水沟和排水沟，对出口区域的坡体坡脚设置浆砌石挡土墙，在该区域内外部设置了通畅的排水系统，确保汛期其排水能够通畅无阻地由 4 号渣场排水干渠排入导流明渠。

（2）2008 年至移交前结合滁州市"大滁城"建设的有利时机，利用城市房产地基开挖弃土作为电站施工营（场）地植被恢复的覆土。该部分弃土经环保部门化验认定不含重金属及污染源，同时经专业绿化单位确认适宜作为种植土。电站对该区域采取了撒播草籽、种植木本植物等植物措施，修建了排水沟、设置挡土墙等工程水土保持措施。该区域植被恢复的举措优化了电站大量用土的来源，减少了地方政府为堆放房地产开发建设弃土所需场地的规划和管理费用。既节约了电站的工程投资，又加快了生态恢复的进度。

（3）在水土保持植物措施实施中，建设单位针对项目区靠近国家重点风景名胜区琅琊山风景区，在植被建设上特别注重了主体建设与水土保持工程建设的相互结合。在树种选择上，多采用景观绿化树种，采取多树种、多配置的栽植模式营造不同的景观效果，针对绿化的重点区域（如 3 号渣场），利用上水库 200m 水池自流供水设置了引水灌溉系统，以保证夏季植被的浇水养护效果。

（4）在洞室开挖弃渣中选取合适的石料作为水土保持排水设施的原材料，一方面节约了水土保持工程投资；另一方面降低了弃渣量。同时，由于电站所在地年降雨量较大，为保证工程质量，渣场防护工程施工选择在非汛期集中实施，取得了良好的效果。

（二）建议

结合电站运行实际，水土保持后评价认为对《生产建设项目水土流失防治标准》（GB/T 50434—2018）中规定的个别目标有必要进行修订调整。

林草植被恢复率为项目水土流失防治责任范围内林草类植被面积占可恢复林草植被面积的百分比；林草覆盖率为项目水土流失防治责任范围内林草类植被面积占总面积的百分比。这两个指标均以林草植被面积为评价计算主体，电站运行期这两个指标在不同防治分区的差别较大，如业主营地的林草植被覆盖率在 35% 以上，枢纽工程区的林草植被覆盖率仅达到目标值。因此水土保持后评价建议《生产建设项目水土流失防治标准》（GB/T 50434—2018）修订时，可细化分不同防治区设置指标值。

参 考 文 献

［1］ 张新玉. 水利投资效益评价理论与方法 ［M］. 北京：中国水利水电出版社，2005.

［2］ 黄英帼. 层次分析法在引进项目后评估中的应用 ［J］. 科技与管理，2002 (3)：33 - 35.

［3］ 中华人民共和国住房和城乡建设部，国家市场监督管理总局. 生产建设项目水土保持技术标准：GB 50433—2018 ［S］. 北京：中国计划出版社，2018.

［4］ 许晓峰，肖翔. 建设项目后评价 ［M］. 北京：中华工商联合出版社，2000.

［5］ 中华人民共和国住房和城乡建设部，国家市场监督管理总局. 生产建设项目水土流失防治标准：GB/T 50434—2018 ［S］. 北京：中国计划出版社，2018.

［6］ 中华人民共和国水利部. 2022 年全国水利发展统计公报. ［R/OL］. (2023 - 03 - 15).

［7］ 王海燕，丛佩娟，袁普金，等. 国家水土保持重点工程效益综合评价模型研究 ［J］. 水土保持通报，2021，41 (6)：119 - 126. DOI：10.13961/j. cnki. stbctb. 2021.06.017.

［8］ ALEDO A，GARCÍA - ANDREU H，PINESE J. Using causal maps to support ex - post assessment of social impacts of dams ［J］. Environmental Impact Assessment Review，2015 (55)：84 - 97.

［9］ ARCE - GOMEZ A，DONOVAN J D，BEDGGOOD R E. Social impact assessments：Developing a consolidated conceptual framework ［J］. Environmental Impact Assessment Review，2015 (50)：85 - 94.

［10］ 张晶. 水土保持综合治理效益评价研究综述 ［J］. 水土保持应用技术，2015 (4)：39 - 42.

［11］ CSUTORA R，BUCKLEY J J. Fuzzy hierachical analysis：the Lambda - Max method ［J］. Fuzzy Sets & Systems，2001，120 (2)：181 - 195.

［12］ DENDENA B，CORSI S. The Environmental and Social Impact Assessment：A further step towards an integrated assessment process ［J］. Journal of Cleaner Production，2015 (108)：965 - 977.

［13］ CANTER L W. Environmental Impact Assessment ［M］. New York：McGraw - Hill Education，1996.

［14］ PILAVACHI P A，DALAMAGA T. Ex - post Evaluation of European Energy Models ［J］. Energy Policy，2008，36 (5)：1726 - 1735.

［15］ 水土保持生态环境建设网. 2016 年度国家水土保持生态文明工程入选名单公示. ［EB/OL］. (2017 - 03 - 02) ［2023 - 10 - 25］.

［16］ 高玉琴，方国华. 水利工程管理现代化评价研究 ［M］. 北京：中国水利水电出版社，2020.

［17］ 安中仁，张文洁. 水利建设项目后评价组织实施和指标体系 ［J］. 水利建设与管理，2011 (4)：79 - 83.

［18］ 陈岩，郑垂勇. 水利建设项目后评价机制研究 ［J］. 节水灌溉，2007 (5)：74 - 76，79.

［19］ 陈岩. 基于可持续发展观的水利建设项目后评价研究 ［D］. 南京：河海大学，2007.

［20］ 王效科，杨宁，吴凡，等. 生态效益评价内容和评价指标筛选 ［J］. 生态学报，2019，39 (15)：5442 - 5449.

［21］ 陈志莉. 电网建设项目后评价理论及应用研究 ［D］. 北京：华北电力大学 (北京)，2005.

［22］ 余新晓，吴岚，饶良懿，等. 水土保持生态服务功能价值估算 ［J］. 中国水土保持科学，2008 (1)：83 - 86.

［23］ 余新晓，吴岚，饶良懿，等. 水土保持生态服务功能评价方法 ［J］. 中国水土保持科学，2007

（2）：110 – 113.

[24] 程宏伟. 输变电工程项目后评价方法探索 [D]. 郑州：郑州大学，2005.

[25] 单国伟. 彰武县乐园小流域水土保持工程效益综合评价 [J]. 水土保持应用技术，2023（4）：50 – 51.

[26] 韩富春，任婷婷，陈晶晶. 基于层次分析法的输变电工程项目后评价研究 [J]. 电气技术，2009（2）：42 – 45.

[27] 姜德文. 开发建设项目水土保持损益分析研究 [M]. 北京：中国水利水电出版社，2008.

[28] 姜连馥，石永威，杨尚群，等. 基于 ANP 的工程项目后评价研究 [J]. 深圳大学学报（理工版），2007（2）：183 – 187.

[29] 姜伟新，张三力. 投资项目后评价 [M]. 北京：中国石化出版社，2001.

[30] 罗天. 水电工程项目后评价方法研究 [J]. 科技与创新，2014（10）：66，68.

[31] 骆绯，林晓言. 项目评价体系发展的现实背景及理论基础 [J]. 铁道经济研究，2004（3）：41 – 43.

[32] 马振东. 建设项目后评价指标体系框架构想 [J]. 建筑经济，2006（11）：25 – 28.

[33] 孟建英. 工程建设投资项目后评价理论方法与应用研究 [D]. 天津：天津大学，2004.

[34] 任杰. 工程建设项目后评价方法 [J]. 建筑设计管理，2007（1）：36 – 38.

[35] 沈毅，吴丽娜，王红瑞，等. 环境影响后评价的进展及主要问题 [J]. 长安大学学报（自然科学版），2005（1）：56 – 59.

[36] 宋宁华. 我国建设项目后评价体系的建立及实例 [J]. 天津理工学院学报，2002（2）：100 – 103.

[37] 孙雁，付光辉，吴冠岑，等. 南京市土地整理项目后效益的经济评价 [J]. 南京农业大学学报，2008（3）：145 – 151.

[38] 王瑷玲，赵庚星，李占军. 土地整理效益项目后综合评价方法 [J]. 农业工程学报，2006（4）：58 – 61.

[39] 王广浩，周坚. 项目后评价方法探析 [J]. 科技进步与对策，2004（1）：97 – 99.

[40] 王广浩. 建设项目后评价内容完善与方法研究 [D]. 杭州：浙江大学，2004.

[41] 王建军. 公路建设项目后评价理论研究 [D]. 西安：长安大学，2003.

[42] 王萍. 浙江省水利项目后评价指标体系和方法研究 [D]. 杭州：浙江大学，2006.

[43] 王书吉. 大型灌区节水改造项目综合后评价指标权重确定及评价方法研究 [D]. 西安：西安理工大学，2009.

[44] 国家发展和改革委，建设部. 建设项目经济评价方法与参数 [M]. 3 版. 北京：中国计划出版社，2006.

[45] 信桂新，杨朝现，杨庆媛，等. 用熵权法和改进 TOPSIS 模型评价高标准基本农田建设后效应 [J]. 农业工程学报，2017，33（1）：238 – 249.

[46] 杨金格. 调水工程社会影响后评价研究 [D]. 泰安：山东农业大学，2023.

[47] 姚光业. 投资项目后评价机制研究 [M]. 北京：经济科学出版社，2002.

[48] 姚光业. 我国开展项目后评价状况及前景分析 [J]. 新视野，2003（1）：24 – 27.

[49] 张念木，胡连兴，郭建欣. 水电工程后评价的综合评价方法研究 [J]. 天津大学学报（社会科学版），2013，15（1）：31 – 34.

[50] 张三力. 项目后评价 [M]. 北京：清华大学出版社，1998.

[51] 赵江倩，王冠，裴青宝，等. 应用层次分析法对农田水利工程建设项目过程后评价 [J]. 节水灌溉，2014（8）：78 – 80，84.

[52] 郑燕，王敬敏，郑绍欣. 在项目后评价中运用层次分析法确定指标的权值 [J]. 华北电力大学学报，2004（2）：60 – 63.

[53] 中国水利经济研究会. 水利建设项目后评价理论与方法 [M]. 北京：中国水利水电出版

社，2004.

[54] 中华人民共和国国家质量监督检验检疫总局，中国国家标准化管理委员会. 水土保持综合治理效益计算方法：GB/T 15774—2008 [S]. 北京：中国标准出版社，2008.

[55] 中华人民共和国水利部. 水利建设项目后评价报告编制规程：SL 489—2010 [S]. 北京：中国水利水电出版社，2010.

[56] 中华人民共和国水利部. 水利水电工程水土保持技术规范：SL 575—2012 [S]. 北京：中国水利水电出版社，2012.

[57] 王定娃. 水土保持综合治理效益评价分析 [J]. 中华建设，2023 (2)：52-54.

[58] 中华人民共和国水利部. 已成防洪工程经济效益分析计算及评价规范：SL/T 206—2014 [S]. 北京：中国水利水电出版社，2014.

[59] 周惠娟. 浅析乌鲁瓦提水利枢纽工程水土保持后评价 [J]. 水资源开发与管理，2019 (6)：41-44.

[60] 朱嬿，牛志平. 建设项目可持续性概念与后评价研究 [J]. 建筑经济，2006 (1)：11-16.

[61] 李银娟，康开霞，高岩. 甘肃省卓尼县录巴寺水电站工程水土保持工程效益评价 [J]. 工程建设与设计，2022 (12)：76-78.

[62] 汪三树. 玉滩水库工程枢纽区水土保持效益评价 [J]. 水土保持应用技术，2021 (1)：32-33.